원샷!
원킬!
한방에 합격하는 합격비법서!

토목기사시리즈
| Engineer Civil Engineering Series |

수리수문학

박재성 지음

독자 여러분께 알려드립니다

토목기사 필기시험을 본 후 그 문제 가운데 **수리수문학** 10여 문제를 재구성해서 성안당 출판사로 보내주시면, 채택된 문제에 대해서 **성안당** 도서 1부를 증정해 드립니다. 독자 여러분이 보내주시는 기출문제는 더 나은 책을 만드는 데 큰 도움이 됩니다. 감사합니다.

 e-mail **coh@cyber.co.kr** (최옥현)

★ 메일을 보내주실 때 성명, 연락처, 주소를 기재해 주시기 바랍니다.
★ 보내주신 기출문제는 집필자가 검토한 후에 도서를 증정해 드립니다.

■ 도서 A/S 안내

성안당에서 발행하는 모든 도서는 저자와 출판사, 그리고 독자가 함께 만들어 나갑니다.

좋은 책을 펴내기 위해 많은 노력을 기울이고 있습니다. 혹시라도 내용상의 오류나 오탈자 등이 발견되면 "좋은 책은 나라의 보배"로서 우리 모두가 함께 만들어 간다는 마음으로 연락주시기 바랍니다. 수정 보완하여 더 나은 책이 되도록 최선을 다하겠습니다.

성안당은 늘 독자 여러분들의 소중한 의견을 기다리고 있습니다. 좋은 의견을 보내주시는 분께는 성안당 쇼핑몰의 포인트(3,000포인트)를 적립해 드립니다.

잘못 만들어진 책이나 부록 등이 파손된 경우에는 교환해 드립니다.

저자문의 e-mail : parkjaesung@chungbuk.ac.kr(박재성)
본서 기획자 e-mail : coh@cyber.co.kr(최옥현)
홈페이지 : http://www.cyber.co.kr   전화 : 031) 950-6300

머리말

　수리학은 유체의 삼상 중 액체 특히, 그 중에서도 물의 흐름에 관한 역학을 연구하는 학문이며, 수문학은 물의 발생과 순환과정 전체를 포괄하는 학문이다. 이 두 학문은 토목공학에서 물을 정량적으로 평가하여 수자원으로서 이수와 치수를 가능케 하며 수자원공학, 상하수도공학, 해양해안공학, 지하수공학, 하천공학 등 물과 관련된 여타 학문의 이론적 기초를 제공한다. 때문에 단순히 자격증을 취득하기 위한 공부를 하기보다는 보다 폭넓은 이해를 통하여 실제 현장에서 응용하고 활용할 수 있는 능력을 배양하기를 권고한다.

　그러나 이 책은 토목기사 자격증 취득이라는 분명한 목표를 갖고 있기 때문에 지난 30년간 출제된 문제들과 출제기준을 바탕으로 수리학과 수문학의 이론서를 간결하게 정리하여 정규 교과과정의 이론적 지식을 빠르게 습득하고 최근 바뀐 CBT(컴퓨터 기반 시험)방식에 맞추어 토목기사의 필기시험을 준비할 수 있도록 구성하였다.

이 책의 특징
1. 수리학과 수문학의 방대한 내용을 출제기준에 맞추어 30년간 출제되었던 부분을 요약 정리하여 기출문제를 이해하는 데 용이하도록 구성하였다.
2. 2022년부터 기사 필기시험이 전면 CBT로 바뀐바, 이를 대비할 수 있도록 최근 10년간의 출제문제를 바탕으로 빈도를 분석하고 난이도를 설정하여 수험생들이 공부의 우선순위를 쉽게 정할 수 있도록 하였다.
3. 각 단원마다 과년도 기출문제의 출제빈도표를 구성하고, 빈출되는 중요한 문제는 별표(★)로 강조하였다.
4. 핵심 암기노트를 수록하고 CBT 모의고사를 구성함으로써 단기간에 목표한 성과를 이룰 수 있도록 하였다.

　수리수문학이라는 학문 자체는 매우 어려운 분야이나 토목기사 시험은 제한된 시간 안에 많은 문제를 해결해야 하기 때문에 출제경향이 정해져 있는바, 이 책은 이러한 출제경향을 빈도별, 난이도별, 유형별로 정리하여 최소의 시간과 노력으로 최대의 효과를 가져올 수 있도록 구성하였다. 그럼에도 불구하고 독자 개개인의 특성과 성향에 따라서 구성이 미흡하거나 불만족스럽더라도 수험생들이 목적을 달성 수 있도록 지속적인 수정과 개선을 할 것을 약속드린다.

　끝으로 이 책을 출간하기까지 함께해주신 성안당 임직원 여러분께 감사드리며 구본철 상무님, 지정민 이사님께 깊은 감사를 드린다.

저자 박재성

출제기준

필기

직무 분야	건설	중직무 분야	토목	자격 종목	토목기사	적용 기간	2026.1.1.~2027.12.31.

직무내용 : 도로, 공항, 철도, 하천, 교량, 댐, 터널, 상하수도, 사면, 항만 및 해양시설물 등 다양한 건설사업을 계획, 설계, 시공, 관리 등을 수행하는 직무이다.

필기검정방법	객관식	문제 수	120	시험시간	3시간

필기과목명	문제 수	주요 항목	세부항목	세세항목
응용역학	20	1. 역학적인 개념 및 건설 구조물의 해석	(1) 힘과 모멘트	① 힘 ② 모멘트
			(2) 단면의 성질	① 단면1차모멘트와 도심 ② 단면2차모멘트 ③ 단면상승모멘트 ④ 회전반경 ⑤ 단면계수
			(3) 재료의 역학적 성질	① 응력과 변형률 ② 탄성계수
			(4) 정정보	① 보의 반력 ② 보의 전단력 ③ 보의 휨모멘트 ④ 보의 영향선 ⑤ 정정보의 종류
			(5) 보의 응력	① 휨응력 ② 전단응력
			(6) 보의 처짐	① 보의 처짐 ② 보의 처짐각 ③ 기타 처짐 해법
			(7) 기둥	① 단주 ② 장주
			(8) 정정 트러스(Truss), 라멘(Rahmen), 아치(Arch), 케이블(Cable)	① 트러스 ② 라멘 ③ 아치 ④ 케이블
			(9) 구조물의 탄성변형	① 탄성변형
			(10) 부정정 구조물	① 부정정 구조물의 개요 ② 부정정 구조물의 판별 ③ 부정정 구조물의 해법
측량학	20	1. 측량학일반	(1) 측량기준 및 오차	① 측지학 개요 ② 좌표계와 측량원점 ③ 측량의 오차와 정밀도
			(2) 국가기준점	① 국가기준점 개요 ② 국가기준점 현황

필기과목명	문제 수	주요 항목	세부항목	세세항목
		2. 평면기준점측량	(1) 위성측위시스템(GNSS)	① 위성측위시스템(GNSS) 개요 ② 위성측위시스템(GNSS) 활용
			(2) 삼각측량	① 삼각측량의 개요 ② 삼각측량의 방법 ③ 수평각 측정 및 조정 ④ 변장계산 및 좌표계산 ⑤ 삼각수준측량 ⑥ 삼변측량
			(3) 다각측량	① 다각측량 개요 ② 다각측량 외업 ③ 다각측량 내업 ④ 측점 전개 및 도면 작성
		3. 수준점측량	(1) 수준측량	① 정의, 분류, 용어 ② 야장기입법 ③ 종·횡단측량 ④ 수준망 조정 ⑤ 교호수준측량
		4. 응용측량	(1) 지형측량	① 지형도 표시법 ② 등고선의 일반개요 ③ 등고선의 측정 및 작성 ④ 공간정보의 활용
			(2) 면적 및 체적 측량	① 면적계산 ② 체적계산
			(3) 노선측량	① 중심선 및 종횡단 측량 ② 단곡선 설치와 계산 및 이용방법 ③ 완화곡선의 종류별 설치와 계산 및 이용방법 ④ 종곡선 설치와 계산 및 이용방법
			(4) 하천측량	① 하천측량의 개요 ② 하천의 종횡단측량
수리학 및 수문학	20	1. 수리학	(1) 물의 성질	① 점성계수 ② 압축성 ③ 표면장력 ④ 증기압
			(2) 정수역학	① 압력의 정의 ② 정수압 분포 ③ 정수력 ④ 부력
			(3) 동수역학	① 오일러방정식과 베르누이식 ② 흐름의 구분 ③ 연속방정식 ④ 운동량방정식 ⑤ 에너지방정식

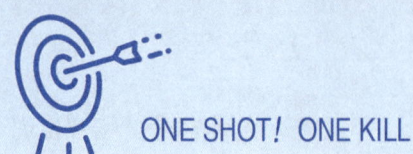

필기과목명	문제 수	주요 항목	세부항목	세세항목
			(4) 관수로	① 마찰손실 ② 기타 손실 ③ 관망 해석
			(5) 개수로	① 전수두 및 에너지 방정식 ② 효율적 흐름 단면 ③ 비에너지 ④ 도수 ⑤ 점변 부등류 ⑥ 오리피스 ⑦ 위어
			(6) 지하수	① Darcy의 법칙 ② 지하수흐름방정식
			(7) 해안 수리	① 파랑 ② 항만 구조물
		2. 수문학	(1) 수문학의 기초	① 수문 순환 및 기상학 ② 유역 ③ 강수 ④ 증발산 ⑤ 침투
			(2) 주요 이론	① 지표수 및 지하수 유출 ② 단위유량도 ③ 홍수 추적 ④ 수문통계 및 빈도 ⑤ 도시수문학
			(3) 응용 및 설계	① 수문모형 ② 수문조사 및 설계
철근콘크리트 및 강구조	20	1. 철근콘크리트 및 강구조	(1) 철근콘크리트	① 설계일반 ② 설계하중 및 하중 조합 ③ 휨과 압축 ④ 전단과 비틀림 ⑤ 철근의 정착과 이음 ⑥ 슬래브, 벽체, 기초, 옹벽, 라멘, 아치 등의 구조물 설계
			(2) 프리스트레스트 콘크리트	① 기본개념 및 재료 ② 도입과 손실 ③ 휨부재 설계 ④ 전단 설계 ⑤ 슬래브 설계
			(3) 강구조	① 기본개념 ② 인장 및 압축부재 ③ 휨부재 ④ 접합 및 연결

필기과목명	문제 수	주요 항목	세부항목	세세항목
토질 및 기초	20	1. 토질역학	(1) 흙의 물리적 성질과 분류	① 흙의 기본성질 ② 흙의 구성 ③ 흙의 입도분포 ④ 흙의 소성특성 ⑤ 흙의 분류
			(2) 흙 속에서의 물의 흐름	① 투수계수 ② 물의 2차원 흐름 ③ 침투와 파이핑
			(3) 지반 내의 응력분포	① 지중응력 ② 유효응력과 간극수압 ③ 모관현상 ④ 외력에 의한 지중응력 ⑤ 흙의 동상 및 융해
			(4) 압밀	① 압밀이론 ② 압밀시험 ③ 압밀도 ④ 압밀시간 ⑤ 압밀침하량 산정
			(5) 흙의 전단강도	① 흙의 파괴이론과 전단강도 ② 흙의 전단특성 ③ 전단시험 ④ 간극수압계수 ⑤ 응력경로
			(6) 토압	① 토압의 종류 ② 토압이론 ③ 구조물에 작용하는 토압 ④ 옹벽 및 보강토옹벽의 안정
			(7) 흙의 다짐	① 흙의 다짐특성 ② 흙의 다짐시험 ③ 현장다짐 및 품질관리
			(8) 사면의 안정	① 사면의 파괴거동 ② 사면의 안정 해석 ③ 사면안정대책공법
			(9) 지반조사 및 시험	① 시추 및 시료 채취 ② 원위치시험 및 물리탐사 ③ 토질시험
		2. 기초공학	(1) 기초일반	① 기초일반 ② 기초의 형식
			(2) 얕은 기초	① 지지력 ② 침하
			(3) 깊은 기초	① 말뚝기초 지지력 ② 말뚝기초 침하 ③ 케이슨기초
			(4) 연약지반 개량	① 사질토지반 개량공법 ② 점성토지반 개량공법 ③ 기타 지반 개량공법

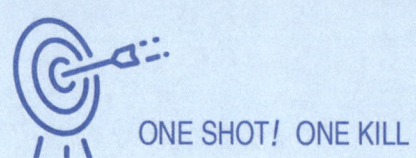

필기과목명	문제 수	주요 항목	세부항목	세세항목
상하수도 공학	20	1. 상수도 계획	(1) 상수도시설 계획	① 상수도의 구성 및 계통 ② 계획급수량의 산정 ③ 수원 ④ 수질기준
			(2) 상수관로시설	① 도수, 송수계획 ② 배수, 급수계획 ③ 펌프장계획
			(3) 정수장시설	① 정수방법 ② 정수시설 ③ 배출수처리시설
		2. 하수도 계획	(1) 하수도시설 계획	① 하수도의 구성 및 계통 ② 하수의 배제방식 ③ 계획하수량의 산정 ④ 하수의 수질
			(2) 하수관로시설	① 하수관로 계획 ② 펌프장 계획 ③ 우수조정지 계획
			(3) 하수처리장시설	① 하수처리방법 ② 하수처리시설 ③ 오니(Sludge)처리시설

실기

직무 분야	건설	중직무 분야	토목	자격 종목	토목기사	적용 기간	2026.1.1. ~ 2027.12.31.

직무내용 : 도로, 공항, 철도, 하천, 교량, 댐, 터널, 상하수도, 사면, 항만 및 해양시설물 등 다양한 건설사업을 계획, 설계, 시공, 관리 등을 수행하는 직무이다.

수행준거 : 1. 토목시설물에 대한 타당성 조사, 기본설계, 실시설계 등의 각 설계단계에 따른 설계를 할 수 있다.
     2. 설계도면 이해에 대한 지식을 가지고 시공 및 건설사업관리 직무를 수행할 수 있다.

실기검정방법	필답형	시험시간	3시간

실기과목명	주요 항목	세부항목	세세항목
토목설계 및 시공실무	1. 토목설계 및 시공에 관한 사항	(1) 토공 및 건설기계 이해하기	① 토공계획에 대해 알고 있어야 한다. ② 토공시공에 대해 알고 있어야 한다. ③ 건설기계 및 장비에 대해 알고 있어야 한다.
		(2) 기초 및 연약지반 개량 이해하기	① 지반조사 및 시험방법을 알고 있어야 한다. ② 연약지반 개요에 대해 알고 있어야 한다. ③ 연약지반 개량공법에 대해 알고 있어야 한다. ④ 연약지반 측방유동에 대해 알고 있어야 한다. ⑤ 연약지반 계측에 대해 알고 있어야 한다. ⑥ 얕은 기초에 대해 알고 있어야 한다. ⑦ 깊은 기초에 대해 알고 있어야 한다.
		(3) 콘크리트 이해하기	① 특성에 대해 알고 있어야 한다. ② 재료에 대해 알고 있어야 한다. ③ 배합 설계 및 시공에 대해 알고 있어야 한다. ④ 특수 콘크리트에 대해 알고 있어야 한다. ⑤ 콘크리트 구조물의 보수, 보강 공법에 대해 알고 있어야 한다.
		(4) 교량 이해하기	① 구성 및 분류를 알고 있어야 한다. ② 가설공법에 대해 알고 있어야 한다. ③ 내하력평가 방법 및 보수, 보강 공법에 대해 알고 있어야 한다.
		(5) 터널 이해하기	① 조사 및 암반분류에 대해 알고 있어야 한다. ② 터널공법에 대해 알고 있어야 한다. ③ 발파개념에 대해 알고 있어야 한다. ④ 지보 및 보강 공법에 대해 알고 있어야 한다. ⑤ 콘크리트 라이닝 및 배수에 대해 알고 있어야 한다. ⑥ 터널 계측 및 부대시설에 대해 알고 있어야 한다.
		(6) 배수 구조물 이해하기	① 배수 구조물의 종류 및 특성에 대해 알고 있어야 한다. ② 시공방법에 대해 알고 있어야 한다.

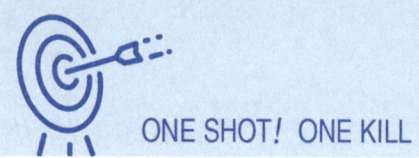

실기과목명	주요 항목	세부항목	세세항목
		(7) 도로 및 포장 이해하기	① 도로의 계획 및 개념에 대해 알고 있어야 한다. ② 포장의 종류 및 특성에 대해 알고 있어야 한다. ③ 아스팔트 포장에 대해 알고 있어야 한다. ④ 콘크리트 포장에 대해 알고 있어야 한다. ⑤ 포장 유지보수에 대해 알고 있어야 한다.
		(8) 옹벽, 사면, 흙막이 이해하기	① 옹벽의 개념에 대해 알고 있어야 한다. ② 옹벽 설계 및 시공에 대해 알고 있어야 한다. ③ 보강토옹벽에 대해 알고 있어야 한다. ④ 흙막이공법의 종류 및 특성에 대해 알고 있어야 한다. ⑤ 흙막이공법의 설계에 대해 알고 있어야 한다. ⑥ 사면안정에 대해 알고 있어야 한다.
		(9) 하천, 댐 및 항만 이해하기	① 하천공사의 종류 및 특성에 대해 알고 있어야 한다. ② 댐공사의 종류 및 특성에 대해 알고 있어야 한다. ③ 항만공사의 종류 및 특성에 대해 알고 있어야 한다. ④ 준설 및 매립에 대해 알고 있어야 한다.
	2. 토목시공에 따른 공사·공정 및 품질관리	(1) 공사 및 공정관리하기	① 공사관리에 대해 알고 있어야 한다. ② 공정관리 개요에 대해 알고 있어야 한다. ③ 공정계획을 할 수 있어야 한다. ④ 최적 공기를 산출할 수 있어야 한다.
		(2) 품질관리하기	① 품질관리의 개념에 대해 알고 있어야 한다. ② 품질관리 절차 및 방법에 대해 알고 있어야 한다.
	3. 도면 검토 및 물량 산출	(1) 도면 기본 검토하기	① 도면에서 지시하는 내용을 파악할 수 있다. ② 도면에 오류, 누락 등을 확인할 수 있다.
		(2) 옹벽, 슬래브, 암거, 기초, 교각, 교대 및 도로 부대시설물 물량 산출하기	① 토공량을 산출할 수 있어야 한다. ② 거푸집량을 산출할 수 있어야 한다. ③ 콘크리트량을 산출할 수 있어야 한다. ④ 철근량을 산출할 수 있어야 한다.

출제경향 분석

[최근 10년간 출제분석표(단위 : %)]

구분	2016년	2017년	2018년	2019년	2020년	2021년	2022년	2023년	2024년	2025년	10개년 평균
제1편 수리학											
제1장 유체의 기본성질	1.7	5.0	5.0	1.7	1.7	3.3	5.0	6.7	3.4	6.7	4.0
제2장 정수역학	8.3	6.7	6.7	13.3	15.0	11.7	7.5	8.3	8.3	8.3	9.4
제3장 동수역학	8.3	10.0	8.3	5.0	6.7	8.3	10.0	10.0	3.3	10.0	8.0
제4장 오리피스	6.7	6.7	3.3	8.3	6.7	3.3	7.5	10.0	5.0	8.3	6.6
제5장 위어	5.0	5.0	5.0	5.0	3.3	6.7	2.5	5.0	8.3	3.3	4.9
제6장 관수로	18.2	18.2	18.3	16.7	20.8	20.8	10.0	11.7	20.0	11.7	16.6
제7장 개수로	16.7	15.0	15.0	20.0	14.2	14.2	25.0	13.3	13.3	18.3	16.5
제8장 지하수와 수리학적 상사	10.0	6.7	8.3	11.7	8.3	11.7	15.0	10.0	13.3	11.7	10.7
제9장 해안수리	1.7	5.0	5.0	0.0	3.3	0.0	0.0	0.0	0.0	1.7	1.7
제2편 수문학											
제10장 수문학	0.0	0.0	1.7	0.0	0.0	0.0	0.0	3.3	3.4	1.7	1.0
제11장 강수	11.7	11.7	6.7	5.0	8.3	5.0	7.5	8.3	10.0	10.0	8.4
제12장 증발산과 침투	1.7	5.0	3.3	3.3	3.3	3.3	2.5	0.0	3.4	1.7	2.7
제13장 하천유량과 유출	6.7	3.3	6.7	5.0	6.7	6.7	2.5	6.7	5.0	3.3	5.3
제14장 수문곡선의 해석	3.3	1.7	6.7	5.0	1.7	5.0	5.0	6.7	3.3	3.3	4.2
합계											100.0

[단원별 출제비율]

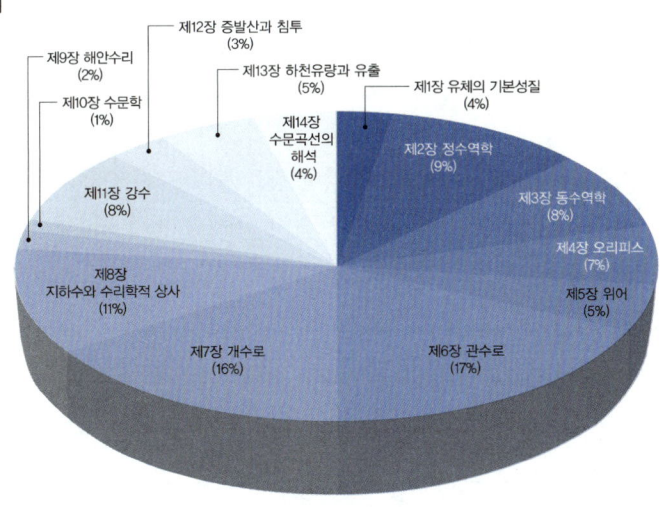

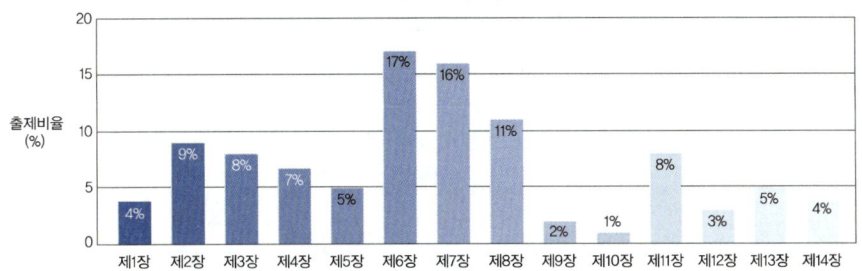

차례

[PART 1. 수리학]

CHAPTER 01 유체의 기본성질

SECTION 01 유체의 종류 ··· 2
SECTION 02 유체의 물리적 성질 ··· 3
SECTION 03 단위와 차원 ··· 7
■ 단원별 기출문제 ··· 10

CHAPTER 02 정수역학

SECTION 01 정수역학의 기본원리 ··· 18
SECTION 02 전수압 ··· 22
SECTION 03 부체와 상대정지 ··· 25
■ 단원별 기출문제 ··· 30

CHAPTER 03 동수역학

SECTION 01 동수역학의 기초 ··· 48
SECTION 02 연속방정식 ··· 51
SECTION 03 운동량과 역적 ··· 55
SECTION 04 보정계수 ··· 59
SECTION 05 속도퍼텐셜 ··· 60
SECTION 06 항력 ··· 61
■ 단원별 기출문제 ··· 62

CHAPTER 04 오리피스

SECTION 01 오리피스 ·· 80
SECTION 02 단관 ·· 85
SECTION 03 노즐과 수문 ··· 86
■ 단원별 기출문제 ··· 89

CHAPTER 05 위어

SECTION 01 위어의 일반 ··· 96
SECTION 02 위어의 종류와 수두 ··· 97
SECTION 03 위어의 유량 ··· 98
SECTION 04 유량오차 ·· 103
■ 단원별 기출문제 ··· 104

CHAPTER 06 관수로

SECTION 01 관수로 일반 ··· 110
SECTION 02 관수로의 시스템 ·· 115
SECTION 03 유수에 의한 동력 ·· 120
■ 단원별 기출문제 ··· 122

CHAPTER 07 개수로

SECTION 01 개수로 일반 ··· 138
SECTION 02 비에너지와 한계수심 ··· 142
SECTION 03 비력과 도수 ··· 145
SECTION 04 부등류의 수면곡선 ·· 147
■ 단원별 기출문제 ··· 152

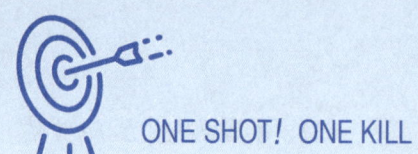

CHAPTER 08 지하수와 수리학적 상사

SECTION 01 지하수의 흐름 ········ 172
SECTION 02 유사이론과 수리학적 상사 ········ 178
■ 단원별 기출문제 ········ 182

CHAPTER 09 해안수리

SECTION 01 파랑 ········ 192
SECTION 02 항만구조물 ········ 195
■ 단원별 기출문제 ········ 197

[PART 2. 수문학]

CHAPTER 10 수문학

SECTION 01 수문학의 일반 ········ 200
SECTION 02 수문기상학의 일반 ········ 201
■ 단원별 기출문제 ········ 203

CHAPTER 11 강수

SECTION 01 강수의 일반 ········ 206
SECTION 02 강수량의 측정 ········ 207
SECTION 03 강수량자료의 조정, 보완 및 분석 ········ 209
SECTION 04 강수자료의 해석 ········ 211
SECTION 05 용어해설 ········ 213
■ 단원별 기출문제 ········ 214

CHAPTER 12 증발산과 침투

SECTION 01 증발과 증산 ·········· 224
SECTION 02 침투와 침루 ·········· 225
　■ 단원별 기출문제 ·········· 229

CHAPTER 13 하천유량과 유출

SECTION 01 하천유량 ·········· 234
SECTION 02 유출 ·········· 237
　■ 단원별 기출문제 ·········· 240

CHAPTER 14 수문곡선의 해석

SECTION 01 수문곡선 ·········· 244
SECTION 02 단위유량도와 합성단위유량도 ·········· 248
　■ 단원별 기출문제 ·········· 252

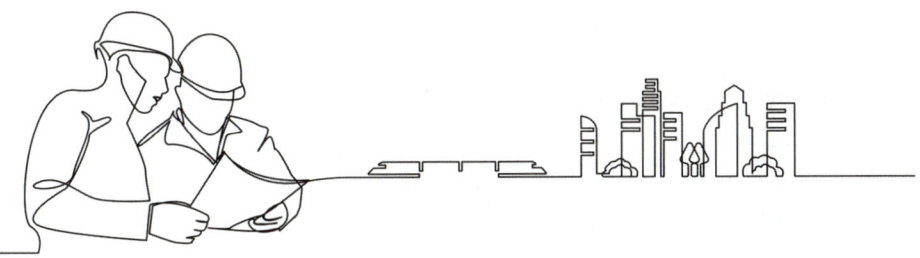

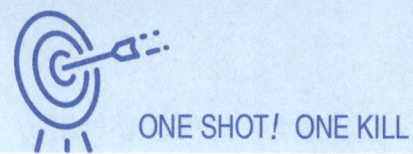

부록 I 최근 과년도 기출문제

2022년 3회 기출문제부터는 CBT 전면 시행으로 시험문제가 공개되지 않아 수험생의 기억을 토대로 복원된 문제를 수록했습니다.

- 2018년 제1회 토목기사 ·············· 2
- 2018년 제2회 토목기사 ·············· 6
- 2018년 제3회 토목기사 ·············· 10
- 2019년 제1회 토목기사 ·············· 14
- 2019년 제2회 토목기사 ·············· 18
- 2019년 제3회 토목기사 ·············· 21
- 2020년 제1·2회 통합 토목기사 25
- 2020년 제3회 토목기사 ·············· 29
- 2020년 제4회 토목기사 ·············· 33
- 2021년 제1회 토목기사 ·············· 37
- 2021년 제2회 토목기사 ·············· 41
- 2021년 제3회 토목기사 ·············· 45
- 2022년 제1회 토목기사 ·············· 49
- 2022년 제2회 토목기사 ·············· 53
- 2022년 제3회 토목기사 ·············· 57
- 2023년 제1회 토목기사 ·············· 61
- 2023년 제2회 토목기사 ·············· 65
- 2023년 제3회 토목기사 ·············· 69
- 2024년 제1회 토목기사 ·············· 73
- 2024년 제2회 토목기사 ·············· 77
- 2024년 제3회 토목기사 ·············· 81
- 2025년 제1회 토목기사 ·············· 86
- 2025년 제2회 토목기사 ·············· 90
- 2025년 제3회 토목기사 ·············· 94

부록 II CBT 실전 모의고사

- 1회 CBT 실전 모의고사 ·············· 98
- 1회 CBT 실전 모의고사 정답 및 해설 ·············· 101
- 2회 CBT 실전 모의고사 ·············· 103
- 2회 CBT 실전 모의고사 정답 및 해설 ·············· 106
- 3회 CBT 실전 모의고사 ·············· 108
- 3회 CBT 실전 모의고사 정답 및 해설 ·············· 110

핵심 암기노트

[PART 1. 수리학]

CHAPTER 01 | 물의 성질

1. 유체의 기본성질
① 단위질량(밀도, 비질량)
$$\rho = \frac{m}{V} = \frac{\gamma}{g}$$
② 단위중량(비중량)
$$\gamma = \frac{W}{V} = \frac{mg}{V} = \rho g$$
③ 비중
$$S = \frac{W_m}{W_w} = \frac{\gamma_m}{\gamma_w} = \frac{\rho_m}{\rho_w}$$

2. 물의 기본성질
① 점성계수
  ㉠ 1poise = 1g/cm·s = 1dyne·s/cm^2
  ㉡ Newton의 점성법칙 : $\tau = \mu \dfrac{dv}{dy}$
② 동점성계수
$$\nu = \frac{\mu}{\rho}$$
③ 표면장력
$$\sigma = \frac{pd}{4}$$
④ 모세관현상
  ㉠ 유리관 : $h = \dfrac{4\sigma \cos\theta}{\gamma d}$
  ㉡ 연직평판 : $h = \dfrac{2\sigma \cos\theta}{\gamma d}$

3. 단위
① CGS단위
  ㉠ 길이 : cm
  ㉡ 질량 : g
  ㉢ 시간 : sec
② MKS단위
  ㉠ 길이 : m
  ㉡ 질량 : kg
  ㉢ 시간 : sec
③ SI단위
  ㉠ 길이 : m
  ㉡ 질량 : kg
  ㉢ 시간 : sec
  ㉣ 힘 : N(Newton)

4. 차원
① F = [MLT^{-2}]
② M = [FL^{-1}T^2]
③ 주요 물리량의 차원

물리량	MLT계	FLT계
속도	[LT^{-1}]	[LT^{-1}]
밀도	[ML^{-3}]	[FL^{-4}T^2]
힘의 강도	[ML^{-1}T^{-2}]	[FL^{-2}]
단위중량	[ML^{-2}T^{-2}]	[FL^{-3}]
점성계수	[ML^{-1}T^{-1}]	[FL^{-2}T]
동점성계수	[L^{2}T^{-1}]	[L^{2}T^{-1}]
운동량	[MLT^{-1}]	[FT]
표면장력	[MT^{-2}]	[FL^{-1}]
에너지	[ML^{2}T^{-2}]	[FT^{-2}]
동력	[ML^{2}T^{-3}]	[FLT^{-1}]
탄성계수	[ML^{-1}T^{-2}]	[FL^{-2}]

CHAPTER 02 | 정수역학

1. 정수압
$$P = \gamma_w h$$

2. 수압기원리
$$\frac{P_1}{A_1} = \frac{P_2}{A_2}$$

3. 액주계
① U자형 액주계
$$P_A = \gamma_2 h_2 - \gamma_1 h_1$$
② 시차액주계
$$P_A - P_B = \gamma_1(h_3 - h_1) + \gamma_2 h_2$$
③ 미차액주계

4. 전수압

① 수면과 평행한 평면에 작용하는 전수압
$$F = \gamma_w h A$$

② 연직평면에 작용하는 전수압
  ㉠ 전수압 : $F = \gamma_w h_G A$
  ㉡ 작용점 : $h_C = h_G + \dfrac{I_G}{h_G A}$

③ 경사평면에 작용하는 전수압
  ㉠ 전수압 : $F = \gamma_w S_G A \sin\theta$
  ㉡ 작용점 : $h_c = h_G + \dfrac{I_G}{h_G A}\sin^2\theta$

④ 단면2차모멘트
  ㉠ 사각형 : $\dfrac{bh^3}{12}$
  ㉡ 삼각형 : $\dfrac{bh^3}{36}$
  ㉢ 원 : $\dfrac{\pi r^4}{4} = \dfrac{\pi d^4}{64}$

⑤ 곡면에 작용하는 전수압
  ㉠ 수평분력 : 투영면 수평분력과 같음
  $$F_H = \gamma h_G A$$
  ㉡ 수직분력 : 연직물기둥의 무게와 같음
  $$F_V = \gamma \forall$$
  ㉢ $F = \sqrt{F_H^2 + F_V^2}$

5. 부력
$$\gamma_w \forall' = \gamma_s \forall$$

① 안정 : $h = \overline{MG} > 0$, $\dfrac{I_y}{\forall'} > \overline{CG}$

② 불안정 : $h = \overline{MG} < 0$, $\dfrac{I_y}{\forall'} < \overline{CG}$

③ 중립 : $h = \overline{MG} = 0$, $\dfrac{I_y}{\forall'} = \overline{CG}$

6. 상대정지평형

① 수평가속도를 받는 액체
$$\tan\theta = \dfrac{H-h}{b/2} = \dfrac{\alpha}{g}$$

② 연직가속도를 받는 액체
  ㉠ 연직 상향의 가속도를 받는 경우
  $$P_A = \gamma_w h \left(1 + \dfrac{\alpha}{g}\right)$$
  ㉡ 연직 하향의 가속도를 받는 경우
  $$P_A = \gamma_w h \left(1 - \dfrac{\alpha}{g}\right)$$

③ 회전원통 속의 유체
  ㉠ 원통벽에서 유체의 높이
  $$h_a = h + \dfrac{\omega^2}{4g} a^2$$
  ㉡ 원통 중심에서 유체의 높이
  $$h_0 = h - \dfrac{\omega^2}{4g} a^2$$
  ㉢ 유체표면의 높이 관계
  $$h = \dfrac{1}{2}(h_0 + h_a)$$

CHAPTER 03 | 동수역학

1. 유적선과 유관
① 유적선(path line) : 유체 한 입자가 일정한 기간 내에 이동한 경로
② 유관 : 유선으로 이루어진 가상적인 관, 즉 유선의 다발

2. 유선의 방정식
$$dt = \dfrac{dx}{u} = \dfrac{dy}{v} = \dfrac{dz}{w}$$

3. 흐름의 종류
① 정류
$$\dfrac{\partial V}{\partial t} = 0, \quad \dfrac{\partial Q}{\partial t} = 0, \quad \dfrac{\partial \rho}{\partial t} = 0$$

② 부정류
$$\dfrac{\partial V}{\partial t} \neq 0, \quad \dfrac{\partial Q}{\partial t} \neq 0, \quad \dfrac{\partial \rho}{\partial t} \neq 0$$

③ 등류
$$\dfrac{\partial Q}{\partial l} = 0, \quad \dfrac{\partial V}{\partial l} = 0, \quad \dfrac{\partial h}{\partial l} = 0$$

④ 부등류

$$\frac{\partial V}{\partial l} \neq 0, \quad \frac{\partial h}{\partial l} \neq 0, \quad \frac{\partial Q}{\partial l} = 0$$

4. 연속방정식
   ① 질량 보존의 법칙 적용
   ② $Q = A_1 V_1 = A_2 V_2 = \text{const}$

5. 베르누이방정식
   ① 에너지 불변의 법칙(에너지 보존의 법칙) 적용
   ② $\frac{P_1}{\gamma_w} + \frac{V_1^2}{2g} + Z_1 = \frac{P_2}{\gamma_w} + \frac{V_2^2}{2g} + Z_2 = \text{const}$
   ③ 마찰이 없는 이상유체나 비압축성, 정상상태의 흐름에 사용한다.

6. 베르누이방정식의 응용
   ① 작은 오리피스 : $V = \sqrt{2gH}$
   ② 벤투리미터의 유량
      ㉠ 피에조미터를 사용한 경우의 이론유량(h를 측정한 경우)
      $$Q = \frac{A_1 A_2}{\sqrt{A_1^2 - A_2^2}} \sqrt{2gh}$$
      ㉡ U자형 액주계를 사용한 경우의 이론유량 (h'를 측정한 경우)
      $$Q = \frac{A_1 A_2}{\sqrt{A_1^2 - A_2^2}} \sqrt{2gh'\left(\frac{\gamma'}{\gamma} - 1\right)}$$

7. 운동량방정식
   ① 충격력 : $F = \rho Q(V_2 - V_1) = \frac{\gamma}{g} Q(V_2 - V_1)$
   ② 곡관일 경우 $\sum F_x = \rho Q(V_2 \cos\theta - V_1)$,
      $\sum F_y = \rho Q(V_2 \sin\theta - V_1)$

8. 보정계수
   ① 에너지보정계수 : $\alpha = \int_A \left(\frac{V}{V_m}\right)^3 \frac{dA}{A}$
   ② 운동량보정계수 : $\eta = \int_A \left(\frac{V}{V_m}\right)^2 \frac{dA}{A}$

9. 항력
   ① 항력 : $D = C_D A \frac{\rho V^2}{2}$
   ② 저항계수 : 구체의 경우 $C_D = \frac{24}{R_e}$

CHAPTER 04 | 오리피스

1. 작은 오리피스
   $H \geq 5d$인 경우 $Q = Ca\sqrt{2gH}$

2. 큰 오리피스
   $H < 5d$인 경우 $Q = \frac{2}{3} Cb\sqrt{2g}\left(H_2^{\frac{3}{2}} - H_1^{\frac{3}{2}}\right)$

3. 오리피스 배출시간
   $$T = \frac{2A}{Ca\sqrt{2g}}\left(H_1^{\frac{1}{2}} - H_2^{\frac{1}{2}}\right)$$

4. 수중 오리피스의 배수시간
   $$T = \frac{2A_1 A_2}{Ca\sqrt{2g}(A_1 + A_2)}\left(H^{\frac{1}{2}} - h^{\frac{1}{2}}\right)$$

5. 노즐분출거리와 높이
   ① 분출거리 : $x = \frac{V^2}{g} \sin 2\theta$
   ② 분출높이 : $y = \frac{V^2}{2g} \sin^2\theta$

CHAPTER 05 | 위어

1. 구형(직사각형) 위어
   ① $Q = \frac{2}{3} Cb\sqrt{2g}\left(H_2^{\frac{3}{2}} - H_1^{\frac{3}{2}}\right)$
   ② Francis공식
      ㉠ $Q = 1.84 b_o h^{\frac{3}{2}}$
      ㉡ $b_o = b - \frac{n}{10} h$

2. 삼각위어
   $Q = \frac{8}{15} C \tan\frac{\theta}{2} \sqrt{2g} \, h^{\frac{5}{2}}$

3. 제형(사다리꼴) 위어
   $Q = \frac{2}{3} C_1 b_1 \sqrt{2g} \, h^{\frac{3}{2}} + \frac{8}{15} C_2 \tan\frac{\theta}{2} \sqrt{2g} \, h^{\frac{5}{2}}$

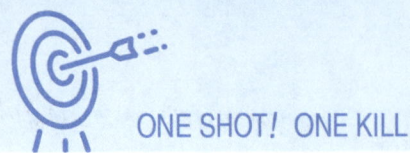

4. 수두와 유량과의 오차관계
① Francis : $\dfrac{dQ}{Q} = \dfrac{db}{b}$

② 오리피스 : $\dfrac{dQ}{Q} = \dfrac{1}{2}\dfrac{dh}{h}$

③ 사각위어 : $\dfrac{dQ}{Q} = \dfrac{3}{2}\dfrac{dh}{h}$

④ 삼각위어 : $\dfrac{dQ}{Q} = \dfrac{5}{2}\dfrac{dh}{h}$

CHAPTER 06 | 관수로

1. 관수로의 특징
① 자유수면이 없다.
② 압력차에 의해 흐른다.
③ 점성력이 지배한다.

$$R_e = \dfrac{VD}{\nu}$$

2. 마찰력(전단응력, Hagen-Poiseuille의 법칙)
층류와 난류의 한계 구분

$$\tau = \gamma_0 RI = \gamma_0 \dfrac{D}{4}\dfrac{h_L}{l} = \dfrac{\gamma_0 h_L}{2l} r = \dfrac{\Delta p}{2l} r$$

3. 에너지손실수두
① 마찰손실수두(Darcy-Weisbach의 공식)

$$h_L = f\dfrac{l}{D}\dfrac{V^2}{2g}$$

㉠ $\dfrac{l}{D} > 3{,}000$: 소손실을 거의 무시하고 마찰손실만 고려(장관)

㉡ $\dfrac{l}{D} < 3{,}000$: 전 손실이 주요 인자로 적용(단관)

② 마찰손실계수

㉠ 층류일 때 : $f = \dfrac{64}{R_e}$

㉡ 난류일 때
- 매끈한 관 : R_e 만의 함수
- 거친 관 : $\dfrac{e}{D}$ 만의 함수

4. 소손실(미소손실)
① 모두 속도수두에 비례한다.

② $h_x = f_x\dfrac{V^2}{2g}$

③ 소손실수두(f_x) : 유입, 유출, 급확대, 급축소, 점확대, 점축소, 굴절, 굴곡, 밸브 등

5. 평균유속공식
① Chezy : $V = C\sqrt{RI}$

② Manning : $V = \dfrac{1}{n}R^{\frac{2}{3}}I^{\frac{1}{2}}$, $C = \dfrac{1}{n}R^{\frac{1}{6}}$

③ Chezy형 유속계수(C)와의 관계

$$f = \dfrac{8g}{C^2}$$

④ Manning의 조도계수(n)와의 관계

$$f = \dfrac{124.6\,n^2}{D^{\frac{1}{3}}}$$

⑤ Ganguillet-Kutter : $V = C\sqrt{RI}$

⑥ Hazen-Williams : $V = 0.84935\,CR^{0.63}I^{0.54}$

⑦ 단일 관수로

$$V = \sqrt{\dfrac{2gH}{f_i + f_o + f\dfrac{l}{D}}} = \sqrt{\dfrac{2gH}{1.5 + f\dfrac{l}{D}}}$$

⑧ 사이펀 : $V = \sqrt{\dfrac{2gH}{f_i + f_b + f_o + f\left(\dfrac{l_1 + l_2}{D}\right)}}$

6. 펌프와 수차의 동력
① 펌프

$$P = \dfrac{9.8\,QH_p}{\eta}\,[\text{kW}],\quad P = \dfrac{13.33\,QH_p}{\eta}\,[\text{HP}]$$

② 수차

$$P = 9.8\,QH_e\eta\,[\text{kW}],\quad P = 13.33\,QH_e\eta\,[\text{HP}]$$

CHAPTER 07 | 개수로

1. 개수로의 특성
① 자유수면을 갖는다.
② 대기압을 받는다.
③ 중력과 수면경사에 의하여 흐른다.

2. 수리상 유리한 단면

① 조건
  ㉠ 경심 최대
  ㉡ 윤변, 비에너지, 비력 최소(유량 최대)
  ㉢ 한계수심 존재

② 직사각형 단면 : $h = \dfrac{B}{2}$

③ 사다리꼴 단면 : $\theta = 60°$, 정육각형 단면의 1/2

3. 단면계수

① 등류 : $Z = AR_h^{\frac{2}{3}}$

② 한계류 : $Z = A\sqrt{\dfrac{A}{B}}$

4. 하천의 평균유속 결정법

① 표면법 : $V_m = 0.85 V_s$

② 1점법 : $V_m = V_{0.6}$

③ 2점법 : $V_m = \dfrac{V_{0.2} + V_{0.8}}{2}$

④ 3점법 : $V_m = \dfrac{V_{0.2} + 2V_{0.6} + V_{0.8}}{4}$

5. 비에너지

① $H_e = h + \alpha \dfrac{V^2}{2g}$

② $h_c = \dfrac{2}{3} H_e$

6. 한계수심

$h_c = \left(\dfrac{n\alpha Q^2}{ga^2}\right)^{\frac{1}{2n+1}}$

① 구형 단면 : $h_c = \left(\dfrac{\alpha Q^2}{gb^2}\right)^{\frac{1}{3}} = \dfrac{2}{3} H_e$

② 포물선 단면 : $h_c = \left(\dfrac{1.5\alpha Q^2}{ga^2}\right)^{\frac{1}{4}} = \dfrac{3}{4} H_e$

③ 삼각형 단면 : $h_c = \left(\dfrac{2\alpha Q^2}{gm^2}\right)^{\frac{1}{5}} = \dfrac{4}{5} H_e$

7. 프루드수(F_r)에 따른 흐름의 구분

$F_r = \dfrac{V}{\sqrt{gh}}$

① $F_r < 1$: 상류

② $F_r = 1$: 한계류

③ $F_r > 1$: 사류

8. 흐름의 판별

구분	상류	한계류	사류
F_r	$F_r < 1$	$F_r = 1$	$F_r > 1$
H_c	$H_c < H$	$H_c = H$	$H_c > H$
V_c	$V_c > V$	$V_c = V$	$V_c < V$
I_c	$I_c > I$	$I_c = I$	$I_c < I$

9. 비력

$M = h_G A + \eta \dfrac{Q}{g} V$

10. 도수

① $\dfrac{h_2}{h_1} = \dfrac{1}{2}\left(\sqrt{1 + 8F_{r1}^2} - 1\right)$

② 에너지손실 : $\Delta H_e = \dfrac{(h_2 - h_1)^3}{4h_1 h_2}$

11. 부등류의 수면곡선

① 완경사($I < I_c$, $h_0 > h_c$, 상류)
  ㉠ $h > h_0 > h_c$: 배수곡선(M_1)
  ㉡ $h_0 > h > h_c$: 저하곡선(M_2)
  ㉢ $h_0 > h_c > h$: 배수곡선(M_3)

② 급경사($I > I_c$, $h_0 < h_c$, 사류)
  ㉠ $h > h_c > h_0$: 배수곡선(S_1)
  ㉡ $h_c > h > h_0$: 저하곡선(S_2)
  ㉢ $h_c > h_0 > h$: 배수곡선(S_3)

③ 한계경사($I = I_c$, $h_0 = h_c$, 한계류)
  ㉠ $h > h_0 = h_c$: C_1곡선
  ㉡ $h_0 = h_c > h$: C_3곡선

12. 수면곡선 기본식

① 폭이 대단히 넓은 사각형 수로

$\dfrac{dh}{dx} = i\left(\dfrac{h^3 - h_o^3}{h^3 - h_c^3}\right)$

② 폭이 넓은 포물선 수로

$\dfrac{dh}{dx} = i\left(\dfrac{h^4 - h_o^4}{h^4 - h_c^4}\right)$

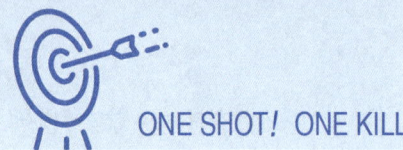

CHAPTER 08 | 지하수와 수리학적 상사

1. **대수층의 종류**
   ① 비피압대수층 : 지하수위면이 존재함
   ② 피압대수층 : 압력을 받고 있는 대수층

2. **Darcy의 법칙**
   ① 가정조건
      ㉠ 지하수의 흐름은 정상류이고 층류의 흐름이다.
      ㉡ 투수층을 구성하고 있는 투수물질은 균일하고 동질이다.
      ㉢ 대수층 내에 모관수대는 존재하지 않는다.
   ② 유속 : $V = KI$
   ③ 유량 : $Q = KIA$

3. **Dupuit의 침윤선공식**
   $q = \dfrac{K}{2L}(h_1^2 - h_2^2)$

4. **유량**
   ① 굴착정 : $Q = \dfrac{2\pi a K(H - h_0)}{2.3 \log\left(\dfrac{R}{r_0}\right)}$
   ② 깊은 우물(심정) : $Q = \dfrac{\pi K(H^2 - h_0^2)}{2.3 \log\left(\dfrac{R}{r_0}\right)}$
   ③ 불투수층에 달하는 집수암거
      ㉠ 단위 m당 유량(한쪽 측면 유입 시)
      $q = \dfrac{K}{2R}(H^2 - h_0^2)$
      ㉡ 전체 유량(양쪽 측면 유입 시)
      $Q = \dfrac{Kl}{R}(H^2 - h_0^2)$

5. **수리학적 상사**
   ① 기하학적 상사
   ② 운동학적 상사
   ③ 동역학적 상사

6. **수리모형법칙(특별상사법칙)**
   ① 레이놀즈(Reynold)의 상사법칙 : 마찰력, 점성력
   ② 프루드(Froude)의 상사법칙 : 중력, 관성력
   ③ 웨버(Weber)의 상사법칙 : 표면장력
   ④ 코시(Cauchy)의 상사법칙 : 탄성력
   $V_r = L_r^{1/2}, \ T_r = L_r^{1/2}, \ Q_r = L_r^{5/2}$

7. **왜곡축척**
   ① Froude의 상사법칙
      ㉠ 유속비 : $V_r = Y_r^{1/2}$
      ㉡ 시간비 : $T_r = \dfrac{X_r}{Y_r^{1/2}}$
      ㉢ 유량비 : $Q_r = X_r Y_r^{3/2}$
   ② Manning공식을 이용한 조도비
      ㉠ $V_r = \dfrac{1}{n_r} R_r^{2/3} I_r^{1/2}$
      여기서, $I_r = \dfrac{Y_r}{X_r}$
      ㉡ 조도비에 관한 관계식 : $n_r = \dfrac{R_r^{2/3}}{X_r^{1/2}}$
      ㉢ 광폭수로인 경우($R_r = Y_r$) : $n_r = \dfrac{Y_r^{2/3}}{X_r^{1/2}}$

CHAPTER 09 | 해안수리

1. **파의 정의와 제원**
   ① 파(wave) 또는 파동 : 매질의 진동으로 인한 어느 특정한 형상이 매체 중을 전파하는 현상
   ② 파고 : 파형의 최고수위의 파봉(wave crest)과 최저수위의 파곡(wave trough) 간의 연직거리이다.
   ③ 파장 : 이웃하는 파봉(또는 파곡) 간의 수평거리
   ④ 주기 : 해면상의 고정점을 이웃하는 2개의 파봉 또는 파곡이 통과하는 데 소요되는 시간

2. **파의 분류**
   ① $\dfrac{h}{L} > \dfrac{1}{2}$ 일 때 심해파(deep water waves)
   ② $\dfrac{1}{25} < \dfrac{h}{L} \leq \dfrac{1}{2}$ 일 때 천해파(shallow water waves)
   ③ $\dfrac{h}{L} \leq \dfrac{1}{25}$ 일 때 장파(long waves) 또는 극천해파

3. 유의파(1/3 최대파)

   파의 기록 중 파고가 큰 쪽부터 세어서 $\frac{1}{3}$ 이내에 있는 파의 파고를 산술평균한 것

4. 미소진폭파이론의 가정
   ① 물은 비압축성이고 밀도는 일정하다.
   ② 수저는 수평이고 불투수층이다.
   ③ 수면에서의 압력은 일정하다.
   ④ 파고는 파장과 수심에 비해 대단히 작다.

5. 분산방정식

   $\sigma^2 = gk \tanh kh$

   $L = \frac{gT^2}{2\pi} \tanh \frac{2\pi h}{L}$

   ① 심해파 : $L_o = \frac{gT^2}{2\pi} = 1.56 T^2$

   ② 극천해파 : $L = \sqrt{gh}\, T$

6. 파랑에너지

   $E = \frac{\rho g H^2}{8}$

[PART 2. 수문학]

CHAPTER 10 | 수문학

1. 물의 순환과정

   증발 → 강수 → 차단 → 증산 → 침투 → 침루 → 유출

2. 물수지방정식

   강수량(P) ⇌ 유출량(R)+증발산량(E)+침투량(C)+저유량(S)

3. 우리나라 수자원의 특성
   ① 동고서저이다.
   ② 6~9월에 강우가 집중된다.
   ③ 하천유출량은 홍수 시 집중된다.
   ④ 하천경사가 급한 곳이 많다.

4. 평균기온과 정상기온의 정의
   ① 평균기온 : 임의의 시간 동안의 산술평균기온

   ② 정상기온 : 특정 일이나 월, 계절, 또는 연(年)에 대한 최근 30여 년간의 평균값

5. 상대습도

   $h = \frac{e}{e_s} \times 100\%$

   여기서, e : 실제 증기압
   e_s : 포화증기압

CHAPTER 11 | 강수

1. 2중누가우량분석

   수자원계획 수립 시 장기간 강우(강수)자료의 일관성 검사가 요구된다.

2. 평균강우량 산정방법
   ① 산술평균법
   ② Thiessen가중법

   $P_m = \frac{A_1 P_1 + A_2 P_2 + \cdots + A_n P_n}{A_1 + A_2 + \cdots + A_n}$

   ③ 등우선법

3. DAD의 개념

   각 유역별로 최대 우량깊이(D)-유역면적(A)-강우지속기간(D) 간의 관계를 수립하는 작업을 말한다.

4. PMP(가능 최대 강수량)의 정의

   어떤 지역에서 생성될 수 있는 최악의 기상조건하에서 발생 가능한 호우로 인해 그 지역에서 예상되는 최대 강수량으로, 극한상태의 DAD곡선을 사용하여 결정할 수 있다.

CHAPTER 12 | 증발산과 침투

1. 증발량 산정방법
   ① 물수지방법
   ② 에너지수지에 의한 방법
   ③ 공기동역학적 방법
   ④ 에너지수지+공기동역학적 방법

⑤ 증발접시 측정에 의한 방법
※ 기상자료에 의한 방법 : Blaney-Criddle방법, Thornthwaite방법

2. 침투지수법에 의한 침투능 결정법
① ϕ-index법
  ㉠ 호우 발생 시 예상유출량을 개략적으로 산정한다.
  ㉡ 침투능의 시간에 따른 변화를 고려하지 않는다.
  ㉢ '총강우량=유출량+침투량'에서 침투량을 산정한 후 ϕ-지표를 산정한다.

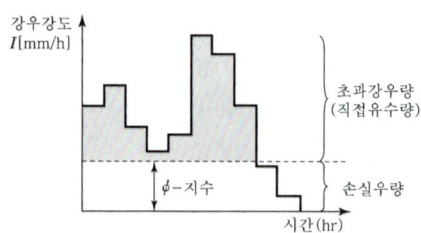

② W-index법 : 강우강도가 침투능보다 큰 호우기간 동안의 평균침투율이다.

CHAPTER 13 | 하천유량과 유출

1. 수위-유량관계곡선(rating curve)이 loop형을 이루는 이유
  ① 하도의 인공, 자연적 변화
  ② 배수 및 저하효과
  ③ 홍수 시 수위의 급상승 및 급강하

2. 수위-유량곡관계선의 연장방법
  ① 전대수지법
  ② Stevens법
  ③ Manning공식에 의한 방법

3. 유출 해석을 위한 분류
  ① 직접유출(direct runoff)
    ㉠ 강수 후 비교적 짧은 시간에 하천으로 흘러 들어가는 유출
    ㉡ 지표면유출, 지표하유출, 수로상 강수

② 기저유출(base runoff)
  ㉠ 비가 오기 전의 건조 시의 유출
  ㉡ 지하수유출, 지표하유출(중간 유출)

4. 유효강우량
  ① 직접유출에 해당하는 강우량
  ② 유효강우량=초과강수량+지표하유출수

CHAPTER 14 | 수문곡선의 해석

1. 직접유출과 기저유출의 분리법(수문곡선 분리법)
  ① 지하수감수곡선법
  ② 수평직선분리법
  ③ N-day법
  ④ 수정 N-day법

2. 단위도의 가정
  ① 일정 기저시간가정
  ② 비례가정
  ③ 중첩가정

3. S-curve방법
긴 지속기간을 가진 단위도에서 짧은 지속기간을 가진 단위도를 유도하는 방법

4. 합성단위유량도
단위도의 각 요소인 첨두유량, 기저시간, 지체시간의 관계식을 얻는다면 미계측지역의 경우라도 단위도를 합성할 수 있다.

5. SCS의 초과강우량 산정방법
유출량자료가 없는 경우에 유역의 토양특성과 식생피복상태 등에 대한 상세한 자료만으로 초과강우량을 산정하는 방법

6. 합리식에 의한 첨두유량 산정
$Q = CIA$
  ① $A[km^2]$인 경우 : $Q = \dfrac{1}{3.6} CIA$
  ② $A[ha]$인 경우 : $Q = \dfrac{1}{360} CIA$

PART 1

수리학

CHAPTER 01 | **유체의 기본성질**
CHAPTER 02 | **정수역학**
CHAPTER 03 | **동수역학**
CHAPTER 04 | **오리피스**
CHAPTER 05 | **위어**
CHAPTER 06 | **관수로**
CHAPTER 07 | **개수로**
CHAPTER 08 | **지하수와 수리학적 상사**
CHAPTER 09 | **해안수리**

CHAPTER 01 유체의 기본성질

Hydraulics and Hydrology

회독 체크표
1회독	월	일
2회독	월	일
3회독	월	일

최근 10년간 출제분석표
2015	2016	2017	2018	2019	2020	2021	2022	2023	2024
0.0%	1.7%	5.0%	5.0%	1.7%	1.7%	3.3%	5.0%	6.7%	3.4%

출제 POINT

학습 POINT
- 점성 유체, 비점성 유체
- 압축성 유체, 비압축성 유체
- 이상유체, 실제 유체

SECTION 1 유체의 종류

일반적으로 물질은 고체와 유체로 구분되며, 고체는 변형이 불가능한 강체와 변형이 가능한 변형체로 분류되고, 유체는 보통 액체와 기체로 나누어진다. 유체는 기체와 액체를 통틀어 일정한 고정된 형상을 갖지 않는 물체를 말한다.

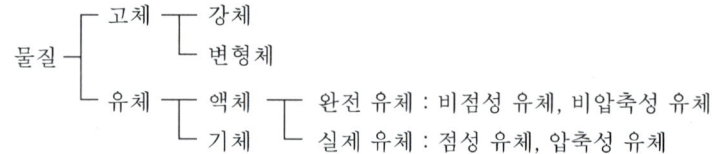

[그림 1-1] 유체의 종류

1 점성에 따른 분류

■ 점성에 따른 분류
① 점성 유체
② 비점성 유체

1) 점성 유체
유체가 흐를 때 유체의 점성 때문에 입자 상호 간에 서로 힘(전단력)이 작용하여 전단응력이 발생하는 유체이다. 즉, 점성을 무시할 수 없는 유체로 점성에 의해 내부저항이 나타나는 유체를 말한다.

2) 비점성 유체
유체가 흐를 때 점성이 전혀 없거나 전단력이 작용하지 않아 전단응력을 무시해도 운동상태가 충분히 설명될 수 있는 유체이다. 즉, 점성을 무시할 수 있는 유체를 말한다.

2 압축성에 따른 분류

1) 압축성 유체
일정한 온도하에서 압력을 변화시킴에 따라 체적이 쉽게 변하는 유체로, 액체에 비해 기체의 체적변화가 심하다.

2) 비압축성 유체
압력의 변화에 따라 체적의 변화가 발생하지 않는 유체로, 유체 중 액체의 체적변화는 거의 생기지 않는다.

3 이상유체와 실제 유체

1) 이상유체(완전 유체)
흐르는 유체의 점성을 무시하여 전단응력이 발생하지 않으며 압력에 의한 체적이 변하지 않은 유체, 즉 비점성 유체, 비압축성 유체를 말한다.

2) 실제 유체(뉴턴유체)
점성 유체, 압축성 유체를 말한다. 실제 유체를 뉴턴(Newton)유체라고도 하며, 수리학에서 물은 일반적으로 뉴턴유체로 간주한다.

SECTION 2 유체의 물리적 성질

1 유체의 기본성질

1) 단위질량(밀도, 비질량)
① 물체에서 단위체적당의 질량을 말하며 밀도 또는 비질량이라고도 한다.

$$\rho = \frac{m}{V} = \frac{\gamma}{g}$$

② 각 유체의 단위질량
  ㉠ 담수(민물)

  $$\rho = 1\text{g/cm}^3 = 1\text{t/m}^3 = \frac{\gamma}{g} = \frac{1{,}000\text{kg/m}^3}{9.8\text{m/s}^2} = 102\text{kg} \cdot \text{s}^2/\text{m}^4$$

  ㉡ 해수(바닷물)

  $$\rho = 1.025\text{g/cm}^3 = 1.025\text{t/m}^3 = 104.6\text{kg} \cdot \text{s}^2/\text{m}^4$$

  ㉢ 수은 : $\rho = 13.6\text{g/cm}^3 = 13.6\text{t/m}^3$

출제 POINT

■ 압축성에 따른 분류
① 압축성 유체
② 비압축성 유체

■ 유체의 분류
① 이상유체(완전 유체)
② 실제 유체(뉴턴유체)

학습 POINT
- 유체의 기본성질
- 물의 기본성질

■ 유체의 기본성질
① 단위질량(밀도, 비질량)

$$\rho = \frac{m}{V} = \frac{\gamma}{g}$$

② 단위중량(비중량)

$$\gamma = \frac{W}{V} = \rho g$$

③ 비중

$$S = \frac{\gamma_s}{\gamma_w}$$

출제 POINT

2) 단위중량(비중량)

① 단위체적당의 중량을 말하며 비중량이라고도 한다.

$$\gamma = \frac{W}{V} = \frac{mg}{V} = \rho g$$

② 비체적은 단위중량의 역수로서 유체의 단위중량이 차지하는 체적이다.

$$v_s = \frac{1}{\gamma} = \frac{V}{W}$$

3) 비중

① 어떤 물체의 밀도(단위중량)와 물의 밀도(단위중량)와의 비(S)를 비중이라 한다.

$$S = \frac{\text{물체의 밀도}}{4℃ \text{ 물의 밀도}} = \frac{\text{물체의 단위중량}}{4℃ \text{ 물의 단위중량}} = \frac{\gamma_s}{\gamma_w}$$

② 밀도 또는 단위중량과 값이 같고 단위가 없다. 즉, 무차원이다.
③ 4℃ 물의 비중은 $S=1$이다.

2 물의 기본성질

1) 물의 점성(viscosity)

① 유체의 흐름이 벽면에 가까운 쪽의 유체속도가 위쪽의 속도보다 작으므로 아래쪽의 유체를 끌고 가려고 하며, 반대로 아래쪽의 유체는 위쪽의 유체를 멈추게 하려고 한다. 이는 유체의 점성 때문에 발생한다.
② 이와 같이 유체의 내부에서 조절작용을 일으키게 되는데, 이와 같은 작용을 일으키게 하는 유체의 성질을 점성이라 하며, 이 작용을 내부마찰이라 한다.
③ 유체 내부에 상대속도가 없으면 전단응력이 작용하지 않는다.
④ Newton의 점성법칙

$$\tau = \mu \frac{dv}{dy}$$

여기서, τ : 전단응력, μ : 점성계수, $\frac{dv}{dy}$: 속도의 변화율

■ Newton의 점성법칙

$$\tau = \mu \frac{dv}{dy}$$

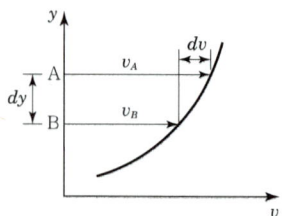

[그림 1-2] 뉴턴의 점성법칙

2) 점성계수(μ)와 동점성계수(ν)

(1) 점성계수
① 점성계수는 액체의 내부에서 상대적으로 저항하는 전단응력과 속도변화율의 비를 말한다. 점성계수의 사용단위는 다음과 같다.

$$1\text{poise} = 1\text{g/cm}\cdot\text{s} = 1\text{dyne}\cdot\text{s/cm}^2$$

② 물의 점성계수의 크기는 물의 온도가 증가함에 따라 감소하나, 기체의 점성계수는 증가한다.
③ 일정한 온도하에서 물에 외부의 압력이 증가하면 점성계수는 감소한다.
④ 물의 점성계수와 온도($t[℃]$)의 관계식

$$\mu = \frac{0.0179}{1 + 0.0337t + 0.000221t^2}\,[\text{g/cm}\cdot\text{s}]\ (0℃ < t < 50℃\text{ 일 때})$$

(2) 동점성계수
① 동점성계수는 점성계수를 밀도로 나눈 값을 말한다.

$$\nu = \frac{\mu}{\rho}$$

② 동점성계수의 사용단위는 $1\text{stokes} = 1\text{cm}^2/\text{s}$이다.

(3) 유동계수
유동계수는 점성계수의 역수를 말한다.

$$\text{유동계수} = \frac{1}{\mu}$$

3) 물의 압축성
① 물체에 외부에서 압력을 가하면 체적이 압축되는 물의 성질을 압축성이라 하고, 압력을 제거하면 원상태로 되돌아오는 성질을 탄성이라고 한다.
② 물은 상온(10℃)에서 약 1,000기압의 압력을 가하면 체적은 약 5% 감소한다.
③ 물의 압축성 크기는 체적탄성계수와 압축계수를 사용하여 나타낸다.
  ㉠ 체적탄성계수

  $$E_w = \frac{\Delta P}{\Delta V / V} = \frac{1}{C_w}$$

  ㉡ 압축계수

  $$C_w = \frac{\Delta V / V}{\Delta P} = \frac{1}{E_w}$$

  여기서, ΔP : 압력의 변화량, $\Delta V / V$: 체적변화율
④ 탄성계수와 압축계수의 관계는 역수관계에 있다.

$$C_w E_w = 1$$

출제 POINT

■ 점성계수(μ)
$1\text{poise} = 1\text{g/cm}\cdot\text{s} = 1\text{dyne}\cdot\text{s/cm}^2$

■ 동점성계수
$\nu = \dfrac{\mu}{\rho}$

■ 체적탄성계수
$E_w = \dfrac{\Delta P}{\Delta V / V} = \dfrac{1}{C_w}$

■ 압축계수
$C_w = \dfrac{\Delta V / V}{\Delta P} = \dfrac{1}{E_w}$

> 출제 POINT

4) 표면장력(surface tension)

① **응집력은 같은 분자 사이의 인력**을 말하고, **부착력은 다른 분자 사이의 인력**을 말한다. 풀에 이슬방울이 형성될 때의 인력은 응집력이고, 액체가 고체의 표면에 부착하는 경우의 인력은 부착력이다.

② 물은 응집력보다 부착력이 크므로 관벽을 타고 상승하지만, 수은은 부착력보다 응집력이 커서 반대로 하강한다.

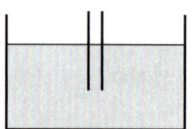 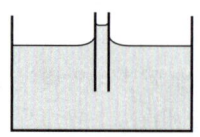 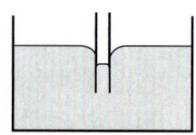

(a) 접촉각 $\theta = 90°$ 응집력=부착력
(b) 접촉각 $0° < \theta < 90°$ 응집력<부착력
(c) 접촉각 $90° < \theta < 180°$ 응집력>부착력

[그림 1-3] 응집력과 부착력

③ **표면장력은 단위길이당 발생하는 인장력**을 말하고, 액체와 기체의 경계면에 작용하는 분자인력이다. 유체 반구의 평형조건식을 생각하면 $\sigma \pi d = p\dfrac{\pi d^2}{4}$ 로부터

$$\therefore \sigma = \dfrac{pd}{4} [\text{dyne/cm}]$$

여기서, σ : 표면장력, p : 유체 내부의 압력강도, d : 유체직경(액체의 직경)

■ 표면장력

$\sigma = \dfrac{pd}{4}$

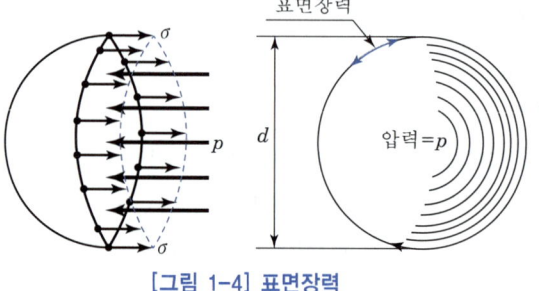

[그림 1-4] 표면장력

5) 모세관현상(capillarity in tube)

① 액체 속에 가느다란 관(모세관)을 세우면 유체입자 간의 응집력(표면장력)과 유체입자와 관벽 사이의 부착력에 의해 액체의 수면이 관을 따라 상승 또는 하강하는 현상을 모세관현상이라고 한다.

② 모세관(유리관)을 연직으로 세운 경우
관 내의 상승된 물의 표면에 평형을 생각하면 관 주위에 작용하는 표면장력의 수직성분과 관 내 유체의 무게는 같다.

$$\sigma \cos\theta \pi d = \gamma \dfrac{\pi d^2}{4} h$$

■ 모세관현상

① 유리관 : $h = \dfrac{4\sigma \cos\theta}{\gamma d}$

② 연직평판 : $h = \dfrac{2\sigma \cos\theta}{\gamma d}$

$$\therefore h = \frac{4\sigma \cos\theta}{\gamma d} = \frac{2\sigma \cos\theta}{\gamma r}$$

여기서, h : 모관 상승고, σ : 표면장력, d : 지름, r : 반지름

③ 평행한 2개의 연직평판을 세운 경우

모든 조건이 동일하다면 유리관의 상승고가 연직평판보다 2배 높다.

$$h = \frac{2\sigma \cos\theta}{\gamma d}$$

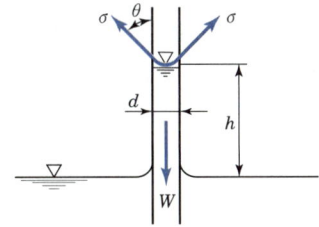
(a) 유리관을 세운 경우

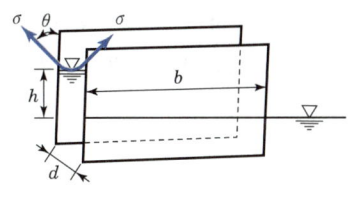
(b) 연직평판을 세운 경우

[그림 1-5] 모세관현상

SECTION 3 단위와 차원

1 단위

1) 단위(unit)의 정의

① 단위란 **물리적인 양의 크기**를 표시하는 일정한 기준량을 말한다. 물리량에는 기본량과 유도량이 있다.

② 기본량은 독립된 물리량으로 기본물리단위 7개가 있다.

길이(m), 질량(kg), 시간(sec), 전류(A),
열역학적 온도(K), 물질의 양(mol), 광도(cd)

③ 유도량은 기본량으로부터 유도된 물리량을 말한다.

2) 기본단위와 유도단위

① **기본단위**는 기본량에 속하는 기본적인 단위(**길이, 질량, 시간 등**)이다.
② 유도단위는 조합된 단위로 기본단위로부터 유도된 단위(속력, 속도, 가속도, 압력, 응력, 운동량, 힘, 일, 일률 등)를 말한다.

■ 단위
① $1N = 1kgf \cdot m/s^2$ (MKS단위)
② $1dyne = 1g \cdot cm/s^2$ (CGS단위)
③ $1kgf = 9.8N$
④ $1gf = 980 dyne$

출제 POINT

3) 중력단위와 절대단위

① 중력단위는 중력가속도(g)를 기준으로 한 단위(tf, kgf, gf 등)이다.
② 절대단위는 질량을 기준으로 한 단위(N, dyne, J, erg, W 등)이다.

$$1N=1kgf \cdot m/s^2 \text{(MKS단위)}$$
$$1dyne=1g \cdot cm/s^2 \text{(CGS단위)}$$
$$\therefore 1N=10^5 dyne$$

③ 중력단위와 절대단위의 관계

$$1kgf=1kg \times 9.8m/s^2=9.8kg \cdot m/s^2=9.8N$$
$$1gf=1g \times 980cm/s^2=980g \cdot cm/s^2=980dyne$$

4) CGS단위와 MKS단위

① CGS단위는 길이를 cm, 질량을 g, 시간을 sec를 사용하는 단위계이다.
② MKS단위는 길이를 m, 질량을 kg, 시간을 sec를 사용하는 단위계이다.

■ CGS단위
① 길이 : cm
② 질량 : g
③ 시간 : sec

■ MKS단위
① 길이 : m
② 질량 : kg
③ 시간 : sec

5) 국제단위(SI단위)

① 길이를 m, 질량을 kg, 시간을 sec로 표시하고, 힘의 기본단위를 N(Newton)으로 표시하는 단위계이다.
② 주요 국제단위

물리량	단위명칭	기호	다른 단위와의 관계
힘(force)	뉴턴(Newton)	N	$1N=1kgf \cdot m/s^2$
압력, 응력	파스칼(Pascal)	Pa	$1Pa=1N/m^2=1kgf/m \cdot s^2$
에너지, 일	줄(Joule)	J	$1J=1N \cdot m=1kgf \cdot m^2/s^2$
주파수(frequency)	헤르츠(Hertz)	Hz	$1Hz=1/s$
동력(power)	와트(Watt)	W	$1W=1J/s=1kgf \cdot m^2/s^3$

※ $1l=10^3 ml=10^{-3}m^3=10^3 cm^3$, $1ml=1cc=1cm^3$

6) 공학단위

공학단위란 기본단위의 질량 대신에 힘(force, F)를 사용한 FLT계의 단위로 공학에서 근사값으로 사용하는 단위이다.

2 차원(dimension)

1) 차원의 정의 및 표시

■ 차원은 물리량의 특징이다.

① 기본적인 물리량에 의한 방정식형태로 적절한 문자의 조합을 표시하는 것으로 단위의 대소에 관계없이 길이(L), 잘량(M), 시간(T)의 공통된 3개의 기본단위로 표시하는 것을 차원이라 한다.

② 차원의 표시(MLT계와 FLT계)

구분	길이(length)	질량(mass)	시간(time)
MLT계	L	M	T
FLT계	L	F(중량)	T

2) MLT계를 FLT계로 변환하는 방법

① Newton의 제2법칙(운동의 법칙)에서

$$F = ma = [\text{MLT}^{-2}]$$

$$\therefore M = [FL^{-1}T^2]$$

② Newton의 운동방정식에서 힘은 운동량의 시간변화량과 같다.

$$F = ma = m\frac{dv}{dt} = \frac{d}{dt}(mv)$$

3) 수리학에서 취급하는 주요 물리량의 차원

물리량	방정식	MLT계	FLT계
길이	l	$[L]$	$[L]$
면적	$A = l^2$	$[L^2]$	$[L^2]$
체적	$V = l^3$	$[L^3]$	$[L^3]$
속도	$v = dl/dt$	$[LT^{-1}]$	$[LT^{-1}]$
가속도	$\alpha = dv/dt$	$[LT^{-2}]$	$[LT^{-2}]$
각속도	$\omega = d\theta/dt$	$[T^{-1}]$	$[T^{-1}]$
각가속도	$\alpha_\theta = d\omega/dt$	$[T^{-2}]$	$[T^{-2}]$
질량	m	$[M]$	$[FL^{-1}T^2]$
밀도	$\rho = m/V$	$[ML^{-3}]$	$[FL^{-4}T^2]$
힘	$F = ma$	$[MLT^2]$	$[F]$
힘의 강도	$p = F/l^2$	$[ML^{-1}T^{-2}]$	$[FL^{-2}]$
단위중량	$\gamma = F/l^3$	$[ML^{-2}T^{-2}]$	$[FL^{-3}]$
점성계수	$\mu = \tau(dl/dv)$	$[ML^{-1}T^{-1}]$	$[FL^{-2}T]$
동점성계수	$\nu = \mu/\rho$	$[L^2T^{-1}]$	$[L^2T^{-1}]$
운동량	$M = mv$	$[MLT^{-1}]$	$[FT]$
표면장력	$T = F/l$	$[MT^{-2}]$	$[FL^{-1}]$
에너지	$E = Fl$	$[ML^2T^{-2}]$	$[FT^{-2}]$
동력	$P = dE/dt$	$[ML^2T^{-3}]$	$[FLT^{-1}]$
탄성계수	$E = F/l^2$	$[ML^{-1}T^{-2}]$	$[FL^{-2}]$

출제 POINT

■ 차원의 표시

구분	길이	질량	시간
MLT계	L	M	T
FLT계	L	F(중량)	T

■ $F = [MLT^{-2}]$
■ $M = [FL^{-1}T^2]$

■ 주요 물리량의 차원
① 밀도 $= [ML^{-3}] = [FL^{-4}T^2]$
② 단위중량 $= [ML^{-2}T^{-2}] = [FL^{-3}]$
③ 점성계수 $= [ML^{-1}T^{-1}] = [FL^{-2}T]$
④ 동점성계수 $= [L^2T^{-1}] = [L^2T^{-1}]$

CHAPTER 01 기출문제

1. 유체의 종류

01 완전 유체에 대한 설명으로 올바른 것은?
① 불순물이 포함되어 있지 않은 유체를 말한다.
② 온도가 변해도 밀도가 변하지 않는 유체를 말한다.
③ 비압축성이고 동시에 비점성인 유체이다.
④ 자연계에 존재하는 물을 말한다.

해설 유체의 분류
㉠ 이상유체(완전 유체) : 비점성 유체, 비압축성 유체
㉡ 실제 유체(뉴턴유체) : 점성 유체, 압축성 유체

02 전단응력 및 인장력이 발생하지 않으며 전혀 압축되지도 않고 손실수두(h_L)가 0인 유체를 무엇이라 하는가?
① 관성 유체   ② 완전 유체
③ 소성 유체   ④ 점성 유체

해설 비점성, 비압축성인 유체를 이상유체 또는 완전 유체라 한다.

03 실제 유체에서만 발생하는 현상이 아닌 것은?
① 박리현상(separation)
② 경계층
③ 마찰에 의한 에너지손실
④ 압력의 전달

해설 압력의 전달은 모든 유체에서 발생한다.

04 비압축성 이상유체에 대한 다음 내용 중 ( ) 안에 들어갈 알맞은 말은?

> 비압축성 이상유체는 압력 및 온도에 따른 ( )의 변화가 미소하여 이를 무시할 수 있다.

① 밀도   ② 비중
③ 속도   ④ 점성

해설 비압축성 이상유체는 압력 및 온도에 따른 밀도의 변화가 미소하여 이를 무시할 수 있다.

2. 유체의 물리적 성질

05 유체의 기본성질에 대한 설명으로 틀린 것은?
① 압력변화와 체적변화율의 비를 체적탄성계수라 한다.
② 압축률과 체적탄성계수는 비례관계에 있다.
③ 액체와 기체의 경계면에 작용하는 분자인력을 표면장력이라 한다.
④ 액체 내부에서 유체분자가 상대적인 운동을 할 때, 이에 저항하는 전단력이 작용한다. 이 성질을 점성이라 한다.

해설 압축률과 체적탄성계수는 반비례관계에 있다.
$$C_w = \frac{1}{E_w}$$

06 물의 성질을 설명한 것 중 옳지 않은 것은?
① 압력이 증가하면 물의 압축계수(C_w)는 감소하고, 체적탄성계수(E_w)는 증가한다.
② 내부마찰력이 큰 것은 내부마찰력이 작은 것보다 그 점성계수의 값이 크다.
③ 물의 점성계수는 수온(℃)이 높을수록 그 값이 커지고, 수온이 낮을수록 그 값은 작아진다.
④ 공기에 접촉하는 액체의 표면장력은 온도가 상승하면 감소한다.

해설 물의 점성계수는 수온이 높을수록 그 값이 작아지고, 수온이 낮을수록 그 값은 커진다.
$$\mu = \frac{0.01779}{1+0.03368t+0.00022099t^2}$$
∴ 온도와 점성계수의 관계는 반비례관계이다.

정답 1.③ 2.② 3.④ 4.① 5.② 6.③

07 물의 물리적 성질에 대한 설명으로 틀린 것은?

① 1기압의 물은 4℃에서 최대 밀도를 갖는다.
② 비중을 표시하는 수치와 밀도를 표시하는 수치는 항상 동일하다.
③ 순수한 물은 4℃에서 가장 무겁고 비중은 1이다.
④ 해수는 담수에 비하여 비중이 크다.

> **해설** 비중 = $\dfrac{\text{물체의 밀도}}{4℃\ \text{물의 밀도}}$ 로, 그 수치는 항상 동일하지 않다.

08 액체가 흐르고 있을 경우 어느 한 단면에 있어서 유속이 빠른 부분은 느린 부분의 물입자를 앞으로 끌어당기려 하고, 유속이 느린 부분은 빠른 부분의 물입자를 뒤로 잡아당기는 듯한 작용을 한다. 이러한 유체의 성질을 무엇이라 하는가?

① 점성
② 탄성
③ 압축성
④ 유동성

> **해설 점성**
> 유체입자의 상대적인 속도차이로 인해서 전단응력을 일으키는 물의 성질을 점성이라 한다. 점성으로 인해 유속분포는 관의 중앙에서 가장 빠르고, 벽에서는 거의 0에 가까운 포물선분포를 한다.

09 물에 대한 성질을 설명한 것으로 옳지 않은 것은?

① 점성계수는 수온이 높을수록 작아진다.
② 동점성계수는 수온에 따라 변하며 온도가 낮을수록 그 값은 크다.
③ 물은 일정한 체적을 갖고 있으나 온도와 압력의 변화에 따라 어느 정도 팽창 또는 수축을 한다.
④ 물의 단위중량은 0℃에서 최대이고, 밀도는 4℃에서 최대이다.

> **해설** 표준대기압(1기압)하의 물의 단위중량은 4℃에서 최대이며, 순수한 물인 경우 $\gamma = 9.81\,kN/m^3$이다.

10 상온에 있는 물의 성질 중 틀린 것은?

① 온도가 증가하면 동점성계수는 감소한다.
② 온도가 증가하면 점성계수는 감소한다.
③ 온도가 증가하면 표면장력은 증가한다.
④ 온도가 증가하면 체적탄성계수는 증가한다.

> **해설 온도가 증가하는 경우 물의 성질**
> ㉠ 액체의 점성은 액체분자 간의 응집력에 의한 것으로, 온도가 증가하면 응집력이 작아지므로 점성계수가 작아진다.
> ㉡ 동점성계수가 작아진다.
> ㉢ 분자 간의 인력이 작아지므로 표면장력이 작아진다.
> ㉣ 체적탄성계수가 커진다.

11 수리학적 계산에서 보통 취급하는 물의 성질을 열거한 것이다. 틀린 것은?

① 물의 비중은 기름의 비중보다 크다.
② 해수도 담수와 같은 단위무게로 취급한다.
③ 물은 보통 완전 유체로 취급한다.
④ 물의 비중량은 보통 $1g/cc = 1,000kg/m^3 = 9,800N/m^3$를 쓴다.

> **해설** 수리학적 계산에서 취급하는 물은 실제 유체이다.

12 물의 점성계수에 대한 설명 중 옳은 것은?

① 수온이 높을수록 점성계수는 크다.
② 수온이 낮을수록 점성계수는 크다.
③ 4℃에 있어서 점성계수는 가장 크다.
④ 수온에는 관계없이 점성계수는 일정하다.

> **해설 점성계수**
> 액체의 점성은 액체분자 간의 응집력에 의한 것으로, 온도가 증가하면 응집력이 작아지므로 점성계수는 작아진다.

13 체적이 $8m^3$, 중량이 4ton인 액체의 비중은 얼마인가?

① 3
② 2
③ 1
④ 0.5

정답 7. ② 8. ① 9. ④ 10. ③ 11. ③ 12. ② 13. ④

> [해설] **비중과 비중량**
> ㉠ 어떤 물체의 단위체적당 중량을 단위중량 또는 비중량이라 한다.
> $\gamma_s = \dfrac{W}{\forall} = \dfrac{4}{8} = 0.5 \text{t/m}^3 = 4.905 \text{kN/m}^3$
> 여기서, W : 어떤 물체의 무게
> $\forall$: 물체의 체적
> ㉡ 어떤 물체의 단위중량을 물의 단위중량으로 나눈 값을 비중이라 한다.
> $S = \dfrac{\gamma_s}{\gamma_w} = \dfrac{0.5}{1} = 0.5$
> 여기서, γ_s : 물체의 단위중량
> γ_w : 물의 단위중량

14 부피 5m³인 해수의 무게(W)와 밀도(ρ)를 구한 값으로 옳은 것은? (단, 해수의 단위중량은 1.025t/m³이다.)

① 49kN, $\rho = 1.0251 \text{kN} \cdot \text{s}^2/\text{m}^4$
② 49kN, $\rho = 102.5 \text{kN} \cdot \text{s}^2/\text{m}^4$
③ 50.225kN, $\rho = 102.5 \text{kN} \cdot \text{s}^2/\text{m}^4$
④ 50.225kN, $\rho = 1.0251 \text{kN} \cdot \text{s}^2/\text{m}^4$

> [해설] ㉠ 해수의 무게
> $W = \gamma \forall = 1.025 \times 5 = 5.125 \text{t}$
> $= 5.125 \times 9.8 = 50.225 \text{kN}$
> ㉡ 해수의 밀도
> $\rho = \dfrac{\gamma}{g}$
> $= \dfrac{1.025 \text{t/m}^3}{9.8 \text{m/s}^2}$
> $= 0.1046 \text{t} \cdot \text{s}^2/\text{m}^4$
> $= 102.5 \text{kN} \cdot \text{s}^2/\text{m}^4$

15 물의 밀도를 공학단위로 표시한 것은?

① $999.6 \text{N} \cdot \text{s}^2/\text{m}^4$
② $9,800 \text{N/m}^3$
③ $9,800 \text{kN/m}^3$
④ $9.8 \text{kN} \cdot \text{s}^2/\text{m}^4$

> [해설] **물의 밀도**
> $\rho = \dfrac{\gamma}{g}$
> $= \dfrac{1 \text{t/m}^3}{9.8 \text{m/s}^2} = \dfrac{1}{9.8} \text{t} \cdot \text{s}^2/\text{m}^4$
> $= 102 \text{kg} \cdot \text{s}^2/\text{m}^4$
> $= 999.6 \text{N} \cdot \text{s}^2/\text{m}^4$

16 용적 $\forall = 4.8 \text{m}^3$인 유체의 중량 $W = 6.38 \text{ton}$일 때 이 유체의 밀도(ρ)를 구하면?

① $1.33 \text{kN} \cdot \text{s}^2/\text{m}^4$
② $0.125 \text{kN} \cdot \text{s}^2/\text{m}^4$
③ $0.115 \text{kN} \cdot \text{s}^2/\text{m}^4$
④ $0.105 \text{kN} \cdot \text{s}^2/\text{m}^4$

> [해설] **유체의 밀도**
> ㉠ $\gamma = \dfrac{W}{\forall} = \dfrac{6.38}{4.8}$
> $= 1.33 \text{t/m}^3 = 13.034 \text{kN/m}^3$
> ㉡ $\rho = \dfrac{\gamma}{g} = \dfrac{13.034}{9.8}$
> $= 1.33 \text{kN} \cdot \text{s}^2/\text{m}^4$

17 뉴턴(Newton)의 점성법칙에 관한 설명 중 틀린 것은?

① 비례상수로 μ를 사용하며, 이를 점성계수라 하고 poise의 단위를 갖는다.
② 내부마찰력의 크기는 속도구배에 비례한다.
③ 밀도를 점성계수 μ로 나눈 것을 동점성계수라 하고 stokes의 단위를 갖는다.
④ 내부마찰력의 크기는 두 층 간의 상대속도에 비례하고, 거리에 반비례한다.

> [해설] **뉴턴의 점성법칙**
> ㉠ 동점성계수 : $\nu = \dfrac{\mu}{\rho}$ [stokes]
> ㉡ 내부마찰력 : $\tau = \mu \dfrac{dv}{dy}$

18 흐르는 유체에 대한 마찰응력의 크기를 규정하는 뉴턴의 점성법칙의 함수는?

① 압력, 속도, 점성계수
② 각변형률, 속도경사, 점성계수
③ 온도, 점성계수
④ 점성계수, 속도경사

> [해설] **뉴턴의 점성법칙**
> ㉠ 전단응력 : $\tau = \mu \dfrac{dv}{dy}$
> ㉡ 점성법칙의 함수는 점성계수와 속도구배로 나타난다.

19 두 개의 수평한 판이 5mm 간격으로 놓여 있고, 점성계수 0.01N·s/cm²인 유체로 채워져 있다. 하나의 판을 고정시키고 다른 하나의 판을 2m/s로 움직일 때 유체 내에서 발생되는 전단응력은?

① 1N/cm²　　② 2N/cm²
③ 3N/cm²　　④ 4N/cm²

해설 **전단응력**
$$\tau = \mu \frac{dv}{dy} = 0.01 \times \frac{200}{0.5} = 4\text{N/cm}^2$$

20 벽면으로부터의 속도분포가 $v = 4y^{\frac{3}{2}}$으로 주어진 경우 벽면에서 10cm 떨어진 곳의 속도경사 $\left(\frac{dv}{dy}\right)$는? (단, 단위는 v는 m/s, y는 m이다.)

① 1.9/s　　② 2.3/s
③ 1.9s　　④ 2.3s

해설 **속도경사**
$v = 4y^{\frac{3}{2}}$
$$\therefore \frac{dv}{dy} = 4 \times \frac{3}{2} y^{\frac{1}{2}} = 6y^{\frac{1}{2}} = 6 \times 0.1^{\frac{1}{2}} ≒ 1.9/\text{s}$$

21 바닥으로부터 거리가 y[m]일 때의 유속이 $v = -4y^2 + y$[m/s]인 점성 유체의 흐름에서 전단력이 0이 되는 지점까지의 거리는?

① 0m　　② $\frac{1}{4}$m
③ $\frac{1}{8}$m　　④ $\frac{1}{12}$m

해설 **속도경사**
㉠ $\tau = \mu \frac{dv}{dy} = 0$
∴ $\mu = 0$ or $\frac{dv}{dy} = 0$
㉡ $v = -4y^2 + y$
∴ 속도경사 $= \frac{dv}{dy} = -8y + 1$
㉢ 전단력이 0이 되려면 속도경사가 0이 되어야 한다.
$\frac{dv}{dy} = -8y + 1 = 0$
∴ $y = \frac{1}{8}$m

22 물의 체적탄성계수를 E라고 하고 압축률을 C라고 할 때 E와 C의 관계가 옳은 것은?

① $EC = 0$　　② $EC = 1$
③ $EC = 10$　　④ $EC = 100$

해설 **물의 압축성**
물의 체적탄성계수(E)와 압축률(C)은 역수관계가 있다.
∴ $EC = 1$

23 물의 체적탄성계수 E, 체적변형률 e 등과 압축계수 C의 관계를 바르게 표시한 식은? (단, e : 체적변형률($= dV/V$), dp : 압력의 변화량)

① $C = \frac{1}{E} = \frac{e}{dp}$　　② $C = E = \frac{dp}{e}$
③ $C = \frac{dV}{V} = e$　　④ $C = \frac{V}{dV} = \frac{1}{e}$

해설 **물의 압축성**
㉠ 체적탄성계수 : $E = \frac{\Delta p}{\Delta V/V} = \frac{\Delta p}{e}$
㉡ 압축률 : $C = \frac{1}{E} = \frac{e}{\Delta p}$

24 유체의 체적탄성계수가 E_w이고 밀도가 ρ일 때 압력의 전파속도 C는? (단, 유체는 용기에 담겨져 있으며, 용기는 강재이다.)

① $\sqrt{\frac{E_w}{\rho}}$　　② $\sqrt{\frac{\rho}{E_w}}$
③ $\frac{E_w}{\rho}$　　④ $\frac{\rho}{E_w}$

해설 **압력의 전파속도**
$$C = \sqrt{\frac{gE_w}{\gamma}} = \sqrt{\frac{E_w}{\rho}}$$

25 어떤 액체의 동점성계수가 0.0019m²/s이고, 비중이 1.2일 때 이 액체의 점성계수는?

① 228N/m·s　　② 228N·s²/m²
③ 0.233N·m²/s　　④ 2.283N·s/m²

정답 19.④ 20.① 21.③ 22.② 23.① 24.① 25.④

> **해설** 점성계수
>
> ㉠ 비중 = $\dfrac{\text{물체의 단위중량}}{\text{물의 단위중량}}$
>
> $1.2 = \dfrac{\gamma}{1}$
>
> $\therefore \gamma = 1.2 \text{t/m}^3$
>
> ㉡ $\nu = \dfrac{\mu}{\rho} = \dfrac{\mu}{\dfrac{\gamma}{g}}$
>
> $0.0019 = \dfrac{\mu}{\dfrac{1.2}{9.8}}$
>
> $\therefore \mu = 2.33 \times 10^{-4} \text{t} \cdot \text{s/m}^2$
> $= 0.233 \text{kg} \cdot \text{s/m}^2 = 2.283 \text{N} \cdot \text{s/m}^2$

26 물의 점성계수를 μ, 동점성계수를 ν, 밀도를 ρ라 할 때 관계식으로 옳은 것은?

① $\nu = \rho\mu$ ② $\nu = \dfrac{\rho}{\mu}$
③ $\nu = \dfrac{\mu}{\rho}$ ④ $\nu = \dfrac{1}{\rho\mu}$

> **해설** 동점성계수는 점성계수를 밀도로 나눈 값이다.
> $\nu = \dfrac{\mu}{\rho}$

27 다음 설명 중 옳지 않은 것은? (단, C: 물의 압축률, E: 물의 체적탄성률, 0°C 이상에서의 일정한 수온상태임)

① 기압이 증가됨에 따라 C는 감소되고, E는 증대된다.
② 기압이 증가됨에 따라 E는 감소되고, C는 증대된다.
③ C와 E의 상관식은 $C = 1/E$로 된다.
④ E값은 C값보다 대단히 크다.

> **해설** 체적탄성계수
> $E = \dfrac{\Delta P}{\dfrac{\Delta V}{V}} = \dfrac{1}{C}$

28 18°C의 물을 처음 부피에서 1% 축소시키려고 할 때 필요한 압력은? (단, 이때 압축률 $\alpha = 5 \times 10^{-5} \text{cm}^2/\text{kg}$이다.)

① 980N/cm^2
② $1,960 \text{N/cm}^2$
③ $2,940 \text{N/cm}^2$
④ $3,920 \text{N/cm}^2$

> **해설** 압축률
> $C = \dfrac{\dfrac{\Delta V}{V}}{\Delta P} = \dfrac{0.01}{\Delta P} = 5 \times 10^{-5} \text{cm}^2/\text{kg}$
> $\therefore \Delta P = 200 \text{kg/cm}^2 = 200 \times 9.8$
> $= 1,960 \text{N/cm}^2$

★ 29 20°C에서 직경이 0.3mm인 물방울이 공기와 접하고 있다. 물방울 내부의 압력이 대기압보다 10gf/cm^2만큼 크다고 할 때 표면장력의 크기를 dyne/cm로 나타내면?

① 0.075 ② 0.75
③ 73.50 ④ 75.0

> **해설** 표면장력
> $pd = 4\sigma$
> $10 \times 0.03 = 4 \times \sigma$
> $\therefore \sigma = 0.075 \text{g/cm} = 0.075 \times 980$
> $= 73.5 \text{dyne/cm}$

30 모세관현상에서 수은의 특징을 옳게 설명한 것은?

① 응집력보다 부착력이 크다.
② 응집력보다 내부저항력이 크다.
③ 부착력보다 응집력이 크다.
④ 접촉각 $0 < \dfrac{\theta}{2}$이며 $h > 0$이다.

> **해설** 모세관현상에서 수은은 응집력이 부착력보다 크기 때문에 유리관 속의 수은은 유리관 밖의 표면보다 낮아진다.

정답 26. ③ 27. ② 28. ② 29. ③ 30. ③

31 다음과 같은 모세관현상의 내용 중에서 옳지 않은 것은?

① 모세관의 상승높이는 모세관의 지름 D에 반비례한다.
② 모세관의 상승높이는 액체의 단위중량에 비례한다.
③ 모세관의 상승높이는 액체의 응집력과 액체와 관벽 사이의 부착력에 의해 좌우된다.
④ 액체의 응집력이 관벽과의 부착력보다 크면 관 내 액체의 상승높이는 관 내의 액체보다 낮다.

> **해설** 모세관현상에 의한 상승고
> $$h = \frac{4\sigma\cos\theta}{\gamma D}$$
> ∴ 모세관의 상승높이는 액체의 단위중량에 반비례한다.

32 모세관현상에서 액체기둥의 상승 또는 하강높이의 크기를 결정하는 힘은 어느 것인가?

① 응집력 ② 부착력
③ 표면장력 ④ 마찰력

> **해설** 모세관현상
> ㉠ 물입자들 간의 응집력에 의해 발생하는 표면장력과 관벽 사이의 부착력에 의해 수면이 상승하는 현상을 모세관현상이라 한다.
> ㉡ 수면 상승고
> • 연직유리관 : $h_a = \dfrac{4\sigma\cos\theta}{\gamma D}$
> • 연직평판 : $h_a = \dfrac{2\sigma\cos\theta}{\gamma D}$
> ∴ 모세관현상을 결정하는 가장 큰 힘은 표면장력(σ)이다.

33 밀도가 ρ인 액체에 지름 d인 모세관을 연직으로 세웠을 경우 이 모세관 내에 상승한 액체의 높이는? (단, T : 표면장력, θ : 접촉각)

① $h = \dfrac{4T\cos\theta}{\rho g d^2}$ ② $h = \dfrac{2T\cos\theta}{\rho g d}$
③ $h = \dfrac{2T\cos\theta}{\rho g d^2}$ ④ $h = \dfrac{4T\cos\theta}{\rho g d}$

> **해설** 연직 원형관의 경우 모관 상승고
> $$h = \frac{4T\cos\theta}{\gamma d} = \frac{4T\cos\theta}{\rho g d}$$
> 여기서, $\gamma = \rho g$

34 모세관현상에 대한 설명으로 옳지 않은 것은?

① 모세관현상에 작용하는 부착력은 액체와 관벽 사이의 부착력을 말한다.
② 모세관현상에 작용하는 응집력은 액체분자 사이의 응집력을 말한다.
③ 부착력이 응집력보다 크면 액체기둥은 하강한다.
④ 상승하는 액체기둥의 높이는 표면장력에 의하여 좌우된다.

> **해설** 모세관현상의 경우 부착력이 응집력보다 크면 액체의 기둥이 상승하고, 부착력이 응집력보다 작으면 하강한다.

35 정지하고 있는 물속에 지름 2.5mm의 유리관을 똑바로 세웠을 때 물이 관 내로 올라가는 높이를 구한 값은? (단, 물의 온도 15℃일 때 물과 유리의 접촉각은 8°, σ =73.5dyne/cm)

① 0.18cm ② 1.18cm
③ 1.80cm ④ 1.00cm

> **해설** 모관 상승고
> $$h = \frac{4\sigma\cos\theta}{\gamma D} = \frac{4 \times 73.5 \times \cos 8°}{980 \times 0.25} = 1.188\text{cm}$$

★ 36 직경 4mm인 유리관을 물속에 세웠을 때 모세관 상승고가 7.5mm이었다. 이때의 표면장력은? (단, 유리관과 물의 접촉각은 8°이고, 물의 비중은 980dyne/cm 이다.)

① 71.932dyne/cm ② 72.716dyne/cm
③ 73.5dyne/cm ④ 74.186dyne/cm

정답 31. ② 32. ③ 33. ④ 34. ③ 35. ② 36. ④

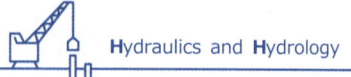

> **해설** 모세관현상의 표면장력
> $$h = \frac{4\sigma\cos\theta}{\gamma D}$$
> $$\therefore \sigma = \frac{\gamma D h}{4\cos\theta} = \frac{980 \times 0.4 \times 0.75}{4 \times \cos 8°}$$
> $$= 74.186 \text{dyne/cm}$$

37 두 개의 평행한 평판 사이에 유체가 흐를 때 전단응력에 대한 설명으로 옳은 것은?

① 전 단면에 걸쳐 일정하다.
② 벽면에서는 0이고, 중심까지 직선적으로 변화한다.
③ 포물선분포의 형상을 갖는다.
④ 중심에서는 0이고, 중심으로부터의 거리에 비례하여 증가한다.

> **해설** 두 개의 평행한 평판 사이의 전단응력은 $\tau = \mu \frac{dv}{dy}$이므로 중심에서는 0이고, 중심으로부터의 거리에 비례하여 증가하는 직선형 유속분포가 된다.

3. 단위와 차원

38 다음 중 표면장력의 차원으로 옳은 것은?

① [F]
② [FL^{-1}]
③ [FL^{-2}]
④ [FL^{-3}]

> **해설** 표면장력의 차원
> 표면장력의 단위가 gf/cm이므로 [FL^{-1}]이다.

★ 39 밀도를 나타내는 차원은?

① [FL^{-4}T^2]
② [FL^{4}T^{-2}]
③ [FL^{-2}T^4]
④ [FL^{-2}T^{-4}]

> **해설** 밀도의 차원
> $$\rho = \frac{\gamma}{g} = \frac{\frac{\text{t}}{\text{m}^3}}{\frac{\text{m}}{\text{s}^2}} = \frac{\text{t}\cdot\text{s}^2}{\text{m}^4} = [\text{FL}^{-4}\text{T}^2]$$

★ 40 다음 물리량에 대한 차원을 설명한 것 중 옳지 않은 것은?

① 압력강도 : [ML^{-1}T^{-2}]
② 밀도 : [ML^{-2}]
③ 점성계수 : [ML^{-1}T^{-1}]
④ 표면장력 : [MT^{-2}]

> **해설** 차원(dimension)
> ㉠ 물리량의 크기를 질량은 [M], 힘은 [F], 길이는 [L], 시간은 [T]의 지수형태로 표시한 것을 차원이라 한다.
> ㉡ 차원 해석
>
> | 물리량 | MLT계 | FLT계 |
> |---|---|---|
> | 압력강도 | [L^{-1}MT^{-2}] | [L^{-2}F] |
> | 밀도 | [L^{-3}M] | [L^{-4}FT^2] |
> | 점성계수 | [L^{-1}MT^{-1}] | [L^{-2}FT] |
> | 표면장력 | [MT^{-2}] | [L^{-1}F] |

41 물리량의 차원이 옳지 않은 것은?

① 에너지 : [ML^{-2}T^{-2}]
② 동점성계수 : [L^{2}T^{-1}]
③ 점성계수 : [ML^{-1}T^{-1}]
④ 밀도 : [FL^{-4}T^2]

> **해설** [F]=[MLT^{-2}]이므로 에너지=[FL]=[ML^{2}T^{-2}]이다.

★ 42 다음 중 점성계수(μ)의 차원으로 옳은 것은?

① [ML^{-1}T^{-1}]   ② [L^{2}T^{-1}]
③ [LMT^{-2}]   ④ [L^{-3}M]

> **해설** 점성계수의 차원
> ㉠ 점성계수의 공학단위는 kg·s/m^{2}이다.
> ㉡ 점성계수의 차원
> • FLT계 차원=[FL^{-2}T]
> • MLT계 차원=[ML^{-1}T^{-1}]

43 FLT계 차원으로 표현할 때 힘(F)의 차원이 포함되지 않는 것은?

① 압력(P) ② 점성계수(μ)
③ 동점성계수(ν) ④ 표면장력(T)

> 해설 ① 압력 : [$L^{-2}F$]
> ② 점성계수 : [$L^{-2}FT$]
> ③ 동점성계수 : [L^2T^{-1}]
> ④ 표면장력 : [$L^{-1}F$]

44 다음 물리량 중에서 차원이 잘못 표시된 것은?

① 동점성계수 : [FL^2T]
② 밀도 : [$FL^{-4}T^2$]
③ 전단응력 : [FL^{-2}]
④ 표면장력 : [FL^{-1}]

> 해설 동점성계수의 차원은 [L^2T^{-1}]이다.

45 다음 중 무차원량(無次元量)이 아닌 것은?

① 프루드수(Froude수)
② 에너지보정계수
③ 동점성계수
④ 비중

> 해설 동점성계수의 단위는 cm²/s이므로 무차원량이 아니다.

46 차원방정식 MLT계를 FLT계로 고치고자 할 때 이용되는 식으로 옳은 것은?

① [M]=[FLT] ② [M]=[$FL^{-1}T^2$]
③ [M]=[FLT^2] ④ [M]=[FL^2T]

> 해설 힘 $F=ma$[kgf · m/s²]로부터
> [F]=[MLT^{-2}]
> ∴ [M]=[$FL^{-1}T^2$]

47 수리학에서 취급되는 여러 가지 양에 대한 차원이 옳은 것은?

① 유량=[L^3T^{-1}]
② 힘=[MLT^{-3}]
③ 동점성계수=[L^3T^{-1}]
④ 운동량=[MLT^{-2}]

> 해설 ② 힘=[F]=[MLT^{-2}]
> ③ 동점성계수=[L^2T^{-1}]
> ④ 운동량=[FT]=[MLT^{-1}]

48 다음 중 차원이 있는 것은?

① 조도계수(n) ② 동수경사(I)
③ 상대조도(e/D) ④ 마찰손실계수(f)

> 해설 조도계수(n)의 단위는 $m^{-\frac{1}{3}}$ · s이다.
> ∴ $n=[L^{-\frac{1}{3}}T]$

정답 43.③ 44.① 45.③ 46.② 47.① 48.①

CHAPTER 02 정수역학

회독 체크표
- 1회독 월 일
- 2회독 월 일
- 3회독 월 일

최근 10년간 출제분석표

2015	2016	2017	2018	2019	2020	2021	2022	2023	2024
8.3%	8.3%	6.7%	6.7%	13.3%	15.0%	11.7%	7.5%	8.3%	8.3%

출제 POINT

학습 POINT
- 대기압
- 정수압
- 파스칼의 원리
- 수압기의 원리
- 액주계 계산

■ 대기압

1기압(atm)=1.013bar=1,013mb
=수주 10.336m=수은주 760mmHg

■ 절대압력

$P = P_a + \gamma_w H$

SECTION 1 정수역학의 기본원리

1 대기압

1) 대기압(atmospheric pressure)의 정의

① 지구를 둘러싼 공기를 대기라 하고, 그 대기에 의하여 누르는 압력을 대기압이라 한다. 수리학에서는 대기압을 보통 1기압(atm)으로 가정하고, 대기압을 받는 수면을 자유수면이라고 한다.

② 1기압은 위도 45° 해면상에서 0℃일 때 단위면적당 수은주 760mmHg의 무게를 받는 압력강도의 크기를 말한다. 물기둥의 높이로 환산하면 10.33m 높이에 해당하는 무게이다.

$$1기압(atm) = 1.013\text{bar} = 1,013\text{mb} = 760\text{mmHg} = 10.33\text{mH}_2\text{O}(\text{mAq})$$
$$= \gamma_w h = 1\text{tf/m}^3 \times 10.336\text{m} = 10.33\text{tf/m}^2 = 1.033\text{kgf/cm}^2$$

$$1\text{bar} = 10^6 \text{dyne/cm}^2 = 10^5 \text{N/m}^2$$
$$1\text{mb} = 10^{-3}\text{bar} = 10^3 \text{dyne/cm}^2$$

③ 표준기압은 물기둥 10.33m 높이에 해당하는 기압을 말한다.
④ 공학기압은 표준기압에서 0.033kgf/cm²를 무시한 기압을 말한다.

$$공학\ 1기압 = 1\text{kgf/cm}^2$$

2) 절대압력과 계기압력

① 절대압력(absolute pressure)
압력 측정 시 대기압을 고려하는 압력으로 완전 진공을 기준으로 측정한 압력이다.

$$P = P_a + \gamma_w H$$

여기서, P_a : 대기압, γ_w : 물의 단위중량, H : 수심

② 계기압력(gauge pressure)

압력 측정 시 대기압을 무시하는 압력으로 국소대기압을 기준으로 측정한 압력을 말한다.

$$P = \gamma_w H$$

2 정지유체 내의 압력

1) 정수압의 정의

① 유체 내에서 유체입자의 상대적인 움직임이 없는 경우(상대정지)나 정지상태의 경우에 작용하는 물의 압력을 의미한다. 유체 속에서 마찰력이 작용하지 않는 상태($\tau = 0$)이므로 유체의 점성은 정수역학에 영향을 주지 못한다.

② 정수압은 정지되어 있는 유체가 가하는 힘의 크기, 즉 정수 중 또는 용기의 안쪽 벽면에 작용하는 물의 압력을 말하며, 어느 면적 전체에 작용하는 수압의 크기를 전수압이라 하고, 단위면적에 작용하는 수압의 크기를 수압강도(p)라 한다.

$$p = \frac{P}{A}$$

2) 정수압의 강도

① 정수압의 강도는 단위면적에 작용하는 수압의 크기(수압강도)로 표시한다.
② **정수압의 크기는 수심에 따라 비례한다.**

$$P = \gamma_w h$$

③ 정수 중 임의의 한 점에 작용하는 정수압은 모든 방향에 대하여 크기가 동일하다.

3) 정수압의 방향

정수압은 면에 직각(수직)으로 작용한다.

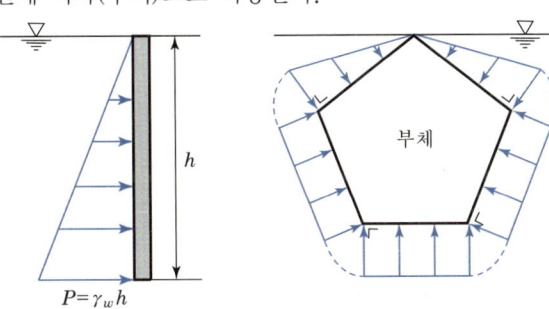

[그림 2-1] 정수압의 성질

■ 계기압력

$P = \gamma_w H$

■ 정수압

$P = \gamma_w h$

■ 정수압의 특징

① 정수압은 수심에 비례한다.
② 한 점에 작용하는 정수압은 모든 방향에 대하여 크기가 동일하다.

출제 POINT

■ 파스칼의 원리

$C = \sqrt{\dfrac{E}{\rho}} \fallingdotseq 1{,}500\text{m/s}$

■ 수압기의 원리

$\dfrac{P_1}{A_1} = \dfrac{P_2}{A_2}$

■ 수압기를 이용하여 압력이 전달될 때 가해지는 압력을 산정하는 식이 중요하다.

3 압력의 전달

1) 파스칼의 원리

① 밀폐된 용기 내 정수 중의 한 점에 압력을 가하면 그 압력이 물속의 모든 곳에 동시에 동일하게 전달되는 원리를 말한다.
② 압력의 전달속도

$$C = \sqrt{\dfrac{E}{\rho}} \fallingdotseq 1{,}500\text{m/s}$$

여기서, $E = 2.36 \times 10^8 \text{kg/cm}^2$, $\rho = 101.9 \text{kg} \cdot \text{s}^2/\text{m}^4$

2) 수압기의 원리

① 파스칼의 원리를 이용해서 큰 힘을 얻는 장치(Jack 등)를 수압기라고 한다.
② 수압기에서 얻어지는 하중은 등압선에서 $\dfrac{P_1}{A_1} + \gamma h = \dfrac{P_2}{A_2}$ 이다. γh는 작으므로 무시한다.

$$\therefore \dfrac{P_1}{A_1} = \dfrac{P_2}{A_2}$$

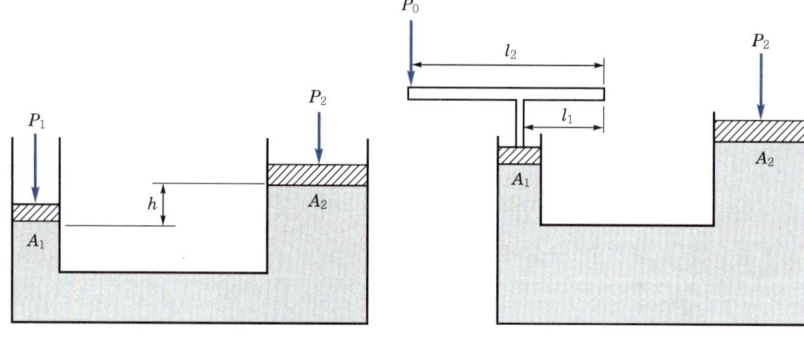

(a) 수압기의 원리 (b) 수압기의 응용

[그림 2-2] 압력 전달의 원리

$l_1 P_1 = l_2 P_0$로부터 $P_1 = \dfrac{l_2}{l_1} P_0$이므로

$$\therefore P_2 = \dfrac{A_2}{A_1} \dfrac{l_2}{l_1} P_0$$

4 압력의 측정

1) 액주계(manometer)

① 어느 특정 지점의 압력이나 두 점 간의 압력차, 또는 관 내의 압력 등을 측정할 수 있는 장치를 액주계라고 한다.
② 수면이 올라간 액주의 높이(h)를 측정하여 압력이나 압력차를 측정하는 수압계의 원리가 된다.

③ 수압계(pressure gauge)는 밀폐된 용기 또는 관 내의 수압을 측정하는 기구로 관 내의 압력이 비교적 작을 때 사용한다. 압력의 변화가 적은 경우 또는 압력 측정의 정도를 높이기 위해 경사액주계를 사용하기도 한다.

㉠ 연직액주계 A점의 압력 : $P_A = \gamma_w h$

㉡ 경사액주계 A점의 압력 : $P_A = \gamma_w h = \gamma_w l \sin\theta$

출제 POINT

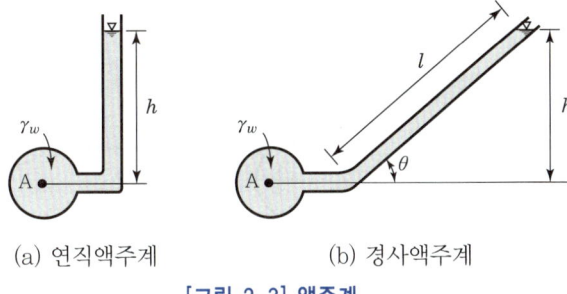

(a) 연직액주계   (b) 경사액주계

[그림 2-3] 액주계

2) U자형 액주계

(1) U자형 액주계(piezometer)

① 탱크나 용기 속의 압력을 측정하는 장치로 관 내의 압력이 클 때 사용한다.
② 관의 길이를 줄이기 위해 비중이 큰 수은 등을 사용한다.
③ A점의 압력은 $X-X$면(등압면)의 평형을 생각하면 $P_A + \gamma_1 h_1 = \gamma_2 h_2$로부터

$$\therefore P_A = \gamma_2 h_2 - \gamma_1 h_1$$

■ U자형 액주계
$P_A = \gamma_2 h_2 - \gamma_1 h_1$

(2) 역U자형 액주계

① 압력차가 비교적 작을 때 사용하며, 물의 경우 비중이 1보다 작고 물과 혼합되지 않는 벤젠 등을 사용한다.
② C−D의 등압면에서 $P_A - \gamma_1 h_1 - \gamma_2 h_2 = P_B - \gamma_1 h_3$으로부터

$$\therefore P_A - P_B = \gamma_1(h_1 - h_3) + \gamma_2 h_2$$

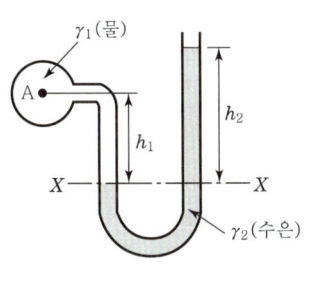 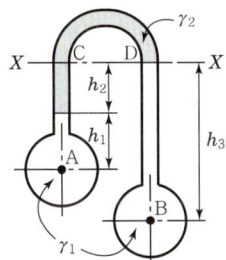

(a) U자형 액주계   (b) 역U자형 액주계

[그림 2-4] U자형 액주계

> **출제 POINT**
>
> ■ 시차액주계
>
> $P_A - P_B = \gamma_1(h_3 - h_1) + \gamma_2 h_2$

3) 시차액주계와 미차액주계

(1) 시차액주계(차동수압계)

① 두 개의 탱크나 관 속의 압력차를 측정할 때 사용하는 장치이다.

② 두 점의 압력차는 $C-D$의 등압면에서 평형을 생각하면 $P_A + \gamma_1 h_1 = P_B + \gamma_2 h_2 + \gamma_1 h_3$으로부터

$$\therefore P_A - P_B = \gamma_1(h_3 - h_1) + \gamma_2 h_2$$

(2) 미차액주계

높은 정도의 압력을 측정할 때나 아주 작은 압력차를 측정할 때 사용한다.

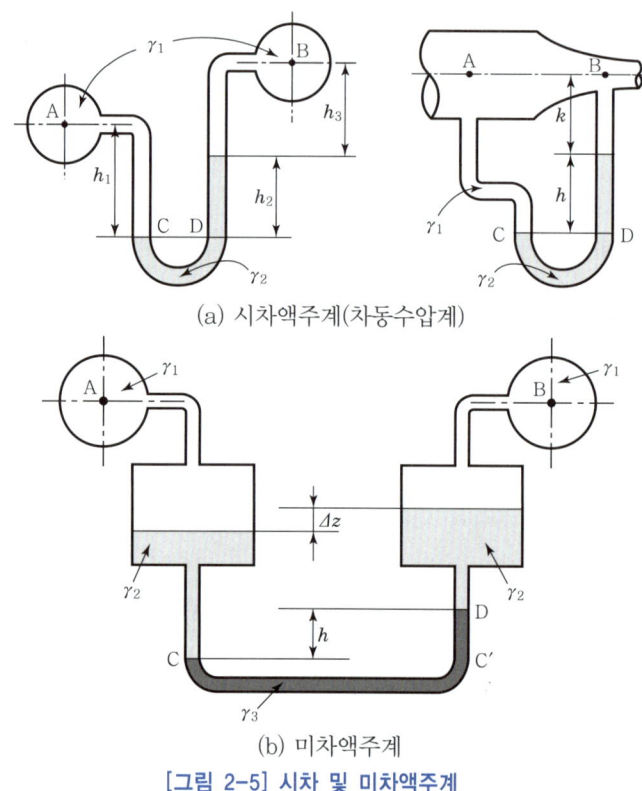

(a) 시차액주계(차동수압계)

(b) 미차액주계

[그림 2-5] 시차 및 미차액주계

SECTION 2 전수압

1 평면에 작용하는 전수압

1) 수면과 평행한 평면에 작용하는 전수압

① 수면에 평행한 평면에 작용하는 전수압은 평면을 저면(밑면)으로 하는 물기둥의 무게(W)와 같다.

> **학습 POINT**
> - 평면에 작용하는 전수압
> - 곡면과 원관에 작용하는 전수압
>
> ■ 수면과 평행한 평면에 작용하는 전수압
>
> $F = \gamma_w h A$

$$F = W = \gamma_w h A = \gamma_w V$$

② 전수압의 작용점은 도형의 도심이다.

2) 연직평면에 작용하는 전수압

① 수압은 수심에 비례하므로 수압강도는 삼각형분포를 가진다. 단위폭당 연직평면에 작용하는 전수압은

$$F = \gamma_w h_G A$$

② 모든 전수압의 작용점은 압력분포도의 도심에 작용한다.

$$h_c = h_G + \frac{I_G}{h_G A}$$

■ 연직평면에 작용하는 전수압
① 전수압 : $F = \gamma_w h_G A$
② 작용점 : $h_c = h_G + \dfrac{I_G}{h_G A}$

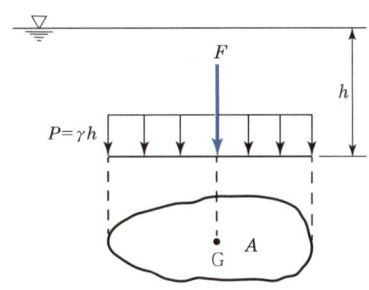

[그림 2-6] 수면과 평행한 평면에 작용하는 전수압

③ 평면 형상별 단면2차모멘트

평면 형상	면적	밑변에서 도심(G)까지의 높이	단면2차모멘트
직사각형 ($b \times h$)	bh	$\dfrac{h}{2}$	$\dfrac{bh^3}{12}$
삼각형 (밑변 b, 높이 h)	$\dfrac{bh}{2}$	$y_1 = \dfrac{h}{3}$ $y_2 = \dfrac{2h}{3}$	$\dfrac{bh^3}{36}$
원 (지름 d)	$\pi r^2 = \dfrac{\pi d^2}{4}$	$r = \dfrac{d}{2}$	$\dfrac{\pi r^4}{4} = \dfrac{\pi d^4}{64}$
사다리꼴 (b_1, b, h)	$\left(\dfrac{b+b_1}{2}\right)h$	$y_1 = \dfrac{h}{3}\left(\dfrac{b+2b_1}{b+b_1}\right)$ $y_2 = \dfrac{h}{3}\left(\dfrac{2b+b_1}{b+b_1}\right)$	$\dfrac{h^3}{36}\left(\dfrac{b^2+4bb_1+b_1^{\,2}}{b+b_1}\right)$

■ 단면2차모멘트
① 사각형 : $\dfrac{bh^3}{12}$
② 삼각형 : $\dfrac{bh^3}{36}$
③ 원 : $\dfrac{\pi r^4}{4} = \dfrac{\pi d^4}{64}$

출제 POINT

■ 경사평면에 작용하는 전수압

① 전수압: $F = \gamma_w S_G A \sin\theta$

② 작용점: $h_c = h_G + \dfrac{I_G}{h_G A}\sin^2\theta$

■ 경사평면의 경우 $\sin\theta$의 투영면에 작용하는 전수압과 같다.

3) 경사평면에 작용하는 전수압

① 경사평면에 작용하는 도심은 $h_G = S_G \sin\theta$이므로 전수압은

$$F = \gamma_w h_G A = \gamma_w S_G A \sin\theta$$

② 작용점의 위치는 $S_C = S_G + \dfrac{I_G}{S_G A}$의 양변에 $\sin\theta$를 곱하면

$$\therefore\ h_c = h_G + \dfrac{I_G}{h_G A}\sin^2\theta$$

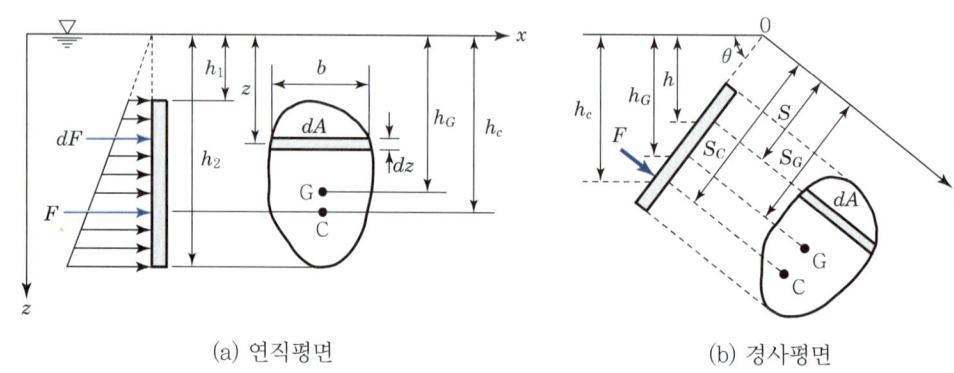

(a) 연직평면 (b) 경사평면

[그림 2-7] 평면에 작용하는 전수압

2 곡면과 원관에 작용하는 전수압

1) 곡면에 작용하는 전수압

■ 곡면에 작용하는 전수압

$F = \sqrt{F_H^2 + F_V^2}$

① 곡면에 작용하는 전수압은 수압이 면에 직각으로 작용하므로 수평분력과 연직분력으로 나누어 구한 다음 합력을 구한다.

② **곡면에 작용하는 수평분력은 그 곡면을 연직투영면상에 투영된 평면상에 작용하는 수압과 같고, 그 작용점은 투영된 평면상의 수압의 작용점과 같다.**

③ **곡면에 작용하는 연직분력은 그 곡면을 밑면으로 하는 물기둥의 무게와 같고, 그 작용점은 물기둥의 중심을 통과한다.**

④ 서로 중복되는 부분은 중복된 부분만큼 빼준다.

⑤ 전수압의 크기

$$F = \sqrt{F_H^2 + F_V^2}$$

⑥ 곡면을 갖는 수문(sluice)에는 테인터게이트(tainter gate), 롤링게이트(rolling gate) 등이 있다.

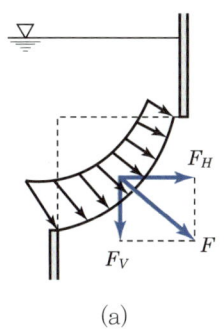
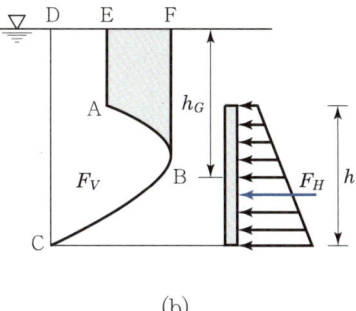

(a)　　　　　　　　　　(b)

[그림 2-8] 곡면에 작용하는 전수압

2) 원관에 작용하는 전수압

① 원관 내에 수압이 작용하면 인장응력이 발생하며, 원관 내에 작용하는 전수압은 모든 방향에 대해 동일한 조건이 되므로 반원만 생각한다.

② 반원에 대해 힘의 평형조건을 적용하면 $2T = pDl$ 이고, $T = \sigma_t tl (\because \sigma_t = \dfrac{P}{A} = \dfrac{T}{tl})$ 이므로 $2\sigma_t tl = pDl$ 이다.

㉠ 원환응력 : $\sigma_t = \dfrac{pD}{2t}$

㉡ 관의 두께 : $t = \dfrac{pD}{2\sigma_t}$

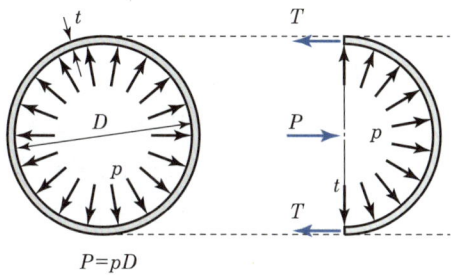

[그림 2-9] 원관에 작용하는 전수압

■ 관두께

$t = \dfrac{pD}{2\sigma_t}$

SECTION 3　부체와 상대정지

1 부력과 부체의 안정

1) 부력(buoyant force)

① 부력이란 수중 물체를 연직 상향으로 떠받드는 힘으로, 정지유체에 잠겨 있거나 떠 있는 물체가 유체로부터 받는 전압력(전수압)을 말한다. 즉, 물체가 물속에 잠긴 부분의 체적만큼의 물의 무게이다.

▶ 학습 POINT
- 부체의 평형조건
- 부체의 안정 판정

■ 부력

$F_B = \gamma_w \forall'$

출제 POINT

$$F_B = \gamma_w \forall'$$

여기서, F_B : 부력, γ_w : 물의 단위중량
$\forall'$: 물체의 수중 부분의 체적

② 수중 또는 물에 떠 있는 어떤 물체의 무게는 그 물체 때문에 밀려난 액체의 무게와 같다(아르키메데스의 원리).

$$F_B = W - W'$$

여기서, F_B : 부력, W : 공기 중의 무게($=\gamma_s \forall$)
W' : 물속의 무게

■ 공기 중의 무게
$W = \gamma_s \forall$

2) 부체의 평형조건

(1) 개요

정수 중 물체가 평형을 이루기 위해서는 물체의 무게 때문에 가라앉으려는 힘과 부력에 의해 떠받드는 힘이 평형을 이루어야 한다. 즉, 물체의 무게(W)와 부력(F_B)은 같다.

$$\gamma_w \forall' = \gamma_s \forall$$

여기서, γ_s : 물체의 단위중량, $\forall'$: 물체의 물속에 잠긴 부분의 체적
γ_w : 물의 단위중량, $\forall$: 물체의 전체 체적

(2) 물체의 무게(W)와 부력(F_B)의 관계

① $W > F_B$인 경우 물체는 가라앉는다(잠수).
② $W = F_B$인 경우 물체는 수중에 정지한다(중립). 즉, 물체의 일부 또는 전부가 수중에 잠긴다.
③ $W < F_B$인 경우 물체는 떠오른다(부상).

■ 부체의 평형조건
① 부상 : $\gamma_w \forall' > \gamma_s \forall$
② 중립 : $\gamma_w \forall' = \gamma_s \forall$
③ 잠수 : $\gamma_w \forall' < \gamma_s \forall$

3) 부체의 용어정리

① 부체(부양체, floating body) : 유체에 떠 있는 물체
② 부심(C) : 부력을 받는 부분의 중심으로 부체가 배제한 체적의 무게중심
③ **흘수 : 수면에서 부체의 최심부까지의 깊이(수심)**
④ 부양면 : 부체의 일부가 수면 위에 떠 있을 때 수면에 의하여 절단되었다고 생각되는 가상적인 단면
⑤ 경심(M) : 부체의 중심선과 부심이 작용하는 중심선과의 만나는 점
⑥ 경심고(h) : 무게중심(G)에서 경심(M)까지의 거리($\overline{MG}$)

$$h = \overline{MG} = \overline{CM} - \overline{CG} = \frac{I_y}{\forall'} - \overline{CG}$$

4) 부체의 안정

(1) 안정
중력과 부력의 우력모멘트가 부체를 처음 정지의 위치로 되돌아가게 하는 복원모멘트가 작용한다. 경심(M)이 무게중심(G)보다 위에 있을 때이다.

(2) 불안정
우력모멘트가 부체의 경사를 증대시켜 전도모멘트가 작용한다. 경심(M)이 무게중심(G)보다 아래에 올 때이다.

(3) 중립
부체가 정지상태에 있다. 경심(M)이 무게중심(G)과 일치할 때이다.

5) 부체 안정의 판별식

(1) 안정
① $h = \overline{MG} > 0, \quad \dfrac{I_y}{V'} > \overline{CG}$

② M이 G보다 위에 위치, 복원모멘트 작용

(2) 불안정
① $h = \overline{MG} < 0, \quad \dfrac{I_y}{V'} < \overline{CG}$

② M이 G보다 아래에 위치, 전도모멘트 작용

(3) 중립
① $h = \overline{MG} = 0, \quad \dfrac{I_y}{V'} = \overline{CG}$

② M이 G와 동일 위치

> **출제 POINT**
>
> ■ 부체 안정의 판별식
>
> ① 안정 : $h = \overline{MG} > 0, \dfrac{I_y}{V'} > \overline{CG}$
>
> ② 불안정 : $h = \overline{MG} < 0, \dfrac{I_y}{V'} < \overline{CG}$
>
> ③ 중립 : $h = \overline{MG} = 0, \dfrac{I_y}{V'} = \overline{CG}$

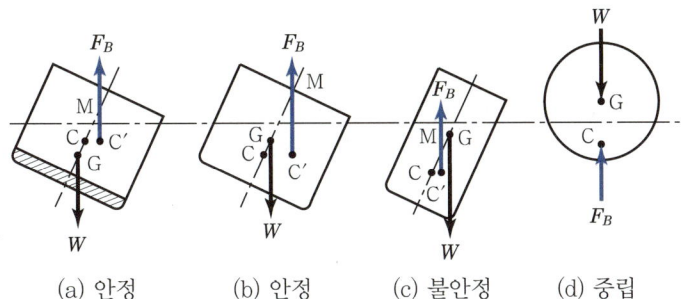

(a) 안정 (b) 안정 (c) 불안정 (d) 중립

[그림 2-10] 부체의 안정

출제 POINT

■ 수평가속도를 받는 액체

$$\tan\theta = \frac{H-h}{b/2} = \frac{\alpha}{g}$$

2 상대정지평형

1) 수평가속도를 받는 액체

① 용기(수조)에 물을 담고 수평방향으로 α의 가속도로 이동하는 경우 용기 속의 물은 중력가속도 g를 받는 동시에 관성 때문에 α와 크기가 같고 방향이 반대인 힘을 받게 된다.

② 등압면에서 평형조건식을 적용하면 $\tan\theta = \dfrac{H-h}{b/2} = \dfrac{\alpha}{g}$ 로부터

$$\therefore \alpha = \frac{(H-h)g}{b/2}$$

여기서, α : 수평가속도, g : 중력가속도, H : 수조의 높이
h : 수심, b : 수조의 길이

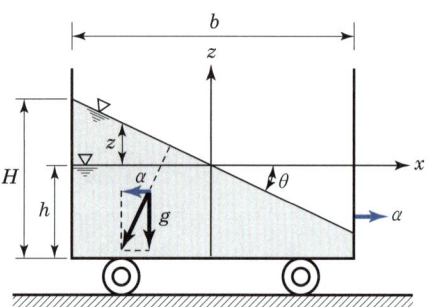

[그림 2-11] 수평가속도

2) 연직가속도를 받는 액체

■ 연직가속도를 받는 액체
연직 상·하향의 가속도를 받는 경우

$$P_A = \gamma_w h\left(1 \pm \frac{\alpha}{g}\right)$$

① 연직 상향의 가속도를 받는 경우의 수압은 정수압($P = \gamma_w h$)보다 $\gamma_w h \dfrac{\alpha}{g}$ 만큼 더 크다.

$$P_A = \gamma_w h\left(1 + \frac{\alpha}{g}\right)$$

② 연직 하향의 가속도를 받는 경우의 수압은 정수압보다 $\gamma_w h \dfrac{\alpha}{g}$ 만큼 작아진다.

$$P_A = \gamma_w h\left(1 - \frac{\alpha}{g}\right)$$

③ 연직 하향의 가속도 α가 중력가속도 g와 같으면 $P=0$이 되어 물속에는 압력이 작용하지 않는다.

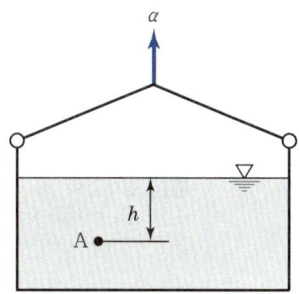

[그림 2-12] 연직가속도

3) 회전원통 속의 유체

① 물이 든 원통을 기준중심축을 기준으로 일정한 각속도(ω)로 회전할 경우의 수면형에서 등압면방정식을 적용하여 구한다.

② 원통벽에서 유체의 높이

$$h_a = h + \frac{\omega^2}{4g} a^2$$

③ 원통 중심에서 유체의 높이

$$h_0 = h - \frac{\omega^2}{4g} a^2$$

④ 유체표면의 높이 관계

$$h_a - h_0 = \frac{\omega^2}{2g} a^2$$

$$h_a = \frac{\omega^2}{2g} a^2 + h_0$$

$$h = \frac{1}{2}(h_0 + h_a)$$

여기서, ω : 회전각속도, a : 반지름

$\frac{\omega^2}{4g} a^2$: 유체의 상승 또는 하강높이

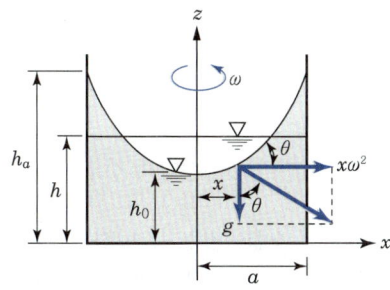

[그림 2-13] 회전원통 속의 유체

■ 회전원통 속의 유체
① 최초 수심을 기준으로 원심력에 의해 상승수심과 하강수심이 발생
② 유체의 높이
$$h_{\substack{a \\ 0}} = h \pm \frac{\omega^2}{4g} a^2$$

CHAPTER 02 기출문제

1. 정수역학의 기본원리

01 다음 중 절대압력(absolute pressure)이란?
① 절대압력이란 주로 공학에 사용하는 압력이다.
② 계기압력에 대기압을 더한 압력이다.
③ 계기압력에 대기압을 뺀 압력이다.
④ 수면에서 0의 값을 갖는 압력이다.

> **해설** 절대압력과 계기압력
> ㉠ 계기압력(공학압력) : 대기압(P_a)을 무시한 압력을 말한다.
> $P = \gamma_w h$
> ㉡ 절대압력 : 대기압(P_a)을 고려한 압력을 말한다. 즉, 계기압력에 대기압을 더한 압력이다.
> $P = P_a + \gamma_w h$

02 10m 깊이의 해수 중에서 작업하는 잠수부가 받는 압력은? (단, 해수의 비중=1.025)
① 약 1기압 ② 약 2기압
③ 약 3기압 ④ 약 4기압

> **해설** 절대압력
> $P = P_a + \gamma h = 10.33 + 1.025 \times 10$
> $= 20.53 \text{tf}/\text{m}^2 ≒ 약 2기압$
>
> **참고** 1대기압
> $P_a = \gamma_s h = 13.6 \text{gf}/\text{cm}^3 \times 76\text{cm}$
> $= 1033.6 \text{gf}/\text{cm}^2 = 10.336 \text{tf}/\text{m}^2$

03 다음 그림과 같이 물을 채운 용기에서 D점의 절대압력은? (단, 대기압=101,234N/m²)
① 20.247kN/m²
② 12.083kN/m²
③ 10.123kN/m²
④ 71.834kN/m²

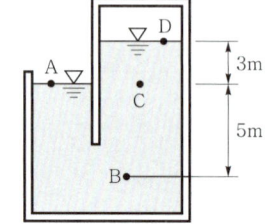

> **해설** 절대압력
> $P_A = P_D + \gamma_w h$
> $\therefore P_D = P_A - \gamma_w h = 101,234 - 9,800 \times 3$
> $= 71,834 \text{N}/\text{m}^2 = 71.834 \text{kN}/\text{m}^2$

04 1기압을 서로 다른 단위로 표시한 것으로 옳지 않은 것은?
① 1기압=760mmHg
② 1기압=1,013mb
③ 1기압=1.033kgf/cm²
④ 1기압=1.013×10⁴dyne/cm²

> **해설** 표준대기압
> 1기압=76cmHg
> =13.5951×76=1,033.23gf/cm²
> =10.33tf/m²=1.013×10⁵N/m²
> =1.013bar=1,013milibar

05 정수압에 대한 설명 중 옳은 것은?
① 유체의 점성력에 의해 크기가 좌우된다.
② 유체가 움직여도 좋으나 유체입자 상호 간의 상대적인 움직임이 없을 때에 적용된다.
③ 유체의 흐름상태에는 관계없이 적용할 수 있다.
④ 층류(laminar flow)에 한하여 적용할 수 있다.

> **해설** 유체입자가 정지해 있거나 혹은 유체입자의 상대적 움직임이 없는 경우의 압력을 정수압(hydro-static pressure)이라 한다.

06 다음 정수압의 성질 중 옳지 않은 것은?
① 정수압은 수중의 가상면에 항상 수직으로 작용한다.
② 정수압의 강도는 전수심에 걸쳐 균일하게 작용한다.
③ 정수 중의 한 점에 작용하는 수압의 크기는 모든 방향에서 동일한 크기를 갖는다.
④ 정수압의 강도는 단위면적에 작용하는 힘의 크기를 표시한다.

정답 1.② 2.② 3.④ 4.④ 5.② 6.②

> **[해설] 정수압**
> ㉠ 정수압은 수중의 가상면에 항상 수직으로 작용한다.
> ㉡ 정수압의 강도는 수심에 비례해서 커진다.
> ㉢ 정수 중 한 점에 작용하는 수압의 크기는 모든 방향에서 동일한 크기를 갖는다.
> ㉣ 정수압의 강도는 단위면적에 작용하는 힘의 크기를 말한다.

07 임의의 면에 작용하는 정수압의 작용방향을 옳게 설명한 것은?

① 정수압은 수면에 대하여 수평방향으로 작용한다.
② 정수압은 수면에 대하여 수직방향으로 작용한다.
③ 정수압의 수직압은 존재하지 않는다.
④ 정수압은 임의의 면에 직각으로 작용한다.

> **[해설]** 정수압은 임의의 면에 직각(수직)으로 작용한다.

08 다음 설명 중 옳지 않은 것은?

① 유체 속의 수평한 면에 대해서 압력은 전면적을 통하여 각 점에서의 크기가 같다.
② 수평한 면에 대한 전압력은 $P = w_o h A$가 된다.
③ 유체 속에서 수평이 아닌 평면에 대해서는 압력은 깊이에 비례한다.
④ 정지액체가 면요소에 작용하는 힘은 그 면에 직각이다. 이는 전단력 또는 점성력이 작용하기 때문이다.

> **[해설]** 정지유체 속에는 마찰력이 작용하지 않으며, 정수압은 면에 직각으로 작용한다.

09 다음 그림에서 A점에 작용하는 정수압 P_1, P_2, P_3, P_4에 관한 사항 중 옳은 것은?

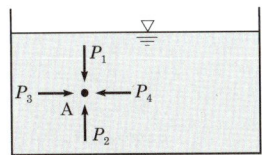

① P_1이 가장 크다.
② P_2가 가장 크다.
③ P_3가 가장 크다.
④ P_1, P_2, P_3, P_4의 크기는 같다.

> **[해설]** 정수 중의 임의의 한 점에 작용하는 정수압의 강도는 모든 방향에 대하여 동일하다.
> ∴ $P_1 = P_2 = P_3 = P_4 = \gamma_w h$

10 수면 아래 30m 지점의 수압을 kN/m²로 표시하면? (단, 물의 단위중량은 9.81kN/m³이다.)

① 2.94kN/m^2 ② 29.43kN/m^2
③ 294.3kN/m^2 ④ $2,943 \text{kN/m}^2$

> **[해설] 정수압**
> $P = \gamma_w h = 9.81 \times 30 = 294.3 \text{kN/m}^2$

11 밀폐된 직육면체의 탱크에 물이 5m 깊이로 차 있을 때 수면에는 3kN/m²의 증기압이 작용하고 있다면 탱크 밑면에 작용하는 압력은? (단, 물의 단위중량은 9.8kN/m³이다.)

① 0.52kN/m^2 ② 5.2kN/m^2
③ 52kN/m^2 ④ 520kN/m^2

> **[해설] 정수압**
> $P = P_1 + \gamma_w h = 3 + 9.8 \times 5 = 52 \text{kN/m}^2$

12 다음 그림과 같은 수압기에서 A, B 단면의 지름이 각각 30cm, 120cm이다. A에서 $P_1 = 1.0$tf로 누르면 B에는 얼마만한 힘이 생기겠는가?

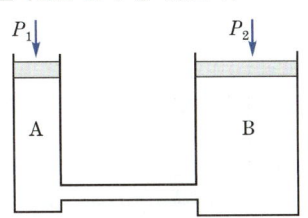

① $P_2 = 1/156.8 \text{kN}$ ② $P_2 = 39.2 \text{kN}$
③ $P_2 = 29.4 \text{kN}$ ④ $P_2 = 156.8 \text{kN}$

정답 7. ④ 8. ④ 9. ④ 10. ③ 11. ③ 12. ④

> **해설** 수압기의 원리
> $$\frac{P_1}{A_1} = \frac{P_2}{A_2}$$
> $$\frac{4\times 1}{\pi \times 0.3^2} = \frac{4\times P_2}{\pi \times 1.2^2}$$
> $$\therefore P_2 = 16\text{tf} = 16\times 9.8 = 156.8\text{kN}$$

★ **13** 다음 그림과 같은 수압기에서 B점의 원통의 무게가 200kg, 면적이 500cm²이고 A점의 원통의 면적이 25cm²이라면, 이들이 평형상태를 유지하기 위한 힘 P의 크기는? (단, A점의 원통무게는 무시하고 관 내 액체의 비중은 0.9이며, 무게 1kg=10N이다.)

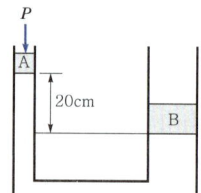

① 0.0955N   ② 0.955N
③ 95.5N   ④ 955N

> **해설** 수압기의 원리
> $$\frac{P_1}{A_1} + \gamma h = \frac{P_2}{A_2}$$
> $$\frac{P_1}{25\times 10^{-4}} + 0.9\times 0.2 = \frac{0.2}{500\times 10^{-4}}$$
> $$\therefore P_1 = 9.55\times 10^{-3}\text{tf} = 9.55\text{kgf} = 95.5\text{N}$$

★ **14** 다음 그림과 같은 수압기에서 $L : l$ 의 길이 비가 3 : 1, A의 지름이 5cm, B의 지름이 10cm이면 힘의 평형을 유지하기 위한 P의 크기는? (단, 그림에서 O는 힌지이다.)

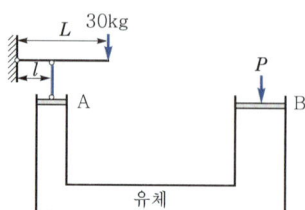

① 2.00kN   ② 2.60kN
③ 3.00kN   ④ 3.528kN

> **해설** 수압기의 원리
> ㉠ $lP_1 = LP_o$
> $$\therefore P_1 = \frac{L}{l}P_o = 3\times 30 = 90\text{kgf} = 882\text{N}$$
> ㉡ $\dfrac{P_1}{A} = \dfrac{P_2}{B}$
> $$\frac{4\times P_1}{\pi \times 5^2} = \frac{4\times P_2}{\pi \times 10^2}$$
> $$\therefore P_2 = 4P_1 = 4\times 882 = 3,528\text{N} = 3.528\text{kN}$$
>
>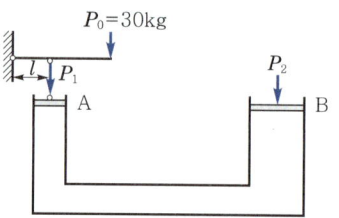

15 피에조미터(piezometer)는 다음 중 무엇을 측정하기 위한 도구인가?

① 전수압   ② 총수압
③ 정수압   ④ 동수압

> **해설** 피에조미터는 정수압을 측정하기 위한 기구이다.

★ **16** 다음 그림에서 h=25cm, H=40cm이다. A, B 두 점의 압력차는?

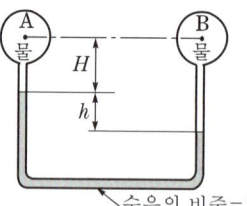

① 0.1kN/m²   ② 30.748kN/m²
③ 5.0kN/m²   ④ 10.2kN/m²

> **해설** 액주계의 압력차
> 등압선에 대하여
> $P_a + \gamma_1 h - \gamma_2 h - P_b = 0$
> $\therefore P_b - P_a = (\gamma_1 - \gamma_2)h$
> $\quad = (13.55 - 1)\times 0.25$
> $\quad = 3.1375\text{t/m}^2 = 30.748\text{kN/m}^2$

정답 13. ③ 14. ④ 15. ③ 16. ②

17 다음 그림에서 A와 B의 압력차는? (단, 수은의 비중=13.50)

① 63.80kN/m²
② 67.50kN/m²
③ 61.25kN/m²
④ 68.90kN/m²

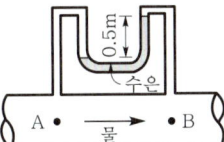

해설 액주계의 압력차
등압선에서
$P_a + \gamma_1 h - \gamma_2 h - P_b = 0$
$P_a + 1 \times 0.5 - 13.5 \times 0.5 - P_b = 0$
∴ $P_a - P_b = 6.250 \text{tf/m}^2 = 61.25 \text{kN/m}^2$

18 다음 그림에서 CCl₄(사염화탄소)의 비중은?

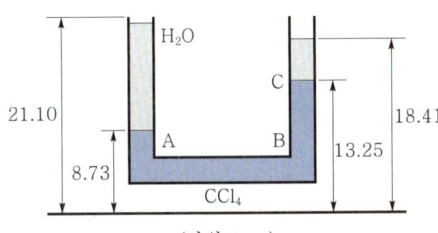

(단위 : cm)

① 0.1595　② 1.595
③ 15.95　④ 159.5

해설 액주계의 압력차
등압선에서
㉠ $1 \times (21.1 - 8.73) - \gamma_s \times (13.25 - 8.73)$
　$- 1 \times (18.41 - 13.25) = 0$
∴ $\gamma_s = 1.595 \text{t/m}^3 = 15.631 \text{kN/m}^3$
㉡ $S = \dfrac{\gamma_s}{\gamma_w} = \dfrac{15.631}{9.8} = 1.595$

19 탱크 속에 깊이 2m의 물과 그 위에 비중 0.85의 기름이 4m 들어 있다. 탱크 바닥에서 받는 압력을 구한 값은?

① 52.92kN/m²
② 53.00kN/m²
③ 52.00kN/m²
④ 51.00kN/m²

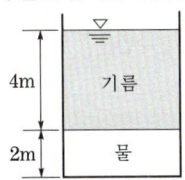

해설 압력
$P = P_1 + P_2 = \gamma_1 h_1 + \gamma_2 h_2$
　　$= 0.85 \times 4 + 1 \times 2$
　　$= 5.4 \text{tf/m}^2 = 5.4 \times 9.8 = 52.92 \text{kN/m}^2$

20 다음 그림과 같이 서로 혼합되지 않는 액체가 층상으로 이루고 있다. 이때 바닥으로부터 2m 되는 AB면상의 지점에 작용하는 압력은?

① 63.7kN/m²
② 58.8kN/m²
③ 47.04kN/m²
④ 19.6kN/m²

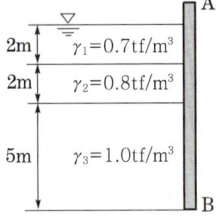

해설 압력
$P = \gamma_1 h_1 + \gamma_2 h_2 + \gamma_3 h_3$
　$= 0.7 \times 2 + 0.8 \times 2 + 1 \times 3$
　$= 6 \text{tf/m}^2 = 58.8 \text{kN/m}^2$

2. 전수압

21 지름 20cm, 높이 30cm인 원통모양의 그릇에 물을 가득 채우고 세웠을 때 그릇의 밑바닥에 작용하는 전수압은?

① 92.32N　② 18.84N
③ 94.2N　④ 188.4N

해설 전수압
$F = \gamma_w h_G A$
　$= 1 \times 0.3 \times \dfrac{\pi \times 0.2^2}{4}$
　$= 9.42 \times 10^{-3} \text{tf} = 9.42 \text{kgf} = 92.32 \text{N}$

22 높이 6m, 폭 1m의 구형 수문이 수직으로 설치되어 있다. 물이 수문의 윗단까지 차 있다고 하면 이 수문에 작용하는 전수압의 작용점은?

① 3m
② 3.5m
③ 4m
④ 4.3m

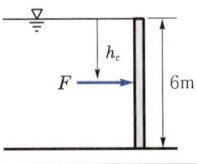

해설 전수압의 작용점위치
$h_c = h_G + \dfrac{I_G}{h_G A} = \dfrac{2}{3} h = \dfrac{2}{3} \times 6 = 4 \text{m}$

정답 17. ③　18. ②　19. ①　20. ②　21. ①　22. ③

23 높이 5m, 폭 2.5m인 연직평면 수문을 수로에 설치하였다. 이 수문에 작용하는 전수압(P)과 작용점의 위치(h_c)는? (단, 수심은 수문의 상부와 일치하고, 작용점은 수면으로부터의 깊이방향 위치임)

① $P=306.25\text{kN}$, $h_c=1.33\text{m}$
② $P=306.25\text{kN}$, $h_c=3.33\text{m}$
③ $P=620.50\text{kN}$, $h_c=1.33\text{m}$
④ $P=620.50\text{kN}$, $h_c=3.33\text{m}$

> **해설** ㉠ 전수압
> $$P=\gamma_w h_G A=1\times\frac{5}{2}\times(5\times2.5)$$
> $$=31.25\text{tf}=306.25\text{kN}$$
> ㉡ 작용점위치
> $$h_c=\frac{2}{3}h=\frac{2}{3}\times 5=3.33\text{m}$$

24 정수 중의 연직평판에 작용하는 전수압의 작용점은?

① 도심의 위치를 지난다.
② 도심과 관계없이 작용한다.
③ 도심의 위치보다 $\dfrac{I_G}{h_G A}$ 만큼 위에 있다.
④ 도심의 위치보다 $\dfrac{I_G}{h_G A}$ 만큼 아래에 있다.

> **해설** 전수압의 작용점위치
> $$h_c=h_G+\frac{I_G}{h_G A}$$

25 다음 그림과 같이 직각이등변삼각형의 한 변을 자유표면에 두고 변의 길이를 3m로 하면 자유표면으로부터 전수압의 작용점은?

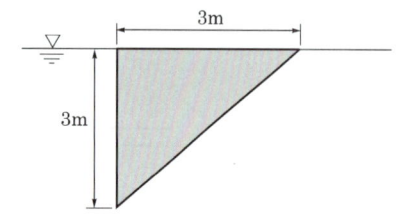

① 1.0m ② 1.5m
③ 2.0m ④ 2.5m

> **해설** 전수압의 작용점위치
> $$h_c=h_G+\frac{I_G}{h_G A}=\frac{3}{3}+\frac{\frac{3\times 3^3}{36}}{\frac{3}{3}\times\frac{3\times 3}{2}}=1.5\text{m}$$

26 다음 그림과 같이 한 변이 수평한 연직삼각형 평면에 작용하는 전수압(F)과 작용점(h_c)의 위치로 옳은 것은? (단, 단위중량은 γ임)

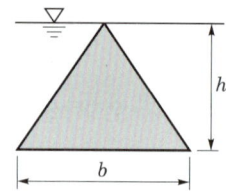

① $F=\dfrac{\gamma_w b}{2}h^2$, $h_c=\dfrac{2}{3}h$
② $F=\dfrac{\gamma_w b}{3}h^2$, $h_c=\dfrac{2}{3}h$
③ $F=\dfrac{\gamma_w b}{3}h^2$, $h_c=\dfrac{3}{4}h$
④ $F=\dfrac{\gamma_w b}{2}h^2$, $h_c=\dfrac{3}{4}h$

> **해설** ㉠ 전수압
> $$F=\gamma_w h_G A=\gamma_w\times\frac{2}{3}h\times\frac{bh}{2}=\frac{\gamma_w bh^2}{3}$$
> ㉡ 작용점위치
> $$h_c=h_G+\frac{I_G}{h_G A}=\frac{2}{3}h+\frac{\frac{bh^3}{36}}{\frac{2}{3}h\times\frac{bh}{2}}=\frac{3}{4}h$$

27 다음 그림과 같은 단면 A, B, C, D, E, F에 작용하는 전수압은?

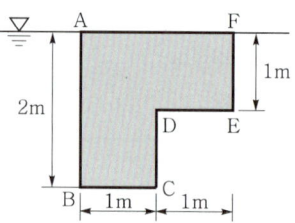

① 24.5kN ② 4.9kN
③ 2.45kN ④ 29.4kN

정답 23.② 24.④ 25.② 26.③ 27.①

해설 전수압
$$F = \gamma_w h_G A$$
$$= 1 \times 1 \times (1 \times 2) + 1 \times \frac{1}{2} \times (1 \times 1)$$
$$= 2.5 \text{tf} = 2.5 \times 9.8 = 24.5 \text{kN}$$

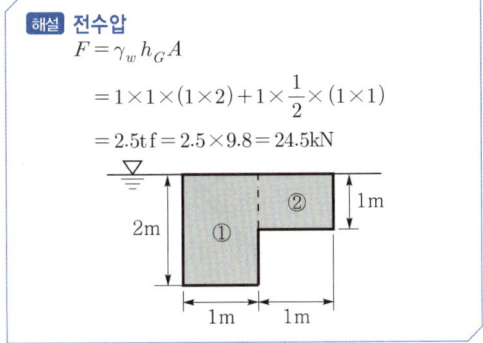

28 다음 그림과 같은 구형 단면이 연직으로 놓여 있을 때 단면에 작용하는 압력 및 압력의 중심위치를 바르게 표시한 것은?

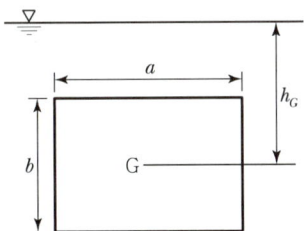

① $F = \gamma_w abh_G,\ h_c = h_G + \dfrac{b^2}{12h_G}$

② $F = \gamma_w abh_G,\ h_c = h_G$

③ $F = \gamma_w abh_G,\ h_c = h_G + \dfrac{ab^2}{12}$

④ $F = \gamma_w abh_G,\ h_c = h_G + \dfrac{I_0}{ab}$

해설 ㉠ 전수압
$$F = \gamma_w h_G A = \gamma_w h_G ab$$
㉡ 작용점위치
$$h_c = h_G + \frac{I_G}{h_G A} = h_G + \frac{\dfrac{ab^3}{12}}{h_G ab}$$
$$= h_G + \frac{b^2}{12h_G}$$

29 다음 그림과 같이 높이 4m, 폭 4m인 수문이 있다. 상류수심 5m에서 하류로 물이 흐를 때 이 수문에 작용하는 전수압의 작용점위치는? (단, 수면을 기준으로 한 위치이다.)

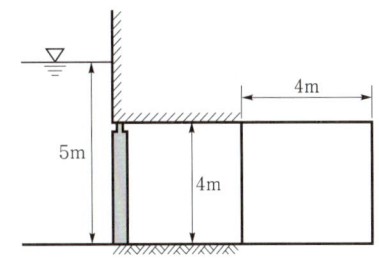

① 3.44m   ② 4.33m
③ 4.77m   ④ 4.87m

해설 전수압의 작용점위치
㉠ $h_G = 1 + 2 = 3\text{m}$
㉡ $h_c = h_G + \dfrac{I_G}{h_G A}$
$$= 3 + \frac{4 \times 4^3}{3 \times (4 \times 4) \times 12} = 3.44\text{m}$$

30 다음 그림과 같이 물속에 수직으로 설치된 넓이 2m×3m의 수문을 올리는데 필요한 힘은? (단, 수문의 물속 무게는 1,960N이고, 수문과 벽면 사이의 마찰계수는 0.25이다.)

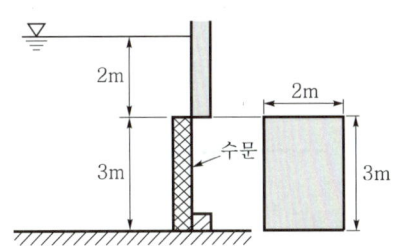

① 5.45kN   ② 53.4kN
③ 126.7kN   ④ 271.2kN

해설 전수압
$$F = \gamma h_G A$$
$$= 1 \times (2 + 1.5) \times (2 \times 3) = 21\text{t} = 205.8\text{kN}$$
$$\therefore F' = \mu F + T$$
$$= 0.25 \times 205.8 + 1.96 = 53.4\text{kN}$$

정답 28. ① 29. ① 30. ②

31 수로폭이 3m인 판으로 물의 흐름을 가로막았을 때 상류수심은 6m, 하류수심은 3m이었다. 이때 전수압의 작용점위치는?

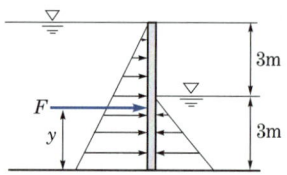

① $y=1.50m$ ② $y=2.33m$
③ $y=3.66m$ ④ $y=4.56m$

해설 전수압의 작용점위치
㉠ $F_1 = \gamma_w h_{G1} A_1 = 1 \times \frac{6}{2} \times (3 \times 6) = 54 tf$
㉡ $F_2 = \gamma_w h_{G2} A_2 = 1 \times \frac{3}{2} \times (3 \times 3) = 13.5 tf$
㉢ $F = F_1 - F_2 = 54 - 13.5 = 40.5 tf$
㉣ $F \times y = F_1 \times \frac{6}{3} - F_2 \times \frac{3}{3}$
$40.5 \times y = 54 \times 2 - 13.5 \times 1$
∴ $y = 2.33m$

32 폭 4.8m, 높이 2.7m의 연직직사각형 수문이 한쪽 면에서 수압을 받고 있다. 수문의 밑면은 힌지로 연결되어 있고 상단은 수평체인(chain)으로 고정되어 있을 때 이 체인에 작용하는 장력(張力)은? (단, 수문의 정상과 수면은 일치한다.)

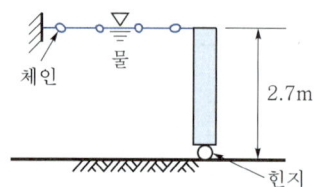

① 29.23kN ② 57.15kN
③ 7.87kN   ④ 0.88kN

해설 장력
㉠ $F = \gamma_w h_G A$
$= 1 \times \frac{2.7}{2} \times (4.8 \times 2.7) = 17.5 tf$
㉡ $h_c = \frac{2}{3}h = \frac{2}{3} \times 2.7 = 1.8m$
㉢ 작용점에서의 전수압=힌지에서의 장력
$17.5 \times (2.7 - 1.8) = T \times 2.7$
∴ $T = 5.83 tf = 57.13 kN$

33 다음 그림과 같이 경사면에 수문을 설치했을 때 수문에 작용하는 전압력은?

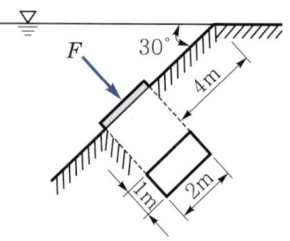

① 147kN ② 49kN
③ 84kN   ④ 58kN

해설 전수압
$F = \gamma_w h_G A = \gamma_w S_G \sin\theta A$
$= 1 \times 5 \times \sin 30° \times (1 \times 2)$
$= 5 tf = 49 kN$

34 폭 2m, 수심 4m의 수로를 다음 그림과 같이 60°의 경사구형판으로 막았을 때 판에 작용하는 전수압(F)과 작용점(h_c)을 구한 값 중 옳은 것은?

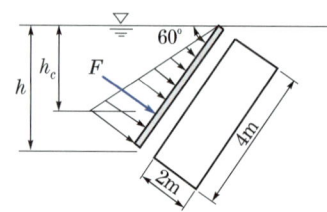

① $F=135.83kN$, $h_c=2.31m$
② $F=115.64kN$, $h_c=1.3m$
③ $F=87.22kN$, $h_c=2.31m$
④ $F=67.62kN$, $h_c=1.3m$

해설 ㉠ 전수압
$F = \gamma_w h_G A = \gamma_w S_G \sin\theta A$
$= 1 \times 2 \times \sin 60° \times 2 \times 4$
$= 13.86 tf = 135.83 kN$
㉡ 작용점위치
$h_c = h_G + \frac{I_x \sin^2\theta}{h_G A} = S_G \sin\theta + \frac{I_x \sin^2\theta}{S_G \sin\theta A}$
$= 2 \times \sin 60° + \frac{2 \times 4^3 \times \sin^2 60°}{2 \times \sin 60° \times (2 \times 4) \times 12}$
$= 2.31m$

35 다음 그림과 같이 수면과 경사각 45°를 이루는 제방의 측면에 원통형 수문이 있을 때 이에 작용하는 전수압은?

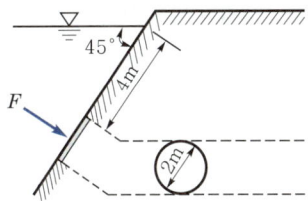

① 98.0kN ② 112.7kN
③ 118.58kN ④ 108.78kN

> **해설** 전수압
> $$F = \gamma_w h_G A = \gamma_w S_G \sin\theta A$$
> $$= 1 \times 5 \times \sin 45° \times \frac{\pi \times 2^2}{4}$$
> $$= 11.1 \text{tf} = 108.78 \text{kN}$$

36 다음 그림과 같은 직사각형 수문은 수심 d가 충분히 커지면 자동으로 열리게 되어 있다. 수문이 열릴 수 있는 수심은 최소 얼마를 초과하여야 하는가?

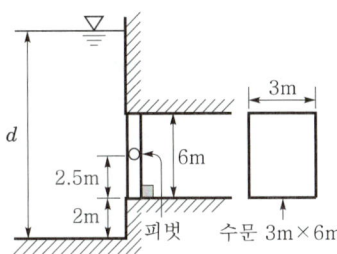

① 9m ② 10m
③ 11m ④ 12m

> **해설** 최소 수심깊이
> 전수압의 작용점위치가 힌지점 위에 있어야 수문이 자동으로 열리게 되므로
> $h_c < d - (2.5+2) = d - 4.5$ ················· ㉠
> $h_c = h_G + \frac{I_x}{h_G A}$ 에서 $h_G = d - (2+3) = d-5$
> 이므로
> $h_c = (d-5) + \frac{3 \times 6^3}{(d-5) \times (3 \times 6) \times 12}$ ········ ㉡
> 식 ㉡을 ㉠에 대입하여 정리하면
> ∴ $d > 11$m

37 수중에 잠겨 있는 곡면에 작용하는 연직분력에 관한 옳은 설명은?

① 곡면을 연직면상에 투영했을 때 그 투영면에 작용하는 정수압과 같다.
② 곡면을 밑면으로 하는 물기둥의 무게와 같다.
③ 곡면에 의해 배제된 물의 무게와 같다.
④ 곡면 중심의 압력에 물의 무게를 더한 값이다.

> **해설** 곡면에 작용하는 전수압
> ㉠ 수평분력은 연직투영면에 작용하는 정수압과 같다.
> ㉡ 연직분력은 곡면을 밑면으로 하는 수면까지의 물기둥의 무게와 같다.

38 물속에 잠긴 곡면에 작용하는 수평분력에 대한 설명으로 옳은 것은?

① 곡면의 수직 상방에 실려 있는 물의 무게와 같다.
② 곡면에 의해서 배제된 물의 무게와 같다.
③ 곡면의 무게중심에서의 압력과 면적의 곱이다.
④ 곡면의 연직투영면상에 작용하는 전수압과 같다.

> **해설** 곡면에 작용하는 전수압
> ㉠ 수평분력(F_H) : 곡면의 연직투영면에 작용하는 전수압과 같다.
> ㉡ 연직분력(F_V) : 곡면의 수직 상방에 실려 있는 물의 무게와 같다.

39 다음 그림과 같은 원통면의 외측에 작용하는 수압의 연직분력을 구하는 식은? (단, W_o : 물의 비중량, l : 원통길이)

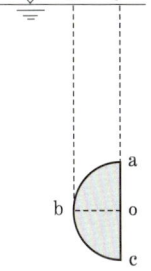

① (bced의 면적 − abca의 면적)·$W_o l$
② (bced의 면적 − deab의 면적)·$W_o l$
③ (dboe의 면적)·$W_o l$
④ (dbae의 면적 − bcad의 면적)·$W_o l$

> **해설** 곡면에 작용하는 전수압의 연직분력은 곡면을 밑면으로 하는 연직물기둥의 무게와 같다.
> ∴ F_V = (dbce의 면적 − dbae의 면적)·$W_o l$

정답 35. ④ 36. ③ 37. ② 38. ④ 39. ②

40 다음 그림과 같은 원호형 수문 AB에 작용하는 연직수압의 크기는? (단, 수문폭은 5m, AO는 수평이다.)

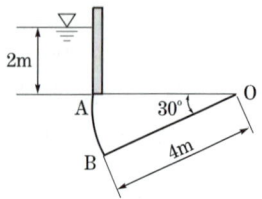

① 40kN ② 88kN
③ 150kN ④ 250kN

해설 **연직분력**
$$F_V = \gamma_w \cdot (\text{ABCD면적}) \cdot b$$
$$= 1 \times \left\{ (4 - 4 \times \cos 30°) \times 2 + \pi \times 4^2 \times \frac{30°}{360°} - \frac{4 \times \cos 30° \times 4 \times \sin 30°}{2} \right\} \times 5$$
$$= 8.98 \text{tf} = 88 \text{kN}$$

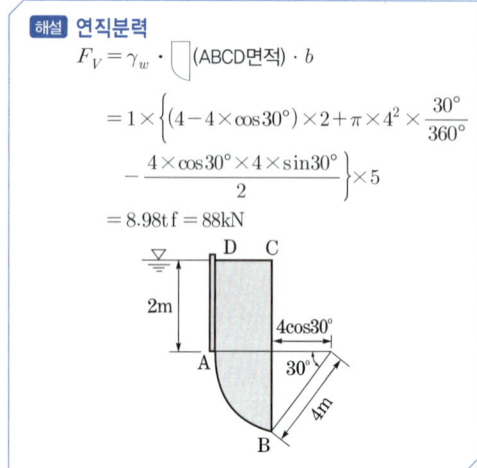

41 다음 그림과 같이 폭 2m인 4분원의 면 $\widehat{AB}$에 작용하는 전수압의 연직성분은? (단, 무게 1kg=10N)

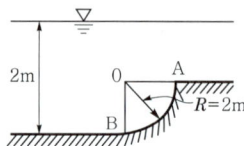

① 17.9kN ② 23.9kN
③ 35.7kN ④ 71.4kN

해설 **연직분력**
$$F_V = \gamma_w \cdot \cdot b$$
$$= 1 \times \left(1 \times 1 + \pi \times 1^2 \times \frac{1}{4} \right) \times 2$$
$$= 3.571 \text{tf} = 3,571 \text{kgf}$$
$$= 3,571 \times 10 = 35,710 \text{N}$$
$$= 35.71 \text{kN}$$

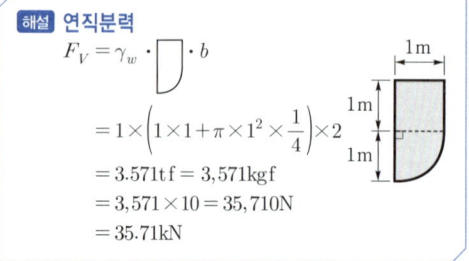

42 지름 3m인 원통이 수평으로 가로로 놓여 있다. 원통의 상단까지 만수가 되었을 때 이 수문의 단위폭(1m)에 작용하는 전압력의 연직성분은?

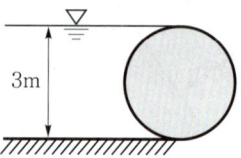

① 3.53N ② 35.3N
③ 34.6kN ④ 35.3kN

해설 **연직분력**
$$F_V = \gamma_w \cdot \cdot b = 1 \times \left(\frac{\pi \times 3^2}{4} \times \frac{1}{2} \right) \times 1$$
$$= 3.53 \text{tf} = 34.6 \text{kN}$$

43 다음 그림과 같이 물을 막고 있는 원통의 곡면에 작용하는 전수압은? (단, 원통의 축방향 길이는 1m이다.)

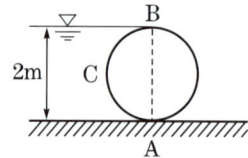

① 19.6kN ② 15.386kN
③ 34.986kN ④ 24.892kN

해설 **전수압**
㉠ $F_H = \gamma_w h_G A = 1 \times 1 \times (2 \times 1) = 2 \text{tf}$
㉡ $F_V = \gamma_w \cdot \cdot b$
$$= 1 \times \left(\frac{\pi \times 2^2}{4} \times \frac{1}{2} \right) \times 1 = 1.57 \text{tf}$$
㉢ $F = \sqrt{F_H^2 + F_V^2} = \sqrt{2^2 + 1.57^2}$
$$= 2.54 \text{tf} = 24.892 \text{kN}$$

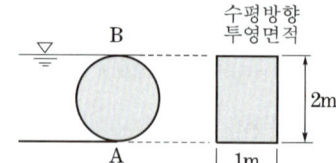

정답 40.② 41.③ 42.③ 43.④

44 다음 그림과 같이 지름 3m, 길이 8m인 수로의 드럼게이트에 작용하는 전수압이 수문 ABC에 작용하는 지점의 수심은?

① 2.68m
② 2.43m
③ 2.25m
④ 2.00m

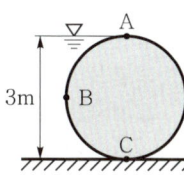

> **해설** 전수압
> ㉠ $F_H = \gamma_w h_G A = 1 \times \dfrac{3}{2} \times 3 \times 8 = 36t$
> ㉡ $h_H = \dfrac{2}{3}h = \dfrac{2}{3} \times 3 = 2m$
> ㉢ $F_V = \gamma_w \forall = 1 \times \dfrac{\pi \times 3^3}{4} \times 8 \times \dfrac{1}{2} = 28.27t$
> ㉣ 수평력과 수직력의 모멘트로부터
> $\sum M_o = 0$
> $36 \times 0.5 - 28.27 \times h_V = 0$
> $\therefore h_V = 0.637m$
> ㉤ $\tan\theta = \dfrac{0.5}{0.637}$
> $\therefore \theta = 38.13°$
> ㉥ $\sin 38.13° = \dfrac{h_P}{1.5}$
> $\therefore h_P = 0.926m$
> ㉦ $h' = 1.5 + 0.926 = 2.426m$
>
>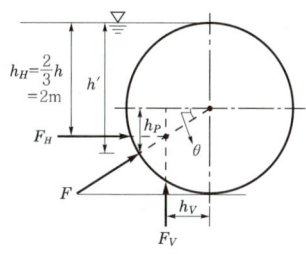

45 안지름 50cm인 강관에 최고 $P=1,470kN/m^2$의 수압이 작용한다고 할 때 적당한 강관의 두께는? (단, 강의 허용인장응력은 $\sigma_a = 137,200kN/m^2$)

① 2.7mm
② 9.3mm
③ 11.7mm
④ 19.0mm

> **해설** 관두께
> $t = \dfrac{PD}{2\sigma_a} = \dfrac{1,470 \times 0.5}{2 \times 137,200} = 0.002678m ≒ 2.7mm$

46 반지름($\overline{OP}$)이 6m이고 $\theta=30°$인 수문이 다음 그림과 같이 설치되었을 때 수문에 작용하는 전수압(저항력)은?

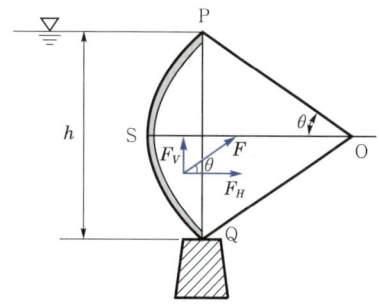

① 159.5kN/m
② 169.5kN/m
③ 179.5kN/m
④ 189.5kN/m

> **해설** 전수압
> ㉠ $F_H = \gamma_w h_G A$
> $= 1 \times 6 \times \sin 30° \times (12 \times \sin 30° \times 1)$
> $= 18tf$
> ㉡ $F_V = \gamma_w \cdot \text{()} \cdot b$
> $= 1 \times \left(\pi \times 6^2 \times \dfrac{60°}{360°} \right.$
> $\left. - \dfrac{6 \times \sin 30° \times 6 \times \cos 30°}{2} \times 2 \right) \times 1$
> $= 3.26tf$
> ㉢ $F = \sqrt{F_H^2 + F_V^2} = \sqrt{18^2 + 3.26^2}$
> $= 18.29tf = 179.24kN$
>
>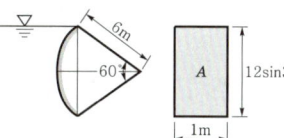

3. 부체와 상대정지

47 부력에 대한 설명으로 잘못된 것은?

① 부력은 고체의 수중 부분 부피와 같은 부피의 물무게와 같다.
② 부체가 배제할 물의 무게와 같은 부력을 받는다.
③ 유체에 떠 있는 물체는 그 자신의 무게와 같은 만큼의 유체를 배제한다.
④ 부력은 수심에 비례하는 압력을 받는다.

정답 44. ② 45. ① 46. ③ 47. ④

> **해설** 부력은 물체가 물에서 뜰 수 있게 해주는 힘으로 수중 부분의 체적(배수용적)만큼의 물의 무게이다.

48 부체의 안정성을 조사할 때 관계없는 것은?

① 경심(傾心)
② 수심
③ 부심
④ 중심(重心)

> **해설** 수심은 물속 깊이를 말하는 것으로 부체의 안정성과는 관계없다.

49 수면이 부체를 절단하는 가상면을 무엇이라 하는가?

① 부력면
② 부심면
③ 부양면
④ 흘수면

> **해설** 물의 표면에 떠 있는 부체가 수면에 의해 절단되었다고 생각하는 가상적인 면을 부양면이라 한다.

★
50 부체가 수면에 의해 절단되는 부양면으로부터 부체의 최하단부까지의 깊이를 무엇이라 하는가?

① 부력
② 부심
③ 부양면
④ 흘수

> **해설** 부양면에서 물체의 최하단(최심부)까지의 깊이를 흘수라 한다.

51 수중에 잠긴 물체가 배제한 물체적의 중심으로 부력의 작용점을 무엇이라 하는가?

① 무게중심
② 부심
③ 경심
④ 부양면

> **해설** 배수용적의 중심을 부심이라고 하며, 부력의 작용선은 부심을 통과한다.

52 부력과 부체 안정에 관한 설명 중에서 옳지 않은 것은?

① 부심과 경심의 거리를 경심고라 한다.
② 부체가 수면에 의하여 절단되는 가상면을 부양면이라 한다.
③ 부력의 작용선과 물체의 중심축과의 교점을 부심이라 한다.
④ 수면에서 부체의 최심부까지의 거리를 흘수라 한다.

> **해설** ㉠ 부심 : 배수용적의 중심
> ㉡ 경심 : 기울어진 후의 부심을 통과하는 연직선과 평형상태의 중심과 부심을 연결하는 선이 만나는 점

53 다음 ( ) 안에 들어갈 알맞은 말을 순서대로 바르게 나타낸 것은?

> 유체 중에 있는 물체의 무게는 그 물체가 배제한 부피에 해당하는 유체의 ( )만큼 가벼워지는데, 이를 ( )의 원리라 한다.

① 부피, 뉴턴
② 무게, 스토크스
③ 부피, 파스칼
④ 무게, 아르키메데스

> **해설** 유체 중에 있는 물체의 무게는 그 물체가 배제한 부피에 해당하는 유체의 무게만큼 가벼워지는데, 이를 아르키메데스의 원리라 한다.

★
54 비중 0.92의 빙산이 비중 1.025인 해수면에 떠 있다. 수면에서 위에 나온 빙산의 체적의 $100m^3$라면 빙산 전체의 체적은?

① $1,464m^3$
② $1,363m^3$
③ $976m^3$
④ $876m^3$

> **해설 아르키메데스의 원리**
> $F_B = W$
> $\gamma_w V' = \gamma_s V$
> $1.025 \times (V - 100) = 0.92 \times V$
> $\therefore V = 976.19 m^3$

정답 48. ② 49. ③ 50. ④ 51. ② 52. ③ 53. ④ 54. ③

55 비중이 0.9인 목재가 물에 떠 있다. 수면 위에 노출된 체적이 1.0m³이라면 목재 전체의 체적은? (단, 물의 비중은 1.0이다.)

① 1.9m³ ② 2.0m³
③ 9.0m³ ④ 10.0m³

> **해설** 아르키메데스의 원리
> $F_B = W$
> $\gamma_w \forall' = \gamma_s \forall$
> $1 \times (\forall - 1) = 0.9 \times \forall$
> $\therefore \forall = 10\text{m}^3$
> 여기서, $\forall'$: 물에 잠긴 부분 체적
> $\forall$: 물체의 전체 체적

56 길이 13m, 높이 2m, 폭 3m, 무게 20ton인 바지선의 흘수는?

① 0.51m ② 0.56m
③ 0.58m ④ 0.46m

> **해설** 아르키메데스의 원리
> $F_B = W$
> $\gamma_w \forall = W$
> $1 \times (3 \times 13 \times h) = 20$
> $\therefore h = 0.51\text{m}$

★ 57 빙산의 비중이 0.92, 바닷물의 비중이 1.025라 할 때 빙산의 바닷물 속에 잠겨 있는 부분의 부피는 전체 부피의 약 몇 배인가?

① 0.70배 ② 0.90배
③ 1.10배 ④ 2.50배

> **해설** 아르키메데스의 원리
> $F_B = W$
> $\gamma_w \forall' = \gamma_s \forall$
> $1.025 \forall' = 0.92 \forall$
> $\therefore \forall' = \dfrac{0.92}{1.025} \forall = 0.9 \forall$

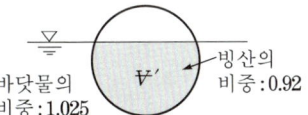

★ 58 다음 그림과 같은 배의 무게가 89ton일 때 이 배가 운항하는 데 필요한 최소 수심은?

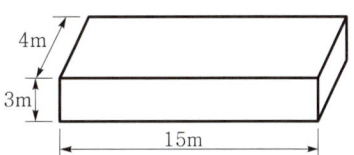

① 1.2m ② 1.5m
③ 1.8m ④ 2.0m

> **해설** 아르키메데스의 원리
> $W = F_B$
> $W = \gamma_w \forall$
> $89 = 1 \times (4 \times 15 \times h)$
> $\therefore h = 1.48\text{m}$

★ 59 다음 그림과 같은 콘크리트 케이슨이 바닷물에 떠 있을 때 흘수는? (단, 콘크리트 비중은 2.40이며, 바닷물의 비중은 1.025이다.)

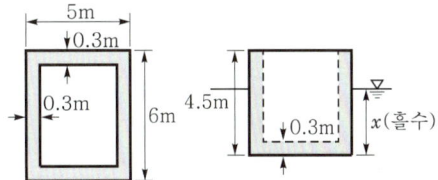

① $x = 2.45\text{m}$ ② $x = 2.55\text{m}$
③ $x = 2.65\text{m}$ ④ $x = 2.75\text{m}$

> **해설** 아르키메데스의 원리
> $W(\text{무게}) = F_B(\text{부력})$
> $\gamma_s \forall = \gamma_w \forall'$
> $2.4 \times (5 \times 6 \times 4.5 - 4.4 \times 5.4 \times 4.2)$
> $= 1.025 \times (5 \times 6 \times x)$
> $\therefore x = 2.75\text{m}$

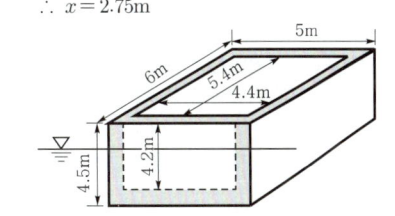

정답 55.④ 56.① 57.② 58.② 59.④

60 단면적 2.5cm², 길이 2m인 원형 강철봉의 중량이 대기 중에서 2.75kg이었다면 단위중량이 1t/m³인 수중에서의 무게는?

① 22.05N ② 25.05N
③ 27.05N ④ 28.05N

> **해설** 아르키메데스의 원리
> 공기 중 무게=수중무게+부력
> $2,750 = $ 수중무게 $+1 \times (2.5 \times 200)$
> ∴ 수중무게 $= 2,250\text{g} = 2.25\text{kg}$
> $= 2.25 \times 9.8 = 22.05\text{N}$

61 ★ 20m×10m의 구형 선박의 중앙에 코끼리를 태웠더니 1cm만큼 가라앉았다. 코끼리의 무게는? (단, 해수의 비중=1.025)

① 18.05kN ② 20.00kN
③ 20.09kN ④ 20.25kN

> **해설** 아르키메데스의 원리
> ㉠ 코끼리의 무게는 선박이 1cm 가라앉을 때 선박이 받는 부력과 같다.
> ㉡ $W = F_B = \gamma \mathcal{V}$
> $= 1.025 \times (20 \times 10 \times 0.01)$
> $= 2.05\text{tf} = 20.09\text{kN}$

62 4m×5m×1m의 목재판이 물에 떠 있고, 판 위에 2,000kg의 하중이 놓여 있다. 목재의 비중이 0.5일 때 목재판이 물에 잠기는 흘수(draught)와 체적은?

① $d=0.5\text{m}, \ \mathcal{V}=0.8\text{m}^3$
② $d=0.6\text{m}, \ \mathcal{V}=12.0\text{m}^3$
③ $d=1.0\text{m}, \ \mathcal{V}=16.0\text{m}^3$
④ $d=0.5\text{m}, \ \mathcal{V}=9.6\text{m}^3$

> **해설** 아르키메데스의 원리
> ㉠ W(무게)$= F_B$ (부력)
> $0.5 \times (4 \times 5 \times 1) + 2 = 1 \times (4 \times 5 \times d)$
> ∴ $d = 0.6\text{m}$
> ㉡ $\mathcal{V} = 4 \times 5 \times 0.6 = 12\text{m}^3$

63 물체의 공기 중 무게가 750N이고 물속에서의 무게는 150N일 때 이 물체의 체적은?

① 0.05m³ ② 0.06m³
③ 0.50m³ ④ 0.60m³

> **해설** 아르키메데스의 원리
> 공기 중 무게=수중무게+부력
> $750 = 150 + 9,800 \times \mathcal{V}$
> ∴ $\mathcal{V} = 0.06\text{m}^3$

64 ★ 중량이 600kg, 비중이 3.0인 물체를 물(담수)속에 넣었을 때 물속에서의 중량은?

① 980N ② 1,960N
③ 2,940N ④ 3,920N

> **해설** 아르키메데스의 원리
> ㉠ $W = \gamma_s \mathcal{V}$
> $0.6 = 3 \times \mathcal{V}$
> ∴ $\mathcal{V} = 0.2\text{m}^3$
> ㉡ 공기 중 무게=부력+수중무게
> $0.6 = 1 \times 0.2 + W_o$
> ∴ $W_o = 0.4\text{t} = 400\text{kg} = 3,920\text{N}$

65 ★★ 다음 그림과 같은 1m×1m×1m인 정육면체의 나무가 물에 떠 있다. 비중이 0.8이면 부체의 상태로 다음 중 옳은 것은?

① 안정하다.
② 불안정하다.
③ 중립상태다.
④ 판단할 수 있다.

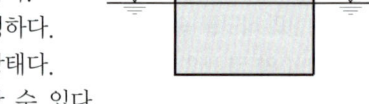

> **해설** 부체의 안정 판별
> ㉠ $W = F_B$
> $0.8 \times (1 \times 1 \times 1) = 1 \times (1 \times 1 \times h)$
> ∴ $h = 0.8\text{m}$
> ㉡ $\dfrac{I_y}{\mathcal{V}} - \overline{GC} = \dfrac{1 \times 1^3}{1 \times 1 \times 0.8 \times 12} - 0.1$
> $= 0.00417 > 0$
> ∴ 안정

정답 60.① 61.③ 62.② 63.② 64.④ 65.①

66 10cm×20cm×20cm의 체적을 갖는 육면체의 물속 무게가 100N이었다. 이 물체의 공기 중에서의 무게와 비중은?

① 206.8N, 1.32 ② 206.8N, 2.07
③ 139.2N, 1.32 ④ 139.2N, 3.55

> **해설** 부력
> ㉠ $\gamma_w = 1t/m^3 = 9,800N/m^3$
> $\therefore F_B = \gamma_w \forall$
> $= 9,800 \times (0.1 \times 0.2 \times 0.2) = 39.2N$
> ㉡ 공기 중의 무게
> $W = F_B + T = 39.2 + 100 = 139.2N$
> ㉢ 비중
> $W = \gamma_s \forall$
> $139.2 = \gamma_s \times (0.1 \times 0.2 \times 0.2)$
> $\therefore \gamma_s = 34,800N/m^3$
> $\therefore S = \dfrac{34,800N/m^3}{9,800N/m^3} = 3.55$

67 해수에 떠 있는 폭 8m, 길이 20m의 물체를 담수에 넣었더니 흘수가 6cm 증가했다. 이 물체의 중량은? (단, 해수의 단위중량=1.025t/m³)

① 2,941kN ② 3,916kN
③ 3,857kN ④ 3,906kN

> **해설** 공기 중의 무게
> ㉠ 해수에서의 부력=담수에서의 부력
> $1.025 \times (8 \times h \times 20)$
> $= 1 \times \{8 \times (h + 0.06) \times 20\}$
> $\therefore h = 2.4m$
> ㉡ $W = \gamma \forall = 1.025 \times (8 \times 2.4 \times 20)$
> $= 393.6t = 3,857kN$

68 바다에서 배수용량이 15,000ton, 흘수가 8m인 배가 운하의 담수 부근에 들어갔을 때 흘수는? (단, 부유면 부근의 선체 단면적은 3,000m²이며, 바다에서 해수의 단위중량은 1.025t/m³이다.)

① 10.122m ② 12.122m
③ 8.122m ④ 6.122m

> **해설** ㉠ 해수에서의 수중체적
> $W = F_B = \gamma_w \forall'$
> $15,000 = 1.025 \times \forall'$
> $\therefore \forall'_{해수} = 14634.146m^3$
>
>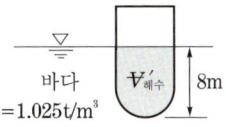
>
> ㉡ 담수에서의 수중체적
> $W = F_B = \gamma_w \forall'$
> $15,000 = 1 \times \forall'$
> $\therefore \forall'_{담수} = 15,000m^3$
>
>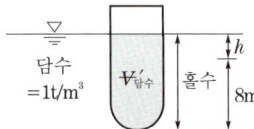
>
> ㉢ 흘수
> $\forall'_{담수} = \forall'_{해수} + 3,000 \times h$
> $15,000 = 14634.146 + 3,000 \times h$
> $\therefore h = 0.122m$
> $\therefore 흘수 = 8 + h = 8 + 0.122 = 8.122m$

69 부체에 관한 설명 중 옳지 않은 것은?

① 부심(B)과 부체의 중심(G)이 동일 연직선상에 올 때 안정을 유지한다.
② 중심(G)이 부심(B)보다 아래쪽에 있으면 안정하다.
③ 경심(M)이 중심(G)보다 낮을 경우 안정하다.
④ 경심(M)이 중심(G)보다 높을 경우 복원모멘트가 발생된다.

> **해설** 부체의 안정
> ㉠ G와 B가 동일 연직선상에 있으면 물체는 평형 상태에 있게 되어 안정하다.
> ㉡ M이 G보다 위에 있으면 복원모멘트가 작용하게 되어 물체는 안정하다.
> ㉢ M이 G보다 아래에 있으면 전도모멘트가 작용하게 되어 물체는 불안정하다.

정답 66. ④ 67. ③ 68. ③ 69. ③

70 부체의 배수용량 V, 중심 G와 부심 C의 거리 $\overline{CG}=a$, 그리고 부양면에서의 최소 단면2차모멘트를 I라고 할 때 이 부체의 안정조건식은?

① $\dfrac{I}{V}=a$ ② $\dfrac{I}{V}<a$

③ $\dfrac{I}{V}>a$ ④ $\dfrac{I}{V}=a=0$

해설 부체의 안정 판별식
  ㉠ $\dfrac{I_y}{V}>\overline{GC}$: 안정상태
  ㉡ $\dfrac{I_y}{V}<\overline{GC}$: 불안정상태
  ㉢ $\dfrac{I_y}{V}=\overline{GC}$: 중립상태

71 다음 그림과 같이 길이 5m인 원기둥(비중 0.6)을 수중에 수직으로 띄웠을 때 원기둥이 전도되지 않도록 하는데 필요한 지름의 범위로 옳은 것은?

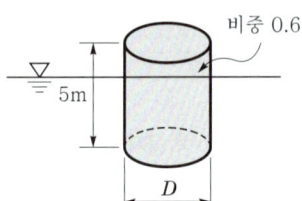

① 2m 이상   ② 4m 이상
③ 7m 이상   ④ 9m 이상

해설 안정 시 필요지름
  ㉠ $W=F_B$
  $0.6\times\left(\dfrac{\pi D^2}{4}\times 5\right)=1\times\left(\dfrac{\pi D^2}{4}\times h\right)$
  $\therefore h=3\text{m}$
  ㉡ $\dfrac{I_y}{V}-\overline{GC}=\dfrac{\dfrac{\pi D^4}{64}}{\dfrac{\pi D^2}{4}\times 3}-1>0$
  $\therefore D>6.9\text{m}$

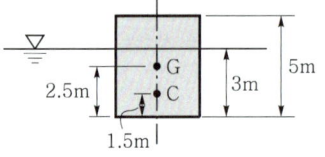

72 한 변의 길이가 4m인 정사각형 단면의 각주가 물에 떠 있다. 각주의 비중은 0.92이고, 길이는 6m이다. 계산된 흘수가 3.68m이고, 물에 잠긴 체적(V)이 88.32m³일 때 이 부체의 상태는?

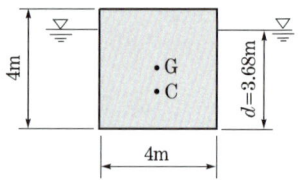

① 불안정   ② 중립
③ 안정   ④ 판별할 수 없음

해설 부체의 안정 판별
  $\dfrac{I_y}{V}-\overline{GC}=\dfrac{6\times 4^3}{88.32\times 12}-\left(2-\dfrac{3.68}{2}\right)$
  $=0.202>0$
  $\therefore$ 안정

73 선박의 갑판에 있는 100kN의 화물을 선박의 종축에 직각방향으로 10m 이동했을 때 선박이 1/20 정도 기울어졌다. 이 선박의 배수용량은? (단, 경심고=2.5m)

① 200kN
② 8,000kN
③ 7,500kN
④ 2,400kN

해설 배수용량
  $PL=\overline{MG}\,\theta W$
  $100\times 10=2.5\times\dfrac{1}{20}\times W$
  $\therefore W=8,000\text{kN}$

74 어떤 선박의 배수용량이 3,000kN이며, 갑판에서 20kN의 하중을 선박길이방향의 직각방향으로 7m 이동시켰을 때 1/30rad 각도만큼 기울어졌을 때의 경심고는? (단, 1/30rad ≒ 1.91°)

① 1.2m   ② 1.3m
③ 1.4m   ④ 1.5m

해설 **경심고**
$$PL = \overline{MG}\,\theta W$$
$$20 \times 7 = \overline{MG} \times \frac{1}{30} \times 3000$$
$$\therefore \overline{MG} = 1.4\text{m}$$

75 등가속도운동을 하고 있는 유체는?
① 유체의 층 상호 간에 상대적인 운동이 존재한다.
② 유체의 층 상호 간에 상대적인 운동이 존재하지 않는다.
③ 유체의 자유표면은 계속적으로 이동된다.
④ 정지유체와 같이 자유표면은 수평을 이룬다.

해설 등가속도운동이란 가속도가 일정한 직선운동이므로 유체의 층 상호 간에 상대적 움직임이 존재하지 않는다.

76 다음 설명 중 옳지 않은 것은?
① 유체 속의 수평한 면에 대해서 압력은 전면적을 통하여 각 점에서의 크기가 같다.
② 수평한 면에 대한 전압력은 $P = whA$가 된다.
③ 유체 속에 수평이 아닌 평면에 대해서 압력은 깊이에 비례한다.
④ 정지액체가 면요소에 작용하는 힘은 그 면에 직각이다. 그 이유는 전단력 또는 점성력이 작용하기 때문이다.

해설 정지액체가 등가속도운동을 하는 경우는 마찰력 또는 전단력이 작용하지 않기 때문이다.

77 ★ 다음 그림과 같이 길이 2m, 높이 1.2m의 물통에 0.9m 깊이로 물을 넣고 수평방향으로 당길 때 물이 쏟아지지 않을 최대 가속도는?

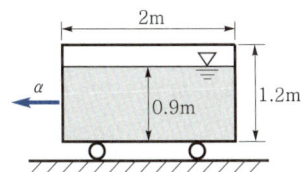

① 2.94m/s² ② 3.15m/s²
③ 3.56m/s² ④ 4.05m/s²

해설 **수평가속도**
$$\tan\theta = \frac{\alpha}{g} = \frac{h}{b/2}$$
$$\frac{\alpha}{9.8} = \frac{1.2 - 0.9}{2/2}$$
$$\therefore \alpha = 2.94\text{m/s}^2$$

78 5.65m/s²의 일정한 가속도로 일직선을 달리고 있는 기차 속에 물그릇을 놓았을 때 이 물이 평면에 대하여 기울어지는 각도는?
① 30° ② 35°
③ 45° ④ 60°

해설 **수평가속도**
$$\tan\theta = \frac{\alpha}{g} = \frac{5.65}{9.8} = 0.577$$
$$\therefore \theta = 30°$$

79 다음 그림과 같이 높이 2m인 물통에 물이 1.5m만큼 담겨져 있다. 물통이 수평으로 4.9m/s²의 일정한 가속도를 받고 있을 때 물통의 물이 넘쳐흐르지 않기 위한 물통의 길이(L)는?

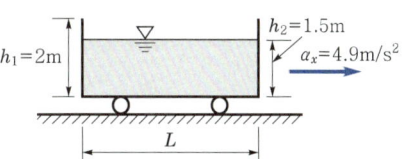

① 2.0m ② 2.4m
③ 2.8m ④ 3.0m

해설 **수평가속도**
$$\tan\theta = \frac{\alpha}{g} = \frac{h}{L/2}$$
$$\frac{4.9}{9.8} = \frac{2 - 1.5}{L/2}$$
$$\therefore L = 2\text{m}$$

정답 75. ② 76. ④ 77. ① 78. ① 79. ①

80 물이 들어 있고 덮개가 없는 수조가 14.7m/s^2로 수직 상향방향으로 가속되고 있을 때 깊이 2m에서의 압력을 계산하면?

① 10kN/m^2 ② 30kN/m^2
③ 50kN/m^2 ④ 75kN/m^2

> **해설** 연직 상향 정수압
> $$P=\gamma_w h\left(1+\frac{\alpha}{g}\right)=1\times 2\times\left(1+\frac{14.7}{9.8}\right)$$
> $$=5\text{tf/m}^2=50\text{kN/m}^2$$

81 다음 그림과 같은 용기에 물을 넣고 연직하향으로 가속도 α를 중력가속도만큼 작용했을 때 용기 내의 물에 작용하는 압력 P는?

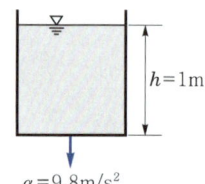

① $P=0$ ② $P=1\text{kN/m}^2$
③ $P=2\text{kN/m}^2$ ④ $P=3\text{kN/m}^2$

> **해설** 연직 하향 정수압
> $\alpha=g$인 상태이므로
> $$\therefore P=\gamma_w h\left(1-\frac{\alpha}{g}\right)=1\times 1\times\left(1-\frac{9.8}{9.8}\right)=0$$

82 물이 들어 있는 원통을 밑면 원의 중심을 축으로 일정한 각속도로 회전시킬 때에 대한 설명으로 옳지 않은 것은? (단, 물의 양은 변화가 없는 경우이다.)

① 회전할 때의 원통 측면에 작용하는 전수압은 정지 시보다 크다.
② 원통 측면에 작용하는 압력은 원통의 반지름이 커지면 그 크기는 증가한다.
③ 정지 시나 회전 시의 전 밑면이 받는 수압은 동일하다.
④ 회전 시의 원통 밑면의 외측 수압강도는 정지 시와 크기가 같다.

> **해설** 회전 시의 수압강도는 원통 외측으로 갈수록 커진다.

83 다음 그림과 같이 뚜껑이 없는 원통 속에 물을 가득 넣고 중심축 주위로 회전시켰을 때 흘러넘친 양이 전체의 20%였다. 이때 원통 바닥면이 받는 전수압(全水壓)은?

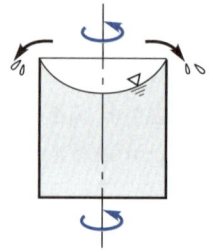

① 정지상태와 비교할 수 없다.
② 정지상태에 비해 변함이 없다.
③ 정지상태에 비해 20%만큼 증가한다.
④ 정지상태에 비해 20%만큼 감소한다.

> **해설** 흘러넘친 물 20%만큼 전수압도 20% 감소한다.

84 다음 그림과 같이 ω의 각속도로 회전하고 h_a까지 물이 올라왔다가 정지했을 때 높이는 h가 되었다. h_a, h, h_o의 관계식으로 옳은 것은?

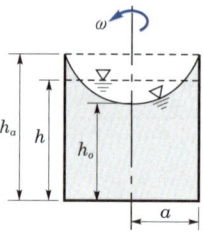

① $h>\frac{1}{2}(h_a+h_o)$
② $h<\frac{1}{2}(h_a+h_o)$
③ $h=\frac{1}{2}(h_a+h_o)$
④ $h_o=\frac{1}{2}(h_a+h)$

정답 80. ③ 81. ① 82. ④ 83. ④ 84. ③

> **해설** 회전원통 속의 유체높이
> ㉠ $h_o = \dfrac{1}{2}\left(2h - \dfrac{\omega^2}{2g}r^2\right)$
> ㉡ $h_a = \dfrac{1}{2}\left(2h + \dfrac{\omega^2}{2g}r^2\right)$
> ㉢ $h = \dfrac{1}{2}(h_o + h_a)$

85 다음 그림과 같이 안지름이 2m, 높이 3m의 원통형 수조에 깊이 2.5m까지 물을 넣고 각속도 ω로 회전시킬 때 물이 수조 상단에 도달할 때의 각속도는 약 얼마인가?

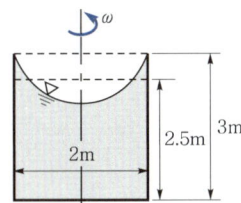

① $\omega = 1.4\text{rad/s}$ ② $\omega = 2.4\text{rad/s}$
③ $\omega = 3.4\text{rad/s}$ ④ $\omega = 4.4\text{rad/s}$

> **해설** 회전원통벽에서 유체높이
> $h_a = h + \dfrac{\omega^2 r^2}{4g}$
> $3 = 2.5 + \dfrac{\omega^2 \times 1^2}{4 \times 9.8}$
> ∴ $\omega = 4.4\text{rad/s}$

★
86 중력장에서 단위유체질량에 작용하는 외력 F의 x, y, z축에 대한 성분을 각각 X, Y, Z라고 하고, 각 축방향의 증분은 dx, dy, dz라고 할 때 등압면의 방정식은?

① $\dfrac{dx}{X} + \dfrac{dy}{Y} + \dfrac{dz}{Z} = 0$

② $\dfrac{X}{dx} + \dfrac{Y}{dy} + \dfrac{Z}{dz} = 0$

③ $Xdx + Ydy + Zdz = 0$

④ $Xdx + Ydy + Zdz = dp$

> **해설** 등압면의 방정식
> $Xdx + Ydy + Zdz = 0$

정답 85. ④ 86. ③

CHAPTER 03 동수역학

회독 체크표
- 1회독   월   일
- 2회독   월   일
- 3회독   월   일

최근 10년간 출제분석표

2015	2016	2017	2018	2019	2020	2021	2022	2023	2024
8.3%	8.3%	10.0%	8.3%	5.0%	6.7%	8.3%	10.0%	10.0%	3.3%

출제 POINT

학습 POINT
- 유량
- 경심
- 유선의 정의
- 유선의 방정식
- 유적선의 정의
- 흐름의 분류

■ 유량

$Q = AV$

■ 경심(동수반경)

$R_h = \dfrac{A}{P}$

■ 유선의 정의

유체가 흐르고 있는 경우 한 순간에 있어서 각 유체입자의 속도를 벡터로 보고, 이들 벡터에 접하는 접선을 연결한 곡선

■ 유적선의 정의

유체 한 입자가 일정한 기간 내에 이동한 경로

SECTION 1 동수역학의 기초

1 흐름의 특성

1) 흐름과 용어정의

① 흐름(flow)은 유체의 입자가 연속적으로 운동하는 것을 말한다.
② 유속(평균유속)은 흐름의 속도를 말한다.
③ 유적(유수 단면적)은 유체가 흐르는 단면적으로 흐름방향에 수직인 평면으로 끊은 횡단면적을 말한다.
④ 유량은 단위시간에 유수 단면적을 통과하는 유체의 체적을 말한다.

$$Q = AV \, [\text{m}^3/\text{s}]$$

여기서, Q : 유량(m^3/s), A : 유적(m^2), V : 유속(m/s)

⑤ 윤변은 유적 중에 유체가 벽에 접하고 있는 길이(접수길이)를 말한다.
⑥ 경심(동수반경, 수리평균심)이란 유적을 윤변으로 나눈 값을 말한다.

$$R_h = \dfrac{A}{P} \, [\text{m}]$$

여기서, R_h : 경심(동수반경)(m), A : 유적(m^2), P : 윤변(m)

2) 유선과 유관

① 유선(streamline)은 유체가 흐르고 있는 경우 한 순간에 있어서 각 유체입자의 속도를 벡터로 보고 이들 벡터에 접하는 접선을 연결한 곡선을 말하며, 유선상에서 흐름의 방향은 항상 그 순간의 접선방향과 일치한다.
② 유적선(path line)은 유체 한 입자가 일정한 기간 내에 이동한 경로를 말한다.
③ 유관이란 유선으로 이루어진 가상적인 관, 즉 유선의 다발을 말한다.

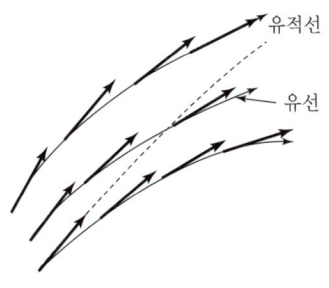
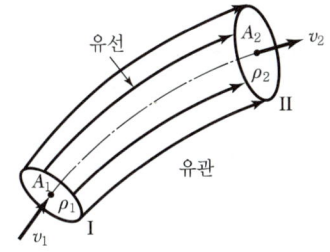

(a) 유선과 유적선　　　　　(b) 유관

[그림 3-1] 유선과 유관

3) 유선방정식

① 유선상을 따라 이동하는 유체입자의 변위와 속도성분 간의 관계를 나타내는 식을 유선방정식이라 한다.
② 유선상의 한 점 (x, y, z)의 속도벡터 V 각각의 직각성분을 u, v, w라 하고, 미소변위 ds의 세 성분을 dx, dy, dz라 하면 유선방정식은

$$dt = \frac{dx}{u} = \frac{dy}{v} = \frac{dz}{w}$$

■ 유선방정식
$dt = \dfrac{dx}{u} = \dfrac{dy}{v} = \dfrac{dz}{w}$

2 흐름의 분류

1) 정류와 부정류

(1) 정류(steady flow, 정상류)

한 단면을 지나는 물의 속도, 유량, 밀도, 압력 등의 유동특성이 시간이 경과함에 따라 변하지 않는 흐름을 정류라 한다.

$$\frac{\partial V}{\partial t}=0, \quad \frac{\partial Q}{\partial t}=0, \quad \frac{\partial \rho}{\partial t}=0$$

(2) 부정류(unsteady flow, 비정상류)

시간이 경과함에 따라 유동특성이 변하는 흐름을 부정류라 한다.

$$\frac{\partial V}{\partial t} \neq 0, \quad \frac{\partial Q}{\partial t} \neq 0, \quad \frac{\partial \rho}{\partial t} \neq 0$$

2) 등류와 부등류

(1) 등류(uniform flow)

거리의 변화에 따라 어느 단면에서나 수류의 유적과 유속이 같은 흐름을 등류라 한다.

$$\frac{\partial Q}{\partial l}=0, \quad \frac{\partial V}{\partial l}=0, \quad \frac{\partial h}{\partial l}=0$$

■ 흐름의 분류
① 정류, 등류 : $\dfrac{\partial V}{\partial t}=0, \dfrac{\partial V}{\partial l}=0$
② 정류, 부등류 : $\dfrac{\partial V}{\partial t}=0, \dfrac{\partial V}{\partial l}\neq 0$
③ 부정류, 등류 : $\dfrac{\partial V}{\partial t}\neq 0, \dfrac{\partial V}{\partial l}=0$
④ 부정류, 부등류 : $\dfrac{\partial V}{\partial t}\neq 0, \dfrac{\partial V}{\partial l}\neq 0$

출제 POINT

(2) 부등류(nonuniform flow)

거리의 변화에 따라 유량은 변하지 않으나 수류의 유적과 유속이 변하는 흐름을 부등류라 한다.

$$\frac{\partial Q}{\partial l}=0, \quad \frac{\partial V}{\partial l}\neq 0, \quad \frac{\partial h}{\partial l}\neq 0$$

3) 층류와 난류

(1) 층류(laminar flow)

분자가 서로 전후, 좌우, 상하의 위치를 변하지 않고 층을 이루며 **직선적으로 정연하게 흐를 때** 층류라 한다.

(2) 난류(turbulent flow)

유속이 크게 되어 물분자가 서로 심한 **불규칙운동을 하면서 흐트러져 흐르는 흐름**을 난류라 한다.

■ 층류와 난류 구분

$R_e = \dfrac{VD}{\nu}$

① 층류 : $R_e \leq 2,000$
② 난류 : $R_e \geq 4,000$
③ 한계류 : $2,000 < R_e < 4,000$

(3) 구분

층류와 난류의 구분은 무차원수인 레이놀즈(Reynolds)수를 이용하여 구분한다.

$$R_e = \frac{\text{흐름의 관성력}}{\text{점성력}} = \frac{\rho VD}{\mu} = \frac{VD}{\nu}$$

① 층류 : $R_e \leq 2,000$
② 난류 : $R_e \geq 4,000$
③ 한계류(천이구역, 층류와 난류가 공존) : $2,000 < R_e < 4,000$

4) 상류와 사류

(1) 상류(常流, ordinary flow)

하류(下流, 아래쪽)에서 일어나는 **수면변화(교란)가 상류(上流, 위쪽)로 전달되어 하류(下流)로부터 영향을 받을 수 있는 흐름**을 상류라 한다.

(2) 사류(射流, jet flow)

수면변화가 상류(上流, 위쪽)로 전달될 수 없는 흐름을 사류라 한다.

■ 상류와 사류 구분

$F_r = \dfrac{V}{\sqrt{gh}}$

① 상류 : $F_r < 1$
② 사류 : $F_r > 1$
③ 한계류 : $F_{rc} = 1$

(3) 구분

상류와 사류의 구분은 **무차원수인 프루드(Froude)수를 이용하여 구분**한다.

$$F_r = \frac{V}{C} = \frac{V}{\sqrt{gh}}$$

① 상류 : $V < C$, $F_r < 1$
② 사류 : $V > C$, $F_r > 1$
③ 한계류 : $V_c = C$, $F_{rc} = 1$

여기서, V_c : 한계유속, F_{rc} : 한계프루드수

SECTION 2 연속방정식

1 1차원 흐름의 연속방정식

1) 1차원 정류의 연속방정식

연속방정식은 물질은 창조되지도 않고 소멸되지도 않는다는 질량 보존(mass conservation)의 법칙을 정상류로 흐르고 있는 유관에 적용시켜 얻게 되고, 유체의 연속성을 표시한다.

(1) 비압축성 유체일 때

비압축성 유체의 정류흐름에서 하나의 유관을 생각하면 $Q_1 = A_1 V_1$, $Q_2 = A_2 V_2$이고 $Q = Q_1 = Q_2$가 된다.

$$\therefore \ Q = A_1 V_1 = A_2 V_2$$

여기서 Q : 체적유량(m^3/s)

(2) 압축성 유체일 때

정류에서 유관의 모든 단면을 지나는 질량유량은 항상 일정하다.

$$M = \rho_1 A_1 V_1 = \rho_2 A_2 V_2$$
$$G = \gamma_1 A_1 V_1 = \gamma_2 A_2 V_2$$

여기서, M : 질량유량(t/s, kg/s), G : 중량유량(t/s, kg/s)

2) 1차원 부정류의 연속방정식

$$\frac{\partial A}{\partial t} + \frac{\partial}{\partial l}(AV) = 0$$

정류의 경우 $\frac{\partial A}{\partial t} = 0$이므로 $\frac{\partial}{\partial l}(AV) = 0$ 또는 $\frac{\partial Q}{\partial l} = 0$이다.

$$\therefore \ Q = AV = \text{const}$$

2 3차원 흐름의 연속방정식

1) 3차원 정류의 연속방정식

(1) 비압축성 유체일 때

$\rho = \text{const}$(일정)하므로 $\frac{\partial u}{\partial x} + \frac{\partial v}{\partial y} + \frac{\partial w}{\partial z} = 0$이다.

(2) 압축성 유체일 때

$\frac{\partial \rho}{\partial t} = 0$이므로 $\frac{\partial \rho u}{\partial x} + \frac{\partial \rho v}{\partial y} + \frac{\partial \rho w}{\partial z} = 0$이다.

출제 POINT

학습 POINT
- 정류의 연속방정식
- 베르누이방정식
- 벤투리미터

■ 정류의 연속방정식

질량 보존의 법칙 적용
$Q = A_1 V_1 = A_2 V_2$

■ 체적유량
$A_1 V_1 = A_2 V_2$

■ 질량유량
$\rho_1 A_1 V_1 = \rho_2 A_2 V_2$

■ 중량유량
$\gamma_1 A_1 V_1 = \gamma_2 A_2 V_2$

출제 POINT

2) 3차원 부정류의 연속방정식

(1) 비압축성 유체일 때

$\frac{\partial \rho}{\partial t} \neq 0$ 이면서 $\rho = $ const 이므로 $\frac{\partial u}{\partial x} + \frac{\partial v}{\partial y} + \frac{\partial w}{\partial z} = -\frac{\partial \rho}{\partial t}$ 이다.

(2) 압축성 유체일 때

$\frac{\partial \rho}{\partial t} \neq 0$ 이면서 $\rho \neq $ const 이므로 $\frac{\partial \rho u}{\partial x} + \frac{\partial \rho v}{\partial y} + \frac{\partial \rho w}{\partial z} = -\frac{\partial \rho}{\partial t}$ 이다.

3 베르누이방정식

1) 베르누이방정식의 일반

① 베르누이(Bernoulli)방정식은 오일러(Euler)방정식을 적분함으로써 얻어진다.
② **에너지 불변의 법칙**(에너지 보존의 법칙)을 정상적으로 흐르는 완전 유체에 적용시켜 각 에너지를 물기둥의 높이인 수두로 환산하여 적용에 편리하도록 유도된 방정식을 **베르누이의 정리(방정식)**라 한다.

■ 베르누이방정식
에너지 불변의 법칙 적용
$\frac{P}{\gamma} + \frac{V^2}{2g} + Z = $ const

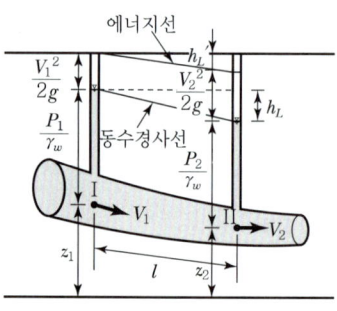

[그림 3-2] 베르누이방정식

2) 베르누이정리의 가정

① 정상상태(정류)의 흐름이다.
② 임의의 두 점은 같은 유선상에 있다.
③ 마찰이 없고 비압축성 유체의 흐름이다. 즉, 이상유체(완전 유체)의 흐름이다.
④ 일반적으로 하나의 유관 또는 유선에 대하여 성립한다.

3) 베르누이정리

(1) 완전 유체의 경우

압력수두 + 속도수두 + 위치수두 = 일정

$\frac{P_1}{\gamma_w} + \frac{V_1^2}{2g} + Z_1 = \frac{P_2}{\gamma_w} + \frac{V_2^2}{2g} + Z_2 = $ const

여기서, $\dfrac{P}{\gamma_w}$: 압력수두, $\dfrac{V^2}{2g}$: 속도수두, Z : 위치수두

① 에너지선 : 흐름의 각 점에서 전수두(위치수두+압력수두+속도수두)를 연결한 선
② **동수경사(구배)선 : 흐름의 각 점에서 (위치수두+압력수두)의 값을 연결한 선**
③ 동수(에너지)경사 : 동수경사선의 구배($I = h_L/l$)

(2) 압력의 항으로 표시된 베르누이정리

베르누이정리의 양변에 ρg를 곱하면

$$P_1 + \dfrac{1}{2}\rho V_1^{\,2} + \rho g Z_1 = P_2 + \dfrac{1}{2}\rho V_2^{\,2} + \rho g Z_2$$

이고 수평이면 $Z_1 = Z_2$이므로

$$\therefore\ P_1 + \dfrac{1}{2}\rho V_1^{\,2} = P_2 + \dfrac{1}{2}\rho V_2^{\,2}$$

여기서, P : 정압력, $\rho g Z$: 위치압력

$\dfrac{1}{2}\rho V^2$: 동압력, $P + \dfrac{1}{2}\rho V^2$: 총압력

■ 동압력 : $\dfrac{1}{2}\rho V^2$

4) 베르누이방정식의 적용한계 및 정체압력(총압력)

(1) 베르누이방정식의 적용한계
수로 또는 관로의 높이차가 10.33m 이상이면 물은 흐름이 아니라 자유낙하로 볼 수 있다. 따라서 높이차가 10.33m 이상이면 베르누이의 정리나 연속방정식을 적용할 수 없다.

(2) 정체압력(총압력, stagnation pressure)
정체압력점에서 총압력이 발생하며, 물체가 유체 중에서 이동할 때 맨 앞 부분에서 발생한다. **정체압력(총압력)은 정압력과 동압력의 합**이다.

(3) 잠수함의 앞부분이나 물고기의 머리 부분 등 앞부분에 정체압력이 걸리므로 강하게 만들어야 한다.

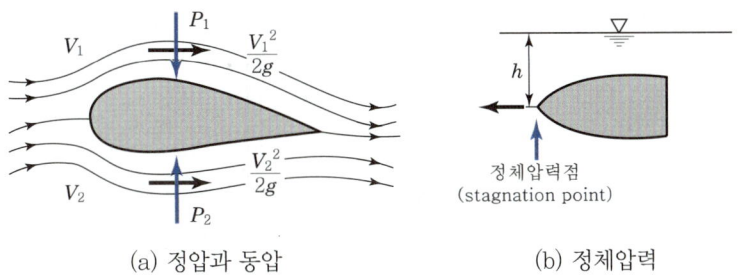

(a) 정압과 동압 (b) 정체압력

[그림 3-3] 베르누이정리의 응용압력

출제 POINT

■ 작은 오리피스
$V = \sqrt{2gh}$

4 베르누이정리의 응용

1) 토리첼리(Torricelli)의 정리

① 작은 오리피스(orifice)에서 A, B 두 점을 한 유선상의 흐름으로 가정하여 베르누이공식을 적용하면

$$h + 0 + 0 = 0 + 0 + \frac{V^2}{2g}$$

$$\therefore V = \sqrt{2gh}$$

② 대기압은 두 지점에 동시에 작용하므로 무시하고, B점의 접근유속은 미세하므로 무시한다. B점은 기준면 그 자체이므로 위치수두가 0이다.

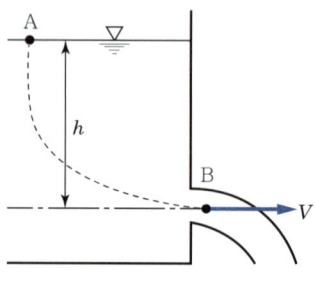

[그림 3-4] 토리첼리의 정리

2) 피토관(Pitot tube)

① 피토관은 양쪽의 입구가 다 열려 있는 **직각으로 구부러진 관**을 물속에 넣고 관 내의 높이를 측정하여 흐름의 유속을 측정하는 장치를 말한다.

② 두 지점 A, B에 베르누이공식을 적용하면

$$0 + h_1 + \frac{V_1^2}{2g} = 0 + (h_1 + H) + 0$$

$$\therefore V_1 = \sqrt{2gH}$$

③ 여기서 $\frac{V^2}{2g} = H$는 속도수두가 위치수두로 변화한 것을 의미한다.

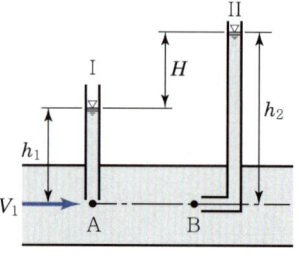

[그림 3-5] 피토관

3) 벤투리미터(venturi meter)

① 관의 일부 단면을 축소시켜 피에조미터의 수위차를 측정하여 관 내의 유량을 구하는 장치이다.

② 피에조미터를 사용한 경우의 이론유량(h를 측정한 경우)

$$Q = \frac{A_1 A_2}{\sqrt{A_1^2 - A_2^2}} \sqrt{2gh}$$

③ U자형 액주계를 사용한 경우의 이론유량(h'를 측정한 경우)

$h = \frac{\Delta P}{\gamma} = \left(\frac{\gamma' - \gamma}{\gamma}\right) h' = \left(\frac{\gamma'}{\gamma} - 1\right) h'$ 이므로

$$Q = \frac{A_1 A_2}{\sqrt{A_1^2 - A_2^2}} \sqrt{2gh'\left(\frac{\gamma'}{\gamma} - 1\right)}$$

여기서, h' : 액주계에 나타난 액체의 높이차
γ' : 액주계에 사용된 액체의 단위중량

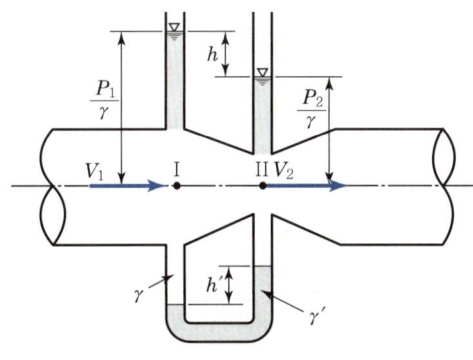

[그림 3-6] 벤투리미터

> **출제 POINT**
>
> ■ 벤투리미터
>
> $$Q = \frac{A_1 A_2}{\sqrt{A_1^2 - A_2^2}} \sqrt{2gh}$$

SECTION 3 운동량과 역적

1 운동량방정식

1) 운동량과 충격량

① 운동량방정식은 흐르는 물이 어느 물체에 부딪혀 유속이 변화하며 가한 힘의 크기를 구하는 데 유용한 식으로, **뉴턴의 운동법칙(제2법칙)으로부터 유도**된다.

② 뉴턴(Newton)의 제2법칙에서 $F = ma = m\frac{\Delta V}{\Delta t}$로부터 운동량방정식은

$$\therefore F\Delta t = m\Delta V$$

> **학습 POINT**
> • 운동량방정식
> • 충격력
>
> ■ 운동량방정식
> $F\Delta t = m\Delta V$

출제 POINT

■ 충격력
$F = \rho Q(V_2 - V_1)$
$\quad = \dfrac{\gamma}{g} Q(V_2 - V_1)$

여기서, $F \Delta t$: 충격량(역적), $m \Delta V$: 운동량

2) 충격력

$\Delta t = 1$일 때 속도가 변화하면서 생긴 운동량은 힘과 같다. 물의 V(체적)는 Q(체적유량)로 대치되며 $m = \rho Q$, $\rho = \dfrac{\gamma}{g}$를 대입하면

$$F = \dfrac{\gamma}{g} Q \Delta V = \dfrac{\gamma}{g} Q(V_2 - V_1) \quad (\text{반력})$$

$$F = \dfrac{\gamma}{g} Q(V_1 - V_2) \quad (\text{작용력, 충격력})$$

2 정지판에 미치는 충격력

1) 정지평판에 충돌할 경우

(1) 정지평판에 직각으로 충돌할 경우

$F = \dfrac{\gamma}{g} Q(V_1 - V_2)$에서 F가 x방향으로 작용하므로

$V_1 = V$, $V_2 = 0$

$$\therefore F_x = \dfrac{\gamma}{g} QV = \dfrac{\gamma}{g} AV^2$$

(2) 정지평판에 경사지게 충돌할 경우

$F = \dfrac{\gamma}{g} Q(V_1 - V_2)$에서 F가 x방향으로 작용하므로

$V_1 = V\sin\theta$, $V_2 = 0$

$$\therefore F_x = \dfrac{\gamma}{g} QV\sin\theta = \dfrac{\gamma}{g} AV^2\sin\theta$$

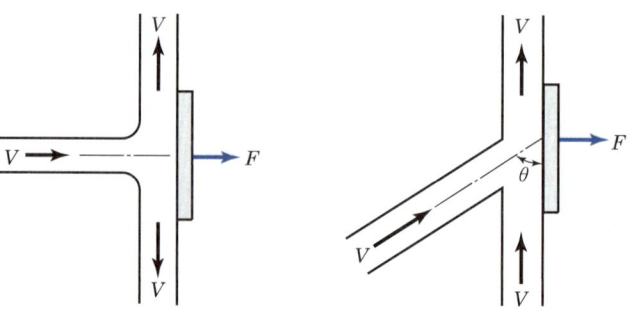

(a) 직각으로 충돌할 경우   (b) 경사지게 충돌할 경우

[그림 3-7] 정지평판에 미치는 충격력

2) 정지곡면판에 $\theta < 90°$로 충돌할 경우

   (1) x방향의 분력

$$V_1 = V, \;\; V_2 = V\cos\theta$$

$$\therefore F_x = \frac{\gamma}{g} Q(V - V\cos\theta) = \frac{\gamma}{g} QV(1-\cos\theta)$$

   (2) y방향의 분력

$$V_1 = 0, \;\; V_2 = V\sin\theta$$

$$\therefore F_y = \frac{\gamma}{g} Q(0 - V\sin\theta) = -\frac{\gamma}{g} QV\sin\theta$$

여기서 (−)는 힘의 작용방향이 반대임을 의미한다.

   (3) 충격력

$$F = \sqrt{F_x^{\,2} + F_y^{\,2}}$$

3) 정지곡면판에 $\theta = 180°$로 충돌할 경우

   (1) x방향의 분력

$$V_1 = V, \;\; V_2 = -V$$

$$\therefore F_x = \frac{\gamma}{g} Q(V-(-V)) = 2\frac{\gamma}{g} QV = 2\frac{\gamma}{g} AV^2$$

   (2) y방향의 분력

$$V_1 = 0, \;\; V_2 = 0$$

$$\therefore F_y = 0$$

   (3) 충격력

$$F = \sqrt{F_x^{\,2} + F_y^{\,2}} = F_x$$

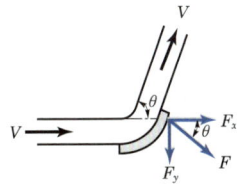
(a) $\theta < 90°$로 충돌할 경우

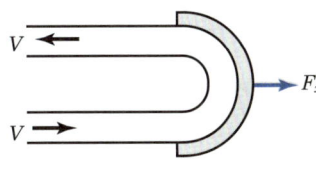
(b) $\theta = 180°$로 충돌할 경우

[그림 3-8] 정지곡면판에 미치는 충격력

> **출제 POINT**
>
> ■ 정지곡면판에 $\theta < 90°$로 충돌할 경우 충격력
>
> $$F = \sqrt{F_x^{\,2} + F_y^{\,2}}$$
>
> ■ 정지곡면판에 $\theta = 180°$로 충돌할 경우 충격력
>
> $$F = F_x$$

출제 POINT

■ 임의의 각으로 곡면판에 충돌할 경우 충격력

$$F = \sqrt{F_x^2 + F_y^2}$$

4) 임의의 각으로 곡면판에 충돌할 경우

(1) x방향의 분력

$$V_1 = V\cos\theta_1, \quad V_2 = V\cos\theta_2$$

$$\therefore F_x = \frac{\gamma}{g}Q(V\cos\theta_1 - V\cos\theta_2) = \frac{\gamma}{g}QV(\cos\theta_1 - \cos\theta_2)$$

(2) y방향의 분력

$$V_1 = V\sin\theta_1, \quad V_2 = -V\sin\theta_2$$

$$\therefore F_y = \frac{\gamma}{g}Q[V\sin\theta_1 - (-V\sin\theta_2)] = \frac{\gamma}{g}QV(\sin\theta_1 + \sin\theta_2)$$

(3) 충격력

$$F = \sqrt{F_x^2 + F_y^2}$$

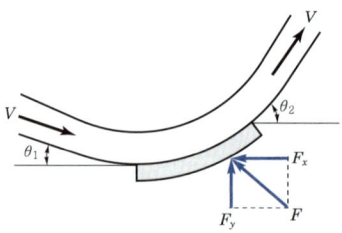

[그림 3-9] 임의의 각으로 곡면판에 충돌할 경우

③ 움직이는 판에 미치는 충격력

1) 평판에 직각으로 충돌할 경우

절대속도 u로 움직이는 판에 절대속도 V의 분류가 흐를 때 판에 충돌하는 상대속도는 $V-u$이다. 따라서 $V_1 = V-u$, $V_2 = 0$이므로

$$\therefore F_x = \frac{\gamma}{g}Q(V-u) = \frac{\gamma}{g}A(V-u)^2$$

2) 곡면판에 충돌할 경우

곡면판에 충돌하는 상대속도가 $V_1 = V-u$, $V_2 = (V-u)\cos\theta$ 이므로

$$\therefore F_x = \frac{\gamma}{g}Q(V-u)(1-\cos\theta) = \frac{\gamma}{g}A(V-u)^2(1-\cos\theta)$$

> 출제 POINT
>
> ■ 움직이는 판에 미치는 충격력
> $F = \rho QV$의 기본식에서 상대속도 $V-u$를 고려하여 $F = \rho Q(V-u)$임을 기억하자.

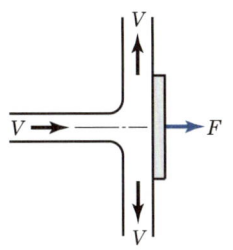

(a) 직각으로 충돌할 경우   (b) $\theta < 90°$로 충돌할 경우

[그림 3-10] 움직이는 판에 미치는 충격력

3) 수차날개에 사출수가 유입하는 경우

수차날개가 수맥과 같은 방향으로 u인 속도로 움직일 때 하나의 평판에 수맥이 충돌하는 충격력이다.

$$F = \frac{\gamma}{g} Q(V-u)$$

여기서, $Q = AV$

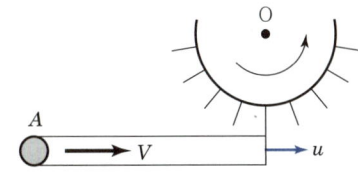

[그림 3-11] 수차날개에 사출수가 유입하는 경우

SECTION 4 보정계수

> 학습 POINT
> • 에너지보정계수
> • 운동량보정계수

1 에너지보정계수

① 에너지보정계수(α)는 수로의 단면형과 유속분포에 따라 결정되는 계수이다.

$$\alpha = \int_A \left(\frac{V}{V_m}\right)^3 \frac{dA}{A}$$

② 에너지보정계수의 크기
원관 내에서 층류일 때 $\alpha = 2.0$, 난류일 때 $\alpha = 1.01 \sim 1.10$, 보통 $\alpha = 1.1$을 사용하고, 폭넓은 사각형 수로(광폭 구형 수로)의 경우 $\alpha = 1.058$을 사용한다.

> ■ 에너지보정계수
> $$\alpha = \int_A \left(\frac{V}{V_m}\right)^3 \frac{dA}{A}$$

출제 POINT

■ 운동량보정계수
$\eta = \int_A \left(\dfrac{V}{V_m}\right)^2 \dfrac{dA}{A}$

2 운동량보정계수

① 운동량보정계수(η)

$$\eta = \int_A \left(\dfrac{V}{V_m}\right)^2 \dfrac{dA}{A}$$

② 운동량보정계수의 크기

원관 내에서 층류일 때 $\eta = \dfrac{4}{3}$, 난류일 때 $\eta = 1.00 \sim 1.05$이고, 사각형 수로에서 난류일 때 $\eta = 1.02$이며, 실용적 계산에서는 보통 $\eta = 1.0$을 사용한다.

SECTION 5 속도퍼텐셜

학습 POINT
- 속도퍼텐셜의 정의
- 라플라스방정식

■ 속도퍼텐셜이 존재하려면 반드시 비회전유동이어야 한다.

1 속도퍼텐셜

속도 V 또는 속도성분 u, v, w를 x, y, z 및 시간 t에 의해서 나타낼 수 있는 어떤 함수의 편미분계수로 나타낼 때 유체의 흐름에 있어서 속도퍼텐셜(velocity potential, ϕ)을 가지고 있는 흐름을 말한다.

$$u = \dfrac{\partial \phi}{\partial x}, \quad v = \dfrac{\partial \phi}{\partial y}, \quad w = \dfrac{\partial \phi}{\partial z}$$

① 유체입자가 회전을 하지 않는 흐름을 비회전류(irrotational flow)라고 한다.
② 유체입자가 소용돌이(eddy)처럼 회전하면서 흐르는 흐름을 회전류(rotational flow)라고 한다.

■ 연속방정식에 속도퍼텐셜의 그래디언트(gradient)를 대입해서 라플라스방정식을 얻는다.

2 라플라스방정식

① 속도퍼텐셜은 라플라스(Laplace)방정식을 만족한다.
② 위의 관계식을 정상류의 연속방정식에 적용하면 라플라스방정식은 다음과 같다.

$$\dfrac{\partial^2 \phi}{\partial x^2} + \dfrac{\partial^2 \phi}{\partial y^2} + \dfrac{\partial^2 \phi}{\partial z^2} = 0 \Rightarrow \nabla^2 \phi = 0$$

SECTION 6 항력

1 유체의 저항

1) 정의

유체 속을 물체가 움직일 때, 또는 흐르는 유체 속에 물체가 잠겨 있을 때는 유체에 의해 물체가 저항력을 받는다. 이 힘을 항력(drag force, D) 또는 유체의 저항력이라 한다.

2) 항력의 크기

$$D = C_D A \frac{\rho V^2}{2}$$

여기서, D : 유체의 전 저항력, C_D : 저항계수(구체의 경우 $C_D = \frac{24}{R_e}$)

　　　　A : 흐름방향의 물체투영면적, ρ : 밀도, V : 속도

2 항력의 종류

1) 표면저항(마찰저항)

유체가 물체의 표면을 따라 흐를 때 점성과 난류에 의해 물체표면에 마찰이 생기는데, 이 마찰력을 표면저항(마찰저항)이라 한다.

2) 형상저항(압력저항)

레이놀즈(R_e)수가 상당히 크게 되면 유선이 물체표면에서 떨어지고 물체의 후면에는 소용돌이인 후류(wake)가 발생한다. 이 후류 속에서는 압력이 저하하고 물체를 흐름방향으로 당기게 된다. 이것을 형상저항이라 한다.

3) 조파저항(wave making resistance)

물체가 수면에 떠 있을 때 수면에 파동이 생긴다. 이 파동을 일으키는 데 소요되는 에너지가 조파저항이다.

출제 POINT

학습 POINT
- 항력

■ 항력

$$D = C_D A \frac{\rho V^2}{2}$$

■ 저항계수

구체의 경우 $C_D = \frac{24}{R_e}$

CHAPTER 03 기출문제

1. 동수역학의 기초

01 유체의 흐름에 관한 설명 중 옳지 않은 것은?

① 유체의 입자가 움직인 경로를 유적선(path line)이라 한다.
② 부정류에서는 유선이 시간에 따라 변화한다.
③ 정류에서는 하나의 유선이 다른 유선과 교차하게 된다.
④ 점성을 무시하고 밀도가 일정한 가상적 유체를 완전 유체라 한다.

> **해설** 유선(stream line)
> ㉠ 유선은 어떤 순간에 대하여 생각하므로 하나의 유선이 다른 유선과 교차하지 않는다.
> ㉡ 정류 시 유선과 유적선은 일치한다.
> ㉢ 부정류 시 유선과 유적선은 일치하지 않는다.

02 유선(stream line)에 대한 설명으로 가장 옳은 것은?

① 유체입자가 움직인 경로를 말한다.
② 등류일 때만 정의될 수 있다.
③ 속도벡터의 수직선을 연결한 선이다.
④ 각 유체입자의 속도벡터가 접선이 되는 가상적인 1개의 곡선이다.

> **해설** 유체가 운동할 때 어느 시각에 있어서 각 입자의 속도벡터가 접선이 되는 가상적인 1개의 곡선을 유선이라 한다.

03 유선(stream line)에 대한 설명으로 옳지 않은 것은?

① 유선에 수직한 방향으로 속도성분이 존재한다.
② 유선은 어느 순간의 속도벡터에 접하는 곡선이다.
③ 흐름이 정상류일 때는 유선과 유적선이 일치한다.
④ 유선방정식은 $\dfrac{dx}{u} = \dfrac{dy}{v} = \dfrac{dz}{w}$ 이다.

> **해설** 유선(stream line)
> ㉠ 유선은 어느 시각에 있어서 각 입자의 속도벡터가 접선이 되는 가상적인 곡선이다.
> ㉡ 정류 시 유선과 유적선은 일치한다.
> ㉢ 유선의 방정식 : $\dfrac{dx}{u} = \dfrac{dy}{v} = \dfrac{dz}{w}$

04 유적선을 설명한 것으로 옳은 것은?

① 물의 분자가 이동하는 운동경로를 그렸을 때 이것을 유적선이라 한다.
② 물의 분자가 어느 순간에 있어서 각 점에서의 속도벡터에 접하는 접선을 말한다.
③ 정류흐름에서 유선형의 시간적 변화가 없기 때문에 유적선과 유선은 일치하지 않는다.
④ 부정류에서는 운동상태가 변화하므로 유적선과 유선은 일치한다.

> **해설** 유적선(stream path line)
> ㉠ 유체입자의 움직이는 경로를 말한다.
> ㉡ 정류 시 유적선과 유선은 일치한다.
> ㉢ 부정류 시 유적선과 유선은 일치하지 않는다.

05 다음 설명 중 옳지 않은 것은?

① 흐름이 층류일 때 뉴턴의 점성법칙을 적용할 수 있다.
② 정상류란 모든 점에서의 흐름과 특성이 시간에 따라 변하지 않는 흐름이다.
③ 유관이란 개방된 곡선을 통과하는 유선으로 이루어진 평면을 말한다.
④ 유선이란 각 점에서 속도벡터에 접하는 곡선이다.

> **해설** 유관이란 폐합된 곡선을 통과하는 외측 유선으로 이루어진 가상적인 관을 말한다.

정답 1.③ 2.④ 3.① 4.① 5.③

06 물의 흐름을 해석할 때의 연속방정식에서 질량유량을 사용하지 않고 체적유량을 사용하는 이유는?

① 물을 비압축성 유체로 간주할 수 있기 때문이다.
② 질량보다는 체적이 더 중요하기 때문이다.
③ 밀도를 무시할 수 있기 때문이다.
④ 물은 점성 유체이기 때문이다.

> **해설** 유량
> 공학에서 다루는 물은 압력이나 온도에 따라 그 밀도 변화가 거의 무시되므로 대부분의 경우 비압축성으로 가정한다. 따라서 수리학에서 주로 사용하는 정류에 대한 연속방정식은 체적유량이다.
> $Q = A_1 V_1 = A_2 V_2$

07 정류에 관한 설명으로 옳지 않은 것은?

① 흐름의 상태가 시간에 관계없이 일정하다.
② 유선에 따라 유속은 다를 수 있다.
③ 유선과 유적선이 일치한다.
④ 어느 단면에서나 유속이 균일해야 한다.

> **해설** 정류(steady flow)
> ㉠ 유체가 운동할 때 한 단면에서 속도, 압력, 유량 등이 시간에 따라 변하지 않는 흐름이다. 즉, 관 속의 한 단면에서 속도, 압력, 유량 등이 일정하다.
> ㉡ 유선과 유적선이 일치한다.
> ㉢ 평상시 하천의 흐름을 정류(정상류)라 한다.

08 다음 설명 중 정류(定流)가 아닌 것은?

① 모든 점에서의 흐름특성이 동일한 흐름이다.
② 등류(等流)도 정류로 취급한다.
③ 평상시 하천 및 용수로의 흐름은 근사적으로 정류로 취급한다.
④ 모든 점에서의 흐름이 유수 단면적 및 유속이 시간에 따라 변하지 않는 흐름이다.

> **해설** ㉠ 정류 : 유체의 흐름특성이 시간에 따라 변하지 않는 흐름
> ㉡ 등류 : 정류 중에서 어느 단면에서나 유속과 수심이 변하지 않는 흐름

09 정상류(steady flow)의 정의로 가장 적합한 것은?

① 한 점에서 수리학적 특성이 시간에 따라 변화하지 않는 흐름
② 어떤 순간에 가까운 점들의 수리학적 특성이 흐름의 상태와 같아지는 흐름
③ 수리학적 특성이 시간에 따라 점차적으로 흐름의 상태와 같이 변화하는 흐름
④ 어떤 구간에서만 수리학적 특성과 흐름의 상태가 변화하는 흐름

> **해설** 수류의 한 단면에서 유량이나 속도, 압력, 밀도 등이 시간에 따라 변하지 않는 흐름을 정류라 한다.

10 다음 그림은 관 내의 손실수두와 유속과의 관계를 나타내고 있다. 유속 V_a에 대한 설명으로 옳은 것은?

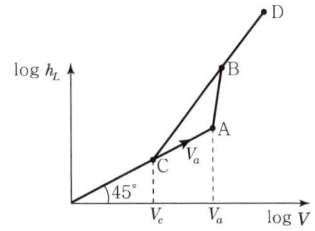

① 층류 → 난류로 변화하는 유속
② 난류 → 층류로 변화하는 유속
③ 등류 → 부등류로 변화하는 유속
④ 부등류 → 등류로 변화하는 유속

> **해설** 층류와 난류
> 유속 V_a는 층류에서 난류로 흐름이 바뀌는 구간의 유속을 의미한다.

11 등류(uniform flow)에 대한 설명 중 옳지 않은 것은?

① 수심은 지점에 따라 변하지 않는다.
② 에너지선과 수면경사는 모두 수로 바닥경사와 같다.
③ 속도, 위치 및 압력수두의 합은 일정하다.
④ 수로의 마찰저항이 중력의 흐름방향 분력과 같다.

해설 등류(uniform flow)
㉠ 장소에 따라 변화하지 않는 흐름이므로 지점에 따라 수심은 변화하지 않는다.
㉡ 에너지선과 수면경사는 모두 수로 바닥경사와 같다.
㉢ 수로의 마찰저항은 중력의 흐름방향 분력과 같다.

★12 유체의 흐름에서 유속을 V, 시간을 t, 거리를 l, 압력을 p라 할 때 틀린 것은?

① 정류 : $\frac{\partial V}{\partial t}=0$, $\frac{\partial p}{\partial t}=0$

② 부정류 : $\frac{\partial V}{\partial t}\neq 0$, $\frac{\partial p}{\partial t}\neq 0$

③ 등류 : $\frac{\partial V}{\partial t}=0$, $\frac{\partial V}{\partial l}=0$

④ 부등류 : $\frac{\partial V}{\partial t}\neq 0$, $\frac{\partial V}{\partial l}\neq 0$

해설 부등류의 흐름
$\frac{\partial V}{\partial t}=0$, $\frac{\partial V}{\partial l}\neq 0$

★13 유속 V, 시간 t, 변위 l이라고 할 때 옳지 않은 것은?

① $\frac{V}{t}\neq 0$, $\frac{V}{l}=0$일 때 : 부등류

② $\frac{V}{t}\neq 0$일 때 : 부정류

③ $\frac{V}{l}=0$, $\frac{V}{t}=0$일 때 : 등류

④ $\frac{V}{t}=0$일 때 : 정류

해설 흐름의 분류
㉠ 정류 : $\frac{\partial V}{\partial t}=0$, $\frac{\partial Q}{\partial t}=0$
• 등류 : $\frac{\partial V}{\partial t}=0$, $\frac{\partial V}{\partial l}=0$
• 부등류 : $\frac{\partial V}{\partial t}=0$, $\frac{\partial V}{\partial l}\neq 0$
㉡ 부정류 : $\frac{\partial V}{\partial t}\neq 0$, $\frac{\partial Q}{\partial t}\neq 0$
• 등류 : $\frac{\partial V}{\partial t}\neq 0$, $\frac{\partial V}{\partial l}=0$
• 부등류 : $\frac{\partial V}{\partial t}\neq 0$, $\frac{\partial V}{\partial l}\neq 0$

★14 부정류에 대한 수류의 연속방정식은?

① $\frac{\partial(AV)}{\partial t}=0$

② $\frac{\partial(AV)}{\partial l}=0$

③ $\frac{\partial(AV)}{\partial t}+\frac{\partial(AV)}{\partial l}=0$

④ $\frac{\partial A}{\partial t}+\frac{\partial(AV)}{\partial l}=0$

해설 1차원 흐름의 연속방정식(비압축성 유체)
㉠ 정류 : $Q=AV=$ 일정
㉡ 부정류 : $\frac{\partial A}{\partial t}+\frac{\partial}{\partial l}(AV)=0$

★15 유선 위 한 점의 x, y, z축에 대한 좌표를 (x, y, z), x, y, z축방향 속도성분을 각각 u, v, w라 할 때 서로의 관계가 $\frac{dx}{u}=\frac{dy}{v}=\frac{dz}{w}$, $u=-ky$, $v=kx$, $w=0$인 흐름에서 유선의 형태는? (단, k는 상수)

① 원 ② 직선
③ 타원 ④ 쌍곡선

해설 유선방정식
$\frac{dx}{u}=\frac{dy}{v}=\frac{dz}{w}$
$\frac{dx}{-ky}=\frac{dy}{kx}=0$
$kxdx+dydy=0$
$xdx+ydy=0$
$\therefore x^2+y^2=C$이므로 원이다.

★16 속도성분이 $u=kx$, $v=-ky$인 2차원 흐름의 유선 형태는?

① 원 ② 직선
③ 포물선 ④ 쌍곡선

해설 유선방정식
$\frac{dx}{u}=\frac{dy}{v}$
$\frac{dx}{kx}=\frac{dy}{-ky}$
$\frac{1}{x}dx+\frac{1}{y}dy=0$
$\int\left(\frac{1}{x}dx+\frac{1}{y}dy\right)=C$
$\therefore \ln x+\ln y=C$이므로 쌍곡선이다.

정답 12. ④ 13. ① 14. ④ 15. ① 16. ④

2. 연속방정식

17 질량 보존의 법칙과 가장 관계가 깊은 것은?

① 운동방정식
② 에너지방정식
③ 연속방정식
④ 운동량방정식

> 해설 ㉠ 연속방정식 : 질량 보존의 법칙 표시
> ㉡ 베르누이정리 : 에너지 보존의 법칙 표시

18 유속 3m/s로 매초 100l의 물이 흐르게 하는 데 필요한 관의 내경으로 알맞은 것은?

① 206mm
② 312mm
③ 153mm
④ 265mm

> 해설 체적유량
> $Q = AV$
> $0.1 = \dfrac{\pi d^2}{4} \times 3$
> $\therefore d = 0.206\text{m}$

19 직경 50cm의 원통 수조에서 직경 1cm의 관으로 물이 유출되고 있다. 관 내의 유속이 1.5m/s일 때 수조의 수면이 저하되는 속도는?

① 3cm/s
② 0.3cm/s
③ 0.6cm/s
④ 0.06cm/s

> 해설 연속방정식
> $Q_1 = Q_2$
> $A_1 V_1 = A_2 V_2$
> $\dfrac{\pi \times 50^2}{4} \times V_1 = \dfrac{\pi \times 1^2}{4} \times 150$
> $\therefore V_1 = 0.06\text{cm/s}$

20 다음 그림과 같은 유관(流管)에 물이 흐르고 있다. 단면 Ⅰ에서의 유속이 1.5m/s일 경우 단면 Ⅱ에서의 유속은? (단, 단면 Ⅰ의 관지름은 3.0m, 단면 Ⅱ의 관지름은 1.5m이다.)

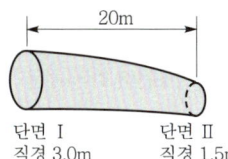

단면 Ⅰ 직경 3.0m   단면 Ⅱ 직경 1.5m

① 3.5m/s
② 6.0m/s
③ 3.0m/s
④ 5.5m/s

> 해설 연속방정식
> $Q_1 = Q_2$
> $A_1 V_1 = A_2 V_2$
> $\dfrac{\pi \times 3^2}{4} \times 1.5 = \dfrac{\pi \times 1.5^2}{4} \times V_2$
> $\therefore V_2 = 6\text{m/s}$

21 베르누이(Bernoulli)의 정리에 관한 설명 중 옳지 않은 것은?

① 부정류(不定流)라고 가정하여 얻은 결과이다.
② 하나의 유선(流線)에 대하여 성립된다.
③ 하나의 유선에 대하여 총에너지는 일정하다.
④ 두 단면 사이에 있어서 외부와 에너지 교환이 없다고 가정한 것이다.

> 해설 베르누이정리
> ㉠ 흐름은 정류이다.
> ㉡ 하나의 유선에 대해 성립한다.
> ㉢ 하나의 유선상의 각 점에 있어서 총에너지가 일정하다.
> ㉣ 베르누이정리는 에너지 불변의 법칙을 표시한다.

22 베르누이(Bernoulli)정리의 적용조건이 아닌 것은?

① 임의의 두 점은 같은 유선 위에 있다.
② 정상류의 흐름이다.
③ 마찰을 고려한 실제 유체이다.
④ 비압축성 유체의 흐름이다.

정답 17. ③ 18. ① 19. ④ 20. ② 21. ① 22. ③

해설 마찰에 의한 에너지손실이 없는 비점성, 비압축성 유체인 이상유체(완전 유체)의 흐름이다.

해설 ㉠ 에너지선 : 기준수평면에서 $Z+\dfrac{P}{\gamma}+\dfrac{V^2}{2g}$의 점들을 연결한 선
㉡ 동수경사선 : 기준수평면에서 $Z+\dfrac{P}{\gamma}$의 점들을 연결한 선

23 Bernoulli방정식이 $\dfrac{V^2}{2g}+\dfrac{P}{\gamma}+Z=H$(일정)로 표시될 때 흐름의 가정조건이 아닌 것은? (여기서, V : 유속, g : 중력가속도, γ : 단위중량, P : 정압력, Z : 위치수두, H : 전수두)

① 정류
② 비압축성 유체
③ 비회전류
④ 등류

해설 **베르누이정리의 가정조건**
㉠ 흐름은 정류이다.
㉡ 임의의 두 점은 같은 유선상에 있어야 한다.
㉢ 마찰에 의한 에너지손실이 없는 비점성, 비압축성 유체인 이상유체(완전 유체)의 흐름이다.

24 다음 사항 중 옳지 않은 것은?

① 동수경사선은 $\dfrac{V^2}{2g}+Z$의 연결이다.
② 동수경사선은 $\dfrac{P}{\gamma}+Z$의 연결이다.
③ 에너지선은 $\dfrac{P}{\gamma}+\dfrac{V^2}{2g}+Z$의 연결이다.
④ 개수로에서 동수경사선은 수면과 일치한다.

해설 동수경사선은 $Z+\dfrac{P}{\gamma}$의 점들을 연결한 선이다.

25 정상적인 흐름 내의 한 개 유선에서 동수경사선은 어느 값을 연결한 선의 기울기인가? (단, V : 유속, g : 중력가속도, γ_w : 물의 단위중량, P : 압력, Z : 위치수두)

① $\dfrac{V^2}{2g}+\dfrac{P}{\gamma_w}$
② $\dfrac{V^2}{2g}+Z$
③ $\dfrac{V^2}{2g}+\dfrac{P}{\gamma_w}+Z$
④ $\dfrac{P}{\gamma_w}+Z$

26 베르누이의 정리에 관한 설명으로 틀린 것은?

① Euler의 운동방정식으로부터 적분하여 유도할 수 있다.
② 베르누이의 정리를 이용하여 Torricelli의 정리를 유도할 수 있다.
③ 이상유체의 유동에 대하여 기계적 일-에너지방정식과 같은 것이다.
④ 회전류의 경우는 모든 영역에서 성립한다.

해설 회전류는 동일한 유선상에서 성립되고, 비회전류는 모든 영역에서 성립된다.

27 수두(水頭)에 대한 설명으로 가장 거리가 먼 것은?

① 물의 깊이(수심)를 표시한다.
② 물의 압력의 세기를 길이로 표시한다.
③ 물이 가지는 에너지를 표시한다.
④ 물의 점성을 표시한다.

해설 **전수두**
$$H=Z+\dfrac{P}{\gamma}+\dfrac{V^2}{2g}$$

28 동수경사선(hydraulic grade line)에 대한 설명으로 옳은 것은?

① 위치수두를 연결한 선이다.
② 속도수두와 위치수두를 합해 연결한 선이다.
③ 압력수두와 위치수두를 합해 연결한 선이다.
④ 전수두를 연결한 선이다.

해설 동수경사선은 기준수평면에서 $Z+\dfrac{P}{\gamma}$의 점들을 연결한 선이다.

정답 23.④ 24.① 25.④ 26.④ 27.④ 28.③

29 유체의 흐름 중에 임의의 단면에서의 에너지경사선과 동수경사선과의 수두차(水頭差)는?

① 속도수두
② 압력수두
③ 위치수두
④ 손실수두

> [해설] 동수경사선은 압력수두와 위치수두의 합이므로 에너지선보다 속도수두만큼 수두차가 난다.

30 직경이 20cm인 A관이 직경이 10cm인 B관으로 축소되었다가 다시 직경이 15cm인 C관으로 단면이 변화될 때 B관 속의 평균유속이 3m/s이면 A관과 C관의 유속은? (단, 유체는 비압축성이다.)

① A관 : 1.50m/s, C관 : 2.00m/s
② A관 : 1.00m/s, C관 : 1.40m/s
③ A관 : 0.75m/s, C관 : 1.33m/s
④ A관 : 1.50m/s, C관 : 0.75m/s

> [해설] 연속방정식
> ㉠ $Q_1 = Q_2$
> $A_1 V_1 = A_2 V_2$
> $\frac{\pi \times 0.2^2}{4} \times V_1 = \frac{\pi \times 0.1^2}{4} \times 3$
> $\therefore V_1 = 0.75 \text{m/s}$
> ㉡ $Q_2 = Q_3$
> $A_2 V_2 = A_3 V_3$
> $\frac{\pi \times 0.1^2}{4} \times 3 = \frac{\pi \times 0.15^2}{4} \times V_3$
> $\therefore V_3 = 1.33 \text{m/s}$

31 어떤 관 속을 2m/s의 속도로 흐르는 물의 속도수두는?

① 39.282m
② 3.014m
③ 2.041m
④ 0.204m

> [해설] 속도수두
> $H = \frac{V^2}{2g} = \frac{2^2}{2 \times 9.8} = 0.204 \text{m}$

32 기준면에서 위로 5m 떨어진 곳에서 5m/s로 물이 흐르고 있을 때 압력을 측정하였더니 49kN/m²이었다. 이 때 전수두(total head)는?

① 6.28m   ② 8.00m
③ 10.00m ④ 11.28m

> [해설] 전수두
> $H = Z + \frac{P}{\gamma} + \frac{V^2}{2g} = 5 + \frac{49}{9.8} + \frac{5^2}{2 \times 9.8}$
> $= 11.28 \text{m}$

33 다음은 베르누이정리를 압력의 항으로 표시한 것이다. 이 중 동압력(動壓力)항에 해당하는 것은?

① P ② $\rho g Z$
③ $\frac{1}{2}\rho V^2$ ④ $\frac{V^2}{2g}$

> [해설] 압력의 항으로 표시한 베르누이정리
> $P_1 + \rho g Z_1 + \frac{1}{2}\rho V_1^2 = P_2 + \rho g Z_2 + \frac{1}{2}\rho V_2^2$

34 다음 그림에서 A, B에서의 압력이 같다면 축소관의 지름 d는 약 얼마인가?

① 148mm
② 200mm
③ 235mm
④ 300mm

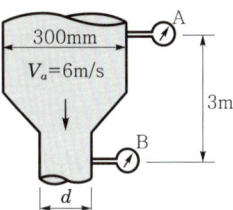

> [해설] ㉠ 베르누이정리
> $Z_a + \frac{P_a}{\gamma} + \frac{V_a^2}{2g} = Z_b + \frac{P_b}{\gamma} + \frac{V_b^2}{2g}$
> $3 + 0 + \frac{6^2}{2 \times 9.8} = 0 + 0 + \frac{V_b^2}{2 \times 9.8}$
> $\therefore V_b = 9.74 \text{m/s}$
> ㉡ 연속방정식
> $Q_a = Q_b$
> $A_a V_a = A_b V_b$
> $\frac{\pi \times 0.3^2}{4} \times 6 = \frac{\pi \times d^2}{4} \times 9.74$
> $\therefore d = 0.235 \text{m}$

[정답] 29. ① 30. ③ 31. ④ 32. ④ 33. ③ 34. ③

35 다음 그림에서 수조 내의 높이 h가 일정하게 물을 공급할 때 C점에 유속 $V_C=10$m/s가 되도록 유지하기 위한 h는? (단, 수조 내의 유속 V_A는 무시한다.)

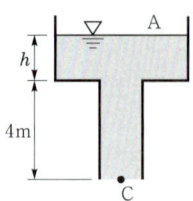

① 2.0m   ② 1.7m
③ 1.4m   ④ 1.1m

해설 **베르누이정리**

$$Z_1 + \frac{P_1}{\gamma} + \frac{V_1^2}{2g} = Z_2 + \frac{P_2}{\gamma} + \frac{V_2^2}{2g}$$

$$(h+4) + 0 + 0 = 0 + 0 + \frac{10^2}{2 \times 9.8}$$

$$\therefore h = 1.1\text{m}$$

36 유량 $Q=0.1$m³/s의 물이 다음 그림과 같은 관로를 흐를 때 $D=0.2$m인 관에서의 압력은? (단, 관 중심선에서 에너지선까지의 높이는 1.2m이다.)

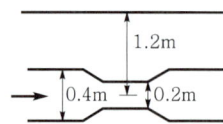

① 6.664kN/m²
② 7.84kN/m²
③ 9.604kN/m²
④ 10.78kN/m²

해설 **전수두**

㉠ $Q = AV$

$0.1 = \frac{\pi \times 0.2^2}{4} \times V$

$\therefore V = 3.18$m/s

㉡ $H = Z + \frac{P}{\gamma} + \frac{V^2}{2g}$

$1.2 = 0 + \frac{P}{1} + \frac{3.18^2}{2 \times 9.8}$

$\therefore P = 0.68\text{tf/m}^2 = 6.664\text{kN/m}^2$

37 다음 그림과 같이 수조에서 관을 통하여 물을 분출시킬 때 관에 의한 수두손실이 2m라면 물의 분출속도는? (단, 유속계수는 무시함)

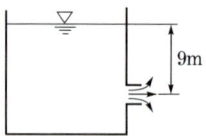

① 11.7m/s   ② 13.3m/s
③ 15.2m/s   ④ 17.1m/s

해설 **베르누이정리**

$$Z_1 + \frac{P_1}{\gamma} + \frac{V_1^2}{2g} = Z_2 + \frac{P_2}{\gamma} + \frac{V_2^2}{2g} + h_L$$

$$9 + 0 + 0 = 0 + 0 + \frac{V_2^2}{2 \times 9.8} + 2$$

$$\therefore V_2 = 11.71\text{m/s}$$

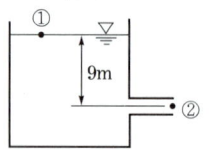

38 단면 2에서 유속 V_2를 구한 값은? (단, 단면 1과 2의 수로폭은 같으며, 마찰손실은 무시한다.)

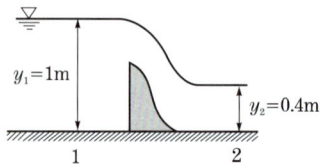

① 3.74m/s   ② 4.05m/s
③ 3.56m/s   ④ 3.47m/s

해설 ㉠ **연속방정식**

$Q_1 = Q_2$

$A_1 V_1 = A_2 V_2$

$(1 \times 1) \times V_1 = (0.4 \times 1) \times V_2$

$\therefore V_1 = 0.4 V_2$

㉡ **베르누이정리**

$$Z_1 + \frac{P_1}{\gamma} + \frac{V_1^2}{2g} = Z_2 + \frac{P_2}{\gamma} + \frac{V_2^2}{2g}$$

$$1 + 0 + \frac{(0.4V_2)^2}{2 \times 9.8} = 0.4 + 0 + \frac{V_2^2}{2 \times 9.8}$$

$$\therefore V_2 = 3.74\text{m/s}$$

정답 35. ④ 36. ① 37. ① 38. ①

39 잠수함이 수면하 20m를 2m/s로 진행하고 있을 때의 선수에서의 압력은? (단, 물의 단위중량 $\gamma=9.8kN/m^3$, $\rho=0.98kN \cdot s^2/m^4$)

① $393.96kN/m^2$
② $278.32kN/m^2$
③ $197.96kN/m^2$
④ $187.18kN/m^2$

해설 총압력=정압력+동압력=$\gamma h + \frac{1}{2}\rho V^2$
$= 9.8 \times 20 + \frac{1}{2} \times 0.98 \times 2^2$
$= 197.96kN/m^2$

40 베르누이의 정리를 응용한 것이 아닌 것은?

① Torricelli의 정리
② Pitot tube
③ Venturi meter
④ Pascal의 원리

해설 밀폐된 용기 내에 액체를 가득 채우고, 여기에 압력을 가하면 압력은 용기 전체에 고르게 전달된다. 이것을 파스칼의 원리(Pascal's law)라 한다.

41 다음 설명 중 옳지 않은 것은?

① 피토관은 Pascal의 원리를 응용하여 압력을 측정하는 기구이다.
② Venturi meter는 관 내의 유량 또는 평균유속을 측정할 때 사용된다.
③ $V=\sqrt{2gh}$를 Torricelli의 정리라고 한다.
④ 수조의 수면에서 h인 곳에 단면적 a인 작은 구멍으로부터 물이 유출할 경우 Bernoulli의 정리를 적용한다.

해설 피토관(Pit tube)은 총압력수두를 측정한 후 베르누이정리를 이용하여 유속을 구하는 기구이다.

42 벤투리미터(venturi meter)는 무엇을 측정하는 데 사용하는 기구인가?

① 관 내의 유량과 압력
② 관 내의 수면차
③ 관 내의 유량과 유속
④ 관 내의 유체 점성

해설 벤투리미터는 관 내의 유량 혹은 유속을 측정할 때 사용하는 기구이다.

43 토리첼리(Torricelli)정리는 어느 것을 이용하여 유도할 수 있는가?

① 파스칼원리   ② 아르키메데스원리
③ 레이놀즈원리   ④ 베르누이정리

해설 토리첼리정리는 베르누이정리를 응용한 정리이다.

44 피토관에서 A점의 유속을 구하는 식은?

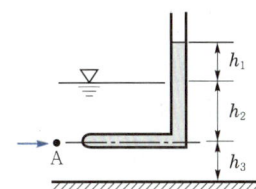

① $V=\sqrt{2gh_1}$ ② $V=\sqrt{2gh_2}$
③ $V=\sqrt{2gh_3}$ ④ $V=\sqrt{2g(h_1+h_2)}$

해설 ㉠, ㉡점에 Bernoulli정리 적용
$Z_1 + \frac{P_1}{\gamma} + \frac{V_1^2}{2g} = Z_2 + \frac{P_2}{\gamma} + \frac{V_2^2}{2g}$
$h_2 + 0 + \frac{V_1^2}{2g} = (h_1 + h_2) + 0 + 0$
$\therefore V_1 = V = \sqrt{2gh_1}$

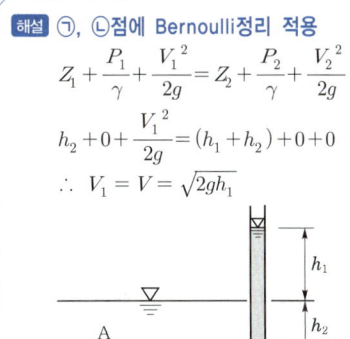

45 다음 그림과 같이 원관의 중심축에 수평하게 놓여 있고 계기압력이 각각 1.8kgf/cm², 2.0kgf/cm²일 때 유량을 구한 값은?

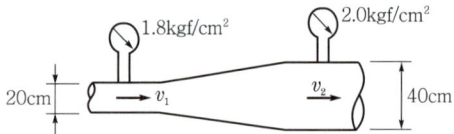

① 약 $203l/s$
② 약 $223l/s$
③ 약 $243l/s$
④ 약 $263l/s$

해설 피에조미터를 사용한 경우의 이론유량

㉠ $A_1 = \dfrac{\pi \times 0.2^2}{4} = 0.0314 \text{m}^2$

㉡ $A_2 = \dfrac{\pi \times 0.4^2}{4} = 0.1256 \text{m}^2$

㉢ $H = \dfrac{\Delta P}{\gamma} = \dfrac{20-18}{1} = 2\text{m}$

㉣ $Q = \dfrac{A_1 A_2}{\sqrt{A_2^2 - A_1^2}} \sqrt{2gH}$

$= \dfrac{0.0314 \times 0.1256}{\sqrt{0.1256^2 - 0.0314^2}} \times \sqrt{2 \times 9.8 \times 2}$

$= 0.20304 \text{m}^3/\text{s} = 203.04 l/s$

46 바닥으로부터 거리가 y[m]일 때 유속이 $V = -4y^2 + y$ [m/s]인 점성 유체의 흐름에서 전단력이 최소가 되는 지점까지의 거리 y는?

① 0m
② $\dfrac{1}{4}$m
③ $\dfrac{1}{8}$m
④ $\dfrac{1}{12}$m

해설 전단력이 최소가 되는 지점까지의 거리

$\dfrac{dV}{dy} = \dfrac{-4y^2 + y}{dy} = -8y + 1 = 0$

∴ $y = \dfrac{1}{8}$m

47 레이놀즈의 실험장치에 의해서 구별할 수 있는 것은?

① 층류와 난류
② 정류와 부정류
③ 상류와 사류
④ 등류와 부등류

해설 레이놀즈의 실험장치에 의해서 구별할 수 있는 것은 층류와 난류의 구분이다.

48 난류 확산의 정의로 옳은 것은?

① 흐름 속의 물질이 흐름에 직각방향의 속도성분을 가지고 흐트러지면서 흐르는 현상이다.
② 흐름 속의 물질이 흐름에 전후방향의 속도성분을 가지고 흐트러지면서 흐르는 현상이다.
③ 흐름 속의 물질이 흐름방향을 중심으로 회전하면서 흐르는 현상이다.
④ 흐름 속의 물질이 흐름표면에 좌우로 깔려서 흐르는 현상이다.

해설 ㉠ 혼합거리(mixing length) : 유선과 직각방향으로 이동되는 거리
㉡ 난류 확산 : 유체덩어리가 흐름에 직각방향의 속도성분을 가지고 흐트러지면서 흐르는 현상

49 레이놀즈(Reynolds)수에 대한 설명으로 옳은 것은?
① 중력에 대한 점성력의 상대적인 크기
② 관성력에 대한 점성력의 상대적인 크기
③ 관성력에 대한 중력의 상대적인 크기
④ 압력에 대한 탄성력의 상대적인 크기

해설 레이놀즈(Reynolds)수

$R_e = \dfrac{\text{흐름의 관성력}}{\text{점성력}} = \dfrac{\rho VD}{\mu} = \dfrac{VD}{\nu}$

50 유량 $3l/s$의 물이 원형관 내에서 층류상태로 흐르고 있다. 이때 만족되어야 할 관경(D)의 조건으로서 옳은 것은? (단, 층류의 한계레이놀즈수 $R_e = 2,000$, 물의 동점성계수 $\nu = 1.15 \times 10^{-2} \text{cm}^2/\text{s}$)

① $D \geq 83.3\text{cm}$
② $D < 80.3\text{cm}$
③ $D \geq 166.1\text{cm}$
④ $D < 160.1\text{cm}$

해설 ㉠ 연속방정식

$V = \dfrac{Q}{A} = \dfrac{3,000 \times 4}{\pi D^2} = \dfrac{3,820}{D^2}$

㉡ 레이놀즈수

$R_e = \dfrac{VD}{\nu} = \dfrac{\dfrac{3,820}{D^2} \times D}{1.15 \times 10^{-2}}$

$= \dfrac{332,174}{D} \leq 2,000$

∴ $D \geq 166.1\text{cm}$

정답 45.① 46.③ 47.① 48.① 49.② 50.③

수리수문학

51 난류를 설명한 것으로 잘못된 것은?
① 레이놀즈(Reynolds)수가 4,000 이상이면 난류이다.
② 난류에서는 내부에 작용하는 전단응력이 층류일 경우보다 크다.
③ 난류는 프루드(Froude)수와는 상관이 없다.
④ 난류이면 상류가 될 수 없다.

> **해설** ㉠ 개수로 속의 수류는 층류, 난류, 상류, 사류가 조합된 것이라 할 수 있다. 즉, 난류에서도 상류가 될 수 있다.
> ㉡ 개수로의 흐름
>
> | 층류와 난류 | 상류와 사류 |
> |---|---|
> | $R_e < 500$: 층류 | $F_r < 1$: 상류 |
> | $R_e > 500$: 난류 | $F_r > 1$: 사류 |

3. 운동량과 역적

52 극히 짧은 시간 사이에 유체가 어떤 면에 충돌하여 발생되는 작용, 반작용의 힘을 구하는 데 유용한 식은?
① 연속방정식
② 베르누이(Bernoulli)방정식
③ 운동량방정식
④ 오일러(Euler)방정식

> **해설** 운동의 작용, 반작용에 관련된 방정식을 운동량방정식이라 한다.

53 1차원 정류흐름에서 단위시간에 대한 운동량방정식은? (단, F : 힘, m : 질량, V_1 : 초속도, V_2 : 종속도, a : 가속도, Δt : 시간의 변화량, S : 변이, W : 물체의 중량)
① $F = m\left(\dfrac{V_2 - V_1}{\Delta t}\right)$
② $F = m \Delta t$
③ $F = m(V_2 - V_1)$
④ $F = WS$

> **해설** 운동량방정식
> $F = ma = m\left(\dfrac{V_2 - V_1}{\Delta t}\right)$
> $F \Delta t = m(V_2 - V_1)$
> 단위시간($\Delta t = 1$)에 의하면
> ∴ $F = m(V_2 - V_1)$

54 역적-운동량(impulse-momentum)방정식인 $\sum F_x = \rho Q(V_{x(in)} - V_{x(out)})$의 유도과정에서 설정된 가정으로 옳은 것은?
① 흐름은 정상류(steady flow)이다.
② 흐름은 등류(uniform flow)이다.
③ 압축성(compressible) 유체이다.
④ 마찰이 없는 유체(frictionless fluid)이다.

> **해설** 역적-운동량방정식은 1차원 정상류인 경우에 유도되었으며, 이 식이 가지는 의미는 유체가 가지는 운동량의 시간에 따른 변화율이 외력의 합과 같다는 것이다.

55 다음 그림과 같이 지름이 10cm의 단면적에 유속 40m/s의 분류가 판에 충돌하여 90°로 구부러질 때 판에 작용하는 힘은 얼마인가?

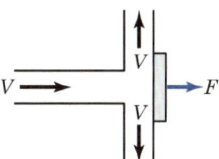

① 12.54kN
② 12.74kN
③ 12.94kN
④ 12.15kN

> **해설** 정지평판에 90°로 충돌할 경우 충격력
> $Q = AV = \dfrac{\pi \times 0.1^2}{4} \times 40 = 0.314 \text{m}^3/\text{s}$
> ∴ $F_x = \dfrac{\gamma}{g} Q(V_1 - V_2)$
> $= \dfrac{1}{9.8} \times 0.314 \times (40 - 0)$
> $= 1.28\text{tf} = 12.54\text{kN}$

정답 51. ④ 52. ③ 53. ③ 54. ① 55. ①

56 다음 그림에서 판 AB에 가해지는 힘 F는? (단, ρ : 밀도)

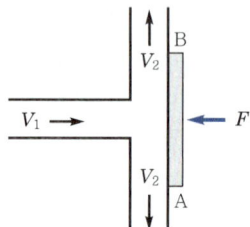

① $Q\dfrac{V_1^2}{2g}$ ② $\rho Q V_1$
③ $\rho Q V_1^2$ ④ $\rho Q V_2$

해설 정지평판에 90°로 충돌할 경우 충격력
$$F = \dfrac{\gamma}{g}Q(V_1 - V_2) = \dfrac{\gamma}{g}Q(V_1 - 0) = \rho Q V_1$$

★57 다음 그림과 같이 지름이 20cm인 노즐에서 20m/s의 유속으로 물이 수직판에 직각으로 충돌할 때 판에 주는 압력은? (단, 수평분력은 P_H, 수직분력은 P_V이다.)

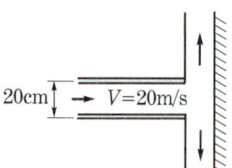

① $P_H = 12.6$kN, $P_V = 0$
② $P_H = 22.34$kN, $P_V = 0$
③ $P_H = 12.6$kN, $P_V = 9.8$kN
④ $P_H = 22.34$kN, $P_V = 9.8$kN

해설 정지평판에 90°로 충돌할 경우 충격력
㉠ $Q = AV = \dfrac{\pi \times 0.2^2}{4} \times 20 = 0.63\text{m}^3/\text{s}$
㉡ $P_H = \dfrac{\gamma}{g}Q(V_1 - V_2)$
$= \dfrac{1}{9.8} \times 0.63 \times (20 - 0)$
$= 1.286\text{tf} = 12.6\text{kN}$
㉢ $P_V = 0$

58 지름 5cm의 분류가 유속 50m/s로 판에 직각으로 충돌하여 방향 전환을 할 때 판이 받는 압력은?

① 2.5kN
② 20kN
③ 5kN
④ 22.5kN

해설 정지평판에 90°로 충돌할 경우 충격력
㉠ $Q = AV = \dfrac{\pi \times 0.05^2}{4} \times 50 = 0.1\text{m}^3/\text{s}$
㉡ $F = F_x = \dfrac{\gamma}{g}Q(V_1 - V_2)$
$= \dfrac{1}{9.8} \times 0.1 \times (50 - 0) = 0.51\text{tf} = 5\text{kN}$

★59 유량(Q) 60l/s가 60°의 경사평면에 충돌할 때 충돌 후의 유량 Q_1, Q_2를 구하면? (단, 에너지손실과 평면의 마찰은 없다고 한다.)

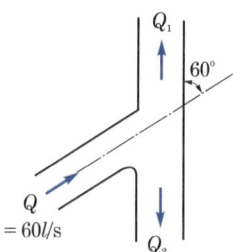

① $Q_1 = 0.045\text{m}^3/\text{s}$, $Q_2 = 0.015\text{m}^3/\text{s}$
② $Q_1 = 0.035\text{m}^3/\text{s}$, $Q_2 = 0.025\text{m}^3/\text{s}$
③ $Q_1 = 0.04\text{m}^3/\text{s}$, $Q_2 = 0.02\text{m}^3/\text{s}$
④ $Q_1 = 0.03\text{m}^3/\text{s}$, $Q_2 = 0.03\text{m}^3/\text{s}$

해설 정지평판에 경사지게 충돌할 경우 유량
㉠ $Q_1 = \dfrac{Q}{2}(1 + \cos\theta)$
$= \dfrac{0.06}{2} \times (1 + \cos 60°) = 0.045\text{m}^3/\text{s}$
㉡ $Q_2 = \dfrac{Q}{2}(1 - \cos\theta)$
$= \dfrac{0.06}{2} \times (1 - \cos 60°) = 0.015\text{m}^3/\text{s}$

60 고정날개에 접선방향으로 흘러 들어온 분류가 다음 그림과 같이 유출한다면 고정날개에 가해지는 힘(F)의 수평성분 F_x를 구하는 식으로 옳은 것은? (단, γ : 물의 단위중량, g : 중력가속도)

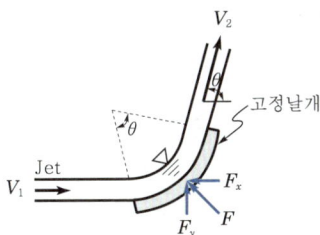

① $\dfrac{\gamma}{g}Q(V_2\sin\theta + V_1)$

② $\dfrac{\gamma}{g}Q(V_2\cos\theta + V_1)$

③ $\dfrac{\gamma}{g}Q(V_1 - V_2\sin\theta)$

④ $\dfrac{\gamma}{g}Q(V_1 - V_2\cos\theta)$

해설 임의의 각으로 곡면판에 충돌할 경우 충격력

$-F_x = \dfrac{\gamma}{g}Q(V_{2x} - V_{1x})$

$\therefore F_x = \dfrac{\gamma}{g}Q(V_{1x} - V_{2x})$
$= \dfrac{\gamma}{g}Q(V_1 - V_2\cos\theta)$

61 다음 그림과 같은 곡면관에 처음 접선방향으로 흘러 들어온 분류가 60°의 방향으로 유출된다. 분류는 지름 40cm의 원관에서 1m/s의 유속으로 분출한다. 이때 곡면관에 가해지는 힘은?

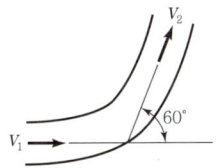

① 86.24N
② 105.84N
③ 121.6N
④ 145.04N

해설 임의의 각으로 곡면판에 충돌할 경우 충격력

㉠ $F_x = \dfrac{\gamma}{g}Q(V_1 - V_2)$
$= \dfrac{1}{9.8}\times\left(\dfrac{\pi\times 0.4^2}{4}\times 1\right)\times(1-\cos 60°)$
$= 6.4\,\text{kgf}$

㉡ $F_y = \dfrac{\gamma}{g}Q(V_2 - V_1)$
$= \dfrac{1}{9.8}\times\left(\dfrac{\pi\times 0.4^2}{4}\times 1\right)\times(0-\sin 60°)$
$= -11.1\,\text{kgf}$

㉢ $F = \sqrt{F_x^{\,2} + F_y^{\,2}} = \sqrt{6.4^2 + (-11.1)^2}$
$= 12.8\,\text{kgf} = 121.6\,\text{kN}$

62 다음 그림과 같이 직경이 10cm인 단면에 유속 40m/s의 분류가 판에 충돌하여 90°로 구부러질 때 판에 작용하는 힘은?

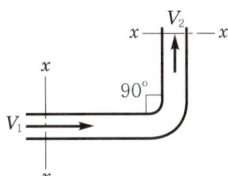

① 12.54kN
② 13.72kN
③ 14.89kN
④ 17.1kN

해설 정지곡면판에 90°로 충돌할 경우 충격력

㉠ $Q = AV = \dfrac{\pi\times 0.1^2}{4}\times 40 = 0.31\,\text{m}^3/\text{s}$

㉡ $F_x = \dfrac{\gamma}{g}Q(V_1 - V_2)$
$= \dfrac{1}{9.8}\times 0.31\times(40-0) = 1.27\,\text{tf}$

㉢ $F_y = \dfrac{\gamma}{g}Q(V_2 - V_1)$
$= \dfrac{1}{9.8}\times 0.31\times(0-40) = -1.27\,\text{tf}$

㉣ $F = \sqrt{F_x^2 + F_y^2}$
$= \sqrt{1.27^2 + (-1.27)^2}$
$= 1.8\,\text{tf} = 17.1\,\text{kN}$

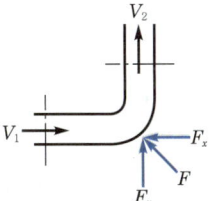

정답 60. ④ 61. ③ 62. ④

63 다음 그림과 같은 곡면의 A에 $1m^3/s$의 유량이 $2m/s$의 유속으로 곡면을 따라 흘러서 B에서 반대방향으로 유출할 때 곡면이 받는 힘은?

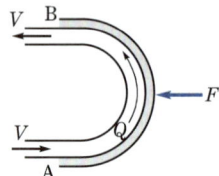

① 4.0kN ② 2.41kN
③ 1.41kN ④ 0.41kN

> **해설** 정지곡면판에 180°로 충돌할 경우 충격력
> $$F = F_x = \frac{\gamma}{g} Q(V_1 - V_2)$$
> $$= \frac{1}{9.8} \times 1 \times [2-(-2)] = 0.41\text{tf} = 4\text{kN}$$

64 다음 그림과 같이 유량이 Q, 유속이 V인 유관이 받는 외력 중에서 y축방향의 힘(F_y)에 대한 계산식으로 옳은 것은? (단, P는 단위밀도, θ_1 및 $\theta_2 \leq 90°$, 마찰력은 무시한다.)

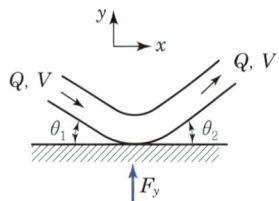

① $F_y = \rho QV(\sin\theta_2 - \sin\theta_1)$
② $F_y = -\rho QV(\sin\theta_2 - \sin\theta_1)$
③ $F_y = \rho QV(\sin\theta_2 + \sin\theta_1)$
④ $F_y = -QV(\sin\theta_2 + \sin\theta_1)/\rho$

> **해설** 임의의 각으로 곡면판에 충돌할 경우 충격력
> ㉠ 운동량방정식
> $$F = \rho Q(V_2 - V_1)$$
> ㉡ 속도분력
> $$V_2 = V\sin\theta_2, \ V_1 = -V\sin\theta_1$$
> ㉢ $F_y = \rho Q(V_2 - V_1)$
> $$= \rho Q[V\sin\theta_2 - (-V\sin\theta_1)]$$
> $$= \rho QV(\sin\theta_2 + \sin\theta_1)$$

65 다음 그림과 같이 지름 8cm인 분류가 35m/s의 속도로 관의 벽면에 부딪힌 후 최초의 흐름방향에서 150° 수평방향으로 변화하였다. 관의 벽면이 최초의 흐름방향으로 10m/s의 속도로 이동할 때 관의 벽면에 작용하는 힘은?

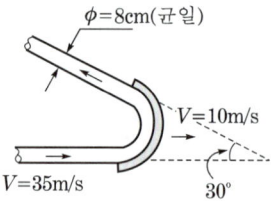

① -3.6kN
② 5.9kN
③ -1.8kN
④ 7.8kN

> **해설** 정지곡면판에 $\theta < 90°$로 충돌할 경우 충격력
> ㉠ 관의 벽면이 최초의 흐름방향으로 10m/s 이동할 때의 유속 $V_1 = 35 - 10 = 25$m/s이므로
> $$Q = AV_1 = \frac{\pi \times 0.08^2}{4} \times 25 = 0.126\text{m}^3/\text{s}$$
> ㉡ $F_x = \frac{\gamma}{g} Q(V_{1x} - V_{2x})$
> $$= \frac{\gamma}{g} Q(V_1 - V_2\cos 30°)$$
> $$= \frac{1}{9.8} \times 0.126 \times [25-(-25\times\cos 30°)]$$
> $$= 0.6\text{tf}$$
> ㉢ $F_y = \frac{\gamma}{g} Q(V_{2y} - V_{1y})$
> $$= \frac{\gamma}{g} Q(V_2\sin 30° - 0)$$
> $$= \frac{1}{9.8} \times 0.126 \times (25\times\sin 30° - 0)$$
> $$= 0.161\text{tf}$$
> ㉣ $F = \sqrt{F_x^2 + F_y^2} = \sqrt{0.6^2 + 0.161^2}$
> $$= 0.62\text{tf} = 5.89\text{kN}$$

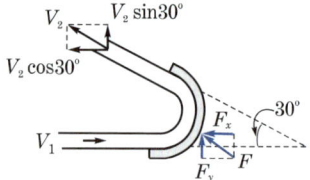

정답 63.④ 64.③ 65.②

66 지름 4cm의 원형 단면관에서 물의 흐름이 다음 그림과 같이 구부러질 때 곡면을 지지하는 데 필요한 힘 P_x는? (단, 흐름의 속도가 15m/s이고, 마찰은 무시한다.)

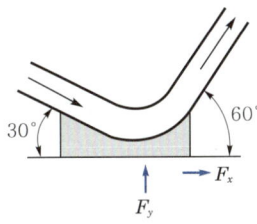

① -0.1039kN　② 0.1039kN
③ 11.106kN　④ -11.106kN

해설 임의의 각으로 곡면판에 충돌할 경우 충격력

㉠ $Q = AV = \dfrac{\pi \times 0.04^2}{4} \times 15 = 0.019 \text{m}^3/\text{s}$

㉡ $-P_x = \dfrac{\gamma}{g} Q(V_{2x} - V_{1x})$

$\therefore P_x = \dfrac{\gamma}{g} Q(V_{1x} - V_{2x})$
$= \dfrac{\gamma}{g} Q(V\cos\theta_1 - V\cos\theta_2)$
$= \dfrac{1}{9.8} \times 0.019 \times (15 \times \cos 30°$
$\quad - 15 \times \cos 60°)$
$= 0.0106 \text{tf} = 0.1039 \text{kN}$

67 유량 $Q=0.05\text{m}^3/\text{s}$, 단면적 $a_1 = a_2 = 200\text{cm}^2$의 수맥이 1/4원의 벽면을 따라 흐를 때 벽면이 받는 힘은?

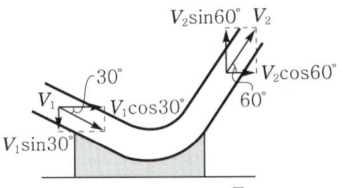

① $P = 0.1425$kN　② $P = 0.2548$kN
③ $P = 0.1235$kN　④ $P = 0.1764$kN

해설 임의의 각으로 곡면판에 충돌할 경우 충격력

㉠ $P_x = \dfrac{\gamma}{g} Q(V_2 - V_1)$
$= \dfrac{1}{9.8} \times 0.05 \times \left(\dfrac{0.05}{200 \times 10^{-4}} - 0\right)$
$= 0.013 \text{tf}$

㉡ $P_y = \dfrac{\gamma}{g} Q(V_1 - V_2)$
$= \dfrac{1}{9.8} \times 0.05 \times \left(0 - \dfrac{0.05}{200 \times 10^{-4}}\right)$
$= -0.013 \text{tf}$

㉢ $P = \sqrt{P_x^2 + P_y^2}$
$= \sqrt{0.013^2 + (-0.013)^2}$
$= 0.018 \text{tf} = 0.1764 \text{kN}$

68 절대속도 u [m/s]로 움직이고 있는 판에 같은 방향으로부터 절대속도 V[m/s]의 분류가 흐를 때 판에 충돌하는 힘을 계산하는 식으로 옳은 것은? (단, γ_w : 물의 단위중량, A : 통수 단면적)

① $F = \dfrac{\gamma_w}{g} A(V-u)^2$　② $F = \dfrac{\gamma_w}{g} A(V+u)^2$
③ $F = \dfrac{\gamma_w}{g} A(V-u)$　④ $F = \dfrac{\gamma_w}{g} A(V+u)$

해설 움직이는 평판에 직각으로 충돌할 경우 충격력

㉠ $Q = AV = A(V-u)$

㉡ $F = \dfrac{\gamma_w}{g} Q(V_1 - V_2)$
$= \dfrac{\gamma_w}{g} A(V-u)[(V-u) - 0]$
$= \dfrac{\gamma_w}{g} A(V-u)^2$

69 에너지방정식과 운동량방정식에 관한 설명으로 옳은 것은?

① 두 방정식은 모두 속도항을 포함한 벡터로 표시된다.
② 에너지방정식은 내부손실항을 포함하지 않는다.
③ 운동량방정식은 외부저항력을 포함한다.
④ 내부에너지손실이 큰 경우에 운동량방정식은 적용될 수 없다.

정답 66. ②　67. ④　68. ①　69. ③

> **해설** ㉠ 운동량방정식에서 F, V는 벡터량이다.
> ㉡ 에너지방정식은 두 단면 사이에 있어서 외부와 에너지의 교환이 없다고 가정한 것이다. 두 단면 사이에 수차, 펌프 등이 있거나 마찰력이 있는 경우에 대해서는 이들의 에너지변화에 대해서 보정을 해야 한다.
> ㉢ 운동량방정식은 유체가 가지는 운동량의 시간에 따른 변화율이 외력의 합과 같다는 것으로 외부저항력을 포함한다. 따라서 운동량방정식의 적용을 위해서는 유동장 내부에서 일어나는 복잡한 현상에 대해서는 전혀 알 필요가 없고, 다만 통제용적(control volume)의 입구 및 출구에서의 조건만 알면 된다.

70 다음 그림에서 수문단위폭당 작용하는 F를 구하는 운동량방정식으로 옳은 것은? (단, 바닥마찰은 무시하며, γ는 물의 단위중량, ρ는 물의 밀도, Q는 단위폭당 유량이다.)

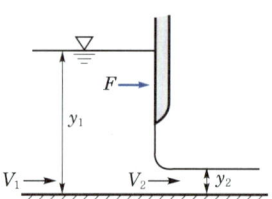

① $\dfrac{\gamma y_1^2}{2} - \dfrac{\gamma y_2^2}{2} - F = \rho Q(V_2^2 - V_1^2)$

② $\dfrac{\gamma y_1^2}{2} - \dfrac{\gamma y_2^2}{2} - F = \rho Q(V_2 - V_1)$

③ $\dfrac{y_1^2}{2} - \dfrac{y_2^2}{2} - F = \rho Q(V_1 - V_2)$

④ $\dfrac{y_1^2}{2} - \dfrac{y_2^2}{2} - F = \rho Q(V_2^2 - V_1^2)$

> **해설** 운동량방정식
> $P_1 - P_2 - F = \dfrac{\gamma Q(V_2 - V_1)}{g}$
> $\gamma \times \dfrac{y_1}{2} \times (y_1 \times 1) - \gamma \times \dfrac{y_2}{2} \times (y_2 \times 1) - F$
> $= \dfrac{\gamma Q(V_2 - V_1)}{g}$
> $\therefore \dfrac{\gamma y_1^2}{2} - \dfrac{\gamma y_2^2}{2} - F = \rho Q(V_2 - V_1)$

71 다음 그림과 같이 단면의 변화가 있는 단면에서 힘(F)을 구하는 운동량방정식으로 옳은 표현은? (단, P: 압력, A: 단면적, Q: 유량, V: 속도, g: 중력가속도, γ: 단위중량, ρ: 밀도)

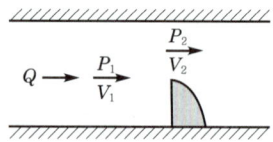

① $P_1A_1 + P_2A_2 - F = \gamma Q(V_2 - V_1)$
② $P_1A_1 - P_2A_2 - F = gQ(V_2 - V_1)$
③ $P_1A_1 - P_2A_2 - F = \gamma Q(V_1 - V_2)$
④ $P_1A_1 - P_2A_2 - F = \rho Q(V_2 - V_1)$

> **해설** 운동량방정식
> $F = P_1A_1 - P_2A_2 - \rho Q(V_2 - V_1)$

4. 보정계수

72 에너지보정계수(α)와 운동량보정계수(β)에 대한 설명으로 옳지 않은 것은?

① α는 속도수두를 보정하기 위한 무차원 상수이다.
② β는 운동량을 보정하기 위한 무차원 상수이다.
③ 실제 유체의 흐름에서는 $\beta > \alpha > 1$이다.
④ 이상유체에서는 $\alpha = \beta = 1$이다.

> **해설** ㉠ 에너지보정계수 : 평균유속을 사용하여 에너지의 차이를 보정해주는 계수
> $\alpha = \int_A \left(\dfrac{V}{V_m}\right)^3 \dfrac{dA}{A}$
> • 층류의 경우 : $\alpha = 2$
> • 난류의 경우 : $\alpha = 1.01 \sim 1.1$
> ㉡ 운동량보정계수 : 평균유속을 사용하여 운동량의 차이를 보정해주는 계수
> $\eta = \int_A \left(\dfrac{V}{V_m}\right)^2 \dfrac{dA}{A}$
> • 층류의 경우 : $\eta = 4/3$
> • 난류의 경우 : $\eta = 1.0 \sim 1.05$
> ㉢ 에너지보정계수와 운동량보정계수는 실제 유체와 이상유체의 차이를 보정해주는 계수로서, 이상유체라면 에너지보정계수와 운동량보정계수의 값은 1이다. 실제 유체에서는 $\alpha(=2) > \eta(=4/3) > 1$의 순이다.

정답 70.② 71.④ 72.③

★
73 유체의 흐름이 원관 내에서 층류일 때 에너지보정계수(α)와 운동량보정계수(η)가 옳게 된 것은?

① $\alpha = 2$, $\eta = 1.02$ ② $\alpha = 2$, $\eta = \frac{4}{3}$
③ $\alpha = 1.1$, $\eta = \frac{4}{3}$ ④ $\alpha = 1.1$, $\eta = 1.0$

> **해설** 원관 속 층류 흐름에서는 $\alpha = 2$, $\eta = \frac{4}{3}$ 이다.

★
74 에너지보정계수(α)에 관한 설명으로 옳은 것은? (단, A : 흐름 단면적, dA : 미소유관의 흐름 단면적, v : 미소유관의 유속, V : 평균유속)

① α는 속도수두의 단위를 갖는다.
② α는 운동량방정식에서 운동량을 보정해준다.
③ $\alpha = \frac{1}{A}\int_A \left(\frac{v}{V}\right)^2 dA$ 이다.
④ $\alpha = \frac{1}{A}\int_A \left(\frac{v}{V}\right)^3 dA$ 이다.

> **해설** 에너지보정계수(α)
> ㉠ α는 이상유체에서의 속도수두를 보정하기 위한 무차원 상수이다.
> ㉡ $\alpha = \int_A \left(\frac{v}{V}\right)^3 \frac{dA}{A}$

75 운동에너지의 수정계수는 어느 경우에 적용되어야 하는가?

① 모든 유체운동에 적용된다.
② 이상유체의 흐름에 적용된다.
③ 실제 유체의 흐름에 적용된다.
④ 유동 단면이 원형일 때만 적용된다.

> **해설** 유관 속의 유속은 한 단면에서 일정하다고 하였으나, 실제는 경계면 부근에서는 작고, 경계면에서 떨어진 곳은 크다. 따라서 실제 유체의 흐름에 적용하기 위해서는 속도수두항과 운동량의 항을 보정해주는 에너지보정계수와 운동량보정계수를 적용시켜야 한다.

5. 속도퍼텐셜

76 다음 중 속도퍼텐셜을 가지고 있는 흐름(potential flow)은?

① 회전운동을 일으킨다.
② 비회전운동을 일으킨다.
③ 와운동을 일으킨다.
④ 도수를 일으킨다.

> **해설** 속도퍼텐셜을 가지고 있는 흐름은 유체입자가 회전하지 않는 흐름이며, 이와 같은 흐름을 비회전류라 한다.

★
77 3차원 흐름의 $\frac{\partial(\rho u)}{\partial x} + \frac{\partial(\rho v)}{\partial y} + \frac{\partial(\rho w)}{\partial z} = 0$ 에 대한 연속방정식의 상태는?

① 비압축성 정상류   ② 비압축성 부정류
③ 압축성 정상류   ④ 압축성 부정류

> **해설** 3차원 흐름의 연속방정식(압축성 유체)
> ㉠ 정류 : $\frac{\partial \rho u}{\partial x} + \frac{\partial \rho v}{\partial y} + \frac{\partial \rho w}{\partial z} = 0$
> ㉡ 부정류 : $\frac{\partial \rho}{\partial t} + \frac{\partial \rho u}{\partial x} + \frac{\partial \rho v}{\partial y} + \frac{\partial \rho w}{\partial z} = 0$

★
78 정상류 비압축성 유체에 대한 다음의 속도성분 중에서 연속방정식을 만족시키는 식은?

① $u = 3x^2 - y$, $v = 2y^2 - yz$, $w = y^2 - 2y$
② $u = 2x^2 - xy$, $v = y^2 - 4xy$, $w = y^2 - yz$
③ $u = x^2 - y$, $v = y^2 - xy$, $w = x^2 - yz$
④ $u = 2x^2 - yz$, $v = 2y^2 - 3xy$, $w = z^2 - 2y$

> **해설** 비압축성 정상류 3차원 연속방정식
> ㉠ 비압축성 정상류 연속방정식
> $\frac{\partial u}{\partial x} + \frac{\partial v}{\partial y} + \frac{\partial w}{\partial z} = 0$
> ㉡ x, y, z방향에 편미분을 하여 위의 방정식을 만족하면 된다. 위의 식을 편미분하면
> $\frac{\partial u}{\partial x} = 4x - y$, $\frac{\partial v}{\partial y} = 2y - 4x$, $\frac{\partial w}{\partial z} = -y$
> $\therefore \frac{\partial u}{\partial x} + \frac{\partial v}{\partial y} + \frac{\partial w}{\partial} $
> $= (4x - y) + (2y - 4x) + (-y) = 0$
> $\therefore$ ②의 경우가 비압축성 정상류 연속방정식을 만족시킨다.

정답 73. ② 74. ④ 75. ③ 76. ② 77. ③ 78. ②

Hydraulics and Hydrology

79 흐르는 유체 속의 한 점 (x, y, z)의 각 축방향의 속도성분을 (u, v, w)라 하고 밀도를 ρ, 시간을 t로 표시할 때 가장 일반적인 경우의 연속방정식은?

① $\dfrac{\partial \rho u}{\partial x} + \dfrac{\partial \rho v}{\partial y} + \dfrac{\partial \rho w}{\partial z} = 0$

② $\dfrac{\partial u}{\partial t} + \dfrac{\partial v}{\partial t} + \dfrac{\partial w}{\partial t} = 0$

③ $\dfrac{\partial \rho}{\partial t} + \dfrac{\partial \rho u}{\partial x} + \dfrac{\partial \rho v}{\partial y} + \dfrac{\partial \rho w}{\partial z} = 0$

④ $\dfrac{\partial \rho}{\partial t} + \dfrac{\partial u}{\partial x} + \dfrac{\partial v}{\partial y} + \dfrac{\partial w}{\partial z} = 0$

> **해설** 3차원 연속방정식
> ㉠ 흐름의 방향성분을 x, y, z라 하고, 각 방향의 속도성분을 u, v, w라 하면 3차원 연속방정식은 다음과 같이 정의한다.
> $\dfrac{\partial \rho}{\partial t} + \dfrac{\partial (\rho u)}{\partial x} + \dfrac{\partial (\rho v)}{\partial y} + \dfrac{\partial (\rho w)}{\partial z} = 0$
> ㉡ 여기서 정류와 부정류를 나누는 기준은 $\dfrac{\partial \rho}{\partial t} = 0$, $\dfrac{\partial \rho}{\partial t} \neq 0$이다.
> ㉢ 비압축성 유체의 경우에는 ρ=const하므로 생략이 가능하다.

80 경계층에 관한 사항 중 틀린 것은?

① 전단저항은 경계층 내에서 발생한다.
② 경계층 내에서는 층류가 존재할 수 없다.
③ 이상유체일 경우는 경계층이 존재하지 않는다.
④ 경계층에서는 레이놀즈(Reynolds)응력이 존재한다.

> **해설** 경계층
> ㉠ 경계면에서 유체입자의 속도는 0이 되고, 경계면으로부터 거리가 멀어질수록 유속은 증가한다. 그러나 경계면으로부터의 거리가 일정한 거리만큼 떨어진 다음부터는 유속이 일정하게 된다. 이러한 영역을 유체의 경계층이라 한다.
> ㉡ 경계층 내의 흐름은 층류일 수도 있고, 난류일 수도 있다.
> ㉢ 층류 및 난류의 경계층을 구분하는 일반적인 기준은 특성레이놀즈수이다.
> $R_x = \dfrac{V_o x}{\nu}$
> (한계Reynolds수는 약 500,000이다.)
> 여기서, x : 평판 선단으로부터의 거리

6. 항력

81 흐르는 유체 속에 물체가 있을 때 물체가 유체로부터 받는 힘은?

① 장력(張力)
② 충력(衝力)
③ 항력(抗力)
④ 소류력(掃流力)

> **해설** 유체 속을 물체가 움직일 때, 또는 흐르는 유체 속에 물체가 잠겨 있을 때는 유체에 의해 물체가 어떤 힘을 받는다. 이 힘을 항력(drag force) 또는 저항력이라 한다.

82 원통교각이 지름 2m, 수면에서 바닥까지 깊이가 5m, 유속이 3m/s, C_D=1.0일 때 교각에 가해지는 항력은?

① 44kN
② 48kN
③ 45kN
④ 42kN

> **해설** 항력
> $D = C_D A \dfrac{\rho V^2}{2}$
> $= 1 \times (2 \times 5) \times \dfrac{1 \times 3^2}{2 \times 9.8}$
> $= 4.592 \text{tf} = 45 \text{kN}$

83 스토크스(Stokes)의 법칙에 있어서 항력계수 C_D의 값으로 옳은 것은? (단, R_e : Reynolds수)

① $C_D = \dfrac{64}{R_e}$
② $C_D = \dfrac{32}{R_e}$
③ $C_D = \dfrac{24}{R_e}$
④ $C_D = \dfrac{4}{R_e}$

> **해설** 항력
> $D = C_D A \dfrac{\rho V^2}{2}$
> 여기서, C_D : 항력계수$\left(= \dfrac{24}{R_e}\right)$

84 단위중량 γ 또는 밀도 ρ인 유체가 유속 V로서 수평방향으로 흐르고 있다. 직경 d, 길이 l인 원주가 유체의 흐름방향에 직각으로 중심축을 가지고 놓였을 때 원주에 작용하는 항력(D)은? (단, C : 항력계수, g : 중력가속도)

① $D = C \dfrac{\pi d^2}{4} \cdot \dfrac{\gamma V^2}{2}$ ② $D = Cdl \dfrac{\gamma V^2}{2}$

③ $D = C \dfrac{\pi d^2}{4} \cdot \dfrac{\rho V^2}{2}$ ④ $D = Cdl \dfrac{\rho V^2}{2}$

> **해설 항력**
> ㉠ 흐르는 유체 속에 물체가 잠겨 있을 때 유체에 의해 물체가 받는 힘을 항력(drag force)이라 한다.
> $$D = C_D A \dfrac{\rho V^2}{2} = C_D dl \dfrac{\rho V^2}{2}$$
> ㉡ 항력의 종류
>
> | 종류 | 내용 |
> |---|---|
> | 마찰저항 | 유체가 흐를 때 물체 표면의 마찰에 의하여 느껴지는 저항 |
> | 조파저항 | 배가 달릴 때는 선수미(船首尾)에서 규칙적인 파도가 일어날 때 소요되는 배의 에너지손실 |
> | 형상저항 | 유속이 빨라져서 R_e가 커지면 물체 후면에 후류(wake)라는 소용돌이가 발생되어 물체를 흐름방향과 반대로 잡아당기는 저항 |

85 유체가 흐를 때 Reynolds number가 커지면 물체의 후면에 후류(wake)라는 소용돌이가 생긴다. 이때 압력이 저하되어 물체를 흐름방향과 반대방향으로 잡아당기는 저항은?

① 마찰저항   ② 형상저항
③ 부유저항   ④ 조파저항

> **해설** 레이놀즈(R_e)수가 클 때 물체의 후면에는 후류라 하는 소용돌이가 생긴다. 이 후류 속에서는 압력이 저하되고 물체를 흐름방향으로 잡아당기게 된다. 이러한 저항을 형상저항(압력저항)이라 한다.

86 지름 d인 구(球)가 밀도 ρ의 유체 속을 유속 V로 침강할 때 구의 항력 D는? (단, C_D : 항력계수)

① $\dfrac{1}{8} C_D \pi d^2 \rho V^2$ ② $\dfrac{1}{2} C_D \pi d^2 \rho V^2$

③ $\dfrac{1}{4} C_D \pi d^2 \rho V^2$ ④ $C_D \pi d^2 \rho V^2$

> **해설 구의 항력**
> $$D = C_D A \dfrac{\rho V^2}{2} = C_D \dfrac{\pi d^2}{4} \times \dfrac{\rho V^2}{2}$$
> $$= \dfrac{1}{8} C_D \pi d^2 \rho V^2$$

정답 84. ④ 85. ② 86. ①

CHAPTER 04 오리피스

회독 체크표
- 1회독 월 일
- 2회독 월 일
- 3회독 월 일

최근 10년간 출제분석표

2015	2016	2017	2018	2019	2020	2021	2022	2023	2024
5.0%	6.7%	6.7%	3.3%	8.3%	6.7%	3.3%	7.5%	10.0%	5.0%

출제 POINT

학습 POINT
- 작은 오리피스
- 큰 오리피스
- 오리피스 배수시간

■ 작은 오리피스($H \geq 5d$)의 유량
$Q = Ca\sqrt{2gH}$

SECTION 1 오리피스

1 오리피스(orifice, 공구)의 정의

① 수조의 측벽 또는 저면에 설치된 판 주변을 물이 가득 차서 흐르는 유출구를 오리피스라 하고, 수량을 측정하거나 조절하기 위해 사용한다.
② 수조의 한 측면에서 수류를 측정하기 위해 정확한 기하학적 형상을 한 유출구를 말한다. 작은 오리피스의 경우 주로 원형 단면을 많이 사용한다.
③ 작은 오리피스(소공구)와 큰 오리피스(대공구)가 있다.

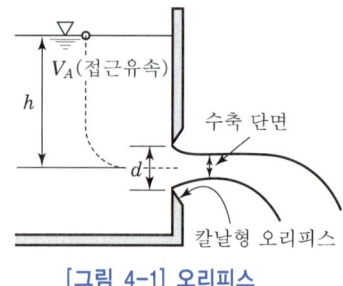

[그림 4-1] 오리피스

2 작은 오리피스

작은 오리피스란 오리피스의 크기가 오리피스에서 수면까지의 수두에 비하여 작은 오리피스를 말한다.

$$H \geq 5d$$

여기서, H : 오리피스 중심에서 수면까지의 수두
d : 오리피스의 지름

① 이론유속은 베르누이정리에 의해 $H = \dfrac{V_0^2}{2g}$ 에서

$$\therefore V_0 = \sqrt{2gH}$$

② 실제 유속은 이론유속에 유속계수를 곱하여 구한다.

$$V = C_v V_0 = C_v \sqrt{2gH}$$

여기서, C_v : 유속계수(0.96~0.99)

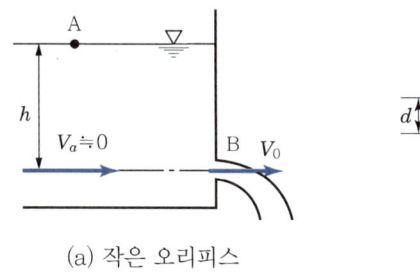

(a) 작은 오리피스   (b) 수축 단면

[그림 4-2] 오리피스와 축류부

③ 유량

$$Q = AV = C_a a C_v \sqrt{2gH} = Ca\sqrt{2gH}$$

여기서, C : 유량계수($= C_a C_v$ =0.60~0.64, 보통 0.62)

④ 유속계수(C_v) : 실제 유속(V)과 이론유속(V_0)의 비를 말하고, 표준 오리피스의 경우 C_v =0.96~0.99의 값을 갖는다.

$$C_v = \dfrac{V}{V_0}$$

⑤ 수축계수(C_a) : 오리피스의 단면적(a)과 수축 단면적(A)과의 비를 말하고, 표준 오리피스의 경우 C_a =0.6~0.7의 값을 갖는다.

$$C_a = \dfrac{A}{a}$$

⑥ 유량계수(C) : 실제 유량과 이론유량의 비로, 유량계수는 '수축계수× 유속계수'로 나타내고, 표준 오리피스의 경우 C=0.60~0.64 정도이다.

$$C = C_a C_v$$

3 큰 오리피스

큰 오리피스란 오리피스의 크기가 오리피스에서 수면까지의 수두에 비해 커서 오리피스의 상단과 하단의 유속이 같지 않다고 취급하는 오리피스를 말한다.

$$H < 5d$$

출제 POINT

■유속계수

$$C_v = \dfrac{V}{V_0}$$

■수축계수

$$C_a = \dfrac{A}{a}$$

■유량계수

$$C = C_a C_v$$

■큰 오리피스($H<5d$)의 유량
사각 큰 오리피스인 경우

$$Q = \dfrac{2}{3} Cb\sqrt{2g}\left(H_2^{\frac{3}{2}} - H_1^{\frac{3}{2}}\right)$$

출제 POINT

■ 구형 큰 오리피스의 유량

$Q = \dfrac{2}{3} Cb\sqrt{2g}\left(H_2^{\frac{3}{2}} - H_1^{\frac{3}{2}}\right)$

1) 구형 큰 오리피스

① 접근유속을 무시한 경우

$$Q = \dfrac{2}{3} Cb\sqrt{2g}\left(H_2^{\frac{3}{2}} - H_1^{\frac{3}{2}}\right)$$

② 접근유속을 고려한 경우

$$Q = \dfrac{2}{3} Cb\sqrt{2g}\left[(H_2 + h_a)^{\frac{3}{2}} - (H_1 + h_a)^{\frac{3}{2}}\right]$$

③ 테일러(Taylor) 급수를 이용하는 경우

$$Q = Cbh\sqrt{2gh}\left[1 - \dfrac{1}{96}\left(\dfrac{h}{H}\right)^2\right]$$

여기서, H : 수면에서 오리피스 중심까지의 수심

2) 원형 큰 오리피스

테일러(Taylor) 급수를 이용하면

$$Q = C\pi r^2 \sqrt{2gH}\left[1 - \dfrac{1}{32}\left(\dfrac{r}{H}\right)^2\right]$$

여기서, r : 오리피스의 반지름

■ 원형 큰 오리피스의 유량

$Q = C\pi r^2 \sqrt{2gH}\left[1 - \dfrac{1}{32}\left(\dfrac{r}{H}\right)^2\right]$

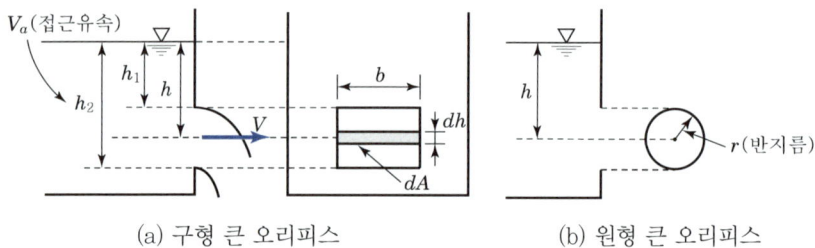

(a) 구형 큰 오리피스 (b) 원형 큰 오리피스

[그림 4-3] 큰 오리피스

4 수중 오리피스와 관 오리피스, 배수시간

1) 수중 오리피스

(1) 개요

수조나 수로 등에서 수중으로 물이 유출되는 오리피스로, 모두 수중으로 유출될 때에는 완전 수중 오리피스라 하고, 그 일부가 수중에 있는 것을 불완전 수중 오리피스라 한다.

(2) 완전 수중 오리피스

■ 완전 수중 오리피스
모두 수중으로 유출될 때

① 이론유속

$$V = \sqrt{2g(h_1 - h_2)} = \sqrt{2gh}$$

② 단위폭당 유량

$$Q = Ca\sqrt{2g(h_1 - h_2)} = Ca\sqrt{2gh}$$

여기서, h : 두 수면의 수두차

(3) 불완전 수중 오리피스

간단한 식으로 표시할 수 없으므로 근사 해법으로 구한다. 상부의 유량 Q_1은 큰 오리피스로, 하부의 유량 Q_2는 완전 수중 오리피스로 생각하여 각각의 유량을 구하여 합한다.

$$\therefore Q = Q_1 + Q_2$$

■ 불완전 수중 오리피스
일부가 수중에 있는 것

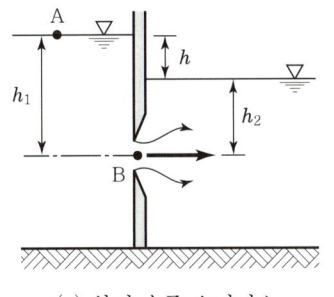 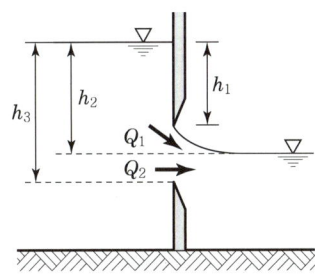

(a) 완전 수중 오리피스 (b) 불완전 수중 오리피스

[그림 4-4] 수중 오리피스

2) 관 오리피스와 관 노즐

(1) 관 오리피스

관 속에 구멍 뚫린 얇은 판을 넣어 유량을 측정하는 장치이다. 오리피스를 통해서 흐르는 유선은 단면의 급격한 수축 때문에 수축수맥(vena contracta)이 형성된다.

$$Q = \frac{Ca}{\sqrt{1 - \left(\frac{Ca}{A}\right)^2}}\sqrt{2gh}$$

■ 관 오리피스
유량 측정장치

(2) 관 노즐

관 속에 단관(노즐)을 넣어 유량을 측정하는 장치로서 관 오리피스와 유량은 동일하다.

$$Q = \frac{Ca}{\sqrt{1 - \left(\frac{Ca}{A}\right)^2}}\sqrt{2gh}$$

■ 관 노즐
유량 측정장치

출제 POINT

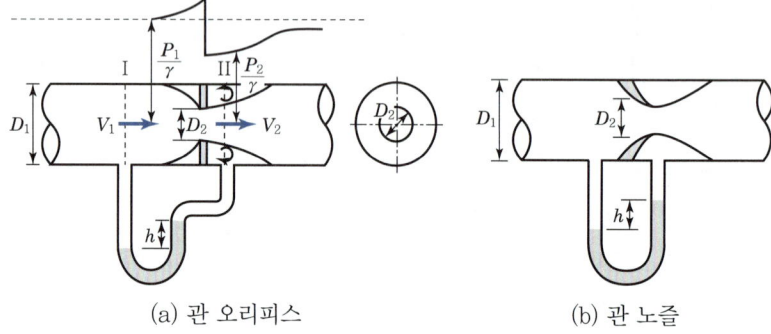

(a) 관 오리피스　　　　(b) 관 노즐

[그림 4-5] 관 오리피스와 관 노즐

3) 오리피스에 의한 배수시간

(1) 보통 오리피스

① 자유배수시간

$$T = \frac{2A}{Ca\sqrt{2g}}\left(H_1^{\frac{1}{2}} - H_2^{\frac{1}{2}}\right)$$

여기서, A : 수조의 단면적, a : 오리피스의 단면적

② 완전 배수시간은 $H_2 = 0$ 에서

$$T = \frac{2A}{Ca\sqrt{2g}} H^{\frac{1}{2}}$$

(2) 수중 오리피스

① 배수시간

$$T = \frac{2A_1 A_2}{Ca\sqrt{2g}\,(A_1 + A_2)}\left(H^{\frac{1}{2}} - h^{\frac{1}{2}}\right)$$

여기서, h : t 시간 후의 두 수조의 수두차

② 수중 오리피스에서 두 수조의 수위가 동일할 때까지 걸리는 시간을 t 라 하면 $h = 0$ 이므로

$$t = \frac{2A_1 A_2}{Ca\sqrt{2g}\,(A_1 + A_2)} H^{\frac{1}{2}}$$

■ 오리피스 배수시간

$T = \dfrac{2A}{Ca\sqrt{2g}}\left(H_1^{\frac{1}{2}} - H_2^{\frac{1}{2}}\right)$

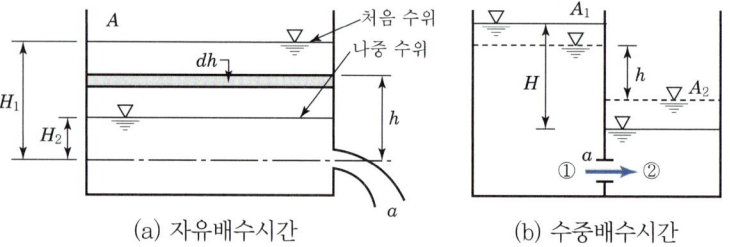

(a) 자유배수시간　　　　(b) 수중배수시간

[그림 4-6] 오리피스의 배수시간

SECTION 2 단관

1 개요

① 단관(short tube)이란 오리피스의 외측 또는 내측에 짧은 관을 부착한 것으로, 오리피스의 단면 수축을 방지하기 위해 설치한다.
② 표준 단관($l = 2d \sim 3d$)과 보르다 단관($l = 0.5d$)이 있다.

2 표준 단관

① 오리피스의 외측에 부착된 단관으로 단관의 돌출길이가 지름의 2~3배이며, 끝부분이 칼날형인 원형 단면의 관을 표준 단관이라 하고, 수류 측정에 이용된다.
② 표준 단관의 사출 수맥은 처음 수축하였다가 다시 확대되어 관을 채우므로 $C_a = 1.0$이 되어 $C = C_a C_v = 1.0 C_v = 0.78 \sim 0.83$ 정도이며 보통 0.82이다.
③ 표준 단관의 유출량은 오리피스의 경우보다 증가한다.

3 보르다(Borda) 단관

① 관의 돌출부가 수조의 안쪽으로 있는 단관으로, 돌출길이가 지름의 0.5배 정도이다.
② 분류(사출 수맥)가 관에 접하지 않으므로 보통 $C_a = 0.52$, $C_v = 0.98$이고 유량계수가 $C = 0.51$ 정도이다. 따라서 유출량은 오리피스의 경우보다 감소한다.

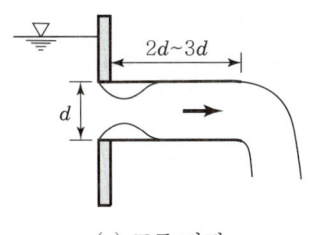　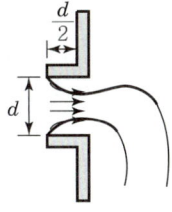

(a) 표준 단관　　　(b) Borda 단관

[그림 4-7] 단관

출제 POINT

학습 POINT
- 단관
- 표준 단관
- 보르다 단관

■ 단관
오리피스의 외측 또는 내측에 짧은 관을 부착한 것

■ 표준 단관
오리피스의 외측에 부착된 단관

■ 보르다(Borda) 단관
관의 돌출부가 수조의 안쪽으로 있는 단관

출제 POINT

학습 POINT
- 노즐
- 제트
- 수문

■ 노즐
호스의 출구 단면적을 축소시켜 속도수두를 증가시킴으로써 물을 멀리 사출할 수 있도록 만든 장치

■ 제트
노즐에서 사출된 물

SECTION 3 노즐과 수문

1 노즐(nozzle)

1) 개요

① 호스의 출구 단면적을 축소시켜 속도수두를 증가시킴으로써 물을 멀리 사출할 수 있도록 만든 장치를 노즐이라 하며, 사출된 물을 제트(jet)라 한다.

② 노즐에는 평활한 노즐과 고리노즐이 있다. 고리노즐의 유출구는 날카로운 각을 가진 오리피스와 유사하며, 분출의 수축이 일어나고 평활한 노즐보다 장점이 많아 실제로 많이 이용하고 있다.

(a) 평활한 노즐   (b) 고리노즐

[그림 4-8] 노즐

2) 제트(jet)의 실제 유속과 실제 유량

① 실제 유속 : $V_2 = C_v \sqrt{\dfrac{2gh}{1-\left(\dfrac{Ca}{A}\right)^2}}$

② 실제 유량 : $Q = Ca \sqrt{\dfrac{2gh}{1-\left(\dfrac{Ca}{A}\right)^2}}$

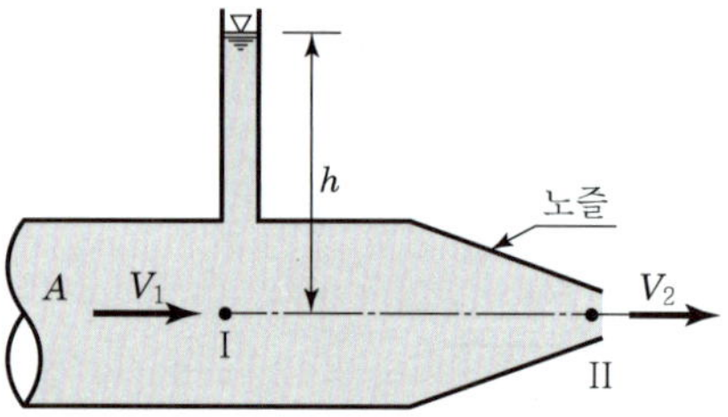

[그림 4-9] 제트의 유속과 유량

3) 제트의 경로

① 수평거리 $L = 2x = \dfrac{V^2}{g}\sin 2\alpha$ 으로부터 최대 수평도달거리는

$$\therefore L_{\max} = \dfrac{V^2}{g} \quad (\theta = 45° 일\ 때)$$

② 높이 $H = y = \dfrac{V^2}{2g}\sin^2\alpha$ 으로부터 최대 연직높이는

$$\therefore H_{\max} = \dfrac{V^2}{2g} \quad (\theta = 90°일\ 때)$$

여기서, V : 제트의 처음 유속, θ : 수평과 이루는 각

③ 최대 수평도달거리는 최대 연직높이의 2배이다.

$$L_{\max} = 2H_{\max}$$

4) 분수

① 분수의 높이 : $H_v = C_v^2 H$

② 분수의 손실수두 : $h_L = (1 - C_v^2)H$

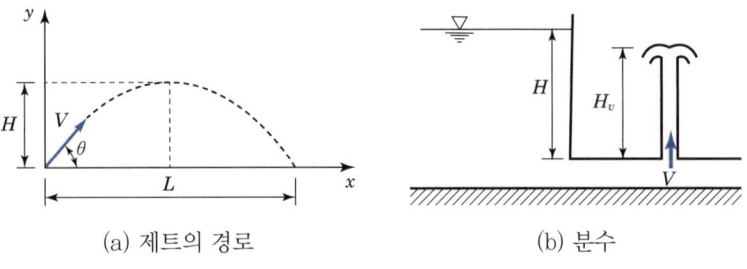

(a) 제트의 경로   (b) 분수

[그림 4-10] 제트의 경로와 분수

2 수문(sluice)

① 수로에 개폐할 수 있는 저류벽을 만들어 유량을 조절할 수 있도록 만든 장치를 수문이라 한다. 일반적으로 자유유출과 수중유출로 구분한다.
② 자유유출은 수문에서 흘러나온 물이 오리피스와 같이 수심이 점차 감소되어 평행하게 흐르는 상태이다. 오리피스와 동일한 형태로서

$$Q = Ca\sqrt{2gH}$$

여기서, a : 면적($= bH_d$), H : 양 수면의 수두차($= H_1 - H_2$)

③ 수중유출은 수중 오리피스와 같이 수문의 개방높이보다 하류수심이 더 큰 상태의 유출을 말한다.

$$Q = CbH_d\sqrt{2g(H_1 + H_a - H_2)}$$
$$= CbH_d\sqrt{2g(H + H_a)}$$

■ 수문
수로에 개폐할 수 있는 저류벽을 만들어 유량을 조절할 수 있도록 만든 장치

출제 POINT

■ 자유유출수문과 수중유출수문의 그림을 보고 식의 형태를 익힌다.

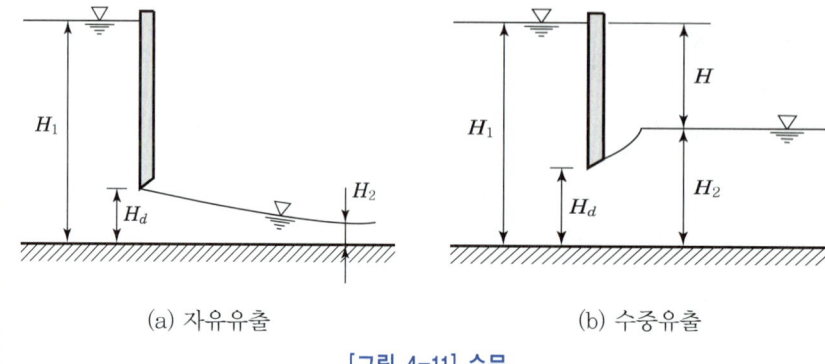

(a) 자유유출   (b) 수중유출

[그림 4-11] 수문

CHAPTER 04 기출문제

1. 오리피스

01 다음 중 오리피스(orifice)의 이론과 가장 관계가 없는 것은?

① 토리첼리(Torricelli)정리
② 베르누이(Bernoulli)정리
③ 베나 콘트랙타(vena contracta)
④ 모세관현상의 원리

> **해설** 오리피스 관련 이론
> ㉠ 토리첼리정리 : 베르누이정리를 이용하여 오리피스의 유출구 유속을 계산한다.
> $v = \sqrt{2gh}$
> ㉡ 베나 콘트랙타 : 오리피스 단면적을 통과한 물기둥은 오리피스지름의 1/2지점에서 수축 단면적이 발생하는데, 이 수축 단면적을 베나 콘트랙타라 한다.

02 오리피스(orifice)의 이론유속 $V = \sqrt{2gh}$ 이 유도되는 이론으로 옳은 것은? (단, V : 유속, g : 중력가속도, h : 수두차)

① 베르누이(Bernoulli)의 정리
② 레이놀즈(Reynolds)의 정리
③ 벤투리(Venturi)의 이론식
④ 운동량방정식이론

> **해설** 베르누이정리
> $\dfrac{P_1}{\gamma} + \dfrac{V_1^2}{2g} + Z_1 = \dfrac{P_2}{\gamma} + \dfrac{V_2^2}{2g} + Z_2$
> $\therefore V = \sqrt{2gh}$

03 베나 콘트랙타에 대한 설명 중 옳지 않은 것은?

① 오리피스를 통과하는 유선에서 설명되는 현상이다.
② 수맥이 가장 많이 수축되고 작아지는 현상이다.
③ 베나 콘트랙타의 단면적은 오리피스의 단면적보다는 크다.
④ 베르누이의 정리를 사용하여 해설할 수 있다.

> **해설** 베나 콘트랙타는 오리피스 유출에 있어서 가장 작은 수축 단면적(A)을 의미한다.

04 수축 단면(vena contracta)에 관한 설명 중 옳지 않은 것은?

① 유출 물줄기의 최소 단면을 말한다.
② 원형 오리피스에서 수축 단면의 위치는 대략 오리피스면에서 $d/2$거리이다.
③ 맴돌이(vortex)에 의해서 일어난다.
④ 오리피스 단면적에 대한 수축 단면 단면적의 비를 수축계수라고 한다.

> **해설** 맴돌이(소용돌이)는 와류로써 물체의 후류부에 주로 발생하는 회전류로 수축 단면과는 관련이 없다.
> **참고** 최대로 축소된 단면을 수축 단면이라 하며, 원형 오리피스에서 수축 단면은 $\dfrac{d}{2}$인 점에서 측정한다.

★ 05 오리피스에 있어서 에너지손실은 어떠한 방법으로 보정할 수 있는가?

① 이론유속에 유속계수를 곱한다.
② 실제 유속에 유속계수를 곱한다.
③ 이론유속에 유량계수를 곱한다.
④ 실제 유속에 유량계수를 곱한다.

> **해설** 에너지손실 보정방법
> 에너지손실을 실제 유속에 반영하기 위하여 이론 유속에 유속계수를 곱한다.
> $\therefore V = C_v \sqrt{2gh}$

06 수조에서 수면으로부터 2m의 깊이에 있는 오리피스의 이론유속은?

① 5.26m/s   ② 6.26m/s
③ 7.26m/s   ④ 8.26m/s

> **해설** 오리피스의 유속
> $V = \sqrt{2gh} = \sqrt{2 \times 9.8 \times 2} = 6.26 \text{m/s}$

정답 1.④ 2.① 3.③ 4.③ 5.① 6.②

07 수면에서 깊이 2.5m에 정사각형 단면의 오리피스를 설치하여 0.042m³/s의 물을 유출시킬 때 정사각형 단면에서 한 변의 길이는? (단, 유량계수=0.6)

① 10cm   ② 14cm
③ 18cm   ④ 22cm

> **해설** 작은 오리피스의 유량
> $Q = Ca\sqrt{2gh}$
> $0.042 = 0.6 \times d^2 \times \sqrt{2 \times 9.8 \times 2.5}$
> $\therefore d = 0.1\text{m} = 10\text{cm}$

08 수두가 2m인 작은 오리피스로부터 유출하는 유량은? (단, 오리피스의 직경은 10cm, 유속계수 0.95, 수축계수 0.80이다.)

① 0.053m³/s   ② 0.012m³/s
③ 0.132m³/s   ④ 0.037m³/s

> **해설** 작은 오리피스의 유량
> $Q = Ca\sqrt{2gh} = C_a C_v a\sqrt{2gh}$
> $= 0.8 \times 0.95 \times \dfrac{\pi \times 0.1^2}{4} \times \sqrt{2 \times 9.8 \times 2}$
> $= 0.037\text{m}^3/\text{s}$

09 수심 3m인 곳에 2cm×3cm의 오리피스에서 유출되는 물의 유속 및 유량은? (단, C_v=0.93, C_a=0.68)

① V=7.51m/s, Q=0.00945m³/s
② V=7.13m/s, Q=0.00291m³/s
③ V=5.21m/s, Q=0.00882m³/s
④ V=4.83m/s, Q=0.00945m³/s

> **해설** 작은 오리피스의 유량
> ㉠ $V = C_v\sqrt{2gh} = 0.93 \times \sqrt{2 \times 9.8 \times 3}$
> $= 7.13\text{m/s}$
> ㉡ $5d = 15\text{cm} < H = 3\text{m}$ 이므로 작은 오리피스이다.
> ㉢ $Q = Ca\sqrt{2gh} = C_a C_v a\sqrt{2gh}$
> $= 0.68 \times 0.93 \times (0.02 \times 0.03)$
> $\times \sqrt{2 \times 9.8 \times 3}$
> $= 0.00291\text{m}^3/\text{s}$
>
>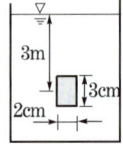

10 오리피스의 압력수두가 2m이고 단면적이 4cm², 접근유속은 1m/s일 때 유출량은? (단, 유량계수 C=0.63)

① 1,558cm³/s   ② 1,578cm³/s
③ 1,598cm³/s   ④ 1,618cm³/s

> **해설** 작은 오리피스의 유량
> $h_a = \alpha \dfrac{V_a^2}{2g} = 1 \times \dfrac{100^2}{2 \times 980} = 5.1\text{cm}$
> $\therefore Q = Ca\sqrt{2g(h+h_a)}$
> $= 0.63 \times 4 \times \sqrt{2 \times 980 \times (200+5.1)}$
> $= 1,598\text{cm}^3/\text{s}$

11 저수조 측벽의 정사각형 오리피스에서 0.08m³/s의 물을 얻으려고 할 때의 적당한 정사각형 한 변의 길이는? (단, 유량계수는 0.61이고, 수면과 정사각형 오리피스 중심까지의 고저차는 1.8m이다.)

① 9cm   ② 11cm
③ 13cm   ④ 15cm

> **해설** 작은 오리피스의 유량
> $Q = Ca\sqrt{2gh}$
> $0.08 = 0.61 \times d^2 \times \sqrt{2 \times 9.8 \times 1.8}$
> $\therefore d = 0.15\text{m} = 15\text{cm}$
>
>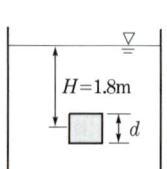

12 단면적 20cm²인 원형 오리피스가 수면에서 3m의 깊이에 있을 때 유출수의 유량은? (단, 물통의 수면은 일정하고, 유량계수는 0.60이라 한다.)

① 0.0014m³/s   ② 0.0092m³/s
③ 14.44m³/s   ④ 15.24m³/s

> **해설** 작은 오리피스의 유량
> $Q = Ca\sqrt{2gh}$
> $= 0.6 \times (20 \times 10^{-4}) \times \sqrt{2 \times 9.8 \times 3}$
> $= 0.0092\text{m}^3/\text{s}$

정답 7. ① 8. ④ 9. ② 10. ③ 11. ④ 12. ②

13 저수지의 측벽에 폭 20cm, 높이 5cm의 직사각형 오리피스를 설치하여 유량 200*l*/s를 유출시키려고 할 때 수면으로부터의 오리피스 설치위치는? (단, 유량계수 $C=0.62$)

① 33m ② 43m
③ 53m ④ 63m

> **해설** **작은 오리피스의 유량**
> ㉠ $Q=200l/s=200\times 10^{-3}\text{m}^3/s$
> ㉡ $Q=Ca\sqrt{2gh}$
> $200\times 10^{-3}=0.62\times (0.2\times 0.05)$
> $\times \sqrt{2\times 9.8\times h}$
> $\therefore h=53.1\text{m}$

14 큰 오리피스에 관한 설명 중 옳지 않은 것은?
① 일반적으로 단면의 형상에는 관계가 없다.
② 오리피스 단면의 높이가 수두의 $h/5$ 미만이면 상당히 큰 단면의 오리피스도 작은 오리피스로 계산한다.
③ 구형 오리피스는 큰 오리피스로 보고 계산한다.
④ 오리피스 단면 내에서 유속분포를 균일하지 않다고 보고 계산한다.

> **해설** **큰 오리피스**
> ㉠ $H<5d$ 이다.
> ㉡ 오리피스가 커서 오리피스의 단면 내에서 유속분포가 균일하지 않기 때문에 오리피스의 상단에서 하단까지의 수두변화를 고려해야 한다.

★
15 다음 그림과 같은 직사각형 큰 오리피스의 유량은? (단, $C=0.62$이고, 접근유속은 무시한다.)

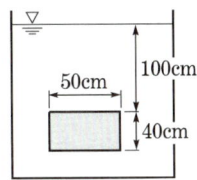

① $1.621\text{m}^3/s$ ② $1.019\text{m}^3/s$
③ $0.601\text{m}^3/s$ ④ $0.588\text{m}^3/s$

> **해설** **큰 오리피스의 유량**
> $H<5d$이므로 큰 오리피스이다.
> $Q=\dfrac{2}{3}Cb\sqrt{2g}\left(h_2^{\frac{3}{2}}-h_1^{\frac{3}{2}}\right)$
> $=\dfrac{2}{3}\times 0.62\times 0.5\times \sqrt{2\times 9.8}\times \left(1.4^{\frac{3}{2}}-1^{\frac{3}{2}}\right)$
> $=0.601\text{m}^3/s$

★
16 단면 2m×2m, 높이 6m인 수조가 만수되어 있다. 이 수조의 바닥에 지름 20cm의 오리피스로 배수시키고자 한다. 높이 2m까지 배수하는데 필요한 시간은? (단, $C=0.6$)

① 1분 41초 ② 2분 36초
③ 2분 45초 ④ 2분 55초

> **해설** **보통 오리피스의 자유배수시간**
> ㉠ $A=2\times 2=4\text{m}^2$
> ㉡ $a=\dfrac{\pi d^2}{4}=\dfrac{\pi \times 0.2^2}{4}=0.031\text{m}^2$
> ㉢ $T=\dfrac{2A}{Ca\sqrt{2g}}\left(h_1^{\frac{1}{2}}-h_2^{\frac{1}{2}}\right)$
> $=\dfrac{2\times 4}{0.6\times 0.031\times \sqrt{2\times 9.8}}\times \left(6^{\frac{1}{2}}-2^{\frac{1}{2}}\right)$
> $=100.6$초 ≒ 1분 40.6초

★
17 다음 그림과 같은 두 개의 수조($A_1=2\text{m}^2$, $A_2=4\text{m}^2$)를 한 변의 길이가 10cm인 정사각형 단면(a_1)의 오리피스로 연결하여 물을 유출시킬 때 두 수조의 수면이 같아지려면 얼마의 시간이 걸리는가? (단, $h_1=5$m, $h_2=3$m, 유량계수 $C=0.62$)

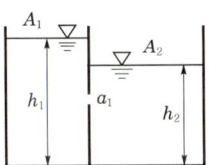

① 130초 ② 137초
③ 150초 ④ 157초

정답 13. ③ 14. ③ 15. ③ 16. ① 17. ②

해설 **보통 오리피스의 자유배수시간**

$$T = \frac{2A_1 A_2}{Ca\sqrt{2g}(A_1+A_2)} \left(H^{\frac{1}{2}} - h^{\frac{1}{2}} \right)$$

$$= \frac{2 \times 2 \times 4}{0.62 \times (0.1 \times 0.1) \times \sqrt{2 \times 9.8} \times (2+4)} \times \left(2^{\frac{1}{2}} - 0 \right)$$

$$= 137.4 초$$

여기서, h : t 시간 후 두 수조의 수조차
$H = h_1 - h_2 = 5 - 3 = 2\text{m}$

18 ★★ 다음 그림과 같은 완전 수중 오리피스에서 유속을 구하려고 할 때 사용되는 수두는?

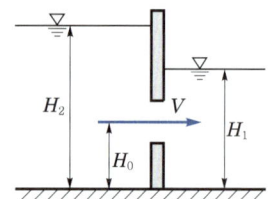

① $H_1 - H_0$ ② $H_2 - H_1$
③ $H_2 - H_0$ ④ $H_1 + \dfrac{H_2}{2}$

해설 **수중 오리피스**
수리에서 수두는 수면차, 수위차를 말한다.
$H = H_2 - H_1$

19 수중오리피스(orifice)의 유속에 관한 설명으로 옳은 것은?

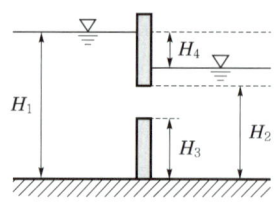

① H_1이 클수록 유속이 빠르다.
② H_2가 클수록 유속이 빠르다.
③ H_3이 클수록 유속이 빠르다.
④ H_4가 클수록 유속이 빠르다.

해설 오리피스는 낙차가 클수록 유속이 빠르다.
∴ $V = \sqrt{2gH_4}$

20 양쪽의 수위가 다른 저수지를 벽으로 차단하고 있는 상태에서 벽의 오리피스를 통하여 ①에서 ②로 물이 흐르고 있을 때 유속은?

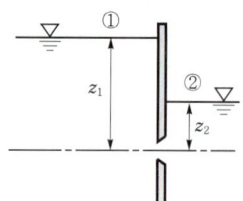

① $\sqrt{2g z_1}$ ② $\sqrt{2g z_2}$
③ $\sqrt{2g(z_1+z_2)}$ ④ $\sqrt{2g(z_1-z_2)}$

해설 **수중 오리피스의 유량과 유속**
㉠ $Q = Ca\sqrt{2gh} = Ca\sqrt{2g(z_1-z_2)}$
㉡ $V = \sqrt{2gh} = \sqrt{2g(z_1-z_2)}$

21 수조 1과 수조 2를 단면적(A)의 완전한 수중 오리피스 2개로 연결하였다. 수조 1로부터 상시 유량의 물을 수조 2로 송수할 때 두 수조의 수면차(H)는? (단, 오리피스의 유량계수는 C이고, 접근유속수두(h_a)는 무시한다.)

① $H = \left(\dfrac{Q}{A\sqrt{2g}} \right)^2$

② $H = \left(\dfrac{Q}{2A\sqrt{2g}} \right)^2$

③ $H = \left(\dfrac{Q}{2CA\sqrt{2g}} \right)^2$

④ $H = \left(\dfrac{Q}{CA\sqrt{2g}} \right)^2$

해설 **수중 오리피스의 유량**
$Q = 2CA\sqrt{2gH}$
∴ $H = \dfrac{1}{2g}\left(\dfrac{Q}{2CA} \right)^2 = \left(\dfrac{Q}{2CA\sqrt{2g}} \right)^2$

정답 18.② 19.④ 20.④ 21.③

22 다음 그림과 같이 기하학적으로 유사한 대·소(大小) 원형 오리피스의 비가 $n = \dfrac{D}{d} = \dfrac{H}{h}$인 경우에 두 오리피스의 유속, 축류 단면, 유량의 비로 옳은 것은? (단, 유속계수(C_v)와 수축계수(C_a)는 대·소 오리피스가 같다.)

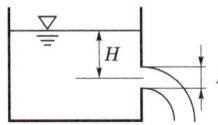 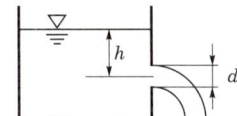

① 유속의 비=n^2, 축류 단면의 비=$n^{\frac{1}{2}}$, 유량의 비=$n^{\frac{2}{3}}$

② 유속의 비=$n^{\frac{1}{2}}$, 축류 단면의 비=n^2, 유량의 비=$n^{\frac{5}{2}}$

③ 유속의 비=$n^{\frac{1}{2}}$, 축류 단면의 비=$n^{\frac{1}{2}}$, 유량의 비=$n^{\frac{5}{2}}$

④ 유속의 비=n^2, 축류 단면의 비=$n^{\frac{1}{2}}$, 유량의 비=$n^{\frac{5}{2}}$

해설 ㉠ $V = \sqrt{2gh}$ 이므로

∴ 속도비 = $\left(\dfrac{H}{h}\right)^{\frac{1}{2}} = n^{\frac{1}{2}}$

㉡ $A = \dfrac{\pi d^2}{4}$ 이므로

∴ 축류 단면의 비 = $\left(\dfrac{D}{d}\right)^2 = n^2$

㉢ $Q = Ca\sqrt{2gh} = C\dfrac{\pi d^2}{4}\sqrt{2gh}$ 이므로

∴ 유량비 = $\left(\dfrac{D}{d}\right)^2 \left(\dfrac{H}{h}\right)^{\frac{1}{2}} = n^2 \times n^{\frac{1}{2}} = n^{\frac{5}{2}}$

2. 단관

23 유속계수가 0.82인 직경 2cm의 표준 단관의 수두가 2.1m일 때 1분간 유출량은?

① $1.65l$ ② $32.5l$
③ $99.2l$ ④ $165l$

해설 **표준 단관**
㉠ 표준 단관에서 $C_a = 1$이므로
∴ $C = C_a C_v = 1 \times 0.82 = 0.82$
㉡ $Q = Ca\sqrt{2gh}$
$= 0.82 \times \dfrac{\pi \times 0.02^2}{4} \times \sqrt{2 \times 9.8 \times 2.1} \times 60$
$= 0.0992 \mathrm{m}^3/분 = 99.2 l/분$

참고 $1\mathrm{m}^3 = 1,000 l$

★ 24 오리피스의 수축계수와 그 크기로 옳은 것은? (단, a_o : 수축 단면적, a : 오리피스 단면적, V_o : 수축 단면의 유속, V : 이론유속)

① $C_a = \dfrac{a_o}{a}$, 1.0~1.1

② $C_a = \dfrac{V_o}{V}$, 1.0~1.1

③ $C_a = \dfrac{a_o}{a}$, 0.6~0.7

④ $C_a = \dfrac{V_o}{V}$, 0.6~0.7

해설 **수축계수**
$C_a = \dfrac{a_o}{a} = \dfrac{수축\ 단면적}{오리피스\ 단면적}$ 이고 그 값은 0.61~0.72이다.

25 오리피스에서 수축계수 C_a, 유속계수 C_v, 유량계수 C와의 관계식을 바르게 나타낸 것은?

① $C = C_v C_a$ ② $C = C_v - C_a$
③ $C = \dfrac{C_v}{C_a}$ ④ $C = C_a + C_v$

정답 22. ② 23. ③ 24. ③ 25. ①

해설 오리피스의 계수

㉠ 유속계수(C_v) : 실제 유속과 이론유속의 차를 보정해주는 계수로, 실제 유속과 이론유속의 비로 나타낸다.
$$C_v = \frac{실제\ 유속}{이론유속} = 0.97 \sim 0.99$$

㉡ 수축계수(C_a) : 수축 단면적과 오리피스 단면적의 차를 보정해주는 계수로, 수축 단면적과 오리피스 단면적의 비로 나타낸다.
$$C_a = \frac{수축\ 단면적}{오리피스\ 단면적} = \frac{A}{a} = 0.64$$

㉢ 유량계수(C) : 실제 유량과 이론유량의 차를 보정해주는 계수로, 실제 유량과 이론유량의 비로 나타낸다.
$$C = \frac{실제\ 유량}{이론유량} = C_a C_v = 0.62$$

26 다음 그림과 같이 $D=2\text{cm}$의 지름을 가진 오리피스로부터의 분류(jet)의 수축 단면(vena contracta)에서 지름이 1.6cm로 줄었을 때 수축계수와 수축 단면의 거리 l은?

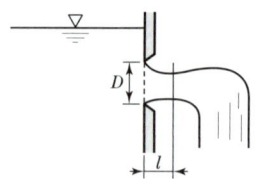

① 수축계수(C_a)=1.25, l=0.8cm
② 수축계수(C_a)=0.64, l=1cm
③ 수축계수(C_a)=0.64, l=0.8cm
④ 수축계수(C_a)=1.25, l=1cm

해설 ㉠ 수축 단면적 : 오리피스를 통과한 분류가 최대로 수축되는 단면으로, 그 발생위치는 오리피스직경(D)의 1/2지점에서 발생된다.
$$l = \frac{D}{2} = \frac{2}{2} = 1\text{cm}$$

㉡ 수축계수 : 수축 단면적과 오리피스 단면적과의 비를 말한다.
$$C_a = \frac{수축\ 단면적}{오리피스\ 단면적}$$
$$= \frac{\pi \times 1.6^2 \times 4}{\pi \times 2^2 \times 4} = 0.64$$

27 오리피스의 표준 단관에서 유속계수가 0.78이었다면 유량계수는?

① 0.66
② 0.70
③ 0.74
④ 0.78

해설 유량계수
표준 단관에서 $C_a = 1$이므로
$$\therefore C = C_a C_v = 1 \times 0.78 = 0.78$$

28 오리피스의 지름이 2cm, 수축 단면(vena contracta)의 지름이 1.6cm라면 유속계수가 0.9일 때 유량계수는?

① 0.49
② 0.58
③ 0.62
④ 0.72

해설 유량계수
$$C = C_a C_v = \frac{a}{A} C_v = \frac{\frac{\pi \times 1.6^2}{4}}{\frac{\pi \times 2^2}{4}} \times 0.9 = 0.58$$

3. 노즐과 수문

29 다음 그림과 같은 노즐에서 유량을 구하기 위하여 옳게 표시된 공식은? (단, C : 유속계수)

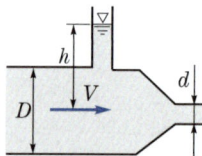

① $C\dfrac{\pi d^2}{4}\sqrt{\dfrac{2gh}{1-C^2(d/D)^2}}$

② $C\dfrac{\pi d^2}{4}\sqrt{\dfrac{2gh}{1-C^2(d/D)^4}}$

③ $C\dfrac{\pi d^2}{4}\sqrt{2gh}$

④ $\dfrac{\pi d^2}{4}\sqrt{\dfrac{2gh}{1-C^2(d/D)^2}}$

해설 **노즐에서 사출되는 실제 유량과 실제 유속**

㉠ $Q = Ca\sqrt{\dfrac{2gh}{1-\left(\dfrac{Ca}{A}\right)^2}}$

$= C\dfrac{\pi d^2}{4}\sqrt{\dfrac{2gh}{1-C^2\left(\dfrac{d}{D}\right)^4}}$

$= \dfrac{\pi d^2}{4}\sqrt{\dfrac{2gh}{1-\left(\dfrac{d}{D}\right)^4}}$

㉡ $V = C_v\sqrt{\dfrac{2gh}{1-\left(\dfrac{Ca}{A}\right)^2}}$

30 수평과 각 60°를 이루고 초속 20m/s로 사출되는 분수의 최대 연직도달높이는? (단, 공기 및 기타의 저항은 무시한다.)

① 15.3m   ② 17.2m
③ 19.6m   ④ 21.4m

해설 **분수의 최대 연직높이**

$y = \dfrac{V^2}{2g}\sin^2\theta = \dfrac{20^2}{2\times 9.8}\times\sin^2 60° = 15.31\text{m}$

31 ★ 다음 그림과 같은 모양의 분수를 만들었을 때 분수의 높이(H_v)는? (단, 유속계수 $C_v = 0.96$)

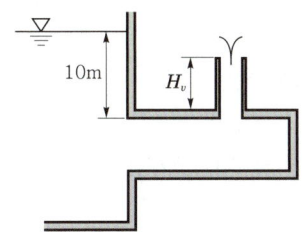

① 10m   ② 9.6m
③ 9.22m ④ 9m

해설 **분수의 높이**

$V = C_v\sqrt{2gH}$

$\therefore H_v = \dfrac{V^2}{2g} = \dfrac{C_v^2\,2gH}{2g} = C_v^2 H$

$= 0.96^2 \times 10 = 9.22\text{m}$

32 다음 중 오리피스에서 물이 분출할 때 일어나는 손실수두(Δh)의 계산식이 아닌 것은?

① $\Delta h = H - \dfrac{V_a^2}{2g}$

② $\Delta h = H(1 - C_v^2)$

③ $\Delta h = \dfrac{V_a^2}{2g}\left(\dfrac{1}{C_v^2} - 1\right)$

④ $\Delta h = H(C_v^2 + 1)$

해설 **분수의 손실수두**

㉠ $V = C_v\sqrt{2gH} = C_v V_t$

$\therefore H = \dfrac{V^2}{2g C_v^2}$

㉡ $h_L = H - \dfrac{V^2}{2g} = \dfrac{V^2}{2g C_v^2} - \dfrac{V^2}{2g}$

$= \left(\dfrac{1}{C_v^2} - 1\right)\dfrac{V^2}{2g}$

$= \left(\dfrac{1}{C_v^2} - 1\right)\dfrac{(C_v V_t)^2}{2g}$

$= \left(\dfrac{1-C_v^2}{C_v^2}\right)\dfrac{2gH C_v^2}{2g}$

$= (1 - C_v^2)H$

여기서, V_t : 이론유속
V : 실제 유속

정답 30. ① 31. ③ 32. ②

CHAPTER 05 위어

출제 POINT

■ 위어의 목적
유량 조절 및 측정장치

■ 수맥의 수축
① 정수축
② 단수축
③ 면수축
④ 연직수축
⑤ 완전 수축

SECTION 1 위어의 일반

1 개요

① 수로를 횡단으로 가로막고 그 전부 또는 일부로 물을 흐르게 하거나 월류하도록 설치한 시설물을 위어(weir)라 한다.
② 위어는 수로에서 유량의 조절 및 측정을 하거나, 위어 상류부의 취수를 위한 수위 증가, 흐름의 분수, 하상세굴 방지, 홍수 조절 등의 목적으로 이용된다.

2 수맥의 수축(contraction of nappe)

월류하는 물이 줄기 모양으로 흐르는 물의 형태, 즉 위어를 월류하는 흐름을 수맥(nappe)이라 한다.
① 정수축(crest contraction) : 수평한 위어 마루부에서 일어나는 수축을 말한다.
② 단수축(end contraction) : 위어의 측벽이 날카로워서 월류폭이 수축하는 것을 말한다.
③ 면수축(surface contraction) : 위어의 상류 부근에서 위어까지 계속하여 일어나는 수면의 강하현상으로, 위치에너지가 운동에너지로 변하기 때문에 일어나며 어느 경우에도 제거할 수 없다. 접근유속으로 인하여 일어나는 수축이다.
④ 연직수축(vertical contraction) : 면수축과 정수축이 동시에 일어나는 수축을 말한다.
⑤ 완전 수축(complete contraction) : 완전 수맥에서 생기는 수축으로 정수축과 단수축이 동시에 일어나는 수축을 말한다.

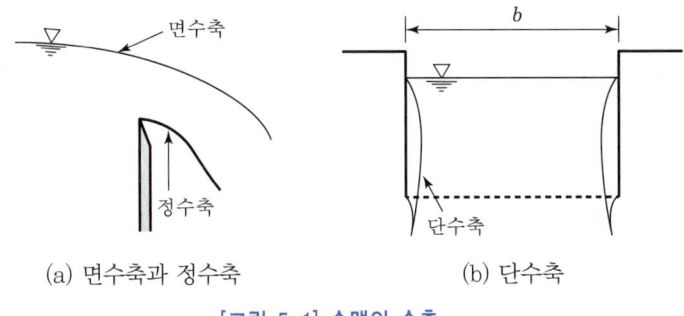

[그림 5-1] 수맥의 수축

SECTION 2 위어의 종류와 수두

1 종류

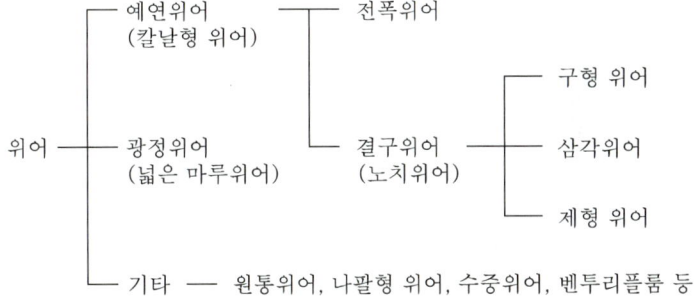

■ 위어의 종류
① 예연위어 : 구형 위어, 삼각위어
② 광정위어

2 수두

① 위어의 전수두(H)는 측정수두(h)와 접근유속수두(h_a)를 합한 것으로 한다. 실제 수로 내의 한 단면에서 유속이 균일하지 못하므로 실제의 유속수두는 평균유속을 사용한 유속수두보다 크다.

$$H = h + h_a = h + \alpha \frac{V^2}{2g}$$

여기서, α : 에너지보정계수(1보다 크며 유속이 불규칙할수록 크다)

② 월류수심 h의 측정위치는 위어로부터 상류측으로 $3h$ 이상 되어야 하며, 보통 $5h \sim 10h$ 정도의 상류에서 측정한다.
③ 노치(notch)란 월류하는 물의 폭이 수로폭보다 작은 위어를 의미한다.

■ 위어의 수두
$H = h + h_a$

출제 POINT

학습 POINT
- 구형 위어의 유량
- 삼각위어의 유량
- 제형(사다리꼴) 위어의 유량
- 광정위어의 유량
- 벤투리플룸

■ 구형 위어의 유량

$$Q = \frac{2}{3} C b \sqrt{2g} \left(H_2^{\frac{3}{2}} - H_1^{\frac{3}{2}} \right)$$

■ Francis공식

① $Q = 1.84(b - 0.1nh)h^{\frac{3}{2}}$

② $Q = 1.84 b_o h^{\frac{3}{2}}$

SECTION 3 위어의 유량

1 구형(직사각형) 위어

① 구형 위어는 노치위어로 그의 단면이 직사각형인 예연위어이다. 유량공식은 구형 큰 오리피스에서 유출하는 유량공식으로부터 구할 수 있다.

$$Q = \frac{2}{3} C b \sqrt{2g} \left(H_2^{\frac{3}{2}} - H_1^{\frac{3}{2}} \right) \text{ 에서 } H_1 = 0 \text{이고, } H_2 = h \text{이므로}$$

$$\therefore Q = \frac{2}{3} C b \sqrt{2g} \, h^{\frac{3}{2}}$$

접근유속을 고려하면

$$\therefore Q = \frac{2}{3} C b \sqrt{2g} \left[(h + h_a)^{\frac{3}{2}} - h_a^{\frac{3}{2}} \right]$$

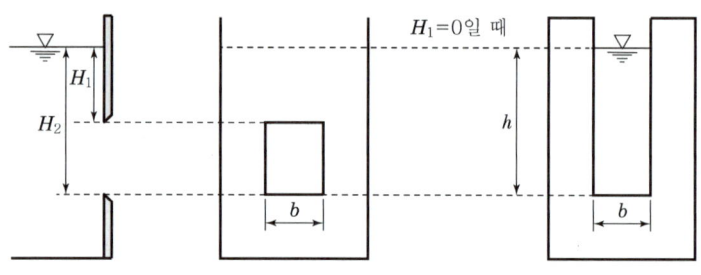

(a) 구형 큰 오리피스   (b) 구형 위어

[그림 5-2] 구형(직사각형) 위어

② Francis공식(미국, 실험식) : 유량계수가 $C=0.623$으로 변하지 않는다고 가정하면 $\frac{2}{3} C \sqrt{2g} = \frac{2}{3} \times 0.623 \times \sqrt{2 \times 9.8} = 1.84$에서

$$\therefore Q = 1.84 b_o \left[(h + h_a)^{\frac{3}{2}} - h_a^{\frac{3}{2}} \right]$$

접근유속이 작은 경우

$$\therefore Q = 1.84 b_o h^{\frac{3}{2}}$$

여기서, b_o : 측면 수축의 유효폭$\left(= b - \dfrac{n}{10} \right)$, n : 단수축의 수

이때 양단 수축의 경우는 $n=2$, 일단 수축의 경우는 $n=1$, 무수축(전폭 위어)의 경우는 $n=0$이다.

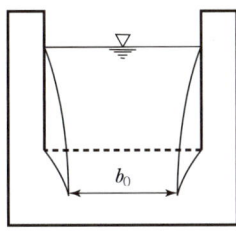 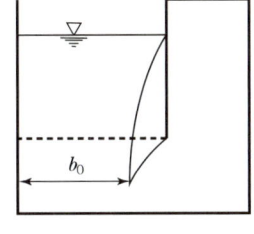 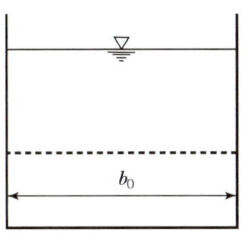

(a) 양단 수축($n=2$)　　(b) 일단 수축($n=1$)　　(c) 무수축($n=0$)

[그림 5-3] 단수축의 형태

③ 기타 실험식으로 Bazin공식(프랑스), Rehbock공식(독일), 오끼공식, 이다다니공식, 데시마공식 등이 있다.

2 삼각위어

① 유량이 적은 실험용 수로 등에서 유량을 측정할 때 사용하며 <u>비교적 가장 정확한 유량을 측정할 수 있다.</u> 보통 월류수의 면적이 아주 작아 접근유속은 무시한다.

② 이등변 삼각위어

$$Q = \frac{8}{15} C \tan\frac{\theta}{2} \sqrt{2g}\, h^{\frac{5}{2}}$$

③ 직각 삼각위어

　㉠ $\theta = 90°$일 때 : $Q = \frac{8}{15} C \sqrt{2g}\, h^{\frac{5}{2}}$

　㉡ $\theta < 90°$일 때 : $Q = \frac{4}{15} C \tan\theta \sqrt{2g}\, h^{\frac{5}{2}}$

④ 일반적으로 직각 삼각위어를 많이 사용하고, 실험식으로는 Strickland공식, Gourley공식, Grene공식 등이 있다.

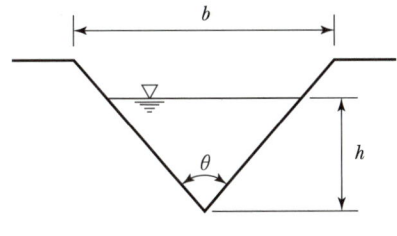 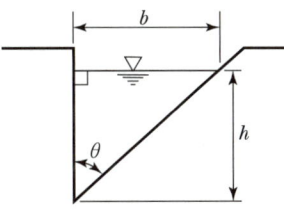

(a) 이등변 삼각위어　　(b) 직각 삼각위어($\theta < 90°$일 때)

[그림 5-4] 삼각위어

■ 삼각위어의 유량

$Q = \frac{8}{15} C \tan\frac{\theta}{2} \sqrt{2g}\, h^{\frac{5}{2}}$

3 제형(사다리꼴) 위어

① 제형 위어의 유량(Q)은 구형 위어의 유량(Q_1)과 삼각위어의 유량(Q_2)의 합과 같다. 구형 위어의 유량(Q_1)은 $Q_1 = \frac{2}{3}C_1 b_1 \sqrt{2g}\, h^{\frac{3}{2}}$ 이고, 삼각위어의 유량(Q_2)은 $Q_2 = \frac{8}{15}C_2 \tan\frac{\theta}{2}\sqrt{2g}\, h^{\frac{5}{2}} = \frac{4}{15}C_2 b_2 \sqrt{2g}\, h^{\frac{3}{2}} \left(\because b_2 = h\tan\frac{\theta}{2}\right)$ 일 때

$$\therefore Q = Q_1 + Q_2$$
$$= \frac{2}{3}C_1 b_1 \sqrt{2g}\, h^{\frac{3}{2}} + \frac{8}{15}C_2 \tan\frac{\theta}{2}\sqrt{2g}\, h^{\frac{5}{2}}$$

② 치폴레티위어(Cippoletti weir)란 양단 수축이 있고 $\tan\frac{\theta}{2} = \frac{1}{4}$ 인 경우의 사다리꼴위어($C=0.63$)를 말한다.

$$Q = 1.86bh^{\frac{3}{2}}$$

③ 사다리꼴위어

$$Q = \frac{1}{2}\left(\frac{8}{15}C\tan\theta \sqrt{2g}\, h_2^{\frac{5}{2}} - \frac{8}{15}C\tan\theta \sqrt{2g}\, h_1^{\frac{5}{2}}\right)$$
$$= \frac{4}{15}C\tan\theta \sqrt{2g}\left(h_2^{\frac{5}{2}} - h_1^{\frac{5}{2}}\right)$$

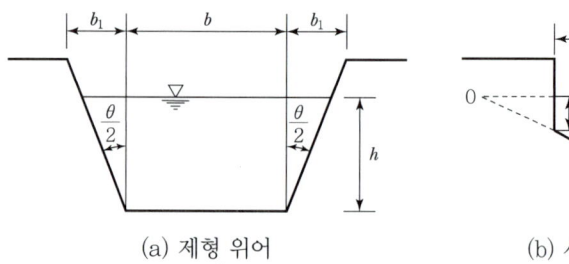

(a) 제형 위어   (b) 사다리꼴위어

[그림 5-5] 제형(사다리꼴) 위어

4 광정위어

① 광정위어란 월류수심에 비해 마루의 폭이 상당히 넓어 마루부에서의 흐름이 일반 하천과 같은 위어(보통 $l > 0.7h$)를 말한다.

② 완전 월류일 때의 유량

$$Q = Cbh_2\sqrt{2g(H-h_2)}$$

■ 출제 POINT

■ 치폴레티위어의 유량

$Q = 1.86bh^{\frac{3}{2}}$

■ 광정위어

① $l > 0.7h$
② 완전 월류일 때
$Q = Cbh_2\sqrt{2g(H-h_2)}$

유량 Q가 최대로 될 때는 $h_2 = \frac{2}{3}H$일 때이므로

$$\therefore Q = AV = 1.7CbH^{\frac{3}{2}}$$

여기서, H : 전수두$(= h + h_a)$

③ 수중위어일 때의 유량

수중위어는 위어 하류의 수면이 위어 마루부보다 높을 경우로, 구형 위어의 유량(Q_1)과 수중 오리피스의 유량(Q_2)의 합으로 생각할 수 있다.

$$Q = Q_1 + Q_2 = \frac{2}{3}C_1 b\sqrt{2g}\, h^{\frac{3}{2}} + C_2 bh_2\sqrt{2gh}$$

■ 수중위어일 때 유량
= 구형 위어의 유량 + 수중 오리피스의 유량

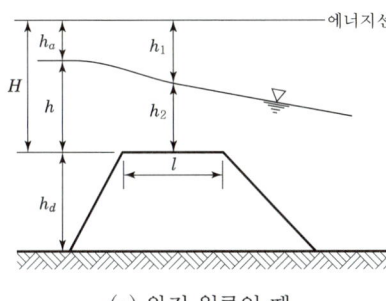

(a) 완전 월류일 때   (b) 수중위어일 때

[그림 5-6] 광정위어

5 나팔형 위어와 원통위어

1) 나팔형 위어

저수지 속의 물을 배수할 때 사용하는 위어로, 그 입구가 나팔형으로 되어 있다. 수중에 잠기지 않은 경우와 수중에 잠긴 경우가 있다.

① 수중에 잠기지 않은 나팔형 위어

$$Q = C_1 l h^{\frac{3}{2}} = C_1 2\pi r h^{\frac{3}{2}}$$

② 수중에 잠긴 나팔형 위어

$$Q = C_2 a h_2^{\frac{1}{2}} = C_2 a(h + h_1)^{\frac{1}{2}}$$

2) 원통위어

$$Q = C_s 2\pi r H^{\frac{3}{2}}$$

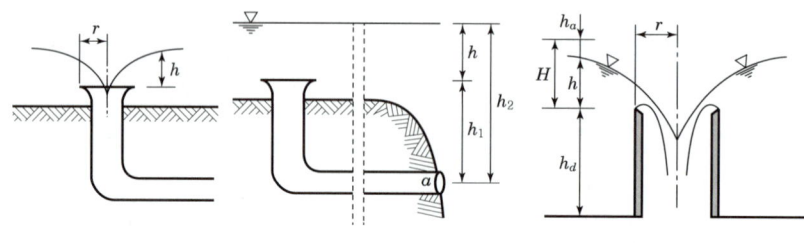

(a) 수중에 잠기지 않은 나팔형 위어   (b) 수중에 잠긴 나팔형 위어   (c) 원통위어

[그림 5-7] 나팔형 위어와 원통위어

6 벤투리플룸(venturi flume)

① 벤투리플룸이란 벤투리미터와 같이 수로의 도중을 축소시켜서 개수로의 유량을 측정하는 장치를 말한다.
② 수로폭을 좁힌 부분의 유속은 증가되나, 수심은 흐름에 따라 다르게 나타난다.
③ 상류의 흐름에서는 축소부의 유속은 증가하고, 수심은 감소한다.
④ 사류의 흐름일 때는 축소부에서 유속과 수심이 증가한다.
⑤ 실제 유량은 이론유량에 유량계수를 고려하여 구한다.

$$Q = C \sqrt{\dfrac{2g(H_1 - H_2)}{\left(\dfrac{1}{B_2 H_2}\right)^2 - \left(\dfrac{1}{B_1 H_1}\right)^2}}$$

여기서, C : 유량계수(0.96~1.04)

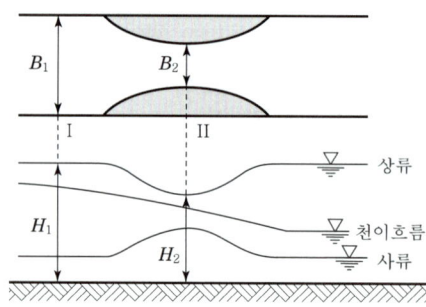

[그림 5-8] 벤투리플룸

SECTION 4 유량오차

1 수두 측정오차와 유량오차의 관계

① 수두 측정오차로 인한 경우에는 양변을 수심으로 1차 미분하여 오차항목에 대하여 정리한다.

② 작은 오리피스

$$Q = Ca\sqrt{2gh} = Kh^{\frac{1}{2}}$$ 을 미분하면 $dQ = \frac{1}{2}Kh^{-\frac{1}{2}}dh$ 가 된다.

$$\therefore \frac{dQ}{Q} = \frac{\frac{1}{2}Kh^{-\frac{1}{2}}dh}{Kh^{\frac{1}{2}}} = \frac{1}{2}\frac{dh}{h}$$

③ 구형 위어(구형 큰 오리피스도 동일)

$$Q = \frac{2}{3}Cb\sqrt{2g}\,h^{\frac{3}{2}} = Kbh^{\frac{3}{2}}$$ 을 미분하면 $dQ = \frac{3}{2}Kbh^{\frac{1}{2}}dh$ 가 된다.

$$\therefore \frac{dQ}{Q} = \frac{\frac{3}{2}Kbh^{\frac{1}{2}}dh}{Kbh^{\frac{3}{2}}} = \frac{3}{2}\frac{dh}{h}$$

④ 삼각형 위어

$$Q = \frac{8}{15}C\tan\frac{\theta}{2}\sqrt{2g}\,h^{\frac{5}{2}} = Kh^{\frac{5}{2}}$$ 을 미분하면 $dQ = \frac{5}{2}Kh^{\frac{3}{2}}dh$ 가 된다.

$$\therefore \frac{dQ}{Q} = \frac{\frac{5}{2}Kh^{\frac{3}{2}}dh}{Kh^{\frac{5}{2}}} = \frac{5}{2}\frac{dh}{h}$$

2 폭의 측정오차와 유량오차의 관계

① 폭의 측정오차로 인한 경우에는 양변을 폭으로 1차 미분하여 유량오차 항목으로 정리한다.

② 직사각형 위어

$$Q = \frac{2}{3}Cb\sqrt{2g}\,h^{\frac{3}{2}} = Kb$$ 을 미분하면 $dQ = Kdb$ 이다.

$$\therefore \frac{dQ}{Q} = \frac{Kdb}{Kb} = \frac{db}{b}$$

③ 직사각형 위어에서 폭의 측정오차로 인한 오차는 유량으로 인한 오차와 같다.

출제 POINT

학습 POINT
- 수두 측정오차와 유량오차의 관계
- 폭의 측정오차와 유량오차의 관계

■ 수두와 유량과의 오차관계

① Francis : $\dfrac{dQ}{Q} = \dfrac{db}{b}$

② 오리피스 : $\dfrac{dQ}{Q} = \dfrac{1}{2}\dfrac{dh}{h}$

③ 사각위어 : $\dfrac{dQ}{Q} = \dfrac{3}{2}\dfrac{dh}{h}$

④ 삼각위어 : $\dfrac{dQ}{Q} = \dfrac{5}{2}\dfrac{dh}{h}$

CHAPTER 05 기출문제

1. 위어의 일반

01 위어에 관한 설명 중 옳지 않은 것은?
① 위어를 월류하는 흐름은 일반적으로 상류에서 사류로 변한다.
② 위어를 월류하는 흐름이 사류일 경우 유량은 하류수위의 영향을 받는다.
③ 위어는 개수로의 유량 측정, 취수를 위한 수위 증가 등의 목적으로 설치된다.
④ 작은 유량을 측정할 경우 3각위어가 효과적이다.

해설 위어
㉠ 수로상 횡단으로 가로막아 그 전부 또는 일부에 물이 월류하도록 만든 시설을 위어라 한다.
㉡ 유량의 측정 및 취수를 위한 수위 증가의 목적으로 위어를 설치한다.
㉢ 일반적 유량 측정에서 위어를 지배 단면으로 이용하고, 흐름은 상류(常流)에서 사류(射流)로 바뀐다.
㉣ 흐름이 사류(射流)일 경우 유량은 하류수위에 영향을 받지 않는다.

02 예연위어의 마루부에서 일어나는 수축은?
① 면수축 ② 정수축
③ 연직수축 ④ 단수축

해설 ① 면수축 : 위어의 상류 약 $2h$ 되는 곳에서부터 위어까지 계속적으로 수면강하가 일어나는 것
③ 연직수축 : 면수축과 정수축이 동시에 일어나는 수축
④ 단수축 : 위어의 측벽면이 날카로워서 월류폭이 수축하는 것
참고 정수축 : 수평한 위어 마루부에서 일어나는 수축

03 개수로의 수류가 위어에 접근함에 따라 접근유속으로 인하여 일어나는 수축은 다음 중 어느 것인가?
① 단수축 ② 정수축
③ 면수축 ④ 연직수축

해설 상류에서 시작하여 위어까지 일어나는 수축을 면수축이라 한다.

2. 위어의 종류와 수두

04 다음 위어 중에서 정확한 유량 측정이 필요한 경우 사용하는 위어는 어느 것인가?
① 제형 위어 ② 구형 위어
③ 삼각위어 ④ 원형 위어

해설 소규모 유량의 정확한 측정을 위해서는 삼각위어를 사용한다.

05 위어의 월류유량공식의 일반형은? (단, L : 월류폭, H : 상류수심, h_a : 접근유속수두, C : 월류계수)
① $CL(H+h_a)^{2/3}$ ② $CL(H+h_a)^{4/3}$
③ $CL(H+h_a)^2$ ④ $CL(H+h_a)^{3/2}$

해설 위어의 월류유량
$$Q = CLH^{\frac{3}{2}}$$

06 위어에 물이 월류할 경우 위어의 정상을 기준으로 상류측 전수두를 H, 하류수위를 h라 할 때 수중위어로 해석될 수 있는 조건은?
① $h < \dfrac{2}{3}H$ ② $h < \dfrac{1}{2}H$
③ $h > \dfrac{2}{3}H$ ④ $h > \dfrac{1}{3}H$

해설 위어의 조건
㉠ 수중위어 : $h > \dfrac{2}{3}H$
㉡ 완전 월류 : $h < \dfrac{2}{3}H$

정답 1.② 2.② 3.③ 4.③ 5.④ 6.③

07 위어의 유량을 간단한 식으로 표시하기 위한 기본가정이 아닌 것은?

① 수로 내의 유속분포는 균일하다.
② 위어 마루를 통과하는 물입자는 수평방향으로만 운동한다.
③ 물의 점성, 흐트러짐 및 표면장력은 무시한다.
④ 월류수심을 무시한다.

> **해설** 위어의 일반식
> $$Q = KLH^{\frac{3}{2}}$$
> 여기서, K : 위어에 따른 계수
> L : 위어의 길이
> H : 전수두($= h + h_a$)

08 k는 엄격히 말하면 월류수심 h 등에 관한 함수이지만 근사적으로 상수라 가정하면 직사각형 위어의 유량 Q와 h의 일반적인 관계로 옳은 것은?

① $Q = kh$　　② $Q = kh^{\frac{3}{2}}$
③ $Q = kh^{\frac{1}{2}}$　　④ $Q = kh^{\frac{2}{3}}$

> **해설** 위어의 유량
> ㉠ 위어의 종류별 유량
> - 직사각형 : $Q = \frac{2}{3} Cb\sqrt{2g}\, h^{\frac{3}{2}}$
> - 삼각형 : $Q = \frac{8}{15} C\tan\frac{\theta}{2}\sqrt{2g}\, h^{\frac{5}{2}}$
>
> ㉡ 직사각형 위어의 유량과 수심의 관계는 수심의 $\frac{3}{2}$승에 비례한다.
> ∴ $Q = kh^{\frac{3}{2}}$

3. 위어의 유량

09 직사각형 위어에서 위어폭이 4m, 위어높이가 0.5m, 월류수심이 0.8m일 때 월류량은? (단, $C = 0.66$)

① $4.6\text{m}^3/\text{s}$　　② $5.6\text{m}^3/\text{s}$
③ $6.6\text{m}^3/\text{s}$　　④ $7.6\text{m}^3/\text{s}$

> **해설** 직사각형 위어의 유량
> $$Q = \frac{2}{3} Cb\sqrt{2g}\, h^{\frac{3}{2}}$$
> $$= \frac{2}{3} \times 0.66 \times 4 \times \sqrt{2 \times 9.8} \times 0.8^{\frac{3}{2}}$$
> $$= 5.58\text{m}^3/\text{s}$$

10 폭이 b인 직사각형 위어에서 양단 수축이 생길 경우 폭 b_o는 얼마인가? (단, Francis공식 적용)

① $b_o = b - \dfrac{h}{5}$　　② $b_o = 2b - \dfrac{h}{5}$
③ $b_o = b - \dfrac{h}{10}$　　④ $b_o = 2b - \dfrac{h}{10}$

> **해설** Francis공식
> $$b_o = b - 0.1nh = b - 0.1 \times 2 \times h = b - 0.2h$$

11 폭 1.0m, 월류수심 0.4m인 사각형 위어의 유량은? (단, Francis공식 $Q = 1.84 b_o h^{\frac{3}{2}}$에 의하며($b_o$: 유효폭, h : 월류수심), 접근유속은 무시하고 양단 수축이다.)

① $0.428\text{m}^3/\text{s}$　　② $0.483\text{m}^3/\text{s}$
③ $0.536\text{m}^3/\text{s}$　　④ $0.557\text{m}^3/\text{s}$

> **해설** Francis공식
> $$Q = 1.84 b_o h^{\frac{3}{2}}$$
> $$= 1.84(b - 0.1nh)h^{\frac{3}{2}}$$
> $$= 1.84 \times (1 - 0.1 \times 2 \times 0.4) \times 0.4^{\frac{3}{2}}$$
> $$= 0.428\text{m}^3/\text{s}$$

12 폭 1.0m, 월류수심 0.4m인 사각형 위어의 유량을 Francis공식으로 구하면? (단, $\alpha = 1$, 접근유속은 1.0m/s이며 양단 수축이다.)

① $0.493\text{m}^3/\text{s}$　　② $0.513\text{m}^3/\text{s}$
③ $0.536\text{m}^3/\text{s}$　　④ $0.557\text{m}^3/\text{s}$

정답 7.④　8.②　9.②　10.①　11.①　12.①

해설 **Francis공식**

㉠ $h_a = \alpha \dfrac{V_a^2}{2g} = 1 \times \dfrac{1^2}{2 \times 9.8} = 0.05\text{m}$

㉡ $Q = 1.84 b_o \left[(h+h_a)^{\frac{3}{2}} - h_a^{\frac{3}{2}}\right]$
$= 1.84 \times (1 - 0.1 \times 2 \times 0.4)$
$\times \left[(0.4+0.05)^{\frac{3}{2}} - 0.05^{\frac{3}{2}}\right]$
$= 0.492\text{m}^3/\text{s}$

★ 13 삼각위어로 유량을 측정할 때 유량과 위어의 수심(h)과의 관계로 옳은 것은?

① 유량은 $h^{\frac{1}{2}}$에 비례한다.
② 유량은 $h^{\frac{3}{2}}$에 비례한다.
③ 유량은 $h^{\frac{5}{2}}$에 비례한다.
④ 유량은 $h^{\frac{2}{3}}$에 비례한다.

해설 **이등변 삼각위어의 유량**

$Q = \dfrac{8}{15} C \tan\dfrac{\theta}{2} \sqrt{2g}\, h^{\frac{5}{2}}$ 이므로 $Q \propto h^{\frac{5}{2}}$ 이다.

14 다음 그림과 같은 삼각위어의 수두를 측정한 결과 30cm이었을 때 유출량은? (단, 유량계수는 0.62이다.)

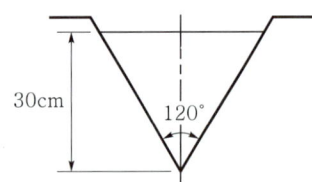

① $0.120\text{m}^3/\text{s}$ ② $0.125\text{m}^3/\text{s}$
③ $0.130\text{m}^3/\text{s}$ ④ $0.135\text{m}^3/\text{s}$

해설 **이등변 삼각위어의 유량**

$Q = \dfrac{8}{15} C \tan\dfrac{\theta}{2} \sqrt{2g}\, h^{\frac{5}{2}}$
$= \dfrac{8}{15} \times 0.62 \times \tan\dfrac{120°}{2} \times \sqrt{2 \times 9.8} \times 0.3^{\frac{5}{2}}$
$= 0.125\text{m}^3/\text{s}$

15 3각위어에서 $\theta = 60°$일 때 월류수심은? (여기서, Q: 유량, C: 유량계수, H: 위어높이)

① $\left(\dfrac{Q}{1.36C}\right)^{\frac{2}{5}}$ ② $\left(\dfrac{Q}{1.36C}\right)^{\frac{5}{2}}$

③ $1.36CH^{\frac{5}{2}}$ ④ $1.36CH^{\frac{2}{5}}$

해설 **이등변 삼각위어의 유량**

$Q = \dfrac{8}{15} C \tan\dfrac{\theta}{2} \sqrt{2g}\, h^{\frac{5}{2}}$
$= \dfrac{8}{15} \times C \times \tan\dfrac{60°}{2} \times \sqrt{2 \times 9.8} \times h^{\frac{5}{2}}$

$\therefore h = \left(\dfrac{Q}{1.36C}\right)^{\frac{2}{5}}$

16 위어를 월류하는 유량 $Q = 400\text{m}^3/\text{s}$, 저수지와 위어 정부와의 수면차가 1.7m, 위어의 유량계수를 2라 할 때 위어의 길이 L은?

① 78m   ② 80m
③ 90m   ④ 96m

해설 **위어의 유량**

$Q = CLH^{\frac{3}{2}}$
$400 = 2 \times L \times 1.7^{\frac{3}{2}}$
$\therefore L = 90.23\text{m}$

17 다음 그림에서 치폴레티위어(Cippoletti weir)란 어떤 경우를 말하는가?

① $\tan\dfrac{\theta}{2} = 4$ 인 경우
② $\tan\dfrac{\theta}{2} = \dfrac{1}{\sqrt{2}}$ 인 경우
③ $\tan\dfrac{\theta}{2} = \dfrac{1}{\sqrt{3}}$ 인 경우
④ $\tan\dfrac{\theta}{2} = \dfrac{1}{4}$ 인 경우

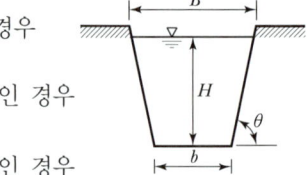

해설 $\tan\dfrac{\theta}{2} = \dfrac{1}{4}$ 이고 양단 수축$\left(n = \dfrac{1}{2}\right)$이 있는 사다리꼴위어를 치폴레티위어라 한다.

정답 13. ③ 14. ② 15. ① 16. ③ 17. ④

18 광정위어의 유량공식 $Q = 1.704\,Cbh^{\frac{3}{2}}$ 의 식에 사용되는 수두(h)는?

① h_1
② h_2
③ h_3
④ h_4

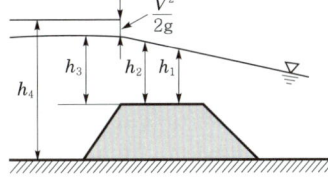

해설 수두(H)는 위어의 정부에서 에너지선까지의 깊이이므로

$$\therefore H = \frac{V^2}{2g} + h_2 = h_3$$

★
19 다음 그림과 같은 광정위어의 최대 월류량은? (단, 수로 폭은 3m, 접근유속은 무시하며, 유량계수는 0.96이다.)

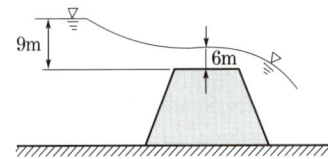

① $71.96\text{m}^3/\text{s}$
② $103.72\text{m}^3/\text{s}$
③ $132.19\text{m}^3/\text{s}$
④ $157.32\text{m}^3/\text{s}$

해설 완전 월류일 때 광정위어의 유량

$$Q = 1.7\,Cbh^{\frac{3}{2}}$$
$$= 1.7 \times 0.96 \times 3 \times 9^{\frac{3}{2}} = 132.19\text{m}^3/\text{s}$$

20 3m 폭을 가진 직사각형 수로에 사각형인 광정위어를 설치하려 한다. 위어 설치 전의 평균유속은 1.5m/s, 수심이 0.3m이고, 위어 설치 후의 평균유속이 0.3m/s, 위어 상류의 수심이 1.5m가 되었다면 위어의 높이 h는? (단, 에너지보정계수 $\alpha = 1.0$)

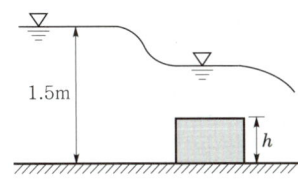

① 1.3m
② 1.1m
③ 0.9m
④ 0.7m

해설 완전 월류일 때 광정위어의 유량

㉠ $Q = AV = (3 \times 0.3) \times 1.5 = 1.35\text{m}^3/\text{s}$

㉡ $Q = 1.7\,CbH^{\frac{3}{2}} = 1.7\,Cb(h + h_a)^{\frac{3}{2}}$

$$1.35 = 1.7 \times 1 \times 3 \times \left(h + \frac{0.3^2}{2 \times 9.8}\right)^{\frac{3}{2}}$$

$\therefore h = 0.4\text{m}$

㉢ $1.5 = h + h_d$
$1.5 = 0.4 + h_d$
$\therefore h_d = 1.1\text{m}$

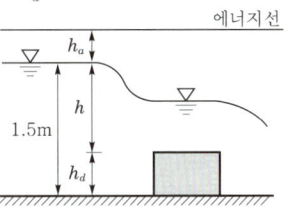

21 광정위어에서 유량 30m³/s일 때 위어 상면에서의 수심은? (단, 위어의 폭은 5m, $m = 0.4$)

① 3.95m
② 3.26m
③ 3.01m
④ 2.26m

해설 광정위어의 유량

$$Q = mb\sqrt{2g}\,h^{\frac{3}{2}}$$
$$30 = 0.4 \times 5 \times \sqrt{2 \times 9.8} \times h^{\frac{3}{2}}$$
$\therefore h = 2.26\text{m}$

22 여수로 배출구의 단면적 a는 0.5m², 저수지 수면과 위어까지의 높이가 다음 그림과 같을 때 유량은? (단, $C_2 = 1.8$)

① $0.64\text{m}^3/\text{s}$
② $0.92\text{m}^3/\text{s}$
③ $1.27\text{m}^3/\text{s}$
④ $1.48\text{m}^3/\text{s}$

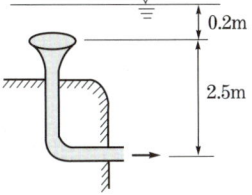

해설 수중에 잠긴 나팔형 위어의 유량

$$Q = C_2 a h_2^{\frac{1}{2}} = C_2 a (h + h_1)^{\frac{1}{2}}$$
$$= 1.8 \times 0.5 \times (0.2 + 2.5)^{\frac{1}{2}} = 1.48\text{m}^3/\text{s}$$

정답 18. ③ 19. ③ 20. ② 21. ④ 22. ④

4. 유량오차

23 오리피스의 유량 측정에서 수두(h) 측정에 3%의 오차가 있었다면 유량(Q)에 미치는 오차는?

① 1.0% ② 1.5%
③ 2.0% ④ 2.5%

> **해설** 오리피스의 유량오차
> $$\frac{dQ}{Q} = 0.5 \frac{dh}{h} = 0.5 \times 3 = 1.5\%$$

24 오리피스에서의 유량 $Q = KH^{1/2}$ 을 계산할 때 수두 h의 측정에 1%의 오차가 있으면 유량 Q의 계산결과에서 발생되는 오차는?

① 5%   ② 2%
③ 1%   ④ 0.5%

> **해설** 오리피스의 유량오차
> $$\frac{dQ}{Q} = \frac{1}{2}\frac{dh}{h} = \frac{1}{2} \times 1 = 0.5\%$$

25 직사각형 위어로 유량을 측정하였다. 위어의 수두 측정에 2%의 오차가 발생하였다면 유량에는 몇 %의 오차가 있겠는가?

① 1%   ② 1.5%
③ 2%   ④ 3%

> **해설** 사각위어의 유량오차
> $$\frac{dQ}{Q} = \frac{3}{2}\frac{dh}{h} = \frac{3}{2} \times 2 = 3\%$$

26 직사각형 위어의 월류수심이 25cm에 대하여 측정오차 5mm가 발생하였다. 이때 유량에 미치는 오차는?

① 4%   ② 3%
③ 2%   ④ 1%

> **해설** 사각위어의 유량오차
> $$\frac{dQ}{Q} = \frac{3}{2}\frac{dh}{h} = \frac{3}{2} \times \frac{0.5}{25} = 0.03\% = 3\%$$

27 폭 35cm인 직사각형 위어의 유량을 측정하였더니 0.03m³/s였다. 월류수심의 측정에 1mm의 오차가 생겼다면 유량에는 몇 %의 오차가 발생한 것인가? (단, 유량 계산은 프란시스(Francis)공식을 사용하되, 월류 시 단면 수축은 없는 것으로 취급한다.)

① 1.84% ② 1.67%
③ 1.50% ④ 1.15%

> **해설** 사각위어의 유량오차
> ㉠ $Q = 1.84 b_o h^{\frac{3}{2}}$
> $0.03 = 1.84 \times 0.35 \times h^{\frac{3}{2}}$
> $\therefore h = 0.13\text{m}$
> ㉡ $\frac{dQ}{Q} = \frac{3}{2}\frac{dh}{h} = \frac{3}{2} \times \frac{0.001}{0.13}$
> $= 0.0115 = 1.15\%$

28 직사각형 위어의 계획월류수심을 25cm로 하여야 하는데 잘못하여 24.5cm로 월류시켰다면, 이때 계획유량에 대한 월류유량의 크기는?

① 1.5% 증가 ② 1.5% 감소
③ 3% 증가   ④ 3% 감소

> **해설** 사각위어의 유량오차
> $$\frac{dQ}{Q} = \frac{3}{2}\frac{dh}{h} = \frac{3}{2} \times \frac{25-24.5}{25}$$
> $= 0.03 = 3\%$ 감소

29 삼각위어에 있어서 유량계수가 일정하다고 할 때 월류수심의 측정오차에 의한 유량오차가 1% 이하가 되기 위한 월류수심의 측정오차는 어느 정도로 해야 하는가?

① $\frac{1}{2}$% 이하 ② $\frac{2}{3}$% 이하
③ $\frac{2}{5}$% 이하 ④ $\frac{3}{5}$% 이하

> **해설** 삼각위어의 유량오차
> $$\frac{dQ}{Q} = \frac{5}{2}\frac{dh}{h} = 1\%$$
> $\therefore \frac{dh}{h} = \frac{2}{5}\%$

정답 23. ② 24. ④ 25. ④ 26. ② 27. ④ 28. ④ 29. ③

30 삼각위어에서 수두 h의 측정에 2%의 오차가 발생하면 유량에는 몇 %의 오차가 발생되는가?

① 2% ② 3%
③ 4% ④ 5%

> **해설** 삼각위어의 유량오차
> $$\frac{dQ}{Q} = \frac{5}{2}\frac{dh}{h} = \frac{5}{2} \times 2 = 5\%$$

31 수심에 대한 측정오차(%)가 같을 때 사각형 위어 : 삼각형 위어 : 오리피스의 유량오차(%) 비는?

① 2 : 1 : 3 ② 1 : 3 : 5
③ 2 : 3 : 5 ④ 3 : 5 : 1

> **해설** 사각형 위어 : 삼각형 위어 : 오리피스의 유량오차
> $$= \frac{3}{2}\frac{dh}{h} : \frac{5}{2}\frac{dh}{h} : \frac{1}{2}\frac{dh}{h} = 3 : 5 : 1$$
>
> **참고** 수두 측정오차와 유량오차의 관계
> - 직사각형 위어 : $\frac{dQ}{Q} = \frac{3}{2}\frac{dh}{h}$
> - 삼각형 위어 : $\frac{dQ}{Q} = \frac{5}{2}\frac{dh}{h}$
> - 작은 오리피스 : $\frac{dQ}{Q} = \frac{1}{2}\frac{dh}{h}$

32 다음 중 수두 측정오차가 유량에 미치는 영향이 가장 큰 위어는?

① 삼각형 위어 ② 사다리꼴위어
③ 사각형 위어 ④ 광정위어

> **해설** 수두 측정오차와 유량오차의 관계
> ㉠ 직사각형 위어 : $\frac{dQ}{Q} = \frac{3}{2}\frac{dh}{h}$
> ㉡ 삼각형 위어 : $\frac{dQ}{Q} = \frac{5}{2}\frac{dh}{h}$
> ㉢ 작은 오리피스 : $\frac{dQ}{Q} = \frac{1}{2}\frac{dh}{h}$

33 월류수심 40cm인 전폭위어의 유량을 Francis공식에 의해 구하였더니 $0.4m^3/s$였다. 이때 위어폭의 측정에 2mm의 오차가 발생했다면 유량의 오차는 몇 %인가? (단, 수축은 없는 것으로 한다.)

① 1.16% ② 1.50%
③ 2.00% ④ 0.23%

> **해설** 폭의 측정오차와 유량오차의 관계
> ㉠ Francis공식
> $$Q = 1.84bh^{\frac{3}{2}}$$
> $$0.4 = 1.84 \times b \times 0.4^{\frac{3}{2}}$$
> $$\therefore b = 0.86m$$
> ㉡ $\frac{dQ}{Q} = \frac{db}{b} = \frac{0.002}{0.86} = 0.00233 = 0.23\%$

정답 30. ④ 31. ④ 32. ① 33. ④

CHAPTER 06 관수로

Hydraulics and Hydrology

회독 체크표
- 1회독 월 일
- 2회독 월 일
- 3회독 월 일

최근 10년간 출제분석표

2015	2016	2017	2018	2019	2020	2021	2022	2023	2024
25.0%	18.3%	18.2%	18.3%	16.7%	20.8%	20.8%	10.0%	11.7%	20.0%

출제 POINT

학습 POINT
- 관수로의 특징
- Hagen-Poiseuille의 법칙
- 에너지손실수두
- 마찰손실수두
- 소손실
- 평균유속공식

■ 관수로의 특징
① 자유수면 없음
② 압력차에 의해 흐름
③ 점성력이 지배력

$R_e = \dfrac{VD}{\nu}$

SECTION 1 관수로 일반

1 관수로의 정의 및 특성

1) 관수로의 정의

관수로(pipe line)란 단면 형상에 관계없이 유수가 단면 내를 완전히 충만하여 흐르는 수로로 <u>자유수면을 갖지 않는 흐름</u>을 말한다. 흐름의 방향은 압력에 의해 결정되며, 흐름의 원인은 관 내 압력차와 점성에 의해 흐른다.

2) 관수로의 특성

① 자유수면을 갖지 않는다.
② 대기압을 받지 않는다.
③ 관 내의 압력은 정(+) 또는 부(−)일 수도 있다.

3) Hagen-Poiseuille의 법칙

관수로에 층류가 흐를 때 <u>유속분포는 포물선이며, 마찰응력분포는 직선식(사선변화)</u>이다.

$$Q = \int_0^{r_0} V 2\pi r \, dr = \int_0^{r_0} \dfrac{\gamma h_L}{4\mu l}(r_0^2 - r^2) 2\pi r \, dr$$

$$= \dfrac{\pi \Delta p}{8\mu l} r_0^4 = \dfrac{\pi \gamma h_L}{8\mu l} r_0^4$$

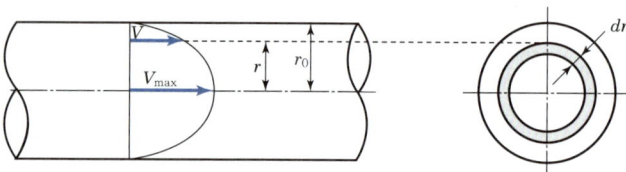

[그림 6-1] 층류의 유속분포

(1) 평균유속과 최대 유속

① 평균유속 : $V_m = \dfrac{Q}{\pi r_0^2} = \dfrac{\Delta p}{8\mu l} r_0^2 = \dfrac{\gamma h_L}{8\mu l} r_0^2$

② 최대 유속 : $V_{\max} = \dfrac{\Delta p}{4\mu l} r_0^2 = \dfrac{\gamma h_L}{4\mu l} r_0^2 = 2 V_m$

(2) 마찰력(전단응력)

$$\tau = \gamma_0 R_h I = \gamma_0 \dfrac{D}{4} \dfrac{h_L}{l} = \dfrac{\gamma_0 h_L}{2l} r = \dfrac{\Delta p}{2l} r$$

(3) 마찰속도(전단속도)

$$U^* = \sqrt{\dfrac{\tau}{\rho}} = V\sqrt{\dfrac{f}{8}} = \sqrt{\dfrac{\gamma_0 R_h I}{\rho}} = \sqrt{g R_h I}$$

여기서, τ : 마찰응력(전단응력, $=\gamma_0 RI$), ρ : 밀도, V : 유속
　　　　f : 마찰손실계수

개수로에서 수심에 비해 폭이 클 경우는 경심(R_h)과 수심(h)이 같으므로

$$U^* = \sqrt{g h I}$$

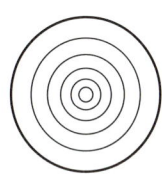
(a) 횡유속분포도

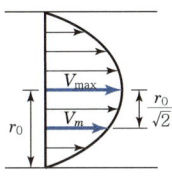
(b) 종유속분포도

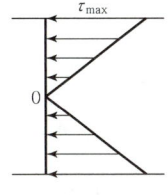
(c) 마찰력분포도

[그림 6-2] 유속분포도

출제 POINT

■ 마찰력(전단응력)
$\tau = \dfrac{\gamma h_L}{2l} r$
$\tau = \gamma r I$
$\tau = \dfrac{\Delta p}{2l} r$

2 에너지손실수두

1) 에너지손실의 원인

① 물은 점성을 갖고 있기 때문에 물이 수로 내를 흐를 때 물분자 상호 간에, 또는 물과 벽 사이에 에너지손실이 생긴다.
② 일반적으로 관수로에서의 손실은 관 내의 마찰에 의한 손실(major loss)이 가장 크며, 그 외의 손실은 마찰손실에 비해 작고 부분적으로 일어나므로 소손실(minor loss)이라 하고, 보통 소손실은 무시한다.

출제 POINT

■ 마찰손실수두

$h_L = f \dfrac{l}{D} \dfrac{V^2}{2g}$

■ 마찰손실계수

① 층류일 때 : $f = \dfrac{64}{R_e}$

② 난류일 때
 • 매끈한 관 : R_e만의 함수
 • 거친 관 : $\dfrac{e}{D}$만의 함수

③ Chezy형 유속계수(C)와의 관계
$f = \dfrac{8g}{C^2}$

④ Manning의 조도계수(n)와의 관계
$f = \dfrac{124.5n^2}{D^{1/3}}$

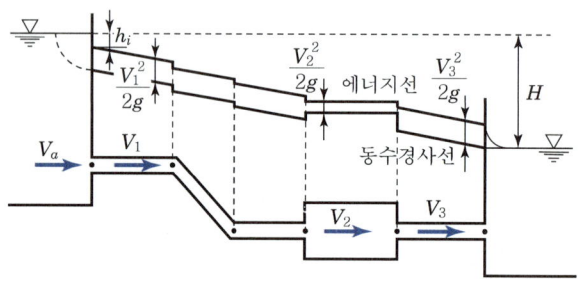

[그림 6-3] 에너지손실

2) 관 내의 마찰에 의한 손실

(1) 마찰손실수두(Darcy-Weisbach의 공식)

$$h_L = f \dfrac{l}{D} \dfrac{V^2}{2g}$$

이때 $l/D > 3,000$(장관, long pipe)이면 마찰손실만 고려한다.

(2) 마찰손실계수

① 원관 내 층류일 때

$$f = \dfrac{64}{R_e}$$

② 원관 내 난류일 때

㉠ 매끈한 관일 때는 R_e만의 함수이다.

$$f = 0.3164 R_e^{-\frac{1}{4}}$$

㉡ 거친 관일 때는 R_e에는 관계없고 $\dfrac{e}{D}$만의 함수이다. 여기서 $\dfrac{e}{D}$는 상대조도이며 관직경과 관벽면 요철과의 상대적 크기를 말한다.

③ Chezy형 유속계수(C)와의 관계

$$f = \dfrac{8g}{C^2}$$

이때 $C = \sqrt{\dfrac{8g}{f}}$

④ Manning의 조도계수(n)와의 관계

$$f = \dfrac{12.7gn^2}{D^{\frac{1}{3}}} = \dfrac{124.5n^2}{D^{\frac{1}{3}}}$$

3) 관 내의 마찰 이외의 손실

마찰 이외의 관수로 내의 손실을 소손실(minor loss)이라 한다. 소손실은 관의 전 길이에 대하여 일어나는 것이 아니라 국부적으로 생기는 손실이다. 모든 소손실은 속도수두에 비례한다.

$$h_x = f_x \frac{V^2}{2g}$$

이때 $l/D < 3,000$(단관, short pipe)이면 모든 손실을 고려한다.

4) 소손실의 종류

① 유입(입구)손실수두

$$h_i = f_i \frac{V^2}{2g}$$

여기서, f_i : 유입(입구)손실계수(=보통 0.5)

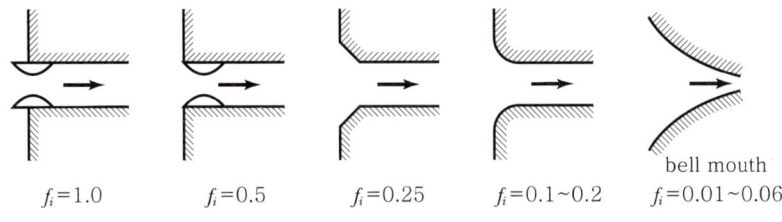

[그림 6-4] 유입구 형상에 따른 유입손실계수

② 유출(출구)손실수두

$$h_o = f_o \frac{V^2}{2g}$$

여기서, f_o : 유출(출구)손실계수(=1)

③ 급확대손실수두

$$h_{se} = f_{se} \frac{V_1^2}{2g}$$

여기서, f_{se} : 급확대손실계수$\left(= \left(1 - \frac{d^2}{D^2}\right)^2\right)$

④ 급축소손실수두

$$h_{sc} = f_{sc} \frac{V_2^2}{2g}$$

여기서, f_{sc} : 급축소손실계수$\left(= \left(\frac{1}{C_a^2} - 1\right)^2\right)$, C_a : 수축계수

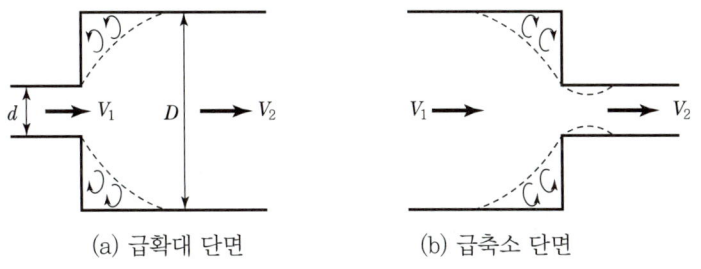

(a) 급확대 단면   (b) 급축소 단면

[그림 6-5] 급확대 및 급축소손실수두

■ 소손실(미소손실)

모두 속도수두에 비례한다.

$$h_x = f_x \frac{V^2}{2g}$$

① 입구손실
② 출구손실
③ 급확대손실
④ 급축소손실
⑤ 점확대손실
⑥ 점축소손실
⑦ 굴절손실
⑧ 굴곡손실
⑨ 밸브손실

Hydraulics and Hydrology

출제 POINT

⑤ 기타 손실수두

구분	손실수두	구분	손실수두
점확대손실수두	$h_{ge}=f_{ge}\dfrac{V^2}{2g}$	굴곡손실수두	$h_b=f_b\dfrac{V^2}{2g}$
점축소손실수두	$h_{gc}=f_{gc}\dfrac{V^2}{2g}$	분기손실수두	$h_{br}=f_{br}\dfrac{V^2}{2g}$
굴절손실수두	$h_{be}=f_{be}\dfrac{V^2}{2g}$	밸브손실수두	$h_v=f_v\dfrac{V^2}{2g}$

⑥ 손실계수 중 가장 큰 값은 유출(출구)손실계수($f_o=1.0$)이다.

③ 관로의 평균유속공식

1) Chezy의 평균유속공식(지수형)

① 평균유속 : $V=C\sqrt{RI}=\sqrt{\dfrac{8g}{f}}\sqrt{RI}$

② 유속계수 : $C=\sqrt{\dfrac{8g}{f}}$

③ 마찰손실계수 : $f=\dfrac{8g}{C^2}$

■ 평균유속공식
① Chezy : $V=C\sqrt{RI}$
② Manning : $V=\dfrac{1}{n}R^{\frac{2}{3}}I^{\frac{1}{2}}$
③ Ganguillet-Kutter : $V=C\sqrt{RI}$
④ Hazen-Williams
 $V=0.84935\,CR^{0.63}I^{0.54}$

2) Manning의 평균유속공식

① 평균유속 : $V=\dfrac{1}{n}R^{\frac{2}{3}}I^{\frac{1}{2}}$

② 유속계수 : Chezy식과 Manning식에서 평균유속은 같아야 한다. 따라서 관계식은 $CR^{\frac{1}{2}}I^{\frac{1}{2}}=\dfrac{1}{n}R^{\frac{2}{3}}I^{\frac{1}{2}}$ 으로부터

$$\therefore\ C=\dfrac{1}{n}R^{\frac{1}{6}}$$

③ 마찰손실계수 : $f=\dfrac{8gn^2}{R^{1/3}}=\dfrac{12.7gn^2}{D^{1/3}}=\dfrac{124.6n^2}{D^{1/3}}$

3) Ganguillet-Kutter의 평균유속공식

① 평균유속 : $V=C\sqrt{RI}$

② 유속계수

  ㉠ 일반적으로 $I>\dfrac{1}{1,000}$ 혹은 $0.2\text{m}<R<1\text{m}$인 경우에는

$$C = \frac{23 + \frac{1}{n} + \frac{0.00155}{I}}{1 + \left(23 + \frac{0.00155}{I}\right)\frac{n}{\sqrt{R}}}$$

ⓒ $I > \frac{1}{3,000}$ 인 경우에는 I의 영향을 무시한 Kutter의 간략공식을 사용해도 좋다.

$$C = \frac{23 + \frac{1}{n}}{1 + 23\frac{n}{\sqrt{R}}}$$

4) Hazen-Williams의 평균유속공식

① 이 공식은 미국 상하수도의 표준 공식으로, 상수도의 송수관에 많이 사용하고 있는 지수형 평균유속공식이다.
② 평균유속

$$V = 0.84935 CR^{0.63} I^{0.54}$$

내경이 D인 원관에 대해서는

$$V = 0.35464 CD^{0.63} I^{0.54}$$

③ 유속계수
   ㉠ 주철관, 강관인 경우 $C=100$
   ㉡ 원심력 콘크리트관인 경우 $C=130$

SECTION 2 관수로의 시스템

1 단일 관수로

① 단일 관수로에서 관지름이 같을 때는 마찰손실수두와 유입구, 유출구에 의하여 발생하는 손실수두만 고려하여 근사적으로 계산한다.
② 관 내의 평균유속

$$H = f\frac{l}{D}\frac{V^2}{2g} + f_i\frac{V^2}{2g} + f_o\frac{V^2}{2g}$$ 에서 $f_i=0.5$, $f_o=1.0$이면

$$V = \sqrt{\frac{2gH}{f_i + f_o + f\frac{l}{D}}} = \sqrt{\frac{2gH}{1.5 + f\frac{l}{D}}}$$

📝 **출제 POINT**

■ Hazen-Williams의 평균유속
$V = 0.84935 CR^{0.63} I^{0.54}$

💬 **학습 POINT**
• 단일 관수로
• 병렬 관수로
• 사이펀과 역사이펀
• Hardy-Cross 시산법
• 수격작용
• 공동현상

■ 단일 관수로 내의 평균유속
$V = \sqrt{\dfrac{2gH}{1.5 + f\dfrac{l}{D}}}$

출제 POINT

③ 관 내의 유량

$$Q = AV = \frac{\pi D^2}{4} \sqrt{\frac{2gH}{1.5 + f\frac{l}{D}}}$$

여기서, D : 관의 지름, l : 관의 길이

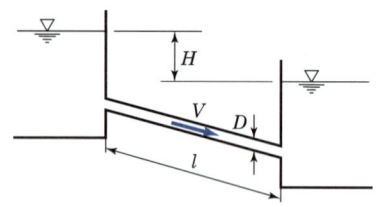

[그림 6-6] 단일 관수로

2 복합 관수로

■ 복합 관수로의 유량
① 분기관 : $Q = Q_1 + Q_2$
② 합류관 : $Q_1 + Q_2 = Q$

1) 분기하는 관수로

① $Q = Q_1 + Q_2$, $H' = f\frac{l}{D}\frac{V^2}{2g}$

② $H_1 - H' = f_1 \frac{l_1}{D_1} \frac{V_1^2}{2g}$ 로부터

$$\therefore H_1 = f_1 \frac{l_1}{D_1} \frac{V_1^2}{2g} + f\frac{l}{D}\frac{V^2}{2g}$$

③ $H_2 - H' = f_2 \frac{l_2}{D_2} \frac{V_2^2}{2g}$ 로부터

$$\therefore H_2 = f_2 \frac{l_2}{D_2} \frac{V_2^2}{2g} + f\frac{l}{D}\frac{V^2}{2g}$$

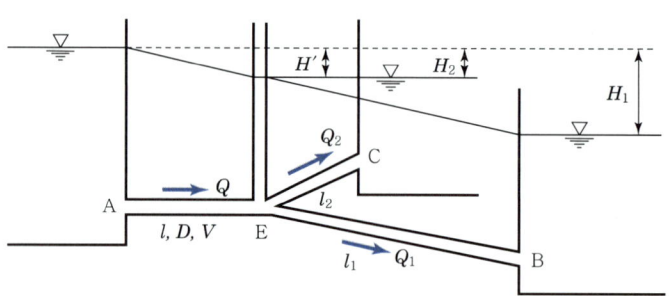

[그림 6-7] 분기하는 관수로

2) 합류하는 관수로

① $Q_1 + Q_2 = Q$, $h_L = f\frac{l}{D}\frac{V^2}{2g}$

② $H_1 = h_{L1} + h_L = f_1 \dfrac{l_1}{D_1} \dfrac{V_1^2}{2g} + f \dfrac{l}{D} \dfrac{V^2}{2g}$

③ $H_2 = h_{L2} + h_L = f_2 \dfrac{l_2}{D_2} \dfrac{V_2^2}{2g} + f \dfrac{l}{D} \dfrac{V^2}{2g}$

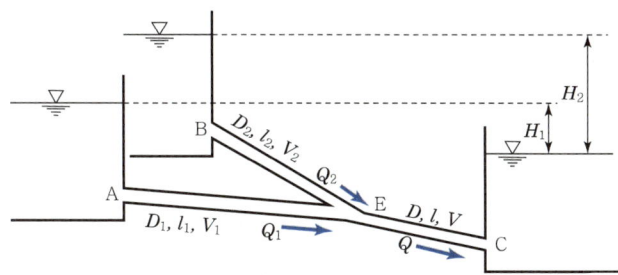

[그림 6-8] 합류하는 관수로

3) 병렬 관수로

① 하나의 관수로 도중에 여러 개의 관수로로 분기되었다가 다시 하나의 관수로로 합류하는 관수로를 병렬 관수로라 한다.

② 병렬 관수로에서 수두손실은 서로 같고, 총유량은 합한 것과 같다. 관수로를 긴 관(장관)으로 하고 마찰손실수두만을 고려하면 $H_1 = f_1 \dfrac{l_1}{D_1} \dfrac{V_1^2}{2g}$,

$H_2 = f_2 \dfrac{l_2}{D_2} \dfrac{V_2^2}{2g} = f_3 \dfrac{l_3}{D_3} \dfrac{V_3^2}{2g} = H_3$, $H_4 = f_4 \dfrac{l_4}{D_4} \dfrac{V_4^2}{2g}$ 이므로

$H = H_1 + H_2 + H_4 = H_1 + H_3 + H_4$

$= f_1 \dfrac{l_1}{D_1} \dfrac{V_1^2}{2g} + f_2 \dfrac{l_2}{D_2} \dfrac{V_2^2}{2g} + f_4 \dfrac{l_4}{D_4} \dfrac{V_4^2}{2g}$

$= f_1 \dfrac{l_1}{D_1} \dfrac{V_1^2}{2g} + f_3 \dfrac{l_3}{D_3} \dfrac{V_3^2}{2g} + f_4 \dfrac{l_4}{D_4} \dfrac{V_4^2}{2g}$

∴ $Q_1 = Q_2 + Q_3 = Q_4$

∴ $A_1 V_1 = A_4 V_4$

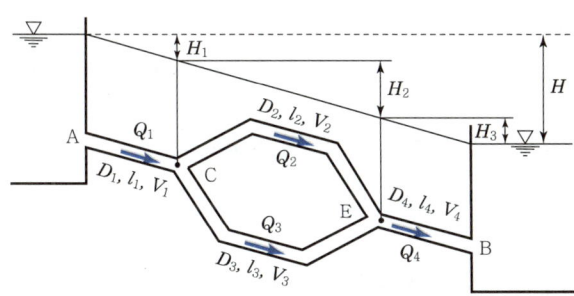

[그림 6-9] 병렬 관수로

■ 병렬 관수로의 해석

① 병렬 관수로의 각 관로의 손실수두의 합은 같다.
  ∴ $h_{L1} = h_{L2}$

② 손실수두

$h_{L1} = f_1 \dfrac{l_1}{D_1} \dfrac{V_1^2}{2g}$

$h_{L2} = f_2 \dfrac{l_2}{D_2} \dfrac{V_2^2}{2g}$

③ 유속비

유속비 $= \dfrac{h_{L1}}{h_{L2}} = \dfrac{f_1 \dfrac{l_1}{D_1} \dfrac{V_1^2}{2g}}{f_2 \dfrac{l_2}{D_2} \dfrac{V_2^2}{2g}}$

출제 POINT

■ 사이펀의 유속

$$V = \sqrt{\dfrac{2gH}{f_i + f_b + f_o + f\left(\dfrac{l_1 + l_2}{D}\right)}}$$

3 사이펀과 역사이펀

1) 사이펀(siphon)

2개의 수조를 연결한 관수로의 일부가 동수경사선보다 위에 있는 관수로로, 이 부분의 압력은 대기압보다 낮아져서 부압을 가지는 관수로를 말한다.

$$V = \sqrt{\dfrac{2gH}{f_i + f_b + f_o + f\left(\dfrac{l_1 + l_2}{D}\right)}}$$

$$\therefore Q = AV = \dfrac{\pi D^2}{4}\sqrt{\dfrac{2gH}{f_i + f_b + f_o + f\left(\dfrac{l_1 + l_2}{D}\right)}}$$

2) 역사이펀(inverted siphon)

관수로가 계곡이나 하천을 횡단하기 위해 관을 아래쪽으로 구부려 설치한 것을 역사이펀이라 한다. 역사이펀을 설계하는 경우 수리 등의 계산은 일반 관수로와 같으나 관수로의 최저점 C의 압력이 상당히 크게 되므로 주의해야 한다.

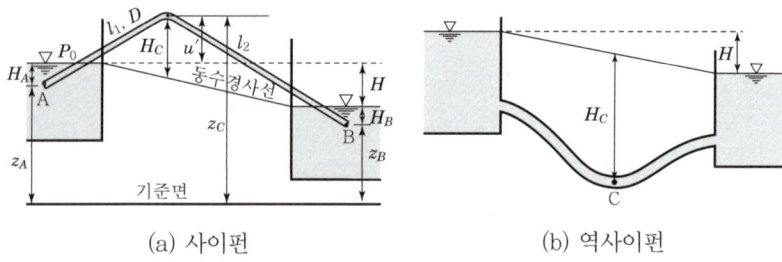

(a) 사이펀   (b) 역사이펀

[그림 6-10] 사이펀과 역사이펀

4 관망

1) 관망의 정의 및 유량 계산

① 상수도의 급수관과 같이 많은 분기관, 합류관, 곡관 등을 합하여 하나의 관로계통을 이루는 관수로를 관망(pipe network)이라 한다.
② 근사 해법인 Hardy-Cross의 시산법을 가장 많이 사용하고 있다.

2) Hardy-Cross 시산법의 기본가정 및 유량보정량

① 각 분기점 또는 합류점에 유입하는 유량은 그 점에 정지하지 않고 전부 유출한다.
② 각 폐합관에 대한 손실수두의 합은 0이고, 흐름의 방향은 관계없다.
③ 초기 유량을 가정하며, 마찰 이외의 손실은 무시한다.

■ Hardy-Cross법의 기본가정

① $\Sigma Q_{in} = \Sigma Q_{out}$
② $\Sigma h_L \fallingdotseq 0$
③ 미소손실 무시

④ 관로의 유량보정량

$$\Delta Q = -\frac{\sum h_L{'}}{2\sum k Q_o}$$

여기서, ΔQ : 가정유량에 대한 보정유량
$h_L{'}$: 가정유량에 대한 손실수두
k : 유량계수
Q_o : 각 관로에 대한 가정유량

> **출제 POINT**
>
> ■ h_L과 Q의 관계
> $h_L = kQ^n$
> 이때 Hazen-Williams공식일 경우
> $h_L = kQ^{1.85}$

5 관수로에서 나타나는 작용과 현상

1) 수격작용

(1) 개요

관로 속을 물이 흐르고 있을 때 관로의 끝에 있는 밸브를 갑자기 닫으면 밸브위치의 유속이 0이 되고, 이로 인하여 흐르고 있던 물과 정지된 물이 반작용으로 부딪치면서 압력이 상승되고 다시 이완되는 작용(surging)을 반복하게 된다. 이러한 물의 급격한 압력변화의 현상을 수격작용(water hammer)이라 한다. 이러한 수격작용은 압력변화가 관 속에 바로 전달되기 때문에 진동과 충격음을 내고, 심할 때는 관 파손의 원인이 된다.

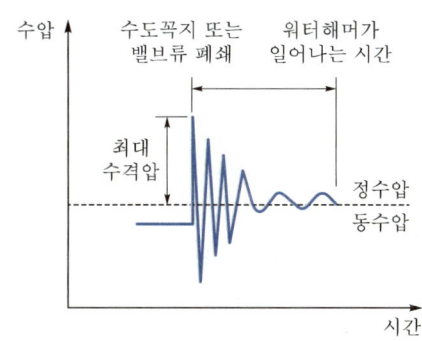

[그림 6-11] 수격작용

(2) 수격현상 방지법

① 관의 직경을 크게 한다.
② 유속을 낮게 하여 유속의 급변화를 막는다.
③ 밸브를 송출구 가까이 설치한다.
④ 밸브를 천천히 개폐한다.

> ■ 수격현상 방지법
> ① 유속을 낮게 한다.
> ② 안전밸브를 설치한다.

> 출제 POINT

2) 공동현상

(1) 개요
공동현상(cavitation)은 빠른 속도로 액체가 운동할 때 액체의 압력이 증기압 이하로 낮아져서 액체 내에 증기기포가 발생하는 현상이다.

(2) 발생조건
① 펌프와 흡수면 사이의 수직거리가 부적당하게 길 때
② 펌프에 물이 과속으로 인하여 유량이 증가할 때
③ 관 속을 유동하고 있는 물속의 어느 부분이 고온일수록 포화증기압에 비례해서 상승할 때

(3) 공동현상 발생에 따르는 여러 현상
① 소음, 진동이 발생한다.
② 양정곡선, 효율곡선의 저하한다.
③ 깃의 부식, 침식이 발생한다.
④ 펌프효율이 감소한다.
⑤ 심한 충격이 수반한다.

(4) 공동현상 방지법
① 펌프의 설치높이를 낮추어 흡입양정을 짧게 한다.
② 배관을 완만하고 짧게 한다.
③ 압축펌프를 사용하고, 회전차를 수중에 완전히 잠기게 한다.
④ 펌프의 회전수를 낮추어 흡입비교회전도를 적게 한다.
⑤ 마찰저항이 적은 흡입관을 사용한다.
⑥ 두 대 이상의 펌프를 사용한다.

■ 공동현상 방지법
① 펌프의 설치높이를 낮춘다.
② 펌프의 회전수를 낮춘다.
③ 압축펌프를 사용한다.

SECTION 3 유수에 의한 동력

> 학습 POINT
> • 수차의 동력
> • 펌프의 동력

1 수차의 동력

실제 출력은 수차(η_1) 또는 발전기(η_2)의 효율을 고려한 출력이다.

① 1kW=102kgf·m/s이므로

$$\therefore P = \frac{1,000 QH_e}{102}\eta = 9.8 QH_e \eta [\text{kW}]$$

② 1HP=75kgf·m/s이므로

$$\therefore P = \frac{1,000 QH_e}{75}\eta = 13.33 QH_e \eta [\text{HP}]$$

■ 수차의 동력
$P = 9.8 QH_e \eta$ [kW]
$P = 13.33 QH_e \eta$ [HP]

여기서, Q : 양수량(m³/s), H_e : 유효낙차(m), η : 합성효율($=\eta_1\eta_2$)(%)

② 펌프의 동력

실제 양수동력은 펌프의 효율(η)을 고려한 동력이다.

① 1kW=102kgf·m/s이므로

$$\therefore P = \frac{1,000QH_p}{102\eta} = \frac{9.8QH_p}{\eta} \text{ [kW]}$$

② 1HP=75kgf·m/s이므로

$$\therefore P = \frac{1,000QH_p}{75\eta} = \frac{13.33QH_p}{\eta} \text{ [HP]}$$

여기서, H_p : 유효낙차(m)

■ 출제 POINT

■ 펌프의 동력

$$P = \frac{9.8QH_p}{\eta} \text{ [kW]}$$

$$P = \frac{13.33QH_p}{\eta} \text{ [HP]}$$

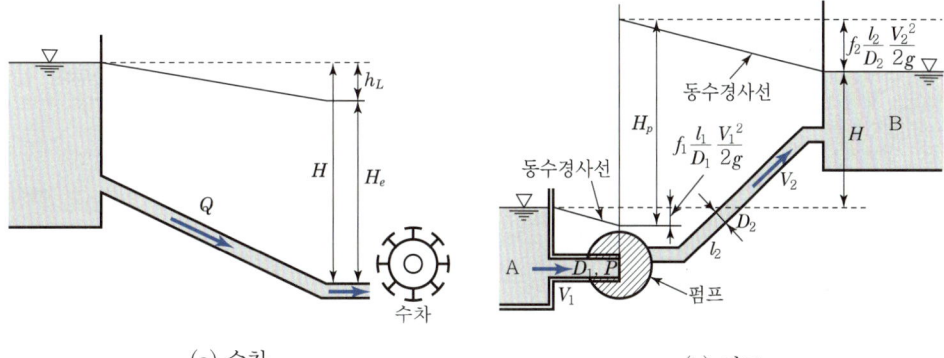

(a) 수차   (b) 펌프

[그림 6-12] 수차와 펌프

CHAPTER 06 기출문제

1. 관수로 일반

01 관수로의 흐름에 대한 설명으로 옳지 않은 것은?
① 자유표면이 존재하지 않는다.
② 관수로 내의 흐름이 층류인 경우 포물선의 유속분포를 이룬다.
③ 관수로 내의 흐름에서는 점성 저층(층류 저층)이 존재하지 않는다.
④ 관수로의 전단응력은 반지름에 비례한다.

> **해설** 관수로 흐름의 특성
> ㉠ 자유수면이 존재하지 않으며, 흐름의 원동력은 압력과 점성력인 수로를 관수로라 한다.
> ㉡ 관수로 내 흐름이 층류인 경우 유속은 중앙에서 최대이고, 벽에서 0에 가까운 포물선분포한다.
> ㉢ 관수로 내의 흐름에서 매끈한 관의 난류에는 층류 저층이 발생한다.
> ㉣ 관수로의 전단응력은 반지름에 비례한다.
> $$\tau = \frac{\gamma h_L r}{2l}$$
> 여기서, τ : 전단응력, γ : 물의 단위중량
> h_L : 손실수두, r : 관의 반지름
> l : 관의 길이

02 관수로 내의 흐름을 지배하는 주된 힘은?
① 인력 ② 자기력
③ 중력 ④ 점성력

> **해설** 관수로 흐름의 원인은 압력과 점성력이다.

03 원관 내의 층류에서 유량에 대한 설명으로 옳은 것은?
① 관의 길이에 비례한다.
② 반경의 제곱에 비례한다.
③ 압력강하에 반비례한다.
④ 점성에 반비례한다.

> **해설** Hagen–Poiseuille의 법칙
> $$Q = \frac{\pi \gamma h_L}{8\mu l} r_0^4$$

04 다음 그림과 같은 관(管)에서 V의 유속으로 물이 흐르고 있을 경우에 대한 설명으로 옳지 않은 것은?

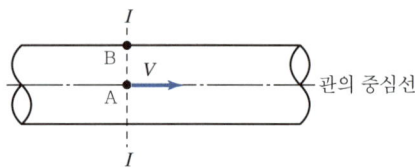

① 흐름이 층류인 경우 A점에서의 유속은 단면 I의 평균유속의 2배이다.
② A점에서의 마찰저항력은 V^2에 비례한다.
③ A점에서 B점(관벽)으로 갈수록 마찰저항력은 커진다.
④ 유속은 A점에서 최대인 포물선분포를 한다.

> **해설** A점에서의 마찰저항력은 0이다.
>
> **참고** 관수로 흐름의 특징
> • 관수로의 유속분포는 중앙에서 최대이고, 관벽에서 0인 포물선분포를 한다.
> • 관수로의 전단응력분포는 관벽에서 최대이고, 중앙에서 0인 직선비례한다.
> • 관수로에서 최대 유속은 평균유속의 2배이다.
> $V_{max} = 2 V_m$

05 다음 그림과 같이 반지름 R인 원형관에서 물이 층류로 흐를 때 중심부에서의 최대 속도를 V_c라 할 경우 평균속도 V_m은?

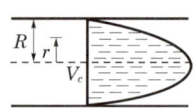

① $V_m = \frac{1}{2} V_c$ ② $V_m = \frac{1}{3} V_c$
③ $V_m = \frac{1}{4} V_c$ ④ $V_m = \frac{1}{5} V_c$

> **해설** 원형관 내 흐름이 포물선형 유속분포를 가질 경우에 평균유속은 관 중심축 유속의 1/2이다.
> $$\frac{V_{max}}{V_m} = 2$$

정답 1.③ 2.④ 3.④ 4.② 5.①

06 관 내의 흐름이 층류일 때 τ와 τ_0의 관계로 옳은 것은?

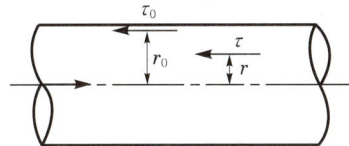

① $\tau_0 = \tau(1-r)$ ② $\tau_0 = \tau(r-1)$

③ $\tau = \tau_0 \dfrac{r}{r_0}$ ④ $\tau = \tau_0 \dfrac{r_0}{r}$

> **해설** **전단응력(마찰력)**
> τ는 r에 비례하므로
> $r_0 : \tau_0 = r : \tau$
> $\therefore \tau = \tau_0 \dfrac{r}{r_0}$

07 원관 내 흐름이 포물선형 유속분포를 가질 때 관 중심선상에서의 유속을 V_0, 전단응력을 τ_0, 관벽면에서의 전단응력을 τ_s, 관 내의 평균유속을 V_m, 관 중심선에서 y만큼 떨어져 있는 곳의 유속을 V라 할 때 다음 중 틀린 것은?

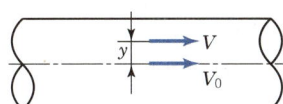

① $V_0 > V$ ② $V_0 = 3V_m$

③ $\tau_0 = 0$ ④ $\tau_s > \tau_0$

> **해설** 관수로에서 유속은 $V_0 = 2V_m$의 관계를 갖고, 전단응력은 $\tau_s > \tau_0$의 관계를 갖는다.
>
> **참고** **관수로에서의 유속 및 전단응력분포**
> - 관수로에서의 유속은 물의 점성이라는 성질로 인해 관 중앙에서 최대 유속이고, 관벽에서 0인 포물선분포를 한다.
>   - 최대 유속 : $V_0 = \dfrac{\gamma h_L}{4\mu l} r_0^2$
>   - 평균유속 : $V_m = \dfrac{\gamma h_L}{8\mu l} r_0^2$
> - 관수로에서의 전단응력은 물의 점성이라는 성질로 인해 관 중앙에서 0이고, 관벽에서 최대인 직선분포를 한다.

08 점성을 가지는 유체에 대한 다음 설명 중 틀린 것은?

① 원형관 내의 층류흐름에서 유량은 점성계수에 반비례하고, 직경의 4제곱에 비례한다.
② 에너지보정계수는 이상유체에서의 압력수두를 보정하기 위한 무차원 상수이다.
③ 층류의 경우 마찰손실계수는 Reynolds수에 반비례한다.
④ Darcy-Weisbach의 식은 원형관 내의 마찰손실수두를 계산하기 위하여 사용된다.

> **해설** ㉠ 에너지보정계수(α) : 이상유체에서의 유속수두를 보정하기 위한 무차원 상수
> ㉡ 운동량보정계수(η) : 운동량(ρQV)를 보정하기 위한 무차원 상수

09 관수로 내에 층류가 흐를 때 이론적으로 유도되는 유속분포와 마찰응력분포에 대한 설명으로 옳은 것은 어느 것인가?

① 유속분포는 직선이며, 마찰응력분포는 포물선이다.
② 유속분포와 마찰응력분포는 똑같이 포물선이다.
③ 유속분포는 포물선이며, 마찰응력분포는 직선이다.
④ 유속분포는 직선이며, 마찰응력분포는 대수함수곡선이다.

> **해설** ㉠ 유속분포 : V는 r^2에 비례하므로 포물선이다.
> ㉡ 마찰력분포 : τ는 r에 비례하므로 직선이다.

정답 6.③ 7.② 8.② 9.③

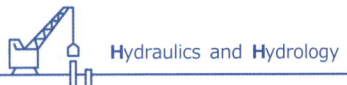

10 반지름이 R인 수평원관 내를 물이 층류로 흐를 경우 Hagen-Poiseuille의 법칙에서 유량 Q에 대한 설명으로 옳은 것은? (여기서, γ : 물의 단위질량, l : 관의 길이, h_L : 손실수두, μ : 점성계수)

① 반지름 r인 원관에서 유량 $Q = \dfrac{\gamma h_L \pi r^4}{128 \mu l}$ 이다.

② 유량과 압력차 ΔP와의 관계에서 $Q = \dfrac{\Delta P \pi r^4}{8 \mu l}$ 이다.

③ 유량과 동수경사 I와의 관계에서 $Q = \dfrac{\gamma \pi I r^4}{8 \mu l}$ 이다.

④ 반지름 r 대신에 지름 d이면 유량 $Q = \dfrac{\gamma h_L \pi d^4}{8 \mu l}$ 이다.

> **해설** Hagen-Poiseuille의 법칙
> $Q = \dfrac{\pi r^4 \gamma h_L}{8 \mu l} = \dfrac{\pi r^4 \Delta P}{8 \mu l}$

11 수평원관 속에 층류의 흐름이 있을 때 유량에 대한 설명으로 옳은 것은?

① 점성(μ)에 비례한다.
② 지름(d)의 4제곱에 비례한다.
③ 압력변화(ΔP)에 비례한다.
④ 관의 길이(l)에 비례한다.

> **해설** Hagen-Poiseuille의 법칙
> $Q = \dfrac{\pi r^4 \gamma h_L}{8 \mu L} = \dfrac{\pi r^4 \Delta P}{8 \mu l}$

12 수심 h, 수면경사 I, 물의 단위중량 w, 마찰속도를 U^*라 할 때 이들의 관계식으로 옳은 것은?

① $U^* = ghI$
② $U^* = \sqrt{\rho h I}$
③ $U^* = \rho h I$
④ $U^* = \sqrt{ghI}$

> **해설** Hagen-Poiseuille의 법칙
> ㉠ $U^* = \sqrt{gRI}$
> ㉡ 만일 수심에 비해 폭이 클 경우($R \fallingdotseq h$)
> $U^* = \sqrt{ghI}$

13 관 벽면의 마찰력 τ_o, 유체의 밀도 ρ, 점성계수를 μ라 할 때 마찰속도(U^*)는?

① $\dfrac{\tau_o}{\rho \mu}$ ② $\sqrt{\dfrac{\tau_o}{\rho \mu}}$

③ $\sqrt{\dfrac{\tau_o}{\rho}}$ ④ $\sqrt{\dfrac{\tau_o}{\mu}}$

> **해설** 마찰속도(전단속도)
> $U^* = \sqrt{\dfrac{\tau_o}{\rho}} = V\sqrt{\dfrac{f}{8}}$

14 지름 30cm 길이가 1m인 관의 손실이 30cm일 때 관 벽에 작용하는 마찰력 τ_0는?

① $4,410 \text{dyne/cm}^2$ ② $2,205 \text{dyne/cm}^2$
③ 980dyne/cm^2 ④ 490dyne/cm^2

> **해설** 마찰력(전단응력)
> $\tau = \gamma RI = \gamma \dfrac{D}{4} \dfrac{\Delta h}{L} = 1 \times \dfrac{30}{4} \times \dfrac{30}{100}$
> $= 2.25 \text{g/cm}^2 = 2,205 \text{dyne/cm}^2$
> **참고** 1g=980dyne

15 두 개의 평형한 평판 사이에 유체가 흐르고 있다. 이때의 전단응력은?

① 전 단면에서 걸쳐 일정하다.
② 벽면에서는 0이고, 중심에서는 최대가 된다.
③ 포물선의 형태를 갖는다.
④ 중심에서는 0이고, 중심으로부터의 거리에 비례하여 증가한다.

> **해설** 관수로
> ㉠ 유속분포 : 관벽에서 0이고, 중앙에서 최대인 포물선분포
> ㉡ 전단응력 : 중앙에서 0이고, 벽에서 최대인 직선 비례

정답 10. ② 11. ③ 12. ④ 13. ③ 14. ② 15. ④

16 관수로에서 흐름이 층류인 경우 마찰계수 f는 어떠한가?

① 조도에만 영향을 받는다.
② Reynolds수에만 영향을 받는다.
③ 조도와 Reynolds수에 영향을 받는다.
④ 항상 0.2778의 값이다.

> **해설** 층류인 경우의 마찰손실계수
> $$f = \frac{64}{R_e}$$

17 관수로에 물이 흐를 때 어떠한 조건하에서도 층류가 되는 경우는? (단, R_e : 레이놀즈수)

① $R_e > 4,000$
② $3,000 < R_e < 4,000$
③ $2,000 < R_e < 3,000$
④ $R_e < 2,000$

> **해설** 레이놀즈수의 흐름 판별
> ㉠ $R_e \leq 2,000$: 층류
> ㉡ $2,000 < R_e < 4,000$: 과도상태 또는 불안정 층류
> ㉢ $R_e \geq 4,000$: 난류(대부분 자연계의 흐름)

18 관수로의 마찰손실공식 $h = f \dfrac{l}{D} \dfrac{V^2}{2g}$ 에 있어서 난류에서의 마찰손실계수 f는?

① 관벽의 조도의 함수이다.
② 레이놀즈수(Reynolds number)만의 함수이다.
③ 레이놀즈수와 관벽의 조도의 함수이다.
④ 레이놀즈수와 상대조도의 함수이다.

> **해설** 난류인 경우의 마찰손실계수
> ㉠ 매끈한 관일 때 : f는 R_e만의 함수이다.
> ㉡ 거친 관일 때 : f는 R_e에는 관계없고 $\dfrac{e}{D}$만의 함수이다.

19 마찰손실계수(f)와 Reynolds수(R_e) 및 상대조도(e/D)의 관계를 나타낸 Moody도표에 대한 설명으로 옳지 않은 것은?

① 층류영역에서는 관의 조도에 관계없이 단일 직선이 적용된다.
② 완전 난류의 완전히 거친 영역에서 f는 R_e^n과 반비례하는 관계를 보인다.
③ 층류와 난류의 물리적 상이점은 $f - R_e$ 관계가 한계Reynolds수 부근에서 갑자기 변한다.
④ 난류영역에서는 $f - R_e$ 곡선은 상대조도에 따라 변하며, Reynolds수보다는 관의 조도가 더 중요한 변수가 된다.

> **해설** 완전 난류의 완전히 거친 영역에서 f는 R_e에는 관계가 없고 $\dfrac{e}{D}$만의 함수이다.

20 레이놀즈수가 1,000인 관에 대한 마찰손실계수(f)는?

① 0.032
② 0.046
③ 0.052
④ 0.064

> **해설** 원관 내 마찰손실계수
> $R_e = 1,000$일 때 층류이므로
> $$\therefore f = \frac{64}{R_e} = \frac{64}{1,000} = 0.064$$

21 층류 저층(laminar sublayer)을 옳게 기술한 것은?

① 난류상태로 흐를 때 벽면 부근의 층류 부분을 말한다.
② 층류상태로 흐를 때 관 바닥면에서의 흐름을 말한다.
③ Reynolds실험장치에서 관 입구 부분의 흐름을 말한다.
④ 홍수 시의 하상(河床) 부분의 흐름을 말한다.

정답 16. ② 17. ④ 18. ④ 19. ② 20. ④ 21. ①

해설 ㉠ 실제 유체의 흐름에서 유체의 점성 때문에 경계면에서는 유속이 0이 되고, 경계면으로부터 멀어질수록 유속은 증가하게 된다. 그러나 경계면으로부터의 거리가 일정한 거리만큼 떨어진 다음부터는 유속이 일정하게 되는데, 이러한 영역을 경계층이라 한다.
㉡ 경계층 내의 흐름이 난류일 때 경계면이 대단히 매끈하면 경계면에 인접한 아주 얇은 층 내에는 층류가 존재하는데, 이를 층류 저층이라 한다. 즉, 층류 저층이란 난류상태로 흐를 때 벽면 부근의 층류 부분을 말한다.

22 지름이 4cm인 원관 속에 20℃의 물이 흐르고 있다. 관로길이 1.0m 구간에서 압력강하가 0.1gf/cm²이었다면 관벽의 마찰응력은?

① 0.98dyne/cm² ② 1.96dyne/cm²
③ 9.8dyne/cm²   ④ 19.6dyne/cm²

해설 **마찰력(전단응력)**
$$\tau = \frac{\gamma h_L}{2l} r = \frac{\Delta P}{2l} r = \frac{0.1}{2 \times 100} \times 2$$
$$= 0.001 g/cm^2 = 0.98 dyne/cm^2$$

23 관수로에서 상대조도란 무엇인가?

① 관의 직경에 대한 관벽의 조도와의 비
② 최대 유속에 대한 관벽의 조도와의 비
③ 평균유속에 대한 관벽의 조도와의 비
④ 한계Reynolds수에 대한 관벽의 조도와의 비

해설 상대조도 $= \frac{e}{D} = \frac{관벽의\ 조도}{관의\ 지름}$

24 지름 100cm의 원형 단면 관수로에 물이 만수되어 흐를 때의 동수반경은?

① 20cm   ② 25cm
③ 50cm   ④ 75cm

해설 **동수반경(경심)**
$$R_h = \frac{D}{4} = \frac{100}{4} = 25 cm$$

25 원관의 흐름에서 수심이 반지름의 깊이로 흐를 때 경심은?

① $D/4$ ② $D/3$
③ $D/2$ ④ $D/5$

해설 **동수반경(경심)**
$$R_h = \frac{A}{P} = \frac{\frac{\pi D^2}{4} \times \frac{1}{2}}{\frac{\pi D}{2}} = \frac{D}{4}$$

26 단면이 일정한 긴 관에서 마찰손실만이 발생하는 경우 에너지선과 동수경사선은?

① 서로 나란하다.
② 일치한다.
③ 일정하지 않다.
④ 교차한다.

해설 **확률가중모멘트법**
단면이 일정하고 마찰손실만 발생하는 경우에 동수경사선은 에너지선에 대해 유속수두만큼 아래에 위치하며 서로 나란하다.

27 내경 200mm인 관의 조도계수 n이 0.02일 때 마찰손실계수는? (단, Manning공식 등을 사용한다.)

① 0.085   ② 0.090
③ 0.093   ④ 0.096

해설 **마찰손실계수**
$$f = 124.5 n^2 D^{-\frac{1}{3}}$$
$$= 124.5 \times 0.02^2 \times 0.2^{-\frac{1}{3}} = 0.085$$

28 지름 50mm, 길이 10m, 관마찰계수 0.03인 원관 속을 난류가 흐르고 있다. 관 입구와 출구의 압력차가 0.1kgf/cm²일 때 유속은? (단, 물의 단위중량 $\gamma_0 = 1t/m^3$)

① 1.62m/s   ② 1.71m/s
③ 1.81m/s   ④ 1.92m/s

정답 22.① 23.① 24.② 25.① 26.① 27.① 28.③

해설 마찰손실수두

ⓐ $h_L = \dfrac{\Delta P}{\gamma_0} = \dfrac{1}{1} = 1\text{m}$

ⓑ $h_L = f\dfrac{l}{D}\dfrac{V^2}{2g}$

$1 = 0.03 \times \dfrac{10}{0.05} \times \dfrac{V^2}{2 \times 9.8}$

∴ $V = 1.81\text{m/s}$

29 지름 20cm인 관수로에 평균유속이 5m/s로 물이 흐른다. 관길이가 50m일 때 5m의 손실수두가 나타났다면 마찰손실계수와 마찰속도는?

① $f = 0.157$, $U^* = 0.002\text{m/s}$
② $f = 0.0157$, $U^* = 0.22\text{m/s}$
③ $f = 0.157$, $U^* = 0.22\text{m/s}$
④ $f = 0.157$, $U^* = 2.2\text{m/s}$

해설 ⓐ 마찰손실계수

$f = \dfrac{2gDh_L}{lV^2} = \dfrac{2 \times 9.8 \times 0.2 \times 5}{50 \times 5^2}$
$= 0.0157$

ⓑ 마찰속도(전달속도)

$U^* = \sqrt{gRI} = \sqrt{g\dfrac{D}{4}\dfrac{h_L}{L}}$
$= \sqrt{9.8 \times \dfrac{0.2}{4} \times \dfrac{5}{50}} = 0.221\text{m/s}$

30 Manning의 조도계수 $n = 0.012$인 원관을 써서 $1\text{m}^3/\text{s}$의 물을 동수경사 1/100로 송수하려 할 때 적당한 관의 지름은?

① $d = 70\text{cm}$
② $d = 80\text{cm}$
③ $d = 90\text{cm}$
④ $d = 100\text{cm}$

해설 연속방정식

$Q = AV = A\dfrac{1}{n}R^{\frac{2}{3}}I^{\frac{1}{2}}$

$1 = \dfrac{\pi d^2}{4} \times \dfrac{1}{0.012} \times \left(\dfrac{d}{4}\right)^{\frac{2}{3}} \times \left(\dfrac{1}{100}\right)^{\frac{1}{2}}$

∴ $d = 0.7\text{m} = 70\text{cm}$

★ 31 직경이 0.2cm인 매끈한 관 속을 $3\text{cm}^3/\text{s}$의 물이 흐를 때 관의 길이 0.5m에 대한 마찰손실수두는? (단, 물의 동점성계수 $\nu = 1.12 \times 10^{-2}\text{cm}^2/\text{s}$)

① 37.3cm
② 43.7cm
③ 57.3cm
④ 61.6cm

해설 마찰손실수두

ⓐ $V = \dfrac{Q}{A} = \dfrac{3 \times 4}{\pi \times 0.2^2} = 95.49\text{cm/s}$

ⓑ $R_e = \dfrac{VD}{\nu} = \dfrac{95.49 \times 0.2}{1.12 \times 10^{-2}}$
$= 1705.18 < 2,000$이므로 층류

ⓒ $f = \dfrac{64}{R_e} = \dfrac{64}{1705.18} = 0.0375$

ⓓ $h_L = f\dfrac{l}{D}\dfrac{V^2}{2g}$
$= 0.0375 \times \dfrac{50}{0.2} \times \dfrac{95.49^2}{2 \times 980} = 43.61\text{cm}$

★ 32 경심이 5m이고 동수경사가 1/200인 관로에서의 레이놀즈수가 1,000인 흐름으로 흐를 때 관 속의 유속은?

① 7.5m/s
② 5.5m/s
③ 3.2m/s
④ 2.5m/s

해설 Manning의 평균유속공식

ⓐ $f = \dfrac{64}{R_e} = \dfrac{64}{1,000} = 0.064$

ⓑ $f = 124.5n^2 D^{-\frac{1}{3}}$

$0.064 = 124.5 \times n^2 \times (4 \times 5)^{-\frac{1}{3}}$

∴ $n = 0.037$

ⓒ $V = \dfrac{1}{n}R_h^{\frac{2}{3}}I^{\frac{1}{2}} = \dfrac{1}{0.037} \times 5^{\frac{2}{3}} \times \left(\dfrac{1}{200}\right)^{\frac{1}{2}}$
$= 5.59\text{m/s}$

33 다음 그림과 같이 원형관을 통하여 정상상태로 흐를 때 관의 축소부로 인한 수두손실은? (단, $V_1 = 0.5\text{m/s}$, $D_1 = 0.2\text{m}$, $D_2 = 0.1\text{m}$, $f_c = 0.36$)

① 0.46cm
② 0.92cm
③ 3.65cm
④ 7.30cm

정답 29. ② 30. ① 31. ② 32. ② 33. ④

> **해설** 축소손실수두
> ㉠ $A_1 V_1 = A_2 V_2$
> $\frac{\pi \times 0.2^2}{4} \times 0.5 = \frac{\pi \times 0.1^2}{4} \times V_2$
> ∴ $V_2 = 2\text{m/s}$
> ㉡ $h_c = f_c \frac{V_2^2}{2g} = 0.36 \times \frac{2^2}{2 \times 9.8} = 0.073\text{m}$

34 직경 0.2cm인 유리관 속에 0.8cm³/s의 물이 흐를 때 관의 단위길이 m당 마찰손실수두는? (단, 물의 동점성 계수=1.12×10⁻²cm²/s)

① 18.6cm ② 23.3cm
③ 29.2cm ④ 32.8cm

> **해설** 마찰손실수두
> ㉠ $V = \frac{Q}{A} = \frac{0.8 \times 4}{\pi \times 0.2^2} = 25.46\text{cm/s}$
> ㉡ $R_e = \frac{VD}{\nu} = \frac{25.46 \times 0.2}{1.12 \times 10^{-2}}$
> $= 454.64 < 2,000$이므로 층류
> ㉢ $f = \frac{64}{R_e} = \frac{64}{454.64} = 0.141$
> ㉣ $h_L = f \frac{l}{D} \frac{V^2}{2g}$
> $= 0.141 \times \frac{100}{0.2} \times \frac{25.46^2}{2 \times 980} = 23.32\text{cm}$

35 내경이 10cm인 관로에서 관벽의 마찰에 의한 손실수두가 속도수두와 같을 때 관의 길이는? (단, $f = 0.03$)

① 2.33m ② 4.33m
③ 5.33m ④ 3.33m

> **해설** 마찰손실수두
> $h_L = f \frac{l}{D} \frac{V^2}{2g} = \frac{V^2}{2g}$ 에서
> $f \frac{l}{D} = 1$
> $0.03 \times \frac{l}{0.1} = 1$
> ∴ $l = 3.33\text{m}$

36 Pipe의 배관에 있어서 엘보(elbow)에 의한 손실수두와 직선관의 마찰손실수두가 같아지는 직선관의 길이는 직경의 몇 배에 해당하는가? (단, 관의 마찰계수 f는 0.025이고, 엘보의 미소손실계수 K는 0.9이다.)

① 48배 ② 40배
③ 36배 ④ 20배

> **해설** 마찰손실수두
> $f_b \frac{V^2}{2g} = f \frac{l}{D} \frac{V^2}{2g}$ 에서
> $f_b = f \frac{l}{D}$
> $0.9 = 0.025 \times \frac{l}{D}$
> ∴ $\frac{l}{D} = 36$

37 경심이 10m이고, 동수경사가 1/100인 관로의 마찰손실계수가 $f = 0.04$일 때 유속은?

① 20m/s ② 10m/s
③ 24m/s ④ 14m/s

> **해설** Chezy의 평균유속공식(지수형)
> ㉠ $f = \frac{8g}{C^2}$
> $0.04 = \frac{8 \times 9.8}{C^2}$
> ∴ $C = 44.27$
> ㉡ $V = C\sqrt{R_h I}$
> $= 44.27 \times \sqrt{10 \times \frac{1}{100}} = 14\text{m/s}$

38 관수로에서 매끈한 관과 거친 관을 구별하는 조건은?

① 층류 저층의 두께에 대한 관조도입자의 상대적 크기
② 관조도입자의 절대적 크기
③ 난류혼합거리에 대한 관조도입자의 상대적 크기
④ 마찰속도와 관조도입자의 상대적 크기

> **해설** ㉠ 매끈한 관 : 관조도입자가 층류 저층의 두께보다 작은 관
> ㉡ 거친 관 : 관조도입자가 층류 저층의 두께보다 큰 관

정답 34.② 35.④ 36.③ 37.④ 38.①

39 저수지의 수심이 56.12m인 곳에 직경 20cm, 마찰손실계수가 0.02인 100m 길이의 관이 수평으로 설치되어 있을 때 관 끝에서의 유속을 구한 값은? (단, 마찰손실만 고려한다.)

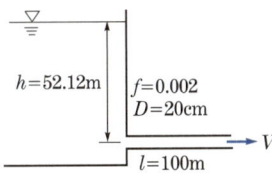

① 15m/s ② 10m/s
③ 50m/s ④ 0.7m/s

해설 베르누이정리
$$Z_1 + \frac{P_1}{\gamma} + \frac{V_1^2}{2g} = Z_2 + \frac{P_2}{\gamma} + \frac{V_2^2}{2g} + h_L$$
$$56.12 + 0 + 0$$
$$= 0 + 0 + \frac{V_2^2}{2 \times 9.8} + 0.02 \times \frac{100}{0.2} \times \frac{V_2^2}{2 \times 9.8}$$
$$\therefore V_2 \fallingdotseq 10\text{m/s}$$

40 관수로에서 동수경사선에 대한 설명으로 옳은 것은?

① 수평기준선에서 손실수두와 속도수두를 가산한 수두선이다.
② 관로 중심선에서 압력수두와 속도수두를 가산한 수두선이다.
③ 전수두에서 손실수두를 제외한 수두선이다.
④ 에너지선에서 속도수두를 제외한 수두선이다.

해설 베르누이정리
동수경사선은 에너지선보다 유속수두만큼 아래에 위치한다.

41 다음 그림과 같은 수조에 연결된 지름 30cm의 관로 끝에 지름 7.5cm의 노즐이 부착되어 있다. 관로의 노즐을 지날 때까지의 모든 손실수두의 크기가 10m일 때 이 노즐에서의 유출량은?

① 0.138m³/s
② 0.124m³/s
③ 1.979m³/s
④ 2.213m³/s

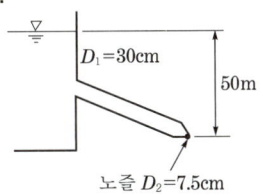

해설 ㉠ 베르누이정리
$$Z_1 + \frac{P_1}{\gamma} + \frac{V_1^2}{2g} = Z_2 + \frac{P_2}{\gamma} + \frac{V_2^2}{2g} + \sum h$$
$$50 + 0 + 0 = 0 + 0 + \frac{V_2^2}{2 \times 9.8} + 10$$
$$\therefore V_2 = 28\text{m/s}$$
㉡ 유량
$$Q = A_2 V_2 = \frac{\pi \times 0.075^2}{4} \times 28$$
$$= 0.124\text{m}^3/\text{s}$$

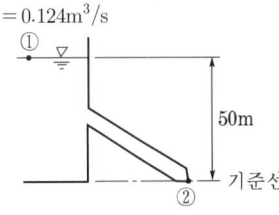

42 다음 그림에서 손실수두가 $\frac{3V^2}{2g}$ 일 때 지름 0.1m의 관을 통과하는 유량은? (단, 수면은 일정하게 유지된다.)

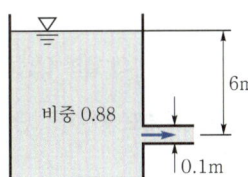

① 0.085m³/s ② 0.0426m³/s
③ 0.0399m³/s ④ 0.0798m³/s

해설 ㉠ 베르누이정리
$$Z_1 + \frac{P_1}{\gamma} + \frac{V_1^2}{2g} = Z_2 + \frac{P_2}{\gamma} + \frac{V_2^2}{2g} + \sum h_L$$
$$6 + 0 + 0 = 0 + 0 + \frac{V_2^2}{2 \times 9.8} + \frac{3V_2^2}{2 \times 9.8}$$
$$\therefore V_2 = 5.42\text{m/s}$$
㉡ 유량
$$Q = A_2 V_2 = \frac{\pi \times 0.01^2}{4} \times 5.42$$
$$= 0.0426\text{m}^3/\text{s}$$

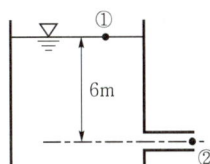

43 기준면상 높이 7m의 위치에 있는 단면 1의 안지름이 50cm, 유속이 2m/s, 압력이 3kgf/cm²이고, 높이 2m의 위치에 있는 단면 2의 안지름은 25cm, 압력은 2.5kgf/cm²이다. 이 관수로의 단면 1과 단면 2 사이에서 발생하는 손실수두는?

① 6.94m ② 5.94m
③ 4.94m ④ 3.94m

해설 ㉠ 연속방정식
$$Q = A_1 V_1 = A_2 V_2$$
$$\frac{\pi \times 0.5^2}{4} \times 2 = \frac{\pi \times 0.25^2}{4} \times V_2$$
$$\therefore V_2 = 8\text{m/s}$$
㉡ 베르누이정리
$$Z_1 + \frac{P_1}{\gamma} + \frac{V_1^2}{2g} = Z_2 + \frac{P_2}{\gamma} + \frac{V_2^2}{2g} + \sum h$$
$$7 + \frac{30}{1} + \frac{2^2}{2 \times 9.8} = 2 + \frac{25}{1} + \frac{8^2}{2 \times 9.8} + \sum h$$
$$\therefore \sum h = 6.94\text{m}$$

44 관수로 계산에서 $\frac{l}{D}$ 이 얼마 이상이면 마찰손실 이외의 소손실을 생략해도 좋은가? (단, D : 관의 지름, l : 관의 길이)

① 100 ② 300
③ 1,000 ④ 3,000

해설 $\frac{l}{D} \geq 3{,}000$(장관)일 때 마찰손실수두 이외의 소손실(minor loss)은 무시해도 좋다.

45 Manning의 평균유속공식에서 Chezy의 평균유속계수 C에 대응되는 것은?

① $\frac{1}{n}R$ ② $\frac{1}{n}R^{\frac{1}{2}}$
③ $\frac{1}{n}R^{\frac{1}{3}}$ ④ $\frac{1}{n}R^{\frac{1}{6}}$

해설 Manning의 평균유속공식
$$C = \frac{1}{n} R^{\frac{1}{6}}$$

46 관수로에서의 각종 손실 중 가장 큰 손실은?

① 관의 만곡손실
② 관의 단면변화에 의한 손실
③ 관의 마찰손실
④ 관의 출구와 입구에 의한 손실

해설 관수로의 최대 손실은 관의 마찰손실이다.

47 손실계수 중 특별한 형상이 아닌 경우 일반적으로 그 값이 가장 큰 것은?

① 입구손실계수(f_i)
② 단면 급확대손실계수(f_{se})
③ 단면 급축소손실계수(f_{sc})
④ 출구손실계수(f_o)

해설 손실계수 중 가장 큰 것은 유출(출구)손실계수로서 $f_o = 1$이다.
참고 유입(입구)손실계수 : $f_i = 0.5$

48 A, B 두 저수지가 지름 1m, 길이 100m, 마찰손실계수 0.02인 관으로 연결되었을 때 A, B 두 저수지의 수면 높이차가 10m이면 관 내의 유속은? (단, 유입구, 유출구 및 마찰손실만을 고려하며 유입구+유출구의 손실계수=1.5)

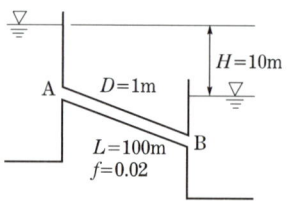

① 7.48m/s ② 17.48m/s
③ 0.74m/s ④ 1.48m/s

해설 관 내 평균유속
$$H = \left(f_i + f_o + f\frac{l}{D}\right)\frac{V^2}{2g}$$
$$10 = \left(1.5 + 0.02 \times \frac{100}{1}\right) \times \frac{V^2}{2 \times 9.8}$$
$$\therefore V = 7.48\text{m/s}$$

정답 43.① 44.④ 45.④ 46.③ 47.④ 48.①

49 유량이 0.5m³/s인 관수로의 지름이 20cm에서 40cm로 증가하는 경우 손실수두는?

① 8.15m
② 7.68m
③ 6.52m
④ 7.27m

> **해설** 급확대손실수두
> ㉠ $Q = A_1 V_1$
> $0.5 = \dfrac{\pi \times 0.2^2}{4} \times V_1$
> $\therefore V_1 = 15.92\text{m/s}$
> ㉡ $h_{se} = \left(1 - \dfrac{A_1}{A_2}\right)^2 \dfrac{V_1^2}{2g}$
> $= \left[1 - \left(\dfrac{D_1}{D_2}\right)^2\right]^2 \dfrac{V_1^2}{2g}$
> $= \left[1 - \left(\dfrac{20}{40}\right)^2\right]^2 \times \dfrac{15.92^2}{2 \times 9.8}$
> $= 7.27\text{m}$

50 A저수지에서 200m 떨어진 B저수지로 지름 20cm, 마찰손실계수 0.035인 원형관으로 0.0628m³/s의 물을 송수하려고 한다. A저수지와 B저수지 사이의 수위차는? (단, 마찰손실, 단면 급확대 및 급축소의 손실을 고려한다.)

① 5.75m
② 6.94m
③ 7.14m
④ 7.45m

> **해설** 수위차
> $V = \dfrac{Q}{A} = \dfrac{0.0628}{\dfrac{\pi \times 0.2^2}{4}} = 2\text{m/s}$
> $\therefore H = \left(f_i + f_o + f \dfrac{l}{D}\right) \dfrac{V^2}{2g}$
> $= \left(0.5 + 1 + 0.035 \times \dfrac{200}{0.2}\right) \times \dfrac{2^2}{2 \times 9.8}$
> $= 7.45\text{m}$

51 다음 그림과 같은 관수로의 말단에서 유출량은? (단, 입구손실계수=0.5, 만곡손실계수=0.2, 출구손실계수=1.0, 마찰손실계수=0.02)

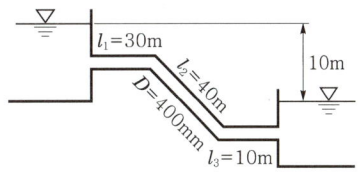

① 724l/s
② 824l/s
③ 924l/s
④ 1,024l/s

> **해설** 관 내 유량
> ㉠ $H = \left(f_i + 2f_b + f_o + f \dfrac{l}{D}\right) \dfrac{V^2}{2g}$
> $10 = \left(0.5 + 2 \times 0.2 + 1 + 0.02 \times \dfrac{30 + 40 + 10}{0.4}\right) \times \dfrac{V^2}{2 \times 9.8}$
> $\therefore V = 5.76\text{m/s}$
> ㉡ $Q = AV$
> $= \dfrac{\pi \times 0.4^2}{4} \times 5.76$
> $= 0.724\text{m}^3/\text{s} = 724l/\text{s}$

52 낙차 10m인 두 수조를 연결하는 길이 50m, 직경 200mm의 관수로가 있다. 관의 유량은? (단, $f_i = 0.5$, $f_o = 1.0$, $n = 0.014$)

① 0.407m³/s
② 0.307m³/s
③ 0.207m³/s
④ 0.127m³/s

> **해설** 관 내 유량
> ㉠ $f = 124.5 n^2 D^{-\frac{1}{3}}$
> $= 124.5 \times 0.014^2 \times 0.2^{-\frac{1}{3}} = 0.042$
> ㉡ $H = \left(f_i + f_o + f \dfrac{l}{D}\right) \dfrac{V^2}{2g}$
> $10 = \left(0.5 + 1 + 0.042 \times \dfrac{50}{0.2}\right) \times \dfrac{V^2}{2 \times 9.8}$
> $\therefore V = 4.04\text{m/s}$
> ㉢ $Q = AV = \dfrac{\pi \times 0.2^2}{4} \times 4.04 = 0.127\text{m}^3/\text{s}$

정답 49. ④ 50. ④ 51. ① 52. ④

2. 관수로의 시스템

53 다음 그림과 같이 원관으로 된 관로에서 $D_2 = 200$mm, $Q_2 = 150\,l/s$이고, $D_3 = 150$mm, $V_3 = 2.2$m/s인 경우 $D_1 = 300$mm에서의 유량 Q_1은?

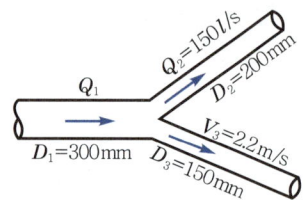

① $188.9\,l/s$ ② $180.0\,l/s$
③ $170.4\,l/s$ ④ $160.2\,l/s$

해설 분기 관수로의 유량
㉠ $Q_3 = A_3 V_3$
$= \dfrac{\pi \times 0.15^2}{4} \times 2.2$
$= 0.0389\,\text{m}^3/\text{s} = 38.9\,l/s$
㉡ $Q_1 = Q_2 + Q_3 = 150 + 38.9 = 188.9\,l/s$

54 다음과 같은 분기 관수로에서 에너지선(EL)이 그림에 표시된 바와 같다면 옳은 것은? (단, NB구간의 에너지선은 수평이다.)

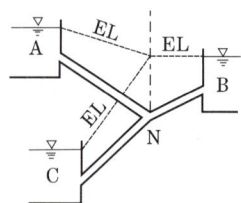

① 물은 A수조부터 B, C수조로 흐른다.
② 물은 A, B수조부터 C수조로 흐른다.
③ 물은 A수조부터 C수조로만 흐른다.
④ 물은 A, C수조부터 B수조로 흐른다.

해설 NB구간에서는 에너지선이 수평이므로 물이 흐르지 않고, AN, NC구간에서는 에너지선이 하향경사이므로 물은 A수조에서 C수조로만 흐른다.

55 다음 그림의 관로 1, 2, 3, 4에서의 마찰손실수두를 각각 h_1, h_2, h_3, h_4라 할 때 옳은 것은? (단, 관의 지름은 동일하다.)

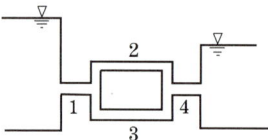

① $h_3 > h_2$ ② $h_2 > h_3$
③ $h_1 = h_2 + h_3$ ④ $h_2 = h_3$

해설 병렬 관수로 2, 3의 손실수두는 서로 같으므로 $h_2 = h_3$이다.

56 다음 그림과 같이 A에서 분기된 관이 B에서 다시 합류하는 경우 관 Ⅰ과 관 Ⅱ의 손실수두를 비교하면?

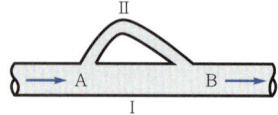

① 관 Ⅰ의 손실수두가 크다.
② 관 Ⅱ의 손실수두가 크다.
③ 두 관의 손실수두는 같다.
④ 경우에 따라 다르다.

해설 병렬 관수로 Ⅰ, Ⅱ의 손실수두는 같다.

57 다음 그림과 같은 관로의 흐름에 대한 설명으로 옳지 않은 것은? (단, h_1, h_2는 위치 1, 2에서의 손실수두, h_{LA}, h_{LB}는 각각 관로 A 및 B에서의 손실수두이다.)

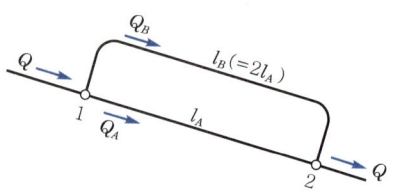

① $h_{LA} = h_{LB}$ ② $Q = Q_A + Q_B$
③ $h_2 = h_1 + 2h_{LB}$ ④ $h_2 = h_1 + h_{LA}$

해설 **병렬 관수로**
  ㉠ $Q = Q_A + Q_B$
  ㉡ $h_2 = h_1 + h_{LA} = h_1 + h_{LB}$
  ㉢ $h_{LA} = L_{LB}$

58 다음 그림과 같은 병렬 관수로에서 $D_1 : D_2 = 2 : 1$, $l_1 : l_2 = 1 : 2$이며 $f_1 = f_2$일 때 $\dfrac{V_1}{V_2}$는?

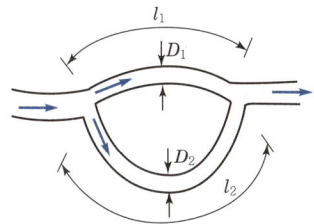

① $\dfrac{1}{2}$ ② 1
③ 2   ④ 4

해설 **유속비**

유속비 $= \dfrac{f_1 \dfrac{l_1}{D_1} \dfrac{V_1^2}{2g}}{f_2 \dfrac{l_2}{D_2} \dfrac{V_2^2}{2g}} = \dfrac{\dfrac{l_1}{2D_2} V_1^2}{\dfrac{2l_1}{D_2} V_2^2} = \left(\dfrac{V_1}{V_2}\right)^2$

$= 4$

∴ $\dfrac{V_1}{V_2} = 2$

참고 **병렬 관수로의 해석**
  • 병렬 관수로 각 관로의 손실수두의 합은 같다.
    ∴ $h_{L1} = h_{L2}$
  • 손실수두
    $h_{L1} = f_1 \dfrac{l_1}{D_1} \dfrac{V_1^2}{2g}$, $h_{L2} = f_2 \dfrac{l_2}{D_2} \dfrac{V_2^2}{2g}$
  • 유속비
    유속비 $= \dfrac{h_{L1}}{h_{L2}} = \dfrac{f_1 \dfrac{l_1}{D_1} \dfrac{V_1^2}{2g}}{f_2 \dfrac{l_2}{D_2} \dfrac{V_2^2}{2g}}$

59 수로 ABC와 ADC의 유량을 $0.5\text{m}^3/\text{s}$라 할 때 ABC의 수두손실이 17.3m이다. ADC의 손실수두는 얼마인가?

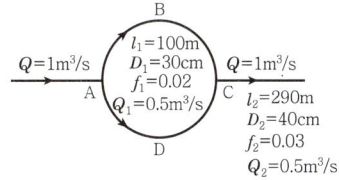

① 17.3m   ② 50.17m
③ 34.6m   ④ 8.65m

해설 ABC손실이 17.3m이므로 ADC의 손실 또한 17.3m이다.

참고 **병렬 관수로의 해석**
  • 유량: $Q_1 = Q_2 + Q_3 = Q_4$
  • 병렬 관수로 각 관로의 손실수두의 합은 같다.
    ∴ $h_{L1} = h_{L2}$

★
60 관의 직경과 유속이 다른 두 개의 병렬 관수로(looping pipe line)에 대한 설명 중 옳은 것은?
① 각 관의 수두손실은 전 손실을 구하기 위하여 합한다.
② 각 관에서의 유량은 같다고 본다.
③ 각 관에서의 손실수두는 같다고 본다.
④ 전 유량이 주어지면 각 관의 유량은 등분하여 결정한다.

해설 **병렬 관수로**
  ㉠ 일반적으로 병렬 관수로는 관의 길이가 커서 마찰손실만 고려한다.
  ㉡ 각 병렬 관수로에서 손실수두의 크기는 같다.
  ㉢ 손실수두의 크기는 일정하고, 유량은 각 관의 유량을 합한 것과 같다.

61 사이펀에 대한 설명으로 가장 옳은 것은?
① 사이펀이란 만곡된 수로이다.
② 역사이펀과 보통 사이펀은 형상은 반대이나 수리학적 이론은 같다.
③ 부압이 생기는 부분이 없는 관로이다.
④ 관의 일부가 동수경사선보다 위에 있는 관로이다.

해설 관의 일부가 동수경사선보다 높은 경우의 관수로를 사이펀(siphon)이라 한다.

정답 58. ③ 59. ① 60. ③ 61. ④

62 사이펀(siphon)에 관한 사항 중 옳지 않은 것은?

① 관수로의 일부가 동수경사선보다 높은 곳을 통과하는 것을 말한다.
② 사이펀 내에서는 부압(負壓)이 생기는 곳이 있다.
③ 수로가 하천이나 철도를 횡단할 때도 이것을 설치한다.
④ 사이펀의 정점과 동수경사선과의 고저차는 8.0m 이하로 설계하는 것이 보통이다.

> **해설** 관수로가 계곡 또는 하천을 횡단할 때에는 역사이펀을 사용한다.

63 다음 설명 중 틀린 것은?

① 관망은 Hardy-Cross의 근사 계산법으로 풀 수 있다.
② 관망 계산에서 시계방향과 반시계방향으로 흐를 때의 마찰손실수두의 합은 0이라고 가정한다.
③ 관망 계산 시 각 관에서의 유량을 임의로 가정해도 결과는 같아진다.
④ 관망 계산 시는 극히 작은 손실도 무시하면 안 된다.

> **해설** Hardy-Cross 관망 계산법의 가정조건
> ㉠ $\sum Q = 0$ 조건 : 각 분기점 또는 합류점에 유입하는 유량은 그 점에서 정지하지 않고 전부 유출한다.
> ㉡ $\sum h_L = 0$ 조건 : 각 폐합관에서 시계방향 또는 반시계방향으로 흐르는 관로의 손실수두의 합은 0이다.
> ㉢ 관망 설계 시 손실은 마찰손실만 고려한다.

64 Hardy-Cross의 관망 계산 시 가정조건에 대한 설명으로 옳은 것은?

① 합류점에 유입하는 유량은 그 점에서 1/2만 유출된다.
② Hardy-Cross방법은 관경에 관계없이 관수로의 분할개수에 의해 유량분배를 하면 된다.
③ 각 분기점에 유입하는 유량은 그 점에서 정지하지 않고 전부 유출한다.
④ 폐합관에서 시계방향 또는 반시계방향으로 흐르는 관로의 손실수두의 합이 0이 될 수 없다.

> **해설** Hardy-Cross 관망 계산법의 가정조건
> ㉠ $\sum Q = 0$ 조건 : 각 분기점 또는 합류점에 유입하는 유량은 그 점에서 정지하지 않고 전부 유출한다.
> ㉡ $\sum h_L = 0$ 조건 : 각 폐합관에서 시계방향 또는 반시계방향으로 흐르는 관로의 손실수두의 합은 0이다.
> ㉢ 관망 설계 시 손실은 마찰손실만 고려한다.

65 관망에서 실제 유량 Q, 손실수두 h, 가정유량 Q'일 때 손실수두 h'라 하고, 보정유량 ΔQ일 때 손실수두를 Δh라 하면 하디-크로스(Hardy-Cross)법에 의한 유량보정량을 구하는 식을 옳게 표시한 것은? (단, $k = f \sum \dfrac{l}{D} \dfrac{1}{2g} \left(\dfrac{4}{\pi D^2} \right)^2$)

① $\Delta Q = -\dfrac{\sum h'}{k \sum Q'}$ ② $\Delta Q = -\dfrac{\sum h}{k \sum Q'}$
③ $\Delta Q = -\dfrac{\sum h'}{\sum k Q}$ ④ $\Delta Q = -\dfrac{\sum h'}{2 \sum k Q'}$

> **해설** Hardy-Cross법의 유량보정량
> $\Delta Q = -\dfrac{\sum h'}{2 \sum k Q'}$

66 관망에 대한 설명으로 옳지 않은 것은?

① 다수의 분기관과 합류관으로 혼합되어 하나의 관계통으로 연결된 관로를 칭한다.
② Hardy-Cross법은 관망은 가장 정확하게 계산할 수 있는 해석방법이다.
③ 관망 계산은 각 관로의 유량과 손실수두의 관계로부터 해석한다.
④ 각 폐합관에서 관로손실수두의 합이 0이라고 가정하여 해석하는 것이 효과적이다.

정답 62. ③ 63. ④ 64. ③ 65. ④ 66. ②

> **해설** 관망
> ㉠ 하나의 관에서 두 개 또는 여러 개로 분기하여 다시 하나의 관으로 합쳐지는 관을 병렬 관수로라 하며, 여러 개의 병렬 관수로가 모여 만든 관로 계통을 관망(pipe network)이라 한다.
> ㉡ 관망 해석은 Hazen–Williams의 유량공식을 사용하며, Hardy–Cross의 시행착오법을 사용한다.
> ㉢ Hardy–Cross의 시행착오법은 근사 해석으로 가정과 계산을 반복하는 방법으로 계산이 복잡하고 시간이 많이 소요된다.
> ㉣ 관망 계산은 각 관로의 유량과 손실수두의 관계로부터 해석한다.
> ㉤ 각 폐합관에서 관로손실수두의 합이 0이라고 가정하여 해석하는 것이 효과적이다.

67 긴 관로상의 유량조절밸브를 갑자기 폐쇄시키면 관로 내의 유량은 갑자기 크게 변화하게 되며 관 내의 물의 질량과 운동량 때문에 관벽에 큰 힘을 가하게 되어 정상적인 동수압보다 몇 배의 큰 압력 상승이 일어난다. 이와 같은 현상을 무엇이라 하는가?

① 공동현상 ② 도수현상
③ 수격작용 ④ 배수현상

> **해설** 수격작용(water hammer)
> 펌프의 급정지, 급가동 또는 밸브를 급폐쇄하면 관로 내 유속의 급격한 변화가 발생하여 관 내의 물의 질량과 운동량 때문에 관벽에 큰 힘을 가하게 되어 정상적인 동수압보다 몇 배의 큰 압력 상승이 일어나는 현상을 말한다.

68 공동현상(cavitation)과 관계가 가장 먼 내용은?

① 유수(流水) 중 국부적인 저압부
② 증기압
③ 저유속
④ 피팅(pitting)

> **해설** 공동현상(cavitation)
> ㉠ 유수 속에 유속이 큰 부분이 있으면 압력이 저하되어 물속에 용해하고 있던 공기가 분리되어 물속에 공기덩어리를 조성하게 되는 현상을 말한다.
> ㉡ 공동 속의 압력은 증기압 때문에 절대압은 0이 되지 않는다.

3. 유수에 의한 동력

69 유량 1.5m³/s, 낙차 100m인 지점에서 발전할 때 이론 수력은?

① 1,470kW ② 1,995kW
③ 2,000kW ④ 2,470kW

> **해설** 수차의 동력
> $P = 9.8QH = 9.8 \times 1.5 \times 100 = 1,470\text{kW}$

70 0.3m³/s의 물을 실양정 45m의 높이로 양수하는 데 필요한 펌프의 동력은? (단, 마찰손실수두는 18.6m이다.)

① 186.98kW ② 196.98kW
③ 214.4kW   ④ 224.4kW

> **해설** 펌프의 동력
> $P_p = \dfrac{9.8Q(h+h_L)}{\eta}$
> $= 9.8 \times 0.3 \times (45+18.6) = 186.98\text{kW}$

71 양수발전소의 펌프용 전동기 동력이 20,000kW, 펌프의 효율은 88%, 양정고는 150m, 손실수두가 10m일 때 양수량은?

① 15.5m³/s ② 14.5m³/s
③ 11.2m³/s ④ 12.0m³/s

> **해설** 펌프의 동력
> $P = 9.8 \dfrac{Q(H+\sum h)}{\eta}$ [kW]
> $20,000 = 9.8 \times \dfrac{Q \times (150+10)}{0.88}$
> $\therefore Q = 11.22\text{m}^3/\text{s}$

72 관정의 펌프용 전동기 동력이 100kW, 펌프의 효율이 93%, 양정고가 150m, 손실수두가 10m일 때 펌프에 의한 양수량은?

① 0.02m³/s ② 0.06m³/s
③ 0.12m³/s ④ 0.15m³/s

> **해설** 펌프의 동력
> $$P = 9.8 \frac{Q(H+\Sigma h)}{\eta} \, [\text{kW}]$$
> $$100 = 9.8 \times \frac{Q \times (150+10)}{0.93}$$
> $$\therefore Q = 0.06 \text{m}^3/\text{s}$$

★
73 양수발전소에서 상·하 저수지의 수면차가 80m, 양수관로 내의 손실수두가 5m, 펌프의 효율이 85%일 때 양수동력이 100,000HP이면 양수량은?

① 50m³/s ② 75m³/s
③ 100m³/s ④ 200m³/s

> **해설** 펌프의 동력
> $$P = \frac{1{,}000}{75} \frac{Q(H+\Sigma h)}{\eta}$$
> $$100{,}000 = \frac{1{,}000}{75} \times \frac{Q \times (80+5)}{0.85}$$
> $$\therefore Q = 75 \text{m}^3/\text{s}$$

74 어떤 수평관 속에 물이 2.8m/s의 속도와 45.08kN/m²의 압력으로 흐르고 있다. 이 물의 유량이 0.84m³/s일 때 물의 동력은?

① 420마력 ② 42마력
③ 560마력 ④ 56마력

> **해설** 펌프의 동력
> ㉠ $P = 45.08 \text{kN/m}^2 = 0.46 \text{kgf/cm}^2 = 4.6 \text{tf/m}^2$이므로
> $$H = \frac{P}{\gamma} + \frac{V^2}{2g} = \frac{4.6}{1} + \frac{2.8^2}{2 \times 9.8} = 5\text{m}$$
> ㉡ $P = \frac{1{,}000}{75} QH = \frac{1{,}000}{75} \times 0.84 \times 5$
> $\quad = 56\text{HP}$

★
75 지름 20cm, 길이 100m의 주철관으로서 매초 0.1m³의 물을 40m의 높이까지 양수하려고 한다. 펌프의 효율이 100%라 할 때 필요한 펌프의 동력은? (단, 마찰손실계수는 0.03, 유출 및 유입손실계수는 각각 1.0과 0.5이다.)

① 40HP ② 65HP
③ 75HP ④ 85HP

> **해설** 펌프의 동력
> ㉠ $Q = AV$
> $$0.1 = \frac{\pi \times 0.2^2}{4} \times V$$
> $$\therefore V = 3.18 \text{m/s}$$
> ㉡ $\Sigma h = \left(f_i + f_o + f\frac{l}{D}\right)\frac{V^2}{2g}$
> $\quad = \left(0.5 + 1 + 0.03 \times \frac{100}{0.2}\right) \times \frac{3.18^2}{2 \times 9.8}$
> $\quad = 8.51\text{m}$
> ㉢ $P = \frac{1{,}000}{75} \frac{Q(H+\Sigma h)}{\eta}$
> $\quad = \frac{1{,}000}{75} \times \frac{0.1 \times (40+8.51)}{1} = 64.68\text{HP}$

76 양정이 5m일 때 4.9kW의 펌프로 0.03m³/s를 양수했다면 이 펌프의 효율은 약 얼마인가?

① 0.3 ② 0.4
③ 0.5 ④ 0.6

> **해설** 펌프의 동력
> $$P = 9.8 \frac{QH}{\eta}$$
> $$4.9 = 9.8 \times \frac{0.03 \times 5}{\eta}$$
> $$\therefore \eta = 0.3$$

★
77 양정이 6m일 때 4.2마력의 펌프로 0.03m³/s를 양수했다면 이 펌프의 효율은?

① 42% ② 57%
③ 72% ④ 90%

> **해설** 펌프의 동력
> $$P = \frac{1{,}000}{75} \frac{QH}{\eta}$$
> $$4.2 = \frac{1{,}000}{75} \times \frac{0.03 \times 6}{\eta}$$
> $$\therefore \eta = 0.571 = 57.1\%$$

정답 73. ② 74. ④ 75. ② 76. ① 77. ②

78 다음 그림과 같이 수조 A의 물을 펌프에 의해 수조 B로 양수한다. 연결관의 단면적 200cm², 유량 0.196m³/s, 총손실수두는 속도수두의 3.0배에 해당할 때 펌프의 필요한 동력(HP)은? (단, 펌프의 효율은 98%이며, 물의 단위중량은 9.81kN/m³, 1HP는 735.75N·m/s, 중력가속도는 9.8m/s²)

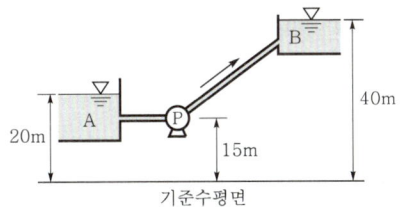

① 92.5HP   ② 101.6HP
③ 105.9HP ④ 115.2HP

> **해설** 펌프의 동력
> ㉠ $V = \dfrac{Q}{A} = \dfrac{0.196}{200 \times 10^{-4}} = 9.8 \text{m/s}$
> ㉡ $H_e = h + \sum h = h + 3\dfrac{V^2}{2g}$
> $\quad = (40-20) + 3 \times \dfrac{9.8^2}{2 \times 9.8} = 34.7\text{m}$
> ㉢ $P_p = \dfrac{\gamma Q H_e}{\eta}$
> $\quad = \dfrac{9,810 \times 0.196 \times 34.7}{0.98}$
> $\quad = 68081.4 \text{N}\cdot\text{m/s} = 92.53\text{HP}$

79 표고 20m인 저수지에서 물을 표고 50m인 지점까지 1.0m³/s의 물을 양수하는데 소요되는 펌프동력은? (단, 모든 손실수두의 합은 3.0m이며, 모든 관은 동일한 직경과 수리학적 특성을 지니고 펌프의 효율은 80%이다.)

① 248kW   ② 330kW
③ 405kW   ④ 650kW

> **해설** 펌프의 동력
> ㉠ $H = 50 - 20 = 30\text{m}$
> ㉡ $P = 9.8\dfrac{Q(H+\sum h)}{\eta}$
> $\quad = 9.8 \times \dfrac{1\times(30+3)}{0.8} = 404.25\text{kW}$

80 직경 1m, 길이 600m인 강관 내를 유량 2m³/s의 물이 흐르고 있다. 밸브를 1초 걸려 닫았을 때 밸브 단면에서의 상승압력수두는? (단, 압력파의 전파속도는 1,000m/s이다.)

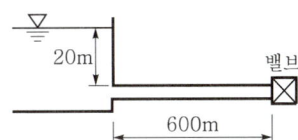

① 220m   ② 260m
③ 300m   ④ 500m

> **해설** 상승압력수두
> $\Delta h = \dfrac{\gamma}{g}\Delta V = \dfrac{1,000}{9.8} \times \dfrac{2}{\dfrac{\pi \times 1^2}{4}} = 259.84\text{m}$
> 여기서, Δh : 압력수두의 변화량
> γ : 압력파의 전파속도

정답 78. ① 79. ③ 80. ②

CHAPTER 07 개수로

출제 POINT

학습 POINT
- 개수로의 특성
- 수리상 유리한 단면

SECTION 1 개수로 일반

1 개수로의 정의 및 특성

1) 개수로의 정의

① 자유수면을 가지고 흐르는 수로로, 유수의 표면이 직접 대기에 접해 흐르는 수로를 말한다.
② 흐름의 원인은 중력과 수로경사나 수면(물의 표면)경사에 의해 흐른다.
③ 하천, 운하, 용수로 등 덮개가 없는 수로뿐만 아니라 지하배수관거, 압력수로 등과 같은 폐수로(암거)라도 물이 일부만 차서 흐르면 개수로에 속한다.

2) 개수로의 특성

① 자유수면을 갖는다.
② 대기압을 받는다.
③ 덮개가 없다. 있어도 물이 일부만 차서 흐른다.
④ 개수로는 관수로와 달리 폭포, 수파, 와류 등 다양한 자유수면의 형태를 갖는다.

3) 수로의 단면형

① 수리상 유리한 단면이란 일정한 단면적에 대하여 최대의 유량이 흐르는 수로를 말하며, 가장 유리한 단면형은 반원형(반원에 외접하는 단면)이다.
② 수리상 유리한 단면은 **경심(R_h)이 최대**가 되든지, **윤변(P)이 최소**가 되어야 한다. 그러나 수리상 유리한 단면에서 반드시 최대 유속이 발생하는 것은 아니다.
③ 구형 단면의 경우 유리한 조건은 수로폭이 수심의 2배가 되는 단면이다.

$$B = 2H$$

■ 수리상 유리한 단면
① 경심 최대
② 윤변 최소
③ 비에너지 최소
④ 비력 최소

■ 구형 단면의 수리상 유리한 조건
$B = 2H$

④ 제형 단면의 경우 유리한 조건은 $\theta=60°$인 경우이고, 정육각형 단면의 $\dfrac{1}{2}$인 단면을 가질 때 가장 유리하다.

$$b = 2h\tan\dfrac{\theta}{2}, \quad l = \dfrac{B}{2}, \quad \tan\theta = \dfrac{1}{m} = \sqrt{3}$$

$$R_{h\max} = \dfrac{h}{2}, \quad B = \dfrac{2h}{\sin\theta}$$

⑤ 포물선형 단면은 인공수로로 만들기 어렵기 때문에 많이 사용되고 있지 않으나, 자연하천의 횡단면은 포물선형 단면과 유사하므로 이 경우에 사용한다.

$$A = \dfrac{2}{3}BH$$

$$P \fallingdotseq B\left[1 + \dfrac{2}{3}\left(\dfrac{2H}{B}\right)^2\right] \quad (B > 5H\text{인 경우})$$

⑥ 원형 단면은 물이 충만한 경우보다 조금 덜 찬 상태에서 최대 유량을 갖는다. 이때의 유속은 최대가 아니다.
  ㉠ 최대 유속($V_{\max}$)을 갖는 흐름

$$H = 0.813D, \quad R = 0.304D, \quad Q = 1.064D^{\frac{8}{3}}$$

  ㉡ 최대 유량($Q_{\max}$)을 갖는 흐름

$$H = 0.94D, \quad R = 0.29D, \quad Q = 1.073D^{\frac{8}{3}}$$

> **출제 POINT**
>
> ■ 제형 단면의 수리상 유리한 단면
>
> 정육각형 단면의 $\dfrac{1}{2}$
>
> ■ 원형 단면에서 $V_{\max}$를 갖는 흐름
>
> $H = 0.813D$
>
> ■ 원형 단면에서 $Q_{\max}$를 갖는 흐름
>
> $H = 0.94D$

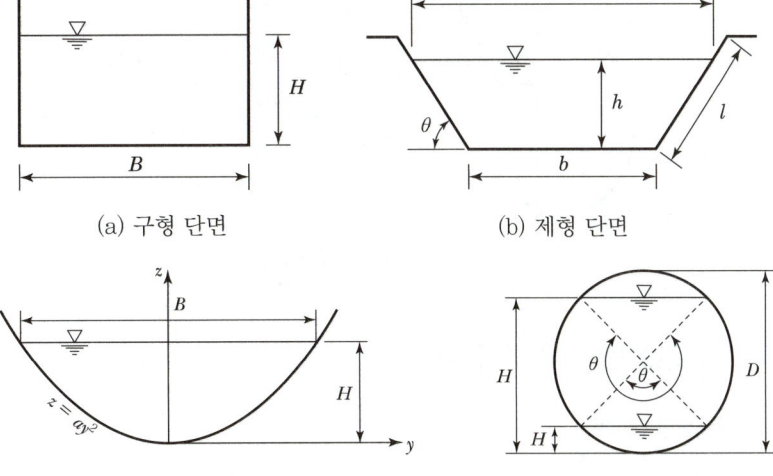

[그림 7-1] 수리상 유리한 단면

Hydraulics and Hydrology

출제 POINT

■ 경심
$$R_h = \frac{A}{P}$$

■ 직사각형 경심
$$R_h = \frac{Bh}{B+2h}$$

■ 원형 경심
$$R_h = \frac{D}{4}$$

4) 수리 계산에 필요한 용어

(1) 경심(동수반경, 수리평균심, hydraulic radius)

$$R_h = \frac{A}{P}$$

여기서, A : 통수 단면적, P : 윤변(마찰이 작용하는 둘레길이)

특히 수심에 비해 폭이 넓은 직사각형 단면의 경심은

$$R_h = \frac{A}{P} = \frac{Bh}{B+2h} ≒ \frac{Bh}{B} = h$$

(2) 수리수심(hydraulic depth)

단면적 A와 수면폭 B의 비를 수리수심이라 하고, 수로의 평균수심을 말한다.

$$D = \frac{A}{B}$$

(3) 단면계수(section factor)

① 등류 계산을 위한 단면계수 : $Z = AR_h^{\frac{2}{3}}$

② 한계류 계산을 위한 단면계수 : $Z = A\sqrt{D} = A\sqrt{\dfrac{A}{B}}$

(4) 수리특성곡선

암거나 터널수로 같은 폐수로의 전 단면에 물이 가득 차서 흐를 때의 각 종 특성량(유적, 유속, 유량, 경심 등)을 물이 임의의 수심으로 흐를 때의 특성량과를 비교하여 미리 곡선으로 표시해 둔 곡선을 말하고, 필요에 따라 임의의 수위에 대한 특성량을 쉽게 구하기 위해 작성된 곡선이다.

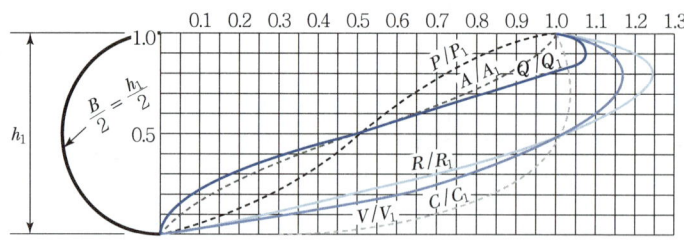

[그림 7-2] 수리특성곡선

② 개수로의 평균유속과 유량

1) 하천의 평균유속

(1) 정의

하천의 평균유속은 유속계에 의한 실측방법으로, 연직선상의 유속분포를 고려하여 평균유속을 결정하는 방법이다.

(2) 평균유속(V_m) 결정방법

① 표면법 : $V_m = 0.85 V_s$

② 1점법 : $V_m = V_{0.6}$

③ 2점법 : $V_m = \dfrac{V_{0.2} + V_{0.8}}{2}$

④ 3점법 : $V_m = \dfrac{V_{0.2} + 2V_{0.6} + V_{0.8}}{4}$

⑤ 4점법 : $V_m = \dfrac{1}{5}\left\{(V_{0.2} + V_{0.4} + V_{0.6} + V_{0.8}) + \dfrac{1}{2}\left(V_{0.2} + \dfrac{V_{0.8}}{2}\right)\right\}$

여기서, V_s : 표면유속

$V_{0.2}$, $V_{0.4}$, $V_{0.6}$, $V_{0.8}$: 표면에서 각 수심의 20%, 40%, 60%, 80% 인 점의 유속

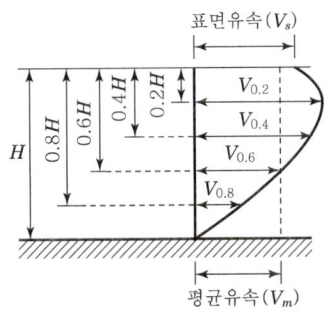
(a) 종유속분포

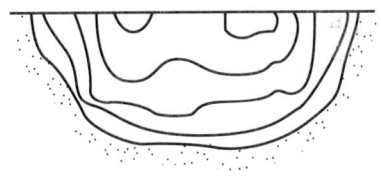
(b) 횡유속분포

[그림 7-3] 하천의 유속분포

2) 평균유속공식

① Chezy공식 : $V_m = C\sqrt{R_h I}\,[\text{m/s}]$

② Manning공식 : $V_m = \dfrac{1}{n} R_h^{\frac{2}{3}} I^{\frac{1}{2}}\,[\text{m/s}]$

③ Bazin공식 : $V = C\sqrt{R_h I}\,[\text{m/s}]$

여기서, $C = \dfrac{87}{1 + \dfrac{r}{\sqrt{R_h}}}$

④ 실험식으로 Kutter공식 등 관수로와 동일하고, 기타 Wagner, Hagen 등의 실험식이 이용된다.

3) 하천유량

개수로의 유량(discharge)은 하천의 단면적(A)에 평균유속(V_m)을 곱하여 구한다.

$Q = AV_m\,[\text{m}^3/\text{s}]$

출제 POINT

■ 평균유속 결정방법

① 표면법 : $V_m = 0.85 V_s$

② 1점법 : $V_m = V_{0.6}$

③ 2점법 : $V_m = \dfrac{V_{0.2} + V_{0.8}}{2}$

④ 3점법 : $V_m = \dfrac{V_{0.2} + 2V_{0.6} + V_{0.8}}{4}$

■ 평균유속공식

① Chezy공식 : $V_m = C\sqrt{R_h I}$

② Manning공식 : $V_m = \dfrac{1}{n} R_h^{\frac{2}{3}} I^{\frac{1}{2}}$

출제 POINT

학습 POINT
- 비에너지
- 한계수심
- 흐름의 판별

■ 비에너지

$$H_e = h + \alpha \frac{V^2}{2g}$$

SECTION 2 비에너지와 한계수심

1 비에너지

1) 정의

① 수류 중 어느 한 단면에서 **수로 바닥을 기준으로 하는 단위무게의 물이 가지는 에너지**를 비에너지(specific energy)라 한다.
② 등류의 흐름에서는 비에너지의 값이 일정하다.

$$H_e = h + \alpha \frac{V^2}{2g}$$

여기서, α : 에너지보정계수

2) 수심에 따른 비에너지의 변화

① 비에너지 H_{e1}에 대응하는 수심은 항상 2개(h_1, h_2)이고, 이 두 수심을 대응수심(alternate depths)이라 한다.
② 사류수심 h_1에 대한 속도수두는 크고, 상류수심 h_2에 대한 속도수두는 작다.
③ 최소 비에너지 $H_{e\min}$에 대한 수심은 1개이며, 이것을 한계수심(critical depth) h_c라 하고, 이때의 유속을 한계유속(critical velocity) V_c라 한다.
④ 수심이 한계수심보다 큰 흐름($h > h_c$)을 상류(subcritical flow)라 한다.
⑤ 수심이 한계수심보다 작은 흐름($h < h_c$)을 사류(supercritical flow)라 한다.

3) 수심에 따른 유량의 변화

① 비에너지가 일정할 때 한계수심(h_c)에서 유량이 최대($Q_{\max}$)이다.
② 유량이 최대일 때를 제외하고 임의의 유량 Q에 대응하는 수심은 항상 2개이다.
③ 직사각형 단면의 경우 비에너지와 한계수심과의 관계

$$h_c = \frac{2}{3} H_e$$

■ 직사각형 단면의 한계수심

$$h_c = \frac{2}{3} H_e$$

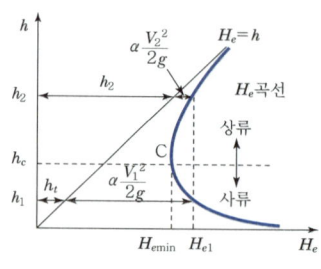

(a) 수심과 비에너지

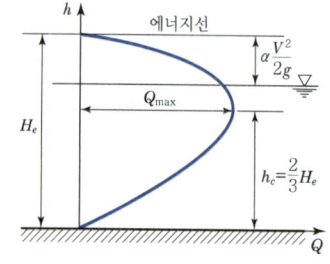

(b) 유량과 비에너지

[그림 7-4] 비에너지와 한계수심

2 한계수심

① 한계수심(h_c)은 주어진 수로 단면 내에서 **최소의 비에너지를 유지하면서 일정 유량(Q)를 유출할 수 있는 수심**이다.
② 한계수심은 비에너지가 최소인 수심으로 한계유속(V_c)으로 흐를 때의 수심을 말하고, **최소 비에너지의 수심은 하나뿐이다.**
③ 일반식은 비에너지가 최소인 경우이므로 $\dfrac{\partial H_e}{\partial h}=0$로부터

$$h_c=\left(\dfrac{n\alpha Q^2}{ga^2}\right)^{\frac{1}{2n+1}}$$

④ 구형 단면의 한계수심($n=1,\ a=b$)

$$h_c=\left(\dfrac{\alpha Q^2}{gb^2}\right)^{\frac{1}{3}}=\dfrac{2}{3}H_e$$

⑤ 포물선 단면의 한계수심($n=1.5$)

$$h_c=\left(\dfrac{1.5\alpha Q^2}{ga^2}\right)^{\frac{1}{4}}=\dfrac{3}{4}H_e$$

⑥ 삼각형 단면의 한계수심($n=2,\ a=m$)

$$h_c=\left(\dfrac{2\alpha Q^2}{gm^2}\right)^{\frac{1}{5}}=\dfrac{4}{5}H_e$$

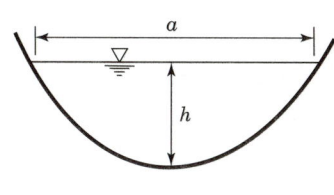

(a) 포물선 단면 (b) 삼각형 단면

[그림 7-5] 한계수심

3 흐름의 판별

1) 프루드수(Froude number)와 흐름의 상태

① 수로에서 한계수심으로 흐를 때의 유속을 한계유속이라 한다.
② 구형 단면 수로에서

$$V_c=\sqrt{\dfrac{gh_c}{\alpha}}\fallingdotseq\sqrt{gh_c}$$

출제 POINT

■ 한계수심

$$h_c=\left(\dfrac{n\alpha Q^2}{ga^2}\right)^{\frac{1}{2n+1}}$$

출제 POINT

여기서 $\alpha \fallingdotseq 1$이라 할 때 수심이 h_c인 수면을 장파가 전파하는 속도와 같다. 그러므로 한계수심으로 흐르는 수로에서는 유속과 장파전파속도(C)가 근사적으로 같다.

③ 한계프루드수는

$$F_{rc} = \frac{V_c}{\sqrt{gh_c}} = 1$$

이고, 프루드수(F_r)는

$$F_r = \frac{V}{C} = \frac{V}{\sqrt{gh}}$$

④ 프루드수(F_r)에 따른 흐름의 구분

　㉠ $F_r < 1$: 상류
　㉡ $F_r = 1$: 한계류
　㉢ $F_r > 1$: 사류

2) 한계경사(critical slope)

① 흐름이 상류에서 사류로 변화될 때 한계지점의 단면을 지배 단면(control section)이라 하며, 이 한계에서의 경사를 한계경사(I_c)라 한다. 한계수심일 때의 수로경사가 한계경사이다.

$$I_c = \frac{g}{\alpha C^2}$$

여기서, α : 에너지보정계수, C : Chezy형 유속계수

② 한계경사(I_c)에 따른 흐름의 구분

　㉠ $I < I_c$: 상류(완경사, mild slope)
　㉡ $I = I_c$: 한계류(한계경사, critical slope)
　㉢ $I > I_c$: 사류(급경사, steep slope)

3) 상류와 사류의 구분

구분	상류	한계류	사류
F_r	$F_r < 1$	$F_r = 1$	$F_r > 1$
H_c	$H_c < H$	$H_c = H$	$H_c > H$
V_c	$V_c > V$	$V_c = V$	$V_c < V$
I_c	$I_c > I$	$I_c = I$	$I_c < I$

■ 프루드수

$F_r = \dfrac{V}{\sqrt{gh}}$

■ 프루드수의 흐름 판별

① $F_r < 1$: 상류
② $F_r = 1$: 한계류
③ $F_r > 1$: 사류

■ 한계경사

$I_c = \dfrac{g}{\alpha C^2}$

SECTION 3 비력과 도수

1 비력(충력치)

1) 충력치

① 충력치(specifie force)는 정수압과 운동량의 합으로 나타낸다.
② 충력치는 흐름의 모든 단면에서 일정(constant)하다.
③ 단면 Ⅰ, Ⅱ에 운동량의 방정식을 세우면 $\sum F = \rho Q(\eta_2 V_2 - \eta_1 V_1)$과 유체에 작용하는 힘 $\sum F = P_1 - P_2 + W\sin\theta - K$의 식으로부터

$$\therefore P_1 - P_2 + W\sin\theta - K = \frac{\gamma_0}{g} Q(\eta_2 V_2 - \eta_1 V_1)$$

$$\eta_1 \frac{Q}{g} V_1 + h_{G1} A_1 = \eta_2 \frac{Q}{g} V_2 + h_{G2} A_2$$

$$\therefore M = h_G A + \eta \frac{Q}{g} V = \text{const}$$

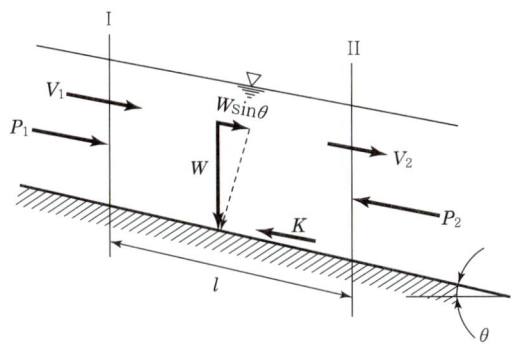

[그림 7-6] 비력(충력치)

2) 수심에 따른 충력치의 변화

① 충력치 M_1에 대하여 2개의 수심(h_1, h_2)이 존재한다. 이 2개의 수심을 대응수심이라 한다.
② 최소 충력치 $M_{\min}$에 대한 수심은 $\frac{\partial M}{\partial h} = 0$으로부터 구할 수 있다. 구형 단면에 대하여 $A = bh$, $h_G = \frac{h}{2}$이므로

$$\therefore M = h_G A + \eta \frac{Q}{g} V = \frac{h}{2} bh + \eta \frac{Q}{g} \frac{Q}{A} = \frac{b}{2} h^2 + \eta \frac{Q^2}{gbh}$$

$$\frac{\partial M}{\partial h} = bh - \eta \frac{Q^2}{gbh^2} = 0$$

$$\therefore h = \left(\frac{\eta Q^2}{gb^2}\right)^{\frac{1}{3}}$$

출제 POINT

학습 POINT
- 비력(충력치)
- 도수

■ 비력(충력치)

$M = h_G A + \eta \dfrac{Q}{g} V$

③ $\alpha = \eta$이면 h와 h_c는 같다. 따라서 충력치가 최소가 되는 수심은 근사적으로 한계수심과 같다.

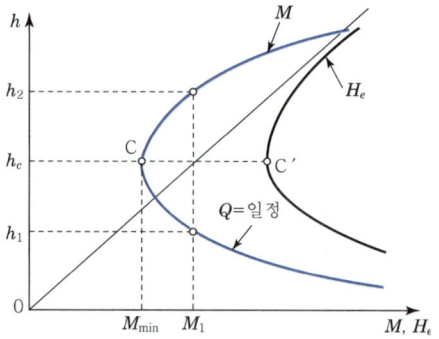

[그림 7-7] 충력치와 수심과의 관계

2 도수

1) 도수 및 도수고의 정의

상류에서 사류로 변할 때의 수면은 연속적이지만, 반대로 사류에서 상류로 변할 때는 수면이 불연속적이며 수심이 급증하고 큰 맴돌이(소용돌이)가 생긴다. 이와 같이 사류에서 상류로 변할 때 수면이 불연속적으로 일어나는 과도현상을 도수(hydraulic jump)라 한다. 도수 후의 상류의 수심을 도수고라 한다.

$$\frac{h_2}{h_1} = \frac{1}{2}\left(\sqrt{1+8F_{r1}^2}-1\right)$$

여기서, h_1 : 도수 전의 사류의 수심, h_2 : 도수 후의 상류의 수심
V_1, V_2 : 도수 전·후의 평균유속
F_{r1} : 도수 전 프루드수 $\left(= \dfrac{V_1}{\sqrt{gh_1}}\right)$

2) 완전 도수와 파상도수

① 완전 도수(direct jump) : 사류수심과 상류수심의 비(h_2/h_1)가 클 때 수면은 급경사면을 이루며 상승하고, 급사면에 큰 맴돌이가 발생하는 경우를 말한다.

$$F_r > \sqrt{3},\ \frac{h_2}{h_1} > 2$$

② 파상도수(undular hydraulic jump, 불완전 도수) : 사류수심과 상류수심의 비(h_2/h_1)가 그다지 크지 않을 때 도수 부분이 파상을 이루며, 맴돌이도 그다지 크지 않는 경우를 말한다.

■ 도수
① 도수가 일어나면 급격한 에너지손실이 발생하고, 도수 전·후 수심의 차가 클수록 에너지손실이 크다.
② 도수 발생 전과 후의 단면에 대해서 비력은 일정하다.

$$1 < F_r < \sqrt{3},\ 1 < \frac{h_2}{h_1} < 2$$

③ $F_r < 1$이면 도수는 발생하지 않는다.

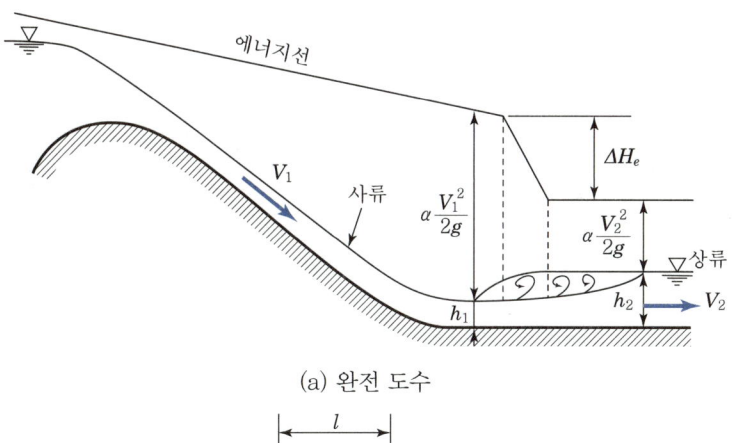

(a) 완전 도수

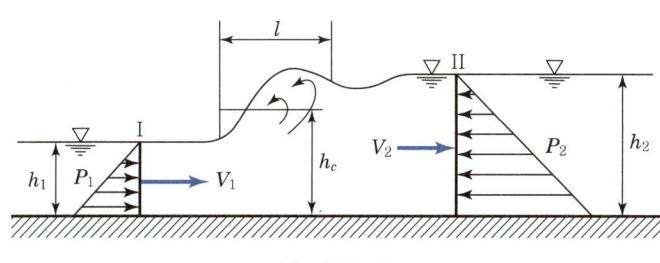

(b) 파상도수

[그림 7-8] 완전 도수와 파상도수

3) 도수로 인한 에너지손실(ΔH_e)

① 도수현상에서는 소용돌이 때문에 에너지손실이 있게 된다. 이 경우 사류와 상류의 비에너지의 차를 구하여 에너지손실량을 구한다.

② 사류와 상류의 비에너지의 차(손실량)

$$\Delta H_e = \left(h_1 + \alpha\frac{V_1^{\,2}}{2g}\right) - \left(h_2 + \alpha\frac{V_2^{\,2}}{2g}\right) = \frac{(h_2 - h_1)^3}{4h_1 h_2}$$

■ 도수로 인한 에너지손실

$$\Delta H_e = \frac{(h_2 - h_1)^3}{4h_1 h_2}$$

SECTION 4 부등류의 수면곡선

1 부등류의 수면형

1) 수면곡선 기본식

① 부등류란 흐름의 상태가 시간에 따라 변하지 않고, 장소에 따라서만 변화하는 정상 부등류(steady-varied flow)를 나타낸다.

학습 POINT
• 수면곡선 기본식
• 배수곡선
• 저하곡선

출제 POINT

② 폭이 대단히 넓은 사각형 수로

$$\frac{dh}{dx} = i\left(\frac{h^3 - h_o^3}{h^3 - h_c^3}\right)$$

③ 폭이 넓은 포물선 수로

$$\frac{dh}{dx} = i\left(\frac{h^4 - h_o^4}{h^4 - h_c^4}\right)$$

여기서, h : 수심, h_o : 등류수심, h_c : 한계수심
i : 수로 또는 수면의 경사

④ $\frac{dh}{dx}$ 가 (+)이면 흐름에 따라 수심이 증가하고, (-)이면 감소하며, $\frac{dh}{dx} = 0$ 이면 수심은 일정하게 되어 등류가 된다.

⑤ 개수로에서 등류의 흐름일 때 수로경사와 수면경사는 일치한다.

⑥ 각 영역에 대한 경사도

구분	경사
$i < i_c$	완경사(mild slope, M)
$i = i_c$	한계경사(critical slope, C)
$i > i_c$	급경사(steep slope, S)
$i = 0$	바닥경사가 수평(horizontal, H)
$i < 0$	역경사(adverse, A)

2) 배수곡선과 저하곡선

(1) 배수곡선(back water curve, $\frac{dh}{dx} > 0$)

개수로의 흐름이 상류(常流)인 장소에 댐, 위어 또는 수문 등의 수리구조물을 만들어 수면을 상승시키면 그 영향이 상류(上流)로 미치고, 상류(上流)의 수면은 상승한다. 이 현상을 배수(back water)라 하며, 이로 인해 생기는 수면곡선을 배수곡선이라 한다.

(2) 저하곡선(drop down curve, $\frac{dh}{dx} < 0$)

수로 바닥이 급히 내려가든지, 또는 단면이 급히 확대되거나 또는 폭포와 같이 수로경사가 갑자기 커지면 수면이 저하되고, 그 영향이 상류(上流)에까지 미치어 상류(上流)의 수면은 저하한다. 이와 같은 현상을 저하배수(drop down)라 하고, 그 수면곡선을 저하곡선 또는 저하배수곡선이라 한다.

■ 배수곡선
수면 상승

■ 저하곡선
수면 저하

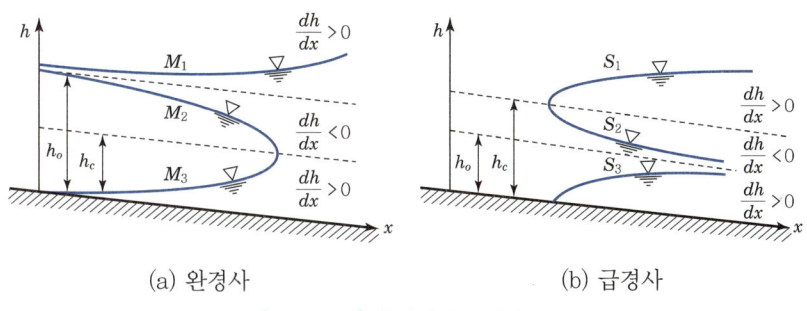

(a) 완경사   (b) 급경사

[그림 7-9] 완경사와 급경사

3) 완경사($I < I_c$, $h_0 > h_c$, 상류)

(1) $h > h_0 > h_c$인 경우(M_1곡선)

① 하류(下流)로 갈수록 수위가 상승하여 오목한 형태로 나타나는 수면곡선으로, 배수곡선이다.

② 댐 상류부 등에서 발생한다.

(2) $h_0 > h > h_c$인 경우(M_2곡선)

① 하류로 갈수록 수심이 얕아지면서 볼록한 형태로 나타나는 수면곡선으로, 저하곡선이다.

② 폭포 등에서 발생한다.

(3) $h_0 > h_c > h$인 경우(M_3곡선)

① 하류로 갈수록 수심이 증가하여 $h = h_c$에서 h축에 나란한 수면곡선으로서 배수곡선이다.

② 수문을 개방할 때 하류부 수면 등에서 발생한다.

■ 완경사
① M_1 : 배수곡선
② M_2 : 저하곡선
③ M_3 : 배수곡선

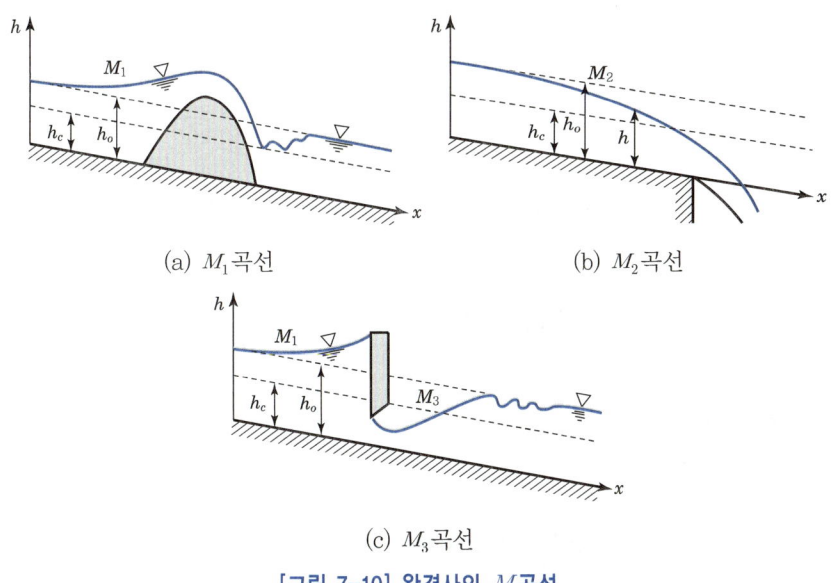

(a) M_1곡선   (b) M_2곡선

(c) M_3곡선

[그림 7-10] 완경사의 M곡선

출제 POINT

■ 급경사
① S_1 : 배수곡선
② S_2 : 저하곡선
③ S_3 : 배수곡선

4) 급경사($I > I_c$, $h_0 < h_c$, 사류)

(1) $h > h_c > h_0$인 경우(S_1곡선)

하류로 갈수록 수심이 커지고, $h = h_c$에서 곡선은 h축과 나란하다.

(2) $h_c > h > h_0$인 경우(S_2곡선)

$h = h_c$에서 수면은 h축과 나란하여 하류로 갈수록 수심이 얕아져서 $h = h_c$에서 수면은 x축에 나란하다.

(3) $h_c > h_0 > h$인 경우(S_3곡선)

하류로 갈수록 수심은 증가하여 $h = h_c$에서 x축과 나란하게 된다.

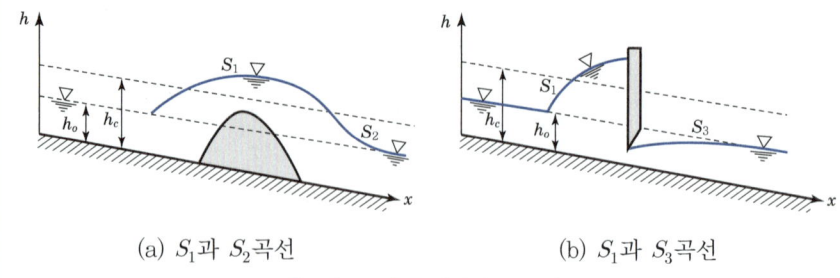

(a) S_1과 S_2곡선   (b) S_1과 S_3곡선

[그림 7-11] 급경사의 S곡선

5) 한계경사($I = I_c$, $h_0 = h_c$, 한계류)

(1) $h > h_0 = h_c$인 경우(C_1곡선)

C_1곡선과 같은 배수곡선이 생긴다.

(2) $h_0 = h_c > h$인 경우(C_3곡선)

C_3곡선과 같은 배수곡선이 생긴다.

■ 한계경사
① C_1 : 배수곡선
② C_3 : 배수곡선

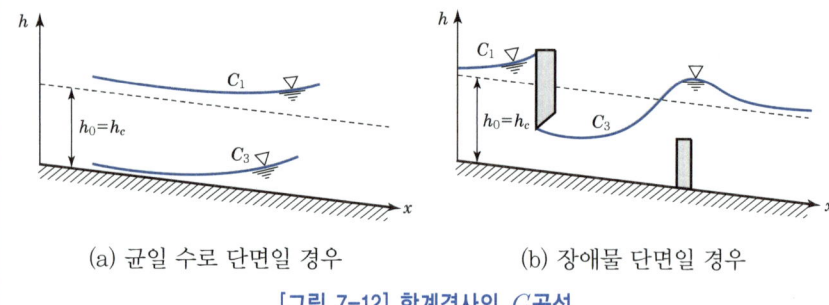

(a) 균일 수로 단면일 경우   (b) 장애물 단면일 경우

[그림 7-12] 한계경사의 C곡선

2 부등류의 수면곡선 계산식

1) 직접 계산법

직접 계산법은 점변류의 기본방정식을 직접 적분함으로써 수면곡선을 얻는 방법으로 Bress방법, Chow방법, Tolkmitt방법 등이 있다.

2) 직접 축차법(direct step method)

직접 축차법은 구하고자 하는 수면곡선을 여러 개의 소구간으로 나누어 지배 단면에서부터 다른 쪽 끝까지 축차적으로 계산하는 방법이다. 직접 축차 계산법과 표준 축차 계산법이 있다.

③ 곡선수로의 흐름과 단파

1) 곡선수로의 수면형

① 유선의 곡률이 큰 상류의 흐름에서 수평면상의 곡류의 유속은 수로의 곡률반지름에 반비례한다.

$$VR = \text{const}$$

② 곡류의 흐름에서 굴절 전의 유선과 이루는 각을 마하각(mach angle)이라 한다.

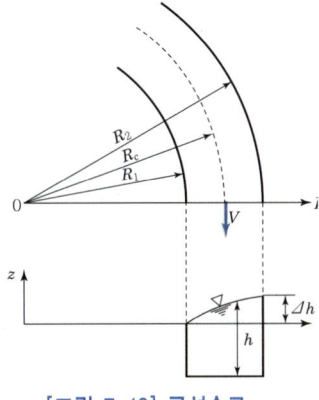

[그림 7-13] 곡선수로

2) 단파

일정한 상태로 흐르고 있는 수로에서 상류(上流)에 있는 수문을 갑자기 닫거나 열어서, 또는 하류(下流)에 있는 수문을 갑자기 닫거나 열었을 때 흐름이 단상이 되어 전파되는 현상을 단파(surge or hydraulic bore)라 한다.

■ 출제 POINT

■ 곡선수로의 수면형
$VR = \text{const}$

CHAPTER 07 기출문제

Hydraulics and Hydrology
10년간 출제된 빈출문제

1. 개수로 일반

01 개수로와 관수로의 흐름에 모두 적용되는 설명으로 옳은 것은?

① 중력이 흐름의 원동력이다.
② 압력이 흐름의 원동력이다.
③ 자유수면을 갖는다.
④ 마찰로 인한 에너지손실이 발생한다.

> **해설** 관수로와 개수로
> ㉠ 자유수면이 존재하지 않으며, 흐름의 원동력이 압력인 경우를 관수로라 한다.
> ㉡ 자유수면이 존재하며, 흐름의 원동력이 중력인 경우를 개수로라 한다.
> ㉢ 관수로와 개수로 모두 실제 유체를 적용하며, 마찰에 의한 에너지손실이 발생한다.

02 개수로의 흐름에 대한 설명으로 옳지 않은 것은?

① 사류(supercritical flow)에서는 수면변동이 일어날 때 상류(上流)로 전파될 수 없다.
② 상류(subcritical flow)일 때는 Froude수가 1보다 크다.
③ 수로경사가 한계경사보다 클 때 사류(supercritical flow)가 된다.
④ Reynolds수가 500보다 커지면 난류(turbulent flow)가 된다.

> **해설** 개수로의 흐름
> ㉠ F_r<1이면 상류, F_r>1이면 사류이다.
> ㉡ R_e<500이면 층류, R_e>500이면 난류이다.

03 개수로의 흐름에 가장 영향을 많이 끼치는 것은?

① 유체의 밀도   ② 관성력
③ 중력   ④ 점성력

> **해설** 개수로의 특징
> ㉠ 자유수면을 갖는다.
> ㉡ 중력과 수면경사에 의하여 흐른다.

04 수리평균심(水理平均深)에 대한 설명 중 옳지 않은 것은?

① 수리평균심은 유수 단면적을 윤변으로 나눈 값이다.
② 수리평균심은 수로의 단위주변장에 대한 유수 단면적의 크기이다.
③ 수리평균심이 큰 수로는 수리평균심이 작은 수로보다 마찰에 의한 수두손실이 크다.
④ 폭이 넓은 직사각형 수로의 수리평균심은 그 수로의 수심과 거의 같다.

> **해설** 수리평균심(경심, 동수반경)
> ㉠ $R_h = \dfrac{A}{P} = \dfrac{bh}{b+2h} \fallingdotseq \dfrac{bh}{b} = h$
> ㉡ 수리평균심이 클수록 마찰에 의한 수두손실이 적다.
> ㉢ 폭이 넓은 직사각형 수로의 수리평균심은 수심과 거의 같다.

05 수리수심(hydraulic depth)을 가장 옳게 표현한 것은? (단, A : 유수 단면적)

① 수심이 H일 때 A/H를 뜻한다.
② 윤변이 S일 때 A/S를 뜻한다.
③ 수면폭이 B일 때 A/B를 뜻한다.
④ 자유수면에서 수로 바닥까지의 연직거리이다.

> **해설** 수리수심(hydraulic depth)
> $D = \dfrac{A}{B}$

정답 1.④ 2.③ 3.③ 4.③ 5.③

06 폭이 무한히 넓은 개수로의 수리반경(hydraulic radius, 경심)은?

① 개수로의 폭과 같다.
② 개수로의 수심과 같다.
③ 개수로의 면적과 같다.
④ 계산할 수 없다.

> 해설 폭이 넓은 직사각형 단면의 경심
> $$R_h = \frac{A}{P} = \frac{bh}{b+2h} ≒ \frac{2h}{b} = h$$

07 수리학적으로 유리한 단면에 관하여 틀린 것은?

① 가장 유리한 단면형은 이등변 직각삼각형이다.
② 동수반지름을 최대로 하는 단면이다.
③ 구형에서는 수심이 폭의 반과 같다.
④ 사다리꼴에서는 동수반지름이 수심의 반과 같다.

> 해설 수리상 유리한 단면
> ㉠ 직사각형 단면 : $B = 2h$, $R_h = \dfrac{h}{2}$
> ㉡ 사다리꼴 단면 : $B = 2l$, $R_h = \dfrac{h}{2}$, $\theta = 60°$

08 수로의 경사 및 단면의 형상이 주어질 때 최대 유량이 흐르는 조건은?

① 윤변이 최대이거나, 경심이 최소일 때
② 수로폭이 최소이거나, 수심이 최대일 때
③ 윤변이 최소이거나, 경심이 최대일 때
④ 수심이 최소이거나, 경심이 최대일 때

> 해설 주어진 단면적과 수로의 경사에 대하여 경심이 최대 혹은 윤변이 최소일 때 최대 유량이 흐르는 단면을 수리상 유리한 단면이라 한다.

09 하천과 같이 수심에 비해 하폭이 넓고 유량의 변화가 큰 경우 어느 단면을 쓰면 효과적인가?

① 직사각형 단면   ② 포물선 단면
③ 사다리꼴 단면   ④ 복합 단면

> 해설 수심에 비해 하폭이 넓고 유량변화가 큰 경우에는 복합 단면이 효과적이다.

10 수리학적으로 가장 유리한 단면에 대한 설명으로 틀린 것은?

① 수로의 경사, 조도계수, 단면이 일정할 때 최대 유량을 통수시키게 하는 가장 경제적인 단면이다.
② 동수반경이 최소일 때 유량이 최대가 된다.
③ 최적 수리 단면에서는 직사각형(구형) 수로 단면이나 사다리꼴(제형) 수로 단면 모두 동수반경이 수심의 절반이 된다.
④ 기하학적으로는 반원 단면이 최적 수리 단면이나 시공상의 이유로 직사각형(구형) 단면 또는 사다리꼴(제형) 단면이 사용된다.

> 해설 주어진 단면적과 수로의 경사에 대하여 경심이 최대 혹은 윤변이 최소일 때 최대 유량이 흐르는 단면을 수리상 유리한 단면이라 한다.

11 직사각형 수로에서 수리상 유리한 단면(hydraulic best section)은? (단, b : 직사각형 수로의 폭, h : 수심, A : 단면적)

① $h = 2b$ ② $h = b$
③ $h = \sqrt{\dfrac{A}{2}}$ ④ $h = b^{\frac{1}{2}}$

> 해설 직사각형 단면 수로의 수리상 유리한 단면
> $b = 2h$ 이므로
> $A = bh = 2h \times h = 2h^2$
> $\therefore h = \sqrt{\dfrac{A}{2}}$

12 수심이 2m인 경우 수리학적으로 가장 유리한 구형 단면이라고 하면, 이때의 동수반경은?

① 1m   ② 1.2m
③ 1.5m ④ 2m

정답 6.② 7.① 8.③ 9.④ 10.② 11.③ 12.①

해설 **구형 단면 수로의 수리상 유리한 단면**
$$R_h = R_{h\max} = \frac{h}{2} = \frac{2}{2} = 1\text{m}$$

13 사각형 단면 개수로의 수리상 유리한 형상의 단면에서 수로수심이 1.5m이었다면 이 수로의 경심은?

① 3.0m ② 2.25m
③ 1.0m ④ 0.75m

해설 **구형 단면 수로의 수리상 유리한 단면**
$$R_{h\max} = \frac{h}{2} = \frac{1.5}{2} = 0.75\text{m}$$

14 개수로에서 수리학적으로 유리한 단면의 조건에 해당되지 않는 것은? (단, h : 수심, R_h : 경심, P : 윤변, B : 수면폭, l : 측벽의 경사거리, θ : 측벽의 경사)

① h를 반경으로 하는 반원에 외접
② R_h : 최대, P : 최소
③ 직사각형 단면 : $h = \frac{B}{2}$, $R_h = \frac{h}{2}$
④ 사다리꼴 단면 : $l = \frac{B}{2}$, $R_h = \frac{h}{2}$, $\theta = 60°$

해설 **수리상 유리한 단면**
㉠ 직사각형 단면 : $B = 2h$, $R_h = \frac{h}{2}$
㉡ 사다리꼴 단면 : $B = 2l$, $R_h = \frac{h}{2}$, $\theta = 60°$

15 단면적이 50m²인 직사각형 단면 수로에 있어서 수리상 유리한 단면은?

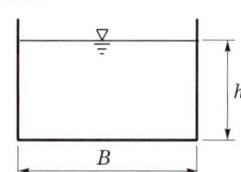

① $B = 5\text{m}, h = 10$ ② $B = 10\text{m}, h = 5\text{m}$
③ $B = 1\text{m}, h = 50\text{m}$ ④ $B = 50\text{m}, h = 1\text{m}$

해설 **직사각형 단면 수로의 수리상 유리한 단면**
$B = 2h$이므로
㉠ $A = Bh = 2h \times h = 2h^2$
   $50 = 2h^2$
   ∴ $h = 5\text{m}$
㉡ $B = 2h = 2 \times 5 = 10\text{m}$

16 수리상 유리한 단면인 직사각형 수로의 수심이 2m일 때 Chezy의 유속계수 C는? (단, Manning의 조도계수 $n = 0.03$)

① $24\text{m}^{\frac{1}{2}}/\text{s}$ ② $29\text{m}^{\frac{1}{2}}/\text{s}$
③ $33\text{m}^{\frac{1}{2}}/\text{s}$ ④ $37\text{m}^{\frac{1}{2}}/\text{s}$

해설 **구형 단면 수로의 수리상 유리한 단면**
$R_h = \frac{h}{2}$ 이므로
∴ $C = \frac{1}{n} R_h^{\frac{1}{6}} = \frac{1}{n}\left(\frac{h}{2}\right)^{\frac{1}{6}} = \frac{1}{0.03} \times \left(\frac{2}{2}\right)^{\frac{1}{6}}$
$= 33.33\text{m}^{\frac{1}{2}}/\text{s}$

17 유량 45m³/s가 흐르는 직사각형 수로에서 수면경사가 0.001인 조건에서 가장 유리한 단면이 되기 위한 수로 폭의 크기는? (단, Manning의 조도계수 $n = 0.035$)

① 8.66m ② 8.28m
③ 7.94m ④ 7.48m

해설 **직사각형 단면 수로의 수리상 유리한 단면**
㉠ $b = 2h$, $R_h = \frac{h}{2}$ 이므로
$Q = AV = bh\frac{1}{n}R_h^{\frac{2}{3}}I^{\frac{1}{2}}$
$= 2h \times h \times \frac{1}{n} \times \left(\frac{h}{2}\right)^{\frac{2}{3}} \times I^{\frac{1}{2}}$
$= 2h^2 \frac{1}{n}\left(\frac{h}{2}\right)^{\frac{2}{3}} I^{\frac{1}{2}}$
$45 = 2h^2 \times \frac{1}{0.035} \times \left(\frac{h}{2}\right)^{\frac{2}{3}} \times 0.001^{\frac{1}{2}}$
∴ $h = 3.97\text{m}$
㉡ $b = 2h = 2 \times 3.97 = 7.94\text{m}$

18 폭이 3m이고 깊이가 4m인 직사각형 개수로에 물이 2.5m 깊이로 흐른다면 동수반경은?

① 1.7cm ② 0.94cm
③ 3.0cm ④ 2.5cm

해설 **동수반경(경심, 수리평균심)**
$$R_h = \frac{A}{P} = \frac{2.5 \times 3}{2.5 + 3 + 2.5} = 0.94\text{m}$$

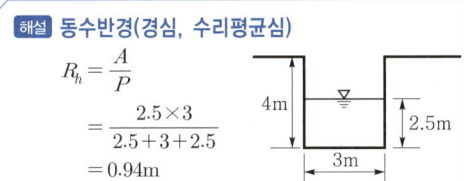

19 다음 그림과 같이 좌우가 대칭인 하천 단면의 경심(R_h)은?

① 0.72m
② 0.63m
③ 0.56m
④ 0.50m

해설 **경심(동수반경, 수리평균심)**
㉠ $P = 0.5 + 2 + 1 + 2 + 1 + 2 + 0.5 = 9\text{m}$
㉡ $A = 6 \times 0.5 + 2 \times 1 = 5\text{m}^2$
㉢ $R_h = \dfrac{A}{P} = \dfrac{5}{9} = 0.56\text{m}$

20 다음 그림과 같은 사다리꼴 인공수로의 유적(A)과 경심(R_h)은?

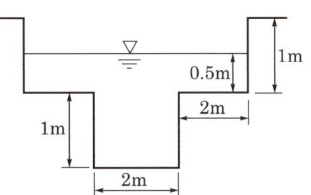

① $A = 27\text{m}^2$, $R_h = 2.64\text{m}$
② $A = 27\text{m}^2$, $R_h = 1.86\text{m}$
③ $A = 18\text{m}^2$, $R_h = 1.86\text{m}$
④ $A = 18\text{m}^2$, $R_h = 2.64\text{m}$

해설 ㉠ 유적
$$A = \frac{6+12}{2} \times 3 = 27\text{m}^2$$
㉡ 경심(동수반경)
$$R_h = \frac{A}{P} = \frac{27}{3\sqrt{2} \times 2 + 6} = 1.86\text{m}$$

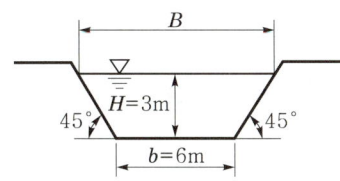

21 개수로 내의 흐름에 대한 설명으로 옳은 것은?

① 동수경사선은 에너지선과 언제나 평행하다.
② 에너지선은 자유표면과 일치한다.
③ 에너지선과 동수경사선은 일치한다.
④ 동수경사선은 자유표면과 일치한다.

해설 **개수로 흐름**
㉠ 동수경사선은 에너지선보다 유속수두만큼 아래에 위치한다.
㉡ 등류 시 에너지선과 동수경사선은 언제나 평행하다.
㉢ 동수경사선은 자유표면과 일치한다.

22 비유량(specific discharge)에 대한 설명으로 옳은 것은?

① 유량 측정 단면에서의 유량을 그 유역의 배수면적으로 나눈 것
② 하천의 유량을 단위폭으로 나눈 것
③ 유입량을 유출량으로 나눈 것
④ 유량을 비에너지로 나눈 것

해설 **비유량(specific discharge)**
㉠ 하천유량의 측정단위로서 m³/s/km²를 쓸 경우도 있는데, 이것은 유량 측정 단면에서의 유량(m³/s)을 그 유역의 배수면적(km²)으로 나눈 것으로서 비유량이라 한다.
㉡ 크기가 다른 유역의 유출률을 비교하는 데 편리하게 사용된다.

23 다음 그림과 같은 직사각형 수로에서 수로경사가 1/1,000인 경우 수로 바닥과 양 벽면에 작용하는 평균마찰응력은?

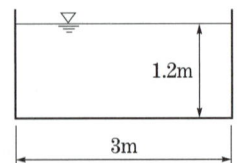

① 11.76N/m^2
② 10.29N/m^2
③ 6.54N/m^2
④ 8.04N/m^2

해설 평균마찰응력
$$\tau = \gamma RI = 1 \times \frac{3 \times 1.2}{3 + 1.2 \times 2} \times \frac{1}{1,000}$$
$$= 6.67 \times 10^{-4}\text{t/m}^2 = 0.667\text{kg/m}^2$$
$$= 6.54\text{N/m}^2$$

24 개수로 내의 흐름에서 평균유속을 구하는 방법으로 2점법이 있다. 수면 아래 어느 위치에서의 유속을 평균한 값인가?

① 수면과 전수심의 50% 위치
② 수면 아래 10%와 90% 위치
③ 수면 아래 20%와 80% 위치
④ 수면 아래 40%와 60% 위치

해설 유속계에 의한 평균유속 측정
㉠ 1점법: $V_m = V_{0.6}$
㉡ 2점법: $V_m = \dfrac{V_{0.2} + V_{0.8}}{2}$

25 어느 하천의 수심이 5m일 때 평균유속을 2점법에 의하여 구하려면 유속계의 위치를 수면에서 각각 어느 위치에 설치해야 하는가?

① 0m, 2.5m
② 1m, 4m
③ 2m, 3m
④ 0.5m, 4.5m

해설 2점법에서 유속계의 위치는 표면에서 $0.2h$, $0.8h$이다.
㉠ $0.2h = 0.2 \times 5 = 1\text{m}$
㉡ $0.8h = 0.8 \times 5 = 4\text{m}$

26 하천의 평균유속 V_m을 구하는 방법으로서 틀린 것은? (단, V_a: 표면유속, $V_{0.2}$, $V_{0.4}$, $V_{0.6}$, $V_{0.8}$: 수면으로부터 20%, 40%, 60%, 80%에 해당하는 수심)

① 1점법: $V_m = V_{0.6}$
② 2점법: $V_m = \dfrac{1}{2}(V_{0.2} + V_{0.8})$
③ 3점법: $V_m = \dfrac{1}{6}(V_{0.2} + 4V_{0.6} + V_{0.8})$
④ 4점법: $V_m = \dfrac{1}{5}\left[(V_{0.2} + V_{0.4} + V_{0.6} + V_{0.8}) + \dfrac{1}{2}\left(V_{0.2} + \dfrac{V_{0.8}}{2}\right)\right]$

해설 3점법의 평균유속
$$V_m = \dfrac{1}{4}(V_{0.2} + 2V_{0.6} + V_{0.8})$$

27 하천의 어느 단면에서 수심이 5m이다. 이 단면에서 연직방향의 수심별 유속자료가 다음 표와 같을 때 2점법에 의해서 평균유속을 구하면?

수심 (m)	0.0	0.5	1.0	2.0	3.0	4.0	4.5
유속 (m/s)	1.1	1.5	1.3	1.1	0.8	0.5	0.2

① 0.8m/s
② 0.9m/s
③ 1.1m/s
④ 1.3m/s

해설 2점법의 평균유속
$$V_m = \dfrac{V_{0.2} + V_{0.8}}{2} = \dfrac{1.3 + 0.5}{2} = 0.9\text{m/s}$$

정답 23.③ 24.③ 25.② 26.③ 27.②

28 수심이 4m인 하천의 연직 단면에서 측정된 점유속은 다음 표와 같다. 평균유속을 1점법, 2점법과 표면유속법으로 결정할 경우 평균유속의 크기가 큰 순서로 바르게 나타낸 것은?

수심 (m)	0.0	0.2	0.8	1.6	2.4	3.2	3.8
유속 (m/s)	1.11	1.10	1.05	1.00	0.90	0.70	0.20

① 1점법 > 2점법 > 표면유속법
② 1점법 > 표면유속법 > 2점법
③ 2점법 > 1점법 > 표면유속법
④ 표면유속법 > 1점법 > 2점법

> **해설** 평균유속
> ㉠ 표면유속법
> $$V_m = 0.85 V_s = 0.85 \times 1.11 = 0.944 \text{m/s}$$
> ㉡ 1점법
> $$V_m = V_{0.6} = 0.9 \text{m/s}$$
> ㉢ 2점법
> $$V_m = \frac{V_{0.2} + V_{0.8}}{2} = \frac{1.05 + 0.70}{2}$$
> $$= 0.875 \text{m/s}$$
> ∴ 표면유속법 > 1점법 > 2점법

29 수심 2m, 폭 4m인 콘크리트 직사각형 수로의 유량은? (단, 조도계수 $n = 0.012$, 경사 $I = 0.0009$)

① $15 \text{m}^3/\text{s}$
② $20 \text{m}^3/\text{s}$
③ $25 \text{m}^3/\text{s}$
④ $30 \text{m}^3/\text{s}$

> **해설** ㉠ 경심(동수반경)
> $$R_h = \frac{A}{P} = \frac{4 \times 2}{4 + 2 \times 2} = 1 \text{m}$$
> ㉡ Manning의 유량공식
> $$Q = AV = A \frac{1}{n} R_h^{\frac{2}{3}} I^{\frac{1}{2}}$$
> $$= (4 \times 2) \times \frac{1}{0.012} \times 1^{\frac{2}{3}} \times 0.0009^{\frac{1}{2}}$$
> $$= 20 \text{m}^3/\text{s}$$

30 다음 그림과 같은 개수로에서 수로경사 $I = 0.001$, Manning의 조도계수 $n = 0.002$일 때 유량은?

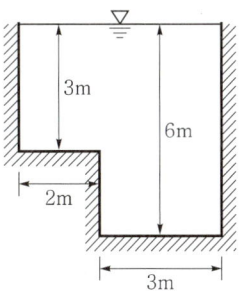

① 약 $150 \text{m}^3/\text{s}$
② 약 $320 \text{m}^3/\text{s}$
③ 약 $480 \text{m}^3/\text{s}$
④ 약 $540 \text{m}^3/\text{s}$

> **해설** Manning의 유량공식
> $$Q = AV = A \frac{1}{n} R_h^{\frac{2}{3}} I^{\frac{1}{2}}$$
> $$= (2 \times 3 + 6 \times 3) \times \frac{1}{0.002}$$
> $$\times \left(\frac{2 \times 3 + 6 \times 3}{3 + 2 + 3 + 3 + 6}\right)^{\frac{2}{3}} \times 0.001^{\frac{1}{2}}$$
> $$= 477.55 \text{m}^3/\text{s}$$

31 직사각형의 단면(폭 4m×수심 2m)에서 Manning공식의 조도계수 $n = 0.017$이고, 유량 $Q = 15 \text{m}^3/\text{s}$일 때 수로의 경사는?

① 1.016×10^{-3}
② 31.875×10^{-3}
③ 15.365×10^{-3}
④ 4.548×10^{-3}

> **해설** Manning의 유량공식
> $$Q = AV = A \frac{1}{n} R_h^{\frac{2}{3}} I^{\frac{1}{2}}$$
> $$15 = (4 \times 2) \times \frac{1}{0.017} \times \left(\frac{4 \times 2}{4 + 2 \times 2}\right)^{\frac{2}{3}} \times I^{\frac{1}{2}}$$
> ∴ $I = 1.016 \times 10^{-3}$

정답 28. ④ 29. ② 30. ③ 31. ①

32 수로경사 $I = \dfrac{1}{2,500}$, 조도계수 $n = 0.013$의 수로에 다음 그림과 같이 물이 흐르고 있다. 평균유속은 얼마인가? (단, 매닝(Manning)의 공식을 적용할 것)

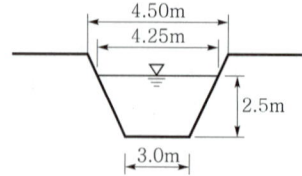

① 3.16m/s ② 2.65m/s
③ 2.16m/s ④ 1.65m/s

해설 Manning의 평균유속공식
㉠ $P = 3 + 2 \times \sqrt{2.5^2 + 0.625^2} = 8.15\text{m}$
㉡ $A = \dfrac{3 + 4.25}{2} \times 2.5 = 9.06\text{m}^2$
㉢ $V = \dfrac{1}{n} R_h^{\frac{2}{3}} I^{\frac{1}{2}}$
$= \dfrac{1}{0.013} \times \left(\dfrac{9.06}{8.15}\right)^{\frac{2}{3}} \times \left(\dfrac{1}{2,500}\right)^{\frac{1}{2}}$
$= 1.65\text{m/s}$

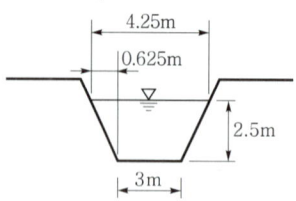

33 수면경사가 1/4,000이고 수위가 6m일 때 하천의 유량이 70m³/s라면 같은 수위에 수면경사가 1/8,000일 경우 유량은?

① 17.5m³/s ② 49.5m³/s
③ 99.0m³/s ④ 140.0m³/s

해설 Manning의 유량공식
㉠ $Q = A \dfrac{1}{n} R_h^{\frac{2}{3}} I^{\frac{1}{2}} = K I^{\frac{1}{2}}$
$70 = K \times \left(\dfrac{1}{4,000}\right)^{\frac{1}{2}}$
∴ $K = 4427.19$
㉡ $Q' = K I^{\frac{1}{2}} = 4427.19 \times \left(\dfrac{1}{8,000}\right)^{\frac{1}{2}}$
$= 49.5\text{m}^3/\text{s}$

34 수심에 비해 수로폭이 대단히 넓은 수로에 유량 Q가 흐르고 있다. 동수경사를 I, 평균유속계수를 C라고 할 때 Chezy공식에 의한 수심은? (단, h : 수심, B : 수로폭)

① $h = \dfrac{3}{2} \left(\dfrac{Q}{C^2 B^2 I}\right)^{\frac{1}{3}}$

② $h = \left(\dfrac{Q^2}{C^2 B^2 I}\right)^{\frac{1}{3}}$

③ $h = \left(\dfrac{Q}{2 B^2 I}\right)^{\frac{2}{3}}$

④ $h = \left(\dfrac{Q^2}{C^2 B^2 I}\right)^{\frac{3}{10}}$

해설 Chezy의 평균유속공식
$V = C\sqrt{R_h I} = C\sqrt{h I}$
$h = \dfrac{V^2}{I C^2} = \dfrac{Q^2}{I C^2 B^2 h^2}$
$h^3 = \dfrac{Q^2}{I C^2 B^2}$
∴ $h = \left(\dfrac{Q^2}{I C^2 B^2}\right)^{\frac{1}{3}}$

35 다음 그림과 같이 사다리꼴 수로에서 경제적인 단면의 조건은?

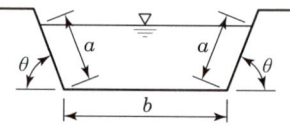

① $a = b$, $\theta = 45°$
② $a = b$, $\theta = 60°$
③ $a = \dfrac{1}{2}b$, $\theta = 45°$
④ $a = \dfrac{1}{2}b$, $\theta = 60°$

해설 사다리꼴 단면의 수리상 유리한 단면은 정삼각형 세 개가 모인 꼴이다.
∴ $a = b$, $\theta = 60°$

36 개수로 내 등류의 통수능(通水能) K는? (단, A : 유수 단면적, n : 조도계수, R_h : 수리평균수심, I : 등류 때의 수면경사)

① $A\dfrac{1}{n}R_h^{\frac{2}{3}}I^{\frac{2}{3}}$ ② $\dfrac{1}{n}R_h^{\frac{2}{3}}$

③ $\dfrac{1}{n}AR_h^{\frac{2}{3}}$ ④ $AR_h^{\frac{2}{3}}$

> **해설 통수능**
> $Q=AV=A\dfrac{1}{n}R_h^{\frac{2}{3}}I^{\frac{1}{2}}$ 에서 $Q=KI^{\frac{1}{2}}$ 이므로
> $\therefore K=A\dfrac{1}{n}R_h^{\frac{2}{3}}$

37 다음 그림과 같은 삼각형 단면의 경심은?

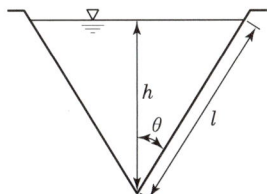

① $R_h=\dfrac{h\sin\theta}{2\tan\theta}$ ② $R_h=\dfrac{1}{2}h\sin\theta$

③ $R_h=h\sin\theta$ ④ $R_h=\dfrac{h\sin\theta}{2\cos\theta}$

> **해설 삼각형 단면의 경심**
> $A=2\times\dfrac{hl\sin\theta}{2}=hl\sin\theta$
> $\therefore R_h=\dfrac{A}{P}=\dfrac{hl\sin\theta}{2l}=\dfrac{h\sin\theta}{2}$

38 개수로에서 유량을 측정할 수 있는 장치가 아닌 것은?

① 위어 ② 벤투리미터
③ 파샬플룸 ④ 수문

> **해설 벤투리미터**
> 관 내에 축소부를 두어 축소 전과 축소 후의 압력차를 측정하여 관수로의 유량을 측정하는 기구를 말한다.

2. 비에너지와 한계수심

39 수로의 흐름에서 비에너지의 정의로 옳은 것은?

① 단위중량의 물이 가지고 있는 에너지
② 수로의 한 단면에서 물이 가지고 있는 에너지를 단면적으로 나눈 값
③ 수로의 두 단면에서 물이 가지고 있는 에너지를 수심으로 나눈 값
④ 압력에너지와 속도에너지의 비

> **해설** 수로 바닥을 기준으로 한 단위중량의 물이 가지고 있는 흐름의 에너지를 비에너지라 한다.

40 한계수심에 대한 설명으로 틀린 것은?

① 일정한 유량이 흐를 때 최소의 비에너지를 갖게 하는 수심
② 일정한 비에너지 아래서 최소 유량을 흐르게 하는 수심
③ 흐름의 속도가 장파의 전파속도와 같은 흐름의 수심
④ 일정한 유량이 흐를 때 비력을 최소로 하는 수심

> **해설** 한계수심은 비에너지가 일정할 때 유량이 최대가 된다.

41 개수로에서의 흐름에 대한 설명 중 맞는 것은?

① 한계류상태에서는 수심의 크기가 속도수두의 2배가 된다.
② 유량이 일정할 때 상류(常流)에서는 수심이 작아질수록 유속도 작아진다.
③ 흐름이 상류(常流)에서 사류(射流)로 바뀔 때에는 도수와 함께 큰 에너지손실을 동반한다.
④ 비에너지는 수평기준면을 기준으로 한 단위무게의 유수가 가진 에너지를 말한다.

정답 36.③ 37.② 38.② 39.① 40.② 41.①

> **해설** 개수로 흐름
> ㉠ 한계류일 때 수심 $h_c = 2\left(\dfrac{V^2}{2g}\right)$ 이다.
> ㉡ 유량이 일정할 때 수심이 클수록 유속이 작아진다.
> ㉢ 사류에서 상류로 변할 때 불연속적으로 수면이 뛰는 현상을 도수라 한다.
> ㉣ 수로 바닥을 기준으로 한 단위무게의 물이 가지는 흐름의 에너지를 비에너지라 한다.

42 비에너지와 한계수심에 관한 설명 중 옳지 않은 것은?

① 비에너지는 수로의 바닥을 기준으로 한 단위 무게의 유수가 가지는 에너지이다.
② 유량이 일정할 때 비에너지가 최소가 되는 수심이 한계수심이 된다.
③ 비에너지가 일정할 때 한계수심으로 흐르면 유량이 최소로 된다.
④ 직사각형 단면의 수로에서 한계수심은 비에너지의 2/3이다.

> **해설** ㉠ 유량이 일정할 때 비에너지가 최소가 되는 수심이 한계수심이다.
> ㉡ 비에너지가 일정할 때 한계수심으로 흐르면 유량이 최대이다.

43 사각형 광폭 수로에서 한계류에 대한 설명으로 틀린 것은?

① 주어진 유량에 대해 비에너지가 최소이다.
② 주어진 비에너지에 대해 유량이 최대이다.
③ 한계수심은 비에너지의 2/3이다.
④ 주어진 유량에 대해 비력이 최대이다.

> **해설** 한계수심
> ㉠ 유량이 일정할 때 $H_{e\min}$ 이 되는 수심이다.
> ㉡ H_e 가 일정할 때 $Q_{\max}$ 이 되는 수심이다.
> ㉢ 직사각형 단면 수로에서 $h_c = \dfrac{2}{3}H_e$ 이다.
> ㉣ 충력치가 최소가 되는 수심은 근사적으로 한계수심과 같다.

44 개수로에서 수심 h, 면적 A, 유량 Q로 흐르고 있다. 에너지보정계수를 α 라고 할 때 비에너지 H_e를 구하는 식으로 옳은 것은? (단, h : 수심, g : 중력가속도)

① $H_e = h + \alpha\left(\dfrac{Q}{A}\right)$
② $H_e = h + \alpha\left(\dfrac{Q}{A}\right)^2$
③ $H_e = h + \alpha\left(\dfrac{Q^2}{2g}\right)$
④ $H_e = h + \alpha\dfrac{1}{2g}\left(\dfrac{Q}{A}\right)^2$

> **해설** 비에너지
> $H_e = h + \alpha\dfrac{V^2}{2g} = h + \alpha\dfrac{1}{2g}\left(\dfrac{Q}{A}\right)^2$

45 개수로에서 수심 $h = 1.2$m이고, 평균유속 $V = 4.54$m/s 인 흐름의 비에너지는? (단, $\alpha = 1$)

① 1.25m
② 2.25m
③ 2.75m
④ 3.25m

> **해설** 비에너지
> $H_e = h + \alpha\dfrac{V^2}{2g} = 1.2 + 1 \times \dfrac{4.54^2}{2 \times 9.8} = 2.25$m

46 직사각형 수로에서 유량이 2m³/s일 때 비에너지를 구한 값은? (단, 에너지보정계수 $\alpha = 1$)

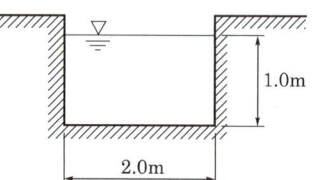

① 1.05m
② 1.51m
③ 2.05m
④ 2.51m

> **해설** 비에너지
> ㉠ $V = \dfrac{Q}{A} = \dfrac{2}{2 \times 1} = 1$m/s
> ㉡ $H_e = h + \alpha\dfrac{V^2}{2g} = 1 + 1 \times \dfrac{1^2}{2 \times 9.8} = 1.05$m

47 폭 10m인 직사각형 단면 수로에 16m³/s의 유량이 80cm의 수심으로 흐를 때 비에너지는? (단, 에너지보정계수 $\alpha = 1.1$)

① 0.8m   ② 1.02m
③ 1.52m ④ 0.52m

해설 비에너지
㉠ $V = \dfrac{Q}{A} = \dfrac{16}{10 \times 0.8} = 2\text{m/s}$
㉡ $H_e = h + \alpha \dfrac{V^2}{2g}$
$= 0.8 + 1.1 \times \dfrac{2^2}{2 \times 9.8} = 1.02\text{m}$

48 다음 중 한계류에 대한 설명으로 옳은 것은?

① 유속의 허용한계를 초과하는 흐름
② 유속과 장파의 전파속도의 크기가 동일한 흐름
③ 유속이 빠르고, 수심이 작은 흐름
④ 동압력이 정압력보다 큰 흐름

해설 한계류
㉠ $F_r = \dfrac{V}{\sqrt{gh}} = 1$ 일 때
㉡ 흐름의 평균유속 V와 장파의 전파속도 $\sqrt{gh}$의 크기가 동일한 흐름상태일 때

49 개수로 내의 흐름에서 비에너지(specific energy, H_e)가 일정할 때 최대 유량이 생기는 수심 h로 옳은 것은? (단, 개수로의 단면은 직사각형이고 $\alpha = 1$이다.)

① $h = H_e$ ② $h = \dfrac{1}{2}H_e$
③ $h = \dfrac{2}{3}H_e$ ④ $h = \dfrac{3}{4}H_e$

해설 직사각형 단면의 경우 비에너지와 한계수심과의 관계는 $h = \dfrac{2}{3}H_e$이다.

50 광폭의 직사각형 단면 수로에서 최소 비에너지가 3m일 때 한계수심은 얼마인가?

① 0.3m   ② 1m
③ 2m   ④ 3m

해설 한계수심
$h_c = \dfrac{2}{3}H_e = \dfrac{2}{3} \times 3 = 2\text{m}$

51 직사각형 단면 수로에서 최소 비에너지가 $\dfrac{3}{2}$m이다. 단위폭당 최대 유량을 구하면?

① 2.86m³/s   ② 2.98m³/s
③ 3.13m³/s   ④ 3.32m³/s

해설 한계수심
㉠ $h_c = \dfrac{2}{3}H_e = \dfrac{2}{3} \times \dfrac{3}{2} = 1\text{m}$
㉡ $h_c = \left(\dfrac{\alpha Q^2}{gb^2}\right)^{\frac{1}{3}}$
$1 = \left(\dfrac{1 \times Q^2}{9.8 \times 1^2}\right)^{\frac{1}{3}}$
$\therefore Q = Q_{\max} = 3.13\text{m}^3/\text{s}$

52 상류와 사류의 한계수심을 설명한 것 중 틀린 것은?

① 유량이 일정할 때 비에너지가 최소로 되는 수심이다.
② 에너지보정계수 α, 중력가속도 g, 수로폭 b, 유량 Q라 할 때 구형 단면인 경우 한계수심 $h_c = \left(\dfrac{1.5\alpha Q^2}{gb^2}\right)^{\frac{1}{4}}$이다.
③ 프루드수 $F_r = 1$일 때 한계수심으로 흐른다.
④ 비에너지가 일정할 때 유량이 최대로 되는 수심이 한계수심이다.

해설 한계수심
㉠ 유량이 일정할 때 $H_{e\min}$이 되는 수심이다.
㉡ H_e가 일정할 때 $Q_{\max}$가 되는 수심이다.
㉢ 직사각형 단면의 한계수심
$h_c = \left(\dfrac{\alpha Q^2}{gb^2}\right)^{\frac{1}{3}}$

정답 47. ② 48. ② 49. ③ 50. ③ 51. ③ 52. ②

53 폭이 10m이고 20m³/s의 물이 흐르고 있는 직사각형 단면 수로의 한계수심은? (단, 에너지보정계수 $\alpha=1.1$)

① 66.57cm ② 76.57cm
③ 86.57cm ④ 96.57cm

해설 한계수심
$$h_c = \left(\frac{\alpha Q^2}{gb^2}\right)^{\frac{1}{3}} = \left(\frac{1.1 \times 20^2}{9.8 \times 10^2}\right)^{\frac{1}{3}}$$
$$= 0.7657\text{m} = 76.57\text{cm}$$

54 폭이 10m인 구형 수로에 유속 3m/s로 30m³/s의 물이 흐른다. 이때 비에너지와 한계수심은 각각 얼마인가?

① 비에너지 : 1.459m, 한계수심 : 0.092m
② 비에너지 : 2.459m, 한계수심 : 1.972m
③ 비에너지 : 3.459m, 한계수심 : 2.972m
④ 비에너지 : 1.459m, 한계수심 : 0.972m

해설 ㉠ $Q = AV$
$30 = 10 \times h \times 3$
∴ $h = 1\text{m}$
㉡ 비에너지
$H_e = h + \alpha \frac{V^2}{2g} = 1 + 1 \times \frac{3^2}{2 \times 9.8} = 1.459\text{m}$
㉢ 한계수심
$h_c = \frac{2}{3}H_e = \frac{2}{3} \times 1.459 ≒ 0.973\text{m}$

55 최소 비에너지가 1.26m인 직사각형 수로에서 단위폭당 최대 유량은?

① 2.35m³/s ② 2.26m³/s
③ 2.41m³/s ④ 2.38m³/s

해설 한계수심
㉠ $h_c = \frac{2}{3}H_e = \frac{2}{3} \times 1.26 = 0.84\text{m}$
㉡ $h_c = \left(\frac{\alpha Q^2}{gb^2}\right)^{\frac{1}{3}}$
$0.84 = \left(\frac{1 \times Q^2}{9.8 \times 1^2}\right)^{\frac{1}{3}}$
∴ $Q = Q_{\max} = 2.41\text{m}^3/\text{s}$

56 다음 그림에서 y가 한계수심이 되었다면 단위폭에 대한 유량은? (단, $\alpha = 1.0$)

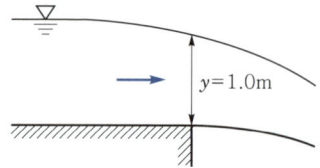

① 9.81m³/s ② 3.13m³/s
③ 1.02m³/s ④ 0.73m³/s

해설 한계수심
$$h_c = \left(\frac{\alpha Q^2}{gb^2}\right)^{\frac{1}{3}}$$
$$1 = \left(\frac{1 \times Q^2}{9.8 \times 1^2}\right)^{\frac{1}{3}}$$
∴ $Q = 3.13\text{m}^3/\text{s}$

57 다음 그림에서 수심 h가 한계수심이 되었다면 단위폭에 대한 유량은? (단, $h = 1\text{m}$)

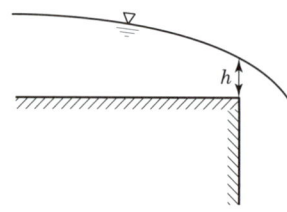

① 4.43m³/s
② 3.13m³/s
③ 1.0m³/s
④ 계산할 수 없다.

해설 유량
㉠ 한계수심이므로 흐름의 상태는 한계류이다.
$F_r = \frac{V_c}{\sqrt{gh_c}} = 1$
∴ $V_c = \sqrt{gh_c}$
㉡ $Q = AV_c = bh_c\sqrt{gh_c}$
$= 1 \times 1 \times \sqrt{9.8 \times 1} = 3.13\text{m}^3/\text{s}$

정답 53. ② 54. ④ 55. ③ 56. ② 57. ②

58 다음 ( ) 안에 들어갈 적절한 말이 순서대로 짝지어진 것은 어느 것인가?

> 흐름이 사류(射流)에서 상류(常流)로 바뀔 때에는 ( )을 거치고, 상류(常流)에서 사류(射流)로 바뀔 때에는 ( )을 거친다.

① 도수현상, 지배 단면
② 대응수심, 공액수심
③ 도수현상, 대응수심
④ 지배 단면, 공액수심

> **해설** 개수로 일반
> 흐름이 사류(射流)에서 상류(常流)로 바뀔 때 수면이 뛰는 현상을 도수라 하며, 상류(常流)에서 사류(射流)로 바뀔 때 발생되는 단면을 지배 단면이라 한다.

59 직사각형 광폭 수로에서 한계류의 특징이 아닌 것은?

① 주어진 유량에 대해 비에너지가 최소이다.
② 주어진 비에너지에 대해 유량이 최대이다.
③ 한계수심은 비에너지의 2/3이다.
④ 주어진 유량에 대해 비력이 최대이다.

> **해설** 한계류의 특징
> ㉠ 일정한 유량에 대해 비에너지가 최소인 경우의 흐름을 말한다.
> ㉡ 일정한 비에너지에 대해 유량이 최대인 경우의 흐름을 말한다.
> ㉢ 직사각형 단면에서 한계수심은 비에너지의 2/3이다.
> $$h_c = \frac{2}{3} h_e$$
> ㉣ 일정한 유량에 대해 비력이 최소인 경우의 흐름을 말한다.

60 광폭 직사각형 단면 수로의 단위폭당 유량이 16m³/s이다. 한계경사를 구한 값은? (단, 수로의 조도계수 $n=0.02$)

① 3.27×10^{-3}
② 2.73×10^{-3}
③ 2.81×10^{-2}
④ 2.90×10^{-2}

> **해설** 한계경사
> ㉠ $h_c = \left(\frac{\alpha Q^2}{gb^2}\right)^{\frac{1}{3}} = \left(\frac{1 \times 16^2}{9.8 \times 1^2}\right)^{\frac{1}{3}} = 2.97\text{m}$
> ㉡ $C = \frac{1}{n} R^{\frac{1}{6}} = \frac{1}{n} h_c^{\frac{1}{6}}$
> $= \frac{1}{0.02} \times 2.97^{\frac{1}{6}} = 59.95$
> ㉢ $I_c = \frac{g}{\alpha C^2} = \frac{9.8}{1 \times 59.95^2} = 2.73 \times 10^{-3}$

61 Froude수가 갖는 의미로 옳은 것은?

① 점성력과 관성력의 비
② 관성력과 표면장력의 비
③ 중력과 점성력의 비
④ 관성력과 중력의 비

> **해설** Froude수는 관성력에 대한 중력의 비를 나타낸다.

62 프루드수(Froude number)가 1보다 큰 흐름은?

① 상류(常流) ② 사류(射流)
③ 층류(層流) ④ 난류(亂流)

> **해설** 프루드수의 흐름 판별
> ㉠ $F_r < 1$: 상류
> ㉡ $F_r = 1$: 한계류
> ㉢ $F_r > 1$: 사류

63 직사각형 개수로의 단위폭당 유량 5m³/s, 수심이 5m이면 프루드수 및 흐름의 종류로 옳은 것은?

① $F_r=0.143$, 사류   ② $F_r=2.143$, 상류
③ $F_r=0.143$, 상류   ④ $F_r=1.430$, 상류

> **해설** 프루드수와 흐름 판별
> $F_r = \frac{V}{\sqrt{gh}} = \frac{\frac{Q}{A}}{\sqrt{gh}} = \frac{\frac{5}{1 \times 5}}{\sqrt{9.8 \times 5}} = 0.143 < 1$
> ∴ 상류

정답 58.① 59.④ 60.② 61.④ 62.② 63.③

64 폭 5m인 직사각형 수로에 유량 8m³/s가 80cm의 수심으로 흐를 때 Froude수는?

① 0.71　　② 0.26
③ 1.42　　④ 2.11

> **해설** 프루드수
> ㉠ $V = \dfrac{Q}{A} = \dfrac{8}{5 \times 0.8} = 2\text{m/s}$
> ㉡ $F_r = \dfrac{V}{\sqrt{gh}} = \dfrac{2}{\sqrt{9.8 \times 0.8}} = 0.71$

65 수심이 10cm이고 수로폭이 20cm인 직사각형 개수로에서 유량 $Q = 80\text{cm}^3/\text{s}$가 흐를 때 동점성계수 $\nu = 1.0 \times 10^{-2} \text{cm}^2/\text{s}$이면 흐름은?

① 층류, 사류　　② 층류, 상류
③ 난류, 사류　　④ 난류, 상류

> **해설** 개수로의 흐름 판별
> ㉠ $V = \dfrac{Q}{A} = \dfrac{80}{10 \times 20} = 0.4\text{cm/s}$
> ㉡ $R_h = \dfrac{A}{P} = \dfrac{10 \times 20}{20 + 2 \times 10} = 5\text{cm}$
> ㉢ $R_e = \dfrac{VR_h}{\nu} = \dfrac{0.4 \times 5}{1 \times 10^{-2}} = 200 < 500$
> ∴ 층류
> ㉣ $F_r = \dfrac{V}{\sqrt{gh}} = \dfrac{0.4}{\sqrt{980 \times 10}} = 0.004 < 1$
> ∴ 상류

66 개수로의 흐름을 상류-층류와 상류-난류, 사류-층류와 사류-난류의 네 가지 흐름으로 나누는 기준이 되는 한계Froude수(F_r)와 한계Reynolds수(R_e)는?

① $F_r = 1, \ R_e = 1$
② $F_r = 1, \ R_e = 500$
③ $F_r = 500, \ R_e = 1$
④ $F_r = 500, \ R_e = 500$

> **해설** 개수로의 흐름 판별
> ㉠ $F_r < 1$이면 상류, $F_r > 1$이면 사류이다.
> ㉡ $R_e < 500$이면 층류, $R_e > 500$이면 난류이다.

67 개수로에서 유속을 V, 중력가속도를 g, 수심을 h로 표시할 때 장파(長波)의 전파속도를 나타내는 것은?

① gh　　② Vh
③ $\sqrt{gh}$　　④ $\sqrt{Vh}$

> **해설** 장파의 전파속도
> $C = \sqrt{gh}$
> 여기서, C : 장파의 전파속도
> 　　　　g : 중력가속도
> 　　　　h : 수심

68 폭이 넓은 직사각형 수로에서 폭 1m당 0.5m³/s의 유량이 80cm의 수심으로 흐르는 경우 이 흐름은? (단, 동점성계수는 0.012cm²/s, 한계수심은 29.5cm이다.)

① 층류이며 상류　　② 층류이며 사류
③ 난류이며 상류　　④ 난류이며 사류

> **해설** 개수로의 흐름 판별
> ㉠ $V = \dfrac{Q}{A} = \dfrac{0.5}{1 \times 0.8} = 0.625\text{m/s} = 62.5\text{cm/s}$
> ㉡ 폭이 넓은 수로일 때 $R ≒ h = 80\text{cm}$
> ㉢ $R_e = \dfrac{VR}{\nu} = \dfrac{62.5 \times 80}{0.012}$
> 　　$= 416,667 > 500$이므로 난류
> ㉣ $h(=80\text{cm}) > h_c(=29.5\text{cm})$이므로 상류

69 평균유속계수(Chezy계수) $C = 29$이고 수로경사 $I = \dfrac{1}{80}$인 하천의 흐름상태는? (단, $\alpha = 1.11$)

① $I_c = \dfrac{1}{70}$로 상류
② $I_c = \dfrac{1}{95}$로 사류
③ $I_c = \dfrac{1}{70}$로 사류
④ $I_c = \dfrac{1}{95}$로 상류

> **해설** 한계경사에 따른 흐름 판별
> $I_c = \dfrac{g}{\alpha C^2} = \dfrac{9.8}{1.11 \times 29^2} = \dfrac{1}{95}$
> ∴ $I > I_c$이므로 사류

정답　64. ①　65. ②　66. ②　67. ③　68. ③　69. ②

70 다음 그림은 개수로에서 동점성계수가 일정하다고 할 때 수심 h와 유속 V에 대한 한계레이놀즈수(R_e)와 프루드수(F_r)를 전대수지에 나타낸 것이다. 이 그림에서 4개의 영역으로 나눌 때 난류인 상류를 나타내는 영역은?

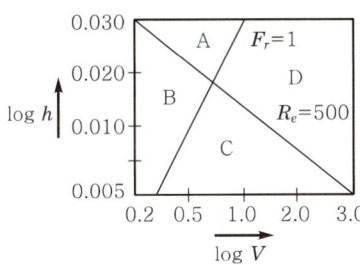

① A
② B
③ C
④ D

해설 개수로에서의 한계레이놀즈수는 $D=4R$이므로 층류와 난류의 기준은 $R_e=500$을 기준으로 한다.
∴ 난류이면서 상류구간은 A구간이다.

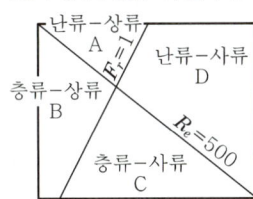

참고 흐름의 판별
• 층류와 난류
$R_e = \dfrac{VD}{\nu}$
 – $R_e \leq 2{,}000$: 층류
 – $2{,}000 < R_e < 4{,}000$: 천이구역(한계류)
 – $R_e \geq 4{,}000$: 난류
• 상류와 사류
$F_r = \dfrac{V}{C} = \dfrac{V}{\sqrt{gh}}$
 – $F_r < 1$: 상류(常流)
 – $F_r = 1$: 한계류
 – $F_r > 1$: 사류(射流)

71 개수로의 흐름에서 상류가 일어나는 경우는 어느 것인가?

① $I < \dfrac{g}{\alpha C^2}$
② $F_r > 1$
③ $\left(\dfrac{\alpha Q^2}{gb^2}\right)^{\frac{1}{3}} > \left(\dfrac{Q}{bC\sqrt{I}}\right)^{\frac{2}{3}}$
④ $\dfrac{V}{\sqrt{gh}} > 1$

해설 상류와 사류 구분

상류		사류	
• $I < I_c$	• $V < V_c$	• $I > I_c$	• $V > V_c$
• $h > h_c$	• $F_r < 1$	• $h < h_c$	• $F_r > 1$

3. 비력과 도수

72 충력치(specific force)의 정의로 옳은 것은?
① 물의 충격에 의해서 생기는 힘을 말한다.
② 비에너지가 최대가 되는 수심일 때의 에너지를 말한다.
③ 개수로의 한 단면에서의 운동량과 정수압의 합을 물의 단위중량으로 나눈 값을 말한다.
④ 한계수심을 가지고 흐를 때의 한 단면에서의 에너지를 말한다.

해설 충력치(비력, specific force)
$M = \eta \dfrac{Q}{g} V + h_G A$

73 충력치 M에 관한 설명 중 옳지 않은 것은?
① 충력치는 수심의 함수이다.
② 하나의 충력치(M)에 대하여 두 개의 수심이 존재할 수 있다.
③ 충력치가 최소로 되는 수심은 근사적으로 등류수심과 같다.
④ 최소 충력치에 대한 수심은 $\dfrac{\partial M}{\partial h} = 0$의 조건에서 구할 수 있다.

해설 충력치(비력)
㉠ 하나의 충력치에 대하여 2개의 수심이 존재한다.
㉡ 충력치가 최소가 되는 수심은 근사적으로 한계수심과 같다.

정답 70. ① 71. ① 72. ③ 73. ③

74 도수 전후의 충력치(비력)를 각각 M_1, M_2라 할 때 M_1, M_2의 크기와 충력치에 대한 설명으로 옳은 것은?

① 충력치란 물의 충격에 의해서 생기는 힘을 말하며 $M_1 = M_2$이다.
② 충력치란 한계수심에서의 비에너지를 말하며 $M_1 > M_2$이다.
③ 충력치란 개수로 내 한 단면에서의 물의 단위무게당 정수압과 운동량의 합을 말하며 $M_1 = M_2$이다.
④ 충력치란 비에너지가 최대가 되는 수심에서의 역적을 말하며 $M_1 < M_2$이다.

> 해설 충력치(비력)
> ㉠ 충력치는 물의 단위중량당 정수압과 운동량의 합이다.
> $$M = \eta \frac{Q}{g} V + h_G A = 일정$$
> ㉡ 충력치는 흐름의 모든 단면에서 일정하다.
> ∴ $M_1 = M_2$

75 수로 바닥경사를 거의 무시할 수 있는 직사각형 수로에서 $Q = 6.4\text{m}^3/\text{s}$, 수심 0.8m, 폭 2m일 때 충력값은? (단, $\eta = 1$)

① 2.73m^3 ② 2.86m^3
③ 2.95m^3 ④ 3.25m^3

> 해설 충력치(비력)
> $$M = \eta \frac{Q}{g} V + h_G A$$
> $$= 1 \times \frac{6.4}{9.8} \times \frac{6.4}{0.8 \times 2} + \frac{0.8}{2} \times (0.8 \times 2)$$
> $$= 3.25\text{m}^3$$

76 다음의 비력(M)곡선에서 한계수심을 나타내는 것은?

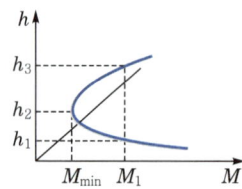

① h_1 ② h_2
③ h_3 ④ $h_3 - h_1$

> 해설 제시된 그림에서 한계수심을 나타내는 것은 h_2이다.
> 참고 비력(충력치)
> • 개수로 흐름에서 비력은 단위중량당의 물이 가지는 힘을 말한다.
> • 최소 비력을 제외하고는 하나의 비력에 대하여 두 개의 수심(h_1, h_3)이 존재하며, 이것을 공액수심이라 한다.
> • 최소 비력일 때는 한 개의 수심(h_2)이 존재하며, 이를 한계수심이라 한다.

77 유량 8m³/s, 폭 4m, 수심 1m의 구형(矩形) 수로에서 충력값을 계산한 값은? (단, $\eta = 1.0$)

① 1.63m^3 ② 2.63m^3
③ 3.63m^3 ④ 4.63m^3

> 해설 충력치(비력)
> $$M = \eta \frac{Q}{g} V + h_G A$$
> $$= 1 \times \frac{8}{9.8} \times \frac{8}{4 \times 1} + \frac{1}{2} \times (4 \times 1) = 3.63\text{m}^3$$

78 개수로의 흐름에서 사류(射流)에서 상류(常流)로 변할 때 가지고 있는 에너지의 일부를 와류와 난류를 통해 소모하는 현상은?

① 한계수심
② 등류
③ 도수
④ 저하곡선 수면

> 해설 사류에서 상류로 변할 때 불연속적으로 수면이 맴도는 현상을 도수라 한다.

79 개수로의 흐름상태에 대한 설명으로 옳은 것은?

① 상류의 수심은 한계수심보다 작다.
② 수로 바닥을 기준으로 하는 에너지를 비에너지라 한다.
③ 도수 전후의 수면차가 클수록 감쇠효과는 작아진다.
④ 사류는 Froude수가 1보다 작다.

정답 74.③ 75.④ 76.② 77.③ 78.③ 79.②

> **해설** ① 상류의 수심은 한계수심보다 크다.
> ③ 도수 전후의 수면차가 클수록 감쇠효과는 커진다.
> ④ 사류는 Froude수가 1보다 크다.
>
> **참고** • 비에너지 : $H_e = h + \alpha \dfrac{V^2}{2g}$
> • 프루드수의 흐름 판별
>   – $F_r < 1$일 때 : 상류
>   – $F_r = 1$일 때 : 한계류
>   – $F_r > 1$일 때 : 사류

★
80 도수(hydraulic jump)현상에 관한 설명으로 옳지 않은 것은?

① 역적-운동량방정식으로부터 유도할 수 있다.
② 상류에서 사류로 급변할 경우 발생한다.
③ 도수로 인한 에너지손실이 발생한다.
④ 파상도수와 완전 도수는 Froude수로 구분한다.

> **해설** 도수현상
> ㉠ 사류에서 상류로 변하는 경우에 발생한다.
> ㉡ 파상도수($1 < F_r < \sqrt{3}$)와 완전도수($F_r \geq \sqrt{3}$)가 있다.

81 도수가 발생한 후 하류에서의 변화로 옳은 것은?

① 유량이 증가한다.
② 유속은 느려지고, 물의 깊이가 갑자기 증가한다.
③ 유속은 빨라지고, 물의 깊이가 감소한다.
④ 유량이 감소한다.

> **해설** 도수가 발생한 후 하류의 유속은 느려지고, 수심은 갑자기 증가한다.

82 도수 전의 수심을 초기 수심이라고 하고, 이와 대응되는 도수 후의 수심을 무엇이라 하는가?

① 대응수심   ② 한계수심
③ 등류수심   ④ 공액수심

> **해설** ㉠ 초기 수심(initial depth) : 도수 전의 수심
> ㉡ 공액수심(sequent depth) : 도수 후의 수심

★
83 도수 전후의 수심 h_1, h_2의 관계를 도수 전의 프루드수 F_{r1}의 함수로 표시한 것으로 옳은 것은?

① $\dfrac{h_2}{h_1} = \dfrac{1}{2}(\sqrt{8F_{r1}^2 + 1} + 1)$

② $\dfrac{h_2}{h_1} = \dfrac{1}{2}(\sqrt{8F_{r1}^2 + 1} - 1)$

③ $\dfrac{h_1}{h_2} = \dfrac{1}{2}(\sqrt{8F_{r1}^2 + 1} + 1)$

④ $\dfrac{h_1}{h_2} = \dfrac{1}{2}(\sqrt{8F_{r1}^2 + 1} - 1)$

> **해설** 도수와 도수고의 관계
> $$\dfrac{h_2}{h_1} = \dfrac{1}{2}(-1 + \sqrt{1 + 8F_{r1}^2})$$

84 개수로 내의 정상류의 수심을 y, 수로의 경사를 S, 한계수심과 한계경사를 각각 y_c, S_c, 흐름의 Froude수를 F_r이라고 할 때 $y > y_c$일 때의 조건으로 옳은 것은?

① $F_r < 1$, $S < S_c$ ② $F_r > 1$, $S > S_c$
③ $F_r > 1$, $S < S_c$ ④ $F_r < 1$, $S > S_c$

> **해설** $y > y_c$인 조건은 상류이므로 $F_r < 1$, $S < S_c$이다.

★
85 개수로에서 상류(常流)와 사류(射流)에 대한 설명으로 틀린 것은?

① 수심이 한계수심보다 클 경우 상류상태이다.
② 프루드(Froude)수가 1보다 클 경우 사류상태이다.
③ 수로경사가 한계경사보다 급할 때 사류상태이다.
④ 레이놀즈(Reynolds)수가 1보다 클 경우 상류상태이다.

> **해설** 상류와 사류 구분
>
> | 상류 | | 사류 | |
> |---|---|---|---|
> | • $I < I_c$ | • $V < V_c$ | • $I > I_c$ | • $V > V_c$ |
> | • $h > h_c$ | • $F_r < 1$ | • $h < h_c$ | • $F_r > 1$ |

정답 80. ② 81. ② 82. ④ 83. ② 84. ① 85. ④

86 폭이 50m인 구형 수로의 도수 전 수위 $h_1 = 3m$, 유량 2,000m³/s일 때 대응수심은?

① 1.6m
② 6.1m
③ 9.0m
④ 도수가 발생하지 않는다.

해설 도수고

㉠ $F_{r1} = \dfrac{V_1}{\sqrt{gh_1}} = \dfrac{\frac{2,000}{50 \times 3}}{\sqrt{9.8 \times 3}} = 2.46$

㉡ $\dfrac{h_2}{h_1} = \dfrac{1}{2}(-1 + \sqrt{1 + 8F_{r1}^2})$

$\dfrac{h_2}{3} = \dfrac{1}{2} \times (-1 + \sqrt{1 + 8 \times 2.46^2})$

∴ $h_2 = 9.04m$

87 도수가 15m 폭의 수문 하류측에서 발생되었다. 도수가 일어나기 전의 깊이가 1.5m이고, 그때의 유속은 18m/s였다. 도수로 인한 에너지손실수두는? (단, 에너지보정계수 $\alpha = 1$)

① 3.24m
② 5.40m
③ 7.62m
④ 8.34m

해설 도수로 인한 에너지손실수두

㉠ $F_{r1} = \dfrac{V}{\sqrt{gh_1}} = \dfrac{18}{\sqrt{9.8 \times 1.5}} = 4.69$

㉡ $\dfrac{h_2}{h_1} = \dfrac{1}{2}(-1 + \sqrt{1 + 8F_{r1}^2})$

$\dfrac{h_2}{1.5} = \dfrac{1}{2} \times (-1 + \sqrt{1 + 8 \times 4.69^2})$

∴ $h_2 = 9.23m$

㉢ $\Delta H_e = \dfrac{(h_2 - h_1)^3}{4h_1 h_2}$

$= \dfrac{(9.23 - 1.5)^3}{4 \times 1.5 \times 9.23} = 8.34m$

88 폭 5m인 직사각형 단면 수로에서 유량이 100.5m³/s일 때 도수 전후의 수심이 각각 2.0m 및 5.5m이었다면 도수로 인한 동력손실은?

① 959.3kW
② 1300.2kW
③ 1969.4kW
④ 5417.2kW

해설 ㉠ 도수로 인한 에너지손실

$\Delta H_e = \dfrac{(h_2 - h_1)^3}{4h_1 h_2}$

$= \dfrac{(5.5 - 2.0)^3}{4 \times 2.0 \times 5.5} = 0.974m$

㉡ 도수로 인한 동력손실
수두 0.974m가 감소됐으므로 그만큼의 동력은
∴ $P = 9.8QH$
$= 9.8 \times 100.5 \times 0.974 = 959.3kW$

89 Hydraulic jump에 관한 공식이 아닌 것은?

① Safranez공식
② Smetana공식
③ Woycicki공식
④ Zunker공식

해설 도수의 길이를 구하는 실험공식
㉠ Smetana공식 : $l = 6(h_2 - h_1)$
㉡ Safranez공식 : $l = 4.5 h_2$
㉢ Woycicki공식 : $l = \left(8 - 0.05 \dfrac{h_2}{h_1}\right)(h_2 - h_1)$
㉣ 미국개척국공식 : $l = 6.1 h_2$

4. 부등류의 수면곡선

90 개수로에서 지배 단면이란 무엇을 뜻하는가?

① 사류에서 상류로 변하는 지점의 단면
② 비에너지가 최대로 되는 지점의 단면
③ 상류에서 사류로 변하는 지점의 단면
④ 층류에서 난류로 변하는 지점의 단면

해설 개수로에서 지배 단면이란 한계경사일 때의 단면, 즉 상류에서 사류로 변할 때의 단면을 의미한다.

정답 86.③ 87.④ 88.① 89.④ 90.③

91 개수로의 지배 단면(control section)에 대한 설명으로 옳은 것은?

① 개수로 내에서 유속이 가장 크게 되는 단면이다.
② 개수로 내에서 압력이 가장 크게 작용하는 단면이다.
③ 개수로 내에서 수로경사가 항상 같은 단면을 말한다.
④ 한계수심이 생기는 단면으로서 상류에서 사류로 변하는 단면을 말한다.

> 해설 개수로에서 지배 단면이란 한계경사(한계수심일 때의 수로경사)일 때의 단면, 즉 상류에서 사류로 변할 때의 단면을 의미한다.

92 개수로에서 상류에서 사류 또는 사류에서 상류로 변할 때 도수가 생기지 않는 범위는?

① $F_r < 1$
② $F_r > 1$
③ $F_r > \sqrt{3}$
④ $F_r < \sqrt{3}$

> 해설 개수로에서 상류에서 사류 또는 사류에서 상류로 변할 때 도수가 생기지 않는 범위는 $F_r < 1$이다.

93 댐의 상류부에서 발생되는 수면곡선은?

① 배수곡선
② 저하곡선
③ 수리특성곡선
④ 유사량곡선

> 해설 댐의 상류부에서는 흐름방향으로 수심이 증가하는 배수곡선이 나타난다.

94 개수로구간에 댐을 설치했을 때 수심 h 가 상류로 갈수록 등류수심 h_0 에 접근하는 수면곡선을 무엇이라 하는가?

① 저하곡선
② 배수곡선
③ 수문곡선
④ 수면곡선

> 해설 상류에 댐을 만들 때 상류(上流)에서는 수면이 상승하는 배수곡선이 나타난다. 이 곡선은 수심 h 가 상류로 갈수록 등류수심 h_0 에 접근하는 형태가 된다.

95 배수곡선에 대한 정의로서 옳은 것은?

① 사류상태로 흐르는 하천에 댐을 구축하였을 때 생기는 저수지의 수면곡선
② 홍수 시 하천의 수면곡선
③ 하천 단락부 상류의 수면곡선
④ 상류상태로 흐르는 하천에 댐을 구축했을 때 저수지의 수면곡선

> 해설 상류로 흐르는 수로에 댐, 위어 등의 수리구조물을 만들면 수리구조물의 상류에 흐름방향으로 수심이 증가하는 수면곡선이 나타나는데, 이러한 수면곡선을 배수곡선이라 한다.

96 개수로 흐름에 관한 설명 중 틀린 것은?

① 사류에서 상류로 변하는 곳에 도수현상이 생긴다.
② 유량이 수심에 의해 확실히 결정되는 단면을 지배 단면이라 한다.
③ 비에너지는 수로 바닥을 기준으로 한 에너지이다.
④ 배수곡선은 수로가 단락(段落)이 되는 곳에 생기는 수면곡선이다.

> 해설 ㉠ 상류로 흐르는 수로에 댐, 위어 등의 수리구조물을 만들 때 수리구조물의 상류에 흐름방향으로 수심이 증가하는 배수곡선이 일어난다.
> ㉡ 수로가 단락되거나 폭포와 같이 수로경사가 갑자기 클 때 저하곡선이 일어난다.

97 개수로 내에 댐을 축조하여 월류시킬 때 수면곡선이 변화된다. 배수곡선의 부등류 계산을 진행하는 방향이 옳은 것은?

① 지배 단면에서 상류(上流)측으로
② 지배 단면에서 하류(下流)측으로
③ 등류수심지점에서 댐지점으로
④ 등류수심지점에서 지배 단면으로

> 해설 흐름이 상류일 때의 수면곡선은 지배 단면에서 상류로 계산한다.

정답 91.④ 92.① 93.① 94.② 95.④ 96.④ 97.①

98 완경사수로에서 배수곡선이 생기는 영역은? (단, 흐름은 완경사의 상류흐름조건이고, h : 측정수심, h_o : 등류수심, h_c : 한계수심이다.)

① $h > h_o > h_c$ ② $h < h_o < h_c$
③ $h > h_o < h_c$ ④ $h < h_o > h_c$

> **해설** 완경사일 때 수면곡선
> ㉠ $h > h_o > h_c$일 때 배수곡선(M_1)이 생긴다.
> ㉡ $h_o > h > h_c$일 때 저하곡선(M_2)이 생긴다.
> ㉢ $h_o > h_c > h$일 때 배수곡선(M_3)이 생긴다.

99 수로경사가 급한 폭포와 같이 수심이 흐름방향으로 감소하는 형태의 수면곡선은?

① 유속곡선 ② 저하곡선
③ 완화곡선 ④ 유량곡선

> **해설** 수로가 단락되거나 폭포와 같이 수로경사가 갑자기 클 때 저하곡선이 나타난다.

100 폭이 넓은 직사각형 수로에서 배수곡선의 조건을 바르게 나타낸 항은? (단, i : 수로경사, I_e : 에너지경사, F_r : Froude수)

① $i > I_e$, $F_r < 1$ ② $i < I_e$, $F_r < 1$
③ $i < I_e$, $F_r > 1$ ④ $i > I_e$, $F_r > 1$

> **해설** 폭이 넓은 직사각형 수로에서 배수곡선은 $\dfrac{dh}{dx} > 0$ 이므로 $S_o > S_f$, $F_r < 1$이다.
>
> **참고** 점변류의 수면곡선을 구하기 위한 기본방정식
> $$\dfrac{dh}{dx} = \dfrac{S_o - S_f}{1 - F_r^2}$$
> 여기서, S_o : 수로경사
> S_f : 에너지경사

101 수면곡선 계산에 있어서 흐름이 사류인 경우 계산순서를 바르게 설명한 것은?

① 기점수위를 하류수위 기준점에서 수위를 결정한 후, 상류로 계산해 올라간다.
② 기점수위를 상류수위 기준점에서 수위를 결정한 후, 하류로 계산해 내려간다.
③ 유량의 규모에 따라 계산순서가 상류로 갈 수도 있고, 하류로 갈 수도 있다.
④ 상류, 사류에 따른 구분이 있다.

> **해설** 수면곡선 계산법
> ㉠ 흐름이 상류일 때 수면곡선은 지배 단면에서 상류로 계산한다.
> ㉡ 흐름이 사류일 때 수면곡선은 지배 단면에서 하류로 계산한다.

102 다음과 같은 부등류흐름에서 y는 실제 수심, y_c는 한계수심, y_n은 등류수심을 표시한다. 이 그림의 수면곡선명칭과 수로경사에 관한 설명으로 옳은 것은?

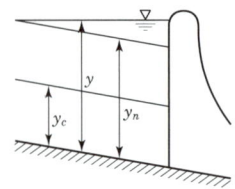

① 완경사수로에서 배수곡선이며 M_1곡선
② 완경사수로에서 배수곡선이며 S_1곡선
③ 완경사수로에서 배수곡선이며 M_2곡선
④ 급경사수로에서 저하곡선이며 S_2곡선

> **해설** 제시된 그림의 수면곡선은 완경사 상류구간에서 배수곡선이며 M_1곡선을 의미한다.

103 다음 그림과 같이 수로가 완경사로부터 급경사로 변화하였다. 이때 급경사 부분의 수심을 계산하고자 할 때 구해야 할 구간은?

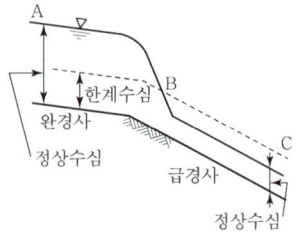

① A부터 시작하여 C까지 계산한다.
② B부터 시작하여 C까지 계산한다.
③ C부터 역으로 B를 거쳐 A까지 계산한다.
④ B부터 시작하여 완경사 부분의 수심을 A까지 계산한 후에 다시 C부터 시작하여 B까지 계산하고 B에서의 수심과 일치하는가를 확인한다.

해설 사류구간의 수위 계산은 지배 단면을 기준으로 상류에서 하류로 진행한다.

104 개수로 흐름에 대한 성질을 표시한 것이다. 틀린 것은?
① 도수 중에는 반드시 에너지손실이 일어난다.
② 홍수 시 저수지의 배수곡선은 월류댐의 월류수심과 관계가 없다.
③ Escoffier의 도해법은 부등 단면 개수로의 수면형을 구하는 방법이다.
④ 개수로에서 단파(段波)현상은 수류의 운동량과 관계가 있다.

해설 ㉠ 배수곡선은 월류수심과 관계있다.
㉡ Escoffier의 도해법은 자연하천의 수면곡선을 구하는 데 많이 이용된다.

105 기준면을 수로 바닥에 잡은 경우 동수경사를 옳게 기술한 것은? (단, 전수심 $h = \dfrac{P}{\gamma_w}$)

① $I = -\dfrac{\partial}{\partial S}\left(\dfrac{P}{\gamma_w}+Z\right)$ ② $I = -\dfrac{\partial}{\partial S}\left(\dfrac{P}{\gamma_w}-Z\right)$
③ $I = -\dfrac{\partial}{\partial S}\left(\dfrac{P}{\gamma_w}\right)$ ④ $I = -\dfrac{\partial Z}{\partial S}$

해설 $I = -\dfrac{\partial}{\partial S}\left(\dfrac{P}{\gamma_w}+Z\right)$ 이지만 기준면을 수로 바닥에 잡은 경우의 동수경사이므로 $I = -\dfrac{\partial}{\partial S}\dfrac{P}{\gamma_w}$ 이다.

106 댐의 상류부에서 발생되는 수면곡선으로, 흐름방향으로 수심이 증가함을 뜻하는 곡선은?
① 배수곡선   ② 저하곡선
③ 유사량곡선 ④ 수리특성곡선

해설 개수로의 흐름이 상류(常流)인 장소에 댐, 위어 또는 수문 등의 수리구조물을 만들어 수면을 상승시키면 그 영향이 상류(上流)로 미치고, 상류(上流)의 수면은 상승한다. 이 현상을 배수(back water)라 하며, 이로 인해 생기는 수면곡선을 배수곡선이라 한다.

107 수문을 갑자기 닫아서 물의 흐름을 막으면 상류(上流) 쪽의 수면이 갑자기 상승하여 단상(段狀)이 되고, 이것이 상류로 향하여 전파된다. 이러한 현상을 무엇이라 하는가?
① 장파(長波)   ② 단파(段波)
③ 홍수파(洪水波) ④ 파상도수(波狀跳水)

해설 단파
㉠ 일정한 유량이 흐르고 있는 하천이나 개수로에서 상류(上流)나 하류(下流)의 수문을 급조작하여 수심, 유속, 유량 등 흐름의 특성을 변화시키면 급경사부가 형성되어 상류나 하류 쪽으로 진행하는 파를 단파(hydraulic bore)라 한다.
㉡ 충격력이 강하고 시간적으로 급격한 수위변화를 수반한다.

108 단파(hydraulic bore)에 대한 설명 중 옳은 것은?
① 수문을 급히 개방할 경우 하류로 전파되는 흐름
② 유속이 파의 전파속도보다 작은 흐름
③ 댐을 건설하여 상류측 수로에 생기는 수면파
④ 계단식 여수로에 형성되는 흐름의 형상

해설 상류에 있는 수문을 갑자기 닫거나 열 때, 또는 하류에 있는 수문을 갑자기 닫거나 열 때 흐름이 단상이 되어 전파하는 현상을 단파라 한다.

109 수평면상 곡선수로의 상류(常流)에서 비회전흐름의 경우 유속 V와 곡률반경 R의 관계로 옳은 것은? (단, C : 상수)
① $V = CR$ ② $VR = C$
③ $R + \dfrac{V^2}{2g} = C$ ④ $\dfrac{V^2}{2g} + CR = 0$

해설 곡선수로의 수면형
㉠ 유선의 곡률이 큰 상류의 흐름에서 수평면의 유속은 수로의 곡률반지름에 반비례한다.
㉡ $VR = C$(일정)

정답 104. ② 105. ③ 106. ① 107. ② 108. ① 109. ②

Hydraulics and Hydrology

CHAPTER 08 지하수와 수리학적 상사

회독 체크표
- 1회독   월   일
- 2회독   월   일
- 3회독   월   일

최근 10년간 출제분석표

2015	2016	2017	2018	2019	2020	2021	2022	2023	2024
10.0%	10.0%	6.7%	8.3%	11.7%	8.3%	11.7%	15.0%	10.0%	13.3%

출제 POINT

학습 POINT
- 피압대수층과 비피압대수층
- Darcy의 법칙 및 3가지
- 굴착정공식
- Dupuit의 침윤선공식

■ 지하수의 연직분포
① 통기대 : 토양수대, 중간수대, 모관수대
② 포화대 : 지하수대

SECTION 1 지하수의 흐름

1 지하수의 일반

1) 지하수의 정의 및 특징

① 흙 속에 침투된 물 중에서 지표 가까이 혹은 토사입자에 부착되어 있거나, 암반이나 점토 같은 불투수층에 도달되어 그 이상 통과하지 못하고 토사간격에 완전히 충만되어 있는 흙 속의 물을 지하수(ground water)라 한다.
② 지하수의 흐름은 지표수에 비하여 속도가 아주 느리고, 대부분의 지하수의 흐름은 층류의 흐름으로 본다($R_e = 1 \sim 10$).

2) 지하수의 연직분포

지하수는 크게 통기대와 포화대로 구분된다.

① 통기대는 대기 중의 공기가 땅속까지 들어가 있는 부분을 말하는데, 이는 토양수대, 중간수대, 모관수대로 나뉜다. 통기대 내의 물을 현수수라 한다.

    ㉠ 토양수대는 지표면에서부터 식물의 뿌리가 박혀 있는 면까지의 영역을 말하며, 불포화상태가 보통이다. 현수수의 제일 윗부분에 존재하는 물로 토양수라고 한다.

    ㉡ 중간수대는 토양수대의 하단으로부터 모관수대의 상단까지의 영역을 말하며, 토양수대와 모관수대를 연결하는 역할을 한다. 피막수와 중력수가 존재한다. 여기서 토립자의 흡습력과 모관력에 의해 토립자에 붙어서 존재하는 물을 피막수라 하고, 중력에 의해 토양층을 통과하는 토양수의 여유분의 물을 중력수라 한다.

ⓒ 모관수대는 지하수가 모세관현상에 의해 지하수면에서부터 올라가는 점까지의 영역을 말하고, 모관수대에 존재하는 물을 모관수라 한다.

② 포화대는 지하수면 아래의 물로 포화되어 있는 부분을 말하며, 이 포화대의 물을 지하수라 한다. 포화대의 상단은 통기대와 접하고, 하단은 점토질 또는 실트의 불투수층이나 암반에 접한다.

• 지하수대는 통기대 하단의 포화대의 영역을 말하고, 지하수대에 존재하는 물을 지하수라 한다.

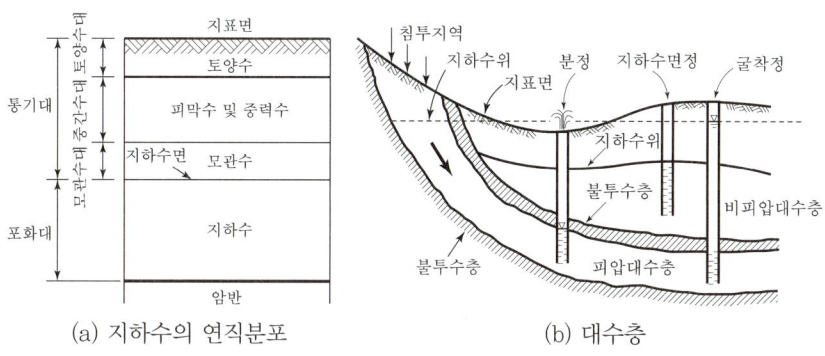

[그림 8-1] 지하수와 대수층

3) 대수층의 종류

(1) 비피압대수층
대수층 내에 자유지하수면이 있어서 지하수의 흐름이 **대기압을 받고 있는 대수층**을 비피압대수층(unconfined aquifer) 또는 자유대수층이라고도 한다.

(2) 피압대수층
불투수성 지반 사이에 낀 대수층 내의 **자유지하수면을 갖지 않는 대수층**으로, 지하수가 대기압보다 큰 압력을 받고 있는 대수층을 피압대수층 (confined aquifer)이라 한다.

2 Darcy의 법칙

1) Darcy법칙의 기본가정
① 지하수의 흐름은 정상류이고 **층류의 흐름**이다.
② 투수층을 구성하고 있는 **투수물질은 균일하고 동질이다.**
③ 대수층 내에 **모관수대는 존재하지 않는다.**
④ Darcy법칙은 Reynolds수와 관계가 있으며, 대략 $R_e < 4$의 층류의 흐름에서 Darcy법칙이 성립한다.

■ 대수층의 종류
① 비피압대수층 : 자유수면 존재
② 피압대수층 : 자유수면 없음

■ Darcy법칙의 가정조건
① 흐름은 층류($R_e < 4$)이다.
② 투수물질은 균일하고 동질이다.
③ 모관수대는 존재하지 않는다.

출제 POINT

■ 이론유속
$V = KI$

■ 지하수의 유량
$Q = AKI$

2) 지하수의 유속과 유량

① 이론유속 : $V = KI$

② 실제 침투유속 : $V_s = \dfrac{V}{n}$

③ 지하수의 유량 : $Q = AV = AKI = AK\dfrac{\Delta h}{\Delta l}$

여기서, K : 투수계수(m/s, cm/s), n : 공극률

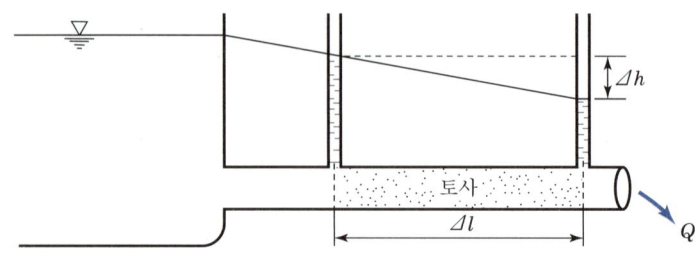

[그림 8-2] Darcy의 법칙

3) 투수계수

① 투수계수란 물의 흐름에 대한 흙의 저항 정도를 의미한다.

$$K = D_s^2 \dfrac{\gamma}{\mu}\left(\dfrac{e^3}{1+e}\right)C$$

여기서, D_s : 흙의 입경, μ : 유체의 점성계수
e : 공극비(간극비), C : 형상계수

② 투수계수(K)는 속도의 차원($[LT^{-1}]$)을 갖는다.
③ 투수계수에 영향을 주는 인자로는 흙입자의 모양과 크기, 공극비, 포화도, 흙입자의 구성, 흙의 구조, 유체의 점성, 밀도 등이 있다.
④ 투수계수의 단위로 Darcy가 사용된다.

> **참고**
>
> **Darcy**
> 1Darcy란 1기압/cm의 압력경사하에서 1centipoise의 점성을 갖는 유체가 1cm³/s의 유량으로 1cm²의 단면적을 통해서 흐를 때의 투수계수를 말한다.
>
> $$1\text{Darcy} = \dfrac{\dfrac{1\text{centipoise} \times 1\text{cm}^3/\text{s}}{1\text{cm}^2}}{1\text{기압/cm}}$$

③ 지하수의 유량

1) 제방(Dupuit이론)

① Dupuit이론의 기본가정
  ㉠ 침윤선의 경사가 작으면 물은 수평으로 흐른다.
  ㉡ 동수경사는 자유수면의 경사와 같고, 깊이에 관계없이 일정하다.

② 침윤선공식의 단위유량

$$q = \frac{K}{2l}(h_1^2 - h_2^2)\,[\text{m}^3/\text{s},\ \text{cm}^3/\text{s}]$$

③ 전체 유량

$$Q = Lq\,[\text{m}^3,\ \text{cm}^3]$$

여기서, q : 단위폭유량
　　　　l : 제방폭
　　　　L : 제방길이

> **출제 POINT**
>
> ■ Dupuit의 침윤선공식
> $$q = \frac{K}{2l}(h_1^2 - h_2^2)$$

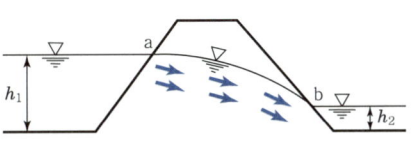
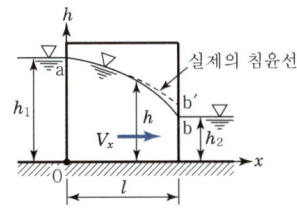

[그림 8-3] Dupuit의 침윤선

2) 굴착정(artesian well)

① 피압대수층의 물을 양수하는 우물을 굴착정이라 한다.
② 양수할 때 우물에 물이 고이는 범위로서 양수의 영향이 미치는 영향원의 반지름을 영향원(R)이라 한다.
③ 굴착정의 유량

$$Q = \frac{2\pi c K(H - h_0)}{\log_e\left(\dfrac{R}{r_0}\right)} = \frac{2\pi c K(H - h_0)}{2.3\log\left(\dfrac{R}{r_0}\right)}$$

여기서, c : 투수층의 두께
　　　　R : 영향원($= (3,000 \sim 5,000)r_0$)
　　　　r_0 : 우물의 반지름

> ■ 굴착정의 유량
> $$Q = \frac{2\pi c K(H - h_0)}{\log_e\left(\dfrac{R}{r_0}\right)}$$
> $$= \frac{2\pi c K(H - h_0)}{2.3\log\left(\dfrac{R}{r_0}\right)}$$

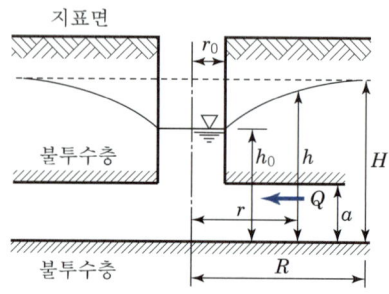

[그림 8-4] 굴착정

3) 깊은 우물(심정호, 심정, deep well)

① 불투수층 위의 대수층 내에 자유지하수면을 가지는 자유지하수를 양수하는 우물 중 우물의 바닥이 불투수층까지 도달한 우물을 깊은 우물이라 한다.

② 깊은 우물의 유량

$$Q = \frac{\pi K(H^2 - h_0^2)}{\log_e \frac{R}{r_0}} = \frac{\pi K(H^2 - h_0^2)}{2.3 \log \frac{R}{r_0}}$$

■ 깊은 우물의 유량
$$Q = \frac{\pi K(H^2 - h_0^2)}{\log_e \left(\frac{R}{r_0}\right)}$$

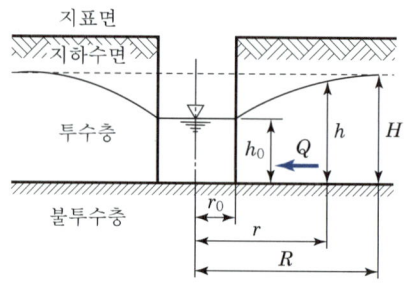

[그림 8-5] 깊은 우물(심정호)

4) 얕은 우물(천정호, shallow well)

① 우물의 바닥이 불투수층까지 도달하지 않은 우물로, 복류수를 양수하는 우물을 얕은 우물이라 한다. 집수정의 바닥(저면)으로만 유입하는 경우만 생각한다.

② 집수정 바닥이 수평한 경우의 유량

$$Q = 4Kr_0(H - h_0)$$

③ 집수정 바닥이 둥근 경우의 유량

$$Q = 2\pi K r_0(H - h_0)$$

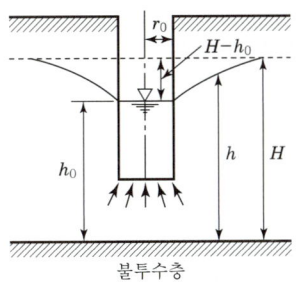 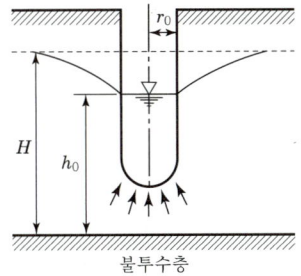

(a) 바닥이 수평한 경우   (b) 바닥이 둥근 경우

[그림 8-6] 얕은 우물(천정호)

5) 집수암거(infiltration gallery)

① 하안 또는 하상의 투수층에 암거나 다공관(구멍 뚫린 관)을 매설하여 **하천에서 침투한 침투수를 취수하는 우물**을 집수암거라 한다. 수면 아래에 있는 집수암거, 불투수층에 달하는 집수암거, 하안에 있는 집수암거 등으로 구분할 수 있다.

② 수면 아래에 있는 집수암거

$$Q = \frac{2\pi K \Delta H}{2.3 \log \frac{4a}{d}}$$

여기서, a : 바닥으로부터 암거 중심까지의 거리, d : 집수관의 직경

③ 불투수층에 달하는 집수암거

㉠ 단위 m당 유량(한쪽 측면 유입 시)

$$q = \frac{K}{2R}(H^2 - h_0^2)$$

㉡ 전체 유량(양쪽 측면 유입 시)

$$Q = 2lq = \frac{Kl}{R}(H^2 - h_0^2)$$

④ 하안에 있는 집수암거

$$Q = \frac{Kl}{2R}(H^2 - h_0^2)$$

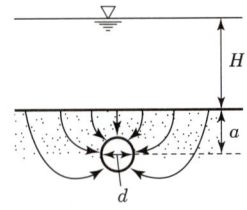 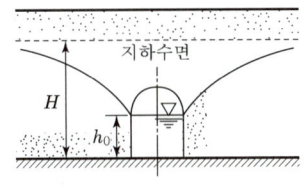 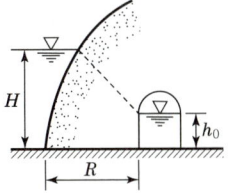

(a) 수면 아래에 있는 집수암거   (b) 불투수층에 달하는 집수암거   (c) 하안에 있는 집수암거

[그림 8-7] 집수암거

■ 집수암거

하천에서 침투한 침투수를 취수하는 우물

출제 POINT

학습 POINT
- 소류사와 부유사의 개념
- 수리학적 상사 계산
- 수리모형법칙의 정의

■ 소류력
$\tau_0 = \gamma_0 RI$

■ 한계소류력=항력
$D = C_D A \dfrac{\rho V^2}{2}$

SECTION 2 유사이론과 수리학적 상사

1 유사이론

바람이나 흐르는 물에 의해 흘러내리는 모래라는 의미로 물에 포화되어 흐르기 쉬운 모래를 유사라 한다. 유사는 부유사와 소류사(하상유사)로 구분할 수 있다.

부유사는 유수 속에 떠서 이동하는 토사를 말하며, 소류사(하상유사)는 수로 바닥 부근에서 이동하는 토사를 말한다. 총유사량은 부유사량과 소류사량의 합으로 나타낸다.

1) 소류력

유수가 수로의 윤변(하상)에 작용하는 마찰력을 소류력(tractive force)이라 한다. 마찰속도 $U^* = \sqrt{\dfrac{\tau_0}{\rho}} = V\sqrt{\dfrac{f}{8}} = \sqrt{gRI} = \sqrt{ghI}$ 에서

$$\therefore \tau_0 = \gamma_0 RI$$

2) 한계소류력

하상의 토사가 움직일 수 있는 최소의 힘으로 유수에 의한 소류력(마찰력)과 수로 바닥의 저항력과 경계가 되는 힘을 한계소류력(critical tractive force)이라 하고, 항력(D)과 동일하다. 한계소류력은 하상토사의 크기, 비중, 혼합상태 등에 따라 다르다.

$$D = C_D A \dfrac{\rho V^2}{2}$$

2 수리학적 상사

수리학적 상사(hydraulic similarity)란 모형(model)에서 관측한 여러 가지의 양을 원형(prototype)에 대해서 적용할 때의 환산율을 규정하는 법칙을 말한다. 실제 원형에 대한 실험결과를 얻기 위하여 작은 모형을 만들어 실험을 하게 된다. 이때 흐름특성에 따라 원형과 모형에 상사법칙을 적용하여 모형제작을 하여야 한다.

1) 상사조건

상사법칙은 원형과 모형 사이의 관계를 명확히 규정하는 법칙으로 주어진 문제해결을 위해 수리모형실험을 할 경우 실험결과에 의하여 원형의 값을 예측하기 위해서는 원형과 모형 사이에 다음의 3가지 상사가 이루어져야 한다.

(1) 기하학적 상사

형상만의 상사를 의미하는 것으로, 모형과 원형 사이에서 대응하는 두 점 간의 길이비가 모든 방향에서 일정할 때 기하학적 상사가 성립된다. 축척비는 모형(m)/원형(p)의 비로 나타낸다.

① 길이비 : $L_r = \dfrac{L_m}{L_p}$

② 면적비 : $A_r = \dfrac{A_m}{A_p} = \dfrac{L_m^{\,2}}{L_p^{\,2}} = L_r^{\,2}$

③ 체적비 : $V_r = \dfrac{V_m}{V_p} = \dfrac{L_m^{\,3}}{L_p^{\,3}} = L_r^{\,3}$

여기서, 첨자 m : 모형(model), 첨자 p : 원형(prototype)

(2) 운동학적 상사

모형과 원형 사이에 운동의 유사성을 운동학적 상사라 하며, 그 운동에 내포된 여러 대응하는 입자들의 속도비가 동일할 때 운동학적 상사가 성립된다.

① 속도비 : $V_r = \dfrac{V_m}{V_p} = \dfrac{L_m/T_m}{L_p/T_p} = \dfrac{L_r}{T_r} = L_r T_r^{-1}$

② 가속도비 : $a_r = \dfrac{a_m}{a_p} = \dfrac{L_m/T_m^{\,2}}{L_p/T_p^{\,2}} = \dfrac{L_r}{T_r^{\,2}} = L_r T_r^{-2}$

③ 유량비 : $Q_r = \dfrac{Q_m}{Q_p} = \dfrac{L_m^{\,3}/T_m}{L_p^{\,3}/T_p} = \dfrac{L_r^{\,3}}{T_r} = L_r^{\,3} T_r^{-1}$

(3) 동역학적 상사

기하학적 상사와 운동학적 상사가 성립되는 흐름에서 각 대응점의 힘의 비가 같고, 물질의 질량의 비가 같을 때 동역학적 상사가 성립된다.

① 힘의 비 : $F_r = \dfrac{F_m}{F_p} = M_r a_r = \rho_r L_r^{\,3} \times \dfrac{L_r}{T_r^{\,2}} = \rho_r A_r V_r^{\,2}$

② 질량비 : $M_r = \dfrac{M_m}{M_p} = \dfrac{\rho_m V_m}{\rho_p V_p} = \rho_r L_r^{\,3}$

2) Reynolds의 상사법칙

모형과 원형 간에 점성력에 대한 관성력의 비가 동일해야 한다.

점성력 $F_f = \mu(V/L)L^2 = \mu V L$

관성력 $F_I = ma = \rho L^3 V/T = \rho V^2 L^2$

$\dfrac{F_I}{F_f} = \dfrac{\rho L^2 V^2}{\mu L V} = \dfrac{\rho V L}{\mu} = \dfrac{VL}{\nu} = R_e$

$R_e = \dfrac{(R_e)_m}{(R_e)_p} = \dfrac{(VL/\nu)_m}{(VL/\nu)_p} = 1$

■ Reynolds의 상사법칙
점성력에 의해 지배받는 흐름

출제 POINT

① 속도비 : $V_r = \nu_r L_r^{-1}$

② 시간비 : $T_r = \dfrac{L_r}{V_r} = \nu_r^{-1} L_r^{2}$

③ 유량비 : $Q_r = A_r V_r = L_r^{2} \nu_r L_r^{-1} = \nu_r L_r$

3) Froude의 상사법칙

모형과 원형 간에 중력에 대한 관성력의 비가 동일해야 한다.

관성력 $F_I = ma = \rho L^3 V/T = \rho V^2 L^2$

중력 $F_g = mg = \rho L^3 g$

■ Froude의 상사법칙
중력이 지배하는 흐름

■ 길이비로 나타낸 물리량의 비
① $\nu_r = L_r^{\frac{3}{2}}$
② $V_r = L_r^{\frac{1}{2}}$
③ $T_r = L_r^{\frac{1}{2}}$
④ $Q_r = L_r^{\frac{5}{2}}$

$$\dfrac{F_I}{F_g} = \dfrac{\rho V^2 L^2}{\rho L^3 g} = \dfrac{V^2}{gL} = \dfrac{V}{\sqrt{gL}} = F_r$$

$$F_r = \dfrac{(F_r)_m}{(F_r)_p} = \dfrac{(V/\sqrt{gL})_m}{(V/\sqrt{gL})_p} = 1$$

① 속도비 : $V_r = \dfrac{V_m}{V_p} = \sqrt{\dfrac{L_m}{L_p}} = L_r^{\frac{1}{2}}$

② 시간비 : $T_r = \dfrac{L_r}{V_r} = L_r V_r^{-1} = L_r^{\frac{1}{2}}$

③ 유량비 : $Q_r = A_r V_r = L_r^2 L_r^{\frac{1}{2}} = L_r^{\frac{5}{2}}$

4) 중력과 점성력이 동시에 지배하는 흐름

Froude의 상사법칙과 Reynolds의 상사법칙이 동시에 만족되어야 하는 흐름이 실제 흐름의 경우에는 많다. 따라서 중력과 점성력이 동시에 지배하는 흐름의 경우에는 다음 식과 같이 된다.

$$R_e = F_r \text{이므로 } \dfrac{V_r L_r}{\nu_r} = \dfrac{V_r}{g_r^{1/2} L_r^{1/2}} \Rightarrow \nu_r = L_r^{\frac{3}{2}} \; (\because g_r = 0)$$

5) 수평축척(X_r)과 연직축척(Y_r)이 다른 왜곡축척(Froude의 상사법칙)

① 유속비 : $V_r = Y_r^{\frac{1}{2}}$

② 시간비 : $T_r = \dfrac{X_r}{V_r} = X_r Y_r^{-\frac{1}{2}}$

③ 유량비 : $Q_r = V_r X_r Y_r = X_r Y_r^{\frac{3}{2}}$

④ 조도비 : $n_r = \dfrac{Y_r^{\frac{2}{3}}}{X_r^{\frac{1}{2}}}$

3 수리모형법칙(특별상사법칙)

1) Reynolds의 모형법칙

① 마찰력과 점성력이 흐름을 지배하는 관수로의 흐름에 적용한다.

② 원형의 Reynolds수와 모형의 Reynolds수가 같다.

③ $R_e = \dfrac{VL}{\nu} = \dfrac{\rho VL}{\mu} = \dfrac{\rho V^2}{\mu \dfrac{V}{L}} = \dfrac{\rho V^2 L^2}{\mu \dfrac{V}{L} L^2}$

여기서, $\rho V^2 L^2 \propto ma$: 관성력, $\mu \dfrac{V}{L} L^2 \propto \mu \dfrac{du}{dy} A$: 점성력

2) Froude의 모형법칙

① 중력과 관성력이 흐름을 지배하는 일반적인 개수로(하천)의 흐름에 적용한다.

② 원형 수로의 Froude수와 모형 수로의 Froude수가 같다.

③ $F_r = \dfrac{V}{\sqrt{gL}} \Rightarrow F_r^2 = \dfrac{V^2}{gL} = \dfrac{V^2 \times \rho L^2}{gL \times \rho L^2} = \dfrac{\rho V^2 L^2}{\rho g L^3}$

여기서, $\rho V^2 L^2 \propto ma$: 관성력, $\rho g L^3 \propto mg$: 중력

3) Weber의 모형법칙

표면장력이 흐름을 지배하는 경우 즉, 위어의 월류수심이 적을 때, 파고가 극히 적은 파동, 저수지나 호수에서 일어나는 증발산문제 등의 흐름에 적용한다.

① 표면장력에 의한 힘에 대한 관성력의 비가 원형과 모형 간에 동일해야 한다.

② $\dfrac{F_I}{F_s} = \dfrac{\rho V^2 L^2}{\sigma L} = \dfrac{\rho V^2 L}{\sigma}$ (Weber수, 무차원수)

4) Cauchy의 모형법칙(마하의 모형법칙)

① 유체의 탄성력이 흐름을 주로 지배하는 흐름에 적용하며 압축성 유체에 적용 가능하다.

② 수격작용(water hammer)이나 기타 관수로 내의 부정류에 있어서는 수리실험모형이 잘 적용되지 않을 수도 있다.

출제 POINT

■ Reynolds의 모형법칙
점성력이 흐름을 지배

■ Froude의 모형법칙
중력이 흐름을 지배

■ Weber의 모형법칙
표면장력이 흐름을 지배

■ Cauchy의 모형법칙
탄성력이 흐름을 지배

CHAPTER 08 기출문제

1. 지하수의 흐름

01 다음 중 지하수의 흐름을 지배하는 힘은?
① 관성력   ② 중력
③ 점성력   ④ 표면장력

> **해설 지하수**
> ㉠ 지중토사의 공극에 충만하고 있는 물을 지하수라 하고, 그 표면을 지하수면이라 한다.
> ㉡ 지하수면에는 대기압이 작용한다.
> ㉢ 지하수는 중력에 의하여 유동하게 된다.

02 지하수의 연직분포를 크게 나누면 통기대(通氣帶)와 포화대(飽和帶)로 나눌 수 있다. 통기대에 속하지 않는 것은?
① 토양수대(土壤水帶)   ② 중간수대(中間水帶)
③ 모관수대(毛管水帶)   ④ 지하수대(地下水帶)

> **해설 지하수의 연직분포**
> ㉠ 통기대 : 토양수대, 중간수대, 모관수대
> ㉡ 포화대 : 지하수대

03 토양수대와 모관수대를 연결하는 중간수대가 있는데, 이 중에 존재하는 물은?
① 토양수   ② 지하수
③ 모관수   ④ 중력수

> **해설 중간수대**
> ㉠ 피막수 : 흡습력과 모관력에 의해 토립자에 붙어서 존재하는 물
> ㉡ 중력수 : 중력에 의해 토양층을 통과하는 토양수의 여유분의 물

04 피압지하수를 설명한 것으로 옳은 것은?
① 지하수와 공기가 접해 있는 지하수면을 가지는 지하수

② 두 개의 불투수층 사이에 끼어 있는 지하수면이 없는 지하수
③ 하상 밑의 지하수
④ 한 수원이나 조직에서 다른 지역으로 보내는 지하수

> **해설 지하수**
> ㉠ 불투수성 지반 사이에 낀 대수층 내에 지하수위면을 갖지 않는 지하수가 대기압보다 큰 압력을 받고 있는 피압대수층의 지하수를 피압지하수라 한다.
> ㉡ 두 개의 불투수층 사이에 충만되어 흐르며 관수로의 흐름과 동일하다.

05 지하수(地下水)에 대한 설명으로 옳지 않은 것은?
① 자유지하수를 양수(揚水)하는 우물을 굴착정(artesian well)이라 부른다.
② 불투수층 상부에 있는 지하수를 자유지하수라 한다.
③ 불투수층과 불투수층 사이에 있는 지하수를 피압지하수라 한다.
④ 흙입자 사이에 충만되어 있으며 중력의 작용으로 운동하는 물을 지하수라 부른다.

> **해설 우물의 수리**
>
> | 종류 | 내용 |
> |---|---|
> | 깊은 우물 | 우물의 바닥이 불투수층까지 도달한 우물 $Q = \dfrac{\pi K(H^2 - h_0^{\,2})}{2.3\log(R/r_0)}$ |
> | 얕은 우물 | 우물의 바닥이 불투수층까지 도달하지 못한 우물 $Q = 4Kr_0(H - h_0)$ |
> | 굴착정 | 피압대수층의 물을 양수하는 우물 $Q = \dfrac{2\pi cK(H - h_0)}{2.3\log(R/r_0)}$ |
> | 집수 암거 | 복류수를 취수하는 우물 $Q = \dfrac{Kl}{R}(H^2 - h^2)$ |

정답 1. ② 2. ④ 3. ④ 4. ② 5. ①

06 Darcy의 법칙에 대한 설명 중 옳지 않은 것은?

① 투수계수가 클수록 유속이 빠르다.
② 투수량계수가 클수록 유속이 빠르다.
③ 동수경사가 급할수록 유속이 빠르다.
④ 대략 $R_e < 4$에서 이 법칙이 성립한다.

해설 Darcy의 법칙
㉠ $R_e < 4$인 층류에서 성립한다.
㉡ $V = KI$이므로 투수계수가 클수록 유속이 빠르다.
참고 투수량계수라는 것은 없다.

07 Darcy의 법칙을 사용할 때의 가정조건 중 틀린 것은?

① 다공층의 매질은 균일하며 동질이다.
② 흐름은 정상류이다.
③ 대수층 내에는 모관수대가 존재하지 않는다.
④ 흐름이 층류보다 난류인 경우에 더욱 정확하다.

해설 Darcy법칙의 가정조건
㉠ 흐름은 정상류이다.
㉡ 대수층 내에 모관수대가 존재하지 않는다.
㉢ 다공층의 매질은 균일하고 동질이다.

08 지하수의 투수계수와 관계가 없는 것은?

① 토사의 입경
② 물의 단위중량
③ 지하수의 온도
④ 토사의 단위중량

해설 투수계수
$$K = D_s^2 \frac{\gamma_w}{\mu}\left(\frac{e^3}{1+e}\right)C$$

09 지하수의 유수이동에 적용되는 다르시(Darcy)의 법칙을 나타낸 식은? (단, V : 유속, K : 투수계수, I : 동수경사, h : 수심, R_h : 동수반경, C : 유속계수)

① $V = Kh$
② $V = C\sqrt{R_h I}$
③ $V = -KCI$
④ $V = -KI$

해설 Darcy법칙
$$V = KI = K\frac{h}{L}$$

10 다음 중 1Darcy를 옳게 기술한 것은?

① 압력경사 2기압/cm하에서 1centipoise의 점성을 가진 유체가 1cc/s의 유량으로 $1cm^2$의 단면을 통해서 흐를 때의 투수계수
② 압력경사 1기압/cm하에서 1centipoise의 점성을 가진 유체가 1cc/s의 유량으로 $1cm^2$의 단면을 통해서 흐를 때의 투수계수
③ 압력경사 2기압/cm하에서 2centipoise의 점성을 가진 유체가 1cc/s의 유량으로 $10cm^2$의 단면을 통해서 흐를 때의 투수계수
④ 압력경사 1기압/cm하에서 1centipoise의 점성을 가진 유체가 1cc/s의 유량으로 $10cm^2$의 단면을 통해서 흐를 때의 투수계수

해설 1Darcy
압력경사 1기압/cm하에서 1centipoise의 점성을 가진 유체가 1cc/s의 유량으로 $1cm^2$의 단면을 통해서 흐를 때의 투수계수값이다.
$$1\text{Darcy} = \frac{\frac{1\text{centipoise} \times 1cm^3/s}{1cm^2}}{1\text{기압/cm}}$$

11 지하수의 투수계수에 관한 설명으로 틀린 것은?

① 같은 종류의 토사라 할지라도 그 간극률에 따라 변한다.
② 흙입자의 구성, 지하수의 점성계수에 따라 변한다.
③ 지하수의 유량을 결정하는 데 사용된다.
④ 지역특성에 따른 무차원 상수이다.

해설 투수계수
㉠ 투수계수에 영향을 주는 인자로는 흙입자의 모양과 크기, 공극비, 포화도, 흙입자의 구성, 흙의 구조, 유체의 점성, 밀도 등이 있다.
㉡ 투수계수 K는 속도의 차원($[LT^{-1}]$)을 갖는다.

정답 6.② 7.④ 8.④ 9.④ 10.② 11.④

12 Darcy의 법칙에 대한 설명으로 옳지 않은 것은?

① Darcy의 법칙은 지하수의 흐름에 대한 공식이다.
② 투수계수는 물의 점성계수에 따라서도 변화한다.
③ Reynolds수가 클수록 안심하고 적용할 수 있다.
④ 평균유속이 동수경사와 비례관계를 가지고 있는 흐름에 적용될 수 있다.

> 해설 Darcy법칙은 $R_e < 4$인 층류에서 적용된다.

13 Darcy의 법칙을 층류에만 적용해야 하는 이유는?

① 유속과 손실수두가 비례하기 때문이다.
② 지하수 흐름은 항상 층류이기 때문이다.
③ 투수계수의 물리적 특성 때문이다.
④ 레이놀즈수가 작기 때문이다.

> 해설 일반적으로 관수로 내의 층류에서의 유속은 동수경사에 비례한다. 그리고 Darcy의 법칙은 다공층을 통해 흐르는 지하수의 유속이 동수경사에 직접 비례함을 뜻하므로 층류에만 적용시킬 수 있다는 귀납적 결론을 내릴 수 있다.

14 다르시(Darcy)법칙에 관한 설명 중 옳은 것은? (단, V : 평균유속, h : 수두, dh : 수두차, ds : 흐름의 길이, K : 투수계수)

① $V = \dfrac{1}{K}\dfrac{dh}{ds}$
② $V = -K\dfrac{dh}{ds}$
③ $V = h\dfrac{dh}{ds}$
④ $V = -\dfrac{1}{h}\dfrac{dh}{ds}$

> 해설 **Darcy법칙**
> $V = KI = K\dfrac{h}{L}$

15 다음 설명 중 옳지 않은 것은?

① 침윤선의 형상은 일반적으로 포물선이다.
② 우물로부터 양수할 경우 지하수면으로부터 그 우물에 물이 모여드는 범위를 영향원이라 한다.
③ Darcy법칙에서 지하수의 유속은 동수경사에 반비례한다.
④ 자유지하수는 대기압이 작용하는 지하수면을 갖는 지하수이다.

> 해설 Darcy법칙에서 $V = KI$ 이므로 지하수의 유속은 동수경사에 비례한다.

16 지하수의 흐름을 표시한 Darcy법칙의 기본가정과 관계가 없는 것은?

① 지하수의 흐름은 난류이다.
② 지하수의 흐름은 정상류이다.
③ 투수물질의 특성은 균일하고 동질이다.
④ 대수층 내의 모관수대는 존재하지 않는다.

> 해설 Darcy법칙의 지하수흐름은 층류에서 적용된다.

17 지하의 사질여과층에서 수두차가 0.4m이고 투과거리가 3.0m일 때 이곳을 통과하는 지하수의 유속은? (단, 투수계수=0.2cm/s)

① 0.0135cm/s
② 0.0267cm/s
③ 0.0324cm/s
④ 0.0417cm/s

> 해설 **지하수의 유속**
> $V = KI = K\dfrac{h}{L} = 0.2 \times \dfrac{40}{300} = 0.0267\text{cm/s}$

18 모래여과지에서 사층두께 2.4m, 투수계수를 0.04cm/s로 하고 여과수두를 50cm로 할 때 10,000m³/day의 물을 여과시키는 경우 여과지면적은?

① 1,289m²
② 1,389m²
③ 1,489m²
④ 1,589m²

정답 12. ③ 13. ① 14. ② 15. ③ 16. ① 17. ② 18. ②

> **[해설] 지하수의 유량**
> $Q = KIA$
> $\dfrac{10,000}{24 \times 3,600} = (0.04 \times 10^{-2}) \times \dfrac{0.5}{2.4} \times A$
> $\therefore A = 1388.89 \text{m}^2$

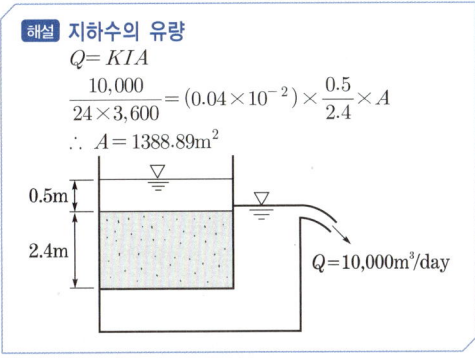

19 다음 그림과 같은 투수층 내를 흐르는 유량은? (단, 투수계수 $K = 1$m/day)

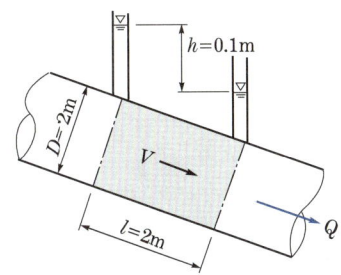

① $0.785 \text{m}^3/\text{day}$ ② $0.314 \text{m}^3/\text{day}$
③ $0.157 \text{m}^3/\text{day}$ ④ $3.14 \text{m}^3/\text{day}$

> **[해설] 지하수의 유량**
> $Q = KIA = K\dfrac{h}{L}A$
> $= 1 \times \dfrac{0.1}{2} \times \dfrac{\pi \times 2^2}{4} = 0.157 \text{m}^3/\text{day}$

20 지름 20cm인 원관 속에 투수계수가 10^{-5}cm/s인 다공성 물질을 길이 3m에 걸쳐 채우고 물을 흘렸다. 다공성 물질로 인한 손실수두가 50cm였다면 유량의 크기는?

① $0.045 l/\text{day}$ ② $0.050 l/\text{day}$
③ $0.055 l/\text{day}$ ④ $0.060 l/\text{day}$

> **[해설] 지하수의 유량**
> $Q = KIA = K\dfrac{h}{L}A$
> $= (10^{-5} \times 10^{-2} \times 24 \times 3,600) \times \dfrac{0.5}{3}$
> $\quad \times \dfrac{\pi \times 0.2^2}{4}$
> $= 4.52 \times 10^{-5} \text{m}^3/\text{day} = 0.045 l/\text{day}$

21 다음 중 면적이 100m²인 여과지에서 투수계수 $K = 0.15$cm/s로 여과될 때 여과수량을 계산하면 얼마인가?

① $0.225 \text{m}^3/\text{s}$
② $22.5 \text{m}^3/\text{s}$
③ $0.075 \text{m}^3/\text{s}$
④ $7.5 \text{m}^3/\text{s}$

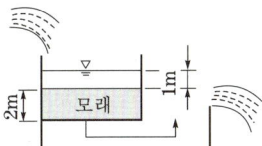

> **[해설] 지하수의 유량**
> $Q = KIA = K\dfrac{h}{L}A$
> $= 0.0015 \times \dfrac{1}{2} \times 100 = 0.075 \text{m}^3/\text{s}$

22 직경 10cm인 연직관 속에 높이 1m만큼 모래가 들어 있다. 모래면 위의 수위를 10cm로 일정하게 유지시켰더니 투수량 $Q = 4 l$/h이었다. 이때 모래의 투수계수 K는?

① 0.4m/h ② 0.5m/h
③ 3.8m/h ④ 5.1m/h

> **[해설] 투수계수**
> $Q = KIA$
> $4 \times 10^{-3} = K \times \dfrac{0.1}{1} \times \dfrac{\pi \times 0.1^2}{4}$
> $\therefore K = 5.09 \text{m/h}$

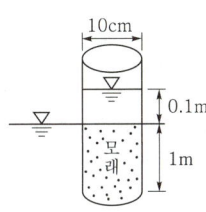

23 면적이 400m²인 여과지의 동수경사가 0.05이고, 여과량이 1m³/s이면 이 여과지의 투수계수는?

① 1cm/s ② 3cm/s
③ 5cm/s ④ 7cm/s

> **[해설] 투수계수**
> $Q = KIA$
> $1 = K \times 0.05 \times 400$
> $\therefore K = 0.05 \text{m/s} = 5\text{cm/s}$

정답 19. ③ 20. ① 21. ③ 22. ④ 23. ③

24 지하수에 대한 이론적 배경이다. 잘못된 것은?

① 점토층과 같은 불수투층 사이에 낀 투수층 내에서 압력을 받고 있는 지하수를 자유면지하수라 한다.
② 불투수층 위 대수층 내의 자유면지하수를 양수하는 우물 중 우물 바닥이 불투수층까지 도달한 것을 심정이라 한다.
③ 피압면지하수를 양수하는 우물을 굴착정이라 한다.
④ 양수하는 우물 중 우물 바닥이 불투수층까지 도달하지 않는 것을 천정이라 한다.

> 해설 ㉠ 피압지하수 : 불투수층 사이에 낀 투수층 내에서 압력을 받고 있는 지하수
> ㉡ 굴착정(artesian well) : 피압지하수를 양수하는 우물

25 다음은 우물의 종류를 설명한 것이다. 잘못된 것은?

① 착정(鑿井)이란 불수투층을 뚫고 내려가서 피압대수층의 물을 양수하는 우물이다.
② 심정(深井)이란 불투수층까지 파내려 간 우물이다.
③ 천정(淺井)이란 불투수층까지 파내려 가지 못한 우물이다.
④ 집수암거(集水暗渠)란 천정(淺井)보다도 더욱 얕은 우물이다.

> 해설 하안 또는 하상의 투수층에 구멍 뚫린 관이나 암거를 매설하여 하천에서 침투한 침출수를 취수하는 것을 집수암거라 한다.

★ 26 Dupuit의 침윤선공식은? (단, 직사각형 단면 제방 내부의 투수인 경우이며, 제방의 저면은 불투수층이고, q : 단위폭당 유량, l : 침윤거리, h_1, h_2 : 상·하류의 수위, K : 투수계수이다.)

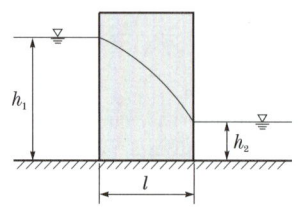

① $q = \dfrac{K}{2l}(h_1^{\,2} - h_2^{\,2})$
② $q = \dfrac{K}{2l}(h_1^{\,2} + h_2^{\,2})$
③ $q = \dfrac{K}{l}(h_1^{\,2} - h_2^{\,2})$
④ $q = \dfrac{K}{l}(h_1^{\,2} + h_2^{\,2})$

> 해설 **침윤선공식**
> ㉠ 단위폭당 유량 : $q = \dfrac{K}{2l}(h_1^{\,2} - h_2^{\,2})$
> ㉡ 전체 유량 : $Q = qL$

★ 27 다음 그림과 같은 제방에서 단위폭당의 유량 q가 $0.414 \times 10^{-2} \text{m}^3/\text{s}$라면 투수계수는?

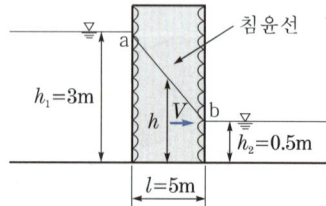

① 0.37cm/s ② 0.47cm/s
③ 0.57cm/s ④ 0.67cm/s

> 해설 **침윤선공식**
> $q = \dfrac{K}{2l}(h_1^{\,2} - h_2^{\,2})$
> $0.414 \times 10^{-2} = \dfrac{K}{2 \times 5} \times (3^2 - 0.5^2)$
> ∴ $K = 4.73 \times 10^{-3}$ m/s $= 0.473$ cm/s

★ 28 다음 중 하천제방 단면의 단위폭당 누수량은? (단, $h_1 = 6$m, $h_2 = 2$m, 투수계수 $K = 0.5$m/s, 침투수가 통하는 길이 $l = 50$m)

① 0.16m³/s ② 1.6m³/s
③ 0.26m³/s ④ 0.026m³/s

> 해설 **침윤선공식**
> $q = \dfrac{K}{2l}(h_1^{\,2} - h_2^{\,2})$
> $= \dfrac{0.5}{2 \times 50} \times (6^2 - 2^2) = 0.16 \text{m}^3/\text{s}$

정답 24.① 25.④ 26.① 27.② 28.①

29 두께 3m인 피압대수층에 반지름 1m인 우물에서 양수한 결과 수면강하 10m일 때 정상상태로 되었다. 투수계수가 0.3m/h, 영향원반지름이 400m라면 이때의 양수율은?

① $2.6 \times 10^{-3} \text{m}^3/\text{s}$
② $6.0 \times 10^{-3} \text{m}^3/\text{s}$
③ $9.4 \text{m}^3/\text{s}$
④ $21.6 \text{m}^3/\text{s}$

> **해설** 굴착정의 유량
> $$Q = \frac{2\pi c K(H-h_0)}{2.3 \log \frac{R}{r_0}}$$
> $$= \frac{2\pi \times 3 \times \frac{0.3}{3,600} \times 10}{2.3 \times \log \frac{400}{1}}$$
> $$= 2.6 \times 10^{-3} \text{m}^3/\text{s}$$

30 두께가 10m인 피압대수층에서 우물을 통해 양수한 결과 50m 및 100m 떨어진 두 지점에서 수면강하가 각각 20m 및 10m로 관측되었다. 정상상태를 가정할 때 우물의 양수량은? (단, 투수계수=0.3m/h)

① $7.6 \times 10^{-2} \text{m}^3/\text{s}$
② $6.0 \times 10^{-3} \text{m}^3/\text{s}$
③ $9.4 \text{m}^3/\text{s}$
④ $21.6 \text{m}^3/\text{s}$

> **해설** 피압대수층의 유량
> $$Q = \frac{2\pi c K(H-h_0)}{2.3 \log \frac{R}{r_0}}$$
> $$= \frac{2\pi \times 10 \times \frac{0.3}{3,600} \times (20-10)}{2.3 \times \log \frac{100}{50}}$$
> $$= 0.076 \text{m}^3/\text{s}$$

31 깊은 우물과 얕은 우물의 설명 중 옳지 않은 것은?

① 깊은 우물은 바닥이 불투수층까지 도달한 우물이다.
② 얕은 우물은 바닥이 불투수층까지 도달하였으나 그 깊이가 우물의 지름에 비해 작은 우물이다.
③ 깊은 우물은 물이 측벽으로만 유입된다.
④ 얕은 우물은 물이 측벽 및 바닥에서 유입된다.

> **해설** 불투수층 위의 비피압대수층 내의 자유지하수를 양수하는 우물 중
> ㉠ 깊은 우물(심정호) : 집수정 바닥이 불투수층까지 도달한 우물
> ㉡ 얕은 우물(천정호) : 불투수층까지 도달하지 않은 우물

32 깊은 우물(심정호)를 옳게 설명한 것은?

① 집수깊이가 100m 이상인 우물
② 집수정 바닥이 불투수층까지 도달한 우물
③ 집수정 바닥이 불투수층을 통과하여 새로운 대수층에 도달한 우물
④ 불투수층에서 50m 이상 도달한 우물

> **해설** 집수정 바닥이 불투수층까지 도달한 우물을 깊은 우물(심정호)이라 한다.

33 다음 그림과 같은 심정호에서 양수량은?

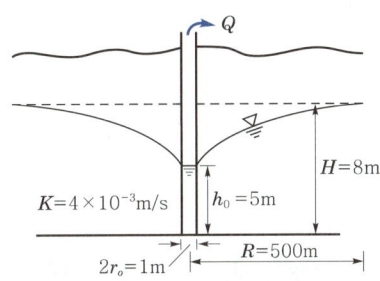

① $0.062 \text{m}^3/\text{s}$
② $0.071 \text{m}^3/\text{s}$
③ $0.054 \text{m}^3/\text{s}$
④ $0.085 \text{m}^3/\text{s}$

> **해설** 깊은 우물(심정호)의 유량
> $$Q = \frac{\pi K(H^2 - h_0^2)}{2.3 \log \frac{R}{r_o}}$$
> $$= \frac{\pi \times (4 \times 10^{-3}) \times (8^2 - 5^2)}{2.3 \times \log \frac{500}{0.5}} = 0.071 \text{m}^3/\text{s}$$

34 지름이 2m이고 영향원의 반지름이 1,000m이며 원지하수의 수위 $H = 7\text{m}$, 집수정의 수위 $h_0 = 5\text{m}$인 심정호의 양수량은? (단, $K = 0.0038 \text{m/s}$)

① $0.0415 \text{m}^3/\text{s}$
② $0.0461 \text{m}^3/\text{s}$
③ $0.0831 \text{m}^3/\text{s}$
④ $1.8232 \text{m}^3/\text{s}$

정답 29. ① 30. ① 31. ② 32. ② 33. ② 34. ①

해설 깊은 우물(심정호)의 유량

$$Q = \frac{\pi K(H^2 - h_0^2)}{2.3 \log \frac{R}{r_o}}$$

$$= \frac{\pi \times 0.0038 \times (7^2 - 5^2)}{2.3 \log \frac{1,000}{1}} = 0.0415 \, \text{m}^3/\text{s}$$

해설 깊은 우물(심정호, deep well)의 유량

$$Q = \frac{\pi K(H^2 - h_0^2)}{2.3 \log \frac{R}{r_o}} = \frac{\pi K(H^2 - h_0^2)}{\ln \frac{R}{r_o}}$$

35 2개의 불투수층 사이에 있는 대수층의 두께 a, 투수계수 K인 곳에 반지름 r_0인 굴착정을 설치하고 일정 양수량 Q를 양수하였더니 양수 전 굴착정 내의 수위 H가 h_0로 강하하여 정상흐름이 되었다. 굴착정의 영향원반지름을 R이라 할 때 $(H-h_0)$의 값은?

① $\dfrac{2Q}{\pi a K} \ln\left(\dfrac{R}{r_o}\right)$ ② $\dfrac{Q}{2\pi a K} \ln\left(\dfrac{R}{r_o}\right)$

③ $\dfrac{2Q}{\pi a K} \ln\left(\dfrac{r_0}{R}\right)$ ④ $\dfrac{Q}{2\pi a K} \ln\left(\dfrac{r_0}{R}\right)$

해설 굴착정의 유량

$$Q = \frac{2\pi a K(H-h_0)}{2.3 \log \frac{R}{r_o}} = \frac{2\pi a K(H-h_0)}{\ln \frac{R}{r_o}}$$

$$\therefore H - h_0 = \frac{Q}{2\pi a K} \ln\left(\frac{R}{r_o}\right)$$

36 자유수면을 가지고 있는 깊은 우물에서 양수량 Q를 일정하게 퍼냈더니 최초의 수위 H가 h_0로 강하하여 정상흐름이 되었다. 이때의 Q의 값은? (단, r_0 : 우물의 반지름, R : 영향원의 반지름, K : 투수계수)

① $Q = \dfrac{\pi K(H^2 - h_0^2)}{\ln \dfrac{R}{r_0}}$

② $Q = \dfrac{2\pi K(H^2 - h_0^2)}{\ln \dfrac{R}{r_0}}$

③ $Q = \dfrac{\pi K(H^2 - h_0^2)}{2\ln \dfrac{R}{r_0}}$

④ $Q = \dfrac{\pi K(H^2 - h_0^2)}{2\ln \dfrac{r_0}{R}}$

37 다음 그림과 같이 하안으로부터 6m 떨어진 곳에 평행한 집수암거를 설치했다. 투수계수를 0.5cm/s로 할 때 길이 1m당 집수량은? (단, 물은 하천에서만 침투한다.)

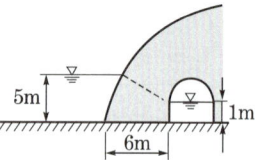

① 0.06m³/s   ② 0.01m³/s
③ 0.02m³/s   ④ 0.005m³/s

해설 하안에 있는 집수암거의 유량

$$Q = \frac{Kl}{2R}(H^2 - h_0^2)$$

$$= \frac{0.005 \times 1}{2 \times 6} \times (5^2 - 1^2) = 0.01 \, \text{m}^3/\text{s}$$

38 다음 그림과 같이 불투수층까지 미치는 집수암거에서 $H = 3.0$m, $h_0 = 0.45$m, $K = 0.009$m/s, $l = 300$m, $R = 170$m이면 용수량 Q는?

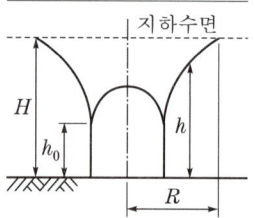

① 0.14m³/s   ② 0.24m³/s
③ 0.32m³/s   ④ 0.34m³/s

해설 불투수층에 달하는 집수암거의 유량

$$Q = \frac{Kl}{R}(H^2 - h_0^2)$$

$$= \frac{0.009 \times 300}{170} \times (3^2 - 0.45^2) = 0.14 \, \text{m}^3/\text{s}$$

정답 35. ② 36. ① 37. ② 38. ①

2. 유사이론과 수리학적 상사

39 토사가 물속에서 침강할 때 침강속도에 미치는 영향이 가장 큰 것은?

① 물의 온도
② 유속
③ 토사입자의 크기
④ 토사입자들 사이의 부착력

> **해설** 흙의 침강속도
> $$V = \frac{(\gamma_s - \gamma_w)gd^2}{18\mu}$$

40 물의 단위중량 $\gamma = \rho g$, 수심 h, 수면경사를 I라고 할 때 단위면적당의 유수의 소류력 τ_0는 어느 것인가?

① $\rho h I$
② $g h I$
③ $\sqrt{h I / \rho}$
④ $\gamma h I$

> **해설** 소류력
> $$\tau = \gamma R I \fallingdotseq \gamma h I$$

41 물 위를 2m/s의 속도로 항진하는 길이 2.5m의 모형에 작용하는 조파저항이 5kg이다. 길이 40m인 실물의 배가 이것과 상사인 조파상태로 항진하면 실물의 속도는?

① 8m/s
② 7m/s
③ 5m/s
④ 4m/s

> **해설** 속도비
> $$V_r = \frac{V_m}{V_p} = \frac{L_r}{T_r} = L_r^{\frac{1}{2}}$$
> $$\frac{2}{V_p} = \left(\frac{2.5}{40}\right)^{\frac{1}{2}}$$
> $$\therefore V_p = 8\text{m/s}$$

42 축척이 1/50인 하천의 수리모형에서 원형 유량 10,000m³/s에 대한 모형유량은?

① 0.566m³/s
② 4.0m³/s
③ 14.142m³/s
④ 28.284m³/s

> **해설** 유량비
> $$Q_r = \frac{Q_m}{Q_p} = L_r^{\frac{5}{2}}$$
> $$\frac{Q_m}{10,000} = \left(\frac{1}{50}\right)^{\frac{5}{2}}$$
> $$\therefore Q_m = 0.566\text{m}^3/\text{s}$$

43 원형 댐의 월류량이 400m³/s이고, 수문을 개방하는 데 필요한 시간이 40초라 할 때 1/50모형에서의 유량과 개방시간은? (단, $g_r = 1$)

① $Q_m = 0.0226$m³/s, $T = 5.656$sec
② $Q_m = 1.6323$m³/s, $T = 5.656$sec
③ $Q_m = 115$m³/s, $T = 0.826$sec
④ $Q_m = 55.56$m³/s, $T = 5.656$sec

> **해설** ㉠ 유량비
> $$Q_r = \frac{Q_m}{Q_p} = L_r^{\frac{5}{2}}$$
> $$\frac{Q_m}{400} = \left(\frac{1}{50}\right)^{\frac{5}{2}}$$
> $$\therefore Q_m = 0.0226\text{m}^3/\text{s}$$
> ㉡ 시간비
> $$T_r = \frac{T_m}{T_p} = \sqrt{\frac{L_r}{g_r}} = L_r^{\frac{1}{2}}$$
> $$\frac{T_m}{40} = \left(\frac{1}{50}\right)^{\frac{1}{2}}$$
> $$\therefore T_m = 5.657\text{sec}$$

44 중력이 중요한 역할을 하는 수리구조물을 달표면에 설치하고자 한다. 이의 지구상에서 모형실험을 위해 1/2로 축소된 모형에서 같은 액체를 사용하여 실시하였다. 모형에서의 유량이 2m³/s라면 원형에서의 유량은? (단, 달의 중령은 지구의 1/6이라 한다.)

① 12.0m³/s
② 4.62m³/s
③ 4.00m³/s
④ 48.0m³/s

정답 39. ③　40. ④　41. ①　42. ①　43. ①　44. ②

해설 ㉠ 축척비
$$L_r = \frac{l_m}{l_p} = \frac{1}{2} = 0.5$$
㉡ 면적비
$$A_r = L_r^2 = 0.5^2 = 0.25$$
㉢ 속도비
$$V_r = \frac{L_r}{T_r} = \frac{L_r}{\sqrt{\frac{L_r}{g_r}}} = \frac{0.5}{\sqrt{\frac{0.5}{6}}} = 1.73$$
㉣ 유량비
$$Q_r = \frac{Q_m}{Q_p} = A_r V_r = 0.25 \times 1.73 = 0.43$$
㉤ 유량
$$\frac{Q_m}{Q_p} = 0.43$$
$$\frac{2}{Q_p} = 0.43$$
$$\therefore Q_p = 4.65 \text{m}^3/\text{s}$$

★ 45 저수지의 물을 방류하는데 1 : 225로 축소된 모형에서 4분이 소요되었다면 원형에서는 얼마나 소요되겠는가?

① 60분 ② 120분
③ 900분 ④ 3375분

해설 시간비
$$T_r = \frac{T_m}{T_p} = \sqrt{\frac{L_r}{g_r}} = \sqrt{\frac{\frac{1}{225}}{1}} = 0.067$$
$$\frac{4}{T_p} = 0.067$$
$$\therefore T_p = 59.7\text{분}$$

★★ 46 왜곡모형에서 Froude의 상사법칙을 이용하여 물리량을 표시한 것으로 틀린 것은? (단, X_r : 수평축척비, Y_r : 연직축척비)

① 유속비 : $V_r = \sqrt{Y_r}$
② 시간비 : $T_r = \dfrac{X_r}{Y_r^{\frac{1}{2}}}$
③ 경사비 : $S_r = \dfrac{Y_r}{X_r}$
④ 유량비 : $Q_r = X_r Y_r^{\frac{5}{2}}$

해설 왜곡모형에서 Froude의 상사법칙
㉠ 수평축척비 : $X_r = \dfrac{X_m}{X_p}$
㉡ 연직축척비 : $Y_r = \dfrac{Y_m}{Y_p}$
㉢ 속도비 : $V_r = \sqrt{Y_r}$
㉣ 면적비 : $A_r = X_r Y_r$
㉤ 유량비 : $Q_r = A_r V_r = X_r Y_r^{3/2}$
㉥ 에너지경사비 : $I_r = \dfrac{Y_r}{X_r}$
㉦ 시간비 : $T_r = \dfrac{L_r}{V_r} = \dfrac{X_r}{Y_r^{1/2}}$

★ 47 수리학적 완전 상사를 이루기 위한 조건이 아닌 것은?

① 기하학적 상사(geometric similarity)
② 운동학적 상사(kinematic similarity)
③ 동역학적 상사(dynamic similarity)
④ 정역학적 상사(static similarity)

해설 수리학적 상사
㉠ 원형(prototype)과 모형(model)의 수리학적 상사의 종류
 • 기하학적 상사(geometric similarity)
 • 운동학적 상사(kinematic similarity)
 • 동역학적 상사(dynamic similarity)
㉡ 수리학적 완전 상사
 • 기하+운동+동역학적 상사가 동시 만족
 • 5개 무차원 변량(상사조건) 만족(Euler, Froude, Reynolds, Weber, Cauchy)
 • 실제는 불가

★ 48 모형실험에서 원형과 모형에 작용하는 힘들 중 점성력이 지배적일 경우 적용해야 할 모형법칙은?

① Froude의 모형법칙
② Reynolds의 모형법칙
③ Cauchy의 모형법칙
④ Weber의 모형법칙

해설 특별상사법칙
㉠ Reynolds의 상사법칙 : 점성력이 흐름을 주로 지배하는 관수로 흐름의 상사법칙
㉡ Froude의 상사법칙 : 중력이 흐름을 주로 지배하는 개수로 내의 흐름, 댐의 여수토 흐름 등의 상사법칙

정답 45. ① 46. ④ 47. ④ 48. ②

49 하천 모형실험과 가장 관계가 큰 것은?

① Froude의 상사법칙
② Reynolds의 상사법칙
③ Cauchy의 상사법칙
④ Weber의 상사법칙

> **해설 Froude의 상사법칙**
> ㉠ 중력이 흐름을 주로 지배하고 다른 힘들은 영향이 작아서 생략할 수 있는 경우의 상사법칙이다.
> ㉡ 수심이 비교적 큰 자유표면을 가진 개수로 내 흐름, 댐의 여수토 흐름 등이 해당된다.

50 개수로 내의 흐름, 댐의 여수토 흐름에 적용되는 수류의 상사법칙은?

① Reynolds의 상사법칙
② Froude의 상사법칙
③ Mach의 상사법칙
④ Weber의 상사법칙

> **해설 특별상사법칙**
> ㉠ Reynolds의 상사법칙 : 점성력이 흐름을 주로 지배하는 관수로 흐름의 상사법칙
> ㉡ Froude의 상사법칙 : 중력이 흐름을 주로 지배하는 개수로 내의 흐름, 댐의 여수토 흐름 등의 상사법칙

정답 49. ① 50. ②

CHAPTER 09 해안수리

최근 10년간 출제분석표

2015	2016	2017	2018	2019	2020	2021	2022	2023	2024
0.0%	1.7%	5.0%	5.0%	0.0%	3.3%	0.0%	0.0%	0.0%	0.0%

출제 POINT

학습 POINT
- 파의 기본량 계산
- 파의 분류
- 유의파 계산
- 미소진폭파이론의 가정
- 분산방정식
- 항만구조물의 종류

■ 파속
$$C = \frac{L}{T}$$

■ 각파수 $= \frac{1}{L}$

■ 파수
$$k = \frac{2\pi}{L}$$

SECTION 1 파랑

1 파의 정의

파(wave) 또는 파동은 매질의 진동으로 인한 어느 특정한 형상이 매체 중을 전파하는 현상이고, 수파(water wave)는 물을 매질로 하여 수변변동이 전파되는 현상을 말한다.

1) 파의 운동을 정량적으로 평가하기 위한 기본량

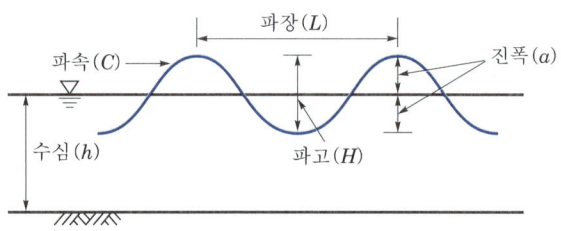

[그림 9-1] 파랑

① 파고(H) : 파형의 최고수위의 파봉(wave crest)과 최저수위의 파곡(wave trough) 간의 연직거리이다.
② 파장(L) : 이웃하는 파봉(또는 파곡) 간의 수평거리이다.
③ 수심(h) : 해저면으로부터 평균수면 간의 연직거리로 표시된다.
④ 주기(T) : 해면상의 고정점을 이웃하는 2개의 파봉 또는 파곡이 통과하는 데 소요되는 시간을 말한다.
⑤ 파속(C) : 수면파형의 진행속도로, 파장과 주기를 이용하면 $C = L/T$ 이다.
⑥ 파의 진폭(wave amplitude, a) : 통상 파고의 1/2로 주어진다.
⑦ 각파수(radian wave number) : $1/L$
⑧ 파수(wave number) : $k = 2\pi/L$

⑨ 각주파수(radian frequency) : $\sigma = 2\pi/T$
⑩ 주파수(frequency) : $f = 1/T$

2) 파의 특성을 나타내는 양

① **파형경사**(wave steepness) : 파장에 대한 파고비로 H/L이다.
② **상대수심**(relative depth) : 파장에 대한 수심비로 h/L이다.

2 파의 분류

1) 파의 복원력에 따른 분류
코리올리력, 중력, 표면장력이 있는데, 여기서 다루는 파의 복원력은 중력이다.

2) 파의 발생장소에 따른 분류
자유수면상에 존재하는 파를 표면파, 염수층과 담수층과 같이 밀도가 다른 2개 층의 유체의 경계면에 생기는 파를 내부파라 부른다.

3) 파의 형상에 따른 분류
지금까지 배운 바와 같은 사인함수 또는 코사인함수로 표시할 수 있는 파를 규칙파, 심해에서 발생하고 있는 아주 무작위한(random)파를 불규칙파라 한다.

4) 파의 진행 여부에 따른 분류
진행파와 어느 지점의 수면이 상하운동만을 하는 정상파 또는 중복파로 된다.

5) 파의 중첩의 원리 적용 여부에 따른 분류
선형파와 비선형파로 분류할 수 있다.

6) 상대수심(h/L)에 기초한 파의 분류

(1) 파의 종류
① $\dfrac{h}{L} > \dfrac{1}{2}$ 일 때 심해파(deep water waves)
② $\dfrac{1}{25} < \dfrac{h}{L} \leq \dfrac{1}{2}$ 일 때 천해파(shallow water waves)
③ $\dfrac{h}{L} \leq \dfrac{1}{25}$ 일 때 장파(long waves) 또는 극천해파

(2) 유의파
파의 기록 중 파고가 큰 쪽부터 세어서 $\dfrac{1}{3}$ 이내에 있는 파의 파고를 산술평균한 것으로 $\dfrac{1}{3}$ 최대파라 부른다.

출제 POINT

■ **상대수심(h/L)에 기초한 파의 분류**
① 심해파 : $\dfrac{h}{L} > \dfrac{1}{2}$
② 천해파 : $\dfrac{1}{25} < \dfrac{h}{L} \leq \dfrac{1}{2}$
③ 극천해파 : $\dfrac{h}{L} \leq \dfrac{1}{25}$

■ 유의파 = $\dfrac{1}{3}$ 최대파

출제 POINT

■ 미소진폭파이론의 가정
① 물은 비압축성이고, 밀도는 일정하다.
② 수저는 수평이고 불투수층이다.
③ 수면에서의 압력은 일정하다.

③ 미소진폭파이론

1) 미소진폭파

미소진폭파이론은 심해역에서 극천해역까지의 파랑의 기본적인 성질을 이해하는 데 기초가 되는 것으로, 실제 바다의 파랑은 불규칙파이나 불규칙파를 미소진폭의 규칙파인 무수한 성분파의 집합으로 취급해서 해석할 수 있다.

2) 미소진폭파이론의 가정

복원력이 중력인 미소진폭진행파의 이론유도는 다음과 같은 가정하에 이루어진다.
① 물은 비압축성이고, 밀도는 일정하다.
② 수저는 수평이고 불투수층이다.
③ 수면에서의 압력은 일정하다.
④ 파고는 파장과 수심에 비해 대단히 작다.

3) 분산방정식(L, h, T의 관계식)

$$\sigma^2 = gk\tanh kh$$

$$L = \frac{gT^2}{2\pi}\tanh\frac{2\pi h}{L}$$

여기서, $k = \frac{2\pi}{L}$, $\sigma = \frac{2\pi}{T}$

① 심해파의 경우 $\frac{2\pi h}{L} \gg 1$이 되어 $\tanh\frac{2\pi h}{L} \cong 1$이므로

$$\therefore L_o = \frac{gT^2}{2\pi} = 1.56\,T^2$$

② 극천해파의 경우 $\frac{2\pi h}{L} \ll 1$이 되어 $\tanh kh \cong \sinh kh \cong kh = \frac{2\pi h}{L}$이므로

$$\therefore L = \sqrt{gh}\,T$$

4) 파랑에너지

$$E = \frac{\rho g H^2}{8}$$

④ 유한진폭파

파고가 크고 파장이 짧게 될 때 미소진폭파에서 무시한 양들을 고려하여 유도한 파의 이론(트로코이드파, 스토크스파, 크노이드파, 고립파)을 말한다.

SECTION 2 항만구조물

항만구조물은 해안에서 발생하고 있는 여러 가지 자연현상으로부터 우리들의 생활을 지켜주기 위해서 해안 부근에 건설되는 구조물로서, 그 목적을 보면 해수의 침입, 토사의 침식과 퇴적을 방지하는 것 등이다. 이들 목적에 부합되는 것으로서 호안, 제방, 돌제, 도류제, 방파제, 이안제 등이 있다.

1 호안 또는 제방

이 구조물들은 배후의 육지에 파가 진입하는 것을 막기 위하여 해안선에 거의 나란하게 건설되며, 기능적으로는 침식, 월파, 침수 등에 저항하도록 설계되어 있다. 이들 중 천단이 배후지보다 낮은 경우는 호안(sea wall), 높은 경우는 제방(sea dike)으로 부르고 있는데, 기능적으로는 아주 동일하다. 형상적으로는 직립식, 경사식, 혼성식이 있다.

2 돌제

돌제(突堤, groin, groyne)는 정선(바다와 육지가 맞닿은 선)에 거의 직각으로 건설되어 모래나 물의 흐름을 저지하는 기능을 부여하고 있다. 형상으로서는 직선형, T형, L형, Z형이 있고, 구조상으로는 투과식과 불투과식이 있다. 돌제의 위쪽에서는 퇴적이, 아래쪽에서는 침식이 발생한다.

3 도류제

도류제(導流堤, jetty)는 하구부나 퇴사가 심한 항구부에 건설되어 하천류나 조류가 원활하게 흐르도록 유지 또는 항로 유지를 위해서 이용된다. 이것은 하천류에 의한 소류력을 증대시켜 폐색사주를 흘러가게 할 것, 다음으로 연안표사에 의해서 형성되는 하구사주를 발생시키지 않을 것 등의 기능을 가져야만 한다.

4 방파제

방파제(防波堤, breakwater)는 외해로부터의 파랑에너지를 감소시키고 항내 수면의 정온화(靜穩化)를 위해서 건설되며, 동시에 방파제 건설에 의해서 세굴이나 퇴적이 발생하지 않도록 고려하지 않으면 안 된다. 종류는 직립제, 혼성제, 사석제(경사제)가 있다.

출제 POINT

■ 호안
천단 < 배후지

■ 제방
① 육지에 파가 진입하는 것을 막는 구조물
② 천단 > 배후지

■ 돌제
모래나 물의 흐름을 저지하는 구조물

■ 도류제
하천류, 조류의 항로 유지

■ 방파제
파랑에너지 감소시설

출제 POINT

■ 이안제
정선의 침식 방지 구조물

5 이안제

이안제(離岸堤, offshore breakwater)는 방파제의 일종인데, 호안이나 제방으로부터 떨어져서 일반적으로 해안선에 평행하게 설치된다. 정선의 전진(침식방지)을 목적으로 하고, 구조적으로는 투과성과 불투과성이 있으며, 특히 평균조면보다 낮은 천단을 갖는 것을 잠제(submerged breakwater)라 부른다. 이안제의 설치위치는 배후에 모래를 퇴적시키기(톰보로현상) 위해서는 정선으로부터 $5L/4$ 정도가 적당하다. 이안제의 퇴사가 주로 파의 회절효과에 의해서 발생하므로 충분한 차폐효과를 얻기 위해서는 이안제의 길이는 적어도 $L/2$ 이상이 필요하며, 대개 $2L \sim 6L$ 정도가 적당하고, 개구부의 간격은 거의 L이다.

CHAPTER 09 기출문제

1. 파랑

01 파동에 관한 설명 중 옳지 않은 것은?
① 파장에 비해 수심이 비교적 작은 경우를 심해파라고 한다.
② 파동은 그 원인이 제거된 후에도 계속 중력과 표면장력을 받는다.
③ 중력이 파동을 주로 지배하는 경우를 중력파라고 한다.
④ 일반적으로 파동은 주로 중력파라고 생각해도 좋다.

> **해설** 파장에 비해 수심이 큰 경우를 심해파라 한다.
> **참고** 어떤 원인에 의해 발생된 파동은 그 원인이 제거된 후에도 계속 중력과 표면장력의 작용을 받아 그 운동을 계속한다.

02 미소진폭파(small-amplitude wave)이론에 포함된 가정이 아닌 것은?
① 파장이 수심에 비해 매우 크다.
② 유체는 비압축성이다.
③ 바닥은 평평한 불투수층이다.
④ 파고는 수심에 비해 매우 작다.

> **해설** 미소진폭파이론의 가정
> ㉠ 물은 비압축성이고, 밀도는 일정하다.
> ㉡ 수저는 수평이고 불투수층이다.
> ㉢ 수면에서의 압력은 일정하다.
> ㉣ 파고는 파장과 수심에 비해 대단히 작다.

03 미소진폭파이론을 가정할 때 일정 수심 h의 해역을 전파하는 파장 L, 파고 H, 주기 T의 파랑에 대한 설명으로 틀린 것은?
① h/L이 0.05보다 작을 때 천해파로 정의한다.
② h/L이 1.0보다 클 때 심해파로 정의한다.
③ 분산관계식은 L, h 및 T 사이의 관계를 나타낸다.
④ 파랑의 에너지는 H^2에 비례한다.

> **해설** $\dfrac{h}{L} > \dfrac{1}{2}$일 때 심해파로 정의된다.

04 항만을 설계하기 위해 관측한 불규칙 파랑의 주기 및 파고가 다음 표와 같을 때 유의파고($H_{1/3}$)는?

연번	파고(m)	주기(sec)	연번	파고(m)	주기(sec)
1	9.5	9.8	6	5.8	6.5
2	8.9	9.0	7	4.2	6.2
3	7.4	8.0	8	3.3	4.3
4	7.3	7.4	9	3.2	5.6
5	6.5	7.5	–	–	–

① 9.0m ② 8.6m
③ 8.2m ④ 7.4m

> **해설** 유의파고 $= \dfrac{9.5+8.9+7.4}{3} = 8.6\text{m}$

05 동해의 일본측으로부터 300km 파장의 지진해일이 발생하여 수심 3,000m의 동해를 가로질러 2,000km 떨어진 우리나라 동해안에 도달한다고 할 때 걸리는 시간은? (단, 파속 $C=\sqrt{gh}$, 중력가속도는 9.8m/s² 이고, 수심은 일정한 것으로 가정한다.)
① 약 150분 ② 약 194분
③ 약 274분 ④ 약 332분

> **해설** 극천해파의 분산방정식
> $C = \sqrt{gh} = \sqrt{9.8 \times 3,000} = 171.46 \text{m/s}$
> $\therefore T = \dfrac{L}{C} = \dfrac{2,000,000}{171.46} = 11,665 \text{sec} ≒ 194\text{분}$

정답 1.① 2.① 3.② 4.② 5.②

06 방파제 건설을 위한 해안지역의 수심이 5.0m, 입사파랑의 주기가 14.5초인 장파(long wave)의 파장은? (단, 중력가속도 $g=9.8m/s^2$)

① 49.5m ② 70.5m
③ 101.5m ④ 190.5m

> **해설** 극천해파의 분산방정식
> $L=\sqrt{gh}\,T=\sqrt{9.8\times5}\times14.5=101.5m$

2. 항만구조물

07 컨테이너 부두 안벽에 입사하는 파랑의 입사파고가 0.8m이고, 안벽에서 반사된 파랑의 반사파고가 0.3m일 때 반사율은?

① 0.325 ② 0.375
③ 0.425 ④ 0.475

> **해설** 반사율 = $\dfrac{반사파고}{입사파고}=\dfrac{0.3}{0.8}=0.375$

08 수심 10m에서 파속(C_1)이 50m/s인 파랑이 입사각(β_1) 30°로 들어올 때 수심 8m에서 굴절된 파랑의 입사각(β_2)은? (단, 수심 8m에서 파랑의 파속(C_2)= 40m/s)

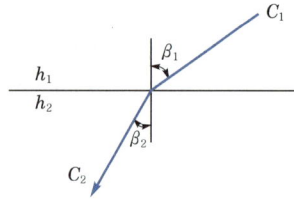

① 20.58° ② 23.58°
③ 38.68° ④ 46.15°

> **해설** 파동의 굴절률(굴절의 법칙, 스넬의 법칙)
> $n_{12}=\dfrac{\sin i}{\sin r}=\dfrac{V_1}{V_2}=\dfrac{\lambda_1}{\lambda_2}=\dfrac{n_2}{n_1}$
> $\sin\beta_2=\dfrac{V_2}{V_1}\sin\beta_1=\dfrac{40}{50}\times\sin30°=0.4$
> $\therefore\ \beta_2=\sin^{-1}0.4=23.5782°$

09 다음 그림과 같이 단위폭당 자중이 3.5×10^6N/m인 직립식 방파제에 1.5×10^6N/m의 수평파력이 작용할 때 방파제의 활동안전율은? (단, 중력가속도=10m/s², 방파제와 바닥의 마찰계수=0.7, 해수의 비중=1로 가정하며, 파랑에 의한 양압력은 무시하고, 부력은 고려한다.)

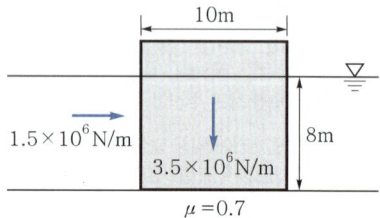

① 1.20 ② 1.22
③ 1.24 ④ 1.26

> **해설** ㉠ $F_B=\gamma_o V$
> $\quad=1\times10\times8=80tf/m=800kN/m$
> $\quad=800,000N/m$
> $\therefore$ 연직하중(N)=자중-부력
> $\quad=3.5\times10^6-0.8\times10^6$
> $\quad=2.7\times10^6N/m$
> ㉡ 마찰력
> $R=\mu N$
> $\quad=0.7\times2.7\times10^6=1.89\times10^6N/m$
> ㉢ 활동안전율
> $F_s=\dfrac{R}{P}=\dfrac{1.89\times10^6}{1.5\times10^6}=1.26$

PART 2

수문학

CHAPTER 10 | **수문학**

CHAPTER 11 | **강수**

CHAPTER 12 | **증발산과 침투**

CHAPTER 13 | **하천유량과 유출**

CHAPTER 14 | **수문곡선의 해석**

CHAPTER 10 수문학

Hydraulics and Hydrology

회독 체크표
- 1회독 월 일
- 2회독 월 일
- 3회독 월 일

최근 10년간 출제분석표

2015	2016	2017	2018	2019	2020	2021	2022	2023	2024
1.8%	0.0%	0.0%	1.7%	0.0%	0.0%	0.0%	0.0%	3.3%	3.4%

출제 POINT

학습 POINT
- 물의 순환과정
- 물수지방정식

■ 물의 순환과정
$P \rightleftharpoons R + E + C + S$

SECTION 1 수문학의 일반

1 정의

① 수문학(hydrology)이란 지구상에 존재하는 물의 생성과 물의 물리·화학적 성질, 물의 시간적 및 공간적 분포와 물이 환경에 어떠한 작용을 하는지, 또한 그 순환을 다루는 학문으로서 지구상의 물의 순환과정을 연구(취급)하는 과학의 한 분야이다.
② 물의 순환과정은 강수, 증발, 증산, 차단, 침투, 침루, 저유, 유출 등의 여러 복잡한 과정을 통하여 중단 없이 계속 순환하며, 이 순환과정을 통한 물의 이동은 일정한 비율로 연속되는 것은 아니며, 시간 및 공간적인 변동성을 가진다.

2 물의 순환

① 지표면 지하수로에 유입되는 지표수와 토양 속으로 흐르는 지하수는 중력에 의하여 높은 곳으로부터 낮은 곳으로 흘러 결국에는 바다에 이르게 된다. 이 과정을 물의 순환과정(hydrologic cycle)이라 한다.
② 물의 순환과정을 물수지방정식으로 나타내면 다음과 같다.

강수량(P) $\rightleftharpoons$ 유출량(R)+증발산량(E)+침투량(C)+저유량(S)

$$\therefore P \rightleftharpoons R + E + C + S$$

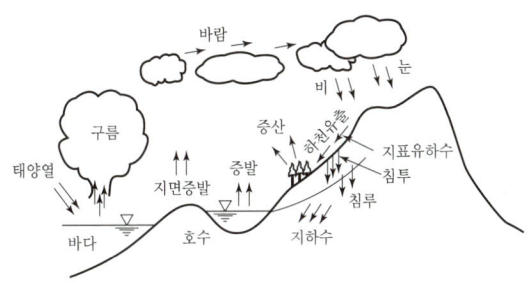

[그림 10-1] 물의 순환과정

SECTION 2 수문기상학의 일반

1 정의

① 대기 중에서 발생하는 모든 현상을 연구하는 학문을 기상학(meteorology)이라 하며, 강우가 지상에 도달하기 이전까지의 대기현상을 연구(취급)하는 학문을 수문기상학(hydrometeorology)이라 한다. 즉 기상학 중에서 물에 관한 대기현상을 연구하는 학문을 수문기상학이라 한다.
② 수문기상학적으로 대기의 성질을 지배하는 3요소는 일반적으로 습도, 기온, 바람 등이 있다.

2 수문기상의 지배요소

1) 습도(humidity)

① 대기 중의 공기가 함유하고 있는 수분의 정도를 나타내며, 보통 상대습도(h)로서 표시된다.
② 어떤 임의 온도($t[℃]$)에서의 포화증기압(e_s)에 대한 실제 증기압(e)의 백분율을 상대습도(relative humidity)라 한다.

$$h = \frac{e}{e_s} \times 100\%$$

③ 증기압(vapor pressure)이란 공기 중의 물분자에 의한 수증기의 압력과 공기분자에 의한 압력의 합을 말하고, 공기가 수증기로 포화되어 있을 때의 수증기분압을 포화증기압(saturation vapor pressure)이라 한다.
④ 이슬점에서의 상대습도는 100%이다.

■ 상대습도

$h = \dfrac{e}{e_s} \times 100\%$

출제 POINT

■ 일평균기온
일최고온도와 일최저온도를 산술평균한 온도

■ 정상 일평균기온
특정 일에 대한 일평균기온을 상당한 기간에 걸쳐 평균한 값

2) 기온(atmospheric temperature)

① 대기의 온도를 기온이라 하고, 통상 온도계(thermometer)에 의해 측정한다.
② 지표면상 1.5m에 설치된 백엽상 내의 유리제 봉상온도계 및 유리 최고 및 최저온도계에 의하여 측정한다.
③ 임의의 시간 동안의 산술평균기온을 평균기온이라 하고, **특정 일이나 월, 계절, 또는 연(年)에 대한 최근 30여 년간의 평균값을 정상기온**이라 한다.
④ 일평균기온은 일최고온도와 일최저온도를 산술평균한 온도를 말한다.
⑤ 정상 일평균기온은 특정 일에 대한 일평균기온을 상당한 기간에 걸쳐 평균한 값을 말한다.
⑥ 월평균기온은 월평균 최고 및 최저온도의 산술평균치를 말한다.
⑦ 정상 월평균기온은 특정 월에 대한 장기간 동안의 월평균기온의 산술평균치를 말한다.
⑧ 연평균기온은 해당 년의 월평균기온의 평균치를 말한다.
⑨ 온도 측정단위는 섭씨온도(℃), 화씨온도(°F), 절대온도(K) 등이 있다.

$$°F = \frac{9}{5}°C + 32$$

3) 바람(wind)

고도에 따른 풍속은 변하므로 풍속계에 의한 풍속을 측정하고, 이를 경험식에 적용하여 표시한다.

$$\frac{V}{V_0} = \left(\frac{Z}{Z_0}\right)^K$$

여기서, V : 고도 Z에서의 풍속, V_0 : 고도 Z_0에서의 풍속
　　　　K : 상수(1/7)

CHAPTER 10 기출문제

1. 수문학의 일반

01 물의 순환과정(hydrologic cycle)에 관한 설명 중 틀린 것은?

① 물의 순환은 바다로부터의 물의 증발로 시작되어 강수, 차단, 침투, 침류, 저류, 유출 등과 같은 여러 복잡한 반복과정을 거치는 물의 이동현상이다.
② 물의 순환과정 중 주요 성분은 강수, 증발 및 증산, 지표수유출 및 지하수유출이다.
③ 물의 순환과정을 통한 물의 이동은 시·공간적 변동성을 통상 가지지 않고 일정 비율로 연속된다.
④ 물의 순환을 물수지방정식으로 표현하면 '강수량=유출량+증발산량+침투량+저류량'이다.

[해설] **물의 순환**
㉠ 물의 순환과정을 통한 물의 이동은 시간적 및 공간적인 변동성을 가지는 것이 보통이며 일정률로 연속되는 것은 아니다.
㉡ 강우가 극심하여 홍수가 발생하기도 하며, 반대로 가뭄이 발생하기도 한다.
㉢ 물의 순환양상이 크게 다른 경우도 많다.

02 다음 중 물의 순환에 관한 설명으로서 틀린 것은?

① 지구상에 존재하는 수자원이 대기권을 통해 지표면에 공급되고, 지하로 침투하여 지하수를 형성하는 등 복잡한 반복과정이다.
② 지표면 또는 바다로부터 증발된 물이 강수, 침투 및 침류, 유출 등의 과정을 거치는 물의 이동현상이다.
③ 물의 순환과정은 성분과정 간의 물의 이동이 일정률로 연속된다는 것을 의미한다.
④ 물의 순환과정 중 강수, 증발 및 증산은 수문기상학분야이다.

[해설] 물의 순환과정은 성분과정 간의 물의 이동이 일정률로 연속된다는 의미는 아니다. 즉, 순환과정을 통한 물의 이동은 시간적 및 공간적인 변동성을 가지는 것이 일반적이다.

03 다음 물의 순환을 설명한 것 중 옳지 않은 것은?

① 지표면 또는 대양(大洋)으로부터 증발된 물은 결국 지표면 혹은 해면으로 강하한다.
② 강하된 물은 지면에 차단되거나 증산되기도 한다.
③ 지면으로 유하한 물은 하천을 형성하기도 하고 지하로 침투하여 지하수를 형성한다.
④ 심층지하수(深層地下水)는 물의 순환과정에서 제외된다.

[해설] 물은 침투와 침류를 통해 지하수를 형성하고, 바다로 흘러들어 다시 증발하게 된다.

04 물의 순환과정은 통상 8가지의 과정을 거친다. 물의 순환과정에 관계된 용어가 아닌 것은?

① 증발-증산
② 침투-침류
③ 풍향-상대습도
④ 차단-저류

[해설] 풍향은 물의 순환과정과 관계없다.

05 다음 중 일기 및 기후변화의 직접적인 주요 원인은 어느 것인가?

① 에너지 소비
② 태양흑점의 변화
③ 물의 오염
④ 지구의 자전 및 공전

정답 1.③ 2.③ 3.④ 4.③ 5.④

해설 일기 및 기후변화의 직접적인 원인은 지구의 자전 및 공전이다.

해설 바람이란 이동하는 기단을 지칭하며 대기권 내의 열 순환과 관계가 있다.

06 물의 순환과정의 순서로 옳은 것은?
① 증발-강수-차단-증산-침투-침루-유출
② 증발-강수-증산-차단-침투-침루-유출
③ 증발-강수-차단-증산-침투-침투-유출
④ 증발-강수-차단-증산-침투-유출-침루

해설 물의 순환과정
증발→강수→차단→증산→침투→침루→유출

07 강수량 P, 증발산량 E, 침투량 C, 유출량 R, 그리고 모든 저유량(貯油量)을 S라고 할 때 물의 순환을 옳게 나타낸 물수지방정식은?
① $P \to R+E+C+S$
② $P = R+E+C+S$
③ $P \leftarrow R+E+C+S$
④ $P \rightleftarrows R+E+C+S$

해설 물수지방정식
강수량(P) $\rightleftarrows$ 유출량(R)+증발산량(E)+침투량(C)+저유량(S)

09 수문순환의 대기현상 가운데 수문기상학의 분야에 해당되는 것은?
① 강수의 분포현상
② 침투 및 침루현상
③ 지표면 저류현상
④ 지표하 및 지하수 유출현상

해설 수문기상학(hydrometeorology)
기상학 중에서도 물에 관한 대기현상을 연구하는 학문으로 증발, 증산, 구름의 형성, 강우의 형성, 강우의 시·공간적 분포 등 지표면에서 유출이 이루어지기 이전까지의 전 과정이 수문기상학의 연구분야이다.

10 물의 순환과정에서 발생하는 대기현상 중 수문기상학의 분야에 해당하는 것은?
① 강수의 시·공간적 분포
② 침투 및 침루
③ 차단 및 지표면 저류
④ 지표수 및 지하수 유출

해설 강수의 시·공간적 분포가 수문기상학에 포함된다.

2. 수문기상학의 일반

08 수문기상에 대한 설명 중 옳지 않은 것은?
① 우리나라에 편서풍이 불고 열대지방에 무역풍이 부는 것은 대기권 내의 열순환과는 관계가 없다.
② DAD 해석이란 최대 우량깊이-유역면적-지속시간 사이의 관계를 분석하는 작업이다.
③ 증발량은 증발접시에 의해 24시간 증발된 물의 깊이로 측정한다.
④ 물의 순환은 지구상의 식물의 영향을 크게 받는다.

11 기온에 대한 설명 중 옳지 않은 것은?
① 일평균기온은 오전 10시의 기온이다.
② 정상 일평균기온은 특정 일의 30년간의 평균기온을 평균한 기온이다.
③ 월평균기온은 해당 월의 일평균기온 중 최고치와 최저치를 평균한 기온이다.
④ 연평균기온은 해당 년의 월평균기온을 평균한 기온이다.

해설 일평균기온은 1일 평균기온으로 1일 중 최고, 최저기온을 평균하는 방법을 가장 많이 사용하고 있다.

정답 6.① 7.④ 8.① 9.① 10.① 11.①

12 기온에 관한 설명 중 옳지 않은 것은?

① 연평균기온은 해당 년의 월평균기온의 평균치로 정의한다.
② 월평균기온은 해당 월의 일평균기온의 평균치로 정의한다.
③ 일평균기온은 일 최고 및 최저기온을 평균하여 주로 사용한다.
④ 정상 일평균기온은 30년간의 특정 일의 일평균기온을 평균하여 정의한다.

> **해설** 월평균기온은 해당 월의 일평균기온의 최고치와 최저치를 평균한 기온을 말한다.

13 기온이 15°C에서의 포화증기압이 18mb이고 상대습도가 40%일 때 실제 증기압은?

① 7.2mb ② 10.8mb
③ 13.4mb ④ 18.0mb

> **해설** 상대습도
> $$h = \frac{e}{e_s} \times 100\%$$
> $$40 = \frac{e}{18} \times 100\%$$
> $$\therefore e = 7.2\text{mb}$$

14 대기의 온도 t_1, 상대습도 70%인 상태에서 증발이 진행되었다. 온도가 t_2로 상승하고 대기 중의 증기압이 20% 증가하였다면 온도 t_1 및 t_2에서의 증기압이 각각 10mmHg 및 14mmHg라 할 때 온도 t_2에서의 상대습도는?

① 50% ② 60%
③ 70% ④ 80%

> **해설** 상대습도
> ㉠ t_1일 때
> $$h = \frac{e}{e_s} \times 100\%$$
> $$70 = \frac{e}{10} \times 100\%$$
> $$\therefore e = 7\text{mmHg}$$
> ㉡ t_2일 때
> $$e = 7 \times (1 + 0.2) = 8.4\text{mmHg}$$
> $$\therefore h = \frac{e}{e_s} \times 100\% = \frac{8.4}{14} \times 100\% = 60\%$$

정답 12. ② 13. ① 14. ②

CHAPTER 11 강수

최근 10년간 출제분석표

2015	2016	2017	2018	2019	2020	2021	2022	2023	2024
8.3%	11.7%	11.7%	6.7%	5.0%	8.3%	5.0%	7.5%	8.3%	10.0%

학습 POINT
- 강수의 형태
- 강수의 종류

■ 강수의 형태
① 대류형 강수
② 선풍형 강수
③ 산악형 강수

SECTION 1 강수의 일반

1 강수의 형태

강수에는 대류형 강수, 선풍형 강수, 산악형 강수가 있다. 실제 강수는 여러 가지 형태가 복합되어 발생하며, 어느 한 가지 형태에 의한 것은 거의 없다.

1) 대류형 강수

따뜻하고 가벼운 공기가 대류현상에 의해서 보다 차갑고 밀도가 큰 공기 중으로 상승할 때 발생하며, 일반적으로 점상(spotty)으로 나타난다. 소나기(shower)로부터 뇌우(thunderstorm)에 이르기까지 광범위하다.

2) 선풍형 강수

온도가 다르고, 수분함유량이 다른 두 기단이 충돌하여 온기단이 위로 상승하여 냉각된 후에 발생하며, 강수는 두 기단의 접촉면에서 일어난다. 보통 평원지대에서 많이 발생한다.

3) 산악형 강수

습윤한 기단을 운반하는 바람이 산맥에 부딪쳐 기단이 산맥 위로 상승할 때 발생한다. 일반적으로 바람이 불어오는 방향의 사면에는 큰 강수가 발생하나, 그 반대의 사면은 대단히 건조하다.

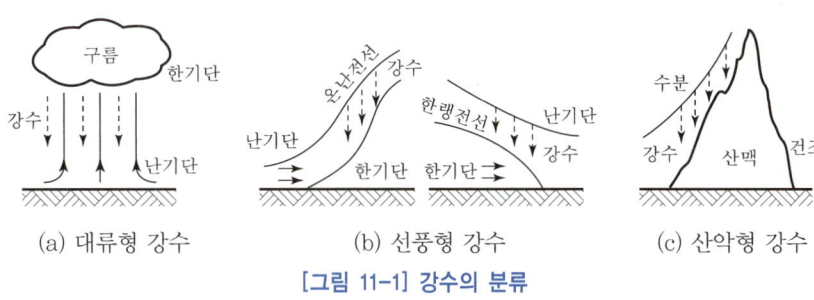

[그림 11-1] 강수의 분류

2 강수의 종류

① 부슬비(drizzle) : 직경이 0.1~0.5mm의 물방울로 형성되며, 낙하속도는 보통 0.1mm/h 이하이다.
② 비(rain) : 통상 직경 0.5mm 이상인 물방울로 형성되는 것이 일반적이다. 그러나 빗방울이 낙하하면서 자중에 대한 대기의 마찰력에 의해 파괴되기 때문에 실제 직경은 0.64mm 이상으로 보고 있다. 비는 낙하 시 공기저항에 의해 일정한 속도(스토크스의 정리)로 강하한다.
③ 우빙(glaze) : 비나 부슬비가 강하하여 지상의 찬 것과 접촉하자마자 얼어버린 것을 말한다.
④ 진눈깨비(sleet) : 빗방울이 강하하다가 얼어버린 것을 말한다.
⑤ 눈(snow) : 수증기가 직접 얼음으로 변하는 승화현상(sublimation)에 의해 형성된 것을 말한다.
⑥ 우박(hail) : 지름 5~125mm의 구형 또는 덩어리모양의 얼음상태의 강수를 말한다.
⑦ 기타 : 이슬(dew), 서리(frost) 등이 있다.

■ 강수의 종류
① 부슬비
② 비
③ 우빙
④ 진눈깨비
⑤ 눈
⑥ 우박
⑦ 이슬
⑧ 서리

SECTION 2 강수량의 측정

1 우량 측정시간과 우량계

① 우량의 크기는 일정한 면적 위에 내린 총우량을 그 면적으로 나눈 깊이로, 우리나라는 mm를 사용한다.
② 우량 측정시간은 매일 1회, 오전 9시부터 다음날 오전 9시까지의 우량이 일우량으로 측정된다.
③ 일우량이 0.1mm 이하일 때는 무강우로 취급한다.

● 학습 POINT
• 누가우량곡선

■ 무강우
일우량이 0.1mm 이하일 때

| 출제 POINT |

④ 우량을 측정하는 계기를 우량계(rain gauge)라 하며, 보통우량계와 자기우량계가 있다.
⑤ 우리나라에서 많이 사용하는 보통우량계는 지름 20cm, 높이 60cm의 상단이 개방된 원통형 구리관 또는 아연도금철관으로서, 이 관 상단의 내부에 깔때기모양의 수수기를 넣어 빗물을 받은 다음, 이를 눈금이 있는 유리우량 측정관에 부어 우량을 측정하게 된다.

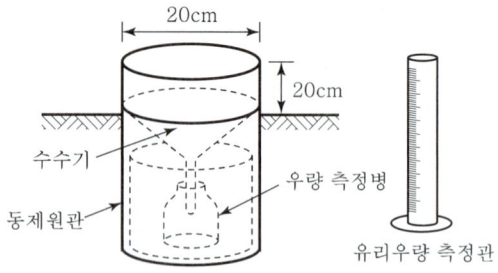

[그림 11-2] 보통우량계

2 누가우량곡선

① **누가우량곡선(rainfall mass curve)이란** 우량계에 의해 측정된 우량을 기록지에 **누가우량의 시간적 변화상태를 기록한 것**을 말한다.
② 항상 상향곡선인 누가우량곡선은 곡선의 경사가 완만한 경우 강우강도가 작으며, 경사가 급한 경우 강우강도가 크다. 수평인 경우는 무강우를 의미한다.
③ 기록지상의 누가우량곡선으로부터 각종 목적에 알맞은 우량자료를 얻게 된다.

■ 누가우량곡선
① 곡선의 경사가 완만한 경우 강우강도가 작다.
② 곡선의 경사가 급한 경우 강우강도가 크다.

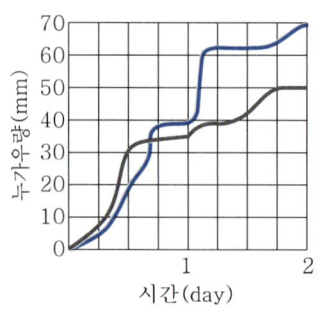

[그림 11-3] 누가우량곡선

SECTION 3 강수량자료의 조정, 보완 및 분석

1 이중누가우량곡선

① 측정된 자료가 가지는 각종 오차를 수정하고 결측된 값을 보완하며, 가용자료의 양을 확충함으로써 일관성 있는 일련의 풍부한 강수량자료를 확보한다는 것은 정확한 수문학적 해석의 기본이 된다.
② 이중누가우량곡선(double mass curve)은 수자원계획 수립 시 장기간 강우(강수)자료의 일관성(consistency) 검사가 요구된다.
③ 우량계의 위치, 노출상태, 관측방법 및 주위 환경의 변화로 일관성이 결여된 경우 자료의 일관성이 없어지며 무의미한 기록값이 되어 버릴 수도 있다. 이를 교정하기 위한 방법을 이중누가우량분석이라 한다.
④ 문제의 관측점에서의 연 혹은 계절 강수량의 누적총량을 그 부근 일련의 관측점군(10개 이상)의 누적총량과 비교하여 교정한다.

2 결측된 경우 강수기록의 추정 보완법

1) 산술평균법

3개의 관측점 각각의 정상 연평균강수량과 결측값을 가진 관측점의 정상 연평균강수량의 차이가 10% 이내인 경우에 적용한다.

$$P_X = \frac{1}{3}(P_A + P_B + P_C)$$

여기서, P_X : 결측점의 강수량

2) 정상 연강수량비율법

3개의 관측점 중 어느 1개라도 10% 이상의 차가 있을 경우에 적용한다.

$$P_X = \frac{N_X}{3}\left(\frac{P_A}{N_A} + \frac{P_B}{N_B} + \frac{P_C}{N_C}\right)$$

여기서, P : 강수량, N : 정상 연평균강수량
X : 결측값을 가진 관측점

3) 단순 비례법

결측값을 가진 관측점 부근에 1개의 다른 관측점만이 존재하는 경우에 적용한다.

$$P_X = \frac{P_A}{N_A} N_X$$

출제 POINT

학습 POINT
- 이중누가우량곡선
- 평균강우량 산정방법

■ 이중누가우량곡선
자료의 일관성 검사가 요구된다.

■ 결측된 경우 강수기록의 추정 보완법
① 산술평균법
② 정상 연강수량비율법
③ 단순 비례법

출제 POINT

■ 유역의 평균강우량 산정법
① 산술평균법
② Thiessen가중법
③ 등우선법

3 유역의 평균강우량 산정법

1) 산술평균법

① 비교적 평탄한 지역, 강우분포가 균일하고 우량계가 등분포된 경우, 유역면적이 500km² 미만인 지역에 사용한다.
② 정밀도는 가장 낮다.

$$P_m = \frac{P_1 + P_2 + \cdots + P_n}{n}$$

2) Thiessen가중법

① 산악의 영향이 비교적 작은 지역, 우량계가 유역 내에 불균등하게 분포되어 있는 경우, 유역면적이 약 500~5,000km²인 지역에 사용한다.
② 비교적 정확하고 가장 많이 이용된다.

$$P_m = \frac{A_1 P_1 + A_2 P_2 + \cdots + A_n P_n}{A_1 + A_2 + \cdots + A_n}$$

3) 등우선법

① 강우에 대한 산악의 영향을 고려할 수 있는 방법으로, 등우선을 그려서 평균강우량을 구하는 방법이다.
② 정밀도는 가장 높다.

$$P_m = \frac{A_1 P_{1m} + A_2 P_{2m} + \cdots + A_n P_{nm}}{A_1 + A_2 + \cdots + A_n}$$

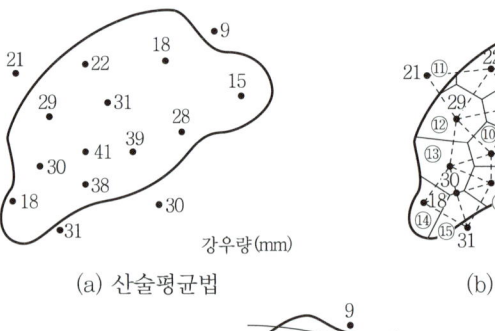

(a) 산술평균법   (b) 티센가중법

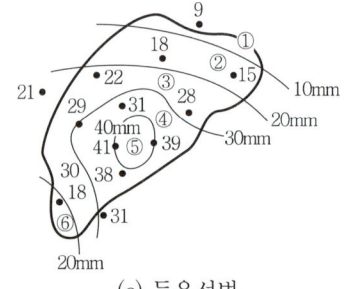

(c) 등우선법

[그림 11-4] 유역의 평균강우량 산정

SECTION 4 강수자료의 해석

출제 POINT

학습 POINT
- DAD의 개념
- 강우강도 계산

1 강우강도와 지속시간

① 강우강도(rainfall intensity, I)란 단위시간에 내리는 강우량(mm/h)을 말한다.
② 지속기간(rainfall duration, t)은 강우가 계속되는 기간으로 통상 분(min)으로 표시한다. 일반적으로 강우강도가 클수록 지속기간은 짧다.
③ 생기빈도(rainfall frequency, F)란 일정한 기간 동안에 어떤 크기의 호우가 발생할 횟수를 의미하는 것으로서, 통상 임의의 강우량이 1회 이상 같아지거나 초과하는데 소요되는 연수(year)로 표시한다.

$$F = \frac{1}{\text{재현기간}} = \frac{1}{T}$$

2 강우강도와 지속시간의 관계

강우강도는 지속기간에 반비례관계가 있으며, 지역에 따라 다르나 경험공식으로 표시한다.

① Talbot형 : 광주지역에 적용

$$I = \frac{a}{t+b}$$

② Sherman형 : 서울, 목포, 부산 등의 지역에 적용

$$I = \frac{c}{t^n}$$

③ Japanese형 : 대구, 인천, 포항 등의 지역에 적용

$$I = \frac{d}{\sqrt{t}+e}$$

여기서, I : 강우강도(mm/h), t : 지속시간(min)
a, b, c, d, e, n : 상수

④ 강우강도 - 지속시간 - 생기빈도의 관계($I-D-F$ curve)

$$I = \frac{kT^x}{t^n}$$

여기서, k, x, n : 지역에 따라 결정되는 상수

■ 강우강도 경험공식

① Talbot형 : $I = \dfrac{a}{t+b}$

② Sherman형 : $I = \dfrac{c}{t^n}$

③ Japanese형 : $I = \dfrac{d}{\sqrt{t}+e}$

출제 POINT

⑤ 우량깊이(rainfall depth)와 유역면적의 관계

$$등가우량수심 = \frac{어떤 유역의 총강우량}{그 유역의 유역면적}[mm]$$

3 우량깊이-유역면적-강우지속기간 관계의 해석

1) 개요

① 각 유역별로 최대 **우량깊이(D)-유역면적(A)-강우지속기간(D)** 간의 관계를 수립하는 작업을 말한다. 일명 DAD(Depth-Area-Duration) 해석이라 한다.

② 여러 크기의 유역에 지속시간별 예상되는 최대 우량깊이를 결정해두면 수공구조물의 설계 및 해석에 유용한 자료가 된다.

③ 면적이 증가할수록 최대 평균우량은 작아지고, 지속시간이 커질수록 최대 평균우량은 증가한다.

■ DAD의 의미
① Depth : 우량깊이(D)
② Area : 유역면적(A)
③ Duration : 강우지속기간(D)

2) DAD 해석의 작업절차

① 유역 내 각 관측점에 있어서의 지속기간별 최대 우량은 누가우량곡선(rainfall mass curve)으로부터 결정하고, 전 유역을 등우선에 의해 몇 개의 소구역으로 분할한다.

② 각 소구역에 대한 누가평균우량을 산정한다.

③ 소구역의 누가면적에 대한 평균누가우량을 결정한다.

④ 각종 지속기간에 대한 최대 우량깊이를 소구역의 누가면적별로 결정하여 반대수지에 표시해 DAD곡선을 얻는다.

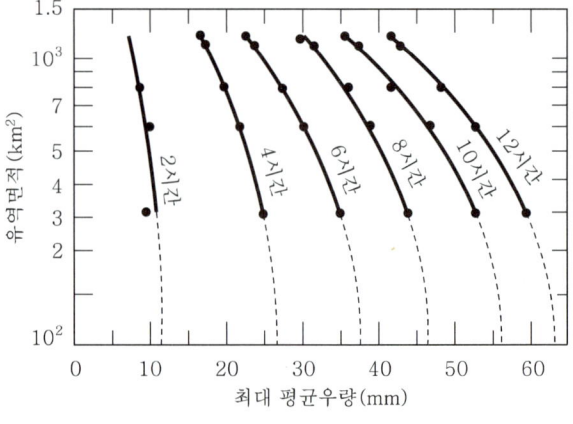

[그림 11-5] DAD곡선

SECTION 5 용어해설

1 잠재증기화열

① 온도의 변화 없이 액체상태로부터 기체상태로 바뀌는 데에 필요한 단위 질량당 열량을 말한다.
② 잠재증기화열(40℃까지의 경험식)

$$H_v = 597.3 - 0.56t [\text{cal/g}]$$

여기서, H_v : 잠재증기화열(cal/g), t : 온도(℃)

2 가능 최대 강수량(PMP)

① 가능 최대 강수량(PMP : Probable Maximum Precipitation)은 어떤 지역에서 생성될 수 있는 최악의 기상조건하에서 발생 가능한 호우로 인해 그 지역에서 예상되는 최대 강수량으로, 극한상태의 DAD곡선을 사용하여 결정할 수 있다.
② 한 유역에 내릴 수 있는 최대 강수량으로 **대규모 수공구조물을 설계할 때 기준으로 삼는 유량**이다.
③ 수공구조물의 크기(치수)를 결정하고, 지역의 가능 최대 홍수량(PMF)을 결정하는 기준이 된다.

출제 POINT

학습 POINT
• PMP의 정의

■ PMP(가능 최대 강수량)
대규모 수공구조물을 설계할 때 기준으로 삼는 유량

CHAPTER 11 기출문제

1. 강수의 일반

01 다음 강수에 대한 설명 중 잘못된 것은?
① 비, 눈 또는 우박 등과 같이 지상에 강하한 수분량을 강수량이라 한다.
② 우량은 지역적으로 균일하며 산지가 평지보다 우량이 작다.
③ 강수량 중 대부분이 비인 관계로 강우량이라고도 한다.
④ 강설량은 설량계, 적설계로 측정한다.

> **해설** 강수와 강수량
> ㉠ 구름이 응축되어 지상으로 떨어지는 모든 형태의 수분을 통틀어 강수라 한다.
> ㉡ 강수량은 지역적, 시간적으로 변동한다.

02 온도 및 수분함량이 다른 두 기간이 충돌하여 그 접촉면에서 발생하는 강수는?
① 대류형 강수
② 전선형 강수
③ 기단형 강수
④ 산악형 강수

> **해설** 강수의 형태
> ㉠ 대류형 강수 : 따뜻하고 가벼워진 공기가 대류현상에 의해 상승할 때 발생한다.
> ㉡ 전선형 강수 : 한랭전선과 온난전선이 만날 때 발생한다.
> ㉢ 산악형 강수 : 습기단이 산맥에 부딪혀서 기단이 산 위로 상승할 때 발생한다.

2. 강수량의 측정

03 ★ 일강우량을 무강우(無降雨)로 취급하는 것은 다음 중 어느 것인가?
① 0.1mm 이하
② 0.3mm 이하
③ 0.5mm 이하
④ 1.0mm 이하

> **해설** 일강우량이 0.1mm 이하일 때는 무강우로 취급한다.

04 ★ 하나의 호우지속기간의 시간강우분포는 이산 또는 연속형태로 표현하는데, 이산형은 강우주상도로 나타내고, 연속시간분포는 무엇으로 나타내는가?
① S-수문곡선(S-hydrograph)
② 강우량누가곡선(rainfall mass curve)
③ 합성단위유량도(synthetic unit hydrograph)
④ 수요물선(draft line)

> **해설** 누가우량곡선은 계속적으로 측정한 우량으로, 누가우량의 시간적 변화상태를 나타낸다.

05 다음 중 누가우량곡선의 특성으로 옳은 것은?
① 누가우량곡선은 자기우량기록에 의하여 작성하는 것보다 보통우량계의 기록에 의하여 작성하는 것이 더 정확하다.
② 누가우량곡선으로부터 일정 기간 내의 강우량을 산출하는 것은 불가능하다.
③ 누가우량곡선의 경사는 지역에 관계없이 일정하다.
④ 누가우량곡선의 경사가 클수록 강우강도가 크다.

> **해설** 누가우량곡선
> ㉠ 자기우량계에 의해 측정된 우량을 기록지에 누가우량의 시간적 변화상태를 기록한 것을 말한다.
> ㉡ 누가우량곡선의 경사가 급할수록 강우강도가 크다.
> ㉢ 누가우량곡선의 경사가 없으면 무강우로 처리한다.

정답 1.② 2.② 3.① 4.② 5.④

3. 강수량자료의 조정, 보완 및 분석

06 2중누가우량분석(double mass curve analysis)에 관한 설명으로 가장 적합한 것은?

① 유역의 평균강우량을 결정하는 데 쓴다.
② 구역별 적합한 강우강도식의 산정을 위해 쓴다.
③ 일부 결측된 강우기록을 보충하기 위하여 쓴다.
④ 자료의 일관성이 있도록 하는 데 교정용으로 쓴다.

> **해설** 우량계의 위치, 노출상태, 우량계의 교체, 주위 환경의 변화 등이 생기면 전반적인 자료의 일관성이 없어지기 때문에 이것을 교정하여 장기간에 걸친 강수자료의 일관성을 얻는 방법을 2중누가우량분석이라 한다.

07 강우자료의 일관성을 분석하기 위해 사용하는 방법은?

① 합리식
② DAD 해석법
③ 이중누가우량곡선법
④ SCS(Soil Conservation Service)방법

> **해설** 이중누가우량곡선(double mass curve)은 수자원계획 수립 시 장기간 강우(강수)자료의 일관성(consistency) 검사가 요구된다.

08 측정된 강우량자료가 기상학적 원인 이외에 다른 영향을 받았는지의 여부를 판단하는, 즉 일관성(consistency)에 대한 검사방법은?

① 순간단위유량도법
② 합성단위유량도법
③ 이중누가우량분석법
④ 선행강수지수법

> **해설** 측정된 자료가 가지는 각종 오차를 수정하고 결측된 값을 보완하며, 가용자료의 양을 확충함으로써 일관성 있는 일련의 풍부한 강수량자료를 확보하는 이중누가우량분석법은 정확한 수문학적 해석의 기본이 된다.

09 강수에 관한 설명 중 틀린 것은?

① 강수는 구름이 응축되어 지상으로 강하하는 모든 형태의 수분을 총칭한다.
② 일우량(24hr 우량)이 0.1mm 이하일 경우에는 무강우로 취급한다.
③ 누가우량곡선은 자기우량계에 의해 측정된 누가강우의 시간적 변화를 기록한 곡선이다.
④ 2중누가우량분석법은 강수량자료의 결측치를 보완하는 방법이다.

> **해설** 장기간에 걸친 강수자료의 일관성을 얻는 방법을 2중누가우량분석이라 한다.

10 다음 중 강수결측자료의 보완을 위한 추정방법이 아닌 것은?

① 단순 비례법
② 2중누가우량분석법
③ 산술평균법
④ 정상 연강수량비율법

> **해설 결측강우량 추정 보완법**
> ㉠ 산술평균법
> ㉡ 정상 연강수량비율법
> ㉢ 단순 비례법

11 강우와 강우 해석에 대한 설명으로 옳지 않은 것은?

① 강우강도의 단위는 mm/h이다.
② DAD 해석은 지속기간별, 면적별 최대 강우량을 구하는 방법이다.
③ 정상 연강수비율법(normal ratio method)은 면적평균강수량을 구하는 방법이다.
④ 대류형 강우는 주위보다 더운 공기의 상승으로 일어난다.

> **해설** 정상 연강수량비율법은 면적평균강수량을 구하는 방법이 아니다.
>
> **참고** 강우기록의 추정법(결측강우량 추정법)
> • 산술평균법
> • 정상 연강수량비율법
> • 단순 비례법

12 30년간의 연평균강우량이 $N_A=1,000mm$, $N_B=850mm$, $N_C=700mm$, $N_D=900mm$이고, 어느 해의 월강우량이 $P_A=85mm$, $P_C=72mm$, $P_D=80mm$일 때 B지점의 결측강우량은?

① 72.6mm
② 80.5mm
③ 62.3mm
④ 78.4mm

> **해설** 정상 연강수량비율법
> ㉠ 3개 관측점과 결측점의 최대 오차를 구한다.
> $$오차 = \frac{1,000-850}{850} \times 100\%$$
> $$= 17.65\% > 10\%$$
> ∴ 정상 연강수량비율법 적용
> ㉡ $P_B = \frac{N_B}{3}\left(\frac{P_A}{N_A}+\frac{P_C}{N_C}+\frac{P_D}{N_D}\right)$
> $= \frac{850}{3} \times \left(\frac{85}{1,000}+\frac{72}{700}+\frac{80}{900}\right)$
> $= 78.4mm$

13 X우량관측소의 우량계 고장으로 수개월 동안 관측을 실시하지 못하였다. 이 기간 동안 인접한 A, B, C관측소에서 관측된 총우량은 각각 210, 180, 240[mm]이었다. 관측소 X, A, B, C에서의 30년 이상에 걸쳐 산정된 정상 연평균강우량이 각각 1,170, 1,340, 1,120, 1,440[mm]이면 X관측소의 관측호우량은?

① 93.90mm
② 113.25mm
③ 141.57mm
④ 188.80mm

> **해설** 정상 연강수량비율법
> ㉠ 3개 관측점과 결측점의 최대 오차를 구한다.
> $$오차 = \frac{1,440-1,170}{1,170} \times 100\%$$
> $$= 23.08\% > 10\%$$
> ∴ 정상 연강수량비율법 적용
> ㉡ $P_X = \frac{N_X}{3}\left(\frac{P_A}{N_A}+\frac{P_B}{N_B}+\frac{P_C}{N_C}\right)$
> $= \frac{1,170}{3} \times \left(\frac{210}{1,340}+\frac{180}{1,120}+\frac{240}{1,440}\right)$
> $= 188.8mm$

14 ★ 유역의 평균강우량 산정방법이 아닌 것은?

① Thiessen법
② 평균비율법
③ 등우선법
④ 산술평균법

> **해설** 평균강우량 산정법
> ㉠ 산술평균법
> ㉡ Thiessen가중법
> ㉢ 등우선법

15 면적평균강수량 계산법에 관한 설명으로 옳은 것은?

① 관측소의 수가 적은 산악지역에는 산술평균법이 적합하다.
② 티센망이나 등우선도 작성에 유역 밖의 관측소는 고려하지 않아야 한다.
③ 등우선도 작성에 지형도가 반드시 필요하다.
④ 티센가중법은 관측소 간의 우량변화를 선형으로 단순화한 것이다.

> **해설** Thiessen가중법은 전 유역면적에 대한 각 관측점의 지배면적을 가중인자로 잡아 이를 각 우량값에 곱하여 합산한 후 이 값을 유역면적으로 나눔으로써 평균우량을 산정하는 방법이다.

16 다음 중 평균강우량 산정방법이 아닌 것은?

① 각 관측점의 강우량을 산술평균하여 얻는다.
② 각 관측점의 지배면적은 가중인자로 잡아서 각 강우량에 곱하여 합산한 후 전 유역면적으로 나누어서 얻는다.
③ 각 등우선 간의 면적을 측정하고 전 유역면적에 대한 등우선 간의 면적을 등우선 간의 평균강우량에 곱하여 이들을 합산하여 얻는다.
④ 각 관측점의 강우량을 크기순으로 나열하여 중앙에 위치한 값을 얻는다.

> **해설** 평균강우량 산정방법에 산술평균법, 등우선법, Thiessen가중법 등이 있다.
> **참고** Thiessen가중법
> 각 관측점의 지배면적을 가중인자로 잡아 각 강우량에 곱하여 합산한 후 전 유역면적으로 나누어서 얻는다.

정답 12. ④ 13. ④ 14. ② 15. ④ 16. ④

★
17 다음 중 비교적 평야지역에서 강우분포가 균일하고 500km² 정도 되는 작은 유역에 강우가 발생하였다면 가장 적당한 유역의 평균강우량 산정법은?

① Thiessen의 가중법　② Talbot의 강도법
③ 등우선법　　　　　④ 산술평균법

> **해설** **산술평균법**
> ㉠ 평야지역에서 강우분포가 비교적 균일한 경우
> ㉡ 우량계가 비교적 등분포되어 있고 유역면적이 500km² 미만인 지역

★
18 유역의 평균강우량을 계산하기 위하여 Thiessen방법을 많이 이용한다. 이 방법의 단점은?

① 지형의 영향을 고려할 수 없다.
② 지형의 영향은 고려되나, 강우형태는 고려되지 않는다.
③ 우량계의 종류에 따라 크게 영향을 받는다.
④ 계산은 간편하나 타 방법에 비하여 가장 부정확하다.

> **해설** Thiessen법은 강우에 대한 산악효과가 무시되고 있으나, 우량계의 분포상태는 고려되었다.

★
19 유역의 평균강우량 산정방법 중 산악의 영향을 고려할 수 있는 방법은?

① 산술평균법
② 티센(Thiessen)의 가중법
③ 다각형법
④ 등우선법

> **해설** **등우선법**
> ㉠ 강우에 대한 산악의 영향이 고려되었다.
> ㉡ 유역면적이 5,000km² 이상일 때 사용한다.

20 다음 수문 해석에 대한 설명 중 옳지 않은 것은?

① Talbot형의 강우강도식은 $I = \dfrac{a}{t+b}$ 이다.
② Rating Curve는 수위와 유량과의 관계를 나타내는 곡선이다.
③ 어느 관측소의 결측강우량은 어느 경우나 부근 관측지점들의 강우량의 산술평균에 의해서만 구할 수 있다.
④ 이중누가우량분석으로 어느 관측소의 우량계의 위치, 관측방법 등의 변화가 있었음을 발견하여 관측하여 관측우량을 교정해 줄 수 있다.

> **해설** **결측강우량 추정법**
> ㉠ 산술평균법
> ㉡ 정상 연강수량비율법
> ㉢ 단순 비례법

★★
21 다음 표에서 Thiessen법으로 유역의 평균우량을 구한 값은?

관측점	A	B	C	D	E
지배면적(km²)	15	20	10	15	20
우량(mm)	20	25	30	20	35

① 25.25mm　　② 26.25mm
③ 27.25mm　　④ 0.20mm

> **해설** **Thiessen법의 평균강우량**
> $$P_m = \dfrac{A_1 P_1 + A_2 P_2 + \cdots + A_n P_n}{A}$$
> $$= \dfrac{\{(15 \times 20) + (20 \times 25) + (10 \times 30) + (15 \times 20) + (20 \times 35)\}}{15 + 20 + 10 + 15 + 20}$$
> $$= 26.25\text{mm}$$

★★
22 다음 그림과 같은 유역(12km×8km)의 평균강우량을 Thiessen방법으로 구한 값은? (단, 1, 2, 3, 4번 관측점의 강우량은 각각 140, 130, 110, 100[mm]이며, 작은 사각형은 2km×2km의 정사각형으로서 모두 크기가 동일하다)

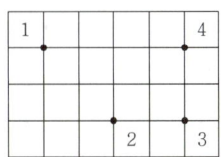

① 120mm　　② 123mm
③ 125mm　　④ 130mm

정답 17. ④　18. ①　19. ④　20. ③　21. ②　22. ②

해설 **Thiessen법의 평균강우량**

㉠ $A_1 = 7.5 \times (2 \times 2) = 30 \text{km}^2$
㉡ $A_2 = 7 \times (2 \times 2) = 28 \text{km}^2$
㉢ $A_3 = 4 \times (2 \times 2) = 16 \text{km}^2$
㉣ $A_4 = 5.5 \times (2 \times 2) = 22 \text{km}^2$
㉤ $P_m = \dfrac{P_1 A_1 + P_2 A_2 + P_3 A_3 + P_4 A_4}{A}$

$= \dfrac{140 \times 30 + 130 \times 28 + 110 \times 16 + 100 \times 22}{30 + 28 + 16 + 22}$

$= 122.92 \text{mm}$

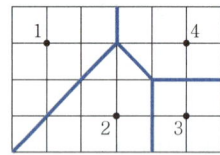

③ 강우강도가 커질수록 강우가 계속되는 시간은 일반적으로 작아지는 반비례관계이다.
④ 강우강도(I)와 강우지속시간(D)과의 관계로서 Talbot, Sherman, Japanese형의 경험공식에 의해 표현될 수 있다.

해설 **강우강도와 지속기간 관계의 경험식**

㉠ Talbot형 : $I = \dfrac{a}{t+b}$
㉡ Sherman형 : $I = \dfrac{c}{t^n}$
㉢ Japanese형 : $I = \dfrac{d}{\sqrt{t}+e}$

여기서, a, b, c, d, e, n : 지역상수

4. 강우자료의 해석

23 강우강도에 관한 내용 중 틀린 것은?

① 일반적으로 강우강도가 크면 클수록 강우가 계속되는 기간은 짧다.
② 강우강도란 단위시간에 내린 강우량이다.
③ 강우강도와 지속시간의 관계는 경험공식에 의해 표현된다.
④ Talbot형의 강우강도식은 우리나라 어느 지점에서도 적용이 가능하다.

해설 **강우강도와 지속기간 관계의 경험식 적용지역**
㉠ Talbot형 : 광주에 적용
㉡ Sherman형 : 서울, 목포, 부산에 적용
㉢ Japanese형 : 대구, 인천, 여수, 강릉에 적용

24★ 강우강도공식에 관한 설명으로 틀린 것은?

① 자기우량계의 우량자료로부터 결정되며 지역에 무관하게 적용 가능하다.
② 도시지역의 우수관로, 고속도로 암거 등의 설계 시 기본자료로서 널리 이용된다.

25 강우강도와 지속기간을 나타낸 내용 중 옳지 않은 것은?

① 강우강도는 단위시간에 내리는 강우량을 의미한다.
② 일반적으로 강우강도가 크면 클수록 강우가 계속되는 기간은 짧다.
③ 강우강도와 지속기간의 관계는 모든 지역에서 대체로 동일한 값으로 나타난다.
④ 강우강도와 지속기간의 관계를 알면 설계유량의 결정에 유효하게 사용될 수 있다.

해설 ㉠ 강우강도가 크면 클수록 그 강우가 계속되는 기간은 짧다.
㉡ 강우강도와 지속기간 간의 관계는 지역에 따라 다르다.

26 강수량자료의 수문학적 해석에 필요 없는 것은?

① 강우강도   ② 재현기간
③ 수질   ④ 지역적 범위

해설 각종 수문학적 해석에 있어서 일, 월, 연의 강우량만으로는 문제점의 해결이 곤란할 경우가 많으므로 강우강도, 지속기간, 생기빈도(재현기간), 지역적 범위 등에 관한 지식이 필요하다.

정답 23. ④ 24. ① 25. ③ 26. ③

27 IDF곡선의 강우강도와 지속기간의 관계에서 Talbot형으로 표시된 식은? (단, I : 강우강도, t : 지속기간, T : 생기빈도(지속기간), a, b, c, d, e, n, k, x : 지역에 따라 다른 값을 갖는 상수)

① $I = \dfrac{c}{t^n}$

② $I = \dfrac{kT^x}{t^n}$

③ $I = \dfrac{d}{\sqrt{t}+e}$

④ $I = \dfrac{a}{t+b}$

> **해설** 강우강도와 지속기간 관계의 경험식
> ㉠ Talbot형 : $I = \dfrac{a}{t+b}$
> ㉡ Sherman형 : $I = \dfrac{c}{t^n}$
> ㉢ Japanese형 : $I = \dfrac{d}{\sqrt{t}+e}$

28 일정한 기간 동안에 어떤 크기의 호우가 발생할 횟수를 의미하는 것은?

① 호우빈도
② 지속강도
③ 생기빈도
④ 발생강도

> **해설** 임의의 강우량이 1회 이상 같거나 초과하는 데 소요되는 연수를 생기빈도(재현기간)이라 한다.

29 어떤 유역에 20분간 지속된 강우강도가 20mm/h이었다면 강우량은?

① 1.00mm
② 6.67mm
③ 10.33mm
④ 20.00mm

> **해설** 20분간 강우량
> $P_{20} = \dfrac{20}{60} \times 20 = 6.67\text{mm}$

30 강우강도공식이 $I = \dfrac{5,000}{t+40}$[mm/h]로 표시된 어떤 도시에 있어서 20분간의 강우량은? (단, t 의 단위는 min이다.)

① 17.8mm
② 27.8mm
③ 37.8mm
④ 47.8mm

> **해설** 20분간 강우량
> $I = \dfrac{5,000}{t+40} = \dfrac{5,000}{20+40} = 83.33\text{mm/h}$
> $\therefore P_{20} = \dfrac{83.33}{60} \times 20 = 27.8\text{mm}$

31 강우강도(mm/h)가 $I_1 = 200$mm/100min, $I_2 = 50$mm/30min, $I_3 = 120$mm/80min일 때 3종의 강우강도 I_1, I_2 및 I_3의 대소(大小)관계가 옳은 것은?

① $I_1 > I_2 > I_3$
② $I_1 < I_2 < I_3$
③ $I_1 < I_2 < I_3$
④ $I_2 < I_3 > I_3$

> **해설** 강우강도 비교
> ㉠ $I_1 = \dfrac{200}{100} \times 60 = 120\text{mm/h}$
> ㉡ $I_2 = \dfrac{50}{30} \times 60 = 100\text{mm/h}$
> ㉢ $I_3 = \dfrac{120}{80} \times 60 = 90\text{mm/h}$
> $\therefore I_1 > I_2 > I_3$

32 4개 지점의 강우량 관측자료가 다음과 같을 때 강우강도가 최대인 지점은?

- A지점 : $t_A = 10$분, $\gamma_A = 15$mm
- B지점 : $t_B = 30$분, $\gamma_B = 50$mm
- C지점 : $t_C = 45$분, $\gamma_C = 72$mm
- D지점 : $t_D = 80$분, $\gamma_D = 132$mm

① D지점
② C지점
③ A지점
④ B지점

정답 27.④ 28.③ 29.② 30.② 31.① 32.④

> **해설** 강우강도 비교
> ㉠ $I_A = \dfrac{15}{10} \times 60 = 90$mm/h
> ㉡ $I_B = \dfrac{50}{30} \times 60 = 100$mm/h
> ㉢ $I_C = \dfrac{72}{45} \times 60 = 96$mm/h
> ㉣ $I_D = \dfrac{132}{80} \times 60 = 99$mm/h
> ∴ B지점

33 어떤 유역에 다음 표와 같이 30분간 집중호우가 계속되었다. 지속기간 15분인 최대 강우강도를 구한 값은?

시간(분)	0~5	5~10	10~15	15~20	20~25	25~30
우량(mm)	2	4	6	4	8	6

① 64mm/h ② 48mm/h
③ 72mm/h ④ 80mm/h

> **해설** 15분간 최대 강우강도
> $I = (6+4+8) \times \dfrac{60}{15} = 72$mm/h

34 어떤 유역에 30분간 내린 호우의 누가우량이 다음과 같을 때 15분 지속 최대 강우강도는 얼마인가?

시간(분)	0	5	10	15	20	25	30
누가우량(mm)	0	6	20	30	35	43	45

① 30mm/h ② 96mm/h
③ 120mm/h ④ 128mm/h

> **해설** 15분간 최대 강우강도
>
> | 시간(분) | 0 | 5 | 10 | 15 | 20 | 25 | 30 |
> |---|---|---|---|---|---|---|---|
> | 누가우량(mm) | 0 | 6 | 14 | 10 | 5 | 9 | 2 |
>
> ∴ $I = (6+14+10) \times \dfrac{60}{15} = 120$mm/h

35 어느 유역에 1시간 동안 계속되는 강우기록이 다음 표와 같을 때 10분 지속 최대 강우강도는?

시간(분)	0	0~10	10~20	20~30	30~40	40~50	50~60
우량(mm)	0	3.0	4.5	7.0	6.0	4.5	6.0

① 5.1mm/h ② 7.0mm/h
③ 30.6mm/h ④ 42.0mm/h

> **해설** 10분간 최대 강우강도
> 10분 지속 최대 강우강도가 되는 지점은 20~30분 지점이므로
> ∴ $I = \dfrac{7}{10} \times 60 = 42$mm/h

36 IDF도를 이용하여 강우강도를 구하기 위해서 필요한 요소로 짝지어진 것은?

① 강우강도식, 생기빈도
② 유역면적, 최대 강우량
③ 강우지속기간, 재현기간
④ 면적강우량비, 빈도계수

> **해설** IDF(강우강도 – 지속기간 – 생기빈도)곡선은 강우강도 – 지속기간의 관계에 그 강우의 생기빈도를 제3의 변수로 표시하여 얻는다.

37 강우강도(I), 지속기간(D), 생기빈도(F)의 관계를 표현하는 I-D-F 관계식 $I = \dfrac{kT^x}{t^n}$ 에 대한 설명으로 틀린 것은?

① t : 강우의 지속시간(min)으로서 강우가 계속 지속될수록 강우강도(I)는 커진다.
② I : 단위시간에 내리는 강우량(mm/h)인 강우강도이며 각종 수문학적 해석 및 설계에 필요하다.
③ T : 강우의 생기빈도를 나타내는 연수(年數)로서 재현기간(년)을 말한다.
④ k, x, n : 지역에 따라 다른 값을 가지는 상수이다.

해설 t는 강우의 지속시간으로서 강우가 지속될수록 강우강도는 작아진다.

38 서울지역의 IDF곡선으로부터 구한 20년 빈도 지속기간 2시간의 강우강도가 100mm/h일 때 우량깊이는?

① 50mm
② 100mm
③ 150mm
④ 200mm

해설 100mm/h는 시간당 100mm의 우량깊이를 의미하므로 2시간 지속강우강도는 100mm×2로 200mm이다.

39 DAD 해석에 관련된 것으로 옳은 것은?

① 수심-단면적-홍수기간
② 적설량-분포면적-적설일수
③ 강우깊이-유역면적-강우기간
④ 강우깊이-유수 단면적-최대 수심

해설 DAD는 Depth-Area-Duration의 약자로, 최대 우량깊이(D)-유역면적(A)-강우지속기간(D) 간의 관계를 수립하는 작업을 말한다.

40 다음 중 Depth-Area-Duration곡선을 작성하기 위하여 필요한 자료는?

① 관측점별, 지속기간별 최대 강우량, 관측점의 지배면적, 지형도
② 연 최대 강우량, 관측점의 지배면적, 유역면적, 연 최고유량
③ 일 최대 강우량, 관측점별 지배면적, 일 최대 홍수량
④ 확률강우량, 유역면적, 지속기간

해설 DAD 해석이란 최대 우량깊이(D)-유역면적(A)-강우지속기간(D)의 관계를 해석한 것이다.

41 다음 중 DAD 해석에 관한 사항 중 틀린 것은?

① DAD곡선은 대부분 반대수지로 표시된다.
② DAD 해석에서 누가우량곡선이 필요하다.
③ DAD의 값은 유역에 따라 다르다.
④ DAD는 유역의 최대 평균우량이 지속시간에 비례하고, 유역면적에 비례하여 커진다.

해설 DAD는 유역의 최대 평균우량이 지속시간에 비례하고, 유역면적에 반비례한다.

42 DAD(Depth-Area-duration) 해석에 관한 설명 중 옳은 것은?

① 최대 평균우량깊이, 유역면적, 강우강도와의 관계를 수립하는 작업이다.
② 유역면적을 대수축(logarithmic scale)에, 최대 평균강우량을 산술축(arithmetic scale)에 표시한다.
③ DAD 해석 시 상대습도자료가 필요하다.
④ 유역면적과 증발산량과의 관계를 알 수 있다.

해설 DAD
㉠ 최대 우량깊이-유역면적-강우지속기간 간의 관계를 수립하는 작업을 DAD 해석이라 한다.
㉡ DAD곡선은 유역면적을 대수눈금으로 되어 있는 종축에, 최대 우량을 산술눈금으로 되어 있는 횡축에 표시하고, 지속기간을 제3의 변수로 표시한다.

43 홍수유출에서 유역면적이 작으면 단시간의 강우에, 면적이 크면 장시간의 강우에 문제가 발생한다. 이와 같은 수문학적 인자 사이의 관계를 조사하는 DAD 해석에 필요 없는 인자는?

① 강우량
② 유역면적
③ 증발산량
④ 강우지속시간

해설 DAD는 Depth-Area-Duration의 약자로 최대 우량깊이(D)-유역면적(A)-강우지속기간(D) 간의 관계를 수립하는 작업으로, 증발산량은 관계없다.

정답 38. ④ 39. ③ 40. ④ 41. ④ 42. ② 43. ③

44 DAD곡선을 작성하는 순서가 옳은 것은?

> ㉠ 누가우량곡선으로부터 지속기간별 최대 우량을 결정한다.
> ㉡ 누가면적에 대한 평균누가우량을 산정한다.
> ㉢ 소구역에 대한 평균누가우량을 결정한다.
> ㉣ 지속기간에 대한 최대 우량깊이를 누가면 적별로 결정한다.

① ㉠-㉢-㉡-㉣   ② ㉡-㉠-㉣-㉢
③ ㉢-㉡-㉠-㉣   ④ ㉣-㉢-㉡-㉠

> **해설** DAD곡선의 작성순서
> ㉠ 각 유역의 지속기간별 최대 우량을 누가우량곡선 으로부터 결정하고, 전 유역을 등우선에 의해 소 구역으로 나눈다.
> ㉡ 각 소구역의 평균누가유역을 구한다.
> ㉢ 소구역의 누가면적에 대한 평균누가우량을 구한다.
> ㉣ DAD곡선을 그린다.

5. 용어해설

45 가능 최대 강수량(PMP)을 설명한 것 중 옳지 않은 것은?

① 수공구조물의 설계홍수량을 결정하는 기준으로 사용된다.
② 물리적으로 발생할 수 있는 강수량의 최대 한계치를 말한다.
③ 기왕 일어났던 호우들을 반드시 해석하여 결정한다.
④ 재현기간 200년을 넘는 확률강수량만이 이에 해당한다.

> **해설** 가능 최대 강수량(PMP)
> ㉠ 대규모 수공구조물을 설계할 때 기준으로 삼는 강우량이다.
> ㉡ PMP로서 수공구조물의 크기(치수)를 결정한다.

46 수문분석기법에 대한 설명 중 옳지 않은 것은?

① 확정론적 기법 : 사상의 입출력관계가 확정적인 법칙을 따른다.
② 확률론적 기법 : 관측된 자료집단의 확률통계학적 특성만을 고려한다.
③ 추계학적 기법 : 사상의 발생순서와 크기만을 고려하며 확률은 고려하지 않는다.
④ 빈도해석기법 : 강우, 홍수량, 갈수량 등의 재현기간(생기빈도)을 확률적으로 예측하는 방법이다.

> **해설** 수문분석기법
> ㉠ 확정론적 기법
> • 강우-유출관계의 확정성을 전제로 하여 자연현상의 물리적 거동을 수학적 표현에 의해 서술하는 기법이다.
> • 입출력자료를 선정한 후 컴퓨터프로그램으로 되어 있는 모의모형으로 수문학적 문제를 해석한다.
> ㉡ 확률론적 기법
> • 물의 순환과정 자체가 이론적으로 완전히 서술할 수 없고 너무나 복잡하여 강우-유출관계를 완벽하게 확정론적으로 다룰 수가 없고, 물의 순환과정이 확률적인 성격을 띠고 있기 때문에 수문자료를 확률통계적으로 분석하여 관측된 현상의 특성을 파악하고 앞으로의 발생양상에 대한 예측도 가능한 수문자료의 분석절차를 확률적 수문분석기법이라 한다.
> • 수문자료의 확률통계학적 특성만을 고려하고 개개 사상의 발생순서는 관계하지 않는다는 점이 추계학적 기법과 다르다.
> ㉢ 빈도해석기법
> • 특히 강우, 홍수, 갈수의 생기빈도를 확률론적으로 예측하는 방법을 빈도해석기법이라 한다.
> • 어떤 수문사상이 발생하는 원인과 과정 등에 관해서는 전혀 상관하지 않고 오직 어떤 크기를 가진 사상이 발생할 확률(빈도)을 결정한다는 것이 확정론적 기법과 다르다.
> ㉣ 추계학적 기법
> • 하천유량, 우량기록 등의 수문자료는 일반적으로 관측기간이 짧으므로 장기간 동안의 수문사상을 대표하기에는 부적하므로 보다 장기간의 자료를 발생시킬 수 있는 확률론적으로 예측하는 방법이 추계학적 기법이다.
> • 수문자료의 발생순서를 고려하면서 생기확률을 분석한다.

정답 44. ① 45. ④ 46. ③

47 대규모 수공구조물의 설계우량으로 가장 적합한 것은?

① 평균면적우량
② 발생 가능 최대 강수량(PMP)
③ 기록상의 최대 우량
④ 재현기간 100년에 해당하는 강우량

> **해설** 발생 가능 최대 강수량(PMP)은 한 유역에 내릴 수 있는 최대 강수량으로 대규모 수공구조물을 설계할 때 기준으로 삼는 유량이다.

48 하상계수란 무엇인가?

① 대하천 주요 지점에서 풍수량과 저수량의 비
② 대하천의 주요 지점에서의 최소 유량과 최대 유량의 비
③ 대하천의 주요 지점에서의 홍수량과 하천유지유량의 비
④ 대하천의 주요 지점에서의 최소 유량과 갈수량의 비

> **해설** 하상계수
> ㉠ 하천 유황의 변동 정도를 표시하는 지표로서 대하천의 주요 지점에서 최대 유량과 최소 유량의 비를 말한다.
> ㉡ 우리나라의 주요 하천은 하상계수가 대부분 300을 넘어 외국하천에 비해 하천 유황이 대단히 불안정하다.

49 자연하천의 특성을 표현할 때 이용되는 하상계수에 대한 설명으로 옳은 것은?

① 최심하상고와 평형하상고의 비이다.
② 최대 유량과 최소 유량의 비로 나타낸다.
③ 개수 전과 개수 후의 수심변화량의 비를 말한다.
④ 홍수 전과 홍수 후의 하상변화량의 비를 말한다.

> **해설** 하상계수
> ㉠ 최대 유량과 최소 유량의 비로 나타낸다.
> ㉡ 하상계수 $= \dfrac{Q_{\max}}{Q_{\min}}$

CHAPTER 12 증발산과 침투

최근 10년간 출제분석표

2015	2016	2017	2018	2019	2020	2021	2022	2023	2024
5.0%	1.7%	5.0%	3.3%	3.3%	3.3%	3.3%	2.5%	0.0%	3.4%

출제 POINT

학습 POINT
- 증발량 산정방법
- 기상자료에 의한 방법

■ 증발량 산정방법
① 물수지방법
② 에너지수지방법
③ 공기동역학적 방법
④ 에너지수지방법 및 공기동역학적 방법을 혼합한 방법
⑤ 증발접시 측정에 의한 방법

SECTION 1 증발과 증산

1 증발

1) 개요

① 증발(evaporation)이란 수표면 혹은 습한 토양표면의 물분자가 태양열에너지(태양정수 $1.94 cal/cm^3 \cdot min$)를 흡수하여 액체에서 기체상태로 변하는 현상을 말한다.
② 증발에 영향을 주는 인자로는 온도, 상대습도, 바람, 대기압, 수질, 증발면의 성질과 형상 등이 있다.

2) 증발량 산정방법

① 물수지(water-budget)원리에 의한 방법은 일정 기간 동안의 저수지 내로의 유입량과 유출량을 고려하여 계산함으로써 증발량을 산정하는 방법이다.

$$E = P + I \pm U - O \pm S$$

여기서, E : 증발산량, P : 총강수량, I : 지표유입량
U : 지하유출입량, O : 지표유출량, S : 저유량의 변화량

② 에너지수지에 의한 방법은 증발에 관련된 에너지의 항들로 표시되는 연속방정식을 풀어서 증발량을 산정하는 방법이다.
③ 공기동역학적 방법은 물표면의 입자이동은 연직증기압의 구배에 비례한다는 가정(Dalton의 법칙)을 적용한 경험공식을 통해 증발량을 산정하는 방법이다.
④ 에너지수지에 의한 방법과 공기동역학적 방법을 혼합하는 방법은 Penman의 방법으로 증발량에 대한 실측값이 없는 유역에 대한 수자원을 계획할 경우 예비조사방법으로 사용하면 효과적이다.

⑤ 증발접시에 의한 방법은 댐 후보지역이나 인근 지역에 증발접시를 설치하여 측정한 증발량을 저수지증발량으로 환산하는 방법으로, 증발접시의 종류에는 지상식, 함몰식, 부유식의 3종이 있다.

$$\text{증발접시계수} = \frac{\text{저수지의 증발량}}{\text{접시의 증발량}} \quad (\text{보통 } 0.65 \sim 1.12)$$

2 증산

1) 개요

① 증산(transpiration)이란 **식물의 엽면을 통해 지중의 물이 수증기의 형태로 대기 중에 방출되는 현상**을 말한다.
② 증산에 영향을 주는 인자로는 식물의 생리학적 인자(식물의 엽면 다공의 밀도와 특성, 엽면의 구조 및 식물 병리학적 요소 등)와 환경학적 인자(온도, 태양복사율, 바람, 토양의 함유수분 등)가 있다.
③ 증산량의 산정방법에는 물수지방법이나 에너지수지방법 등이 있다.

2) 증발산

① 증발과 증산에 의한 물의 수증기화를 총칭하여 증발산(evapotranspiration)이라 한다.
② 증발산량은 어떤 면적에서부터의 증발산한 수량을 그 면적으로 나눈 값으로 mm로 표시한다. 지구 전체의 연증발산량은 약 1,000mm 정도이고, 우리나라의 증발산량은 약 700~760mm로 경험식에 의해 산출한다.
③ 승화현상(sublimation)이란 물분자가 얼음이나 눈 등의 고체상태로부터 바로 기체상태로 기화하는 현상을 말한다.

■ 증산
식물의 엽면을 통해 지중의 물이 수증기의 형태로 대기 중에 방출되는 현상

■ 증발산 = 증발 + 증산

SECTION 2 침투와 침루

1 개요

① **침투(infiltration)란 물이 토양면을 통해 토양 속으로 스며드는 현상**을 말한다. **침루(percolation)는 토양 속으로 침투된 물이 중력의 영향으로 계속 지하로 이동하여 지하수면까지 도달하는 현상**을 말한다.
② 침투능(infiltration capacity)이란 주어진 조건하에서 어떤 토양면을 통해 물이 침투할 수 있는 최대율(mm/h)을 말한다.
③ 실제 강우강도가 토양의 침투능보다 커야만 실제 침투율이 침투능에 도달할 수 있다.

💬 학습 POINT
• 침투능 추정법
• ϕ -index 계산
• SCS의 초과강우량 산정방법

출제 POINT

■ 침투능에 영향을 주는 인자
① 토양의 종류
② 함유수분
③ 다짐 정도
④ 식생피복
⑤ 동결과 기온

2 침투능에 영향을 주는 인자

① 토양의 종류 : 공극의 크기 및 분포상태
② 지면보유수의 깊이와 포화층의 두께
③ 토양의 함유수분 : 토양이 건조할수록 토양공극을 통한 침투능은 크게 되며, 점차 모양이 포화할수록 침투능이 감소한다.
④ 토양의 다짐 정도 : 토양의 다짐 정도가 클수록 공극이 작아져서 침투능은 현저히 감소하게 된다.
⑤ 식생피복 : 식물은 빗물의 충격력으로부터 보호할 뿐 아니라 조밀한 뿌리조직은 주위의 토양이 다져지는 것을 방지하여 공극을 보존하는 결과를 주며, 유기물질은 흙의 상태를 스펀지처럼 만들어준다. 이로 인해 침투능을 증대시킨다.
⑥ 토양의 동결과 기온 : 모든 조건이 동일한 경우 침투능은 추운 계절에 비해 따뜻한 계절이 더 크다.

3 침투능 결정방법

1) 침투계에 의한 방법

① 일반적으로 소구역 또는 실험유역에 대하여 실시한다.
② 침투계의 종류에는 Flooding형과 Sprinkling형이 있다.

2) 경험공식에 의한 방법

① Horton의 침투능곡선식에 의한 경험공식

$$f_p = f_c + (f_o - f_c) e^{-kt} [\text{mm/h}]$$

여기서, f_p : 임의 시각에 있어서의 침투능(mm/h)
f_o : 초기 침투능(mm/h), f_c : 종기 침투능(mm/h)
t : 강우 시작시간으로부터 측정되는 시간(h)
k : 토양의 종류와 식생피복에 따라 결정되는 상수

② Philip의 경험공식
③ Holtan의 경험공식

■ Horton의 침투능곡선식
$f_p = f_c + (f_o - f_c) e^{-kt} [\text{mm/h}]$

3) 침투지수법에 의한 유역의 평균침투능 결정방법

침투지수(infiltration index)란 호우기간 동안의 총침투량을 호우의 지속기간으로 나눈 평균침투율을 의미한다. 침투지수법에는 ϕ-지수법(ϕ-index 법)과 W-지수법(W-index법)이 있다.

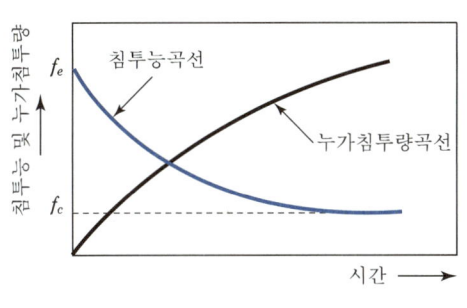

(a) Horton의 침투능곡선　　(b) 우량주상도(ϕ-index법)

[그림 12-1] 침투능과 침투지수법

(1) ϕ-지수법(ϕ-index법)

① ϕ-지수란 우량주상도(rainfall hyetograph)상에서 총강우량과 손실량을 구분하는 수평선에 대응하는 강우강도를 의미하며, 이것이 이 호우가 발생한 유역에 있어서의 호우로 인한 평균침투능이다.

② 우량주상도란 강우강도의 시간에 따른 변화를 나타낸 그림을 의미한다. 우량주상도상에서 사선 친 부분은 지표유출분의 유역상 등가깊이(mm)를 의미하며, 그 아래 ϕ-지수에 해당하는 부분은 지면보유, 증발산 및 침투 등에 의한 손실을 통틀어 표시한 값으로서 대부분 침투에 의한 손실이다.

③ 이 방법의 특징으로는 어떤 유역에 호우가 발생했을 때 그 유역으로부터 예상되는 유출량을 개략적으로 빨리 구할 수 있으나, 침투능의 시간에 따른 변화를 고려하지 않고 있는 근사방법이다.

(2) W-지수법(W-index법)

① ϕ-지수법(ϕ-index법)을 개선한 방법으로, 실제 침투량에 속하지 않는 지면보유, 증발산 등의 손실량을 고려하지 않고 있다.

② 유출량 및 강우량자료를 참고로 하여 W-지수선(W-index선)의 위치를 대략 정한 다음 각종 손실량을 조정하면서 W-지수선을 연직 상하로 움직여 측정된 유출량을 만족시키는 W-지수를 구한다.

③ W-지수(W-index)란 강우강도가 침투능보다 큰 호우기간 동안의 평균침투율이다.

$$W = \frac{F_i}{T} = \frac{1}{T}(P - Q - D - R_n)$$

여기서, F_i : 총침투량, T : 강우강도가 침투율보다 큰 시간경간
P : 총강우량, Q : 측정된 지표유출량
D : 지면보유 및 凹면 저유량
R_n : 짧은 무강우시간에 해당하는 우량

■ ϕ-지수법(ϕ-index법)
① 호우 발생 시 예상유출량을 빨리 산출할 수 있음
② 침투능의 시간에 따른 변화는 고려하지 않음

■ W-지수법(W-index법)
ϕ-지수법(ϕ-index법)을 개선한 방법

출제 POINT

■ 토양의 초기 함수조건을 양적으로 표시하는 방법
① 선행강수지수에 의한 방법
② 지하수유출량에 의한 방법
③ 토양의 함수조건에 의한 방법

4 토양의 함유수분의 영향

토양의 초기 함수조건을 양적으로 표시하는 방법은 다음과 같다.

1) 선행강수지수에 의한 강우량-유출량의 관계

$$P_a = aP_0 + bP_1 + cP_2 \quad (a+b+c=1 \text{일 때})$$

여기서, P_0 : 해당 년의 강우량, P_1, P_2 : 전년 및 전전년의 강우량
a, b, c : 가중계수

2) 지하수유출량에 의한 강우량-유출량의 관계

많은 지역에 있어서 토양의 초기 함수조건은 호우 초기의 지하수유출량(건기 하천유출량)과 밀접한 관계가 있다.

3) 토양의 함수조건에 의한 강우량-유출량의 관계

증발현상은 토양으로부터 수분을 제거시키고, 강수는 수분을 공급하므로 이 두 양을 측정하면 토양의 수분미흡량을 알 수 있다.

CHAPTER 12 기출문제

1. 증발과 증산

01 다음 내용 중 옳지 않은 것은?
① 증발이란 액체상태의 물이 기체상태의 수증기로 바뀌는 현상이다.
② 증산(transpiration)이란 식물의 엽면(葉面)을 통해 지중(地中)의 물이 수증기의 형태로 대기 중에 방출되는 현상이다.
③ 침투(percolation)란 토양면을 통해 스며든 물이 중력에 의해 계속 지하로 이동하여 불투수층까지 도달하는 것이다.
④ 강수(precipitation)란 구름이 응축되어 지상으로 떨어지는 모든 형태의 수분을 총칭한다.

> 해설 침루는 토양을 통해 스며든 물이 불투수층까지 도달하는 경우를 말한다.

02 증발에 관한 내용에서 틀린 것은?
① 증발산은 소비수량과 동의어로 쓰인다.
② 공기역학적 방법(aerodynamic method)에서 증발량은 공기의 증기압과 포화증기압의 차이에 비례한다.
③ 증발접시계수는 증발산과 저수지증발량과의 비이다.
④ 증발량은 염분의 함유 정도에 따라 다르다.

> 해설 증발
> ㉠ 증발산량과 소비수량을 같은 의미로 사용하는 경우도 있다.
> ㉡ 공기동역학적 방법은 자유수면으로부터 물분자의 이동은 증기압의 경사에 비례한다는 Dalton의 법칙에 의한다.
> ㉢ 증발접시계수 = $\dfrac{저수지의 증발량}{접시의 증발량}$

03 물수지관계를 표시하는 저유량방정식에서 증발산량을 나타내는 다음 식 중 옳은 것은? (단, E: 증발산량, P: 총강수량, I: 지표유입량, U: 지하유출입량, O: 지표유출량, S: 지표 및 지하저유량의 변화)
① $E = P + I \pm U - O \pm S$
② $E = I \pm P - U + O - S$
③ $E = P - I \pm U + O + S$
④ $E = U \pm P \pm I + U - O - S$

> 해설 물수지방정식
> $E = P + I \pm U - O \pm S$

04 증발과 증산에 미치는 인자로서 가장 관계가 없는 것은?
① 구름 ② 습도
③ 바람 ④ 기온

> 해설 온도, 바람, 습도, 대기압, 수질 등은 증발과 증산에 영향을 미친다.

05 다음 설명 중 옳지 않은 것은?
① Dalton의 법칙에서 증발량은 증기압과 풍속의 함수이다.
② 증발산량은 증발량과 증산량의 합이다.
③ 증발산량은 엄격한 의미에서 소비수량과 같다.
④ 증발접시계수는 저수지증발량과 증발접시증발량과의 비이다.

> 해설 증발
> ㉠ 공기동역학적 방법에 의한 저수지증발량은 Dalton의 법칙에 의하며, 증발량은 증기압과 풍속의 함수이다.
> ㉡ 증발산량 = 증발량 + 증산량
> ㉢ 소비수량은 식생으로 피복된 지면으로부터의 증발산량만을 의미하는 것으로, 하천, 호수 등에서의 증발량은 소비수량에서 제외된다.

정답 1. ③ 2. ③ 3. ① 4. ① 5. ③

06 물의 순환과정인 증발에 관한 내용 중 옳지 않은 것은?
① 증발량은 물수지방정식에 의하여 산정될 수 있다.
② 증발산은 증발, 증산, 차단을 포함한다.
③ 증발접시계수는 저수지증발량의 증발접시증발량에 대한 비이다.
④ 증발량은 수면과 수면에서 일정 높이에서의 포화증기압의 차이에 비례한다.

> **해설** 증발
> ㉠ 증발량 산정방법
> • 물수지방법
> • 에너지수지방법
> • 증발접시 측정에 의한 방법
> 증발접시계수 = $\dfrac{저수지의\ 증발량}{접시의\ 증발량}$
> ㉡ 증발산 = 증발 + 증산

07 ★ 증발량 산정방법이 아닌 것은?
① Dalton법칙 ② Horton공식
③ Penman공식 ④ 물수지법

> **해설** Horton은 침투능곡선식에 의한 경험공식이다.
> **참고** 증발량 산정방법
> • 물수지방법
> • 에너지수지방법
> • 공기동역학적 방법 : Dalton법칙
> • 에너지수지방법 및 공기동역학적 방법을 혼합한 방법 : Penman방법
> • 증발접시 측정에 의한 방법

08 ★ 다음 중 자유수면으로부터의 증발량 산정방법이 아닌 것은?
① 에너지수지에 의한 방법
② 물수지에 의한 방법
③ 증발접시 관측에 의한 방법
④ Blanny−Criddle방법

> **해설** 증발량 산정방법
> ㉠ 물수지방법
> ㉡ 에너지수지방법
> ㉢ 공기동역학적 방법
> ㉣ 에너지수지방법 및 공기동역학적 방법을 혼합한 방법
> ㉤ 증발접시 측정에 의한 방법

09 유역면적이 1km², 강수량이 1,000mm, 지표유입량이 400,000m³, 지표유출량이 600,000m³, 지하유입량이 100,000m³, 저류량의 감소량이 200,000m³라면 증발량은?
① 300,000m³ ② 500,000m³
③ 700,000m³ ④ 900,000m³

> **해설** 물수지방정식
> $E = P + I - O + U - S$
> $= (1 \times 1 \times 10^6) + 400,000 - 600,000$
> $\quad + 100,000 - 200,000$
> $= 700,000 \text{m}^3$

10 어느 지역의 증발접시에 의한 연증발량이 750mm이다. 증발접시계수가 0.7일 때 저수지의 연증발량을 구한 값은?
① 525mm ② 535mm
③ 750mm ④ 1,071mm

> **해설** 증발접시계수
> 증발접시계수 = $\dfrac{저수지의\ 증발량}{접시의\ 증발량}$
> $0.7 = \dfrac{저수지의\ 증발량}{750}$
> ∴ 저수지의 증발량 = 525mm

11 수표면적이 10km² 되는 어떤 저수지면으로부터 측정된 대기의 평균온도가 25℃이고, 상대습도가 65%, 저수지면 6m 위에서 측정한 풍속이 4m/s이고, 저수지면 경계층의 수온이 20℃로 추정되었을 때 증발률(E_0)이 1.44mm/day였다면 이 저수지면으로부터의 일증발량은?
① 42,366m³ ② 42,918m³
③ 57,339m³ ④ 14,400m³

> **해설** 증발량 = 증발률 × 수표면적
> $= (1.44 \times 10^{-3}) \times (10 \times 10^6)$
> $= 14,400 \text{m}^3/\text{day}$

12 유출량이 50m³/s이고, 유출계수가 0.46이라면 이 유역에서의 강우량은?
① 23mm ② 96mm
③ 109mm ④ 230mm

정답 6. ② 7. ② 8. ④ 9. ③ 10. ① 11. ④ 12. ③

> **[해설] 강우량**
> $R = CP$
> $50 = 0.46 \times P$
> $\therefore P = 108.7 \text{mm}$

2. 침투와 침루

13 수표면적이 200ha인 저수지에서 24시간 동안 측정된 증발량은 2cm이며, 이 기간 동안 평균 $2\text{m}^3/\text{s}$의 유량이 저수지로 유입된다. 24시간 경과 후 저수지의 수위가 초기 수위와 동일할 경우 저수지로부터의 유출량은? (단, 저수지의 수표면적은 수심에 따라 변화하지 않는다.)

① 1,328ha·cm ② 1,728ha·cm
③ 2,160ha·cm ④ 2,592ha·cm

> **[해설]** 유입량 = 증발량 + 유출량
> $2 \times 24 \times 3,600 = (200 \times 10^4) \times 2 \times 10^{-2} + \text{유출량}$
> $\therefore \text{유출량} = 132,800\text{m}^3 = 1,328\text{ha·cm}$
> **[참고]** $1\text{ha} = 10^4 \text{m}^2$

14 어떤 유역 내에 계획상 만수면적 20km^2인 저수지를 건설하고자 한다. 연강수량, 연증발량이 각각 1,000mm, 800mm이고 유출계수와 증발접시계수가 각각 0.4, 0.7이라 할 때 댐 건설 후 하류의 하천유량 증가량은?

① $4 \times 10^5 \text{m}^3$ ② $6 \times 10^5 \text{m}^3$
③ $8 \times 10^5 \text{m}^3$ ④ $1 \times 10^6 \text{m}^3$

> **[해설]** ㉠ 댐 건설 전
> 연유출량 = 유출계수 × 연강수량
> $= 0.4 \times 1 \times (20 \times 10^6)$
> $= 8 \times 10^6 \text{m}^3$
> ㉡ 댐 건설 후
> 연강수량 $= 1 \times (20 \times 10^6) = 2 \times 10^7 \text{m}^3$
> 저수지의 연증발량
> = 증발접시계수 × 접시의 연증발량
> $= 0.7 \times 0.8 \times (20 \times 10^6) = 1.12 \times 10^7 \text{m}^3$
> $\therefore$ 연유출량 = 연강수량 - 저수지의 연증발량
> $= 2 \times 10^7 - 1.12 \times 10^7$
> $= 8.8 \times 10^6 \text{m}^3$
> ㉢ 댐 건설 후
> 하천유량 증가량
> = 댐 건설 후 연유출량 - 댐 건설 전 연유출량
> $= 8.8 \times 10^6 - 8 \times 10^6 = 0.8 \times 10^6 \text{m}^3$

15 토양면을 통해 스며든 물이 중력의 영향 때문에 지하로 이동하여 지하수면까지 도달하는 현상은?

① 침투(infiltration)
② 침투능(infiltration capacity)
③ 침투율(infiltration rate)
④ 침루(percolation)

> **[해설]** 침투한 물이 중력 때문에 계속 이동하여 지하수면까지 도달하는 현상을 침루라 한다.

16 침투능에 관한 설명 중 틀린 것은?

① 어떤 토양면을 통해 물이 침투할 수 있는 최대율을 말한다.
② 단위는 통상 mm/h 또는 in/h로 표시된다.
③ 침투능은 강우강도에 따라 변화한다.
④ 침투능은 토양조건과는 무관하다.

> **[해설] 침투능**
> ㉠ 토양면을 통해 물이 침투할 수 있는 최대율로, mm/h로 표시한다.
> ㉡ 침투능의 지배인자
> • 토양의 종류
> • 토양의 다짐 정도
> • 토양의 함유수분
> • 포화층의 두께
> • 기온
> • 식생피복

★ 17 침투능에 영향을 주는 인자 중 가장 거리가 먼 것은?

① 토양의 다짐 정도 ② 토양의 종류
③ 대기의 온도 ④ 습도

> **[해설] 침투능의 지배인자**
> ㉠ 토양의 종류
> ㉡ 토양의 다짐 정도
> ㉢ 토양의 함유수분
> ㉣ 포화층의 두께
> ㉤ 기온
> ㉥ 식생피복

정답 13. ① 14. ③ 15. ④ 16. ④ 17. ④

18 다음 침투능에 관한 설명 중 틀린 것은?

① 어떤 토양면을 통해 물이 침투할 수 있는 최대율을 말한다.
② 단위는 통상 mm/h 또는 in/h로 표시된다.
③ 침투능은 강우강도에 따라 변화한다.
④ 침투능은 토양조건에 따라 변화하지 않는다.

해설 **침투능의 지배인자**
㉠ 토양의 종류
㉡ 토양의 다짐 정도
㉢ 토양의 함유수분
㉣ 포화층의 두께
㉤ 기온
㉥ 식생피복

19 토양의 침투능(infiltration capacity) 결정방법에 해당되지 않는 것은?

① 침투계에 의한 실측법
② 경험공식에 의한 계산법
③ 침투지수에 의한 수문곡선법
④ 물수지원리에 의한 산정법

해설 **침투능 결정방법**
㉠ 침투지수법에 의한 방법
㉡ 침투계에 의한 방법
㉢ 경험공식에 의한 방법

20 다음 중 침투능을 추정하는 방법은?

① $\phi-$index법 ② Theis법
③ DAD 해석법 ④ $N-$day법

해설 **침투능 결정방법**
㉠ 침투지수법에 의한 방법
㉡ 침투계에 의한 방법
㉢ 경험공식에 의한 방법

참고 **침투지수법에 의한 방법**
• $\phi-$index법 : 우량주상도에서 총강우량과 손실량을 구분하는 수평선에 대응하는 강우강도가 $\phi-$지표이며, 이것이 평균침투능의 크기이다. 시간에 따른 침투능의 변화를 고려하지 않은 방법이다.
• $W-$index법 : $\phi-$index법을 개선한 방법으로 지면보유, 증발산량 등을 고려한 방법으로 강우강도가 침투능보다 큰 호우기간 동안의 평균침투율이다.

21 침투지수법에 의한 침투능 추정방법에 관한 다음 설명 중 틀린 것은?

① 침투지수란 호우기간의 총침투량을 호우지속기간으로 나눈 것이다.
② $\phi-$index는 강우주상도에서 유효우량과 손실우량을 구분하는 수평선에 상응하는 강우강도와 크기가 같다.
③ $W-$index는 강우강도가 침투능보다 큰 호우기간 동안의 평균침투율이다.
④ $\phi-$index법은 침투능의 시간에 따른 변화를 고려한 방법으로서 가장 많이 사용된다.

해설 **침투지수법에 의한 침투능 결정방법**
㉠ $\phi-$index법 : 우량주상도에서 총강우량과 손실량을 구분하는 수평선에 대응하는 강우강도가 $\phi-$지표이며, 이것이 평균침투능의 크기이다. 시간에 따른 침투능의 변화를 고려하지 않은 방법이다.
㉡ $W-$index법 : $\phi-$index법을 개선한 방법으로 지면보유, 증발산량 등을 고려한 방법으로 강우강도가 침투능보다 큰 호우기간 동안의 평균침투율이다.

참고 **침투능을 추정하는 방법**
• 침투지수법에 의한 방법
• 침투계에 의한 방법
• 경험공식에 의한 방법

22 어떤 지역에 내린 총강우량 75mm의 시간적 분포가 다음 우량주상도로 나타났다. 이 유역의 출구에서 측정한 지표유출량이 33mm이었다면 $\phi-$index는?

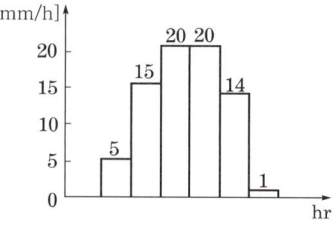

① 9mm/h
② 8mm/h
③ 7mm/h
④ 6mm/h

[해설] φ-index법
㉠ 총강우량 = 유출량 + 침투량
75 = 33 + 침투량
∴ 침투량 = 42mm
㉡ 침투량 42mm를 구분하는 수평선에 대응하는 강우도가 9mm/h이므로
∴ φ-index = 9mm/h

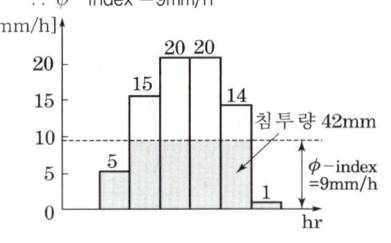

23 어떤 유역에 내린 호우사상의 시간적 분포는 다음과 같다. 유역의 출구에서 측정한 지표유출량이 15mm일 때 φ-지표는?

시간(h)	0~1	1~2	2~3	3~4	4~5	5~6
강우강도 (mm/h)	2	10	6	8	2	1

① 2mm/h   ② 3mm/h
③ 5mm/h   ④ 7mm/h

[해설] φ-index법
㉠ 총강우량 = 유출량 + 침투량
29 = 15 + 침투량
∴ 침투량 = 14mm
㉡ 침투량 14mm를 구분하는 수평선에 대응하는 강우강도가 3mm/h이므로
∴ φ-index = 3mm/h

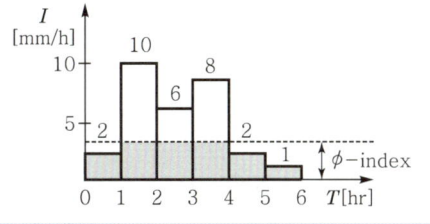

24 1시간 간격의 강우량이 10mm, 20mm, 40mm, 10mm이다. 직접유출이 50%일 때 φ-index를 구한 값은?

① 16mm/h   ② 18mm/h
③ 10mm/h   ④ 12mm/h

[해설] φ-index법
㉠ 총강우량 = 10+20+40+10 = 80mm
㉡ 유출량 = 80×0.5 = 40mm
㉢ 침투량 = 총강우량 - 유출량 = 80 - 40 = 40mm
㉣ 침투량이 40mm가 되는 수평선에 대한 강우강도가 10mm/h이므로
∴ φ-index = 10mm/h

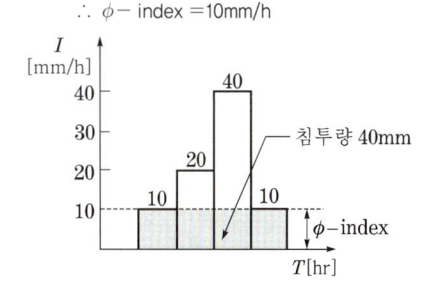

25 선행강수지수는 다음 어느 것과 관계되는 내용인가?
① 지하수량과 강우량과의 상관관계를 표시하는 방법
② 토양의 초기 함수조건을 양적으로 표시하는 방법
③ 강우의 침투조건을 나타내는 방법
④ 하천유출량과 강우량과의 상관관계를 표시하는 방법

[해설] 토양의 초기 함수조건을 양적으로 표시하는 방법
㉠ 선행강수지수
㉡ 지하수유출량
㉢ 토양함수미흡량

CHAPTER 13 하천유량과 유출

최근 10년간 출제분석표

2015	2016	2017	2018	2019	2020	2021	2022	2023	2024
3.3%	6.7%	3.3%	6.7%	5.0%	6.7%	6.7%	2.5%	6.7%	5.0%

출제 POINT

학습 POINT
- 우리나라 하천의 특성
- Rating curve의 개념
- 수위유량곡선이 loop형을 이루는 이유
- 수위-유량곡선의 연장방법

■ 우리나라 하천의 특성
① 연중강수량의 변동폭이 크다.
② 동고서저로 유출량이 많다.

SECTION 1 하천유량

1 개요

1) 하천유량의 정의 및 하천의 특성

① 하천유량이란 하천수로상의 어떤 단면을 통과하는 단위시간당의 수량을 말한다.
② 하상계수(유량변동계수)란 하천 주요 지점에서의 최소 유량과 최대 유량의 비를 말한다.
③ 평수량과 갈수량은 적은 반면에, 홍수량은 대단히 커서 하천유량의 변동이 극심하다.
④ 우리나라의 하천은 하상계수가 300을 넘는 경우가 대부분이므로 하천의 유지관리(치수)가 불리한 지역적 조건을 가지고 있다.
⑤ 우리나라 대부분의 하천은 그 유역면적이 작고 유로연장이 짧으며, 또한 국토면적의 약 70%가 산지로 하천의 경사도 급한 곳이 많다.
⑥ 지표면은 풍화작용과 침식작용을 받아 고저 기복이 적은 노년 기말의 지형을 이루고 있다.

2) 우리나라 하천의 특성

① 우리나라의 경우 심한 계절성 강우경향을 보이고 있다. 연평균강수량은 약 1,306mm 정도(1991~2020, 기상청)이고, 그중 2/3 정도가 6~9월에 집중해 있으며, 갈수기인 12월에서 다음 해 3월까지는 연강수량의 1/5에 불과하고, 연평균강수량의 변동폭은 1,011~2,030mm이다.
② 우리나라의 연평균강수량은 세계평균 880mm보다 1.6배 높지만 인구밀도가 높아 1인당 연평균강수량은 2,591m³로 세계 1인당 연강수량의 1/8에 불과하다.

3) 하천의 수위

① 하천수위(river stage)는 일정한 기준면으로부터 하천의 수면을 높이로 표시한 것을 말한다.
② 최고수위는 일정한 기간을 통하여 최고의 수위를 말한다.
③ **평수위**는 1년을 통하여 **185일은 이보다 저하하지 않는 수위**를 말한다.
④ **저수위**는 1년을 통하여 **275일은 이보다 저하하지 않는 수위**를 말한다.
⑤ **갈수위**는 1년을 통하여 **355일은 이보다 저하하지 않는 수위**를 말한다.
⑥ 일평균수위는 자기수위관측소에 있어서는 매시 수위의 합계를 24로, 보통수위관측소에서는 조석수위의 합계를 2로 나눈 수위를 말한다.
⑦ 연평균수위는 일평균수위의 1년의 총계를 당해 년의 일수로 나눈 수위를 말한다.
⑧ 평균저수위는 일평균수위 이하의 일평균수위를 평균한 수위를 말한다.
⑨ 최저수위는 일정한 기간을 통하여 최저의 수위를 말한다.

4) 수위의 명칭

① 평균수위(MWL) : 어떤 기간 중 관측수위(통상 1일 평균수위)의 평균값으로, 관측기간에 따라 1개월, 1개년의 평균수위라 함
② 고수위(HWL) : 평균수위보다 높은 수위
③ 저수위(LWL) : 평균수위보다 낮은 수위
④ 평균고수위(MHWL) : 고수위를 평균한 수위
⑤ 평균저수위(MLWL) : 저수위를 평균한 수위
⑥ 평수위(OWL) : 관측수위의 누가곡선에서 50%에 해당하는 수위
⑦ 최다수위 : 관측수위 중에서 관측횟수가 가장 많은 수위
⑧ 평균연최고수위 : 매년의 최고수위를 몇 년간에 걸쳐 평균한 수위
⑨ 평균연최저수위 : 매년의 최저수위를 몇 년간에 걸쳐 평균한 수위

5) 수위 관측 및 분석

(1) 보통수위표에 의한 관측
① 매일 8시 및 20시 정시에 수위를 관측한다.
② 하천수위가 지정수위를 초과한 경우에는 매시마다 관측한다.
③ 수위는 1cm 단위로 읽어서 기록한다.

(2) 자기수위계에 의한 관측
① 자기기록지 교환은 소정의 시각에 규정된 방식으로 수행한다.
② 기록지 회수 후 매 정시에 수위를 읽어서 정리한다.

(3) 일수위분석
① 보통수위표 : 8시와 20시에 관측한 수위의 평균값으로 한다.
② 자기수위계 : 매 정시의 수위 관측치(24개)의 평균값으로 한다.

출제 POINT

■ 하천의 수위
① 평수위
② 저수위
③ 갈수위

출제 POINT

③ 수위관측소별 수위-유량곡선을 이용하여 유량으로 환산한다.
④ 수위 및 유량자료는 매년 '수문년보'에 발간한다.

6) 유량조사

유량조사를 위한 유량 관측은 수위 관측과는 달리 시간적으로 연속하여 수행하기 어렵기 때문에 수위-유량곡선식을 이용하여 유량을 환산한다.

(1) 유량 측정방법
① 위어 측정법
② 유속계 측정법
③ 부자 측정법
④ 추적용 염료희석법
⑤ 초음파 측정법

(2) 유량 관측횟수
① 홍수, 평수, 저수 시로 나누어 고르게 측정한다.
② 저수유량 관측은 연간 36회 이상(계절별)을 원칙으로 한다.
③ 홍수 시에는 수위변동에 따라 가능한 한 전 범위에 걸쳐 관측한다.

2 하천수위와 유량 간의 관계

1) 수위-유량관계곡선

■ Rating curve
수위-유량관계곡선

■ 수위-유량관계곡선이 loop형을 이루는 이유
① 하도의 인공, 자연적 변화
② 배수 및 저하효과
③ 홍수 시 수위의 급상승 및 급하강

① 임의 관측점에서 수위와 유량을 동시에 관측하여 오랜 기간 자료를 축적하여 수위-유량관계곡선을 얻을 수 있으며, 이를 수위-유량관계곡선 또는 Rating curve라 한다.
② 자연하천의 경우 **수위-유량관계곡선은 수위가 상승할 때와 하강할 때 다른 모양(loop형)을 형성한다**. 그 이유는 준설, 세굴, 퇴적 등에 의한 하천의 변화, 배수 및 저하효과, 홍수 시 수위의 급상승 혹은 급하강 등의 효과 때문이다.

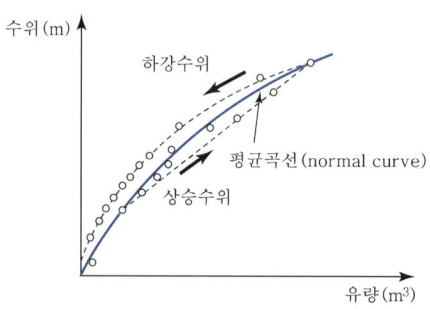

[그림 13-1] 홍수 시의 수위-유량관계곡선

2) 수위-유량관계곡선의 연장

① 유량 측정이 되어 있지 않은 고수위에 해당하는 그 측점의 수위-유량관계곡선을 연장하여 추정하는 방법이다.
② 전대수지법은 수위 $g[m]$에 해당하는 유량 $Q[m^3/s]$를 가정하여 추정하는 방법이다.

$$Q = a(g-z)^b [m^3/s]$$

여기서, a, b : 상수
z : 수위계의 영점표고와 유량이 0이 되는 점과의 표고차(m)

③ Stevens방법은 Chezy의 평균유속공식을 이용하여 어떤 단면을 통과하는 유량을 추정하는 방법이다.

$$Q = CA\sqrt{RI} [m^3/s]$$

④ Manning공식에 의한 방법은 Manning의 평균유속공식을 이용하여 임의 고수위에 대한 유량을 추정하는 방법이다.

출제 POINT

■ 수위-유량관계곡선의 연장방법
① 전대수지법
② Stevens법
③ Manning공식에 의한 방법

SECTION 2 유출

1 개요

강수로 인해 지표면에서 하천수를 형성하는 현상 또는 강수의 일부분이 지표상의 각종 수로에 도달하여 하천수를 형성하는 현상을 유출(runoff)이라 하고, 강수량에 대한 하천유량의 비를 유출계수(runoff coefficient)라 한다.

$$유출계수 = \frac{하천수량}{강수량}$$

학습 POINT
- 직접유출과 기저유출
- 수문곡선분리법
- 유효강우량의 개념
- 합리식의 적용

2 유출의 분류

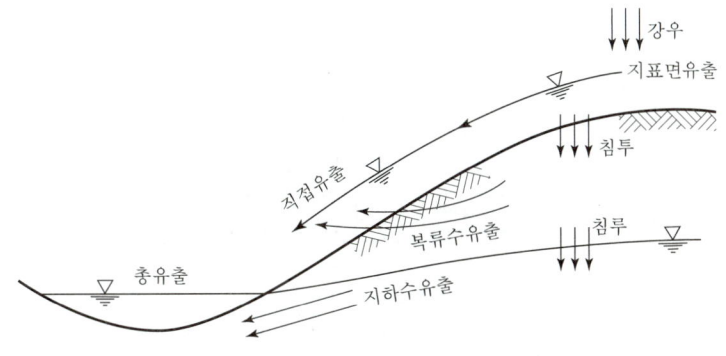

[그림 13-2] 유출의 분류

1) 유수의 생기원천에 의한 분류

① 지표면유출(surface runoff)은 지표면 및 지상의 각종 수로를 통해 유역의 출구에 도달하는 유출을 말한다.
② 지표하유출(subsurface runoff) 또는 중간 유출(interflow)은 지표토양 속에 침투하여 지표에 가까운 상부 토층을 통해 하천을 향해 횡적으로 흐르는 유출을 말하며, 지하수보다는 높은 층을 흐른다. 조기지표하유출과 지연지표하유출이 있다.
③ 지하수유출(ground water runoff)은 침루에 의해 지하수를 형성하는 부분으로 중력에 의해 낮은 곳으로 흐르는 유출을 말한다.

2) 유출 해석을 위한 분류

① 직접유출(direct runoff)은 강수 후 비교적 짧은 시간에 하천으로 흘러 들어가는 유출을 말한다. 지표면유출과 단시간 내에 하천으로 유출되는 지표하유출 및 하천 또는 호수 등의 수로면에 떨어지는 수로상 강수로 형성된다.
② 기저유출(base runoff)은 비가 오기 전의 건조 시의 유출을 말한다. 지하수유출과 시간적으로 지연된 지표하유출(중간 유출)에 의해 형성된다.

③ 유출의 구성

① 총강수량은 초과강수량과 손실량으로 구성되어 있다.
　㉠ 초과강수량은 지표면유출수에 직접적인 공헌을 하는 총강수량의 한 부분이다.
　㉡ 손실량은 지표면유출수가 되지 않은 총강수량의 잔여 부분이다.
② 유효강수량(effective precipitation)은 직접유출수의 근원이 되는 강수의 부분으로, 초과강수량과 단시간 내에 하천으로 유입하는 지표하유출수의 합을 말한다.

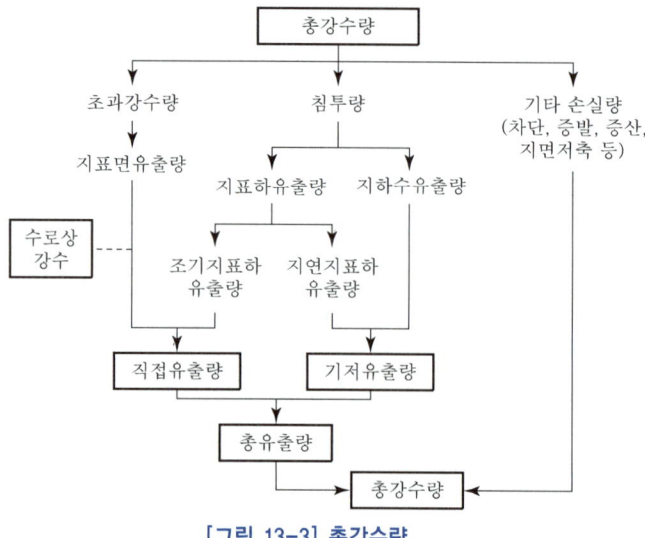

[그림 13-3] 총강수량

4 유출의 지배인자

1) 지상학적 인자

유역의 특성(유역의 면적, 경사, 방향성, 고도, 수계조직의 구성양상, 저류지, 유역의 형상) 및 유로의 특성 등이 있다.

2) 기후학적 인자

각종의 강수, 차단, 증발, 증산, 기온, 바람, 대기압 등으로 통상 계절적인 변화를 보인다.

5 합리식

합리식(ration formula)은 어떤 배수유역 내에 발생한 호우의 강도와 첨두 유출유량과의 관계를 나타내는 대표적인 경험식이다. 하수관거의 설계유량을 산정하는 데 용이하게 사용된다.

$$Q = CIA$$

여기서, Q : 유역 출구에서의 첨두유량(ft^3/s)
C : 유역특성에 따른 유출계수
I : 지속기간이 t_c인 강우강도(in/h), A : 유역면적(acre)

위의 식에 Q의 단위를 m^3/s로 하고, A를 km^2, I를 mm/h로 하여 표시하면

$$Q = 0.2778 CIA$$

① 합리식의 적용 범위는 유역면적 $0.4km^2$ 이하의 구역에 적용하며, 면적이 $5.0km^2$ 이상일 때는 합리식의 사용을 삼가야 한다.
② 도달시간(time of concentration, t_c)은 강우로 인한 유수가 그 유역의 출구지점에서 가장 먼 지점으로부터 유역의 출구까지 도달하는 데 걸리는 시간을 말하고, 도달시간은 Kirpich의 경험식에 의해 구한다.

$$t_c = 0.06626 \frac{L^{0.77}}{S^{0.385}}$$

여기서, t_c : 도달시간(hr), L : 유역 내의 유로연장(km)
S : 유로의 평균경사

③ 유출률(runoff rate)이란 어떤 유역의 유수가 집적되어 그 유역의 출구를 통과하는 단위시간당 물의 용량(m^3/s)으로 유량(discharge)과 같은 의미이다.

출제 POINT

■ 합리식
$Q = 0.2778 CIA$ 또는 $Q = \dfrac{1}{3.6} CIA$
이때 A : km^2인 경우

CHAPTER 13 기출문제

1. 하천유량

01 우리나라 수자원의 특성이 아닌 것은?

① 6, 7, 8, 9월에 강우가 집중된다.
② 강우의 하천유출량은 홍수 시에 집중된다.
③ 하천경사가 급한 곳이 많다.
④ 하상계수가 낮은 편에 속한다.

> **해설** 우리나라 수자원의 특성
> ㉠ 연평균강수량은 1,283mm로 세계평균이 1.3배이나 인구 1인당의 1/11이다.
> ㉡ 수자원총량도 1,267억m³이지만 이 중 2/3 이상이 6~9월에 집중되고 있는 실정이다.
> ㉢ 국토의 2/3가 산악지형으로 유출이 빠르고, 최소유량과 최대유량의 비인 하상계수가 300을 상회하는 경우가 대부분으로 치수에 대한 대책이 절실하다.

02 다음 설명 중 옳은 것은?

① 풍수량은 1년을 통하여 85일은 이보다 더 작지 않은 유량이다.
② 평수량은 1년을 통하여 180일은 이보다 더 작지 않은 유량이다.
③ 저수량은 1년을 275일은 이보다 더 작지 않은 유량이다.
④ 갈수량은 1년을 통하여 350일은 이보다 더 작지 않은 유량이다.

> **해설** 유량
> ㉠ 풍수량 : 1년 중 95일은 이보다 큰 유량이 발생하는 유량
> ㉡ 평수량 : 1년 중 185일은 이보다 큰 유량이 발생하는 유량
> ㉢ 저수량 : 1년 중 275일은 이보다 큰 유량이 발생하는 유량
> ㉣ 갈수량 : 1년 중 355일은 이보다 큰 유량이 발생하는 유량

03 저수위(LWL)란 1년을 통해서 며칠 동안 이보다 저하하지 않는 수위를 말하는가?

① 90일　　② 185일
③ 200일　　④ 275일

> **해설** 수위
> ㉠ 갈수위 : 1년 중 355일 이상 이보다 적어지지 않는 수위
> ㉡ 저수위 : 1년 중 275일 이상 이보다 적어지지 않는 수위
> ㉢ 평수위 : 1년 중 185일 이상 이보다 적어지지 않는 수위

04 자연하천에서 여러 가지 이유로 인하여 수위-유량관계곡선은 loop형을 이루고 있다. 그 이유가 아닌 것은?

① 배수 및 저수효과
② 홍수 시 수위의 급변화
③ 하도의 인공적 변화
④ 하천유량의 계절적 변화

> **해설** 자연하천에서 수위-유량관계곡선이 loop형을 이루는 이유
> ㉠ 준설, 세굴, 퇴적 등에 의한 하도의 인공 및 자연적 변화
> ㉡ 배수 및 저하효과
> ㉢ 홍수 시 수위의 급상승 및 하강
> ㉣ 하도 내의 초목 및 얼음의 효과

05 ★ 다음 중 수위-유량관계곡선의 연장방법이 아닌 것은?

① 전대수지법
② Stevens방법
③ Manning공식에 의한 방법
④ 유량빈도곡선법

> **해설** 수위-유량관계곡선의 연장방법
> ㉠ 전대수지법
> ㉡ Stevens방법
> ㉢ Manning공식에 의한 방법

정답 1.④　2.③　3.④　4.④　5.④

06 하천유출에서 Rating curve는 무엇과 관련된 것인가?

① 수위-시간
② 수위-유량
③ 수위-단면적
④ 수위-유속

> **해설** Rating curve는 수위-유량의 관계를 나타낸 곡선이다.
>
> **참고** **수위-유량관계곡선**
> - 하천의 임의 단면에서 수위와 유량을 동시에 측정하여 장기간 자료를 수집하면 이들의 관계를 나타내는 곡선을 얻을 수 있다. 이 곡선을 수위-유량관계곡선(Rating curve)이라 한다.
> - 이 곡선의 연장으로 실측되지 않은 고수위에 대한 홍수량을 산정한다.
> - 수위-유량곡선의 연장방법에는 전대수지법, Stevens 방법 Manning공식에 의한 방법 등이 있다.

2. 유출

07 유출에 대한 설명 중 틀린 것은?

① 직접유출은 강수 후 비교적 단시간 내에 하천으로 흘러 들어가는 부분을 말한다.
② 지표유하수(overland flow)가 하천에 도달한 후 다른 성분의 유출수와 합친 유수를 총유출수라 한다.
③ 총유출은 통상 직접유출과 기저유출로 분류된다.
④ 지하수유출은 토양을 침투한 물이 지하수를 형성하는 것으로 총유출량에는 고려되지 않는다.

> **해설** **유출 해석을 위한 유출의 분류**
> ㉠ 직접유출
>   - 강수 후 비교적 단시간 내에 하천으로 흘러 들어가는 유출
>   - 지표면유출, 복류수유출, 수로상 강수
> ㉡ 기저유출
>   - 비가 오기 전의 건조 시의 유출
>   - 지하수유출, 지연지표하유출

08 유출(runoff)에 대한 설명으로 옳지 않은 것은?

① 비가 오기 전의 유출을 기저유출이라 한다.
② 우량은 별도의 손실 없이 그 전량이 하천으로 유출된다.
③ 일정 기간에 하천으로 유출되는 수량의 합을 유출량이라 한다.
④ 유출량과 그 기간의 강수량과의 비(比)를 유출계수 또는 유출률이라 한다.

> **해설** 유출에 의한 총강수량은 초과강수량과 손실량으로 구성되어 있다. 따라서 하천으로 유출되는 양은 손실량을 제외한 유효강수량이 된다.

09 유출에 대한 설명으로 옳지 않은 것은?

① 직접유출(direct runoff)은 강수 후 비교적 짧은 시간 내에 하천으로 흘러 들어가는 부분을 말한다.
② 지표유출(surface runoff)은 짧은 시간 내에 하천으로 유출되는 지표류 및 하천 또는 호수면에 직접 떨어진 수로상 강수 등으로 구성된다.
③ 기저유출(base flow)은 비가 온 후의 불어난 유출을 말한다.
④ 하천에 도달하기 전에 지표면 위로 흐르는 유출을 지표류(overland flow)라 한다.

> **해설** 기저유출은 비가 오기 전의 건조 시의 유출이다.

10 다음 중 유효강수량과 가장 관계가 깊은 것은?

① 직접유출량
② 기저유출량
③ 지표면유출량
④ 지표하유출량

> **해설** **유효강수량**
> ㉠ 직접유출의 근원이 되는 강수
> ㉡ 초과강수량과 조기지표하유출량으로 구성

정답 6. ② 7. ④ 8. ② 9. ③ 10. ①

11 다음 중 직접유출량에 포함되는 것은?

① 지체지표하유출량
② 지하수유출량
③ 기저유출량
④ 조기지표하유출량

> **해설** 직접유출량은 강수 후 비교적 단시간 내에 하천으로 흘러 들어가는 유출량이므로 지표면유출량, 복류수유출량, 수로상 강수량, 조기지표하유출량 등이 포함된다.

12 수문순환과정의 우량에 대한 성분을 직접유출, 기저유출, 손실량 등으로 구분할 때 그 성분이 다른 것은?

① 지표유출수
② 지표하유출수
③ 수로상 강수
④ 지표면 저류수

> **해설** 수문순환에서 유출 해석과 관련이 없는 항목은 지표면 저류수이다.
>
> **참고** 유출 해석을 위한 유출의 분류
> • 직접유출
>   – 강수 후 비교적 단기간 내에 하천으로 흘러 들어가는 부분
>   – 지표면유출, 조기지표하유출, 수로상 강수
> • 기저유출
>   – 비가 오기 전의 건조 시의 유출
>   – 지하수유출, 지연지표하유출

★ 13 다음 중 유효강우량과 가장 관계가 깊은 것은?

① 직접유출량
② 기저유출량
③ 지표면유출량
④ 지표하유출량

> **해설** 유효강수량은 지표면유출과 복류수유출을 합한 직접유출에 해당하는 강수량이다.

★ 14 물의 순환 중 다음 빈칸의 알맞은 내용으로 묶인 것은?

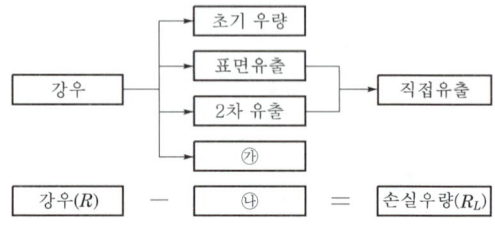

① ㉮ 기저유출, ㉯ 지하수유출
② ㉮ 유효우량(R_e), ㉯ 기저유출
③ ㉮ 유효우량, ㉯ 지하수유출
④ ㉮ 기저유출, ㉯ 유효우량(R_e)

> **해설** ㉠ 총유출=직접유출+기저유출
> ㉡ 손실우량=강우량−유효강우량

15 물의 순환 중 다음 빈칸의 알맞은 내용으로 묶인 것은?

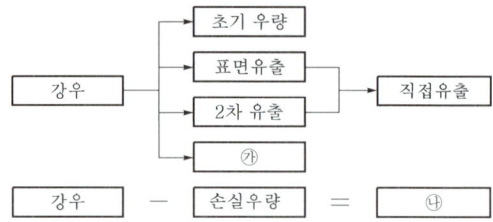

① ㉮ 기저유출, ㉯ 지하수유출
② ㉮ 기저유출, ㉯ 유효우량
③ ㉮ 유효우량, ㉯ 기저유출
④ ㉮ 유효우량, ㉯ 지하수유출

> **해설** ㉠ 총유출=직접유출+기저유출
> ㉡ 손실우량=강우량−유효강우량

16 유출을 구분하면 표면유출(A), 중간 유출(B) 및 지하수유출(C)로 구분할 수 있다. 또한 중간 유출을 조기지표하유출(B_1)과 지연지표하유출(B_2)로 구분할 때 직접유출로 옳은 것은?

① A+B+C
② A+B_1
③ A+B_2
④ A+B

정답 11. ④ 12. ④ 13. ② 14. ④ 15. ② 16. ②

해설 직접유출에 해당하는 항목은 표면유출(A)+조기지
표하유출(B_1)이다.

참고 **유출 해석을 위한 유출의 분류**
- 직접유출
  - 강수 후 비교적 단기간 내에 하천으로 흘러 들어 가는 부분
  - 지표면유출, 조기지표하유출, 수로상 강수
- 기저유출
  - 비가 오기 전의 건조 시의 유출
  - 지하수유출, 지연지표하유출

17 유역에 대한 용어의 정의로 틀린 것은?

① 유역평균폭=유역면적 / 유로연장
② 유역형상계수=유역면적 / 유로연장²
③ 하천밀도=유역면적 / 본류와 지류의 총길이
④ 하상계수=최대 유량 / 최소 유량

해설 **하천밀도**
㉠ 유역의 단위면적 내를 흐르는 강의 평균길이
㉡ 하천밀도 = $\dfrac{L(본류와\ 지류의\ 총길이)}{A(유역면적)}$

18 한 유역에서 유출에 영향을 미치는 인자는 지상학적 인자와 기후학적 인자로 대별할 수 있다. 지상학적 인자가 아닌 것은?

① 증발과 증산   ② 유역의 형상
③ 유로특성   ④ 유역의 고도

해설 **유출의 지배인자**
㉠ 지상학적 인자
  - 유역특성: 유역의 면적, 경사, 방향성 등
  - 유로특성: 수로의 단면 크기, 모양, 경사, 조도 등
㉡ 기후학적 인자: 강수, 차단, 증발, 증산 등

19 한 유역에서의 유출현상은 그 유역의 지상학적 인자와 기후학적 인자의 영향을 받는다. 지상학적 인자에 속하는 것은?

① 유역의 고도   ② 강수
③ 증발   ④ 증산

해설 **유출의 지배인자**
㉠ 지상학적 인자
  - 유역특성: 유역의 면적, 경사, 방향성 등
  - 유로특성: 수로의 단면 크기, 모양, 경사, 조도 등
㉡ 기후학적 인자: 강수, 차단, 증발, 증산 등

★★
20 수문곡선이 나타내는 유출을 깊이로 나타내면 얼마인가?
(단, $A=10km^2$)

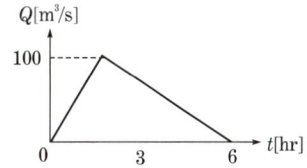

① 112mm   ② 108mm
③ 96mm   ④ 94mm

해설 ㉠ 총유출량=수문곡선의 면적
$= \dfrac{(6 \times 3,600) \times 100}{2}$
$= 1.08 \times 10^6 m^3$

㉡ 유출깊이 = $\dfrac{총유출량}{유역면적} = \dfrac{1.08 \times 10^6}{10 \times 10^6}$
$= 0.108m = 108mm$

정답 17. ③ 18. ① 19. ① 20. ②

CHAPTER 14 수문곡선의 해석

최근 10년간 출제분석표

2015	2016	2017	2018	2019	2020	2021	2022	2023	2024
6.7%	3.3%	1.7%	6.7%	5.0%	1.7%	5.0%	5.0%	6.7%	3.3%

출제 POINT

학습 POINT
- 유효우량의 정의
- 수문곡선분리법

SECTION 1 수문곡선

1 개요

1) 수문곡선의 정의 및 종류

① 수문곡선의 일반 수문곡선(hydrograph)이란 하천이나 배수유역과 같은 수리학적 혹은 수문학적 계통 내에 위치한 한 점에서 수위, 유량, 유속 등의 수문량이 시간적으로 어떻게 변화하는가를 나타내는 곡선을 말한다.
② 수위수문곡선(stage hydrograph)은 수위의 시간적 분포를 나타내는 곡선을 말한다.
③ 유량수문곡선(discharge hydrograph)은 유량의 시간적 분포를 나타내는 곡선으로, 통상 수문곡선이라 하면 이 유량수문곡선을 의미한다.

2) 수문곡선의 구성

① 기저유량(base flow)이란 지하대수층으로부터 지하수가 하천방향으로 흘러 하천유량의 일부가 되는 유량으로 지수함수곡선으로 표시할 수 있다.
② 손실곡선(rainfall loss curve)은 강우가 시작되면 차단, 침투 등에 의한 초기 손실이 있으며 점점 손실률이 감소되어 강우강도보다 작아지면 지표면유출이 발생한다.
③ **유효우량(effective rainfall)**이란 강우량에서 손실우량을 뺀 부분으로 **직접유출되는 유량**이다. 초기 손실이 만족되면 직접유출(direct runoff)은 상승부 곡선(rising limb)을 그리면서 계속 증가하여 첨두유량(peak flow)에 이르게 된다.
④ 지체시간(lag time)이란 유효우량주상도의 중심선으로부터 첨두유량이 발생하는 시간까지의 시간격차를 말한다.

■ 유효우량
강우량에서 손실우량을 뺀 부분으로 직접 유출되는 유량

⑤ 지하수감수곡선(groundwater depletion curve)이란 침투 및 침누가 계속됨에 따라 지하수위가 상승되어 하천유량에 기여하는 유량이 커지나, 강우가 끝나고 시간이 점점 흐름에 따라 점점 감소하게 되는 것을 나타내는 곡선이다.
⑥ 첨두유량(peck flow))이란 하천으로 흐르는 유출량이 최대가 되는 유량을 말한다.

3) 수문곡선의 지배요소

① 강우강도(rainfall intensity)
② 침투율(rate of infiltration)
③ 침투수량(volume of infiltrated water)
④ 토양수분의 부족량(soil moisture deficiency)
⑤ 강우지속시간(rainfall duration)
⑥ 호우의 특성 및 유역의 특성

■ 수문곡선의 지배요소
① 강우강도
② 침투율
③ 강우지속시간
④ 호우특성
⑤ 유역특성

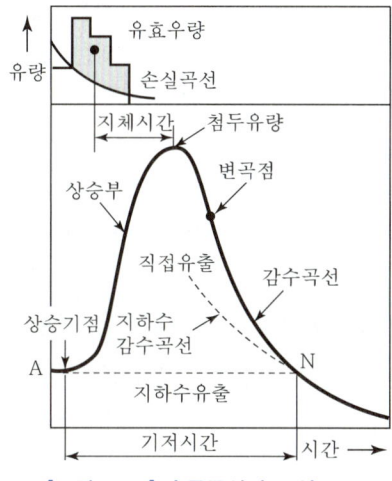

[그림 14-1] 수문곡선의 구성

2 수문곡선의 분리

1) 기저유출과 직접유출의 분리

① [그림 14-2]의 (a)에서 a는 지표면유출, b는 중간(지표하) 유출, c는 지하수유출, d는 수로상 강수이다.
② 직접유출량은 a, b, d의 합으로써 유효유출유량이며, 기저유출량은 c로서 지하수유출량을 의미한다.
③ 이와 같이 ACB와 같은 곡선으로 기저유출량을 직접유출량과 분리시키는 것을 수문곡선의 분리라고 한다.

> 출제 POINT

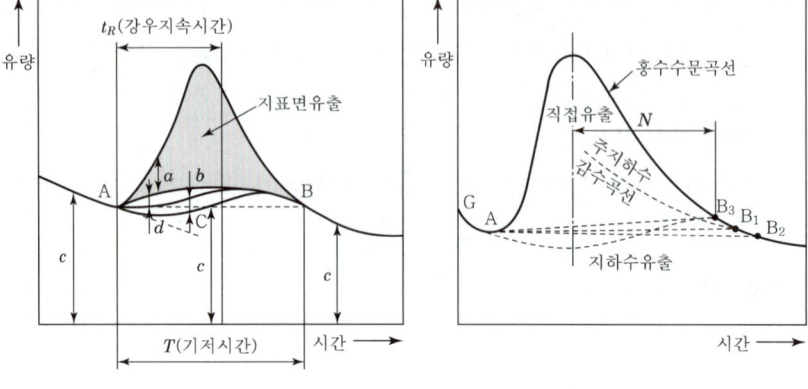

(a) 기저유출과 직접유출의 분리   (b) 수문곡선의 분리법

[그림 14-2] 수문곡선의 분리

2) 수문곡선의 분리법

(1) 지하수감수곡선법

과거의 수문곡선으로부터 지하수감수곡선을 그려 실제 관측된 수문곡선의 지하수감수곡선에 겹쳐 두 곡선이 분리되는 점 B_1을 구하여 상승부 기점 A와 직선으로 연결하여 직접유출과 기저유출을 분리하는 방법이다.

(2) 수평직선분리법

수문곡선의 상승부 기점 A로부터 수평선을 그어 감수곡선과의 교점을 B_2라 하고, 직선 AB_2에 의하여 분리하는 방법이다.

(3) N-day법

수문곡선의 상승부 기점 A로부터 점 B_3를 연결한 직선에 의해 분리하는 방법이다. 여기서 점 B_3는 침투량이 발생하는 시간으로부터 N일 후의 유량을 표시하는 점이며, N값은 유역면적 혹은 다음 표에 의해 결정된다.

$$N = A_1^{0.2} = 0.8267 A_2^{0.2}$$

여기서, N : 일(day), A_1 : 유역면적(mile^2), A_2 : 유역면적(km^2)

■ 수문곡선의 분리법
① 지하수감수곡선법
② 수평직선분리법
③ N-day법
④ 수정 N-day법

[표 14-1] 유역면적에 따른 N값

유역면적	N값	유역면적	N값
250km²	2일	12,500km²	5일
1,250km²	3일	25,000km²	6일
5,000km²	4일	-	-

(4) 수정 N-day법

강우로 인한 지하수위의 상승은 지표면유출에 비하여 그 상승속도가 완만하므로 특정 강우 바로 전의 지하수감수곡선은 어느 정도 기간 동안에 체감하게 된다. 이 효과를 고려하기 위하여 감수곡선 GA를 첨두유량의 발생시간 C점까지 연장한 후 C점으로부터 점 B_3에 직선을 그어 직접유출과 기저유출을 분리하는 방법이다.

3) 손실우량 결정법

(1) 일정비손실우량법

$$R_L = R - R_u - R_e = R - R_u - CR = R(1-C) - R_u$$

$$R_e = \frac{V_e}{A} = CR$$

여기서, R_L : 초기 손실우량 이후의 손실우량, R : 총강우량
R_u : 초기 손실우량, R_e : 유효우량(mm), C : 유출계수
V_e : 직접유출용적(직접유출수문곡선 아래의 면적)(m^3)
A : 유역면적(km^2)

(2) 총강우량과 총손실량 간의 관계곡선을 사용하는 방법

총손실우량=총강우량-유효우량으로부터

$$R_L = R - R_e = R - \frac{V_e}{1,000A}$$

(3) 침투능곡선을 사용하는 방법

① 침투능곡선에 의하여 유효우량과 손실우량을 분리하는 방법이다.

$$R_L = f_c t + \frac{1}{k}(f_o - f_c)(1 - e^{-kt})$$

② 실측된 강우량 및 유량자료로부터 R_L과 t를 구하고, 토양의 종류 및 상태에 따르는 k값과 f_c값을 침투계로 결정하여 f_o를 구하면 유효우량과 손실우량을 분리할 수 있다.

■ 손실우량 결정법
① 일정비손실우량법
② 총강우량과 총손실량 간의 관계곡선을 사용하는 방법
③ 침투능곡선을 사용하는 방법

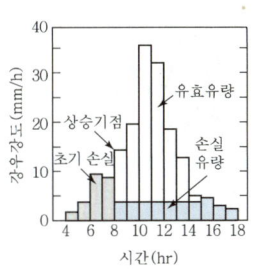
(a) 일정비손실우량법

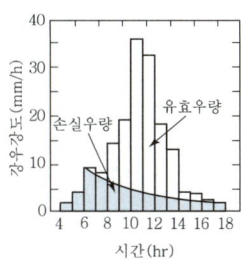
(b) 총강우량과 총손실량 간의 관계곡선
(c) 유효우량과 손실우량

[그림 14-3] 손실우량 결정법

> 출제 POINT

학습 POINT
- 단위도의 가정
- 합성단위유량도의 정의
- 합리식의 적용

■ 단위도의 가정
① 일정 기저시간가정
② 비례가정
③ 중첩가정

SECTION 2 단위유량도와 합성단위유량도

1 단위유량도

1) 정의

특정 단위시간 동안 균일한 강도로 유역 전반에 걸쳐 균등하게 내리는 단위 유효우량(unit effective rainfall)으로 인하여 발생하는 직접유출수문곡선을 단위유량도(unit hydrograph, 단위도)라 한다.

2) 단위도의 가정

(1) 일정 기저시간가정(principle of equal base time)

동일한 유역에 균일한 강도로 비가 내릴 경우 지속기간은 같으나 강도가 다른 각종 강우로 인한 유출량은 그 크기는 다를지라도 유하기간은 동일하다.

(2) 비례가정(principle of proportionality)

동일한 유역에 균일한 강도의 비가 내릴 경우 동일 지속기간을 가진 각종 강우강도의 강우로부터 결과되는 직접유출수문곡선의 종거는 임의 시간에 있어서 강우강도에 비례한다. 즉, 일정 기간 동안 n배만큼 큰 강도로 비가 내리면 이로 인한 수문곡선의 종거는 n배만큼 커진다.

(3) 중첩가정(principle of superposition)

일정 기간 동안 균일한 강도를 가진 일련의 유효강우량에 의한 총유출은 각 기간의 유출강우량에 의한 개개 유출량을 산술적으로 합한 것과 같다. 즉, [그림 14-4]의 (b)에서 3개의 호우로 인한 총유출수문곡선은 이들 3개의 수문곡선의 종거를 시간에 따라 합함으로써 얻어진다.

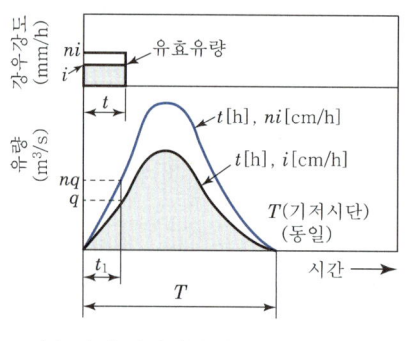

(a) 일정 기저시간가정 및 비례가정   (b) 중첩가정

[그림 14-4] 단위도의 가정

3) 단위유량도의 유도순서

① 기저유량과 직접유량을 분리한다.
② 직접유출수문곡선과 우량의 시간적 분포를 나타내는 우량주상도를 작성한다.
③ 총직접유출량(=직접유출용적/유역면적)을 구한다.
④ 유효우량의 지속기간을 결정한다.
⑤ 직접유출수문곡선의 종거를 유효우량(cm)으로 나누어 단위도의 종거를 구한다.
⑥ 단위도를 작성한다.

2 합성단위유량도

1) 정의

합성단위유량도는 어느 관측점에서 단위도 작성에 필요한 우량 및 유량의 자료가 없는 경우 다른 유역에서 얻은 과거의 경험을 토대로 하여 단위도를 합성하여 근사값으로서 사용할 목적으로 만든 단위도를 말한다.

■ 합성단위유량도
단위도의 각 요소인 첨두유량, 기저시간, 지체시간의 관계식을 얻는다면 미계측지역의 경우라도 단위도를 합성할 수 있다.

2) 합성단위유량도의 작성방법

(1) Snyder방법

단위도의 기저시간, 첨두유량, 유역의 지체시간 등 3개의 매개변수로서 단위도를 정의하는 방법이다.

① 지체시간(lag time)

$$t_p = C_t(L_{ca}L)^{0.3}[\text{hr}]$$

여기서, t_p : 지체시간(지속시간이 t_r시간인 유효우량주상도의 중심과 첨두유량의 발생시간의 차)(hr)
L_{ca} : 측수점(관측점)으로부터 주류를 따라 유역의 중심에 가장 가까운 주류상의 점까지 측정한 거리
L : 측수점으로부터 주류를 따라 유역경계선까지 측정한 거리(mile)
C_t : 사용되는 단위와 유역특성에 관계되는 계수(유역의 평균 경사에 대략 비례하여 증가)

② 첨두유량

$$Q_p = C_p\frac{640A}{t_p}[\text{ft}^3/\text{s}]$$

여기서, C_p : 사용되는 단위와 유역특성에 관계되는 계수
A : 전 유역면적(mile^2)

출제 POINT

③ 단위도(직접유출)의 기저시간

$$T = 3 + 3\left(\frac{t_p}{24}\right)[\text{day}]$$

여기서, T : 일(day), t_p : 시간(hr)의 단위

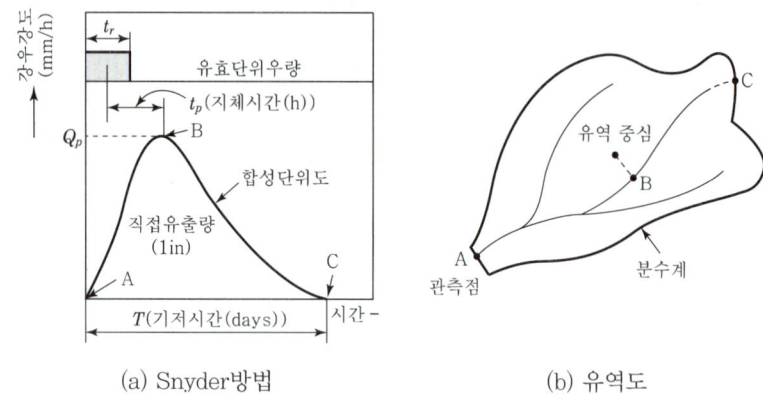

(a) Snyder방법 (b) 유역도

[그림 14-5] Snyder방법

(2) SCS방법(무차원 수문곡선)

미토양보존국(SCS : U.S. Soil Conservation Service)에 의해 고안된 방법으로 무차원수문곡선(hydrograph)의 이용에 근거를 두고 있으며 유역의 특성에 관계없이 적용이 가능하다.

① 지체시간

$$t_p = \frac{1}{2}t_r + t_e [\text{hr}]$$

여기서, t_r : 강우지속시간, t_e : 지체시간

② 첨두유량

$$Q_p = \frac{484A}{t_p}[\text{ft}^3/\text{s}]$$

여기서, Q_p : 첨두유량(ft^3/s), t_p : 첨두 발생시간

3) 단위도의 적용순서

① 총강우량을 유효우량과 손실우량으로 분리한다.
② 단위유량도상의 강우강도가 일정한 각 부분 유효우량과 동일한 지속기간을 가진 단위도를 사용하여 비례가정에 의해 각 부분 유효우량에 대한 수문곡선을 작도한다.
③ 중첩가정에 의해 합하여 직접유출수문곡선을 그린다.
④ 관측점에서 예상되는 기저유량을 가해 총유출수문곡선을 작도한다.

■ SCS방법
유역특성에 관계없이 적용 가능

4) 순간단위유량도와 홍수수문곡선

① 순간단위유량도(IUH : Instantaneous Unit Hydrograph)란 어떤 유역에 단위유효우량이 순간적으로 내릴 때 유역 출구를 통과하는 유량의 시간적 변화를 나타낸 수문곡선을 말한다.

② 일반적으로 홍수수문곡선(flood hydrograph)은 자기수위계에 의해 추적된 순간수위를 수위-유량곡선에 의해 순간유량으로 환산하여 표시한다. 개개 홍수의 특성을 분석하기 위해서는 가능한 한 짧은 시간단위를 사용하는 것이 좋다.

5) 유량빈도곡선

① 유량빈도곡선(runoff frequency curve)이란 측수점(관측점)에서의 유량이 어떤 값과 같거나 이보다 큰 시간의 백분율을 나타내는 곡선을 말한다.

② 일반적으로 유량빈도곡선의 경사가 급하면 해당 하천은 홍수가 빈번하고 지하수의 하천 방출이 미소함을 뜻하며, 경사가 완만하면 홍수가 드물고 지하수의 하천 방출이 크다는 것을 의미한다.

③ 첨두홍수량

1) 개요

일정한 강우강도를 가지는 호우로 인한 한 유역의 첨두홍수량을 구할 수 있다면 치수구조물의 설계를 위한 기준유량으로 결정할 수 있다. 이와 같은 관계를 표시하기 위한 공식은 여러 가지가 있으나 대표적으로 합리식이 사용된다. 이 **합리식(rational formula)은 수문곡선을 이등변삼각형으로 가정하여 첨두유량을 계산하는 방법**이다.

2) 합리식

합리식이 적용되는 유역면적은 자연하천에서는 $5km^2$ 이내로 한정하는 것이 좋으며, 도시지역의 우·배수망의 **설계홍수량을 결정할 경우에 주로 사용**되고 있다.

■ 출제 POINT

■ 유량빈도곡선
측수점(관측점)에서의 유량이 어떤 값과 같거나 이보다 큰 시간의 백분율을 나타내는 곡선

■ 합리식
$Q = 0.2778 CIA$

CHAPTER 14 기출문제

1. 수문곡선

01 다음 중 수문곡선(hydrograph)이 아닌 것은?

① 누가-유량곡선
② 수위-유량곡선
③ 시간-유량곡선
④ 시간-수위곡선

> [해설] 수위-유량곡선(rating curve)은 수위와 유량 간의 관계를 표시하는 곡선이다.
>
> [참고] **수문곡선**
> - 하천의 어떤 단면에서의 수위 혹은 유량의 시간에 따른 변화를 표시하는 곡선이다.
> - 수위의 경우는 수위수문곡선, 유량의 경우는 유량수문곡선이라 하는데, 일반적으로 유량수문곡선을 말한다.

02 수문곡선에 대한 설명으로 옳지 않은 것은?

① 하천유로상의 임의의 한 점에서 수문량의 시간에 대한 관계곡선이다.
② 초기에는 지하수에 의한 기저유출만이 하천에 존재한다.
③ 시간이 경과함에 따라 지수분포형의 감수곡선이 된다.
④ 표면유출은 점차적으로 수문곡선을 하강시키게 된다.

> [해설] **직접유출**
> ㉠ 수문곡선의 상승부 곡선을 그리며 계속 증가하여 결국 첨두유량에 이르게 된다.
> ㉡ 첨두유량에 도달하고 나면 다음 호우 발생 시까지 유출은 하강부 곡선(감수곡선)을 따라 점차 감소하게 된다.

03 어떤 하천 단면에서 유출량의 시간적 분포를 나타내는 홍수수문곡선을 작성하는 일반적인 방법은 어느 것인가?

① 시간별 하천유량을 유속계로 직접 측정하여 작성
② 하천 단면적과 평균유속을 측정하여 연속방정식으로 계산하여 작성
③ 수위-유량관계곡선을 이용하여 수위를 유량으로 환산하여 작성
④ 하천유량의 시간적 변화를 표시하는 방정식을 유도하여 이로부터 계산 작성

> [해설] 홍수수문곡선은 자기수위기록지에 기록되는 순간수위를 순간유량으로 환산하여 연속적인 시간별 유량변화를 표시한다.

04 수문곡선에 있어서 지체시간에 대한 설명 중 옳은 것은?

① 직접유출의 시작점부터 첨두유출이 생기는 데까지의 시간
② 직접유출의 시작점부터 직접유출이 끝나는 데까지의 시간
③ 유효강우주상도의 중심부터 첨두유량이 생기는 데까지의 시간
④ 유효강우주상도의 중심부터 직접유출이 끝나는 데까지의 시간

> [해설] 유효우량주상도의 중심부터 첨두유량이 발생할 때까지의 시간을 지체시간이라 한다.

05 다음 설명 중 옳지 않은 것은?

① 유량빈도곡선의 경사가 급하면 홍수가 드물고 지하수의 하천 방출이 크다.
② 수위-유량관계곡선의 연장방법인 Stevens법은 Chezy의 유속공식을 이용한다.
③ 자연하천에서 대부분 동일 수위에 대한 수위 상승 시와 하강 시의 유량이 다르다.
④ 합리식은 어떤 배수영역에 발생한 강우강도와 첨두유량 간 관계를 나타낸다.

[정답] 1. ② 2. ④ 3. ③ 4. ③ 5. ①

해설 **수문학 일반**
 ㉠ 유량빈도곡선
  • 급경사일 때 : 홍수가 빈번하고 지하수의 하천 방출이 미소하다.
  • 완경사일 때 : 홍수가 드물고 지하수의 하천 방출이 크다.
 ㉡ 수위-유량관계곡선의 연장방법 : 전대수지법, Stevens방법, Manning공식에 의한 방법
 ㉢ Stevens방법은 Chezy의 유속공식을 이용한다.
 ㉣ 자연하천에서는 대부분이 동일 수위일지라도 수위 상승 시와 하강 시의 유량이 다르다.
 ㉤ 합리식은 어떤 배수영역의 첨두유량을 산정하는 공식으로 대상유역에 발생한 강우강도와 첨두유량 간의 관계를 나타내는 공식이다.

06 수문곡선 중 기저시간(time base)의 정의로 가장 옳은 것은?

① 수문곡선의 상승시점에서 첨두까지의 시간폭
② 강우 중심에서 첨두까지의 시간폭
③ 유출구에서 유역의 수리학적으로 가장 먼 지점의 물입자가 유출구까지 유하하는 데 소요되는 시간
④ 직접유출이 시작되는 시간에서 끝나는 시간까지의 시간폭

해설 수문곡선의 상승기점부터 직접유출이 끝나는 지점까지의 시간을 기저시간(time base)이라 한다.

07 시간의 매개변수에 대한 정의 중 틀린 것은?

① 첨두시간은 수문곡선의 상승부 변곡점부터 첨두유량이 발생하는 시각까지의 시간차이다.
② 지체시간은 유효우량주상도의 중심에서 첨두유량이 발생하는 시각까지의 시간차이다.
③ 도달시간은 유효우량이 끝나는 시각에서 수문곡선의 감수부 변곡점까지의 시간차이다.
④ 기저시간은 직접유출이 시작되는 시각에서 끝나는 시각까지의 시간차이다.

해설 **시간의 매개변수**
 ㉠ 첨두시간 : 첨두유량의 시간을 말한다.
 ㉡ 지체시간 : 유효우량주상도의 중심선으로부터 첨두유량이 발생하는 시각까지의 시간차를 말한다.
 ㉢ 도달시간 : 유역의 가장 먼 지점으로부터 유출구 또는 수문곡선이 관측된 지점까지 물의 유하시간으로, 강우가 끝난 시간으로부터 수문곡선의 감수부 변곡점까지의 시간으로 정의할 수 있다. 이 변곡점은 지표유출이 끝나는 점으로서, 지표유출이 끝난다는 말은 제일 먼 곳으로부터의 유출이 마지막으로 도달한다는 말과 같이 해석할 수 있다.

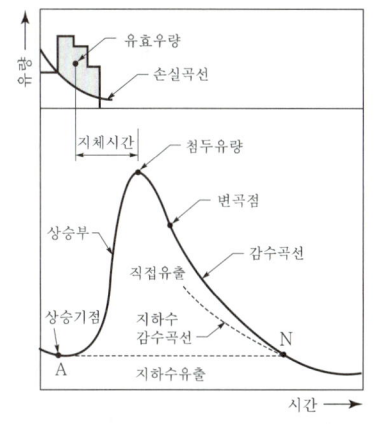

08 지표면유출이 발생하는 경우의 조건은?

① 강우강도가 토양침투율보다 큰 경우
② 침투수량이 강우강도보다 큰 경우
③ 토양침투율이 토양수분미흡량보다 큰 경우
④ 토양수분미흡량이 침투수량보다 큰 경우

해설 강우강도가 토양침투율보다 크면 지표면유출이 발생한다.

09 강우강도를 I, 침투능을 f, 총침투량을 F, 토양수분미흡량을 D라 할 때 지표유출은 발생하나 지하수위는 상승하지 않는 경우에 있어서의 조건식은?

① $I<f,\ F<D$ ② $I<f,\ F>D$
③ $I>f,\ F<D$ ④ $I>f,\ F>D$

해설 ㉠ 지표면유출이 발생하는 조건 : $I>f$
 ㉡ 지하수위가 상승하지 않는 조건 : $F<D$

10 강우강도 I, 침투율 f_i, 침투수량 F_i, 토양수분미흡량 M_d 라고 하면 중간 유출과 지하수유출이 시작되며 수로상 강수와 함께 수문곡선을 그릴 수 있는 조건은?

① $I < f_i$, $F_i < M_d$ ② $I < f_i$, $F_i > M_d$
③ $I > f_i$, $F_i < M_d$ ④ $I > f_i$, $F_i > M_d$

> **해설** 지표면유출이 발생하지 않고 중간 유출과 지하수유출이 발생하는 조건은 $I < f_i$, $F_i > M_d$ 이다.

11 단순 수문곡선의 분리방법이 아닌 것은?
① $N-$day법
② $S-$curve법
③ 수평직선분리법
④ 지하수감수곡선법

> **해설** $S-$curve법은 긴 지속기간을 가진 단위도에서 짧은 지속기간을 가진 단위도를 유도하는 방법이다.

12 다음 중 기저유출과 직접유출의 분리방법이 아닌 것은?
① 경사급변점법
② $N-$day법
③ 지하수감수곡선법
④ SCS법

> **해설** SCS방법은 수문곡선의 분리방법이 아니라 유효우량 산정방법이다.
>
> **참고** 수문곡선의 분리법
> • 지하수감수곡선법
> • 수평직선분리법
> • $N-$day법
> • 수정$N-$day법
> • 경사급변점법

13 수문곡선에 대한 설명으로 옳지 않은 것은?
① 하천유로상의 임의의 한 점에서 수문량의 시간에 대한 관계곡선이다.
② 초기에는 지하수에 의한 기저유출만이 하천에 존재한다.
③ 시간이 경과함에 따라 지수분포형의 감수곡선이 된다.
④ 표면유출은 점차적으로 수문곡선을 하강시키게 된다.

> **해설** 수문곡선
> ⊙ 정의 : 하천의 어느 단면에서 3개의 유출성분(지표면, 지표하, 지하수)이 복합되어 나타나는 수위 혹은 유량의 시간적인 변화상태를 표시하는 곡선으로, 우량주상도와 함께 단기호우와 홍수유출 간의 관계를 해석하는 데 필수적인 자료가 된다.
> ⓒ 해석
> • 초기에는 지하수에 의한 기저유출만이 하천에 존재한다.
> • 시간이 경과함에 따라 지수분포형의 감수곡선이 된다.
> • 표면유출이 시작되면 수문곡선은 점차적으로 상승하게 된다.

2. 단위유량도와 합성단위유량도

14 단위유량도 작성 시 필요 없는 사항은?
① 직접유출량
② 유효우량의 지속시간
③ 유역면적
④ 투수계수

> **해설** 단위도의 유도
> ⊙ 수문곡선에서 직접유출과 기저유출을 분리한 후 직접유출수문곡선을 얻는다.
> ⓒ 유효강우량을 구한다.
> ⓒ 직접유출수문곡선의 유량을 유효강우량으로 나누어 단위도를 구한다.

15 단위도의 정의에서 특정 단위시간은 단위도의 지속기간을 말하며, 이는 또한 무엇을 의미하는가?
① 직접유출의 지속기간
② 중간 유출의 지속기간
③ 유효강우의 지속기간
④ 초과강우의 지속기간

해설 단위도
- ㉠ 정의 : 특정 단위시간 동안에 균등한 강우강도로 유역 전반에 걸쳐 균등한 분포로 내리는 단위유효우량으로 인하여 발생하는 직접유출수문곡선을 말한다.
- ㉡ 해석
  - 특정 단위시간 : 단위도의 지속시간을 의미하며 유효강우의 지속기간을 말한다.
  - 균등한 강우강도 : 지속시간이 비교적 짧은 호우사상을 선택해야 강우가 지속되는 기간 동안 강우강도가 일정하다는 조건을 만족할 수 있다.
  - 유역 전반에 걸쳐 균등분포 : 가능한 한 유역면적이 작은 유역에 적용하여야 유역 전반에 균등하게 비가 내려야 한다는 가정을 만족시킬 수 있다.

16 단위유량도이론이 근거를 두고 있는 가정으로 적합하지 않은 것은?
① 유역특성의 시간적 불변성
② 강우특성의 시간적 불변성
③ 유역의 선형성
④ 강우의 시간적, 공간적 균일성

해설 단위도이론이 근거를 두고 있는 가정
- ㉠ 유역특성의 시간적 불변성
- ㉡ 유역의 선형성
- ㉢ 강우의 시·공간적 균일성

17 단위유량도(unit hydrograph)를 작성함에 있어서 3가지 기본가정이 필요한데, 이에 해당되지 않는 것은?
① 직접유출의 가정   ② 일정 기저시간가정
③ 비례가정   ④ 중첩가정

해설 단위도의 가정
- ㉠ 일정 기저시간가정
- ㉡ 비례가정
- ㉢ 중첩가정

18 일정 기간 동안 균일한 강도를 가진 일련의 유효강우량에 의한 총유출은 각 기간의 유효강우량에 의한 개개 유출량을 산술적으로 합한 것과 같다는 가정은?
① 중첩가정(principle superposition)
② 일정 기저시간가정(principle of equal base time)
③ 단위유효우량가정(unit effective rainfall)
④ 비례가정(principle of proportionality)

해설 단위도의 기본가정
- ㉠ 중첩가정 : 일정 기간 동안 균일한 강도의 유효강우량에 의한 총유출은 각 기간의 유효우량에 의한 총유출량의 합과 같다.
- ㉡ 일정 기저시간가정 : 동일한 유역에 균일한 강도로 비가 내릴 때 지속기간은 같으나, 강도가 다른 각종 강우로 인한 유출량은 그 크기가 다를지라도 기저시간은 동일하다.
- ㉢ 비례가정 : 동일한 유역에 균일한 강도로 비가 내릴 때 일정 기간 동안 n 배만큼 큰 강도로 비가 오면 이로 인한 수문곡선의 종거도 n 배만큼 커진다.

19 다음 단위도에 대한 설명 중 옳지 않은 것은?
① 단위도의 3가정은 일정 기저시간가정, 비례가정, 중첩가정이다.
② 단위도는 기저유량과 직접유출량을 포함하는 수문곡선이다.
③ $S-$curve방법을 이용하여 단위도의 단위시간을 변경할 수 있다.
④ Snyder는 합성단위도법을 연구 발표하였다.

해설 단위도는 단위유효우량으로 인하여 발생하는 직접유출수문곡선이다.

20 단위유량도이론의 기본가정에 충실한 호우사상을 선별하여 분석하기 위해 선별 시 고려해야 할 사항으로 적당하지 않은 것은?
① 가급적 단순 호우사상을 택한다.
② 강우지속기간 동안 강우강도의 변화가 가급적 큰 분포를 택한다.
③ 유역 전반에 걸쳐 강우의 공간적 분포가 가급적 균일한 것을 택한다.
④ 강우의 지속기간이 비교적 짧은 호우사상을 구한다.

정답 16. ② 17. ① 18. ① 19. ② 20. ②

해설 호우사상 선별 시 고려사항
㉠ 가급적 단순 호우사상을 선택한다.
㉡ 강우지속기간 동안 강우강도가 가급적 균일한 분포를 선택한다.
㉢ 유역 전체에 걸쳐 강우의 공간적 분포가 가급적 균일한 것을 선택한다.
㉣ 강우의 지속시간이 유역지체시간의 약 10~30% 정도인 것을 선택한다.

해설 단위유량도
㉠ 정의 : 특정 단위시간 동안 균등한 강우강도로 유역 전반에 걸쳐 균등한 분포로 내리는 단위유효우량으로 인하여 발생하는 직접유출수문곡선을 말한다.
㉡ 이론적 근거
  • 강우의 시·공간적 균일성
  • 유역특성의 시간적 불변성
  • 유역의 선형성

21 하나의 호우지속기간의 시간강우분포는 이산 또는 연속형태로 표현하는데, 이산형은 강우주상도로 나타내고 연속시간분포는 무엇으로 나타내는가?
① $S-$수문곡선
② 강우량누가곡선
③ 합성단위유량도
④ 수요물선

해설 누가우량곡선(rainfall mass curve)
자기우량계에 의해 측정된 우량을 기록지에 누가우량의 시간적 변화상태로서 기록한 것

24 다음 ( ) 안에 들어갈 용어로 알맞은 것은?

단위도의 정의에서 "특정 단위시간"은 강우의 ( )이 특정 시간으로 표시됨을 뜻한다.

① 지속시간
② 기저시간
③ 도달시간
④ 유도시간

해설 단위도
㉠ 특정 단위시간 동안 균일한 강도로 유역 전반에 걸쳐 균등하게 내리는 단위유효우량으로 인하여 발생하는 직접유출수문곡선을 단위도라 한다. 여기서 특정 단위시간은 강우의 지속시간을 말한다.
㉡ 단위도의 3가정은 일정 기저시간 가정, 비례가정, 중첩가정이 있다.
㉢ 단위도의 지속시간 변환에는 정수배방법과 $S-$curve방법이 있다.
㉣ 미계측유역의 단위도를 합성하는 방법에는 Snyder 합성단위도법, SCS 무차원 합성단위도법, Nakayasu 종합단위도법 등이 있다.

22 강우량과 유출의 자료 등 관측기록이 없는 미계측유역에서 경험적으로 단위도를 구하는 방법은?
① 순간단위유량도
② 유역단위유량도
③ 합성단위유량도
④ 지하수단위유량도

해설 합성단위유량도
유량기록이 전혀 없는 경우에 다른 유역에서 얻은 과거의 경험을 토대로 단위도를 합성하는 것으로, 대표적으로 Snyder방법과 SCS방법이 있다.
㉠ Snyder방법 : 단위도의 기저폭, 첨두유량, 유역의 지체시간 등 3개의 매개변수로 단위도를 정의하는 것
㉡ SCS방법 : 미국토양보존국에서 고안한 방법으로 무차원 단위도의 이용에 근거를 두고 있다.

25 단위유량도 작성에 있어 긴 강우지속기간을 가진 단위도로부터 짧은 강우기간을 가진 단위도로 변환하기 위해서 사용하는 방법으로 맞는 것은?
① $S-$curve법
② 지하수감수곡선법
③ 단위도의 비례가정법
④ 단위유량분포도법

해설 단위유량도의 지속기간 변환방법
㉠ 정수배방법 : 짧은 지속기간을 가진 단위도에서 정수배로 긴 지속기간을 가진 단위도를 유도하는 방법
㉡ $S-$curve방법 : 긴 지속기간을 가진 단위도에서 짧은 지속기간을 가진 단위도를 유도하는 방법으로, 이 방법은 짧은 지속시간으로부터 긴 지속시간을 가진 단위도를 유도할 때도 사용 가능

23 다음 중 단위도의 이론적 근거가 되는 가정이 아닌 것은?
① 강우의 시간적 균일성
② 강우의 공간적 균등성
③ 유역특성의 시간적 불변성
④ 유역의 비선형성

정답 21. ② 22. ③ 23. ④ 24. ① 25. ①

26 단위도의 지속시간을 변경시킬 때 사용되는 방법은?

① N-day법
② S-곡선법
③ ϕ-index법
④ Stevens법

> **해설** 단위도의 지속기간 변환방법
> ㉠ 정수배방법
> ㉡ S-curve방법

27 어떤 도시의 공원에 우수배제를 위한 우수관거를 재현기간 20년으로 설계하고자 한다. 우수의 유입시간이 5분, 우수관거의 최장길이가 1,200m, 관거 내의 유속이 2m/s일 경우 유달시간 내의 강우강도는? (단, 20년 재현기간의 강우강도식 $I=\dfrac{6,400}{t+40}$ [mm/h]이며, 이때 t는 분(min)단위이다.)

① 106.67mm/h
② 116.36mm/h
③ 128.00mm/h
④ 142.22mm/h

> **해설** ㉠ 지속시간
> $$t = 유입시간(t_1) + 유하시간(t_2)$$
> $$= t_1 + \frac{L}{V} = 5 + \frac{1,200}{2 \times 60} = 15분$$
> ㉡ 강우강도
> $$I = \frac{6,400}{t+40}$$
> $$= \frac{6,400}{15+40} = 116.36\text{mm/h}$$

28 어떤 소유역의 면적과 유수의 도달시간은 각각 20ha 및 5분이다. 강수자료의 해석으로부터 얻어진 이 지역의 강우강도식이 $I=\dfrac{6,000}{t+35}$ [mm/h], I: 강우강도, t: 강우 계속시간(분)으로 표시된다고 가정하면 합리식에 의해 홍수량을 계산한 값은? (단, 유역의 평균유출계수=0.6)

① 18.0m³/s
② 5.0m³/s
③ 1.8m³/s
④ 0.5m³/s

> **해설** ㉠ 강우강도
> $$I = \frac{6,000}{t+35} = \frac{6,000}{5+35} = 150\text{mm/h}$$
> ㉡ 유량
> $$Q = \frac{1}{360} CIA$$
> $$= \frac{1}{360} \times 0.6 \times 150 \times 20 = 5\text{m}^3/\text{s}$$

29 S-curve와 가장 관계가 먼 것은?

① 단위도의 지속시간
② 평형유출량
③ 등우선도
④ 직접유출수문곡선

> **해설** S-curve방법
> ㉠ 긴 지속기간을 가진 단위도에서 짧은 지속기간을 가진 단위도를 유도하는 방법이다.
> ㉡ 평형유출량은 평형상태에 도달한 후의 총유출량을 말한다.
> $$Q = \frac{1\text{cm}}{t_1[\text{hr}]} \times A[\text{km}^2] = \frac{2.778A}{t_1}[\text{m}^3/\text{s}]$$

30 합성단위유량도의 작성방법이 아닌 것은?

① Snyder방법
② Nakayasu방법
③ 순간단위유량도법
④ SCS의 무차원 단위유량도 이용법

> **해설** 순간단위유량도
> 어떤 유역에 단위유효우량이 순간적으로 내린다고 가정했을 때 유역 출구를 통과하는 유량의 시간적 변화를 나타내는 수문곡선이다.

31 Snyder방법에 의한 단위유량도 합성방법의 결정요소(매개변수)와 거리가 먼 것은?

① 지역의 지체시간
② 첨두유량
③ 유효우량의 주상도
④ 단위도의 기저폭

> **해설** Snyder방법은 단위도의 기저폭, 첨두유량, 유역의 지체시간 등 3개의 매개변수로서 단위도를 합성하는 방법이다.

32 합성단위유량도(synthetic unit hydrograph)의 공식 중에서 지체시간(lag time)에 영향을 주는 주요한 요소들은?

① 첨두유량, 기저시간(base time), 강우지속시간
② 유역의 하천길이, 유역 중심까지의 하천길이
③ 강우량, 기저유량, 첨두유량
④ 수문곡선의 변곡점까지의 시간, 기저시간, 첨두유량이 발생하는 시간

> **해설** 합성단위유량도의 매개변수
> ㉠ 지체시간(lag time) : $t_p = C_t(L_{ca}L)^{0.3}$
> ㉡ 첨두유량(peak flow)
> ㉢ 기저폭(base width)

33 합성단위도를 결정하는 인자가 아닌 것은?

① 기저시간   ② 첨두유량
③ 지체시간   ④ 강우강도

> **해설** 단위도의 각 요소인 첨두유량, 기저시간, 지체시간의 관계식을 얻는다면 미계측지역의 경우라도 단위도를 합성할 수 있다. 이러한 방법으로 구한 단위도를 합성단위유량도라 한다.

34 합성단위유량도를 작성하기 위한 방법의 하나인 Snyder법에서 첨두유량 산정에 필요한 매개변수(parameter)로만 짝지어진 것은?

① 유역면적, 지체시간
② 도달시간, 유역면적
③ 유로연장, 지체시간
④ 유로연장, 도달시간

> **해설** Snyder방법에서 첨두유량 산정에 필요한 매개변수는 유역면적과 지체시간이다.

35 대규모의 홍수가 발생할 경우 점유속의 측정에 의한 첨두홍수량의 산정은 큰 하천에서는 실질적으로 불가능한 경우가 많아 간접적인 방법으로 추정하여야 한다. 이러한 방법으로 가장 많이 사용되는 것은 어느 것인가?

① 경사-면적방법(slope-area method)
② SCS방법(Soil Conservation Service)
③ DAD 해석법
④ 누가우량곡선법

> **해설** 경사-단면적법
> 대규모 홍수 발생 시 유량을 직접 측정하지 않고 하도구간의 홍수 흔적을 조사하여 간접적으로 유량을 결정한다.

36 합리식에 관한 설명 중 틀린 것은?

① 작은 유역면적에 적용한다.
② 불투수층지역이라 가정한다.
③ 첨두유량은 도달시간 이후부터는 강우강도에 유역면적을 곱한 값이다.
④ 강우강도를 고려할 필요가 없다.

> **해설** 합리식
> 강우의 지속시간이 유역의 도달시간과 같거나 큰 경우에 유역의 첨두유량은 강우강도에 유역면적을 곱한 값과 같다.
> $Q = 0.2778CIA[m^3/s]$

37 다음 ( ) 안에 들어갈 알맞은 말이 순서대로 바르게 짝지어진 것은?

| 일반적으로 우수도달시간이 길 경우 첨두유량은 시간적으로 ( ) 나타나고, 그 크기는 ( ). |

① 일찍, 크다   ② 늦게, 크다
③ 일찍, 작다   ④ 늦게, 작다

> **해설** 도달시간이 짧으면 같은 지속시간을 갖는 경우 첨두유량이 일어나는 시간은 짧고, 첨두유량이 커지고 도달시간이 길면 이와 반대 현상이 일어난다.

정답 32.② 33.④ 34.① 35.① 36.④ 37.④

38 지속기간 2hr인 어느 단위도의 기저시간이 10hr이다. 강우강도가 각각 2.0, 3 및 5.0cm/h이고, 강우지속기간은 똑같이 모두 2hr인 3개의 유효강우가 연속해서 내릴 경우 이로 인한 직접유출수문곡선의 기저시간은 얼마인가?

① 2hr ② 10hr
③ 14hr ④ 16hr

해설 기저시간 = 10 + 2 + 2 = 14시간

39 유역면적이 15km²이고, 1시간에 내린 강우량이 150mm일 때 하천의 유출량이 350m³/s이면 유출률은?

① 0.56 ② 0.65
③ 0.72 ④ 0.78

해설 합리식
$Q = 0.2778CIA$
$350 = 0.2778 \times C \times 150 \times 15$
$\therefore C = 0.56$

40 어떤 지역의 연평균강우량은 1,500mm이고, 유출률이 0.7일 때 연평균유출량은? (단, 이 지역의 면적은 200km²이다.)

① 15.9m³/s ② 2.4m³/s
③ 9.0m³/s ④ 6.6m³/s

해설 합리식
$Q = 0.2778CIA$
$= 0.2778 \times 0.7 \times \dfrac{1,500}{365 \times 24} \times 200$
$= 6.66\text{m}^3/\text{s}$

41 신도시에 위치한 택지조성지구의 우수배제를 위하여 우수거를 설계하고자 한다. 신도시에서 재현기간 10년의 강우강도식이 $I = \dfrac{6,000}{t+40}$ [mm/h]라 하면 합리식에 의한 설계유량은? (단, 유역의 평균유출계수는 0.5, 유역면적은 1km², 우수의 도달시간은 20분이다.)

① 4.6m³/s ② 13.9m³/s
③ 16.7m³/s ④ 20.8m³/s

해설 합리식
$Q = 0.2778CIA$
$= 0.2778 \times 0.5 \times \dfrac{6,000}{20+40} \times 1 = 13.89\text{m}^3/\text{s}$

42 다음 그림에서와 같이 130m×250m의 주차장이 있다. 주차장 중앙으로 우수거가 설치되어 있고, 이때 우수거를 통한 도달시간은 5분이며 지표흐름(overland flow)으로 인하여 우수거에 수직으로 도달하는 도달시간(예로 B에서 C까지)은 15분이라 한다. 만일 50mm/h의 강도를 가진 강우가 5분간만 내렸다고 할 때 A점에서의 첨두유량은? (단, 주차장의 유출계수는 0.85라 한다.)

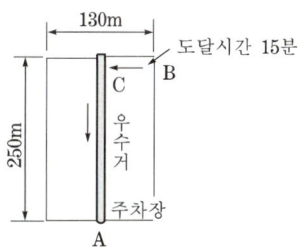

① $3.837 \times 10^5 \text{m}^3/\text{s}$ ② $0.387\text{m}^3/\text{s}$
③ $0.128\text{m}^3/\text{s}$ ④ $0.032\text{m}^3/\text{s}$

해설 합리식
지속시간이 5분이므로 주차장에서는 일부분만이 유출에 기여한다.
㉠ 총면적
$A = \dfrac{130}{3} \times 250 \times \dfrac{1}{2} \times 2 = 10833.33\text{m}^2$
㉡ 첨두유량
$Q = 0.2778CIA$
$= 0.2778 \times 0.85 \times 50 \times 10833.33 \times 10^{-6}$
$= 0.128\text{m}^3/\text{s}$

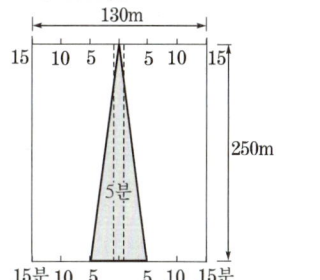

정답 38. ③ 39. ① 40. ④ 41. ② 42. ③

43 다음 중 유적면적이 180km²이고, 최대 비유량이 4m³/s/km² 가 되려면 최대 홍수량은?

① 45m³/s ② 720m³/s
③ 12m³/s ④ 900m³/s

> **해설** 최대 홍수량
> $Q = $ 비유량 $\times$ 면적 $= 4 \times 180 = 720\text{m}^3/\text{s}$

44 유역면적 200ha인 도시 소하천유역의 유수도달시간이 5분이고, 유역평균유출계수는 0.60이다. 강수자료의 해석으로부터 구해진 이 유역의 강우강도식 $I = \dfrac{6,500}{t+45}$ [mm/h]이라면 첨두유출량은? (단, 강우지속시간 t는 분(min)단위이다.)

① 4.334m³/s ② 43.34m³/s
③ 433.4m³/s ④ 4,334m³/s

> **해설** ㉠ 강우강도
> $I = \dfrac{6,500}{t+45} = \dfrac{6,500}{5+45} = 130\text{mm/h}$
> ㉡ 유량
> $Q = 0.2778\,CIA$
> $\quad = 0.2778 \times 0.6 \times 130 \times 200 \times 10^{-2}$
> $\quad = 43.34\text{m}^3/\text{s}$
> **참고** $1\text{ha} = 10^4\text{m}^2 = 10^{-2}\text{km}^2$

45 유출계수가 0.6인 유역에서 유출량 100m³/s가 발생하였다. 그 후 도시개발을 하여 유출계수가 0.3으로 줄어들었다면 이때의 유출량은? (단, 강우량 및 기타 조건은 동일하다.)

① 200m³/s ② 150m³/s
③ 100m³/s ④ 50m³/s

> **해설** 합리식
> ㉠ 도시개발 전
> $Q = 0.2778\,CIA$
> $100 = 0.2778 \times 0.6 \times IA$
> $\therefore IA = 599.95\text{mm}\cdot\text{km}^2/\text{hr}$
> ㉡ 도시개발 후
> $Q = 0.2778\,C'IA$
> $\quad = 0.2778 \times 0.3 \times 599.95 = 50\text{m}^3/\text{s}$

46 어느 유역에 다음 그림과 같은 분포로 같은 시간에 같은 크기의 강우가 내렸을 때 어느 강우에 의한 홍수의 첨두유량이 가장 큰 것인가? (단, 강우손실량은 같다.)

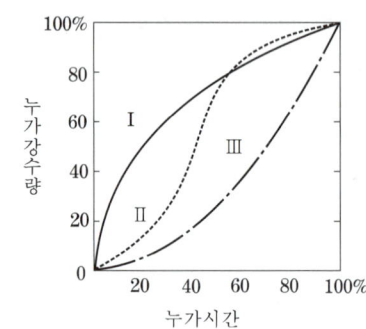

① Ⅰ ② Ⅱ
③ Ⅲ ④ 모두 같다.

> **해설** 그림 Ⅰ, Ⅱ, Ⅲ의 강우강도(mm/h)가 모두 같으므로 첨두유량($Q = 0.2778\,CIA$)은 모두 같다.

47 설계홍수량 계산에 있어서 합리식의 적용에 관한 설명 중 옳지 않은 것은?

① 우수도달시간은 강우지속시간보다 길어야 한다.
② 강우강도는 균일하고 전 유역에 고르게 분포되어야 한다.
③ 유량이 점차 증가되어 평형상태일 때의 유출량을 나타낸다.
④ 하수도설계 등 소유역에만 적용될 수 있다.

> **해설** 합리식(rational formula)
> ㉠ 첨두홍수량을 구하는 공식으로서 강우의 지속시간이 유역의 도달시간보다 커야 한다.
> ㉡ 합리식에 의해 계산된 첨두유량은 실제보다 다소 크게 나타나므로 자연하천에서 합리식의 적용은 유역면적이 약 5km² 이내로 한정하는 것이 좋으며, 도시의 우·배수망의 설계홍수량을 결정하기 위해 포장된 작은 유역에 주로 사용되고 있다.

정답 43.② 44.② 45.④ 46.④ 47.①

APPENDIX

부록

I. 최근 과년도 기출문제

II. CBT 실전 모의고사

2022년 3회 기출문제부터는 CBT 전면시행으로 시험문제가 공개되지 않아서 수험생의 기억을 토대로 복원된 문제를 수록했습니다. 문제는 수험생마다 차이가 있을 수 있습니다.

2018 제1회 토목기사 기출문제

📝 2018년 3월 4일 시행

01 누가우량곡선(Rainfall mass curve)의 특성으로 옳은 것은?

① 누가우량곡선의 경사가 클수록 강우강도가 크다.
② 누가우량곡선의 경사는 지역에 관계없이 일정하다.
③ 누가우량곡선으로 일정 기간 내의 강우량을 산출할 수는 없다.
④ 누가우량곡선은 자기우량기록에 의하여 작성하는 것보다 보통우량계의 기록에 의하여 작성하는 것이 더 정확하다.

> **해설** 누가우량곡선
> ㉠ 자기우량계에 의해 측정된 우량을 기록지에 누가우량의 시간적 변화상태를 기록한 것을 말한다.
> ㉡ 누가우량곡선의 경사가 급할수록 강우강도가 크다.
> ㉢ 누가우량곡선의 경사가 없으면 무강우로 처리한다.

02 비에너지와 한계수심에 관한 설명으로 옳지 않은 것은?

① 비에너지가 일정할 때 한계수심으로 흐르면 유량이 최소가 된다.
② 유량이 일정할 때 비에너지가 최소가 되는 수심이 한계수심이다.
③ 비에너지는 수로 바닥을 기준으로 하는 단위 무게당 흐름에너지이다.
④ 유량이 일정할 때 직사각형 단면 수로 내 한계수심은 최소 비에너지의 $\frac{2}{3}$이다.

> **해설** 비에너지가 일정할 때 한계수심으로 흐르면 유량이 최대가 된다.

03 폭이 b인 직사각형 위어에서 접근유속이 작은 경우 월류수심이 h일 때 양단 수축조건에서 월류수맥에 대한 단수축의 폭(b_o)은? (단, Francis공식 적용)

① $b_o = b - \dfrac{h}{5}$
② $b_o = 2b - \dfrac{h}{5}$
③ $b_o = b - \dfrac{h}{10}$
④ $b_o = 2b - \dfrac{h}{10}$

> **해설** Francis공식
> $b_o = b - 0.1nh = b - 0.1 \times 2h = b - \dfrac{h}{5}$

04 하천의 모형실험에 주로 사용되는 상사법칙은?

① Reynolds의 상사법칙
② Weber의 상사법칙
③ Cauchy의 상사법칙
④ Froude의 상사법칙

> **해설** 하천의 모형실험은 중력의 영향을 고려하는 Froude의 상사법칙이 사용된다.

05 수리학에서 취급되는 여러 가지 양에 대한 차원이 옳은 것은?

① 유량 = $[L^3 T^{-1}]$
② 힘 = $[MLT^{-3}]$
③ 동점성계수 = $[L^3 T^{-1}]$
④ 운동량 = $[MLT^{-2}]$

> **해설** ② 힘 = $[F]$ = $[MLT^{-2}]$
> ③ 동점성계수 = $[L^2 T^{-1}]$
> ④ 운동량 = $[FT]$ = $[MLT^{-1}]$

정답 1.① 2.① 3.① 4.④ 5.①

06 A저수지에서 200m 떨어진 B저수지로 지름 20cm, 마찰손실계수 0.035인 원형관으로 0.0628m³/s의 물을 송수하려고 한다. A저수지와 B저수지 사이의 수위차는? (단, 마찰손실, 단면급확대 및 급축소손실을 고려한다.)

① 5.75m   ② 6.94m
③ 7.14m   ④ 7.45m

> **해설** 연속방정식
> $Q = AV$
> $V = \dfrac{Q}{A} = \dfrac{0.0628}{\dfrac{\pi \times 0.2^2}{4}} = 2\text{m/s}$
> $\therefore H = \left(f_i + f\dfrac{l}{d} + f_o\right)\dfrac{V^2}{2g}$
> $= \left(0.5 + 0.035 \times \dfrac{200}{0.2} + 1\right) \times \dfrac{2^2}{2 \times 9.8}$
> $= 7.45\text{m}$

07 배수곡선(backwater curve)에 해당하는 수면곡선은?

① 댐을 월류할 때의 수면곡선
② 홍수 시의 하천의 수면곡선
③ 하천 단락부(段落部) 상류의 수면곡선
④ 상류상태로 흐르는 하천에 댐을 구축했을 때 저수지의 수면곡선

> **해설** 개수로의 흐름이 상류(常流)인 장소에 댐, 위어 또는 수문 등의 수리구조물을 만들어 수면을 상승시키면 그 영향이 상류(上流)로 미치고, 상류(上流)의 수면은 상승한다. 이 현상을 배수(backwater)라 하며, 이로 인해 생기는 수면곡선을 배수곡선이라 한다.

08 비력(special force)에 대한 설명으로 옳은 것은?

① 물의 충격에 의해 생기는 힘의 크기
② 비에너지가 최대가 되는 수심에서의 에너지
③ 한계수심으로 흐를 때 한 단면에서의 총에너지크기
④ 개수로의 어떤 단면에서 단위중량당 운동량과 정수압의 합계

> **해설** 비력(충격치)
> ㉠ 물의 단위중량당 정수압과 운동량의 합이다.
> ㉡ $M = \eta \dfrac{Q}{g} V + h_G A =$ 일정

09 폭 4.8m, 높이 2.7m의 연직직사각형 수문이 한쪽 면에서 수압을 받고 있다. 수문의 밑면은 힌지로 연결되어 있고, 상단은 수평체인(chain)으로 고정되어 있을 때 이 체인에 작용하는 장력(張力)은? (단, 수문의 정상과 수면은 일치한다.)

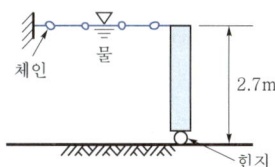

① 29.23kN   ② 57.15kN
③ 7.87kN   ④ 0.88kN

> **해설** 장력
> ㉠ $F = \gamma_w h_G A$
> $= 1 \times \dfrac{2.7}{2} \times (4.8 \times 2.7) = 17.5\text{tf}$
> ㉡ $h_c = \dfrac{2}{3}h = \dfrac{2}{3} \times 2.7 = 1.8\text{m}$
> ㉢ 작용점에서의 전수압 = 힌지에서의 장력
> $17.5 \times (2.7 - 1.8) = T \times 2.7$
> $\therefore T = 5.83\text{tf} = 5.83 \times 9.8 = 57.13\text{kN}$

10 오리피스(orifice)의 이론유속 $V = \sqrt{2gh}$ 이 유도되는 이론으로 옳은 것은? (단, V : 유속, g : 중력가속도, h : 수두차)

① 베르누이(Bernoulli)의 정리
② 레이놀즈(Reynolds)의 정리
③ 벤투리(Venturi)의 이론식
④ 운동량방정식이론

> **해설** 베르누이정리
> $\dfrac{P_1}{\gamma} + \dfrac{V_1^2}{2g} + Z_1 = \dfrac{P_2}{\gamma} + \dfrac{V_2^2}{2g} + Z_2$
> $\therefore V = \sqrt{2gh}$

정답 6. ④ 7. ④ 8. ④ 9. ② 10. ①

11 어느 소유역의 면적이 20ha, 유수의 도달시간이 5분이다. 강수자료의 해석으로부터 얻어진 이 지역의 강우강도식이 다음과 같을 때 합리식에 의한 홍수량은? (단, 유역의 평균유출계수는 0.6이다.)

> 강우강도식 : $I = \dfrac{6,000}{t+35}$ [mm/h]
> 여기서, t : 강우지속시간(분)

① $18.0 \text{m}^3/\text{s}$ ② $5.0 \text{m}^3/\text{s}$
③ $1.8 \text{m}^3/\text{s}$ ④ $0.5 \text{m}^3/\text{s}$

> **해설** 합리식
> $I = \dfrac{6,000}{t+35} = \dfrac{6,000}{5+35} = 150 \text{mm/h}$
> $\therefore\ Q = \dfrac{1}{360} CIA = \dfrac{1}{360} \times 0.6 \times 150 \times 20$
> $\qquad = 5\text{m}^3/\text{s}$

12 3차원 흐름의 연속방정식을 다음과 같은 형태로 나타낼 때 이에 알맞은 흐름의 상태는?

$$\frac{\partial u}{\partial x} + \frac{\partial v}{\partial y} + \frac{\partial w}{\partial z} = 0$$

① 비압축성 정상류 ② 비압축성 부정류
③ 압축성 정상류   ④ 압축성 부정류

> **해설** 3차원 정류의 연속방정식
> ㉠ 압축성 유체 : $\dfrac{\partial \rho u}{\partial x} + \dfrac{\partial \rho v}{\partial y} + \dfrac{\partial \rho w}{\partial z} = 0$
> ㉡ 비압축성 유체 : $\dfrac{\partial u}{\partial x} + \dfrac{\partial v}{\partial y} + \dfrac{\partial w}{\partial z} = 0$
> **참고** 정류 : 시간에 따른 변화가 없는 흐름상태

13 다음 중 단위유량도이론에서 사용하고 있는 기본가정이 아닌 것은?

① 일정 기저시간가정 ② 비례가정
③ 푸아송분포가정   ④ 중첩가정

> **해설** 단위유량도의 기본가정은 비례가정, 중첩가정, 일정 기저시간가정이 있다.

14 토양면을 통해 스며든 물이 중력의 영향 때문에 지하로 이동하여 지하수면까지 도달하는 현상은?

① 침투(infiltration)
② 침투능(infiltration capacity)
③ 침투율(infiltration rate)
④ 침루(percolation)

> **해설** ㉠ 침투 : 물이 흙의 표면을 통해 스며드는 현상
> ㉡ 침루 : 침투된 물이 중력에 의해 지하수면까지 이동하는 현상

15 레이놀즈(Reynolds)수에 대한 설명으로 옳은 것은 어느 것인가?

① 중력에 대한 점성력의 상대적인 크기
② 관성력에 대한 점성력의 상대적인 크기
③ 관성력에 대한 중력의 상대적인 크기
④ 압력에 대한 탄성력의 상대적인 크기

> **해설** 레이놀즈수
> ㉠ 관성력에 대한 점성력의 상대적인 크기를 나타낸다.
> ㉡ $R_e = \dfrac{\text{흐름의 관성력}}{\text{점성력}} = \dfrac{\rho VD}{\mu} = \dfrac{VD}{\nu}$

16 동력 20,000kW, 효율 88%인 펌프를 이용하여 150m 위의 저수지로 물을 양수하려고 한다. 손실수두가 10m일 때 양수량은?

① $15.5 \text{m}^3/\text{s}$ ② $14.5 \text{m}^3/\text{s}$
③ $11.2 \text{m}^3/\text{s}$ ④ $12.0 \text{m}^3/\text{s}$

> **해설** kW일 때 펌프의 축동력
> $P_p = \dfrac{9.8 Q(h + h_L)}{\eta}$
> $20,000 = \dfrac{9.8 \times Q \times (150 + 10)}{0.88}$
> $\therefore\ Q = 11.22 \text{m}^3/\text{s}$

정답 11. ② 12. ① 13. ③ 14. ④ 15. ② 16. ③

17 Darcy의 법칙에 대한 설명으로 옳지 않은 것은?

① Darcy의 법칙은 지하수의 흐름에 대한 공식이다.
② 투수계수는 물의 점성계수에 따라서도 변화한다.
③ Reynolds수가 클수록 안심하고 적용할 수 있다.
④ 평균유속이 동수경사와 비례관계를 가지고 있는 흐름에 적용될 수 있다.

> 해설 Darcy법칙은 R_e <4인 층류의 흐름과 대수층 내에 모관수대가 존재하지 않는 흐름에서만 적용된다.

18 항만을 설계하기 위해 관측한 불규칙 파랑의 주기 및 파고가 다음 표와 같을 때 유의파고($H_{1/3}$)는?

연번	파고(m)	주기(s)	연번	파고(m)	주기(s)
1	9.5	9.8	6	5.8	6.5
2	8.9	9.0	7	4.2	6.2
3	7.4	8.0	8	3.3	4.3
4	7.3	7.4	9	3.2	5.6
5	6.5	7.5	–	–	–

① 9.0m ② 8.6m
③ 8.2m ④ 7.4m

> 해설 $\frac{1}{3}$ 유의파고
> $$H_{1/3} = \frac{1}{3} \times \text{최대 파고} = \frac{9.5+8.9+7.4}{3} = 8.6\text{m}$$

19 지름이 20cm인 관수로에 평균유속 5m/s로 물이 흐른다. 관의 길이가 50m일 때 5m의 손실수두가 나타났다면 마찰속도(U^*)는?

① $U^* = 0.022$m/s ② $U^* = 0.22$m/s
③ $U^* = 2.21$m/s ④ $U^* = 22.1$m/s

> 해설 마찰속도
> ㉠ $h_L = f \frac{l}{D} \frac{V^2}{2g}$
> $5 = f \times \frac{50}{0.2} \times \frac{5^2}{2 \times 9.8}$
> ∴ $f = 0.016$
> ㉡ $U^* = V\sqrt{\frac{f}{8}} = 5 \times \sqrt{\frac{0.016}{8}} = 0.22$m/s

20 측정된 강우량자료가 기상학적 원인 이외에 다른 영향을 받았는지의 여부를 판단하는, 즉 일관성(consistency)에 대한 검사방법은?

① 순간단위유량도법 ② 합성단위유량도법
③ 이중누가우량분석법 ④ 선행강수지수법

> 해설 측정된 자료가 가지는 각종 오차를 수정하고 결측된 값을 보완하며, 가용자료의 양을 확충함으로써 일관성 있는 일련의 풍부한 강수량자료를 확보하는 이중누가우량분석법은 정확한 수문학적 해석의 기본이 된다.

정답 17. ③ 18. ② 19. ② 20. ③

2018 제 2 회 토목기사 기출문제

2018년 4월 28일 시행

01 다음 중 물의 순환에 관한 설명으로서 틀린 것은?
① 지구상에 존재하는 수자원이 대기권을 통해 지표면에 공급되고 지하로 침투하여 지하수를 형성하는 등 복잡한 반복과정이다.
② 지표면 또는 바다로부터 증발된 물이 강수, 침투 및 침루, 유출 등의 과정을 거치는 물의 이동현상이다.
③ 물의 순환과정에서 강수량은 지하수흐름과 지표면흐름의 합과 동일하다.
④ 물의 순환과정 중 강수, 증발 및 증산은 수문기상학분야이다.

> **해설** 물의 순환과정을 물수지방정식으로 나타내면 다음과 같다.
> 강수량(P) ⇌ 유출량(R) + 증발산량(E) + 침투량(C) + 저유량(S)

02 유역면적이 4km²이고 유출계수가 0.8인 산지하천에서 강우강도가 80mm/h이다. 합리식을 사용한 유역 출구에서의 첨두홍수량은?
① 35.5m³/s ② 71.1m³/s
③ 128m³/s ④ 256m³/s

> **해설** 합리식
> $Q = \dfrac{1}{3.6} CIA = \dfrac{1}{3.6} \times 0.8 \times 80 \times 4 ≒ 71.1 \text{m}^3/\text{s}$

03 다음 중 평균강우량 산정방법이 아닌 것은?
① 각 관측점의 강우량을 산술평균하여 얻는다.
② 각 관측점의 지배면적은 가중인자로 잡아서 각 강우량에 곱하여 합산한 후 전 유역면적으로 나누어서 얻는다.
③ 각 등우선 간의 면적을 측정하고 전 유역면적에 대한 등우선 간의 면적을 등우선 간의 평균강우량에 곱하여 이들을 합산하여 얻는다.
④ 각 관측점의 강우량을 크기순으로 나열하여 중앙에 위치한 값을 얻는다.

> **해설** 평균강우량 산정방법에 산술평균법, 등우선법, Thiessen가중법 등이 있다.
> **참고** Thiessen가중법 : 각 관측점의 지배면적을 가중인자로 잡아 각 강우량에 곱하여 합산한 후 전 유역면적으로 나누어서 얻는다.

04 지하수의 투수계수에 관한 설명으로 틀린 것은?
① 같은 종류의 토사라 할지라도 그 간극률에 따라 변한다.
② 흙입자의 구성, 지하수의 점성계수에 따라 변한다.
③ 지하수의 유량을 결정하는 데 사용된다.
④ 지역특성에 따른 무차원 상수이다.

> **해설** 투수계수
> ㉠ 투수계수에 영향을 주는 인자로는 흙입자의 모양과 크기 및 구성, 공극비, 포화도, 흙의 구조, 유체의 점성, 밀도 등이 있다.
> ㉡ 투수계수(K)는 속도의 차원([LT⁻¹])을 갖는다.

05 다음 중 유효강우량과 가장 관계가 깊은 것은?
① 직접유출량 ② 기저유출량
③ 지표면유출량 ④ 지표하유출량

> **해설** 유효강우량은 지표면유출량과 복류수유출량을 합한 직접유출량을 의미한다.

06 Δt시간 동안 질량 m인 물체에 속도변화 Δv가 발생할 때 이 물체에 작용하는 외력 F는?
① $\dfrac{m\Delta t}{\Delta v}$ ② $m\Delta v\Delta t$
③ $\dfrac{m\Delta v}{\Delta t}$ ④ $m\Delta t$

정답 1.③ 2.② 3.④ 4.④ 5.① 6.③

> **해설** Newton의 운동방정식
> $$F = ma = m\frac{\Delta v}{\Delta t}$$

07 관수로에서 관의 마찰손실계수가 0.02, 관의 지름이 40cm일 때 관 내 물의 흐름이 100m를 흐르는 동안 2m의 마찰손실수두가 발생하였다면 관 내의 유속은?

① 0.3m/s ② 1.3m/s
③ 2.8m/s ④ 3.8m/s

> **해설** 관마찰손실수두
> $$h_L = f\frac{l}{D}\frac{V^2}{2g}$$
> $$2 = 0.02 \times \frac{100}{0.4} \times \frac{V^2}{2 \times 9.8}$$
> $$\therefore V = 2.8\text{m/s}$$

08 광폭 직사각형 단면 수로의 단위폭당 유량이 16m³/s일 때 한계경사는? (단, 수로의 조도계수 $n = 0.02$이다.)

① 3.27×10^{-3} ② 2.73×10^{-3}
③ 2.81×10^{-2} ④ 2.90×10^{-2}

> **해설** 한계경사
> ㉠ $h_c = \left(\frac{\alpha Q^2}{gb^2}\right)^{\frac{1}{3}} = \left(\frac{1 \times 16^2}{9.8 \times 1^2}\right)^{\frac{1}{3}} = 2.97\text{m}$
> ㉡ 광폭 수로의 경우 $y \ll b$이므로 근사적으로 $R_h \cong y$ 이고 $D = y$이므로
> $\therefore S_c = \frac{gn^2}{h_c^{1/3}} = \frac{9.8 \times 0.02^2}{2.97^{1/3}}$
> $\qquad = 0.002727 ≒ 2.73 \times 10^{-3}$

09 정지유체에 침강하는 물체가 받는 항력(drag force)의 크기와 관계가 없는 것은?

① 유체의 밀도 ② Froude수
③ 물체의 형상 ④ Reynolds수

> **해설** 정지유체에서 항력 $D = C_D A \frac{1}{2}\rho V^2$, $C_D = \frac{24}{R_e}$
> 이므로 Froude수는 관계없다.

10 개수로 흐름에 관한 설명으로 틀린 것은?

① 사류에서 상류로 변하는 곳에 도수현상이 생긴다.
② 개수로 흐름은 중력이 원동력이 된다.
③ 비에너지는 수로 바닥을 기준으로 한 에너지이다.
④ 배수곡선은 수로가 단락(段落)이 되는 곳에 생기는 수면곡선이다.

> **해설** ㉠ 상류로 흐르는 수로에 댐, 위어 등의 수리구조물을 만들 때 수리구조물의 상류에 흐름방향으로 수심이 증가하는 배수곡선이 일어난다.
> ㉡ 수로가 단락되거나 폭포와 같이 수로경사가 갑자기 클 때 저하곡선이 일어난다.

11 관수로 흐름에서 레이놀즈수가 500보다 작은 경우의 흐름상태는?

① 상류 ② 난류
③ 사류 ④ 층류

> **해설** 흐름의 판별
> ㉠ $R_e \leq 2,000$: 층류
> ㉡ $2,000 < R_e < 4,000$: 천이구역(층류와 난류가 공존)
> ㉢ $R_e \geq 4,000$: 난류

12 강우자료의 일관성을 분석하기 위해 사용하는 방법은?

① 합리식
② DAD 해석법
③ 누가우량곡선법
④ SCS(Soil Conservation Service)방법

> **해설** 이중누가우량곡선(double mass curve)은 수자원 계획 수립 시 장기간 강우(강수)자료의 일관성(consistency) 검사가 요구된다.

13 Manning의 조도계수 $n = 0.012$인 원관을 사용하여 1m³/s의 물을 동수경사 1/100로 송수하려 할 때 적당한 관의 지름은?

① 70cm ② 80cm
③ 90cm ④ 100cm

 7.③ 8.② 9.② 10.④ 11.④ 12.③ 13.①

[해설] **연속방정식**

$$Q = AV = A\frac{1}{n}R_h^{\frac{2}{3}}I^{\frac{1}{2}}$$

$$1 = \frac{\pi d^2}{4} \times \frac{1}{0.012} \times \left(\frac{D}{4}\right)^{\frac{2}{3}} \times \left(\frac{1}{100}\right)^{\frac{1}{2}}$$

$$\therefore D = 0.7\text{m} = 70\text{cm}$$

14 흐름의 단면적과 수로경사가 일정할 때 최대 유량이 흐르는 조건으로 옳은 것은?

① 윤변이 최소이거나 동수반경이 최대일 때
② 윤변이 최대이거나 동수반경이 최소일 때
③ 수심이 최소이거나 동수반경이 최대일 때
④ 수심이 최대이거나 수로폭이 최소일 때

[해설] 수리상 유리한 단면의 조건은 윤변이 최소이거나 동수반경이 최대일 때로, 이때 최대 유량이 흐르게 된다.

15 압력수두 P, 속도수두 V, 위치수두 Z라고 할 때 정체압력수두 P_s는?

① $P_s = P - V - Z$
② $P_s = P + V + Z$
③ $P_s = P - V$
④ $P_s = P + V$

[해설] 정체압력수두(P_s)=속도수두(V)+압력수두(P)

16 부체의 안정에 관한 설명으로 옳지 않은 것은?

① 경심(M)이 무게중심(G)보다 낮을 경우 안정하다.
② 무게중심(G)이 부심(B)보다 아래쪽에 있으면 안정하다.
③ 부심(B)과 무게중심(G)이 동일 연직선상에 위치할 때 안정을 유지한다.
④ 경심(M)이 무게중심(G)보다 높을 경우 복원모멘트가 작용한다.

[해설] 경심(M)이 무게중심(G)보다 낮을 경우에는 전도모멘트가 작용하여 불안정하다.

17 다음 그림과 같은 노즐에서 유량을 구하기 위한 식으로 옳은 것은? (단, 유량계수는 1.0으로 가정한다.)

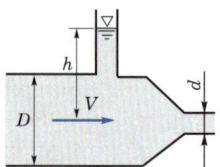

① $\dfrac{\pi d^2}{4}\sqrt{\dfrac{2gh}{1-(d/D)^2}}$

② $\dfrac{\pi d^2}{4}\sqrt{\dfrac{2gh}{1-(d/D)^4}}$

③ $\dfrac{\pi d^2}{4}\sqrt{\dfrac{2gh}{1+(d/D)^2}}$

④ $\dfrac{\pi d^2}{4}\sqrt{2gh}$

[해설] **제트의 실제 유량**

$$Q = Ca\sqrt{\frac{2gh}{1-\left(\frac{Ca}{A}\right)^2}}$$

$$= C\frac{\pi d^2}{4}\sqrt{\frac{2gh}{1-C^2\left(\frac{d}{D}\right)^4}}$$

$$= \frac{\pi d^2}{4}\sqrt{\frac{2gh}{1-\left(\frac{d}{D}\right)^4}}$$

18 물의 점성계수를 μ, 동점성계수를 ν, 밀도를 ρ라 할 때 관계식으로 옳은 것은?

① $\nu = \rho\mu$
② $\nu = \dfrac{\rho}{\mu}$
③ $\nu = \dfrac{\mu}{\rho}$
④ $\nu = \dfrac{1}{\rho\mu}$

[해설] 동점성계수는 점성계수를 밀도로 나눈 값이다.
$$\nu = \frac{\mu}{\rho}$$

정답 14. ① 15. ④ 16. ① 17. ② 18. ③

19 다음 그림과 같이 단위폭당 자중이 3.5×10^6N/m인 직립식 방파제에 1.5×10^6N/m의 수평파력이 작용할 때 방파제의 활동안전율은? (단, 중력가속도=10.0m/s², 방파제와 바닥의 마찰계수=0.7, 해수의 비중=1로 가정하며 파랑에 의한 양압력은 무시하고, 부력은 고려한다.)

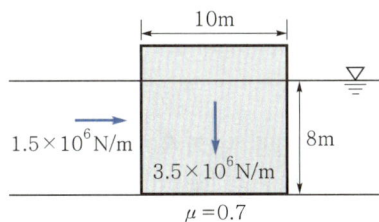

① 1.20
② 1.22
③ 1.24
④ 1.26

> **해설** 활동안전율
> $F_B = \gamma_w \forall'$
> $= 1 \times (10 \times 1 \times 8) = 80\text{tf} = 8 \times 10^5\text{N}$
> $W = M(\text{자중}) - F_B(\text{부력})$
> $= 3.5 \times 10^6 - 8 \times 10^5 = 2.7 \times 10^6\text{N}$
> $\therefore F_s = \dfrac{\mu W}{F_H} = \dfrac{0.7 \times 2.7 \times 10^6}{1.5 \times 10^6} = 1.26$

20 폭 2.5m, 월류수심 0.4m인 사각형 위어(weir)의 유량은? (단, Francis공식 : $Q = 1.84b_o h^{3/2}$에 의하며, b_o : 유효폭, h : 월류수심, 접근유속은 무시하며 양단 수축이다.)

① 1.117m³/s
② 1.126m³/s
③ 1.145m³/s
④ 1.164m³/s

> **해설** Francis공식
> $Q = 1.84 b_o h^{3/2} = 1.84(b - 0.1nh)h^{\frac{3}{2}}$
> $= 1.84 \times (2.5 - 0.1 \times 2 \times 0.4) \times 0.4^{\frac{3}{2}}$
> $= 1.126\text{m}^3/\text{s}$

2018 제3회 토목기사 기출문제

2018년 8월 19일 시행

01 유속이 3m/s인 유수 중에 유선형 물체가 흐름방향으로 향하여 $h=3$m 깊이에 놓여있을 때 정체압력(stagnation pressure)은?

① 0.46kN/m²
② 12.21kN/m²
③ 33.90kN/m²
④ 102.35kN/m²

해설 정체압력

$$P = \gamma h + \frac{1}{2}\rho V^2 = \gamma h + \frac{1}{2}\frac{\gamma V^2}{g}$$
$$= 1 \times 3 + \frac{1}{2} \times \frac{1 \times 3^2}{9.8}$$
$$= 3.46 \text{t/m}^2 = 33,908 \text{N/m}^2 = 33.9 \text{kN/m}^2$$

02 다음 중 직접유출량에 포함되는 것은?

① 지체지표하유출량
② 지하수유출량
③ 기저유출량
④ 조기지표하유출량

해설 직접유출량은 강수 후 비교적 단시간 내에 하천으로 흘러 들어가는 유출량이므로 지표면유출량, 복류수유출량, 수로상 강수량, 조기지표하유출량 등이 포함된다.

03 단위유량도이론의 가정에 대한 설명으로 옳지 않은 것은?

① 초과강우는 유효지속기간 동안에 일정한 강도를 가진다.
② 초과강우는 전 유역에 걸쳐서 균등하게 분포된다.
③ 주어진 지속기간의 초과강우로부터 발생된 직접유출수문곡선의 기저시간은 일정하다.
④ 동일한 기저시간을 가진 모든 직접유출수문곡선의 종거들은 각 수문곡선에 의하여 주어진 총직접유출수문곡선에 반비례한다.

해설 동일한 유역에 균일한 강도의 비가 내릴 경우 동일한 지속기간을 가진 각종 강우강도의 강우로부터 결과되는 직접유출수문곡선의 종거는 임의시간에 있어서 강우강도에 비례한다.

04 직사각형 단면 수로의 폭이 5m이고 한계수심이 1m일 때의 유량은? (단, 에너지보정계수 $\alpha=1.0$)

① 15.65m³/s
② 10.75m³/s
③ 9.80m³/s
④ 3.13m³/s

해설 한계수심

$$h_c = \left(\frac{\alpha Q^2}{gb^2}\right)^{\frac{1}{3}}$$
$$1 = \left(\frac{1 \times Q^2}{9.8 \times 5^2}\right)^{\frac{1}{3}}$$
$$\therefore Q = 15.65 \text{m}^3/\text{s}$$

05 사각위어에서 유량 산출에 쓰이는 Francis공식에 대하여 양단 수축이 있는 경우에 유량으로 옳은 것은? (단, B : 위어폭, h : 월류수심)

① $Q = 1.84(B-0.4h)h^{\frac{3}{2}}$
② $Q = 1.84(B-0.3h)h^{\frac{3}{2}}$
③ $Q = 1.84(B-0.2h)h^{\frac{3}{2}}$
④ $Q = 1.84(B-0.1h)h^{\frac{3}{2}}$

해설 양단 수축이 있는 경우 Francis공식

$$Q = 1.84(B - 0.1nh)h^{\frac{3}{2}}$$
$$= 1.84(B - 0.1 \times 2 \times h)h^{\frac{3}{2}}$$
$$= 1.84(B - 0.2h)h^{\frac{3}{2}}$$

정답 1. ③ 2. ④ 3. ④ 4. ① 5. ③

06
다음 표와 같은 집중호우가 자기기록지에 기록되었다. 지속기간 20분 동안의 최대 강우강도는?

시간(분)	5	10	15	20	25	30	35	40
우량(mm)	2	5	10	20	35	40	43	45

① 99mm/h
② 105mm/h
③ 115mm/h
④ 135mm/h

> **해설** 20분 동안 최대 강우강도
> $$I = (5+10+15+5) \times \frac{60}{20} = 105\,mm/h$$

07
비에너지(specific energy)와 한계수심에 대한 설명으로 옳지 않은 것은?

① 비에너지는 수로의 바닥을 기준으로 한 단위 무게의 유수가 가진 에너지이다.
② 유량이 일정할 때 비에너지가 최소가 되는 수심이 한계수심이다.
③ 비에너지가 일정할 때 한계수심으로 흐르면 유량이 최소가 된다.
④ 직사각형 단면에서 한계수심은 비에너지의 2/3가 된다.

> **해설** 비에너지가 일정할 때 한계수심으로 흐르면 유량이 최대가 된다.

08
지름이 d인 구(球)가 밀도 ρ의 유체 속을 유속 V로 침강할 때 구의 항력 D는? (단, 항력계수는 C_D라 한다.)

① $\frac{1}{8} C_D \pi d^2 \rho V^2$
② $\frac{1}{2} C_D \pi d^2 \rho V^2$
③ $\frac{1}{4} C_D \pi d^2 \rho V^2$
④ $C_D \pi d^2 \rho V^2$

> **해설** 항력
> $$D = C_D A \frac{\rho V^2}{2} = C_D \times \frac{\pi d^2}{4} \times \frac{1}{2} \rho V^2$$
> $$= \frac{1}{8} C_D \pi d^2 \rho V^2$$

09
수리실험에서 점성력이 지배적인 힘이 될 때 사용할 수 있는 모형법칙은?

① Reynolds모형법칙
② Froude모형법칙
③ Weber모형법칙
④ Cauchy모형법칙

> **해설** Reynolds의 상사법칙은 점성력이 흐름을 주로 지배하는 관수로 흐름의 상사법칙이다.

10
관수로의 마찰손실공식 중 난류에서의 마찰손실계수 f는?

① 상대조도만의 함수이다.
② 레이놀즈수와 상대조도의 함수이다.
③ 프루드수와 상대조도의 함수이다.
④ 레이놀즈수만의 함수이다.

> **해설** 난류인 경우의 마찰손실계수
> ㉠ 매끈한 관 : f와 R_e만의 함수
> ㉡ 거친 관 : f와 R_e는 상관없고 상대조도 $\left(\frac{e}{D}\right)$만의 함수

11
우물에서 장기간 양수를 한 후에도 수면강하가 일어나지 않는 지점까지의 우물로부터 거리(범위)를 무엇이라 하는가?

① 용수효율권
② 대수층권
③ 수류영역권
④ 영향권

> **해설** 우물에서 장기간 양수를 한 후에도 수면강하가 일어나지 않는 지점까지의 우물로부터 거리를 영향권(area of influence)이라 한다.

12 빙산(氷山)의 부피가 V, 비중이 0.92이고 바닷물의 비중은 1.025라 할 때 바닷물 속에 잠겨있는 빙산의 부피는?

① $1.1V$ ② $0.9V$
③ $0.8V$ ④ $0.7V$

> **해설** 아르키메데스의 원리
> $F_B = W$
> $1.025 V' = 0.92 V$
> $\therefore V' = \dfrac{0.92}{1.025} V = 0.9V$

13 개수로의 상류(subcritical flow)에 대한 설명으로 옳은 것은?

① 유속과 수심이 일정한 흐름
② 수심이 한계수심보다 작은 흐름
③ 유속이 한계유속보다 작은 흐름
④ Froude수가 1보다 큰 흐름

> **해설** 상류는 Froud수가 1보다 작은 흐름으로, 유속이 한계유속보다 작은 흐름이다.

14 다음 그림과 같이 높이 2m인 물통에 물이 1.5m만큼 담겨져 있다. 물통이 수평으로 4.9m/s² 의 일정한 가속도를 받고 있을 때 물통의 물이 넘쳐흐르지 않기 위한 물통의 길이(L)는?

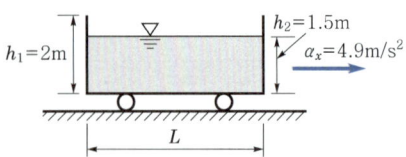

① 2.0m ② 2.4m
③ 2.8m ④ 3.0m

> **해설** 등압면의 평형조건
> $\tan\theta = \dfrac{\alpha}{g}$
> $\dfrac{2-1.5}{\dfrac{L}{2}} = \dfrac{4.9}{9.8}$
> $\therefore L = 2\text{m}$

15 미소진폭파(small-amplitude wave)이론에 포함된 가정이 아닌 것은?

① 파장이 수심에 비해 매우 크다.
② 유체는 비압축성이다.
③ 바닥은 평평한 불투수층이다.
④ 파고는 수심에 비해 매우 작다.

> **해설** 미소진폭파이론의 가정
> ㉠ 물은 비압축성이고, 밀도는 일정하다.
> ㉡ 수저는 수평이고 불투수층이다.
> ㉢ 수면에서의 압력은 일정하다.
> ㉣ 파고는 파장과 수심에 비해 매우 작다.

16 관수로에 대한 설명 중 틀린 것은?

① 단면점확대로 인한 수두손실은 단면급확대로 인한 수두손실보다 클 수 있다.
② 관수로 내의 마찰손실수두는 유속수두에 비례한다.
③ 아주 긴 관수로에서는 마찰 이외의 손실수두를 무시할 수 있다.
④ 마찰손실수두는 모든 손실수두 가운데 가장 큰 것으로 마찰손실계수에 유속수두를 곱한 것과 같다.

> **해설** 마찰손실수두는 관거길이, 관직경, 유속과 관계있다.
> $h_L = f \dfrac{l}{D} \dfrac{V^2}{2g}$

17 수문자료 해석에 사용되는 확률분포형의 매개변수를 추정하는 방법이 아닌 것은?

① 모멘트법(method of moments)
② 회선적분법(convolution integral method)
③ 확률가중모멘트법(method of probability weighted moments)
④ 최우도법(method of maximum likelihood)

> **해설** 수문자료 해석에 사용되는 확률분포형의 매개변수를 추정하는 방법에는 모멘트법, 확률가중모멘트법, 최우도법 등이 있다.

18 에너지선에 대한 설명으로 옳은 것은?

① 언제나 수평선이 된다.
② 동수경사선보다 아래에 있다.
③ 속도수두와 위치수두의 합을 의미한다.
④ 동수경사선보다 속도수두만큼 위에 위치하게 된다.

> **해설** 에너지선은 속도수두, 압력수두, 위치수두를 연결한 선이다.

19 다음 물리량 중에서 차원이 잘못 표시된 것은?

① 동점성계수 : $[FL^2T]$
② 밀도 : $[FL^{-4}T^2]$
③ 전단응력 : $[FL^{-2}]$
④ 표면장력 : $[FL^{-1}]$

> **해설** 동점성계수의 차원은 $[L^2T^{-1}]$이다.

20 대기의 온도 t_1, 상대습도 70%인 상태에서 증발이 진행되었다. 온도가 t_2로 상승하고 대기 중의 증기압이 20% 증가하였다면 온도 t_1 및 t_2에서의 포화증기압이 각각 10.0mmHg 및 14.0mmHg라 할 때 온도 t_2에서의 상대습도는?

① 50%   ② 60%
③ 70%   ④ 80%

> **해설** 상대습도
> ㉠ t_1일 때
> $$h = \frac{e}{e_s} \times 100\%$$
> $$70 = \frac{e}{10} \times 100\%$$
> $$\therefore e = 7\text{mmHg}$$
> ㉡ t_2일 때
> $$e = 7 \times 1.2 = 8.4\text{mmHg}$$
> $$\therefore h = \frac{e}{e_s} \times 100\% = \frac{8.4}{14} \times 100\% = 60\%$$

정답 18. ④   19. ①   20. ②

2019 제1회 토목기사 기출문제

✏ 2019년 3월 3일 시행

01 개수로의 흐름에서 비에너지의 정의로 옳은 것은?
① 단위중량의 물이 가지고 있는 에너지로 수심과 속도수두의 합
② 수로의 한 단면에서 물이 가지고 있는 에너지를 단면적으로 나눈 값
③ 수로의 두 단면에서 물이 가지고 있는 에너지를 수심으로 나눈 값
④ 압력에너지와 속도에너지의 비

> **해설** 수류 중 어느 한 단면에서 수로 바닥을 기준으로 하는 단위중량의 물이 가지는 에너지를 비에너지라 한다.
> $$H_e = h + \alpha \frac{V^2}{2g}$$

02 지름 200mm인 관로에 축소부 지름이 120mm인 벤투리미터(venturi meter)가 부착되어 있다. 두 단면의 수두차가 1.0m, $C=0.98$일 때의 유량은?
① $0.00525\text{m}^3/\text{s}$ ② $0.0525\text{m}^3/\text{s}$
③ $0.525\text{m}^3/\text{s}$ ④ $5.250\text{m}^3/\text{s}$

> **해설** 벤투리미터의 유량
> $$A_1 = \frac{\pi \times 0.2^2}{4} = 0.031\text{m}^2$$
> $$A_2 = \frac{\pi \times 0.12^2}{4} = 0.011\text{m}^2$$
> $$\therefore Q = \frac{CA_1 A_2}{\sqrt{A_1^2 - A_2^2}} \sqrt{2gh}$$
> $$= \frac{0.98 \times 0.031 \times 0.011}{\sqrt{0.031^2 - 0.011^2}} \times \sqrt{2 \times 9.8 \times 1}$$
> $$= 0.0525\text{m}^3/\text{s}$$

03 대규모 수공구조물의 설계우량으로 가장 적합한 것은?
① 평균면적우량
② 발생 가능 최대 강수량(PMP)
③ 기록상의 최대 우량
④ 재현기간 100년에 해당하는 강우량

> **해설** 발생 가능 최대 강수량(PMP)은 한 유역에 내릴 수 있는 최대 강수량으로 대규모 수공구조물을 설계할 때 기준으로 삼는 유량이다.

04 다음 그림과 같은 굴착정(artesian well)의 유량을 구하는 공식은? (단, R : 영향원의 반지름, K : 투수계수, m : 피압대수층의 두께)

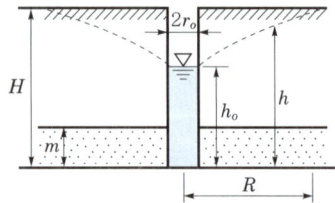

① $Q = \dfrac{2\pi m K (H + h_0)}{\ln(R/r_0)}$

② $Q = \dfrac{2\pi m K (H + h_0)}{\ln(r_0/R)}$

③ $Q = \dfrac{2\pi m K (H - h_0)}{\ln(R/r_0)}$

④ $Q = \dfrac{2\pi m K (H - h_0)}{\ln(r_0/R)}$

> **해설** 굴착정의 유량공식
> $$Q = \frac{2\pi c K (H - h_0)}{\log_e\left(\dfrac{R}{r_0}\right)} = \frac{2\pi c K (H - h_0)}{2.3 \ln\left(\dfrac{R}{r_0}\right)}$$

05 개수로에서 한계수심에 대한 설명으로 옳은 것은?
① 사류 흐름의 수심
② 상류 흐름의 수심
③ 비에너지가 최대일 때의 수심
④ 비에너지가 최소일 때의 수심

> **해설** 유량이 일정할 때 비에너지가 최소가 될 때의 수심을 한계수심이라 한다.

정답 1.① 2.② 3.② 4.③ 5.④

06 단위도(단위유량도)에 대한 설명으로 옳지 않은 것은?
① 단위도의 3가지 가정은 일정 기저시간가정, 비례가정, 중첩가정이다.
② 단위도는 기저유량과 직접유출량을 포함하는 수문곡선이다.
③ $S-curve$를 이용하여 단위도의 단위시간을 변경할 수 있다.
④ Snyder는 합성단위도법을 연구 발표하였다.

> **해설** 단위도는 단위유효우량으로 인하여 발생하는 직접 유출수문곡선이다.

07 관 속에 흐르는 물의 속도수두를 10m로 유지하기 위한 평균유속은?
① 4.9m/s   ② 9.8m/s
③ 12.6m/s ④ 14.0m/s

> **해설** 속도수두
> $$H = \frac{V^2}{2g}$$
> $$10 = \frac{V^2}{2 \times 9.8}$$
> $$\therefore V = 14m/s$$

08 물체의 공기 중 무게가 750N이고 물속에서의 무게는 250N일 때 이 물체의 체적은? (단, 무게 1kg중=10N)
① 0.05m³   ② 0.06m³
③ 0.50m³   ④ 0.60m³

> **해설** 아르키메데스의 원리
> 공기 중 무게=수중무게+부력
> $0.75 = 0.25 + 10\forall$
> $\therefore \forall = 0.05m^3$

09 직사각형 단면의 위어에서 수두(h) 측정에 2%의 오차가 발생했을 때 유량(Q)에 발생되는 오차는?
① 1%   ② 2%
③ 3%   ④ 4%

> **해설** 직사각형 위어의 유량오차
> $$\frac{dQ}{Q} = \frac{3}{2} \frac{dh}{h} = \frac{3}{2} \times 2 = 3\%$$

10 상류(subcritical flow)에 관한 설명으로 틀린 것은?
① 하천의 유속이 장파의 전파속도보다 느린 경우이다.
② 관성력이 중력의 영향보다 더 큰 흐름이다.
③ 수심은 한계수심보다 크다.
④ 유속은 한계유속보다 작다.

> **해설** 프루드수(F_r)는 관성력에 대한 중력의 비로서 $F_r < 1$ 이면 상류이다.

11 지하수에서 Darcy법칙의 유속에 대한 설명으로 옳은 것은?
① 영향권의 반지름에 비례한다.
② 동수경사에 비례한다.
③ 동수반지름(hydraulic radius)에 비례한다.
④ 수심에 비례한다.

> **해설** Darcy법칙에서 유속은 동수경사에 비례하고, 침투량은 i 및 A에 비례한다.

12 다음 그림과 같은 병렬 관수로 ㉠, ㉡, ㉢에서 각 관의 지름과 관의 길이를 각각 $D_1, D_2, D_3, L_1, L_2, L_3$라 할 때 $D_1 > D_2 > D_3$이고 $L_1 > L_2 > L_3$이면 A점과 B점 사이의 손실수두는?

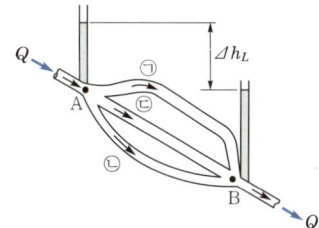

① ㉠의 손실수두가 가장 크다.
② ㉡의 손실수두가 가장 크다.
③ ㉢에서만 손실수두가 발생한다.
④ 모든 관의 손실수두가 같다.

> [해설] 병렬 관수로의 모든 분기관의 손실수두는 같다.

13 유출(runoff)에 대한 설명으로 옳지 않은 것은?
① 비가 오기 전의 유출을 기저유출이라 한다.
② 우량은 별도의 손실 없이 그 전량이 하천으로 유출된다.
③ 일정 기간에 하천으로 유출되는 수량의 합을 유출량이라 한다.
④ 유출량과 그 기간의 강수량과의 비(比)를 유출계수 또는 유출률이라 한다.

> [해설] 유출에 의한 총강수량은 초과강수량과 손실량으로 구성되어 있다. 따라서 하천으로 유출되는 양은 손실량을 제외한 유효강수량이 된다.

14 물리량의 차원이 옳지 않은 것은?
① 에너지 : $[ML^{-2}T^{-2}]$
② 동점성계수 : $[L^2T^{-1}]$
③ 점성계수 : $[ML^{-1}T^{-1}]$
④ 밀도 : $[FL^{-4}T^2]$

> [해설] $[F]=[MLT^{-2}]$이므로 에너지$=[FL]=[ML^2T^{-2}]$이다.

15 흐르지 않는 물에 잠긴 평판에 작용하는 전수압(全水壓)의 계산방법으로 옳은 것은? (단, 여기서 수압이란 단위면적당 압력을 의미)
① 평판도심의 수압에 평판면적을 곱한다.
② 단면의 상단과 하단수압의 평균값에 평판면적을 곱한다.
③ 작용하는 수압의 최대값에 평판면적을 곱한다.
④ 평판의 상단에 작용하는 수압에 평판면적을 곱한다.

> [해설] 전수압 $F=\gamma_w h_G A$이므로 평판도심의 수압에 평판면적을 곱하여 계산한다.

16 유량 147.6 l/s를 송수하기 위하여 안지름 0.4m의 관을 700m의 길이로 설치하였을 때 흐름의 에너지경사는? (단, 조도계수 $n=0.012$, Manning공식 적용)
① $\dfrac{1}{700}$ ② $\dfrac{2}{700}$
③ $\dfrac{3}{700}$ ④ $\dfrac{4}{700}$

> [해설] Manning의 유량공식
> $Q = A \dfrac{1}{n} R_h^{\frac{2}{3}} I^{\frac{1}{2}}$
> $147.6 \times 10^{-3} = \dfrac{\pi \times 0.4^2}{4} \times \dfrac{1}{0.012} \times \left(\dfrac{0.4}{4}\right)^{\frac{2}{3}} \times I^{\frac{1}{2}}$
> $\therefore I = \dfrac{3}{700}$

17 댐의 상류부에서 발생되는 수면곡선으로 흐름방향으로 수심이 증가함을 뜻하는 곡선은?
① 배수곡선 ② 저하곡선
③ 수리특성곡선 ④ 유사량곡선

> [해설] 개수로의 흐름이 상류(常流)인 장소에 댐, 위어 또는 수문 등의 수리구조물을 만들어 수면을 상승시키면 그 영향이 상류(上流)로 미치고, 상류(上流)의 수면은 상승한다. 이 현상을 배수(backwater)라 하며, 이로 인해 생기는 수면곡선을 배수곡선이라 한다.

18 수문에 관련한 용어에 대한 설명 중 옳지 않은 것은?
① 침투란 토양면을 통해 스며든 물이 중력에 의해 계속 지하로 이동하여 불투수층까지 도달하는 것이다.
② 증산(transpiration)이란 식물의 엽면(葉面)을 통해 물이 수증기의 형태로 대기 중에 방출되는 현상이다.
③ 강수(precipitation)란 구름이 응축되어 지상으로 떨어지는 모든 형태의 수분을 총칭한다.
④ 증발이란 액체상태의 물이 기체상태의 수증기로 바뀌는 현상이다.

정답 13. ② 14. ① 15. ① 16. ③ 17. ① 18. ①

> **해설** ㉠ 침투 : 물이 흙의 표면을 통해 스며드는 현상
> ㉡ 침루 : 침투된 물이 중력에 의해 지하수면까지 이동하는 현상

19 수조의 수면에서 2m 아래 지점에 지름 10cm의 오리피스를 통하여 유출되는 유량은? (단, 유량계수 $C=0.6$)

① $0.0152\text{m}^3/\text{s}$ ② $0.0068\text{m}^3/\text{s}$
③ $0.0295\text{m}^3/\text{s}$ ④ $0.0094\text{m}^3/\text{s}$

> **해설** 작은 오리피스의 유량
> $Q = Ca\sqrt{2gH}$
> $= 0.6 \times \dfrac{\pi \times 0.1^2}{4} \times \sqrt{2 \times 9.8 \times 2}$
> $= 0.0295\text{m}^3/\text{s}$

20 층류와 난류(亂流)에 관한 설명으로 옳지 않은 것은?

① 층류란 유수(流水) 중에서 유선이 평행한 층을 이루는 흐름이다.
② 층류와 난류를 레이놀즈수에 의하여 구별할 수 있다.
③ 원관 내 흐름의 한계레이놀즈수는 약 2,000 정도이다.
④ 층류에서 난류로 변할 때의 유속과 난류에서 층류로 변할 때의 유속은 같다.

> **해설** 하한계유속(난류 → 층류) < 상한계유속(층류 → 난류)

정답 19. ③ 20. ④

2019 제2회 토목기사 기출문제

📝 2019년 4월 27일 시행

01 다음 중 증발에 영향을 미치는 인자가 아닌 것은?
① 온도   ② 대기압
③ 통수능   ④ 상대습도

> **해설** 통수능은 침투 관련 인자이다.

02 유역면적이 15km²이고 1시간에 내린 강우량이 150mm일 때 하천의 유출량이 350m³/s이면 유출률은?
① 0.56   ② 0.65
③ 0.72   ④ 0.78

> **해설** 합리식
> $Q = \dfrac{1}{3.6}CIA$
> $\therefore C = \dfrac{3.6Q}{IA} = \dfrac{3.6 \times 350}{150 \times 15} = 0.56$

03 비압축성 유체의 연속방정식을 표현한 것으로 가장 올바른 것은?
① $Q = \rho AV$ ② $\rho_1 A_1 = \rho_2 A_2$
③ $Q_1 A_1 V_1 = Q_2 A_2 V_2$ ④ $A_1 V_1 = A_2 V_2$

> **해설** 비압축성 유체의 정류 흐름에서 하나의 유관을 생각하면 $Q_1 = A_1 V_1$, $Q_2 = A_2 V_2$이고 $Q = Q_1 = Q_2$가 된다.
> $\therefore Q = A_1 V_1 = A_2 V_2 = \text{const}$

04 다음 물의 흐름에 대한 설명 중 옳은 것은?
① 수심은 깊으나 유속이 느린 흐름을 사류라 한다.
② 물의 분자가 흩어지지 않고 질서 정연히 흐르는 흐름을 난류라 한다.
③ 모든 단면에 있어 유적과 유속이 시간에 따라 변하는 것을 정류라 한다.
④ 에너지선과 동수경사선의 높이의 차는 일반적으로 $\dfrac{V^2}{2g}$이다.

> **해설** ① 수심은 깊으나 유속이 빠른 흐름을 사류라 한다.
> ② 물의 분자가 흩어지지 않고 질서 정연히 흐르는 흐름을 층류라 한다.
> ③ 모든 단면에 있어 유적과 유속이 시간에 따라 변하는 것을 부정류라 한다.

05 미계측 유역에 대한 단위유량도의 합성방법이 아닌 것은?
① SCS방법   ② Clark방법
③ Horton방법   ④ Snyder방법

> **해설** Horton법은 침투량 산정방법이다.

06 표고 20m인 저수지에서 물을 표고 50m인 지점까지 1.0m³/s의 물을 양수하는 데 소요되는 펌프동력은? (단, 모든 손실수두의 합은 3.0m이고, 모든 관은 동일한 직경과 수리학적 특성을 지니며, 펌프의 효율은 80%이다.)
① 248kW   ② 330kW
③ 404kW   ④ 650kW

> **해설** 펌프의 축동력
> $P_p = \dfrac{9.8Q(H + \sum h)}{\eta}$
> $= \dfrac{9.8 \times 1 \times (30+3)}{0.8} = 404.25\text{kW}$

07 여과량이 2m³/s, 동수경사가 0.2, 투수계수가 1cm/s일 때 필요한 여과지면적은?
① 1,000m²   ② 1,500m²
③ 2,000m²   ④ 2,500m²

> **해설** 지하수의 유량
> $Q = KIA$
> $2 = 0.01 \times 0.2 \times A$
> $\therefore A = 1,000\text{m}^2$

정답 1.③ 2.① 3.④ 4.④ 5.③ 6.③ 7.①

08 다음 표는 어느 지역의 40분간 집중호우를 매 5분마다 관측한 것이다. 지속기간이 20분인 최대 강우강도는?

시간(분)	우량(mm)	시간(분)	우량(mm)
0~5	1	5~10	4
10~15	2	15~20	5
20~25	8	25~30	7
30~35	3	35~40	2

① $I=49$mm/h ② $I=59$mm/h
③ $I=69$mm/h ④ $I=72$mm/h

> **해설** 20분간 최대 강우강도
> $$I = (5+8+7+3) \times \frac{60}{20} = 69\text{mm/h}$$

09 폭 35cm인 직사각형 위어(weir)의 유량을 측정하였더니 0.03m³/s이었다. 월류수심의 측정에 1mm의 오차가 생겼다면 유량에 발생하는 오차는? (단, 유량 계산은 프란시스(Francis)공식을 사용하되, 월류 시 단면 수축은 없는 것으로 가정한다.)

① 1.16%   ② 1.50%
③ 1.67%   ④ 1.84%

> **해설** 단면 수축 없는 Francis공식
> ㉠ $Q = 1.84 bh^{\frac{3}{2}}$
> $0.03 = 1.84 \times 0.35 \times h^{\frac{3}{2}}$
> $\therefore h = 0.13\text{m}$
> ㉡ $\dfrac{dQ}{Q} = \dfrac{3}{2}\dfrac{dh}{h} = \dfrac{3}{2} \times \dfrac{0.001}{0.13} = 1.15\%$

10 길이 13m, 높이 2m, 폭 3m, 무게 20ton인 바지선의 홀수는?

① 0.51m   ② 0.56m
③ 0.58m   ④ 0.46m

> **해설** 아르키메데스의 원리
> $F_B = W$
> $1 \times (3 \times 13 \times h) = 20$
> $\therefore h = 0.51\text{m}$

11 개수로 내의 흐름에 대한 설명으로 옳은 것은?
① 에너지선은 자유표면과 일치한다.
② 동수경사선은 자유표면과 일치한다.
③ 에너지선과 동수경사선은 일치한다.
④ 동수경사선은 에너지선과 언제나 평행하다.

> **해설** 개수로 흐름
> ㉠ 동수경사선은 에너지선보다 유속수두만큼 아래에 위치한다.
> ㉡ 등류 시 에너지선과 동수경사선은 언제나 평행하다.
> ㉢ 동수경사선은 자유표면과 일치한다.

12 상대조도에 관한 사항 중 옳은 것은?
① Chezy의 유속계수와 같다.
② Manning의 조도계수를 나타낸다.
③ 절대조도를 관지름으로 곱한 것이다.
④ 절대조도를 관지름으로 나눈 것이다.

> **해설** 상대조도 $\left(\dfrac{e}{D}\right)$는 절대조도를 관지름으로 나눈 것이다.

13 다음 그림과 같이 물속에 수직으로 설치된 넓이 2m×3m의 수문을 올리는데 필요한 힘은? (단, 수문의 물속 무게는 1,960N이고, 수문과 벽면 사이의 마찰계수는 0.25이다.)

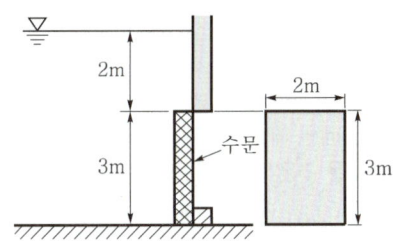

① 5.45kN   ② 53.4kN
③ 126.7kN ④ 271.2kN

> **해설** 전수압
> $F = \gamma h_G A$
> $= 1 \times (2+1.5) \times (2 \times 3) = 21\text{t} = 205.8\text{kN}$
> $\therefore F' = \mu F + T$
> $= 0.25 \times 205.8 + 1.96 = 53.4\text{kN}$

14 단위중량 w, 밀도 ρ인 유체가 유속 V로서 수평방향으로 흐르고 있다. 지름 d, 길이 l인 원주가 유체의 흐름방향에 직각으로 중심축을 가지고 놓였을 때 원주에 작용하는 항력(D)은? (단, C는 항력계수이다.)

① $D = C\left(\dfrac{\pi d^2}{4}\right)\dfrac{wV^2}{2}$ ② $D = Cdl\dfrac{\rho V^2}{2}$

③ $D = C\left(\dfrac{\pi d^2}{4}\right)\dfrac{\rho V^2}{2}$ ④ $D = Cdl\dfrac{wV^2}{2}$

> **해설** 항력
> $$D = C_D A \dfrac{\rho V^2}{2} = C_D dl \dfrac{\rho V^2}{2}$$

15 도수 전후의 수심이 각각 2m, 4m일 때 도수로 인한 에너지손실(수두)은?

① 0.1m ② 0.2m
③ 0.25m ④ 0.5m

> **해설** 도수로 인한 에너지손실(수두)
> $$\Delta H_e = \dfrac{(h_2 - h_1)^3}{4h_1 h_2} = \dfrac{(4-2)^3}{4 \times 2 \times 4} = 0.25\text{m}$$

16 다음 중 부정류 흐름의 지하수를 해석하는 방법은?

① Theis방법 ② Dupuit방법
③ Thiem방법 ④ Laplace방법

> **해설** 부정류 흐름의 지하수를 해석하는 방법은 Theis방법, Jacob법, Chow법이 있다.

17 부피 50m³인 해수의 무게(W)와 밀도(ρ)를 구한 값으로 옳은 것은? (단, 해수의 단위중량은 1.025t/m³)

① $W = 5\text{t}$, $\rho = 0.1046\text{kg} \cdot \text{s}^2/\text{m}^4$
② $W = 5\text{t}$, $\rho = 104.6\text{kg} \cdot \text{s}^2/\text{m}^4$
③ $W = 5.125\text{t}$, $\rho = 104.6\text{kg} \cdot \text{s}^2/\text{m}^4$
④ $W = 51.25\text{t}$, $\rho = 104.6\text{kg} \cdot \text{s}^2/\text{m}^4$

> **해설** 해수의 무게와 밀도
> ㉠ $W = \gamma V = 1.025 \times 50 = 51.25\text{t}$
> ㉡ $\rho = \dfrac{\gamma}{g} = \dfrac{1.025\text{t/m}^3}{9.8\text{m/s}^2}$
> $= 0.1046\text{t} \cdot \text{s}/\text{m}^4 = 104.6\text{kg} \cdot \text{s}^2/\text{m}^4$

18 수리학상 유리한 단면에 관한 설명 중 옳지 않은 것은?

① 주어진 단면에서 윤변이 최소가 되는 단면이다.
② 직사각형 단면일 경우 수심이 폭의 1/2인 단면이다.
③ 최대 유량의 소통을 가능하게 하는 가장 경제적인 단면이다.
④ 수심을 반지름으로 하는 반원을 외접원으로 하는 제형 단면이다.

> **해설** 사다리꼴 단면 수로의 수리학상 유리한 단면은 수심을 반지름으로 하는 반원에 외접하는 정육각형의 제형 단면이다.

19 오리피스(orifice)에서의 유량 Q를 계산할 때 수두 H의 측정에 1%의 오차가 있으면 유량 계산의 결과에는 얼마의 오차가 생기는가?

① 0.1% ② 0.5%
③ 1% ④ 2%

> **해설** 오리피스의 유량오차
> $$\dfrac{dQ}{Q} = \dfrac{1}{2}\dfrac{dh}{h} = \dfrac{1}{2} \times 1 = 0.5\%$$

20 폭 8m의 구형 단면 수로에 40m³/s의 물을 수심 5m로 흐르게 할 때 비에너지는? (단, 에너지보정계수 α = 1.11로 가정한다.)

① 5.06m ② 5.87m
③ 6.19m ④ 6.73m

> **해설** 비에너지
> $$V = \dfrac{Q}{A} = \dfrac{40}{8 \times 5} = 1\text{m/s}$$
> $$\therefore H_e = h + \alpha \dfrac{V^2}{2g}$$
> $$= 5 + 1.11 \times \dfrac{1^2}{2 \times 9.8} = 5.06\text{m}$$

정답 14. ② 15. ③ 16. ① 17. ④ 18. ④ 19. ② 20. ①

2019 제3회 토목기사 기출문제

2019년 8월 4일 시행

01 도수가 15m 폭의 수문 하류측에서 발생되었다. 도수가 일어나기 전의 깊이가 1.5m이고, 그때의 유속은 18m/s였다. 도수로 인한 에너지손실수두는? (단, 에너지보정계수 $\alpha = 1$이다.)

① 3.24m ② 5.40m
③ 7.62m ④ 8.34m

> **해설** 도수로 인한 에너지손실수두
> ㉠ $F_{r1} = \dfrac{V}{\sqrt{gh}} = \dfrac{18}{\sqrt{9.8 \times 1.5}} = 4.69$
> ㉡ $\dfrac{h_2}{h_1} = \dfrac{1}{2}(-1 + \sqrt{1 + 8F_{r1}^2})$
> $\dfrac{h_2}{1.5} = \dfrac{1}{2} \times (-1 + \sqrt{1 + 8 \times 4.69^2})$
> $\therefore h_2 = 9.23\text{m}$
> ㉢ $\Delta H_e = \dfrac{(h_2 - h_1)^3}{4h_1 h_2}$
> $= \dfrac{(9.23 - 1.5)^3}{4 \times 1.5 \times 9.23} = 8.34\text{m}$

02 다음 그림에서 손실수두가 $\dfrac{3V^2}{2g}$ 일 때 지름 0.1m의 관을 통과하는 유량은? (단, 수면은 일정하게 유지된다.)

① 0.0399m³/s
② 0.0426m³/s
③ 0.0798m³/s
④ 0.085m³/s

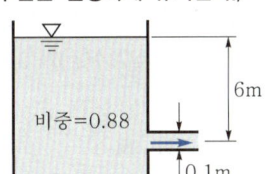

> **해설** ㉠ 베르누이방정식
> $\dfrac{V_1^2}{2g} + \dfrac{P_1}{\gamma} + Z_1 = \dfrac{V_2^2}{2g} + \dfrac{P_2}{\gamma} + Z_2 + \Sigma h_L$
> $0 + 0 + 6 = \dfrac{V_2^2}{2 \times 9.8} + 0 + 0 + \dfrac{3V_2^2}{2 \times 9.8}$
> $\therefore V_2 = 5.422\text{m/s}$
> ㉡ 유량
> $Q = A_2 V_2$
> $= \dfrac{\pi \times 0.1^2}{4} \times 5.422 = 0.0426\text{m}^3/\text{s}$

03 직사각형의 위어로 유량을 측정할 경우 수두 H를 측정할 때 1%의 측정오차가 있었다면 유량 Q에서 예상되는 오차는?

① 0.5% ② 1.0%
③ 1.5% ④ 2.5%

> **해설** 직사각형 위어의 유량오차
> $\dfrac{dQ}{Q} = \dfrac{3}{2} \dfrac{dh}{h} = \dfrac{3}{2} \times 1 = 1.5\%$

04 강우강도를 I, 침투능을 f, 총침투량을 F, 토양수분미흡량을 D라 할 때 지표유출은 발생하나 지하수위는 상승하지 않는 경우에 대한 조건식은?

① $I < f$, $F < D$ ② $I < f$, $F > D$
③ $I > f$, $F < D$ ④ $I > f$, $F > D$

> **해설** 지표유출이 발생하는 조건은 $I > f$이며, 지하수위가 상승하지 않는 조건은 $F < D$이다.

05 다음 그림과 같이 뚜껑이 없는 원통 속에 물을 가득 넣고 중심축 주위로 회전시켰을 때 흘러넘친 양이 전체의 20%였다. 이때 원통 바닥면이 받는 전수압(全水壓)은?

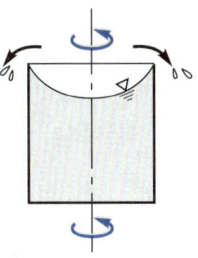

① 정지상태와 비교할 수 없다.
② 정지상태에 비해 변함이 없다.
③ 정지상태에 비해 20%만큼 증가한다.
④ 정지상태에 비해 20%만큼 감소한다.

정답 1.④ 2.② 3.③ 4.③ 5.④

> **해설** 흘러넘친 물 20%만큼 전수압도 20% 감소한다.

06 유선 위 한 점의 x, y, z축에 대한 좌표를 (x, y, z), x, y, z축방향 속도성분을 각각 u, v, w라 할 때 서로의 관계가 $\dfrac{dx}{u} = \dfrac{dy}{v} = \dfrac{dz}{w}$, $u = -ky$, $v = kx$, $w = 0$인 흐름에서 유선의 형태는? (단, k는 상수)

① 원
② 직선
③ 타원
④ 쌍곡선

> **해설**
> $\dfrac{dx}{-ky} = \dfrac{dy}{kx} = 0$
> $kx\,dx + ky\,dy = 0$
> $x\,dx + y\,dy = 0$
> $\therefore x^2 + y^2 = C$이므로 원이다.

07 폭이 넓은 개수로($R \fallingdotseq h_c$)에서 Chezy의 평균유속계수 $C = 29$, 수로경사 $I = \dfrac{1}{80}$인 하천의 흐름상태는? (단, $\alpha = 1.11$)

① $I_c = \dfrac{1}{105}$로 사류
② $I_c = \dfrac{1}{95}$로 사류
③ $I_c = \dfrac{1}{70}$로 상류
④ $I_c = \dfrac{1}{50}$로 상류

> **해설** 한계경사에 따른 흐름 판별
> $I_c = \dfrac{g}{\alpha C^2} = \dfrac{9.8}{1.11 \times 29^2} = \dfrac{1}{95.26}$
> $\therefore I > I_c$이므로 사류이다.

08 오리피스에서 수축계수의 정의와 그 크기로 옳은 것은? (단, a_o : 수축 단면적, a : 오리피스 단면적, V_o : 수축 단면의 유속, V : 이론유속)

① $C_a = \dfrac{a_o}{a}$, $1.0 \sim 1.1$
② $C_a = \dfrac{V_o}{V}$, $1.0 \sim 1.1$
③ $C_a = \dfrac{a_o}{a}$, $0.6 \sim 0.7$
④ $C_a = \dfrac{V_o}{V}$, $0.6 \sim 0.7$

> **해설** 오리피스에서 수축계수 $C_a = \dfrac{a_o}{a}$이며, $0.6 \sim 0.7$의 범위를 갖는다.

09 수로폭이 3m인 직사각형 개수로에서 비에너지가 1.5m일 경우의 최대 유량은? (단, 에너지보정계수는 1.0이다.)

① $9.39 \text{m}^3/\text{s}$
② $11.50 \text{m}^3/\text{s}$
③ $14.09 \text{m}^3/\text{s}$
④ $17.25 \text{m}^3/\text{s}$

> **해설** 구형 단면의 한계수심
> ㉠ $h_c = \dfrac{2}{3} H_e = \dfrac{2}{3} \times 1.5 = 1\text{m}$
> ㉡ $h_c = \left(\dfrac{\alpha Q^2}{g b^2}\right)^{\frac{1}{3}}$
> $1 = \left(\dfrac{1 \times Q^2}{9.8 \times 3^2}\right)^{\frac{1}{3}}$
> $\therefore Q = 9.39 \text{m}^3/\text{s}$

10 DAD 해석에 관련된 것으로 옳은 것은?

① 수심 – 단면적 – 홍수기간
② 적설량 – 분포면적 – 적설일수
③ 강우깊이 – 유역면적 – 강우기간
④ 강우깊이 – 유수 단면적 – 최대 수심

> **해설** DAD는 Depth–Area–Duration의 약자로 강우깊이(D)–유역면적(A)–강우지속기간(D) 간의 관계를 수립하는 작업을 말한다.

11 동수반지름(R)이 10m, 동수경사(I)가 1/200, 관로의 마찰손실계수(f)가 0.04일 때 유속은?

① 8.9m/s
② 9.9m/s
③ 11.3m/s
④ 12.3m/s

> **해설** Manning의 평균유속공식
> ㉠ $f = \dfrac{124.5 n^2}{D^{1/3}}$
> $0.04 = \dfrac{124.5 \times n^2}{(4 \times 10)^{1/3}}$
> $\therefore n = 0.033$
> ㉡ $V = \dfrac{1}{n} R^{\frac{2}{3}} I^{\frac{1}{2}}$
> $= \dfrac{1}{0.033} \times 10^{\frac{2}{3}} \times \left(\dfrac{1}{200}\right)^{\frac{1}{2}} = 9.95 \text{m/s}$

정답 6. ① 7. ② 8. ③ 9. ① 10. ③ 11. ②

12 단위유량도(Unit hydrograph)를 작성함에 있어서 기본가정에 해당되지 않는 것은?

① 비례가정
② 중첩가정
③ 직접유출의 가정
④ 일정 기저시간가정

> **해설** 단위유량도의 기본가정은 비례가정, 중첩가정, 일정 기저시간가정이 있다.

13 관수로에 물이 흐를 때 층류가 되는 레이놀즈수(R_e, Reynolds Number)의 범위는?

① $R_e < 2,000$
② $2,000 < R_e < 3,000$
③ $3,000 < R_e < 4,000$
④ $R_e > 4,000$

> **해설** 흐름의 판별
> ㉠ $R_e \leq 2,000$: 층류
> ㉡ $2,000 < R_e < 4,000$: 천이구역(층류와 난류가 공존)
> ㉢ $R_e \geq 4,000$: 난류

14 밀도가 ρ인 액체에 지름 d인 모세관을 연직으로 세웠을 경우 이 모세관 내에 상승한 액체의 높이는? (단, T : 표면장력, θ : 접촉각)

① $h = \dfrac{4T\cos\theta}{\rho g d^2}$
② $h = \dfrac{2T\cos\theta}{\rho g d}$
③ $h = \dfrac{2T\cos\theta}{\rho g d^2}$
④ $h = \dfrac{4T\cos\theta}{\rho g d}$

> **해설** 연직 원형관의 경우 모관 상승고
> $h = \dfrac{4T\cos\theta}{\gamma d} = \dfrac{4T\cos\theta}{\rho g d}$
> 여기서, $\gamma = \rho g$

15 정수 중의 평면에 작용하는 압력프리즘에 관한 성질 중 틀린 것은?

① 전수압의 크기는 압력프리즘의 면적과 같다.
② 전수압의 작용선은 압력프리즘의 도심을 통과한다.
③ 수면에 수평한 평면의 경우 압력프리즘은 직사각형이다.
④ 한쪽 끝이 수면에 닿는 평면의 경우에는 삼각형이다.

> **해설** 압력프리즘의 수압은 수심에 비례하므로, 수압강도는 삼각형 분포를 가지는 압력프리즘의 삼각형의 면적과 같다.

16 수로의 경사 및 단면의 형상이 주어질 때 최대 유량이 흐르는 조건은?

① 수심이 최소이거나 경심이 최대일 때
② 윤변이 최대이거나 경심이 최소일 때
③ 윤변이 최소이거나 경심이 최대일 때
④ 수로폭이 최소이거나 수심이 최대일 때

> **해설** 경심이 최대이거나 윤변이 최소일 때 최대 유량이 흐르는 단면을 수리학상 유리한 단면이라 한다.

17 단순 수문곡선의 분리방법이 아닌 것은?

① N-day법
② S-curve법
③ 수평직선분리법
④ 지하수감수곡선법

> **해설** S-curve법은 긴 지속기간을 가진 단위도에서 짧은 지속기간을 가진 단위도를 유도하는 방법이다.

18 지하수의 투수계수와 관계가 없는 것은?

① 토사의 형상
② 토사의 입도
③ 물의 단위중량
④ 토사의 단위중량

> **해설** 투수계수
> ㉠ 투수계수란 물의 흐름에 대한 흙의 저항 정도를 의미한다.
> $K = D_s^2 \dfrac{\gamma}{\mu} \left(\dfrac{e^3}{1+e} \right) C$
> 여기서, D_s : 흙의 입경, μ : 유체의 점성계수
> e : 공극비(간극비), C : 형상계수
> ㉡ 투수계수에 영향을 주는 인자로는 흙입자의 모양과 크기 및 구성, 공극비, 포화도, 흙의 구조, 유체의 점성, 밀도 등이 있다.

정답 12. ③ 13. ① 14. ④ 15. ① 16. ③ 17. ② 18. ④

19 지하수의 흐름에 대한 Darcy의 법칙은? (단, V : 유속, Δh : 길이 ΔL에 대한 손실수두, K : 투수계수)

① $V = K\left(\dfrac{\Delta h}{\Delta L}\right)^2$ ② $V = K\left(\dfrac{\Delta h}{\Delta L}\right)$

③ $V = K\left(\dfrac{\Delta h}{\Delta L}\right)^{-1}$ ④ $V = K\left(\dfrac{\Delta h}{\Delta L}\right)^{-2}$

> **해설** 지하수의 유량
> $$Q = AV = AKI = AK\dfrac{\Delta h}{\Delta L}$$
> $$\therefore V = KI = K\left(\dfrac{\Delta h}{\Delta L}\right)$$

20 0.3m³/s의 물을 실양정 45m의 높이로 양수하는 데 필요한 펌프의 동력은? (단, 마찰손실수두는 18.6m이다.)

① 186.98kW   ② 196.98kW
③ 214.4kW   ④ 224.4kW

> **해설** 펌프의 동력
> $$P_p = \dfrac{9.8Q(h + h_L)}{\eta}$$
> $$= 9.8 \times 0.3 \times (45 + 18.6) = 186.98\text{kW}$$

정답 19. ②   20. ①

2020 제1·2회 통합 토목기사 기출문제

2020년 6월 6일 시행

01 밑변 2m, 높이 3m인 삼각형 형상의 판이 밑변을 수면과 맞대고 연직으로 수중에 있다. 이 삼각형 판의 작용점위치는? (단, 수면을 기준으로 한다.)

① 1m   ② 1.33m
③ 1.5m   ④ 2m

해설 작용점위치
$$h_c = h_G + \frac{I_G}{h_G A}$$
$$= 3 \times \frac{1}{3} + \frac{\frac{2 \times 3^3}{36}}{3 \times \frac{1}{3} \times \frac{1}{2} \times 2 \times 3} = 1.5\text{m}$$

02 시간을 t, 유속을 v, 두 단면 간의 거리를 l이라 할 때 다음 조건 중 부등류인 경우는?

① $\frac{v}{t} = 0$ ② $\frac{v}{t} \neq 0$
③ $\frac{v}{t} = 0, \frac{v}{l} = 0$ ④ $\frac{v}{t} = 0, \frac{v}{l} \neq 0$

해설 부등류
㉠ 정류 중에서 수류의 단면에 따라 유속과 수심이 변하는 흐름이다.
㉡ $\frac{v}{t} = 0, \frac{v}{l} \neq 0$

03 지하의 사질여과층에서 수두차가 0.5m이며 투과거리가 2.5m일 때 이곳을 통과하는 지하수의 유속은? (단, 투수계수는 0.3cm/s이다.)

① 0.03cm/s   ② 0.04cm/s
③ 0.05cm/s   ④ 0.06cm/s

해설 지하수의 유속
$$V = KI = K\frac{h}{L} = 0.3 \times \frac{50}{250} = 0.06\text{cm/s}$$

04 강우로 인한 유수가 그 유역 내의 가장 먼 지점으로부터 유역 출구까지 도달하는데 소요되는 시간을 의미하는 것은?

① 기저시간   ② 도달시간
③ 지체시간   ④ 강우지속시간

해설 도달시간은 강우로 인한 유수가 그 유역 내의 가장 먼 지점으로부터 유역 출구까지 도달하는데 소요되는 시간을 의미한다.

05 관망 계산에 대한 설명으로 틀린 것은?

① 관망은 Hardy-Cross방법으로 근사 계산할 수 있다.
② 관망 계산 시 각 관에서의 유량을 임의로 가정해도 결과는 같아진다.
③ 관망 계산에서 반시계방향과 시계방향으로 흐를 때의 마찰손실수두의 합은 0이라고 가정한다.
④ 관망 계산 시 극히 작은 손실의 무시로도 결과에 큰 차를 가져올 수 있으므로 무시하여서는 안 된다.

해설 Hardy-Cross법 가정조건
㉠ $\Sigma Q_{in} = \Sigma Q_{out}$
㉡ $\Sigma h_L \fallingdotseq 0$
㉢ 미소손실 무시

06 다음 중 밀도를 나타내는 차원은?

① $[FL^{-4}T^2]$ ② $[FL^4T^2]$
③ $[FL^{-2}T^4]$ ④ $[FL^{-2}T^{-4}]$

해설 $[M] = [FL^{-1}T^2]$이므로 밀도 $= [ML^{-3}] = [FL^{-4}T^2]$이다.

정답 1.③ 2.④ 3.④ 4.② 5.④ 6.①

07 일반적인 수로 단면에서 단면계수 Z_c와 수심 h의 상관식은 $Z_c^2 = Ch^M$으로 표시할 수 있는데, 이 식에서 M은?

① 단면지수
② 수리지수
③ 윤변지수
④ 흐름지수

> 해설 M은 수리지수를 나타낸다.

08 지하수흐름에서 Darcy법칙에 관한 설명으로 옳은 것은?

① 정상상태이면 난류영역에서도 적용된다.
② 투수계수(수리전도계수)는 지하수의 특성과 관계가 있다.
③ 대수층의 모세관작용은 공식에 간접적으로 반영되었다.
④ Darcy공식에 의한 유속은 공극 내 실제 유속의 평균치를 나타낸다.

> 해설 **Darcy법칙**
> ㉠ $R_e < 0.4$인 층류에서만 적용된다.
> ㉡ 대수층 내에 모관수대는 존재하지 않는다고 가정한다.
> ㉢ 지하수의 흐름은 정상류이므로 실제 유속을 나타내지 않는다.

09 강우강도 $I = \dfrac{5,000}{t+40}$ [mm/h]로 표시되는 어느 도시에 있어서 20분간의 강우량 R_{20}은? (단, t의 단위는 분이다.)

① 17.8mm
② 27.8mm
③ 37.8mm
④ 47.8mm

> 해설 **20분간 강우량**
> $I = \dfrac{5,000}{t+40} = \dfrac{5,000}{20+40} = 83.33$mm/h
> $\therefore P_{20} = \dfrac{83.33}{60} \times 20 = 27.8$mm

10 광정위어(weir)의 유량공식 $Q = 1.704 CbH^{3/2}$에 사용되는 수두(H)는?

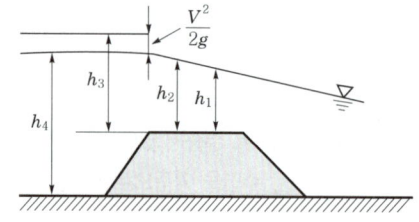

① h_1
② h_2
③ h_3
④ h_4

> 해설 수두(H)는 위어의 정부에서 에너지선까지의 깊이이므로
> $\therefore H = \dfrac{V^2}{2g} + h_2 = h_3$

11 오리피스(orifice)로부터의 유량을 측정한 경우 수두 H를 측정함에 1%의 오차가 있었다면 유량 Q에는 몇 %의 오차가 생기는가?

① 1%
② 0.5%
③ 1.5%
④ 2%

> 해설 **오리피스의 유량오차**
> $\dfrac{dQ}{Q} = \dfrac{1}{2}\dfrac{dh}{h} = \dfrac{1}{2} \times 1 = 0.5\%$

12 유체의 흐름에 대한 설명으로 옳지 않은 것은?

① 이상유체에서 점성은 무시된다.
② 유관(stream tube)은 유선으로 구성된 가상적인 관이다.
③ 점성이 있는 유체가 계속해서 흐르기 위해서는 가속도가 필요하다.
④ 정상류의 흐름상태는 위치변화에 따라 변화하지 않는 흐름을 의미한다.

> 해설 정상류는 유량, 속도, 압력, 밀도, 유적 등이 시간에 따라 변하지 않는 흐름을 말한다.

13 강우강도공식에 관한 설명으로 틀린 것은?
① 자기우량계의 우량자료로부터 결정되며 지역에 무관하게 적용 가능하다.
② 도시지역의 우수관로, 고속도로 암거 등의 설계 시 기본자료로서 널리 이용된다.
③ 강우강도가 커질수록 강우가 계속되는 시간은 일반적으로 작아지는 반비례관계이다.
④ 강우강도(I)와 강우지속시간(D)과의 관계로서 Talbot, Sherman, Japanese형의 경험공식에 의해 표현될 수 있다.

> **해설** **강우강도공식**
> ㉠ Talbot형 : $I = \dfrac{a}{t+b}$
> ㉡ Sherman형 : $I = \dfrac{c}{t^n}$
> ㉢ Japanese형 : $I = \dfrac{d}{\sqrt{t}+e}$
> 여기서, a, b, c, d, e, n : 지역상수

14 주어진 유량에 대한 비에너지(specific energy)가 3m일 때 한계수심은?
① 1m ② 1.5m
③ 2m ④ 2.5m

> **해설** **한계수심**
> $h_c = \dfrac{2}{3}H_e = \dfrac{2}{3} \times 3 = 2\text{m}$

15 다음 그림과 같이 지름 3m, 길이 8m인 수로의 드럼게이트에 작용하는 전수압이 수문 ABC에 작용하는 지점의 수심은?

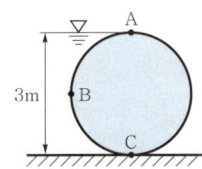

① 2.0m ② 2.25m
③ 2.43m ④ 2.68m

> **해설** **전수압**
> ㉠ $F_H = \gamma h_G A = 1 \times \dfrac{3}{2} \times 3 \times 8 = 36\text{tf}$
> ㉡ $h_H = \dfrac{2}{3}h = \dfrac{2}{3} \times 3 = 2\text{m}$
> ㉢ $F_V = \gamma V = 1 \times \dfrac{\pi \times 3^3}{4} \times 8 \times \dfrac{1}{2} = 28.27\text{tf}$
> ㉣ 수평력과 수직력의 모멘트로부터
> $\sum M_o = 0$
> $36 \times 0.5 - 28.27 \times h_V = 0$
> $\therefore h_V = 0.637\text{m}$
> ㉤ $\tan\theta = \dfrac{0.5}{0.637}$
> $\therefore \theta = 38.13°$
> ㉥ $\sin 38.13° = \dfrac{h_P}{1.5}$
> $\therefore h_P = 0.926\text{m}$
> ㉦ $h' = 1.5 + 0.926 = 2.426\text{m}$
>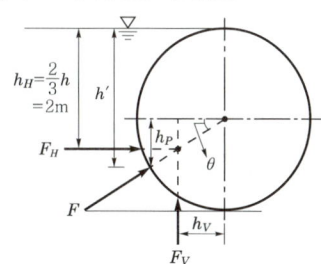

16 다음 그림과 같이 A에서 분기했다가 B에서 다시 합류하는 관수로에 물이 흐를 때 관 I과 II의 손실수두에 대한 설명으로 옳은 것은? (단, 관 I의 지름 < 관 II의 지름이며, 관의 성질은 같다.)

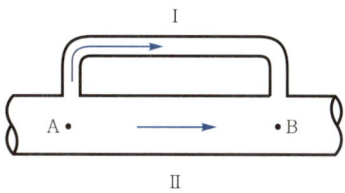

① 관 I의 손실수두가 크다.
② 관 II의 손실수두가 크다.
③ 관 I과 관 II의 손실수두는 같다.
④ 관 I과 관 II의 손실수두의 합은 0이다.

> **해설** 병렬 관수로에서 관 I, II의 손실수두는 같다.

정답 13. ① 14. ③ 15. ③ 16. ③

17 다음 그림과 같은 사다리꼴수로에서 수리상 유리한 단면으로 설계된 경우의 조건은?

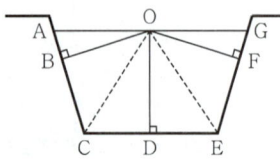

① OB=OD=OF
② OA=OD=OG
③ OC=OG+OA=OE
④ OA=OC=OE=OG

> **해설** 사다리꼴 단면에서의 수리상 유리한 단면은 정육각형의 절반일 때로 $\theta = 60°$일 때이다.
> ∴ OB=OD=OF

18 평면상 x, y방향의 속도성분이 각각 $u = ky$, $v = kx$인 유선의 형태는?

① 원
② 타원
③ 쌍곡선
④ 포물선

> **해설** 유선의 방정식
> $$\frac{dx}{u} = \frac{dy}{v}$$
> $$\frac{dx}{ky} = \frac{dy}{kx}$$
> $$\frac{1}{x}dx - \frac{1}{y}dy = 0$$
> $$\int \left(\frac{1}{x}dx - \frac{1}{y}dy\right) = C$$
> ∴ $\ln x - \ln y = C$이므로 쌍곡선이다.

19 토리첼리(Torricelli)정리는 다음 중 어느 것을 이용하여 유도할 수 있는가?

① 파스칼원리
② 아르키메데스원리
③ 레이놀즈원리
④ 베르누이정리

> **해설** 토리첼리(Torricelli)정리는 오리피스에 베르누이정리를 적용하여 오리피스에서의 유속을 구한 식이다.

20 유역면적 20km² 지역에서 수공구조물의 축조를 위해 다음의 수문곡선을 얻었을 때 총유출량은?

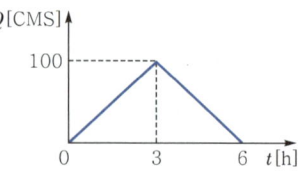

① 108m³
② 108×10⁴m³
③ 300m³
④ 300×10⁴m³

> **해설** 유출량
> 총유출량=수문곡선의 면적
> $= 6 \times 3,600 \times 100 \times \frac{1}{2}$
> $= 108 \times 10^4 \text{m}^3$
>
> **참고** CMS(cubic meter per second)=m³/s

2020 제3회 토목기사 기출문제

2020년 8월 22일 시행

01 다음 그림과 같이 1m×1m×1m인 정육면체의 나무가 물에 떠 있을 때 부체(浮體)로서 상태로 옳은 것은? (단, 나무의 비중은 0.8이다.)

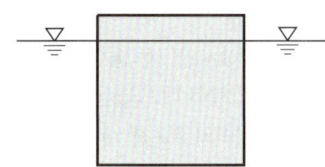

① 안정하다. ② 불안정하다.
③ 중립상태다. ④ 판단할 수 없다.

해설 부체 안정의 판별
㉠ $\gamma_w V' = \gamma_m V$
$1 \times V' = 0.8 \times 1 \times 1 \times 1$
∴ $V' = 0.8 m^3$
㉡ 부심 $= 1 \times 1 \times h' = 0.8 m^3$
∴ $h' = 0.8 m$
㉢ $I_y = \dfrac{bh^3}{12} = \dfrac{1 \times 1^3}{12} = 0.083 m^4$
㉣ $\overline{MC} = 1 \times \dfrac{1}{2} - 0.8 \times \dfrac{1}{2} = 0.1 m$
㉤ $\dfrac{I_y}{V'} = \dfrac{0.083}{0.8} = 0.10375 > \overline{MC} = 0.1$
∴ 안정

02 관의 마찰 및 기타 손실수두를 양정고의 10%로 가정할 경우 펌프의 동력을 마력으로 구하면? (단, 유량은 $Q = 0.07 m^3/s$이며, 효율은 100%로 가정한다.)

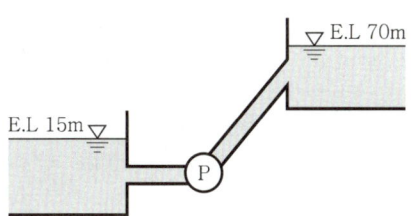

① 57.2HP ② 48.0HP
③ 51.3HP ④ 56.5HP

해설 펌프의 동력
$P_p = \dfrac{13.33 QH}{\eta}$
$= \dfrac{13.33 \times 0.07 \times [(70-15) + (70-15) \times 0.1]}{1}$
$= 56.5 HP$

03 비피압대수층 내 지름 $D = 2m$, 영향권의 반지름 $R = 1,000m$, 원지하수의 수위 $H = 9m$, 집수정의 수위 $h_o = 5m$인 심정호의 양수량은? (단, 투수계수 $K = 0.0038 m/s$)

① $0.0415 m^3/s$ ② $0.0461 m^3/s$
③ $0.0968 m^3/s$ ④ $1.8232 m^3/s$

해설 깊은 우물의 유량
$Q = \dfrac{\pi K(H_1^2 - H_0^2)}{2.3 \log \dfrac{R}{r_0}}$
$= \dfrac{\pi \times 0.0038 \times (9^2 - 5^2)}{2.3 \times \log \dfrac{1,000}{1}} = 0.0969 m^3/s$

04 폭이 50m인 직사각형 수로의 도수 전 수위 $h_1 = 3m$, 유량 $Q = 2,000 m^3/s$일 때 대응수심은?

① 1.6m
② 6.1m
③ 9.0m
④ 도수가 발생하지 않는다.

해설 도수고
㉠ $F_{r1} = \dfrac{V_1}{\sqrt{gh_1}} = \dfrac{\dfrac{2,000}{50 \times 3}}{\sqrt{9.8 \times 3}} = 2.46$
㉡ $\dfrac{h_2}{h_1} = \dfrac{1}{2}(-1 + \sqrt{1 + 8F_{r1}^2})$
$\dfrac{h_2}{3} = \dfrac{1}{2} \times (-1 + \sqrt{1 + 8 \times 2.46^2})$
∴ $h_2 = 9m$

정답 1.① 2.④ 3.③ 4.③

05 지름 25cm, 길이 1m의 원주가 연직으로 물에 떠 있을 때 물속에 가라앉은 부분의 길이가 90cm라면 원주의 무게는? (단, 무게 1kgf=9.8N)

① 253N ② 344N
③ 433N ④ 503N

> **해설** 물속 무게
> $$W = \gamma_w \forall' = 1 \times \frac{\pi \times 0.25^2}{4} \times 0.9$$
> $$= 0.04418t = 0.04418 \times 9,800 = 432.96N$$

06 배수면적이 500ha, 유출계수가 0.70인 어느 유역에 연평균강우량이 1,300mm 내렸다. 이때 유역 내에서 발생한 최대 유출량은?

① 0.1443m³/s ② 12.64m³/s
③ 14.43m³/s ④ 1,264m³/s

> **해설** 합리식
> $$I = \frac{1,300}{365 \times 24} = 0.148 \text{mm/h}$$
> $$\therefore Q = \frac{1}{360}CIA$$
> $$= \frac{1}{360} \times 0.7 \times 0.148 \times 500$$
> $$= 0.1443 \text{m}^3/\text{s}$$

07 다음 그림과 같은 개수로에서 수로경사 $I=0.001$, Manning의 조도계수 $n=0.002$일 때 유량은?

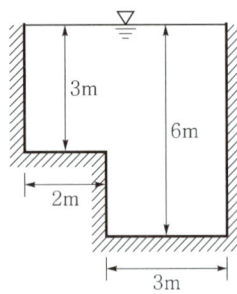

① 약 150m³/s ② 약 320m³/s
③ 약 480m³/s ④ 약 540m³/s

> **해설** Manning의 유량공식
> $$Q = AV = A\frac{1}{n}R_h^{\frac{2}{3}}I^{\frac{1}{2}}$$
> $$= (2 \times 3 + 6 \times 3) \times \frac{1}{0.002}$$
> $$\times \left(\frac{2 \times 3 + 6 \times 3}{3 + 2 + 3 + 3 + 6}\right)^{\frac{2}{3}} \times 0.001^{\frac{1}{2}}$$
> $$= 477.55 \text{m}^3/\text{s}$$

08 20℃에서 지름 0.3mm인 물방울이 공기와 접하고 있다. 물방울 내부의 압력이 대기압보다 10gf/cm²만큼 크다고 할 때 표면장력의 크기를 dyne/cm로 나타내면?

① 0.075 ② 0.75
③ 73.50 ④ 75.0

> **해설** 표면장력
> $$\sigma = \frac{PD}{4} = \frac{10 \times 0.03}{4}$$
> $$= 0.075 \text{gf/cm} = 73.5 \text{dyne/cm}$$

09 수조에서 수면으로부터 2m의 깊이에 있는 오리피스의 이론유속은?

① 5.26m/s ② 6.26m/s
③ 7.26m/s ④ 8.26m/s

> **해설** 오리피스의 유속
> $$V = \sqrt{2gh} = \sqrt{2 \times 9.8 \times 2} = 6.26 \text{m/s}$$

10 수심이 10cm, 수로폭이 20cm인 직사각형 개수로에서 유량 $Q=80$cm³/s가 흐를 때 동점성계수 $\nu=1.0 \times 10^{-2}$cm²/s이면 흐름은?

① 난류, 사류 ② 층류, 사류
③ 난류, 상류 ④ 층류, 상류

> **해설** 개수로 흐름의 판별
> ㉠ $V = \dfrac{Q}{A} = \dfrac{80}{10 \times 20} = 0.4 \text{cm/s}$
> ㉡ $R_e = \dfrac{VD}{\nu} = \dfrac{0.4 \times 10}{1.0 \times 10^{-2}} = 400 < 500$, 층류
> ㉢ $F_r = \dfrac{V}{\sqrt{gh}} = \dfrac{0.4}{\sqrt{980 \times 10}} = 0.004 < 1$, 상류

정답 5. ③ 6. ① 7. ③ 8. ③ 9. ② 10. ④

11 방파제 건설을 위한 해안지역의 수심이 5.0m, 입사 파랑의 주기가 14.5초인 장파(long wave)의 파장 (wave length)은? (단, 중력가속도 $g=9.8m/s^2$)

① 49.5m　　② 70.5m
③ 101.5m　　④ 190.5m

> 해설 **극천해파의 분산방정식**
> $L=\sqrt{gh}\,T=\sqrt{9.8\times5}\times14.5=101.5m$

12 누가우량곡선(rainfall mass curve)의 특성으로 옳은 것은?

① 누가우량곡선의 경사가 클수록 강우강도가 크다.
② 누가우량곡선의 경사는 지역에 관계없이 일정하다.
③ 누가우량곡선으로부터 일정 기간 내의 강우량을 산출하는 것은 불가능하다.
④ 누가우량곡선은 자기우량기록에 의하여 작성하는 것보다 보통우량계의 기록에 의하여 작성하는 것이 더 정확하다.

> 해설 **누가우량곡선**
> ㉠ 자기우량계에 의해 측정된 우량을 기록지에 누가 우량의 시간적 변화상태를 기록한 것을 말한다.
> ㉡ 누가우량곡선의 경사가 급할수록 강우강도가 크다.
> ㉢ 누가우량곡선의 경사가 없으면 무강우로 처리한다.

13 다음 그림과 같은 유역(12km×8km)의 평균강우량을 Thiessen방법으로 구한 값은? (단, 작은 사각형은 2km×2km의 정사각형으로서 모두 크기가 동일하다.)

관측점	1	2	3	4
강우량(mm)	140	130	110	100

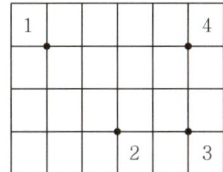

① 120mm　　② 123mm
③ 125mm　　④ 130mm

> 해설 **Thiessen가중법의 평균강우량**
> ㉠ $A_1=7.5\times(2\times2)=30km^2$
> ㉡ $A_2=7\times(2\times2)=28km^2$
> ㉢ $A_3=4\times(2\times2)=16km^2$
> ㉣ $A_4=5.5\times(2\times2)=22km^2$
> ㉤ $P_m=\dfrac{P_1A_1+P_2A_2+P_3A_3+P_4A_4}{A}$
> $=\dfrac{140\times30+130\times28+110\times16+100\times22}{30+28+16+22}$
> $=123mm$

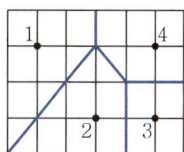

14 관의 지름이 각각 3m, 1.5m인 서로 다른 관이 연결되어 있을 때 지름 3m관 내에 흐르는 유속이 0.03m/s이라면 지름 1.5m관 내에 흐르는 유량은?

① 0.157㎥/s　　② 0.212㎥/s
③ 0.378㎥/s　　④ 0.540㎥/s

> 해설 **연속방정식**
> $Q=A_1V_1=A_2V_2$
> $=\dfrac{\pi\times3^2}{4}\times0.03=0.212m^3/s$

15 수중오리피스(orifice)의 유속에 관한 설명으로 옳은 것은?

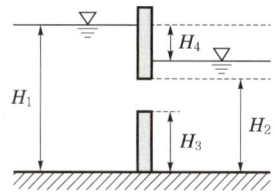

① H_1이 클수록 유속이 빠르다.
② H_2가 클수록 유속이 빠르다.
③ H_3이 클수록 유속이 빠르다.
④ H_4가 클수록 유속이 빠르다.

> 해설 오리피스는 낙차가 클수록 유속이 빠르다.
> $\therefore V=\sqrt{2gH_4}$

정답 11.③ 12.① 13.② 14.② 15.④

16 정상적인 흐름에서 1개 유선상의 유체입자에 대하여 그 속도수두를 $\frac{V^2}{2g}$, 위치수두를 Z, 압력수두를 $\frac{P}{\gamma_o}$라 할 때 동수경사는?

① $\frac{P}{\gamma_o}+Z$를 연결한 값이다.
② $\frac{V^2}{2g}+Z$를 연결한 값이다.
③ $\frac{V^2}{2g}+\frac{P}{\gamma_o}$를 연결한 값이다.
④ $\frac{V^2}{2g}+\frac{P}{\gamma_o}+Z$를 연결한 값이다.

해설 동수경사는 압력수두와 위치수두의 합이다.
$I=\frac{P}{\gamma_o}+Z$

17 다음 그림과 같이 지름 10cm인 원관이 지름 20cm로 급확대되었다. 관의 확대 전 유속이 4.9m/s라면 단면 급확대에 의한 손실수두는?

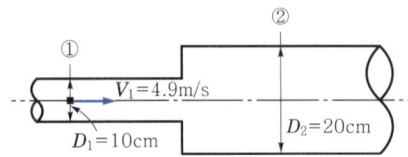

① 0.69m ② 0.96m
③ 1.14m ④ 2.45m

해설 단면급확대에 의한 손실수두
$h_{se}=\left(1-\frac{A_1}{A_2}\right)^2\frac{V_1^2}{2g}=\left[1-\left(\frac{D_1}{D_2}\right)^2\right]^2\frac{V_1^2}{2g}$
$=\left[1-\left(\frac{10}{20}\right)^2\right]^2\times\frac{4.9^2}{2\times9.8}=0.69\text{m}$

18 Hardy-Cross의 관망 계산 시 가정조건에 대한 설명으로 옳은 것은?

① 합류점에 유입하는 유량은 그 점에서 1/2만 유출된다.
② 각 분기점에 유입하는 유량은 그 점에서 정지하지 않고 전부 유출한다.
③ 폐합관에서 시계방향 또는 반시계방향으로 흐르는 관로의 손실수두의 합은 0이 될 수 없다.
④ Hardy-Cross방법은 관경에 관계없이 관수로의 분할개수에 의해 유량분배를 하면 된다.

해설 Hardy-Cross법의 가정조건
㉠ $\Sigma Q_{in}=\Sigma Q_{out}$
㉡ $\Sigma h_L \fallingdotseq 0$
㉢ 미소손실 무시

19 왜곡모형에서 Froude의 상사법칙을 이용하여 물리량을 표시한 것으로 틀린 것은? (단, X_r은 수평축척비, Y_r은 연직축척비이다.)

① 시간비 : $T_r=\frac{X_r}{Y_r^{1/2}}$
② 경사비 : $S_r=\frac{Y_r}{X_r}$
③ 유속비 : $V_r=\sqrt{Y_r}$
④ 유량비 : $Q_r=X_r Y_r^{5/2}$

해설 왜곡모형에서 Froude의 상사법칙
㉠ 수평축척비 : $X_r=\frac{X_m}{X_p}$
㉡ 연직축척비 : $Y_r=\frac{Y_m}{Y_p}$
㉢ 속도비 : $V_r=\sqrt{Y_r}$
㉣ 면적비 : $A_r=X_r Y_r$
㉤ 유량비 : $Q_r=A_r V_r=X_r Y_r^{3/2}$
㉥ 에너지경사비 : $I_r=\frac{Y_r}{X_r}$
㉦ 시간비 : $T_r=\frac{L_r}{V_r}=\frac{X_r}{Y_r^{1/2}}$

20 홍수유출에서 유역면적이 작으면 단시간의 강우에, 면적이 크면 장시간의 강우에 문제가 발생한다. 이와 같은 수문학적 인자 사이의 관계를 조사하는 DAD 해석에 필요 없는 인자는?

① 강우량   ② 유역면적
③ 증발산량   ④ 강우지속시간

해설 DAD는 Depth-Area-Duration의 약자로 강우깊이(D)-유역면적(A)-강우지속기간(D) 간의 관계를 수립하는 작업을 말한다.

정답 16. ① 17. ① 18. ② 19. ④ 20. ③

2020 제4회 토목기사 기출문제

2020년 9월 27일 시행

01 수면 아래 30m 지점의 수압을 kN/m²으로 표시하면? (단, 물의 단위중량은 9.81kN/m³이다.)

① 2.94kN/m²
② 29.43kN/m²
③ 294.3kN/m²
④ 2,943kN/m²

해설 정수압
$$P = \gamma h = 9.81 \times 30 = 294.3 \text{kN/m}^2$$

02 유출(流出)에 대한 설명으로 옳지 않은 것은?

① 총유출은 통상 직접유출(direct run off)과 기저유출(base flow)로 분류된다.
② 하천에 도달하기 전에 지표면 위로 흐르는 유수를 지표유하수(overland flow)라 한다.
③ 하천에 도달한 후 다른 성분의 유출수와 합친 유수량을 총유출수(total flow)라 한다.
④ 지하수유출은 토양을 침투한 물이 침투하여 지하수를 형성하나 총유출량에는 고려하지 않는다.

해설 지하수유출(ground water runoff)은 침루에 의해 지하수를 형성하는 부분으로 중력에 의해 낮은 곳으로 흐르는 유출을 말한다.

03 도수(hydraulic jump) 전후의 수심 h_1, h_2의 관계를 도수 전의 Froude수 F_{r1}의 함수로 표시한 것으로 옳은 것은?

① $\dfrac{h_2}{h_1} = \dfrac{1}{2}(\sqrt{8F_{r1}^2 + 1} - 1)$
② $\dfrac{h_1}{h_2} = \dfrac{1}{2}(\sqrt{8F_{r1}^2 + 1} + 1)$
③ $\dfrac{h_2}{h_1} = \dfrac{1}{2}(\sqrt{8F_{r1}^2 + 1} + 1)$
④ $\dfrac{h_1}{h_2} = \dfrac{1}{2}(\sqrt{8F_{r1}^2 + 1} - 1)$

해설 도수 후의 상류의 수심을 도수고라 하며 식은 다음과 같다.
$$h_2 = -\dfrac{h_1}{2} + \dfrac{h_1}{2}\sqrt{1 + 8F_{r1}^2}$$
$$= \dfrac{h_1}{2}(-1 + \sqrt{1 + 8F_{r1}^2})$$
$$\therefore \dfrac{h_2}{h_1} = \dfrac{1}{2}(\sqrt{8F_{r1}^2 + 1} - 1)$$

04 개수로 내의 흐름에서 비에너지(specific energy, H_e)가 일정할 때 최대 유량이 생기는 수심 h로 옳은 것은? (단, 개수로의 단면은 직사각형이고 $\alpha = 1$이다.)

① $h = H_e$
② $h = \dfrac{1}{2}H_e$
③ $h = \dfrac{2}{3}H_e$
④ $h = \dfrac{3}{4}H_e$

해설 직사각형 단면의 경우 비에너지와 한계수심과의 관계는 $h = \dfrac{2}{3}H_e$이다.

05 오리피스(orifice)의 압력수두가 2m이고 단면적이 4cm², 접근유속은 1m/s일 때 유출량은? (단, 유량계수 $C = 0.63$이다.)

① 1,558cm³/s
② 1,578cm³/s
③ 1,598cm³/s
④ 1,618cm³/s

해설 접근유속
$$h_a = \alpha \dfrac{V_a^2}{2g} = 1 \times \dfrac{100^2}{2 \times 980} = 5.1 \text{cm}$$
$$\therefore Q = Ca\sqrt{2g(h + h_a)}$$
$$= 0.63 \times 4 \times \sqrt{2 \times 980 \times (200 + 5.1)}$$
$$= 1,598 \text{cm}^3/\text{s}$$

정답 1.③ 2.④ 3.① 4.③ 5.③

Hydraulics and Hydrology

06 위어(weir)에 물이 월류할 경우 위어의 정상을 기준으로 상류측 전수두를 H, 하류수위를 h라 할 때 수중위어(submerged weir)로 해석될 수 있는 조건은?

① $h < \frac{2}{3}H$
② $h < \frac{1}{2}H$
③ $h > \frac{2}{3}H$
④ $h > \frac{1}{3}H$

> **해설** 광정위어
> ㉠ $h > \frac{2}{3}H$: 수중위어
> ㉡ $h < \frac{2}{3}H$: 완전 월류

07 다음 중 베르누이의 정리를 응용한 것이 아닌 것은?

① 오리피스
② 레이놀즈수
③ 벤투리미터
④ 토리첼리의 정리

> **해설** 레이놀즈수 $R_e = \frac{\text{흐름의 관성력}}{\text{점성력}}$ 으로, 층류와 난류의 구분은 무차원수이다. 따라서 베르누이정리와 무관하다.

08 부체의 안정에 관한 설명으로 옳지 않은 것은?

① 경심(M)이 무게중심(G)보다 낮을 경우 안정하다.
② 무게중심(G)이 부심(B)보다 아래쪽에 있으면 안정하다.
③ 경심(M)이 무게중심(G)보다 높을 경우 복원모멘트가 작용한다.
④ 부심(B)과 무게중심(G)이 동일 연직선상에 위치할 때 안정을 유지한다.

> **해설** 경심(M)이 무게중심(G)보다 낮을 경우 전도모멘트가 작용하여 불안정하다.

09 DAD 해석에 관한 내용으로 옳지 않은 것은?

① DAD의 값은 유역에 따라 다르다.
② DAD 해석에서 누가우량곡선이 필요하다.
③ DAD곡선은 대부분 반대수지로 표시된다.
④ DAD관계에서 최대 평균우량은 지속시간 및 유역면적에 비례하여 증가한다.

> **해설** DAD관계에서 최대 평균우량은 지속시간에 비례하고, 유역면적에 반비례한다.

10 합성단위유량도(synthetic unit hydrograph)의 작성방법이 아닌 것은?

① Snyder방법
② Nakayasu방법
③ 순간단위유량도법
④ SCS의 무차원 단위유량도 이용법

> **해설** 순간단위유량도
> 어떤 유역에 단위유효우량이 순간적으로 내린다고 가정했을 때 유역 출구를 통과하는 유량의 시간적 변화를 나타내는 수문곡선이다.

11 수리학적으로 유리한 단면에 관한 내용으로 옳지 않은 것은?

① 동수반경을 최대로 하는 단면이다.
② 구형에서는 수심이 폭의 반과 같다.
③ 사다리꼴에서는 동수반경이 수심의 반과 같다.
④ 수리학적으로 가장 유리한 단면의 형태는 이등변직각삼각형이다.

> **해설** 수리학적으로 가장 유리한 단면의 형태는 구조물의 모양에 따라 사각형일 경우 수로폭이 수심의 2배가 되는 단면이고, 제형 단면의 경우 유리한 조건은 $\theta = 60°$인 경우이다

12 마찰손실계수(f)와 Reynolds수(R_e) 및 상대조도(e/d)의 관계를 나타낸 Moody도표에 대한 설명으로 옳지 않은 것은?

① 층류영역에서는 관의 조도에 관계없이 단일 직선이 적용된다.
② 완전 난류의 완전히 거친 영역에서 f는 R_e^n과 반비례하는 관계를 보인다.
③ 층류와 난류의 물리적 상이점은 $f - R_e$ 관계가 한계Reynolds수 부근에서 갑자기 변한다.
④ 난류영역에서는 $f - R_e$ 곡선은 상대조도에 따라 변하며 Reynolds수보다는 관의 조도가 더 중요한 변수가 된다.

정답 6. ③ 7. ② 8. ① 9. ④ 10. ③ 11. ④ 12. ②

> **해설** 완전 난류의 완전히 거친 영역에서 f는 R_e에는 관계가 없고 상대조도 $\left(\dfrac{e}{D}\right)$만의 함수이다.

13 관수로에서의 마찰손실수두에 대한 설명으로 옳은 것은?

① Froude수에 반비례한다.
② 관수로의 길이에 비례한다.
③ 관의 조도계수에 반비례한다.
④ 관 내 유속의 1/4제곱에 비례한다.

> **해설** ㉠ 관수로에서의 마찰손실수두 $h_L = f\dfrac{l}{D}\dfrac{V^2}{2g}$이고 $f = \dfrac{12.7gn^2}{D^{1/3}} = \dfrac{124.6n^2}{D^{1/3}}$이므로, 조도계수 (n)와 유속 (V)의 제곱에 비례한다.
> ㉡ Froude수는 개수로와 관련 있다.

14 수심이 50m로 일정하고 무한히 넓은 해역에서 주태양반일주조(S_2)의 파장은? (단, 주태양반일주조의 주기는 12시간, 중력가속도 $g = 9.81\text{m/s}^2$이다.)

① 9.56km
② 95.6km
③ 956km
④ 9,560km

> **해설** 파장
> $L = \sqrt{gh}\,T$
> $= \sqrt{9.81 \times 50} \times 12 \times 3,600$
> $= 956,760\text{m} = 956.76\text{km}$

15 지름 0.3m, 수심 6m인 굴착정이 있다. 피압대수층의 두께가 3.0m라 할 때 5ℓ/s의 물을 양수하면 우물의 수위는? (단, 영향원의 반지름은 500m, 투수계수는 4m/h이다.)

① 3.848m
② 4.063m
③ 5.920m
④ 5.999m

> **해설** 굴착정의 유량
> $Q = \dfrac{2\pi c K(H - h_0)}{2.3\log\dfrac{R}{r_0}}$
> $5 \times 10^{-3} = \dfrac{2 \times \pi \times 3 \times \dfrac{4}{3,600} \times (6 - h_0)}{2.3 \times \log\dfrac{500}{0.15}}$
> $\therefore h_0 = 4.065\text{m}$

16 흐르는 유체 속에 물체가 있을 때 물체가 유체로부터 받는 힘은?

① 장력(張力)
② 충력(衝力)
③ 항력(抗力)
④ 소류력(掃流力)

> **해설** 유체 속에 물체가 움직일 때, 또는 흐르는 유체 속에 물체가 잠겨 있을 때는 유체에 의해 물체가 저항력을 받는다. 이 힘을 항력(drag force, D) 또는 유체의 저항력이라 한다.

17 유역면적이 2km²인 어느 유역에 다음과 같은 강우가 있었다. 직접유출용적이 140,000m³일 때 이 유역에서의 ϕ-index는?

시간(30min)	1	2	3	4
강우강도(mm/h)	102	51	152	127

① 36.5mm/h
② 51.0mm/h
③ 73.0mm/h
④ 80.3mm/h

> **해설** ϕ-index
> ㉠ 총강우량 = 102 + 51 + 152 + 127 = 432mm
> ㉡ 직접유출량 = $\dfrac{140,000\text{m}^3}{2 \times 10^6\text{m}^2} = 0.07\text{m} = 70\text{mm}$
> $= 70\text{mm} \times 2 = 140\text{mm}(\text{min} \to \text{hr})$
> ㉢ 침투량 = 432 - 140 = 292mm
> ㉣ 구분수평선 이하 제외
> 292 - 51 = 241mm
> $\therefore \phi\text{-index} = \dfrac{241}{3} = 80.3\text{mm/h}$
>
> **참고** 총강우량 = 유출량 + 침투량

18 양정이 5m일 때 4.9kW의 펌프로 0.03m³/s를 양수했다면 이 펌프의 효율은?

① 약 0.3
② 약 0.4
③ 약 0.5
④ 약 0.6

> **해설** 펌프의 축동력
> $P_p = \dfrac{9.8QH}{\eta}$
> $\therefore \eta = \dfrac{9.8QH}{P_p} = \dfrac{9.8 \times 0.03 \times 5}{4.9} = 0.3$

정답 13. ② 14. ③ 15. ② 16. ③ 17. ④ 18. ①

Hydraulics and Hydrology

19 두 개의 수평한 판이 5mm 간격으로 놓여있고 점성계수 0.01N·s/cm²인 유체로 채워져 있다. 하나의 판을 고정시키고 다른 하나의 판을 2m/s로 움직일 때 유체 내에서 발생되는 전단응력은?

① 1N/cm²   ② 2N/cm²
③ 3N/cm²   ④ 4N/cm²

해설 전단응력
$$\tau = \mu \frac{du}{dy} = 0.01 \times \frac{200}{0.5} = 4\text{N/cm}^2$$

20 폭 4m, 수심 2m인 직사각형 단면개수로에서 Manning공식의 조도계수 $n=0.017\text{m}^{-1/3}\cdot\text{s}$, 유량 $Q=15\text{m}^3/\text{s}$일 때 수로의 경사(I)는?

① 1.016×10^{-3} ② 4.548×10^{-3}
③ 15.365×10^{-3} ④ 31.875×10^{-3}

해설 Manning의 유량공식
$$Q = AV = A\frac{1}{n}R_h^{\frac{2}{3}}I^{\frac{1}{2}}$$
$$15 = 4 \times 2 \times \frac{1}{0.017} \times \left(\frac{4 \times 2}{4 + 2 \times 2}\right)^{\frac{2}{3}} \times I^{\frac{1}{2}}$$
$$\therefore I = 1.017 \times 10^{-3}$$

정답 19. ④ 20. ①

2021 제1회 토목기사 기출문제

2021년 3월 7일 시행

01 수로폭이 10m인 직사각형 수로의 도수 전 수심이 0.5m, 유량이 40m³/s이었다면 도수 후의 수심(h_2)은?

① 1.96m
② 2.18m
③ 2.31m
④ 2.85m

> **해설** 도수고
> ㉠ $V = \dfrac{Q}{A} = \dfrac{40}{10 \times 0.5} = 8\text{m/s}$
> ㉡ $F_{r1} = \dfrac{V}{\sqrt{gh_1}} = \dfrac{8}{\sqrt{9.8 \times 0.5}} = 3.61$
> ㉢ $\dfrac{h_2}{h_1} = \dfrac{1}{2}(\sqrt{1 + 8F_{r1}^2} - 1)$
> $\dfrac{h_2}{0.5} = \dfrac{1}{2} \times (\sqrt{1 + 8 \times 3.61^2} - 1)$
> $\therefore h_2 = 2.31\text{m}$

02 수로경사 1/10,000인 직사각형 단면 수로에 유량 30m³/s를 흐르게 할 때 수리학적으로 유리한 단면은? (단, h : 수심, B : 폭이며 Manning공식을 쓰고 $n = 0.025\text{m}^{-1/3} \cdot \text{s}$)

① $h = 1.95\text{m}, \ B = 3.9\text{m}$
② $h = 2.0\text{m}, \ B = 4.0\text{m}$
③ $h = 3.0\text{m}, \ B = 6.0\text{m}$
④ $h = 4.63\text{m}, \ B = 9.26\text{m}$

> **해설** Manning의 유량공식
> ㉠ 직사각형 수로의 수리학상 유리한 단면은 $B = 2h$, $R_h = \dfrac{h}{2}$ 이므로 $A = Bh = 2h^2$
> ㉡ $Q = AV = A\dfrac{1}{n}R_h^{\frac{2}{3}}I^{\frac{1}{2}}$
> $30 = 2h^2 \times \dfrac{1}{0.025} \times \left(\dfrac{h}{2}\right)^{\frac{2}{3}} \times \left(\dfrac{1}{10,000}\right)^{\frac{1}{2}}$
> $\therefore h = 4.63\text{m}, \ B = 9.26\text{m}$

03 물의 순환에 대한 설명으로 옳지 않은 것은?

① 지하수 일부는 지표면으로 용출해서 다시 지표수가 되어 하천으로 유입한다.
② 지표에 강하한 우수는 지표면에 도달 전에 그 일부가 식물의 나무와 가지에 의하여 차단된다.
③ 지표면에 도달한 우수는 토양 중에 수분을 공급하고 나머지가 아래로 침투해서 지하수가 된다.
④ 침투란 토양면을 통해 스며든 물이 중력에 의해 계속 지하로 이동하여 불투수층까지 도달하는 것이다.

> **해설** ㉠ 침투 : 물이 흙의 표면을 통해 스며드는 현상
> ㉡ 침루 : 침투된 물이 중력에 의해 지하수면까지 이동하는 현상

04 10m³/s의 유량이 흐르는 수로에 폭 10m의 단수축이 없는 위어를 설계할 때 위어의 높이를 1m로 할 경우 예상되는 월류수심은? (단, Francis공식을 사용하며 접근유속은 무시한다.)

① 0.67m
② 0.71m
③ 0.75m
④ 0.79m

> **해설** Francis공식
> $Q = 1.84 b_0 h^{3/2}$
> $10 = 1.84 \times 10 \times h^{3/2}$
> $\therefore h = 0.67\text{m}$

05 부력의 원리를 이용하여 다음 그림과 같이 바닷물 위에 떠 있는 빙산의 전체적을 구한 값은?

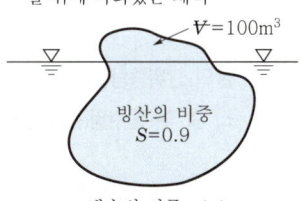

① 550m³
② 890m³
③ 1,000m³
④ 1,100m³

정답 1. ③ 2. ④ 3. ④ 4. ① 5. ①

해설 아르키메데스의 원리
$$\gamma_w V' = \gamma_s V$$
$$0.9 \times V' = 1.1 \times (V' - 100)$$
$$\therefore V' = \frac{1.1 \times 100}{1.1 - 0.9} = 550 \text{m}^3$$

해설 단위중량
㉠ $\gamma_w = \rho g$
$$\therefore \rho = \frac{\gamma_w}{g}$$
㉡ 동수압 $= \frac{1}{2}\rho V^2 = \frac{\gamma_w V^2}{2g}$

06 유역면적 10km², 강우강도 80mm/h, 유출계수 0.70일 때 합리식에 의한 첨두유량(Q_{max})은?
① $155.6\text{m}^3/\text{s}$ ② $560\text{m}^3/\text{s}$
③ $1,556\text{m}^3/\text{s}$ ④ $5.6\text{m}^3/\text{s}$

해설 합리식
$$Q = \frac{1}{3.6}CIA$$
$$= \frac{1}{3.6} \times 0.7 \times 80 \times 10 = 155.6\text{m}^3/\text{s}$$

09 단위유량도이론에서 사용하고 있는 기본가정이 아닌 것은?
① 비례가정 ② 중첩가정
③ 푸아송분포가정 ④ 일정 기저시간가정

해설 단위유량도의 기본가정은 비례가정, 중첩가정, 일정 기저시간가정이 있다.

07 수로 바닥에서의 마찰력 τ_0, 물의 밀도 ρ, 중력가속도 g, 수리평균수심 R, 수면경사 I, 에너지선의 경사 I_e라고 할 때 등류(㉠)와 부등류(㉡)의 경우에 대한 마찰속도(u^*)는?

① ㉠ ρRI_e, ㉡ ρRI
② ㉠ $\dfrac{\rho RI}{\tau_0}$, ㉡ $\dfrac{\rho RI_e}{\tau_0}$
③ ㉠ $\sqrt{\rho RI}$, ㉡ $\sqrt{\rho RI_e}$
④ ㉠ $\sqrt{\dfrac{\rho RI_e}{\tau_0}}$, ㉡ $\sqrt{\dfrac{\rho RI}{\tau_0}}$

해설 마찰속도
㉠ 등류 : $u^* = \sqrt{\rho RI}$
㉡ 부등류 : $u^* = \sqrt{\rho RI_e}$

10 액체 속에 잠겨있는 경사평면에 작용하는 힘에 대한 설명으로 옳은 것은?
① 경사각과 상관없다.
② 경사각에 직접 비례한다.
③ 경사각의 제곱에 비례한다.
④ 무게중심에서의 압력과 경사각에 의한 면적의 곱과 같다.

해설 경사평면에 작용하는 전수압은 무게중심에서의 압력과 경사각에 의한 면적의 곱에 비례한다.

11 중량이 600N, 비중이 3.0인 물체를 물(담수)속에 넣었을 때 물속에서의 중량은?
① 100N ② 200N
③ 300N ④ 400N

해설 아르키메데스의 원리
㉠ $\gamma = 1,000\text{kg/m}^3 = 9,800\text{N/m}^3$
㉡ $W = \gamma_s V$
$600 = 3 \times 9,800 \times V$
$\therefore V = 0.02\text{m}^3$ (물체의 전체 체적)
㉢ $W_B = W - F_B = W - \gamma_w V'$
$= 600 - 9,800 \times 0.02$
$= 404\text{N}$
이때 물속에 잠겼을 때 $V' = V = 0.02\text{m}^3$

08 유속을 V, 물의 단위중량을 γ_w, 물의 밀도를 ρ, 중력가속도를 g라 할 때 동수압(動水壓)을 바르게 표시한 것은?

① $\dfrac{V^2}{2g}$ ② $\dfrac{\gamma_w V^2}{2g}$
③ $\dfrac{\gamma_w V}{2g}$ ④ $\dfrac{\rho V^2}{2g}$

정답 6.① 7.③ 8.② 9.③ 10.④ 11.④

12 유속 3m/s로 매초 100L의 물이 흐르게 하는데 필요한 관의 지름은?

① 153mm ② 206mm
③ 265mm ④ 312mm

> **해설** 연속방정식
> ㉠ $Q = 100L/s = 10^{-1} m^3/s$
> ㉡ $Q = AV = \dfrac{\pi d^2}{4} V$
> $\therefore d = \sqrt{\dfrac{4Q}{\pi V}} = \sqrt{\dfrac{4 \times 10^{-1}}{\pi \times 3}}$
> $= 0.206m = 206mm$

13 관수로의 흐름에서 마찰손실계수를 f, 동수반경을 R, 동수경사를 I, Chezy계수를 C라 할 때 평균유속 V는?

① $V = \sqrt{\dfrac{8g}{f}} \sqrt{RI}$ ② $V = fC\sqrt{RI}$
③ $V = \dfrac{\pi d^2}{4} f\sqrt{RI}$ ④ $V = f\dfrac{l}{4R}\dfrac{V^2}{2g}$

> **해설** 평균유속
> $C = \sqrt{\dfrac{8g}{f}}$
> $\therefore V = C\sqrt{RI} = \sqrt{\dfrac{8g}{f}} \sqrt{RI}$

14 수두차가 10m인 두 저수지를 지름이 30cm, 길이가 300m, 조도계수가 0.013$m^{-1/3}$·s인 주철관으로 연결하여 송수할 때 관을 흐르는 유량(Q)은? (단, 관의 유입손실계수 $f_e = 0.5$, 유출손실계수 $f_c = 1.0$이다.)

① 0.02m^3/s   ② 0.08m^3/s
③ 0.17m^3/s   ④ 0.19m^3/s

> **해설** 단일 관수로와 연속방정식
> ㉠ $f = \dfrac{124.5n^2}{D^{1/3}} = \dfrac{124.5 \times 0.013^2}{0.3^{1/3}} = 0.031$
> ㉡ $H = \left(f_e + f\dfrac{l}{D} + f_c\right)\dfrac{V^2}{2g}$
> $10 = \left(0.5 + 0.031 \times \dfrac{300}{0.3} + 1\right) \times \dfrac{V^2}{2 \times 9.8}$
> $\therefore V = 2.46m$
> ㉢ $Q = AV = \dfrac{\pi \times 0.3^2}{4} \times 2.46 = 0.17m^3/s$

15 피압지하수를 설명한 것으로 옳은 것은?

① 하상 밑의 지하수
② 어떤 수원에서 다른 지역으로 보내지는 지하수
③ 지하수와 공기가 접해 있는 지하수면을 가지는 지하수
④ 두 개의 불투수층 사이에 끼어 있어 대기압보다 큰 압력을 받고 있는 대수층의 지하수

> **해설** 피압지하수는 두 개의 불투수층 사이에 끼어 있어 압력이 작용하는 대수층의 지하수를 말한다.

16 축척이 1:50인 하천수리모형에서 원형 유량 10,000m^3/s에 대한 모형유량은?

① 0.401m^3/s   ② 0.566m^3/s
③ 14.142m^3/s   ④ 28.284m^3/s

> **해설** 모형유량
> $Q_r = \dfrac{Q_m}{Q_p} = I_r^{5/2}$
> $\dfrac{Q_m}{10,000} = \left(\dfrac{1}{50}\right)^{5/2}$
> $\therefore Q_m = 0.566m^3/s$

17 어떤 유역에 다음 표와 같이 30분간 집중호우가 발생하였다면 지속시간 15분인 최대 강우강도는?

시간(분)	0~5	5~10	10~15	15~20	20~25
우량(mm)	2	4	6	4	8

① 50mm/h   ② 64mm/h
③ 72mm/h   ④ 80mm/h

> **해설** 15분간 최대 강우강도
> $I = (6 + 4 + 8) \times \dfrac{60}{15} = 72mm/h$

18 개수로 내의 흐름에서 평균유속을 구하는 방법 중 2점법의 유속 측정위치로 옳은 것은?

① 수면과 전수심의 50% 위치
② 수면으로부터 수심의 10%와 90% 위치
③ 수면으로부터 수심의 20%와 80% 위치
④ 수면으로부터 수심의 40%와 60% 위치

정답 12. ② 13. ① 14. ③ 15. ④ 16. ② 17. ③ 18. ③

> [해설] 2점법의 평균유속은 수면으로부터 수심의 20%와 80% 위치에서 측정한다.
> $$V_m = \frac{V_{0.2} + V_{0.8}}{2}$$

19 Darcy의 법칙에 대한 설명으로 옳지 않은 것은?

① 투수계수는 물의 점성계수에 따라서도 변화한다.
② Darcy의 법칙은 지하수의 흐름에 대한 공식이다.
③ Reynolds수가 100 이상이면 안심하고 적용할 수 있다.
④ 평균유속이 동수경사와 비례관계를 가지고 있는 흐름에 적용될 수 있다.

> [해설] Darcy법칙은 $R_e < 4$인 층류의 흐름과 대수층 내에 모관수대가 존재하지 않는 흐름에서만 적용된다.

20 다음 그림과 같은 노즐에서 유량을 구하기 위한 식으로 옳은 것은? (단, 유량계수는 1.0으로 가정한다.)

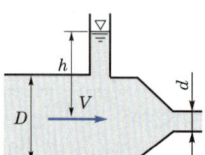

① $\dfrac{\pi d^2}{4}\sqrt{2gh}$

② $\dfrac{\pi d^2}{4}\sqrt{\dfrac{2gh}{1-\left(\dfrac{d}{D}\right)^4}}$

③ $\dfrac{\pi d^2}{4}\sqrt{\dfrac{2gh}{1-\left(\dfrac{d}{D}\right)^2}}$

④ $\dfrac{\pi d^2}{4}\sqrt{\dfrac{2gh}{1+\left(\dfrac{d}{D}\right)^2}}$

> [해설] 제트의 실제 유량
> $$Q = Ca\sqrt{\frac{2gh}{1-\left(\frac{Ca}{A}\right)^2}}$$
> $$= C\frac{\pi d^2}{4}\sqrt{\frac{2gh}{1-C^2\left(\frac{d}{D}\right)^4}}$$
> $$= \frac{\pi d^2}{4}\sqrt{\frac{2gh}{1-\left(\frac{d}{D}\right)^4}}$$

정답 19. ③ 20. ②

2021 제2회 토목기사 기출문제

2021년 5월 15일 시행

01 지름 1m의 원통수조에서 지름 2cm의 관으로 물이 유출되고 있다. 관 내의 유속이 2.0m/s일 때 수조의 수면이 저하되는 속도는?

① 0.3cm/s ② 0.4cm/s
③ 0.06cm/s ④ 0.08cm/s

해설 연속방정식
$$A_1 V_1 = A_2 V_2$$
$$\frac{\pi \times 2^2}{4} \times 200 = \frac{\pi \times 100^2}{4} \times V_2$$
$$\therefore V_2 = 0.08 \text{cm/s}$$

02 유체의 흐름에 관한 설명으로 옳지 않은 것은?

① 유체의 입자가 흐르는 경로를 유적선이라 한다.
② 부정류(不定流)에서는 유선이 시간에 따라 변화한다.
③ 정상류(定常流)에서는 하나의 유선이 다른 유선과 교차하게 된다.
④ 점성이나 압축성을 완전히 무시하고 밀도가 일정한 이상적인 유체를 완전 유체라 한다.

해설 정상류에서는 하나의 유선이 다른 유선과 교차하지 않는다.

03 오리피스의 지름이 2cm, 수축 단면(vena contracta)의 지름이 1.6cm라면 유속계수가 0.9일 때 유량계수는?

① 0.49 ② 0.58
③ 0.62 ④ 0.72

해설 유량계수
$$C = C_a C_v = \frac{a}{A} C_v = \frac{\frac{\pi \times 1.6^2}{4}}{\frac{\pi \times 2^2}{4}} \times 0.9 = 0.58$$

04 유역면적이 4km²이고 유출계수가 0.8인 산지하천에서 강우강도가 80mm/h이다. 합리식을 사용한 유역 출구에서의 첨두홍수량은?

① 35.5m³/s ② 71.1m³/s
③ 128m³/s ④ 256m³/s

해설 합리식
$$Q = \frac{1}{3.6} CIA$$
$$= \frac{1}{3.6} \times 0.8 \times 80 \times 4 = 71.12 \text{m}^3/\text{s}$$

05 유역의 평균강우량 산정방법이 아닌 것은?

① 등우선법 ② 기하평균법
③ 산술평균법 ④ Thiessen의 가중법

해설 평균강우량 산정방법
㉠ 산술평균법
㉡ 등우선법
㉢ Thiessen가중법

06 강우강도(I), 지속시간(D), 생기빈도(F)의 관계를 표현하는 식 $I = \dfrac{kT^x}{t^n}$에 대한 설명으로 틀린 것은?

① k, x, n은 지역에 따라 다른 값을 가지는 상수이다.
② T는 강우의 생기빈도를 나타내는 연수(年數)로서 재현기간(년)을 의미한다.
③ t는 강우의 지속시간(min)으로서 강우지속시간이 길수록 강우강도(I)는 커진다.
④ I는 단위시간에 내리는 강우량(mm/h)인 강우강도이며 각종 수문학적 해석 및 설계에 필요하다.

해설 t는 강우의 지속시간(min)으로서 강우지속시간이 길수록 강우강도(I)는 작아진다.

정답 1.④ 2.③ 3.② 4.② 5.② 6.③

Hydraulics and Hydrology

07 항력(drag force)에 관한 설명으로 틀린 것은?

① 항력 $D = C_D A \dfrac{\rho V^2}{2}$으로 표현되며, 항력계수 C_D는 Froude의 함수이다.
② 형상항력은 물체의 형상에 의한 후류(wake)로 인해 압력이 저하하여 발생하는 압력저항이다.
③ 마찰항력은 유체가 물체표면을 흐를 때 점성과 난류에 의해 물체표면에 발생하는 마찰저항이다.
④ 조파항력은 물체가 수면에 떠 있거나 물체의 일부분이 수면 위에 있을 때에 발생하는 유체저항이다.

> **해설** 항력계수 $C_D = \dfrac{24}{R_e}$로 Reynolds의 함수이다.

08 단위유량도(unit hydrograph)를 작성함에 있어서 주요 기본가정(또는 원리)으로만 짝지어진 것은?

① 비례가정, 중첩가정, 직접유출의 가정
② 비례가정, 중첩가정, 일정 기저시간의 가정
③ 일정 기저시간의 가정, 직접유출의 가정, 비례가정
④ 직접유출의 가정, 일정 기저시간의 가정, 중첩가정

> **해설** 단위유량도의 기본가정은 비례가정, 중첩가정, 일정 기저시간가정이 있다.

09 레이놀즈(Reynolds)수에 대한 설명으로 옳은 것은?

① 관성력에 대한 중력의 상대적인 크기
② 압력에 대한 탄성력의 상대적인 크기
③ 중력에 대한 점성력의 상대적인 크기
④ 관성력에 대한 점성력의 상대적인 크기

> **해설** 레이놀즈수
> ㉠ 관성력에 대한 점성력의 상대적인 크기를 나타낸다.
> ㉡ $R_e = \dfrac{\text{흐름의 관성력}}{\text{점성력}} = \dfrac{\rho VD}{\mu} = \dfrac{VD}{\nu}$

10 지름 $D = 4\text{cm}$, 조도계수 $n = 0.01\text{m}^{-1/3} \cdot \text{s}$인 원형관의 Chezy의 유속계수 C는?

① 10   ② 50
③ 100   ④ 150

> **해설** Chezy의 유속계수
> $C = \dfrac{1}{n} R_h^{\frac{1}{6}} = \dfrac{1}{n}\left(\dfrac{D}{4}\right)^{\frac{1}{6}}$
> $= \dfrac{1}{0.01} \times \left(\dfrac{0.04}{4}\right)^{\frac{1}{6}} = 46.42 ≒ 50$

11 폭이 1m인 직사각형 수로에서 0.5m³/s의 유량이 80cm의 수심으로 흐르는 경우 이 흐름을 가장 잘 나타낸 것은? (단, 동점성계수는 0.012cm²/s, 한계수심은 29.5cm이다.)

① 층류이며 상류   ② 층류이며 사류
③ 난류이며 상류   ④ 난류이며 사류

> **해설** 흐름의 판별
> ㉠ $V = \dfrac{Q}{A} = \dfrac{0.5}{1 \times 0.8} = 0.625\text{m/s} = 62.5\text{cm/s}$
> $\therefore Re = \dfrac{VD}{\nu} = \dfrac{62.5 \times 80}{0.012}$
> $= 416.7 > 500$, 난류
> ㉡ $h = 80\text{cm} > h_c = 29.5\text{cm}$, 상류

12 빙산의 비중이 0.92이고 바닷물의 비중은 1.025일 때 빙산이 바닷물 속에 잠겨있는 부분의 부피는 수면 위에 나와 있는 부분의 약 몇 배인가?

① 0.8배   ② 4.8배
③ 8.8배   ④ 10.8배

> **해설** 아르키메데스의 원리
> ㉠ 수면에 잠긴 부분 체적
> $F_B = W$
> $\gamma_w V' = \gamma_s V$
> $1.025 V' = 0.92 V$
> $\therefore V' = 0.898 V$
> ㉡ 수면에 나와 있는 체적 $= V - V'$
> $= V - 0.898 V$
> $= 0.102 V$
> $\therefore \dfrac{\text{수면에 잠긴 부분 체적}}{\text{수면에 나와 있는 체적}} = \dfrac{0.898 V}{0.102 V} = 8.8$

정답 7. ① 8. ② 9. ④ 10. ② 11. ③ 12. ③

13 수온에 따른 지하수의 유속에 대한 설명으로 옳은 것은?

① 4℃에서 가장 크다.
② 수온이 높으면 크다.
③ 수온이 낮으면 크다.
④ 수온에는 관계없이 일정하다.

> **해설** 유속은 점성의 영향을 받으므로 온도가 높으면 점성이 작아지므로 투수계수는 커지게 된다.
> $$V = KI = K\left(\frac{\Delta h}{\Delta L}\right)$$
>
> **참고** 투수계수에 영향을 주는 인자로는 흙입자의 모양과 크기 및 구성, 공극비, 포화도, 흙의 구조, 유체의 점성, 밀도 등이 있다.

14 유체 속에 잠긴 곡면에 작용하는 수평분력은?

① 곡면에 의해 배제된 액체의 무게와 같다.
② 곡면의 중심에서의 압력과 면적의 곱과 같다.
③ 곡면의 연직 상방에 실려있는 액체의 무게와 같다.
④ 곡면을 연직면상에 투영하였을 때 생기는 투영면적에 작용하는 힘과 같다.

> **해설** **전수압**
> ㉠ 전수압=수평분력+연직분력
> ㉡ 수평분력 : 곡면의 연직투영면에 작용하는 수압과 같다.
> ㉢ 연직분력 : 곡면을 밑면으로 하는 물기둥의 무게와 같다.

15 월류수심 40cm인 전폭위어의 유량을 Francis공식에 의해 구한 결과 0.40m³/s였다. 이때 위어폭의 측정에 2cm의 오차가 발생했다면 유량의 오차는 몇 %인가?

① 1.16%   ② 1.50%
③ 2.00%   ④ 2.33%

> **해설** **폭의 측정오차와 유량오차의 관계**
> ㉠ Francis공식
> $$Q = 1.84 b_0 h^{\frac{3}{2}}$$
> $$0.4 = 1.84 \times b_0 \times 0.4^{\frac{3}{2}}$$
> $$\therefore b_0 = 0.86\text{m}$$
> ㉡ $\frac{dQ}{Q} = \frac{db_0}{b_0} = \frac{2}{86} \times 100\% = 2.33\%$

16 지하수(地下水)에 대한 설명으로 옳지 않은 것은?

① 자유지하수를 양수(揚水)하는 우물을 굴착정(artesian well)이라 부른다.
② 불투수층(不透水層) 상부에 있는 지하수를 자유지하수(自由地下水)라 한다.
③ 불투수층과 불투수층 사이에 있는 지하수를 피압지하수(被壓地下水)라 한다.
④ 흙입자 사이에 충만되어 있으며 중력의 작용으로 운동하는 물을 지하수라 부른다.

> **해설** 굴착정은 두 대수층 사이에 압력을 받고 있는 곳에서 양수하는 우물이다.

17 폭 9m의 직사각형 수로에 16.2m³/s의 유량이 92cm의 수심으로 흐르고 있다. 장파의 전파속도 C와 비에너지 E는? (단, 에너지보정계수 $\alpha = 1.0$)

① $C = 2.0$m/s, $E = 1.015$m
② $C = 2.0$m/s, $E = 1.115$m
③ $C = 3.0$m/s, $E = 1.015$m
④ $C = 3.0$m/s, $E = 1.115$m

> **해설** ㉠ 전파속도
> $$C = \sqrt{gh} = \sqrt{9.8 \times 0.92} = 3\text{m/s}$$
> ㉡ 비에너지
> $$V = \frac{Q}{A} = \frac{16.2}{9 \times 0.92} = 1.96\text{m/s}$$
> $$\therefore H_e = h + \alpha \frac{V^2}{2g} = 0.92 + 1 \times \frac{1.96^2}{2 \times 9.8}$$
> $$= 1.115\text{m}$$

18 Chezy의 평균유속공식에서 평균유속계수 C를 Manning의 평균유속공식을 이용하여 표현한 것으로 옳은 것은?

① $\dfrac{R^{1/2}}{n}$ ② $\dfrac{R^{1/6}}{n}$
③ $\sqrt{\dfrac{f}{8g}}$ ④ $\sqrt{\dfrac{8g}{f}}$

> **해설** **평균유속계수**
> $$f = \frac{8g}{C^2}$$
> $$\therefore C = \sqrt{\frac{8g}{f}}$$

정답 13. ② 14. ④ 15. ④ 16. ① 17. ④ 18. ②

19 수로경사 $I=\dfrac{1}{2,500}$, 조도계수 $n=0.013\text{m}^{-1/3}\cdot\text{s}$인 수로에 다음 그림과 같이 물이 흐르고 있다면 평균유속은? (단, Manning의 공식을 사용한다.)

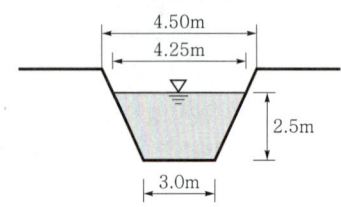

① 1.65m/s ② 2.16m/s
③ 2.65m/s ④ 3.16m/s

> **해설** Manning의 유속공식
> ㉠ $P = 3 + 2\sqrt{2.5^2 + 0.625^2} = 8.15\text{m}$
> ㉡ $A = \dfrac{3+4.25}{2} \times 2.5 = 9.06\text{m}^2$
> ㉢ $V = \dfrac{1}{n} R_h^{\frac{2}{3}} I^{\frac{1}{2}}$
> $\quad = \dfrac{1}{0.013} \times \left(\dfrac{9.06}{8.15}\right)^{\frac{2}{3}} \times \left(\dfrac{1}{2,500}\right)^{\frac{1}{2}}$
> $\quad = 1.65\text{m/s}$
> 여기서, $R_h = \dfrac{A}{P}$

20 비압축성 이상유체에 대한 다음 내용 중 ( ) 안에 들어갈 알맞은 말은?

> 비압축성 이상유체는 압력 및 온도에 따른 ( )의 변화가 미소하여 이를 무시할 수 있다.

① 밀도 ② 비중
③ 속도 ④ 점성

> **해설** 비압축성 이상유체는 압력 및 온도에 따른 밀도의 변화가 미소하여 이를 무시할 수 있다.

정답 19. ① 20. ①

2021 제3회 토목기사 기출문제

✎ 2021년 8월 14일 시행

01 탱크 속에 깊이 2m의 물과 그 위에 비중 0.85의 기름이 4m 들어있다. 탱크 바닥에서 받는 압력을 구한 값은? (단, 물의 단위중량은 9.81kN/m³이다.)

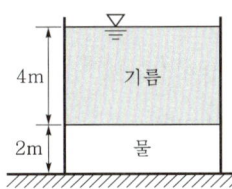

① 52.974kN/m² ② 53.974kN/m²
③ 54.974kN/m² ④ 55.974kN/m²

해설 정수압

㉠ $S = \dfrac{\gamma_s}{\gamma_w}$

$0.85 = \dfrac{\gamma_s}{9.81}$

∴ $\gamma_s = 8.339 \text{kN/m}^3$

㉡ $P = \gamma_s h_1 + \gamma_w h_2$
$= 8.339 \times 4 + 9.81 \times 2 = 52.974 \text{kN/m}^2$

02 물이 유량 $Q = 0.06\text{m}^3/\text{s}$로 60°의 경사평면에 충돌할 때 충돌 후의 유량 Q_1, Q_2는? (단, 에너지손실과 평면의 마찰은 없다고 가정하고, 기타 조건은 일정하다.)

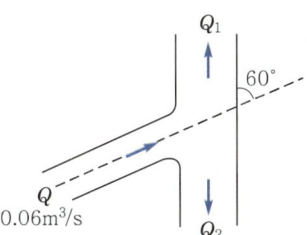

① $Q_1 : 0.030\text{m}^3/\text{s}$, $Q_2 : 0.030\text{m}^3/\text{s}$
② $Q_1 : 0.035\text{m}^3/\text{s}$, $Q_2 : 0.025\text{m}^3/\text{s}$
③ $Q_1 : 0.040\text{m}^3/\text{s}$, $Q_2 : 0.020\text{m}^3/\text{s}$
④ $Q_1 : 0.045\text{m}^3/\text{s}$, $Q_2 : 0.015\text{m}^3/\text{s}$

해설 경사평면 충돌 후 유량

㉠ $Q_1 = \dfrac{Q}{2}(1+\cos\theta) = \dfrac{0.06}{2} \times (1+\cos 60°)$
$= 0.045\text{m}^3/\text{s}$

㉡ $Q_2 = \dfrac{Q}{2}(1-\cos\theta) = \dfrac{0.06}{2} \times (1-\cos 60°)$
$= 0.015\text{m}^3/\text{s}$

03 1차원 정류 흐름에서 단위시간에 대한 운동량방정식은? (단, F : 힘, m : 질량, V_1 : 초속도, V_2 : 종속도, Δt : 시간의 변화량, S : 변위, W : 물체의 중량)

① $F = WS$ ② $F = m\Delta t$
③ $F = m\left(\dfrac{V_2 - V_1}{S}\right)$ ④ $F = m(V_2 - V_1)$

해설 운동량방정식

$F = ma = m\left(\dfrac{V_2 - V_1}{\Delta t}\right)$

$F\Delta t = m(V_2 - V_1)$

단위시간에 대하여 생각하면 $\Delta t = 1$이므로
∴ $F = m(V_2 - V_1)$

04 동점성계수와 비중이 각각 0.0019m²/s와 1.2인 액체의 점성계수 μ는? (단, 물의 밀도는 1,000kg/m³)

① 18.6N·s/m² ② 1.86N·s/m²
③ 2.27N·s/m² ④ 22.7N·s/m²

해설 점성계수

㉠ $\rho = \dfrac{\gamma}{g} = \dfrac{1.2}{9.8} = 0.122 \text{t}\cdot\text{s}^2/\text{m}^4$

㉡ $\nu = \dfrac{\mu}{\rho}$

$0.0019 = \dfrac{\mu}{0.122}$

∴ $\mu = 2.32 \times 10^{-4} \text{t}\cdot\text{s}/\text{m}^2$
$= 0.232 \text{kgf}\cdot\text{s}/\text{m}^2$
$= 0.232 \times 9.8 = 2.27 \text{N}\cdot\text{s}/\text{m}^2$

정답 1. ① 2. ④ 3. ④ 4. ③

05 지름 4cm, 길이 30cm인 시험원통에 대수층의 표본을 채웠다. 시험원통의 출구에서 압력수두를 15cm로 일정하게 유지할 때 2분 동안 12cm³의 유출량이 발생하였다면 이 대수층 표본의 투수계수는?

① 0.008cm/s ② 0.016cm/s
③ 0.032cm/s ④ 0.048cm/s

> **해설** 지하수의 유량
> $$Q = KIA$$
> $$\frac{12}{2 \times 60} = K \times \frac{15}{30} \times \frac{\pi \times 4^2}{4}$$
> $$\therefore K = 0.016 \text{cm/s}$$

06 폭 35cm인 직사각형 위어(weir)의 유량을 측정하였더니 0.03m³/s이었다. 월류수심의 측정에 1mm의 오차가 생겼다면 유량에 발생하는 오차는? (단, 유량 계산은 프란시스(Francis)공식을 사용하고, 월류 시 단면 수축은 없는 것으로 가정한다.)

① 1.16% ② 1.50%
③ 1.67% ④ 1.84%

> **해설** 직사각형 위어의 유량오차
> ㉠ Francis공식
> $$Q = 1.84 b_0 h^{\frac{3}{2}}$$
> $$0.03 = 1.84 \times 0.35 \times h^{\frac{3}{2}}$$
> $$\therefore h = 0.13\text{m}$$
> ㉡ $\dfrac{dQ}{Q} = \dfrac{3}{2} \dfrac{dh}{h} = \dfrac{3}{2} \times \dfrac{0.001}{0.13}$
> $$= 0.01154 = 1.154\%$$

07 압력 150kN/m²를 수은기둥으로 계산한 높이는? (단, 수은의 비중은 13.57, 물의 단위중량은 9.81kN/m³이다.)

① 0.905m ② 1.13m
③ 15m ④ 203.5m

> **해설** 수두
> ㉠ $S_s = \dfrac{\gamma_s}{\gamma_w}$
> $\therefore \gamma_s = S_s \gamma_w$
> $= 13.57 \times 9.81 = 133.12 \text{kN/m}^3$
> ㉡ $P = \gamma_s h$
> $150 = 133.12 \times h$
> $\therefore h = 1.13\text{m}$

08 안지름 20cm인 관로에서 관의 마찰에 의한 손실수두가 속도수두와 같게 되었다면 이때 관로의 길이는? (단, 마찰저항계수 $f = 0.04$이다.)

① 3m ② 4m
③ 5m ④ 6m

> **해설** 마찰손실수두
> $$f \frac{l}{D} \frac{V^2}{2g} = \frac{V^2}{2g}$$
> $$f \frac{l}{D} = 1$$
> $$0.04 \times \frac{l}{0.2} = 1$$
> $$\therefore l = 5\text{m}$$

09 폭이 무한히 넓은 개수로의 동수반경(hydraulic radius, 경심)은?

① 계산할 수 없다.
② 개수로의 폭과 같다.
③ 개수로의 면적과 같다.
④ 개수로의 수심과 같다.

> **해설** 폭이 넓은 직사각형 단면의 경심
> $$R_h = \frac{A}{P} = \frac{bh}{b+2h} \fallingdotseq \frac{2h}{b} = h$$

10 수로폭이 3m인 직사각형 수로에 수심이 50cm로 흐를 때 흐름이 상류(subcritical flow)가 되는 유량은?

① 2.5m³/s ② 4.5m³/s
③ 6.5m³/s ④ 8.5m³/s

> **해설** Froude수
> $$F_r = \frac{V}{\sqrt{gh}} = \frac{\frac{Q}{3 \times 0.5}}{\sqrt{9.8 \times 0.5}} < 1$$
> $$\therefore Q < 3.32 \text{m}^3/\text{s}$$

11 관수로에서 관의 마찰손실계수가 0.02, 관의 지름이 40cm일 때 관 내 물의 흐름이 100m를 흐르는 동안 2m의 마찰손실수두가 발생하였다면 관 내의 유속은?

① 0.3m/s ② 1.3m/s
③ 2.8m/s ④ 3.8m/s

정답 5. ② 6. ① 7. ② 8. ③ 9. ④ 10. ① 11. ③

해설 마찰손실수두

$$h_L = f \frac{l}{D} \frac{V^2}{2g}$$

$$2 = 0.02 \times \frac{100}{0.4} \times \frac{V^2}{2 \times 9.8}$$

$$\therefore V = 2.8 \text{m/s}$$

12 저수지에 설치된 나팔형 위어의 유량 Q와 월류수심 h와의 관계에서 완전 월류상태는 $Q \propto h^{3/2}$이다. 불완전 월류(수중위어)상태에서의 관계는?

① $Q \propto h^{-1}$ ② $Q \propto h^{1/2}$
③ $Q \propto h^{3/2}$ ④ $Q \propto h^{-1/2}$

해설 나팔형 위어
㉠ 완전 월류상태(입구부가 잠수되지 않은 상태):
$$Q = C(2\pi r)h^{\frac{3}{2}}$$
㉡ 불완전 월류상태: $Q = C(2\pi r)h_a^{\frac{1}{2}}$

13 다음 중 토양의 침투능(infiltration capacity) 결정방법에 해당되지 않는 것은?

① Philip공식
② 침투계에 의한 실측법
③ 침투지수에 의한 방법
④ 물수지원리에 의한 산정법

해설 물수지원리에 의한 산정법은 저수지의 증발량 산정방법이다.

참고 침투능 결정법
• 침투지수법에 의한 방법
• 침투계에 의한 방법
• 경험공식에 의한 방법

14 원형관 내 층류영역에서 사용 가능한 마찰손실계수식은? (단, R_e: Reynolds수)

① $\frac{1}{R_e}$ ② $\frac{4}{R_e}$
③ $\frac{24}{R_e}$ ④ $\frac{64}{R_e}$

해설 $R_e \leq 2,100$일 때 층류의 $f = \frac{64}{R_e}$이다.

15 다음 중 도수(跳水, hydraulic jump)가 생기는 경우는?

① 사류(射流)에서 사류(射流)로 변할 때
② 사류(射流)에서 상류(常流)로 변할 때
③ 상류(常流)에서 상류(常流)로 변할 때
④ 상류(常流)에서 사류(射流)로 변할 때

해설 사류에서 상류로 변할 때는 수면이 불연속적이며 수심이 급증하고 큰 맴돌이(소용돌이)가 생긴다. 이와 같이 사류에서 상류로 변할 때 수면이 불연속적으로 일어나는 과도현상을 도수라 한다.

16 다음 중 부정류 흐름의 지하수를 해석하는 방법은?

① Theis방법 ② Dupuit방법
③ Thiem방법 ④ Laplace방법

해설 부정류 흐름의 지하수를 해석하는 방법으로는 Theis법, Jacob법, Chow법이 있다.

17 1cm 단위도의 종거가 1, 5, 3, 1이다. 유효강우량이 10mm, 20mm 내렸을 때 직접유출수문곡선의 종거는? (단, 모든 시간간격은 1시간이다.)

① 1, 5, 3, 1, 1 ② 1, 5, 10, 9, 2
③ 1, 7, 13, 7, 2 ④ 1, 7, 13, 9, 2

해설 직접유출수문곡선

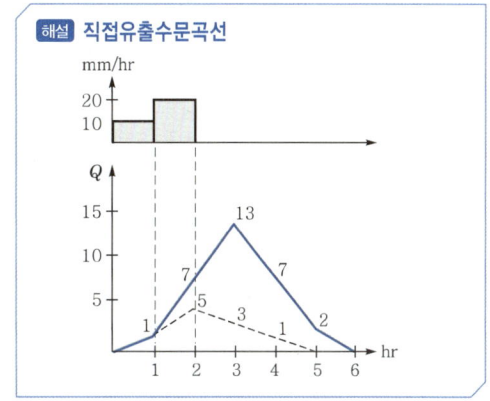

정답 12. ② 13. ④ 14. ④ 15. ② 16. ① 17. ③

18 자연하천의 특성을 표현할 때 이용되는 하상계수에 대한 설명으로 옳은 것은?

① 최심하상고와 평형하상고의 비이다.
② 최대 유량과 최소 유량의 비로 나타낸다.
③ 개수 전과 개수 후의 수심변화량의 비를 말한다.
④ 홍수 전과 홍수 후의 하상변화량의 비를 말한다.

> **해설 하상계수**
> ㉠ 최대 유량과 최소 유량의 비로 나타낸다.
> ㉡ 하상계수 $= \dfrac{Q_{max}}{Q_{min}}$

19 개수로의 흐름에 대한 설명으로 옳지 않은 것은?

① 사류(supercritical flow)에서는 수면변동이 일어날 때 상류(上流)로 전파될 수 없다.
② 상류(subcritical flow)일 때는 Froude수가 1보다 크다.
③ 수로경사가 한계경사보다 클 때 사류(supercritical flow)가 된다.
④ Reynolds수가 500보다 커지면 난류(turbulent flow)가 된다.

> **해설 개수로의 흐름**
> ㉠ F_r <1이면 상류, F_r >1이면 사류이다.
> ㉡ R_e <500이면 층류, R_e >500이면 난류이다.

20 가능 최대 강수량(PMP)에 대한 설명으로 옳은 것은?

① 홍수량 빈도 해석에 사용된다.
② 강우량과 장기변동성향을 판단하는 데 사용된다.
③ 최대 강우강도와 면적의 관계를 결정하는 데 사용된다.
④ 대규모 수공구조물의 설계홍수량을 결정하는 데 사용된다.

> **해설 가능 최대 강수량(PMP)**
> ㉠ 어떤 지역에서 생성될 수 있는 최악의 기상조건 하에서 발생 가능한 호우로 인해 그 지역에서 예상되는 최대 강수량이다.
> ㉡ 대규모 수공구조물을 설계할 때 기준으로 사용한다.

정답 18. ② 19. ② 20. ④

2022 제1회 토목기사 기출문제

✏️ 2022년 3월 5일 시행

01 하폭이 넓은 완경사 개수로 흐름에서 물의 단위중량 $w = \rho g$, 수심 h, 하상경사 S일 때 바닥의 전단응력 τ_0는? (단, ρ : 물의 밀도, g : 중력가속도)

① $\rho h S$
② $g h S$
③ $\sqrt{\dfrac{hS}{\rho}}$
④ $w h S$

> **해설** 하폭이 넓을 때 $R_h \fallingdotseq h$이므로 $\tau_0 = whS$이다.

02 베르누이(Bernoulli)의 정리에 관한 설명으로 틀린 것은?

① 회전류의 경우는 모든 영역에서 성립한다.
② Euler의 운동방정식으로부터 적분하여 유도할 수 있다.
③ 베르누이의 정리를 이용하여 Torricelli의 정리를 유도할 수 있다.
④ 이상유체의 흐름에 대하여 기계적 에너지를 포함한 방정식과 같다.

> **해설** 회전류의 경우는 모든 영역이 아닌 하나의 유선에 대하여 성립한다.

03 다음 사다리꼴수로의 윤변은?

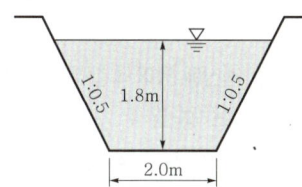

① 8.02m
② 7.02m
③ 6.02m
④ 9.02m

> **해설 윤변**
> $P = \sqrt{1.8^2 + 0.9^2} \times 2 + 2 = 6.02m$
> **참고 윤변** : 물이 닿은 부분의 길이

04 삼각위어(weir)에 월류수심을 측정할 때 2%의 오차가 있었다면 유량 산정 시 발생하는 오차는?

① 2%
② 3%
③ 4%
④ 5%

> **해설 삼각위어의 유량오차**
> $\dfrac{dQ}{Q} = \dfrac{5}{2} \dfrac{dh}{h} = \dfrac{5}{2} \times 2 = 5\%$

05 다음 그림과 같이 수조 A의 물을 펌프에 의해 수조 B로 양수한다. 연결관의 단면적 200cm², 유량 0.196m³/s, 총손실수두는 속도수두의 3.0배에 해당할 때 펌프의 필요한 동력(HP)은? (단, 펌프의 효율은 98%이며, 물의 단위중량은 9.81kN/m³, 1HP는 735.75N·m/s, 중력가속도는 9.8m/s²)

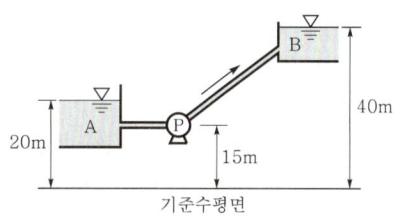

① 92.5HP
② 101.6HP
③ 105.9HP
④ 115.2HP

> **해설 펌프의 동력**
> ㉠ $V = \dfrac{Q}{A} = \dfrac{0.196}{200 \times 10^{-4}} = 9.8m/s$
> ㉡ $H_e = h + \Sigma h = h + 3\dfrac{V^2}{2g}$
> $= (40-20) + 3 \times \dfrac{9.8^2}{2 \times 9.8} = 34.7m$
> ㉢ $P_p = \dfrac{\gamma Q H_e}{\eta}$
> $= \dfrac{9,810 \times 0.196 \times 34.7}{0.98}$
> $= 68081.4N \cdot m/s = 92.53HP$

정답 1.④ 2.① 3.③ 4.④ 5.①

06 흐르는 유체 속의 한 점 (x, y, z)의 각 축방향의 속도 성분을 (u, v, w)라 하고 밀도를 ρ, 시간을 t로 표시할 때 가장 일반적인 경우의 연속방정식은?

① $\dfrac{\partial u}{\partial t} + \dfrac{\partial v}{\partial t} + \dfrac{\partial w}{\partial t} = 0$

② $\dfrac{\partial \rho u}{\partial x} + \dfrac{\partial \rho v}{\partial y} + \dfrac{\partial \rho w}{\partial z} = 0$

③ $\dfrac{\partial \rho}{\partial t} + \dfrac{\partial u}{\partial x} + \dfrac{\partial v}{\partial y} + \dfrac{\partial w}{\partial z} = 0$

④ $\dfrac{\partial \rho}{\partial t} + \dfrac{\partial \rho u}{\partial x} + \dfrac{\partial \rho v}{\partial y} + \dfrac{\partial \rho w}{\partial z} = 0$

> **해설** 3차원 흐름의 연속방정식(압축성 유체)
> ㉠ 정류 : $\dfrac{\partial \rho u}{\partial x} + \dfrac{\partial \rho v}{\partial y} + \dfrac{\partial \rho w}{\partial z} = 0$
> ㉡ 부정류 : $\dfrac{\partial \rho}{\partial t} + \dfrac{\partial \rho u}{\partial x} + \dfrac{\partial \rho v}{\partial y} + \dfrac{\partial \rho w}{\partial z} = 0$

07 수리학적으로 유리한 단면에 관한 설명으로 옳지 않은 것은?

① 주어진 단면에서 윤변이 최소가 되는 단면이다.
② 직사각형 단면일 경우 수심이 폭의 1/2인 단면이다.
③ 최대 유량의 소통을 가능하게 하는 가장 경제적인 단면이다.
④ 사다리꼴 단면일 경우 수심을 반지름으로 하는 반원을 외접원으로 하는 사다리꼴 단면이다.

> **해설** 사다리꼴 단면 수로의 수리학상 유리한 단면은 수심을 반지름으로 하는 반원에 외접하는 정육각형의 제형 단면이다.

08 여과량이 2m³/s, 동수경사가 0.2, 투수계수가 1cm/s일 때 필요한 여과지면적은?

① 1,000m²   ② 1,500m²
③ 2,000m²   ④ 2,500m²

> **해설** 지하수의 유량
> $Q = KIA$
> $2 = 0.01 \times 0.2 \times A$
> $\therefore A = 1,000\text{m}^2$

09 비중이 0.9인 목재가 물에 떠 있다. 수면 위에 노출된 체적이 1.0m³이라면 목재 전체의 체적은? (단, 물의 비중은 1.0이다.)

① 1.9m³   ② 2.0m³
③ 9.0m³   ④ 10.0m³

> **해설** 아르키메데스의 원리
> $F_B = W$
> $\gamma_w V' = \gamma_s V$
> $1 \times (V-1) = 0.9 \times V$
> $\therefore V = 10\text{m}^3$
> 여기서, V' : 물에 잠긴 부분 체적
> V : 물체의 전체 체적

10 두께가 10m인 피압대수층에서 우물을 통해 양수한 결과 50m 및 100m 떨어진 두 지점에서 수면강하가 각각 20m 및 10m로 관측되었다. 정상상태를 가정할 때 우물의 양수량은? (단, 투수계수는 0.3m/h)

① $7.6 \times 10^{-2}\text{m}^3/\text{s}$ ② $6.0 \times 10^{-3}\text{m}^3/\text{s}$
③ $9.4\text{m}^3/\text{s}$ ④ $21.6\text{m}^3/\text{s}$

> **해설** 굴착정의 유량
> $Q = \dfrac{2\pi c K(H-h_0)}{2.3\log\dfrac{R}{r_0}}$
> $= \dfrac{2\pi \times 10 \times \dfrac{0.3}{3,600} \times (20-10)}{2.3 \times \log\dfrac{100}{50}}$
> $= 0.076\text{m}^3/\text{s}$

11 첨두홍수량 계산에 있어서 합리식의 적용에 관한 설명으로 옳지 않은 것은?

① 하수도 설계 등 소유역에만 적용될 수 있다.
② 우수도달시간은 강우지속시간보다 길어야 한다.
③ 강우강도는 균일하고 전 유역에 고르게 분포되어야 한다.
④ 유량이 점차 증가되어 평형상태일 때의 첨두 유출량을 나타낸다.

정답 6. ④ 7. ④ 8. ① 9. ④ 10. ① 11. ②

> [해설] **합리식(rational formula)**
> ㉠ 첨두홍수량을 구하는 공식으로서 강우의 지속시간이 유역의 도달시간보다 커야 한다.
> ㉡ 합리식에 의해 계산된 첨두유량은 실제보다 다소 크게 나타나므로 자연하천에서 합리식의 적용은 유역면적이 약 5km² 이내로 한정하는 것이 좋으며, 도시의 우·배수망의 설계홍수량을 결정하기 위해 포장된 작은 유역에 주로 사용되고 있다.

12 다음 그림과 같은 모양의 분수(噴水)를 만들었을 때 분수의 높이(H_v)는? (단, 유속계수 C_v : 0.96, 중력가속도 g : 9.8m/s², 다른 손실은 무시한다.)

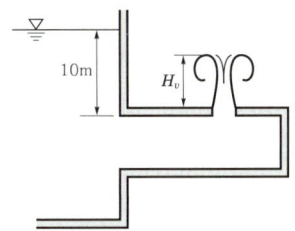

① 9.00m ② 9.22m
③ 9.62m ④ 10.00m

> [해설] **최대 연직높이**
> $V = C_v\sqrt{2gh}$
> $= 0.96 \times \sqrt{2 \times 9.8 \times 10} = 13.44\text{m/s}$
> $\therefore H_v = \dfrac{V^2}{2g} = \dfrac{13.44^2}{2 \times 9.8} = 9.22\text{m}$

13 동수반경에 대한 설명으로 옳지 않은 것은?

① 원형관의 경우 지름의 1/4이다.
② 유수 단면적을 윤변으로 나눈 값이다.
③ 폭이 넓은 직사각형 수로의 동수반경은 그 수로의 수심과 거의 같다.
④ 동수반경이 큰 수로는 동수반경이 작은 수로보다 마찰에 의한 수두손실이 크다.

> [해설] 동수반경(경심)은 단면이 일정할 때 R_h가 크면 윤변 P가 작기 때문에 마찰손실수두는 작아지게 된다.
> $R_h = \dfrac{A}{P}$

14 댐의 상류부에서 발생되는 수면곡선으로 흐름방향으로 수심이 증가함을 뜻하는 곡선은?

① 배수곡선 ② 저하곡선
③ 유사량곡선 ④ 수리특성곡선

> [해설] 개수로의 흐름이 상류(常流)인 장소에 댐, 위어 또는 수문 등의 수리구조물을 만들어 수면을 상승시키면 그 영향이 상류(上流)로 미치고, 상류(上流)의 수면은 상승한다. 이 현상을 배수(backwater)라 하며, 이로 인해 생기는 수면곡선을 배수곡선이라 한다.

15 일반적인 물의 성질로 틀린 것은?

① 물의 비중은 기름의 비중보다 크다.
② 물은 일반적으로 완전 유체로 취급한다.
③ 해수(海水)도 담수(淡水)와 같은 단위중량으로 취급한다.
④ 물의 밀도는 보통 1g/cc=1,000kg/m³=1t/m³를 쓴다.

> [해설] 해수의 단위중량은 평균 1.025t/m³이고, 담수는 1t/m³이다.

16 강우자료의 일관성을 분석하기 위해 사용하는 방법은?

① 합리식
② DAD 해석법
③ 누가우량곡선법
④ SCS(Soil Conservation Service)방법

> [해설] 이중누가우량곡선(double mass curve)은 수자원계획 수립 시 장기간 강우(강수)자료의 일관성(consistency) 검사가 요구된다.

17 수문자료 해석에 사용되는 확률분포형의 매개변수를 추정하는 방법이 아닌 것은?

① 모멘트법(method of moments)
② 회선적분법(convolution integral method)
③ 최우도법(method of maximum likelihood)
④ 확률가중모멘트법(method of probability weighted moments)

정답 12.② 13.④ 14.① 15.③ 16.③ 17.②

> [해설] 수문자료 해석에 사용되는 확률분포형의 매개변수를 추정하는 방법에는 모멘트법, 최우도법, 확률가중모멘트법 등이 있다.

18 정수역학에 관한 설명으로 틀린 것은?
① 정수 중에는 전단응력이 발생된다.
② 정수 중에는 인장응력이 발생되지 않는다.
③ 정수압은 항상 벽면에 직각방향으로 작용한다.
④ 정수 중의 한 점에 작용하는 정수압은 모든 방향에서 균일하게 작용한다.

> [해설] 정수는 물이 정지된 상태이므로 전단응력이 발생하지 않는다.

19 수심이 1.2m인 수조의 밑바닥에 길이 4.5m, 지름 2cm인 원형관이 연직으로 설치되어 있다. 최초에 물이 배수되기 시작할 때 수조의 밑바닥에서 0.5m 떨어진 연직관 내의 수압은? (단, 물의 단위중량은 9.81kN/m³이며, 손실은 무시한다.)
① 49.05kN/m^2
② -49.05kN/m^2
③ 39.24kN/m^2
④ -39.24kN/m^2

> [해설] 베르누이방정식
> $$\frac{V_1^2}{2g} + \frac{P_1}{\gamma} + Z_1 = \frac{V_2^2}{2g} + \frac{P_2}{\gamma} + Z_2$$
> $$0 + \frac{P_1}{9.81} + (4.5 - 0.5) = 0 + 0 + 0$$
> $$\therefore P_1 = -39.24 \text{kN/m}^2$$

20 어느 유역에 1시간 동안 계속되는 강우기록이 다음 표와 같을 때 10분 지속 최대 강우강도는?

시간(분)	0	0~10	10~20	20~30	30~40	40~50	50~60
우량(mm)	0	3.0	4.5	7.0	6.0	4.5	6.0

① 5.1mm/h
② 7.0mm/h
③ 30.6mm/h
④ 42.0mm/h

> [해설] **10분간 최대 강우강도**
> 10분 지속 최대 강우강도가 되는 지점은 20~30분 지점이므로
> $$\therefore I = \frac{7}{10} \times 60 = 42 \text{mm/h}$$

정답 18. ① 19. ④ 20. ④

2022 제2회 토목기사 기출문제

📝 2022년 4월 24일 시행

01 2개의 불투수층 사이에 있는 대수층 두께 a, 투수계수 k인 곳에 반지름 r_0인 굴착정(artesian well)을 설치하고 일정 양수량 Q를 양수하였더니 양수 전 굴착정 내의 수위 H가 h_0로 강하하여 정상흐름이 되었다. 굴착정의 영향원반지름을 R이라 할 때 $(H-h_0)$의 값은?

① $\dfrac{2Q}{\pi ak}\ln\dfrac{R}{r_0}$ ② $\dfrac{Q}{2\pi ak}\ln\dfrac{R}{r_0}$

③ $\dfrac{2Q}{\pi ak}\ln\dfrac{r_0}{R}$ ④ $\dfrac{Q}{2\pi ak}\ln\dfrac{r_0}{R}$

해설 굴착정의 유량

$$Q=\dfrac{2\pi aK(H-h_0)}{2.3\log\dfrac{R}{r_0}}=\dfrac{2\pi aK(H-h_0)}{\ln\dfrac{R}{r_0}}$$

$$\therefore H-h_0=\dfrac{Q}{2\pi aK}\ln\dfrac{R}{r_0}$$

02 침투능(infiltration capacity)에 관한 설명으로 틀린 것은?
① 침투능은 토양조건과는 무관하다.
② 침투능은 강우강도에 따라 변화한다.
③ 일반적으로 단위는 mm/h 또는 in/h로 표시된다.
④ 어떤 토양면을 통해 물이 침투할 수 있는 최대율을 말한다.

해설 침투능은 토양의 종류, 함유수분, 다짐 정도 등 토양조건에 따라 변화한다.

03 3차원 흐름의 연속방정식을 다음과 같은 형태로 나타낼 때 이에 알맞은 흐름의 상태는?

$$\dfrac{\partial u}{\partial x}+\dfrac{\partial v}{\partial y}+\dfrac{\partial w}{\partial z}=0$$

① 압축성 부정류 ② 압축성 정상류
③ 비압축성 부정류 ④ 비압축성 정상류

해설 3차원 정류의 연속방정식
ⓐ 압축성 유체 : $\dfrac{\partial\rho u}{\partial x}+\dfrac{\partial\rho v}{\partial y}+\dfrac{\partial\rho w}{\partial z}=0$
ⓑ 비압축성 유체 : $\dfrac{\partial u}{\partial x}+\dfrac{\partial v}{\partial y}+\dfrac{\partial w}{\partial z}=0$
참고 정류 : 시간에 따른 변화가 없는 흐름상태

04 지름 20cm의 원형 단면 관수로에 물이 가득 차서 흐를 때의 동수반경은?
① 5cm ② 10cm
③ 15cm ④ 20cm

해설 동수반경

$$R_h=\dfrac{A}{P}=\dfrac{\dfrac{\pi D^2}{4}}{\pi D}=\dfrac{D}{4}=\dfrac{20}{4}=5\text{cm}$$

05 다음 그림과 같은 수조 벽면에 작은 구멍을 뚫고 구멍의 중심에서 수면까지 높이가 h일 때 유출속도 V는? (단, 에너지손실은 무시한다.)

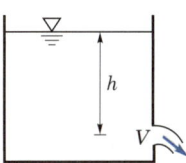

① $\sqrt{2gh}$ ② $\sqrt{gh}$
③ $2gh$ ④ gh

해설 베르누이방정식

$$\dfrac{V_1^{\,2}}{2g}+\dfrac{P_1}{\gamma}+Z_1=\dfrac{V_2^{\,2}}{2g}+\dfrac{P_2}{\gamma}+Z_2$$

$$0+0+Z_1=\dfrac{V_2^{\,2}}{2g}+0+Z_2$$

$$\therefore V_2=\sqrt{2g(Z_2-Z_1)}=\sqrt{2gh}$$

이때 $h=Z_2-Z_1$

정답 1. ② 2. ① 3. ④ 4. ① 5. ①

06 다음 그림과 같이 원형관 중심에서 V의 유속으로 물이 흐르는 경우에 대한 설명으로 틀린 것은? (단, 흐름은 층류로 가정한다.)

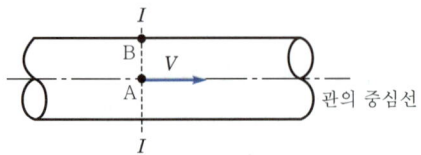

① 지점 A에서의 마찰력은 V^2에 비례한다.
② 지점 A에서의 유속은 단면평균유속의 2배이다.
③ 지점 A에서 지점 B로 갈수록 마찰력은 커진다.
④ 유속은 지점 A에서 최대인 포물선분포를 한다.

해설 다음 그림과 같이 지점 A에서의 마찰력은 0이다.

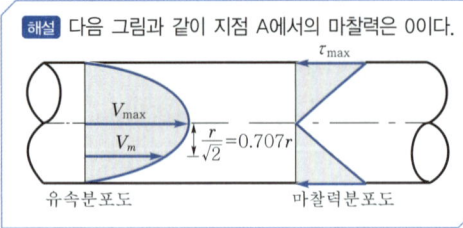

07 어떤 유역에 다음 표와 같이 30분간 집중호우가 계속되었을 때 지속기간 15분인 최대 강우강도는?

시간(분)	0~5	5~10	10~15	15~20	20~25	25~30
우량(mm)	2	4	6	4	8	6

① 64mm/h ② 48mm/h
③ 72mm/h ④ 80mm/h

해설 **15분간 최대 강우강도**
지속기간 15분간 최대 강우강도는 10~25구간이므로
$$\therefore I = (6+4+8) \times \frac{60}{15} = 72\text{mm/h}$$

08 대수층의 두께 2.3m, 폭 1.0m일 때 지하수의 유량은? (단, 지하수류의 상·하류 두 지점 사이의 수두차 1.6m, 두 지점 사이의 평균거리 360m, 투수계수 $K=192\text{m/day}$)

① 1.53m³/day ② 1.80m³/day
③ 1.96m³/day ④ 2.21m³/day

해설 **지하수의 유량**
$$I = \frac{h}{L}$$
$$\therefore Q = KIA = K\frac{h}{L}A$$
$$= 192 \times \frac{1.6}{360} \times (2.3 \times 1) = 1.96\text{m}^3/\text{day}$$

09 정지하고 있는 수중에 작용하는 정수압의 성질로 옳지 않은 것은?

① 정수압의 크기는 깊이에 비례한다.
② 정수압은 물체의 면에 수직으로 작용한다.
③ 정수압은 단위면적에 작용하는 힘의 크기로 나타낸다.
④ 한 점에 작용하는 정수압은 방향에 따라 크기가 다르다.

해설 한 점에 작용하는 정수압은 모든 방향에서 일정하다.

10 단위유량도에 대한 설명으로 틀린 것은?

① 단위유량도의 정의에서 특정 단위시간은 1시간을 의미한다.
② 일정 기저시간가정, 비례가정, 중첩가정은 단위유량도의 3대 기본가정이다.
③ 단위유량도의 정의에서 단위유효우량은 유역 전 면적상의 등가우량깊이로 측정되는 특정량의 우량을 의미한다.
④ 단위유효우량은 유출량의 형태로 단위유량도 상에 표시되며, 단위유량도 아래의 면적은 부피의 차원을 가진다.

해설 **단위유량도(unit hydrograph, 단위도)**
㉠ 특정 단위시간 동안 균일한 강도로 유역 전반에 걸쳐 균등하게 내리는 단위유효우량(unit effective rainfall)으로 인하여 발생하는 직접유출수문곡선을 말한다.
㉡ 이때 특정 단위시간은 강우의 지속시간이 특정 시간으로 표시됨을 의미한다.

정답 6.① 7.③ 8.③ 9.④ 10.①

11 한계수심에 대한 설명으로 옳지 않은 것은?

① 유량이 일정할 때 한계수심에서 비에너지가 최소가 된다.
② 직사각형 단면 수로의 한계수심은 최소 비에너지의 $\frac{2}{3}$이다.
③ 비에너지가 일정하면 한계수심으로 흐를 때 유량이 최대가 된다.
④ 한계수심보다 수심이 작은 흐름이 상류(常流)이고, 큰 흐름이 사류(射流)이다.

> 해설 한계수심보다 수심이 작은 흐름이 사류(射流)이고, 큰 흐름이 상류(常流)이다.

12 단면 2m×2m, 높이 6m인 수조에 물이 가득 차 있을 때 이 수조의 바닥에 설치한 지름이 20cm인 오리피스로 배수시키고자 한다. 수심이 2m가 될 때까지 배수하는데 필요한 시간은? (단, 오리피스의 유량계수 $C=0.6$, 중력가속도 $g=9.8m/s^2$)

① 1분 39초 ② 2분 36초
③ 2분 55초 ④ 3분 45초

> 해설 배수시간
> $T = \dfrac{2A}{Ca\sqrt{2g}}\left(h_1^{1/2} - h_2^{1/2}\right)$
> $= \dfrac{2\times(2\times2)}{0.6\times\dfrac{\pi\times0.2^2}{4}\times\sqrt{2\times9.8}} \times (6^{1/2} - 2^{1/2})$
> $= 99.25$초 $= 1$분 39초

13 개수로 흐름의 도수현상에 대한 설명으로 틀린 것은?

① 비력과 비에너지가 최소인 수심은 근사적으로 같다.
② 도수 전·후의 수심관계는 베르누이정리로부터 구할 수 있다.
③ 도수는 흐름이 사류에서 상류로 바뀔 경우에만 발생된다.
④ 도수 전·후의 에너지손실은 주로 불연속 수면 발생 때문이다.

> 해설 도수 전·후의 수심관계는 운동량의 역적방정식으로 구한다.

14 정상류에 관한 설명으로 옳지 않은 것은?

① 유선과 유적선이 일치한다.
② 흐름의 상태가 시간에 따라 변하지 않고 일정하다.
③ 실제 개수로 내 흐름의 상태는 정상류가 대부분이다.
④ 정상류 흐름의 연속방정식은 질량 보존의 법칙으로 설명된다.

> 해설 실제 개수로 내 흐름의 상태는 부등류가 대부분이다.
>
> 참고 정류(steady flow)
> • 유체가 운동할 때 한 단면에서 속도, 압력, 유량 등이 시간에 따라 변하지 않는 흐름이다. 즉, 관 속의 한 단면에서 속도, 압력, 유량 등이 일정하다.
> • 유선과 유적선이 일치한다.
> • 평상시 하천의 흐름을 정류(정상류)라 한다.

15 수로의 단위폭에 대한 운동량방정식은? (단, 수로의 경사는 완만하며, 바닥의 마찰저항은 무시한다.)

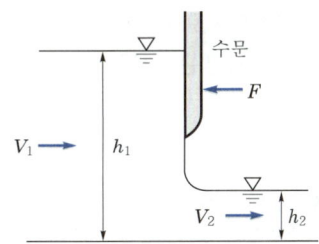

① $\dfrac{\gamma h_1^2}{2} - \dfrac{\gamma h_2^2}{2} - F = \rho Q(V_1 - V_2)$

② $\dfrac{\gamma h_1^2}{2} - \dfrac{\gamma h_2^2}{2} - F = \rho Q(V_2 - V_1)$

③ $\dfrac{\gamma h_1^2}{2} + \dfrac{\gamma h_2^2}{2} - F = \rho Q(V_2 - V_1)$

④ $\dfrac{\gamma h_1^2}{2} + \rho Q V_1 + F = \dfrac{\gamma h_2^2}{2} + \rho Q V_2$

정답 11. ④ 12. ① 13. ② 14. ③ 15. ②

> **해설** 운동량방정식
> $$P_1 - P_2 - F = \frac{\rho Q(V_2 - V_1)}{g}$$
> $$\gamma \times \frac{h_1}{2} \times (h_1 \times 1) - \gamma \times \frac{h_2}{2} \times (h_2 \times 1) - F = \frac{\rho Q(V_2 - V_1)}{g}$$
> $$\therefore \frac{\gamma h_1^2}{2} - \frac{\gamma h_2^2}{2} - F = \rho Q(V_2 - V_1)$$

16 완경사 수로에서 배수곡선(backwater curve)에 해당하는 수면곡선은?

① 홍수 시 하천의 수면곡선
② 댐을 월류할 때의 수면곡선
③ 하천 단락부(段落部) 상류의 수면곡선
④ 상류상태로 흐르는 하천에 댐을 구축했을 때 저수지 상류의 수면곡선

> **해설** 개수로의 흐름이 상류(常流)인 장소에 댐, 위어 또는 수문 등의 수리구조물을 만들어 수면을 상승시키면 그 영향이 상류(上流)로 미치고, 상류(上流)의 수면은 상승한다. 이로 인해 생기는 수면곡선을 배수곡선이라 한다.

17 지하수의 연직분포를 크게 통기대와 포화대로 나눌 때 통기대에 속하지 않는 것은?

① 모관수대   ② 중간수대
③ 지하수대   ④ 토양수대

> **해설** 지하수의 연직분포
> ㉠ 통기대 : 토양수대, 중간수대, 모관수대
> ㉡ 포화대 : 지하수대

18 다음 중 하천의 수리모형실험에 주로 사용되는 상사법칙은?

① Weber의 상사법칙
② Cauchy의 상사법칙
③ Froude의 상사법칙
④ Reynolds의 상사법칙

> **해설** 하천의 수리모형실험은 중력이 흐름을 지배하는 인자이므로 Froude의 상사법칙이 적용된다.

19 수중에 잠겨 있는 곡면에 작용하는 연직분력은?

① 곡면에 의해 배제된 물의 무게와 같다.
② 곡면 중심의 압력에 물의 무게를 더한 값이다.
③ 곡면을 밑면으로 하는 물기둥의 무게와 같다.
④ 곡면을 연직면상에 투영했을 때 그 투영면이 작용하는 정수압과 같다.

> **해설** 전수압
> ㉠ 전수압=수평분력+연직분력
> ㉡ 수평분력 : 곡면의 연직투영면에 작용하는 수압과 같다.
> ㉢ 연직분력 : 곡면을 밑면으로 하는 물기둥의 무게와 같다.

20 속도분포를 $V = 4y^{\frac{2}{3}}$ 으로 나타낼 수 있을 때 바닥면에서 0.5m 떨어진 높이에서의 속도경사(velocity gradient)는? (단, V : m/s, y : m)

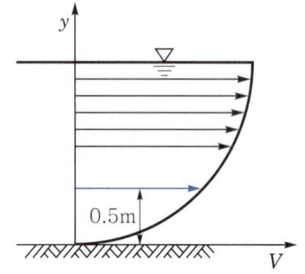

① 2.67sec^{-1} ② 3.36sec^{-1}
③ 2.67sec^{-2} ④ 3.36sec^{-2}

> **해설** 속도경사
> $$V = 4y^{\frac{2}{3}}$$
> $$V' = 4 \times \frac{2}{3} y^{-\frac{1}{3}} = \frac{8}{3} y^{-\frac{1}{3}}$$
> $$\therefore V'_{y=0.5} = \frac{8}{3} \times 0.5^{-\frac{1}{3}} = 3.36\text{sec}^{-1}$$

정답 16. ④ 17. ③ 18. ③ 19. ③ 20. ②

2022 제3회 토목기사 기출복원문제

✏ 2022년 7월 2일 시행

01 합성단위유량도의 모양을 결정하는 인자가 아닌 것은?
① 기저시간
② 첨두유량
③ 지체시간
④ 강우강도

> 해설 미계측지역에서는 다른 유역에서 얻은 기저시간, 첨두유량, 지체시간 등 3개의 매개변수로서 단위도를 합성할 수 있다. 이러한 방법에 의하여 구한 단위도를 합성단위유량도라 한다.

02 층류와 난류(亂流)에 관한 설명으로 옳지 않은 것은?
① 층류란 유수(流水) 중에서 유선이 평행한 층을 이루는 흐름이다.
② 층류와 난류를 레이놀즈수에 의하여 구별할 수 있다.
③ 원관 내 흐름의 한계레이놀즈수는 약 2,000 정도이다.
④ 층류에서 난류로 변할 때의 유속과 난류에서 층류로 변할 때의 유속은 같다.

> 해설 하한계유속(난류 → 층류) < 상한계유속(층류 → 난류)

03 삼각위어에서 수두를 H라 할 때 위어를 통해 흐르는 유량 Q와 비례하는 것은?
① $H^{-1/2}$
② $H^{1/2}$
③ $H^{3/2}$
④ $H^{5/2}$

> 해설 삼각위어의 유량
> $$Q = \frac{8}{15} C \tan\frac{\theta}{2} \sqrt{2g}\, H^{\frac{5}{2}}$$

04 주어진 유량에 대한 비에너지(specific energy)가 3m일 때 한계수심은?
① 1m
② 1.5m
③ 2m
④ 2.5m

> 해설 한계수심
> $$h_c = \frac{2}{3} H_e = \frac{2}{3} \times 3 = 2\text{m}$$

05 부체의 안정에 관한 설명으로 옳지 않은 것은?
① 경심(M)이 무게중심(G)보다 낮을 경우 안정하다.
② 무게중심(G)이 부심(B)보다 아래쪽에 있으면 안정하다.
③ 부심(B)과 무게중심(G)이 동일 연직선상에 위치할 때 안정을 유지한다.
④ 경심(M)이 무게중심(G)보다 높을 경우 복원모멘트가 작용한다.

> 해설 경심(M)이 무게중심(G)보다 낮을 경우에는 전도모멘트가 작용하여 불안정하다.

06 개수로의 흐름에 대한 설명으로 틀린 것은?
① 개수로에서 사류로부터 상류로 변할 때 불연속적으로 수면이 뛰는 도수가 발생된다.
② 개수로에서 층류와 난류를 구분하는 한계레이놀즈(Reynolds)수는 정확히 결정되어질 수 없으나 약 500 정도를 취한다.
③ 개수로에서 사류로부터 상류로 변하는 단면을 지배 단면이라 한다.
④ 배수곡선은 댐과 같은 장애물을 설치하면 발생되는 상류부의 수면곡선이다.

정답 1.④ 2.④ 3.④ 4.③ 5.① 6.③

> [해설] 개수로에서 상류에서 사류로 변하는 단면을 지배 단면이라 한다.

07 누가우량곡선(rainfall mass curve)의 특성으로 옳은 것은?

① 누가우량곡선의 경사가 클수록 강우강도가 크다.
② 누가우량곡선의 경사는 지역에 관계없이 일정하다.
③ 누가우량곡선으로부터 일정 기간 내의 강우량을 산출하는 것은 불가능하다.
④ 누가우량곡선은 자기우량기록에 의하여 작성하는 것보다 보통우량계의 기록에 의하여 작성하는 것이 더 정확하다.

> [해설] **누가우량곡선**
> ㉠ 자기우량계에 의해 측정된 우량을 기록지에 누가우량의 시간적 변화상태를 기록한 것을 말한다.
> ㉡ 누가우량곡선의 경사가 급할수록 강우강도가 크다.
> ㉢ 누가우량곡선의 경사가 없으면 무강우로 처리한다.

08 단위중량 γ, 밀도 ρ인 유체가 유속 V로서 수평방향으로 흐르고 있다. 지름 d, 길이 l인 원주가 유체의 흐름방향에 직각으로 중심축을 가지고 놓였을 때 원주에 작용하는 항력(D)은? (단, C : 항력계수, g : 중력가속도)

① $D = C \dfrac{\pi d^2}{4} \dfrac{\gamma V^2}{2}$ ② $D = Cdl \dfrac{\rho V^2}{2}$

③ $D = C \dfrac{\pi d^2}{4} \dfrac{\rho V^2}{2}$ ④ $D = Cdl \dfrac{\gamma V^2}{2}$

> [해설] **항력**
> $$D = C_D A \frac{\rho V^2}{2} = C_D dl \frac{\rho V^2}{2}$$

09 도수가 15m 폭의 수문 하류측에서 발생되었다. 도수가 일어나기 전의 깊이가 1.5m이고, 그때의 유속은 18m/s였다. 도수로 인한 에너지손실수두는? (단, 에너지보정계수 α =1이다.)

① 3.24m ② 5.40m
③ 7.62m ④ 8.34m

> [해설] **도수로 인한 에너지손실수두**
> ㉠ $F_{r1} = \dfrac{V}{\sqrt{gh}} = \dfrac{18}{\sqrt{9.8 \times 1.5}} = 4.69$
> ㉡ $\dfrac{h_2}{h_1} = \dfrac{1}{2}(-1 + \sqrt{1 + 8F_{r1}^2})$
> $\dfrac{h_2}{1.5} = \dfrac{1}{2} \times (-1 + \sqrt{1 + 8 \times 4.69^2})$
> $\therefore h_2 = 9.23\text{m}$
> ㉢ $\Delta H_e = \dfrac{(h_2 - h_1)^3}{4h_1 h_2}$
> $= \dfrac{(9.23 - 1.5)^3}{4 \times 1.5 \times 9.23} = 8.34\text{m}$

10 벤투리미터(venturi meter)의 일반적인 용도로 옳은 것은?

① 수심 측정 ② 압력 측정
③ 유속 측정 ④ 단면 측정

> [해설] 베르누이정리를 응용한 벤투리미터는 유속 측정기구이다.

11 단위유량도(unit hydrograph)를 작성함에 있어서 주요 기본가정(또는 원리)으로만 짝지어진 것은?

① 비례가정, 중첩가정, 직접유출의 가정
② 비례가정, 중첩가정, 일정 기저시간의 가정
③ 일정 기저시간의 가정, 직접유출의 가정, 비례가정
④ 직접유출의 가정, 일정 기저시간의 가정, 중첩가정

> [해설] 단위유량도의 기본가정은 비례가정, 중첩가정, 일정 기저시간가정이 있다.

정답 7.① 8.② 9.④ 10.③ 11.②

12 경심이 5m이고 동수경사가 1/200인 관로에서의 레이놀즈수가 1,000인 흐름으로 흐를 때 관 속의 유속은?

① 7.5m/s   ② 5.5m/s
③ 3.2m/s   ④ 2.5m/s

해설 **Manning의 평균유속공식**

㉠ $f = \dfrac{64}{R_e} = \dfrac{64}{1,000} = 0.064$

㉡ $f = 124.5 n^2 D^{-\frac{1}{3}}$

$0.064 = 124.5 \times n^2 \times (4 \times 5)^{-\frac{1}{3}}$

∴ $n = 0.037$

㉢ $V = \dfrac{1}{n} R_h^{\frac{2}{3}} I^{\frac{1}{2}}$

$= \dfrac{1}{0.037} \times 5^{\frac{2}{3}} \times \left(\dfrac{1}{200}\right)^{\frac{1}{2}} = 5.59 \text{m/s}$

13 대수층의 두께 2.3m, 폭 1.0m일 때 지하수의 유량은? (단, 지하수류의 상·하류 두 지점 사이의 수두차 1.6m, 두 지점 사이의 평균거리 360m, 투수계수 $K=$ 192m/day)

① 1.53m³/day   ② 1.80m³/day
③ 1.96m³/day   ④ 2.21m³/day

해설 **지하수의 유량**

$I = \dfrac{h}{L}$

∴ $Q = KIA = K\dfrac{h}{L}A$

$= 192 \times \dfrac{1.6}{360} \times (2.3 \times 1) = 1.96 \text{m}^3/\text{day}$

14 어느 소유역의 면적이 20ha, 유수의 도달시간이 5분이다. 강수자료의 해석으로부터 얻어진 이 지역의 강우강도식이 다음과 같을 때 합리식에 의한 홍수량은? (단, 유역의 평균유출계수는 0.60이다.)

강우강도식 : $I = \dfrac{6,000}{t+35}$ [mm/h]

여기서, t : 강우지속시간(분)

① 18.0m³/s   ② 5.0m³/s
③ 1.8m³/s   ④ 0.5m³/s

해설 **합리식**

$I = \dfrac{6,000}{t+35} = \dfrac{6,000}{5+35} = 150 \text{mm/h}$

∴ $Q = \dfrac{1}{360} CIA = \dfrac{1}{360} \times 0.6 \times 150 \times 20$

$= 5 \text{m}^3/\text{s}$

15 정지하고 있는 수중에 작용하는 정수압의 성질로 옳지 않은 것은?

① 정수압의 크기는 깊이에 비례한다.
② 정수압은 물체의 면에 수직으로 작용한다.
③ 정수압은 단위면적에 작용하는 힘의 크기로 나타낸다.
④ 한 점에 작용하는 정수압은 방향에 따라 크기가 다르다.

해설 한 점에 작용하는 정수압은 모든 방향에서 일정하다.

16 컨테이너 부두 안벽에 입사하는 파랑의 입사파고가 0.8m이고, 안벽에서 반사된 파랑의 반사파고가 0.3m일 때 반사율은?

① 0.325   ② 0.375
③ 0.425   ④ 0.475

해설 반사율 = $\dfrac{\text{반사파고}}{\text{입사파고}} = \dfrac{0.3}{0.8} = 0.375$

17 유체 속에 잠긴 곡면에 작용하는 수평분력은?

① 곡면에 의해 배제된 액체의 무게와 같다.
② 곡면의 중심에서의 압력과 면적의 곱과 같다.
③ 곡면의 연직 상방에 실려있는 액체의 무게와 같다.
④ 곡면을 연직면상에 투영하였을 때 생기는 투영면적에 작용하는 힘과 같다.

정답 12. ② 13. ③ 14. ② 15. ④ 16. ② 17. ④

> **[해설] 전수압**
> ㉠ 전수압＝수평분력＋연직분력
> ㉡ 수평분력 : 곡면의 연직투영면에 작용하는 수압과 같다.
> ㉢ 연직분력 : 곡면을 밑면으로 하는 물기둥의 무게와 같다.

18 토양면을 통해 스며든 물이 중력의 영향 때문에 지하로 이동하여 지하수면까지 도달하는 현상은?

① 침투(infiltration)
② 침투능(infiltration capacity)
③ 침투율(infiltration rate)
④ 침루(percolation)

> **[해설]** ㉠ 침투 : 물이 흙의 표면을 통해 스며드는 현상
> ㉡ 침루 : 침투된 물이 중력에 의해 지하수면까지 이동하는 현상

19 유출(runoff)에 대한 설명으로 옳지 않은 것은?

① 비가 오기 전의 유출을 기저유출이라 한다.
② 우량은 별도의 손실 없이 그 전량이 하천으로 유출된다.
③ 일정 기간에 하천으로 유출되는 수량의 합을 유출량이라 한다.
④ 유출량과 그 기간의 강수량과의 비(比)를 유출계수 또는 유출률이라 한다.

> **[해설]** 유출에 의한 총강수량은 초과강수량과 손실량으로 구성되어 있다. 따라서 하천으로 유출되는 양은 손실량을 제외한 유효강수량이 된다.

20 원형 댐의 월류량(Q_p)이 1,000m³/s이고, 수문을 개방하는데 필요한 시간(T_p)이 40초라 할 때 1/50모형(模形)에서의 유량(Q_m)과 개방시간(T_m)은? (단, 중력가속도비(g_r)는 1로 가정한다.)

① $Q_m = 0.057$m³/s, $T_m = 5.657$sec
② $Q_m = 1.623$m³/s, $T_m = 0.825$sec
③ $Q_m = 56.56$m³/s, $T_m = 0.825$sec
④ $Q_m = 115.0$m³/s, $T_m = 5.657$sec

> **[해설]** ㉠ 유량비
> $$Q_r = \frac{Q_m}{Q_p} = L_r^{\frac{5}{2}}$$
> $$\frac{Q_m}{1,000} = \left(\frac{1}{50}\right)^{\frac{5}{2}}$$
> $$\therefore Q_m = 0.057\text{m}^3/\text{s}$$
> ㉡ 시간비
> $$T_r = \frac{T_m}{T_p} = \sqrt{\frac{L_r}{g_r}} = L_r^{\frac{1}{2}}$$
> $$\frac{T_m}{40} = \left(\frac{1}{50}\right)^{\frac{1}{2}}$$
> $$\therefore T_m = 5.657\text{sec}$$

정답 18. ④ 19. ② 20. ①

2023 제1회 토목기사 기출복원문제

2023년 2월 18일 시행

01 도수(hydraulic jump)에 대한 설명으로 옳은 것은?
① 수문을 급히 개방할 경우 하류로 전파되는 흐름
② 유속이 파의 전파속도보다 작은 흐름
③ 상류에서 사류로 변할 때 발생하는 현상
④ Froude수가 1보다 큰 흐름에서 1보다 작아질 때 발생하는 현상

> **해설** ① 단파
> ② 상류
> ③ 지배 단면
>
> **참고** 도수: 흐름이 사류에서 상류로 변할 때 일어나는 과도현상으로 $F_r > 1$인 흐름(사류)에서 $F_r < 1$(상류)일 때 발생한다.

02 다음 중 강수결측자료의 보완을 위한 추정방법이 아닌 것은?
① 단순 비례법
② 2중누가우량분석법
③ 산술평균법
④ 정상 연강수량비율법

> **해설** 결측강우량 추정 보완법
> ㉠ 산술평균법
> ㉡ 정상 연강수량비율법
> ㉢ 단순 비례법

03 Darcy의 법칙에 대한 설명으로 옳지 않은 것은?
① Darcy의 법칙은 지하수의 흐름에 대한 공식이다.
② 투수계수는 물의 점성계수에 따라서도 변화한다.
③ Reynolds수가 클수록 안심하고 적용할 수 있다.
④ 평균유속이 동수경사와 비례관계를 가지고 있는 흐름에 적용될 수 있다.

> **해설** Darcy법칙은 $R_e < 4$인 층류의 흐름과 대수층 내에 모관수대가 존재하지 않는 흐름에서만 적용된다.

04 베르누이정리를 $\frac{\rho}{2}V^2 + \gamma Z + P = H$로 표현할 때 이 식에서 정체압(stagnation pressure)은?
① $\frac{\rho}{2}V^2 + \gamma Z$로 표시한다.
② $\frac{\rho}{2}V^2 + P$로 표시한다.
③ $\gamma Z + P$로 표시한다.
④ P로 표시한다.

> **해설** 베르누이정리
> $Z + \frac{P}{\gamma} + \frac{V^2}{2g} = H$의 양변에 γ를 곱하면
> $\gamma Z + P + \frac{\gamma V^2}{2g} = H$
>
> **참고** 위치압력 + 정압력 + 동압력 = 총압력

05 수문에 관련한 용어에 대한 설명 중 옳지 않은 것은?
① 침투란 토양면을 통해 스며든 물이 중력에 의해 계속 지하로 이동하여 불투수층까지 도달하는 것이다.
② 증산(transpiration)이란 식물의 엽면(葉面)을 통해 물이 수증기의 형태로 대기 중에 방출되는 현상이다.
③ 강수(precipitation)란 구름이 응축되어 지상으로 떨어지는 모든 형태의 수분을 총칭한다.
④ 증발이란 액체상태의 물이 기체상태의 수증기로 바뀌는 현상이다.

> **해설** ㉠ 침투: 물이 흙의 표면을 통해 스며드는 현상
> ㉡ 침루: 침투된 물이 중력에 의해 지하수면까지 이동하는 현상

정답 1.④ 2.② 3.③ 4.② 5.①

06 단위유량도 작성 시 필요 없는 사항은?

① 직접유출량
② 유효우량의 지속시간
③ 유역면적
④ 투수계수

> **해설** 단위도의 유도
> ㉠ 수문곡선에서 직접유출과 기저유출을 분리한 후 직접유출수문곡선을 얻는다.
> ㉡ 유효강우량을 구한다.
> ㉢ 직접유출수문곡선의 유량을 유효강우량으로 나누어 단위도를 구한다.

07 직사각형의 위어로 유량을 측정할 경우 수두 H를 측정할 때 1%의 측정오차가 있었다면 유량 Q에서 예상되는 오차는?

① 0.5%
② 1.0%
③ 1.5%
④ 2.5%

> **해설** 직사각형 위어의 유량오차
> $$\frac{dQ}{Q} = \frac{3}{2}\frac{dh}{h} = \frac{3}{2} \times 1 = 1.5\%$$

08 일반 유체운동에 관한 연속방정식은? (단, 유체의 밀도 ρ, 시간 t, x, y, z방향의 속도는 u, v, w이다.)

① $\frac{\partial \rho}{\partial t} + \frac{\partial u}{\partial x} + \frac{\partial v}{\partial y} + \frac{\partial w}{\partial z} = 0$

② $\frac{\partial \rho}{\partial t} + \frac{\partial \rho u}{\partial x} + \frac{\partial \rho v}{\partial y} + \frac{\partial \rho w}{\partial z} = 0$

③ $\frac{\partial \rho}{\partial t} + \frac{\partial u}{\partial \rho x} + \frac{\partial v}{\partial \rho y} + \frac{\partial w}{\partial \rho z} = 0$

④ $\frac{\partial u}{\partial x} + \frac{\partial v}{\partial y} + \frac{\partial w}{\partial z} = 0$

> **해설** 압축성 유체의 부정류 연속방정식
> $$\frac{\partial \rho}{\partial t} + \frac{\partial \rho u}{\partial x} + \frac{\partial \rho v}{\partial y} + \frac{\partial \rho w}{\partial z} = 0$$

09 다음 그림과 같은 병렬 관수로 ㉠, ㉡, ㉢에서 각 관의 지름과 관의 길이를 각각 D_1, D_2, D_3, L_1, L_2, L_3라 할 때 $D_1 > D_2 > D_3$이고 $L_1 > L_2 > L_3$이면 A점과 B점 사이의 손실수두는?

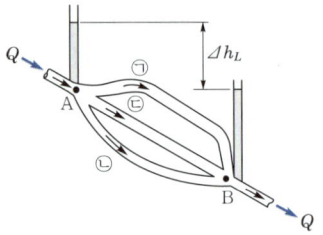

① ㉠의 손실수두가 가장 크다.
② ㉡의 손실수두가 가장 크다.
③ ㉢에서만 손실수두가 발생한다.
④ 모든 관의 손실수두가 같다.

> **해설** 병렬 관수로의 모든 분기관의 손실수두는 같다.

10 강우강도 $I = \frac{5,000}{t+40}$ [mm/h]로 표시되는 어느 도시에 있어서 20분간의 강우량 R_{20}은? (단, t의 단위는 분이다.)

① 17.8mm
② 27.8mm
③ 37.8mm
④ 47.8mm

> **해설** 20분간 강우량
> $$I = \frac{5,000}{t+40} = \frac{5,000}{20+40} = 83.33 \text{mm/h}$$
> $$\therefore P_{20} = \frac{83.33}{60} \times 20 = 27.8 \text{mm}$$

11 단면적 20cm²인 원형 오리피스(orifice)가 수면에서 3m의 깊이에 있을 때 유출수의 유량은? (단, 유량계수는 0.6이라 한다.)

① 0.0014m³/s
② 0.0092m³/s
③ 0.0119m³/s
④ 0.1524m³/s

정답 6. ④ 7. ③ 8. ② 9. ④ 10. ② 11. ②

> **해설** 작은 오리피스의 유량
> $Q = Ca\sqrt{2gh}$
> $= 0.6 \times 0.002 \times \sqrt{2 \times 9.8 \times 3}$
> $= 0.009202 \text{m}^3/\text{s}$

12 유체의 흐름에 관한 설명으로 옳지 않은 것은?
① 유체의 입자가 흐르는 경로를 유적선이라 한다.
② 부정류(不定流)에서는 유선이 시간에 따라 변화한다.
③ 정상류(定常流)에서는 하나의 유선이 다른 유선과 교차하게 된다.
④ 점성이나 압축성을 완전히 무시하고 밀도가 일정한 이상적인 유체를 완전 유체라 한다.

> **해설** 정상류에서는 하나의 유선이 다른 유선과 교차하지 않는다.

13 개수로에서 일정한 단면적에 대하여 최대 유량이 흐르는 조건은?
① 수심이 최대이거나 수로폭이 최소일 때
② 수심이 최소이거나 수로폭이 최대일 때
③ 윤변이 최소이거나 경심이 최대일 때
④ 윤변이 최대이거나 경심이 최소일 때

> **해설** 주어진 단면적과 수로의 경사에 대하여 경심이 최대 혹은 윤변이 최소일 때 최대 유량이 흐르며, 이러한 단면을 수리상 유리한 단면이라 한다.

14 침투능(infiltration capacity)에 관한 설명으로 틀린 것은?
① 침투능은 토양조건과는 무관하다.
② 침투능은 강우강도에 따라 변화한다.
③ 일반적으로 단위는 mm/h 또는 in/h로 표시된다.
④ 어떤 토양면을 통해 물이 침투할 수 있는 최대율을 말한다.

> **해설** 침투능은 토양의 종류, 함유수분, 다짐 정도 등 토양 조건에 따라 변화한다.

15 수평면상 곡선수로의 상류(常流)에서 비회전흐름의 경우 유속 V와 곡률반경 R의 관계로 옳은 것은? (단, C : 상수)
① $V = CR$
② $VR = C$
③ $R + \dfrac{V^2}{2g} = C$
④ $\dfrac{V^2}{2g} + CR = 0$

> **해설** 곡선수로의 수면형
> ㉠ 유선의 곡률이 큰 상류의 흐름에서 수평면의 유속은 수로의 곡률반지름에 반비례한다.
> ㉡ $VR = C$(일정)

16 비압축성 이상유체에 대한 다음 내용 중 ( ) 안에 들어갈 알맞은 말은?

> 비압축성 이상유체는 압력 및 온도에 따른 ( )의 변화가 미소하여 이를 무시할 수 있다.

① 밀도
② 비중
③ 속도
④ 점성

> **해설** 비압축성 이상유체는 압력 및 온도에 따른 밀도의 변화가 미소하여 이를 무시할 수 있다.

17 직사각형 단면의 수로에서 단위폭당 유량이 0.4m³/s이고 수심이 0.8m일 때 비에너지는? (단, 에너지보정계수는 1.0으로 함)
① 0.801m
② 0.813m
③ 0.825m
④ 0.837m

> **해설** 비에너지
> ㉠ $V = \dfrac{Q}{A} = \dfrac{0.4}{0.8 \times 1} = 0.5 \text{m/s}$
> ㉡ $H_e = h + \alpha \dfrac{V^2}{2g}$
> $= 0.8 + 1 \times \dfrac{0.5^2}{2 \times 9.8} = 0.813\text{m}$

정답 12. ③ 13. ③ 14. ① 15. ② 16. ① 17. ②

18 물의 점성계수를 μ, 동점성계수를 ν, 밀도를 ρ라 할 때 관계식으로 옳은 것은?

① $\nu = \rho\mu$
② $\nu = \dfrac{\rho}{\mu}$
③ $\nu = \dfrac{\mu}{\rho}$
④ $\nu = \dfrac{1}{\rho\mu}$

> 해설 동점성계수는 점성계수를 밀도로 나눈 값이다.
> $$\nu = \dfrac{\mu}{\rho}$$

19 다음 그림과 같은 유역(12km×8km)의 평균강우량을 Thiessen방법으로 구한 값은? (단, 작은 사각형은 2km×2km의 정사각형으로서 모두 크기가 동일하다.)

관측점	1	2	3	4
강우량(mm)	140	130	110	100

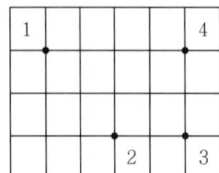

① 120mm
② 123mm
③ 125mm
④ 130mm

> 해설 **Thiessen가중법의 평균강우량**
> ㉠ $A_1 = 7.5 \times (2 \times 2) = 30 \text{km}^2$
> ㉡ $A_2 = 7 \times (2 \times 2) = 28 \text{km}^2$
> ㉢ $A_3 = 4 \times (2 \times 2) = 16 \text{km}^2$
> ㉣ $A_4 = 5.5 \times (2 \times 2) = 22 \text{km}^2$
> ㉤ $P_m = \dfrac{P_1 A_1 + P_2 A_2 + P_3 A_3 + P_4 A_4}{A}$
> $= \dfrac{140 \times 30 + 130 \times 28 + 110 \times 16 + 100 \times 22}{30 + 28 + 16 + 22}$
> $= 123 \text{mm}$

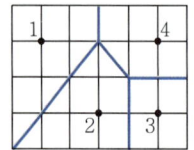

20 폭 4.8m, 높이 2.7m의 연직직사각형 수문이 한쪽 면에서 수압을 받고 있다. 수문의 밑면은 힌지로 연결되어 있고, 상단은 수평체인(chain)으로 고정되어 있을 때 이 체인에 작용하는 장력(張力)은? (단, 수문의 정상과 수면은 일치한다.)

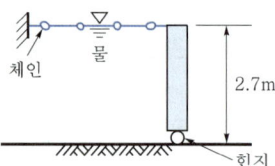

① 29.23kN
② 57.15kN
③ 7.87kN
④ 0.88kN

> 해설 **장력**
> ㉠ $F = \gamma_w h_G A$
> $= 1 \times \dfrac{2.7}{2} \times (4.8 \times 2.7) = 17.5 \text{tf}$
> ㉡ $h_c = \dfrac{2}{3}h = \dfrac{2}{3} \times 2.7 = 1.8 \text{m}$
> ㉢ 작용점에서의 전수압=힌지에서의 장력
> $17.5 \times (2.7 - 1.8) = T \times 2.7$
> $\therefore T = 5.83 \text{tf} = 57.13 \text{kN}$

정답 18. ③ 19. ② 20. ②

2023 제2회 토목기사 기출복원문제

2023년 5월 13일 시행

01 미소진폭파이론을 가정할 때 일정 수심 h의 해역을 전파하는 파장 L, 파고 H, 주기 T의 파랑에 대한 설명으로 틀린 것은?

① h/L이 0.05보다 작을 때 천해파로 정의한다.
② h/L이 1.0보다 클 때 심해파로 정의한다.
③ 분산관계식은 L, h 및 T 사이의 관계를 나타낸다.
④ 파랑의 에너지는 H^2에 비례한다.

해설 $\dfrac{h}{L} > \dfrac{1}{2}$ 일 때 심해파로 정의된다.

02 수조의 수면에서 2m 아래 지점에 지름 10cm의 오리피스를 통하여 유출되는 유량은? (단, 유량계수 C=0.6)

① 0.0152m³/s   ② 0.0068m³/s
③ 0.0295m³/s   ④ 0.0094m³/s

해설 작은 오리피스의 유량
$Q = Ca\sqrt{2gH}$
$= 0.6 \times \dfrac{\pi \times 0.1^2}{4} \times \sqrt{2 \times 9.8 \times 2}$
$= 0.0295 \text{m}^3/\text{s}$

03 유선(streamline)에 대한 설명으로 옳지 않은 것은?

① 유선이란 유체입자가 움직인 경로를 말한다.
② 비정상류에서는 시간에 따라 유선이 달라진다.
③ 정상류에서는 유적선(path line)과 일치한다.
④ 하나의 유선은 다른 유선과 교차하지 않는다.

해설 ㉠ 유선 : 어느 시각에 있어서 각 입자의 속도벡터가 접선이 되는 가상적인 곡선
㉡ 유적선 : 한 유체입자의 이동경로

04 물체의 공기 중 무게가 750N이고 물속에서의 무게는 250N일 때 이 물체의 체적은? (단, 무게 1kg중=10N)

① 0.05m³   ② 0.06m³
③ 0.50m³   ④ 0.60m³

해설 부력
공기 중 무게=수중무게+부력
$0.75 = 0.25 + 10 \forall$
∴ $\forall = 0.05 \text{m}^3$

05 관망 계산에 대한 설명으로 틀린 것은?

① 관망은 Hardy-Cross방법으로 근사 계산할 수 있다.
② 관망 계산 시 각 관에서의 유량을 임의로 가정해도 결과는 같아진다.
③ 관망 계산에서 반시계방향과 시계방향으로 흐를 때의 마찰손실수두의 합은 0이라고 가정한다.
④ 관망 계산 시 극히 작은 손실의 무시로도 결과에 큰 차를 가져올 수 있으므로 무시하여서는 안 된다.

해설 Hardy-Cross법 가정조건
㉠ $\Sigma Q_{in} = \Sigma Q_{out}$
㉡ $\Sigma h_L \fallingdotseq 0$
㉢ 미소손실 무시

06 수리학적 완전 상사를 이루기 위한 조건이 아닌 것은?

① 기하학적 상사(geometric similarity)
② 운동학적 상사(kinematic similarity)
③ 동역학적 상사(dynamic similarity)
④ 정역학적 상사(static similarity)

정답 1.② 2.③ 3.① 4.① 5.④ 6.④

> **해설** 수리학적 상사
> ㉠ 원형(prototype)과 모형(model)의 수리학적 상사의 종류
>   • 기학학적 상사(geometric similarity)
>   • 운동학적 상사(kinematic similarity)
>   • 동역학적 상사(dynamic similarity)
> ㉡ 수리학적 완전 상사
>   • 기하+운동+동역학적 상사가 동시 만족
>   • 5개 무차원 변량(상사조건) 만족(Euler, Froude, Reynolds, Weber, Cauchy)
>   • 실제는 불가

07 지하수의 유속에 대한 설명으로 옳은 것은?

① 수온이 높으면 크다.
② 수온이 낮으면 크다.
③ 4℃에서 가장 크다.
④ 수온에 관계없이 일정하다.

> **해설** 유속은 점성의 영향을 받으므로 온도가 높으면 점성이 작아지므로 투수계수는 커지게 된다.
> $V = KI = K\dfrac{\Delta h}{\Delta L}$
>
> **참고** 투수계수에 영향을 주는 인자로는 흙입자의 모양과 크기 및 구성, 공극비, 포화도, 흙의 구조, 유체의 점성, 밀도 등이 있다.

08 DAD 해석에 관계되는 요소로 짝지어진 것은?

① 강우깊이, 면적, 지속기간
② 적설량, 분포면적, 적설일수
③ 수심, 하천 단면적, 홍수기간
④ 강우량, 유수 단면적, 최대 수심

> **해설** DAD는 Depth-Area-Duration의 약자로 강우깊이(D)-유역면적(A)-강우지속기간(D) 간의 관계를 수립하는 작업을 말한다.

09 개수로 내의 흐름에서 평균유속을 구하는 방법 중 2점법의 유속 측정위치로 옳은 것은?

① 수면과 전수심의 50% 위치
② 수면으로부터 수심의 10%와 90% 위치
③ 수면으로부터 수심의 20%와 80% 위치
④ 수면으로부터 수심의 40%와 60% 위치

> **해설** 2점법의 평균유속은 수면으로부터 수심의 20%와 80% 위치에서 측정한다.
> $V_m = \dfrac{V_{0.2} + V_{0.8}}{2}$

10 직각삼각형 위어에서 월류수심의 측정에 1%의 오차가 있다고 하면 유량에 발생하는 오차는?

① 0.4%   ② 0.8%
③ 1.5%   ④ 2.5%

> **해설** 삼각위어의 유량오차
> $\dfrac{dQ}{Q} = \dfrac{5}{2}\dfrac{dh}{h} = \dfrac{5}{2} \times 1 = 2.5\%$

11 폭이 무한히 넓은 개수로의 동수반경(hydraulic radius, 경심)은?

① 계산할 수 없다.
② 개수로의 폭과 같다.
③ 개수로의 면적과 같다.
④ 개수로의 수심과 같다.

> **해설** 폭이 넓은 직사각형 단면의 경심
> $R_h = \dfrac{A}{P} = \dfrac{bh}{b+2h} \fallingdotseq \dfrac{2h}{b} = h$

12 측정된 강우량자료가 기상학적 원인 이외에 다른 영향을 받았는지의 여부를 판단하는, 즉 일관성(consistency)에 대한 검사방법은?

① 순간단위유량도법   ② 합성단위유량도법
③ 이중누가우량분석법 ④ 선행강수지수법

> **해설** 측정된 자료가 가지는 각종 오차를 수정하고 결측된 값을 보완하며, 가용자료의 양을 확충함으로써 일관성 있는 일련의 풍부한 강수량자료를 확보하는 이중누가우량분석법은 정확한 수문학적 해석의 기본이 된다.

정답 7.① 8.① 9.③ 10.④ 11.④ 12.③

13 안지름 1cm인 관로에 충만되어 물이 흐를 때 다음 중 층류 흐름이 유지되는 최대 유속은? (단, 동점성계수 ν =0.01cm²/s)

① 5cm/s ② 10cm/s
③ 20cm/s ④ 40cm/s

> **해설** 층류일 때 레이놀즈수
> $$R_e = \frac{VD}{\nu} = \frac{V \times 1}{0.01} = 2,000$$
> $$\therefore V = 20\text{cm/s}$$

14 어느 유역에 1시간 동안 계속되는 강우기록이 다음 표와 같을 때 10분 지속 최대 강우강도는?

시간(분)	0	0~10	10~20	20~30	30~40	40~50	50~60
우량(mm)	0	3.0	4.5	7.0	6.0	4.5	6.0

① 5.1mm/h ② 7.0mm/h
③ 30.6mm/h ④ 42.0mm/h

> **해설** 10분간 최대 강우강도
> 10분 지속 최대 강우강도가 되는 지점은 20~30분 지점이므로
> $$\therefore I = \frac{7}{10} \times 60 = 42\text{mm/h}$$

15 개수로 내 흐름에 있어서 한계수심에 대한 설명으로 옳은 것은?

① 상류 쪽의 저항이 하류 쪽의 조건에 따라 변한다.
② 유량이 일정할 때 비력이 최대가 된다.
③ 유량이 일정할 때 비에너지가 최소가 된다.
④ 비에너지가 일정할 때 유량이 최소가 된다.

> **해설** 한계수심
> ㉠ 유량이 일정할 때 비에너지가 최소인 수심으로 한계유속으로 흐를 때의 수심을 말한다.
> ㉡ $h_c = \left(\dfrac{n\alpha Q^2}{ga^2}\right)^{\frac{1}{2n+1}}$

16 폭 8m의 구형 단면 수로에 40m³/s의 물을 수심 5m로 흐르게 할 때 비에너지는? (단, 에너지보정계수 α=1.11로 가정한다.)

① 5.06m
② 5.87m
③ 6.19m
④ 6.73m

> **해설** 비에너지
> $$V = \frac{Q}{A} = \frac{40}{8 \times 5} = 1\text{m/s}$$
> $$\therefore H_e = h + \alpha\frac{V^2}{2g}$$
> $$= 5 + 1.11 \times \frac{1^2}{2 \times 9.8} = 5.06\text{m}$$

17 유출(流出)에 대한 설명으로 옳지 않은 것은?

① 총유출은 통상 직접유출(direct run off)과 기저유출(base flow)로 분류된다.
② 하천에 도달하기 전에 지표면 위로 흐르는 유수를 지표유하수(overland flow)라 한다.
③ 하천에 도달한 후 다른 성분의 유출수와 합친 유수량을 총유출수(total flow)라 한다.
④ 지하수유출은 토양을 침투한 물이 침투하여 지하수를 형성하나 총유출량에는 고려하지 않는다.

> **해설** 지하수유출(ground water runoff)은 침루에 의해 지하수를 형성하는 부분으로 중력에 의해 낮은 곳으로 흐르는 유출을 말한다.

18 A저수지에서 100m 떨어진 B저수지로 3.6m³/s의 유량을 송수하기 위해 지름 2m의 주철관을 설치할 때 적정한 관로의 경사(I)는? (단, 마찰손실만 고려하고 마찰손실계수 f=0.03이다.)

① 1/1,000 ② 1/500
③ 1/250 ④ 1/100

정답 13. ③ 14. ④ 15. ③ 16. ① 17. ④ 18. ①

해설 관로경사

㉠ $V = \dfrac{Q}{A} = \dfrac{4 \times 3.6}{\pi \times 2^2} = 1.15 \text{m/s}$

㉡ $h_L = f \dfrac{l}{D} \dfrac{V^2}{2g}$ 로부터

∴ $I = \dfrac{h_L}{l} = f \dfrac{1}{D} \dfrac{V^2}{2g}$

$= 0.03 \times \dfrac{1}{2} \times \dfrac{1.15^2}{2 \times 9.8}$

$= \dfrac{1}{988}$

19 비력(special force)에 대한 설명으로 옳은 것은?

① 물의 충격에 의해 생기는 힘의 크기
② 비에너지가 최대가 되는 수심에서의 에너지
③ 한계수심으로 흐를 때 한 단면에서의 총에너지 크기
④ 개수로의 어떤 단면에서 단위중량당 운동량과 정수압의 합계

해설 비력(충격치)

㉠ 물의 단위중량당 정수압과 운동량의 합이다.
㉡ $M = \eta \dfrac{Q}{g} V + h_G A =$ 일정

20 하상계수(河狀係數)에 대한 설명으로 옳은 것은?

① 대하천의 주요 지점에서의 강우량과 저수량의 비
② 대하천의 주요 지점에서의 최대 유량과 최소 유량의 비
③ 대하천의 주요 지점에서의 홍수량과 하천유지유량의 비
④ 대하천의 주요 지점에서의 최소 유량과 갈수량의 비

해설 하상계수

㉠ 하천 유황의 변동 정도를 표시하는 지표로서 대하천의 주요 지점에서 최대 유량과 최소 유량의 비를 말한다.
㉡ 우리나라의 주요 하천은 하상계수가 대부분 300을 넘어 외국하천에 비해 하천 유황이 대단히 불안정하다.

정답 19. ④ 20. ②

2023 제3회 토목기사 기출복원문제

✎ 2023년 7월 8일 시행

01 정상류(steady flow)의 정의로 가장 적합한 것은?
① 수리학적 특성이 시간에 따라 변하지 않는 흐름
② 수리학적 특성이 공간에 따라 변하지 않는 흐름
③ 수리학적 특성이 시간에 따라 변하는 흐름
④ 수리학적 특성이 공간에 따라 변하는 흐름

해설 수류의 한 단면에서 유량이나 속도, 압력, 밀도 등이 시간에 따라 변하지 않는 흐름을 정류라 한다.

02 배수곡선(backwater curve)에 해당하는 수면곡선은?
① 댐을 월류할 때의 수면곡선
② 홍수 시의 하천의 수면곡선
③ 하천 단락부(段落部) 상류의 수면곡선
④ 상류상태로 흐르는 하천에 댐을 구축했을 때 저수지의 수면곡선

해설 개수로의 흐름이 상류(常流)인 장소에 댐, 위어 또는 수문 등의 수리구조물을 만들어 수면을 상승시키면 그 영향이 상류(上流)로 미치고, 상류(上流)의 수면은 상승한다. 이 현상을 배수(backwater)라 하며, 이로 인해 생기는 수면곡선을 배수곡선이라 한다.

03 비중 0.92의 빙산이 해수면에 떠 있다. 수면 위로 나온 빙산의 부피가 100m³이면 빙산의 전체 부피는? (단, 해수의 비중 1.025)
① 976m³
② 1,025m³
③ 1,114m³
④ 1,125m³

해설 **아르키메데스의 원리**
$F_B = W$
$\gamma_w \forall' = \gamma_s \forall$
$1.025 \times (\forall - 100) = 0.92 \times \forall$
$\therefore \forall = 976.19 \text{m}^3$

04 흐르지 않는 물에 잠긴 평판에 작용하는 전수압(全水壓)의 계산방법으로 옳은 것은? (단, 여기서 수압이란 단위면적당 압력을 의미)
① 평판도심의 수압에 평판면적을 곱한다.
② 단면의 상단과 하단수압의 평균값에 평판면적을 곱한다.
③ 작용하는 수압의 최대값에 평판면적을 곱한다.
④ 평판의 상단에 작용하는 수압에 평판면적을 곱한다.

해설 전수압 $F = \gamma_w h_G A$이므로 평판도심의 수압에 평판면적을 곱하여 계산한다.

05 다음 중 누가우량곡선의 특성으로 옳은 것은?
① 누가우량곡선은 자기우량기록에 의하여 작성하는 것보다 보통우량계의 기록에 의하여 작성하는 것이 더 정확하다.
② 누가우량곡선으로부터 일정 기간 내의 강우량을 산출하는 것은 불가능하다.
③ 누가우량곡선의 경사는 지역에 관계없이 일정하다.
④ 누가우량곡선의 경사가 클수록 강우강도가 크다.

해설 **누가우량곡선**
㉠ 자기우량계에 의해 측정된 우량을 기록지에 누가우량의 시간적 변화상태를 기록한 것을 말한다.
㉡ 누가우량곡선의 경사가 급할수록 강우강도가 크다.
㉢ 누가우량곡선의 경사가 없으면 무강우로 처리한다.

정답 1.① 2.④ 3.① 4.① 5.④

06 직사각형 단면의 위어에서 수두(h) 측정에 2%의 오차가 발생했을 때 유량(Q)에 발생되는 오차는?

① 1% ② 2%
③ 3% ④ 4%

> **해설** 직사각형 위어의 유량오차
> $$\frac{dQ}{Q} = \frac{3}{2}\frac{dh}{h} = \frac{3}{2}\times 2 = 3\%$$

07 원형관의 중앙에 피토관(Pitot tube)을 넣고 관벽의 정수압을 측정하기 위하여 정압관과의 수면차를 측정하였더니 10.7m이었다. 이때의 유속은? (단, 피토관의 상수 C=1이다.)

① 8.4m/s ② 11.7m/s
③ 13.1m/s ④ 14.5m/s

> **해설** 베르누이정리
> $$V = C\sqrt{2gh}$$
> $$= 1\times\sqrt{2\times 9.8\times 10.7} = 14.48\text{m/s}$$

08 다음 중 밀도를 나타내는 차원은?

① $[FL^{-4}T^2]$ ② $[FL^4T^2]$
③ $[FL^{-2}T^4]$ ④ $[FL^{-2}T^{-4}]$

> **해설** $[M]=[FL^{-1}T^2]$이므로 밀도=$[ML^{-3}]=[FL^{-4}T^2]$이다.

09 단위유량도(unit hydrograph)를 작성함에 있어서 주요 기본과정(또는 원리)만으로 짝지어진 것은?

① 비례가정, 중첩가정, 시간 불변성(stationary)의 가정
② 직접유출의 가정, 시간 불변성(stationary)의 가정, 중첩가정
③ 시간 불변성(stationary)의 가정, 직접유출의 가정, 비례가정
④ 비례가정, 중첩가정, 직접유출의 가정

> **해설** 단위도의 가정
> ㉠ 일정 기저시간가정
> ㉡ 비례가정
> ㉢ 중첩가정

10 피압지하수를 설명한 것으로 옳은 것은?

① 하상 밑의 지하수
② 어떤 수원에서 다른 지역으로 보내지는 지하수
③ 지하수와 공기가 접해 있는 지하수면을 가지는 지하수
④ 두 개의 불투수층 사이에 끼어 있어 대기압보다 큰 압력을 받고 있는 대수층의 지하수

> **해설** 피압지하수는 두 개의 불투수층 사이에 끼어 있어 압력이 작용하는 대수층의 지하수를 말한다.

11 직사각형의 단면(폭 4m×수심 2m)에서 Manning공식의 조도계수 n=0.017이고, 유량 Q=15m³/s일 때 수로의 경사는?

① 1.016×10^{-3} ② 31.875×10^{-3}
③ 15.365×10^{-3} ④ 4.548×10^{-3}

> **해설** Manning의 유량공식
> $$Q = AV = A\frac{1}{n}R_h^{\frac{2}{3}}I^{\frac{1}{2}}$$
> $$15 = (4\times 2)\times\frac{1}{0.017}\times\left(\frac{4\times 2}{4+2\times 2}\right)^{\frac{2}{3}}\times I^{\frac{1}{2}}$$
> $$\therefore I = 1.016\times 10^{-3}$$

12 자연하천의 특성을 표현할 때 이용되는 하상계수에 대한 설명으로 옳은 것은?

① 최심하상고와 평형하상고의 비이다.
② 최대 유량과 최소 유량의 비로 나타낸다.
③ 개수 전과 개수 후의 수심변화량의 비를 말한다.
④ 홍수 전과 홍수 후의 하상변화량의 비를 말한다.

정답 6. ③ 7. ④ 8. ① 9. ① 10. ④ 11. ① 12. ②

> **해설** 하상계수
> ㉠ 최대 유량과 최소 유량의 비로 나타낸다.
> ㉡ 하상계수 $= \dfrac{Q_{\max}}{Q_{\min}}$

13 다음 중 물의 순환에 관한 설명으로서 틀린 것은?

① 지구상에 존재하는 수자원이 대기권을 통해 지표면에 공급되고 지하로 침투하여 지하수를 형성하는 등 복잡한 반복과정이다.
② 지표면 또는 바다로부터 증발된 물이 강수, 침투 및 침루, 유출 등의 과정을 거치는 물의 이동현상이다.
③ 물의 순환과정에서 강수량은 지하수흐름과 지표면흐름의 합과 동일하다.
④ 물의 순환과정 중 강수, 증발 및 증산은 수문기상학분야이다.

> **해설** 물의 순환과정을 물수지방정식으로 나타내면 다음과 같다.
> 강수량(P) ⇌ 유출량(R)+증발산량(E)+침투량(C)+저유량(S)

14 지하수흐름과 관련된 Dupuit의 공식으로 옳은 것은? (단, q : 단위폭당 유량, l : 침윤선길이, K : 투수계수)

① $q = \dfrac{K}{2l}(h_1^{\,2} - h_2^{\,2})$
② $q = \dfrac{K}{2l}(h_1^{\,2} + h_2^{\,2})$
③ $q = \dfrac{K}{l}(h_1^{\frac{3}{2}} - h_2^{\frac{3}{2}})$
④ $q = \dfrac{K}{l}(h_1^{\frac{3}{2}} + h_2^{\frac{3}{2}})$

> **해설** Dupuit의 침윤선공식
> ㉠ 단위유량 : $q = \dfrac{K}{2l}(h_1^{\,2} - h_2^{\,2})$
> ㉡ 총유량 : $Q = Lq$
> 여기서, l : 제방폭, L : 제방길이

15 수리학상 유리한 단면에 관한 설명 중 옳지 않은 것은?

① 주어진 단면에서 윤변이 최소가 되는 단면이다.
② 직사각형 단면일 경우 수심이 폭의 1/2인 단면이다.
③ 최대 유량의 소통을 가능하게 하는 가장 경제적인 단면이다.
④ 수심을 반지름으로 하는 반원을 외접원으로 하는 제형 단면이다.

> **해설** 사다리꼴 단면 수로의 수리학상 유리한 단면은 수심을 반지름으로 하는 반원에 외접하는 정육각형의 제형 단면이다.

16 일반적인 물의 성질로 틀린 것은?

① 물의 비중은 기름의 비중보다 크다.
② 물은 일반적으로 완전 유체로 취급한다.
③ 해수(海水)도 담수(淡水)와 같은 단위중량으로 취급한다.
④ 물의 밀도는 보통 1g/cc=1,000kg/m^3=1t/m^3를 쓴다.

> **해설** 해수의 단위중량은 평균 1.025t/m^3이고, 담수는 1t/m^3이다.

17 면적평균강수량 계산법에 관한 설명으로 옳은 것은?

① 관측소의 수가 적은 산악지역에는 산술평균법이 적합하다.
② 티센망이나 등우선도 작성에 유역 밖의 관측소는 고려하지 않아야 한다.
③ 등우선도 작성에 지형도가 반드시 필요하다.
④ 티센가중법은 관측소 간의 우량변화를 선형으로 단순화한 것이다.

> **해설** Thiessen가중법은 전 유역면적에 대한 각 관측점의 지배면적을 가중인자로 잡아 이를 각 우량값에 곱하여 합산한 후 이 값을 유역면적으로 나눔으로써 평균 우량을 산정하는 방법이다.

정답 13. ③ 14. ① 15. ④ 16. ③ 17. ④

18 밀도가 ρ인 유체가 일정한 유속 V_0로 수평방향으로 흐르고 있다. 이 유체 속에 지름 d, 길이 l인 원주가 다음 그림과 같이 놓였을 때 원주에 작용되는 항력(抗力)을 구하는 공식은? (단, C_D : 항력계수)

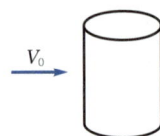

① $C_D \dfrac{\pi d^2}{4} \dfrac{\rho V_0}{2}$ ② $C_D dl \dfrac{\rho V_0^2}{2}$

③ $C_D \dfrac{\pi d^4}{4} l \dfrac{\rho V_0}{2}$ ④ $C_D \pi dl \dfrac{\rho V_0}{2}$

> **해설** 항력
> ㉠ 흐르는 유체 속에 물체가 잠겨 있을 때 유체에 의해 물체가 받는 힘을 항력(drag force)이라 한다.
> $$D = C_D A \dfrac{\rho V^2}{2} = C_D dl \dfrac{\rho V^2}{2}$$
> ㉡ 항력의 종류
>
> | 종류 | 내용 |
> |---|---|
> | 마찰 저항 | 유체가 흐를 때 물체 표면의 마찰에 의하여 느껴지는 저항 |
> | 조파 저항 | 배가 달릴 때는 선수미(船首尾)에서 규칙적인 파도가 일어날 때 소요되는 배의 에너지 손실 |
> | 형상 저항 | 유속이 빨라져서 R_e가 커지면 물체 후면에 후류(wake)라는 소용돌이가 발생되어 물체를 흐름방향과 반대로 잡아당기는 저항 |

19 도수(hydraulic jump) 전후의 수심 h_1, h_2의 관계를 도수 전의 Froude수 F_{r1}의 함수로 표시한 것으로 옳은 것은?

① $\dfrac{h_2}{h_1} = \dfrac{1}{2}(\sqrt{8F_{r1}^2 + 1} - 1)$

② $\dfrac{h_1}{h_2} = \dfrac{1}{2}(\sqrt{8F_{r1}^2 + 1} + 1)$

③ $\dfrac{h_2}{h_1} = \dfrac{1}{2}(\sqrt{8F_{r1}^2 + 1} + 1)$

④ $\dfrac{h_1}{h_2} = \dfrac{1}{2}(\sqrt{8F_{r1}^2 + 1} - 1)$

> **해설** 도수 후의 상류의 수심을 도수고라 하며 식은 다음과 같다.
> $$h_2 = -\dfrac{h_1}{2} + \dfrac{h_1}{2}\sqrt{1 + 8F_{r1}^2}$$
> $$= \dfrac{h_1}{2}(-1 + \sqrt{1 + 8F_{r1}^2})$$
> $$\therefore \dfrac{h_2}{h_1} = \dfrac{1}{2}(\sqrt{8F_{r1}^2 + 1} - 1)$$

20 다음 중 부정류 흐름의 지하수를 해석하는 방법은?

① Theis방법 ② Dupuit방법
③ Thiem방법 ④ Laplace방법

> **해설** 부정류 흐름의 지하수를 해석하는 방법으로는 Theis법, Jacob법, Chow법이 있다.

정답 18. ② 19. ① 20. ①

2024 제1회 토목기사 기출복원문제

✏️ 2024년 2월 17일 시행

01 다음의 가정 중 방정식 $\sum F_x = \rho Q(v_2 - v_1)$에서 성립되는 가정으로 옳은 것은?

> ㉠ 유속은 단면 내에서 일정하다.
> ㉡ 흐름은 정류(定流)이다.
> ㉢ 흐름은 등류(等流)이다.
> ㉣ 유체는 압축성이며 비점성 유체이다.

① ㉠, ㉡
② ㉠, ㉣
③ ㉡, ㉣
④ ㉢, ㉣

> **해설** 수평분력의 유속분포가 단면 내에서 균일하고 흐름은 정류이다.

02 수리학에서 취급되는 여러 가지 양에 대한 차원이 옳은 것은?

① 유량=$[L^3 T^{-1}]$
② 힘=$[MLT^{-3}]$
③ 동점성계수=$[L^3 T^{-1}]$
④ 운동량=$[MLT^{-2}]$

> **해설**
> ② 힘=$[F]=[MLT^{-2}]$
> ③ 동점성계수=$[L^2 T^{-1}]$
> ④ 운동량=$[FT]=[MLT^{-1}]$

03 강우자료의 변화요소가 발생한 과거의 기록치를 보정하기 위하여 전반적인 자료의 일관성을 조사하려고 할 때 사용할 수 있는 가장 적절한 방법은?

① 정상 연강수량비율법
② Thiessen의 가중법
③ 이중누가우량분석
④ DAD분석

> **해설** 측정된 자료가 가지는 각종 오차를 수정하고 결측된 값을 보완하며, 가용자료의 양을 확충함으로써 일관성 있는 일련의 풍부한 강수량자료를 확보하는 이중누가우량분석법은 정확한 수문학적 해석의 기본이 된다.

04 댐의 상류부에서 발생되는 수면곡선으로 흐름방향으로 수심이 증가함을 뜻하는 곡선은?

① 배수곡선
② 저하곡선
③ 수리특성곡선
④ 유사량곡선

> **해설** 개수로의 흐름이 상류(常流)인 장소에 댐, 위어 또는 수문 등의 수리구조물을 만들어 수면을 상승시키면 그 영향이 상류(上流)로 미치고, 상류(上流)의 수면은 상승한다. 이 현상을 배수(backwater)라 하며, 이로 인해 생기는 수면곡선을 배수곡선이라 한다.

05 개수로 흐름에 관한 설명으로 틀린 것은?

① 사류에서 상류로 변하는 곳에 도수현상이 생긴다.
② 개수로 흐름은 중력이 원동력이 된다.
③ 비에너지는 수로 바닥을 기준으로 한 에너지이다.
④ 배수곡선은 수로가 단락(段落)이 되는 곳에 생기는 수면곡선이다.

> **해설** ㉠ 상류로 흐르는 수로에 댐, 위어 등의 수리구조물을 만들 때 수리구조물의 상류에 흐름방향으로 수심이 증가하는 배수곡선이 일어난다.
> ㉡ 수로가 단락되거나 폭포와 같이 수로경사가 갑자기 클 때 저하곡선이 일어난다.

정답 1.① 2.① 3.③ 4.① 5.④

06 Darcy의 법칙에 대한 설명으로 옳은 것은?

① 지하수 흐름이 층류일 경우 적용된다.
② 투수계수는 무차원 상수이다.
③ 유속이 클 때에만 적용된다.
④ 유속이 동수경사에 반비례하는 경우에만 적용된다.

> **해설** Darcy의 법칙
> ㉠ $R_e < 4$인 층류에서 성립한다.
> ㉡ 투수계수(K)는 속도의 차원($[LT^{-1}]$)을 갖는다.
> ㉢ $V = KI$이므로 지하수의 유속은 동수경사에 비례한다.

07 대규모 수공구조물의 설계우량으로 가장 적합한 것은?

① 평균면적우량
② 발생 가능 최대 강수량(PMP)
③ 기록상의 최대 우량
④ 재현기간 100년에 해당하는 강우량

> **해설** 발생 가능 최대 강수량(PMP)은 한 유역에 내릴 수 있는 최대 강수량으로 대규모 수공구조물을 설계할 때 기준으로 삼는 유량이다.

08 주어진 유량에 대한 비에너지(specific energy)가 3m이면 한계수심은?

① 1m ② 1.5m
③ 2m ④ 2.5m

> **해설** 한계수심
> $$h_c = \frac{2}{3}H_e = \frac{2}{3} \times 3 = 2\text{m}$$

09 표고 20m인 저수지에서 물을 표고 50m인 지점까지 1.0m³/s의 물을 양수하는 데 소요되는 펌프동력은? (단, 모든 손실수두의 합은 3.0m이고, 모든 관은 동일한 직경과 수리학적 특성을 지니며, 펌프의 효율은 80%이다.)

① 248kW ② 330kW
③ 404kW ④ 650kW

> **해설** 펌프의 축동력
> $$P_p = \frac{9.8Q(H+\Sigma h)}{\eta}$$
> $$= \frac{9.8 \times 1 \times (30+3)}{0.8} = 404.25\text{kW}$$

10 물의 순환에 대한 다음 수문사항 중 성립이 되지 않는 것은?

① 지하수 일부는 지표면으로 용출해서 다시 지표수가 되어 하천으로 유입한다.
② 지표면에 도달한 우수는 토양 중에 수분을 공급하고, 나머지가 아래로 침투해서 지하수가 된다.
③ 땅속에 보류된 물과 지표하수는 토양면에서 증발하고, 일부는 식물에 흡수되어 증산한다.
④ 지표에 강하한 우수는 지표면에 도달 전에 그 일부가 식물의 나무와 가지에 의하여 차단된다.

> **해설** ㉠ 강수의 상당 부분은 토양 속에 저류되나, 결국에는 증발 및 증산작용에 의해 대기 중으로 되돌아간다.
> ㉡ 강수의 일부분은 토양면이나 토양 속을 통해 흘러 하도로 유입되기도 하며, 일부는 토양 속으로 더 깊이 침투하여 지하수가 되기도 한다.

11 지하의 사질여과층에서 수두차가 0.5m이며 투과거리가 2.5m일 때 이곳을 통과하는 지하수의 유속은? (단, 투수계수는 0.3cm/s이다.)

① 0.03cm/s ② 0.04cm/s
③ 0.05cm/s ④ 0.06cm/s

> **해설** 지하수의 유속
> $$V = KI = K\frac{h}{L} = 0.3 \times \frac{50}{250} = 0.06\text{cm/s}$$

정답 6.① 7.② 8.③ 9.③ 10.③ 11.④

12 폭이 넓은 하천에서 수심이 2m이고 경사가 1/200인 흐름의 소류력(tractive force)은?

① 98N/m² ② 49N/m²
③ 196N/m² ④ 294N/m²

> **해설** 소류력
> $\tau_0 = \gamma_0 RI = \gamma_0 hI$
> $= 9.8 \times 2 \times \dfrac{1}{200} = 0.098 \text{kN/m}^2 = 98 \text{N/m}^2$

13 다음 중 토양의 침투능(infiltration capacity) 결정방법에 해당되지 않는 것은?

① Philip공식
② 침투계에 의한 실측법
③ 침투지수에 의한 방법
④ 물수지원리에 의한 산정법

> **해설** 물수지원리에 의한 산정법은 저수지의 증발량 산정 방법이다.
>
> **참고** 침투능 결정법
> • 침투지수법에 의한 방법
> • 침투계에 의한 방법
> • 경험공식에 의한 방법

14 DAD(Depth−Area−duration) 해석에 관한 설명 중 옳은 것은?

① 최대 평균우량깊이, 유역면적, 강우강도와의 관계를 수립하는 작업이다.
② 유역면적을 대수축(logarithmic scale)에, 최대 평균강우량을 산술축(arithmetic scale)에 표시한다.
③ DAD 해석 시 상대습도자료가 필요하다.
④ 유역면적과 증발산량과의 관계를 알 수 있다.

> **해설** DAD
> ㉠ 최대 우량깊이−유역면적−강우지속기간 간의 관계를 수립하는 작업을 DAD 해석이라 한다.
> ㉡ DAD곡선은 유역면적을 대수눈금으로 되어 있는 종축에, 최대 우량을 산술눈금으로 되어 있는 횡축에 표시하고, 지속기간을 제3의 변수로 표시한다.

15 수리학적으로 유리한 단면에 관한 설명으로 옳지 않은 것은?

① 주어진 단면에서 윤변이 최소가 되는 단면이다.
② 직사각형 단면일 경우 수심이 폭의 1/2인 단면이다.
③ 최대 유량의 소통을 가능하게 하는 가장 경제적인 단면이다.
④ 사다리꼴 단면일 경우 수심을 반지름으로 하는 반원을 외접원으로 하는 사다리꼴 단면이다.

> **해설** 사다리꼴 단면 수로의 수리학상 유리한 단면은 수심을 반지름으로 하는 반원에 외접하는 정육각형의 제형 단면이다.

16 관 벽면의 마찰력 τ_o, 유체의 밀도 ρ, 점성계수를 μ라 할 때 마찰속도(U^*)는?

① $\dfrac{\tau_o}{\rho\mu}$ ② $\sqrt{\dfrac{\tau_o}{\rho\mu}}$
③ $\sqrt{\dfrac{\tau_o}{\rho}}$ ④ $\sqrt{\dfrac{\tau_o}{\mu}}$

> **해설** 마찰속도(전단속도)
> $U^* = \sqrt{\dfrac{\tau_o}{\rho}} = V\sqrt{\dfrac{f}{8}}$

17 위어(weir)에 물이 월류할 경우 위어의 정상을 기준으로 상류측 전수두를 H, 하류수위를 h라 할 때 수중위어(submerged weir)로 해석될 수 있는 조건은?

① $h < \dfrac{2}{3}H$ ② $h < \dfrac{1}{2}H$
③ $h > \dfrac{2}{3}H$ ④ $h > \dfrac{1}{3}H$

> **해설** 광정위어
> ㉠ $h > \dfrac{2}{3}H$: 수중위어
> ㉡ $h < \dfrac{2}{3}H$: 완전 월류

정답 12. ① 13. ④ 14. ② 15. ④ 16. ③ 17. ③

18 지하수의 투수계수에 관한 설명으로 틀린 것은?

① 같은 종류의 토사라 할지라도 그 간극률에 따라 변한다.
② 흙입자의 구성, 지하수의 점성계수에 따라 변한다.
③ 지하수의 유량을 결정하는 데 사용된다.
④ 지역특성에 따른 무차원 상수이다.

> **해설** 투수계수
> ㉠ 투수계수에 영향을 주는 인자로는 흙입자의 모양과 크기, 공극비, 포화도, 흙입자의 구성, 흙의 구조, 유체의 점성, 밀도 등이 있다.
> ㉡ 투수계수(K)는 속도의 차원([LT^{-1}])을 갖는다.

19 중량이 600N, 비중이 3.0인 물체를 물(담수)속에 넣었을 때 물속에서의 중량은?

① 100N ② 200N
③ 300N ④ 400N

> **해설** 아르키메데스의 원리
> ㉠ $\gamma = 1,000 \text{kg/m}^3 = 9,800 \text{N/m}^3$
> ㉡ $W = \gamma_s V$
> $600 = 3 \times 9,800 \times V$
> $\therefore V = 0.02 \text{m}^3$ (물체의 전체 체적)
> ㉢ $W_B = W - F_B = W - \gamma_w V'$
> $= 600 - 9,800 \times 0.02$
> $= 404 \text{N}$
> 이때 물속에 잠겼을 때 $V' = V = 0.02 \text{m}^3$

20 관망(pipe network) 계산에 대한 설명으로 옳지 않은 것은?

① 관 내의 흐름은 연속방정식을 만족한다.
② 가정유량에 대한 보정을 통한 시산법(trial and error method)으로 계산한다.
③ 관 내에서는 Darcy-Weisbach공식을 만족한다.
④ 임의의 두 점 간의 압력강하량은 연결하는 경로에 따라 다를 수 있다.

> **해설** 관망상 임의의 두 교차점 사이에서 발생되는 손실수두의 크기는 두 교차점을 연결하는 경로에 관계없이 일정하다($\Sigma h_L = 0$).

2024 제2회 토목기사 기출복원문제

📎 2024년 5월 11일 시행

01 안지름 2m의 관 내를 20℃의 물이 흐를 때 동점성계수가 0.0101cm²/s이고, 속도가 50cm/s라면 이때의 레이놀즈수(Reynolds number)는?

① 960,000 ② 970,000
③ 980,000 ④ 990,000

해설 레이놀즈수

$$R_e = \frac{VD}{\nu} = \frac{50 \times 200}{0.0101} = 990,099$$

02 하천의 모형실험에 주로 사용되는 상사법칙은?

① Reynolds의 상사법칙
② Weber의 상사법칙
③ Cauchy의 상사법칙
④ Froude의 상사법칙

해설 하천의 모형실험은 중력의 영향을 고려하는 Froude의 상사법칙이 사용된다.

03 광폭 직사각형 단면 수로의 단위폭당 유량이 16m³/s일 때 한계경사는? (단, 수로의 조도계수 $n=0.02$이다.)

① 3.27×10^{-3} ② 2.73×10^{-3}
③ 2.81×10^{-2} ④ 2.90×10^{-2}

해설 한계경사

㉠ $h_c = \left(\dfrac{\alpha Q^2}{gb^2}\right)^{\frac{1}{3}} = \left(\dfrac{1 \times 16^2}{9.8 \times 1^2}\right)^{\frac{1}{3}} = 2.97\text{m}$

㉡ 광폭 수로의 경우 $y \ll b$이므로 근사적으로 $R_h \cong y$이고 $D=y$이므로

$\therefore S_c = \dfrac{gn^2}{h_c^{1/3}} = \dfrac{9.8 \times 0.02^2}{2.97^{1/3}}$
$= 0.002727 ≒ 2.73 \times 10^{-3}$

04 관수로에서의 마찰손실수두에 대한 설명으로 옳은 것은?

① Froude수에 반비례한다.
② 관수로의 길이에 비례한다.
③ 관의 조도계수에 반비례한다.
④ 관 내 유속의 1/4제곱에 비례한다.

해설 ㉠ 관수로에서의 마찰손실수두 $h_L = f\dfrac{l}{D}\dfrac{V^2}{2g}$이고 $f = \dfrac{12.7gn^2}{D^{1/3}} = \dfrac{124.6n^2}{D^{1/3}}$이므로, 조도계수($n$)와 유속($V$)의 제곱에 비례한다.
㉡ Froude수는 개수로와 관련 있다.

05 다음 그림과 같이 우물로부터 일정한 양수율로 양수를 하여 우물 속의 수위가 일정하게 유지되고 있다. 대수층은 균질하며 지하수의 흐름은 우물을 향한 방사상 정상류라 할 때 양수율(Q)을 구하는 식은? (단, k : 투수계수)

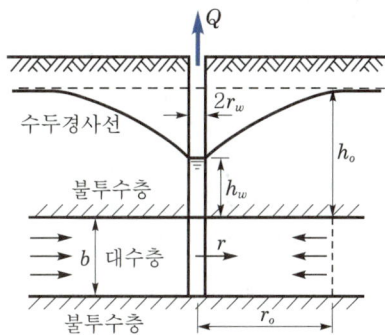

① $Q = 2\pi bk \dfrac{h_o - h_w}{\ln(r_o/r_w)}$

② $Q = 2\pi bk \dfrac{\ln(r_o/r_w)}{h_o - h_w}$

③ $Q = 2\pi bk \dfrac{h_o^2 - h_w^2}{\ln(r_o/r_w)}$

④ $Q = 2\pi bk \dfrac{\ln(r_o/r_w)}{h_o^2 - h_w^2}$

정답 1.④ 2.④ 3.② 4.② 5.①

> **해설** 지하수의 유량
> $$Q = \frac{2\pi bk(h_o - h_w)}{2.3\log\frac{r_o}{r_w}} = \frac{2\pi bk(h_o - h_w)}{\ln\frac{r_o}{r_w}}$$

08 유량 147.6ℓ/s를 송수하기 위하여 안지름 0.4m의 관을 700m의 길이로 설치하였을 때 흐름의 에너지경사는? (단, 조도계수 $n=0.012$, Manning공식 적용)

① $\frac{1}{700}$ ② $\frac{2}{700}$
③ $\frac{3}{700}$ ④ $\frac{4}{700}$

> **해설** Manning의 유량공식
> $$Q = A\frac{1}{n}R_h^{\frac{2}{3}}I^{\frac{1}{2}}$$
> $$147.6 \times 10^{-3} = \frac{\pi \times 0.4^2}{4} \times \frac{1}{0.012} \times \left(\frac{0.4}{4}\right)^{\frac{2}{3}} \times I^{\frac{1}{2}}$$
> $$\therefore I = \frac{3}{700}$$

06 원형관 내 층류영역에서 사용 가능한 마찰손실계수식은? (단, R_e : Reynolds수)

① $\frac{1}{R_e}$ ② $\frac{4}{R_e}$
③ $\frac{24}{R_e}$ ④ $\frac{64}{R_e}$

> **해설** $R_e \leq 2,100$일 때 층류의 $f = \frac{64}{R_e}$ 이다.

09 폭 3.5m, 수심 0.4m인 직사각형 수로의 Francis공식에 의한 유량은? (단, 접근유속을 무시하고 양단 수축이다.)

① $1.59\text{m}^3/\text{s}$ ② $2.04\text{m}^3/\text{s}$
③ $2.19\text{m}^3/\text{s}$ ④ $2.34\text{m}^3/\text{s}$

> **해설** Francis공식
> $$b_o = b - \frac{n}{10}h = 3.5 - \frac{2}{10} \times 0.4 = 3.42\text{m}$$
> $$\therefore Q = 1.84 b_o h^{\frac{3}{2}}$$
> $$= 1.84 \times 3.42 \times 0.4^{\frac{3}{2}} = 1.5919\text{m}^3/\text{s}$$

07 어떤 유역에 내린 호우사상의 시간적 분포는 다음과 같다. 유역의 출구에서 측정한 지표유출량이 15mm일 때 ϕ-지표는?

시간(h)	0~1	1~2	2~3	3~4	4~5	5~6
강우강도 (mm/h)	2	10	6	8	2	1

① 2mm/h ② 3mm/h
③ 5mm/h ④ 7mm/h

> **해설** ϕ-index법
> ㉠ 총강우량 = 유출량+침투량
>   29 = 15+침투량
>   ∴ 침투량 = 14mm
> ㉡ 침투량 14mm를 구분하는 수평선에 대응하는 강우강도가 3mm/h이므로
>   ∴ ϕ-index = 3mm/h

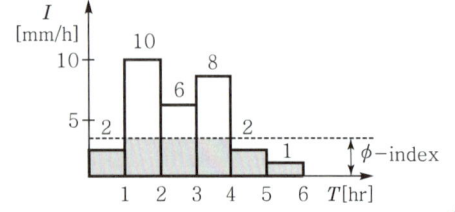

10 베르누이(Bernoulli)의 정리에 관한 설명으로 틀린 것은?

① 회전류의 경우는 모든 영역에서 성립한다.
② Euler의 운동방정식으로부터 적분하여 유도할 수 있다.
③ 베르누이의 정리를 이용하여 Torricelli의 정리를 유도할 수 있다.
④ 이상유체의 흐름에 대하여 기계적 에너지를 포함한 방정식과 같다.

> **해설** 회전류의 경우는 모든 영역이 아닌 하나의 유선에 대하여 성립한다.

정답 6. ④ 7. ② 8. ③ 9. ① 10. ①

11 수면폭이 1.2m인 V형 삼각수로에서 2.8m³/s의 유량이 0.9m 수심으로 흐른다면 이때의 비에너지는? (단, 에너지보정계수 $\alpha=1$로 가정한다.)

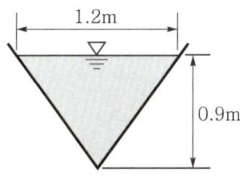

① 0.9m ② 1.14m
③ 1.84m ④ 2.27m

해설 **비에너지**
㉠ $V = \dfrac{Q}{A} = \dfrac{2 \times 2.8}{1.2 \times 0.9} = 5.1851\text{m/s}$
㉡ $H_e = h + \alpha \dfrac{V^2}{2g}$
$= 0.9 + 1.0 \times \dfrac{5.19^2}{2 \times 9.8} = 2.2743\text{m}$

12 유역면적 10km², 강우강도 80mm/h, 유출계수 0.7일 때 합리식에 의한 첨두유량($Q_{\max}$)은?

① 155.6m³/s ② 560m³/s
③ 1.556m³/s ④ 5.6m³/s

해설 **합리식**
$Q = \dfrac{1}{3.6} CIA$
$= \dfrac{1}{3.6} \times 0.7 \times 80 \times 10 = 155.6\text{m}^3/\text{s}$

13 흐르는 유체 속에 물체가 있을 때 물체가 유체로부터 받는 힘은?

① 장력(張力) ② 충력(衝力)
③ 항력(抗力) ④ 소류력(掃流力)

해설 유체 속을 물체가 움직일 때, 또는 흐르는 유체 속에 물체가 잠겨 있을 때는 유체에 의해 물체가 저항력을 받는다. 이 힘을 항력(drag force, D) 또는 유체의 저항력이라 한다.

14 비압축성 유체의 연속방정식을 표현한 것으로 가장 올바른 것은?

① $Q = \rho A V$ ② $\rho_1 A_1 = \rho_2 A_2$
③ $Q_1 A_1 V_1 = Q_2 A_2 V_2$ ④ $A_1 V_1 = A_2 V_2$

해설 비압축성 유체의 정류 흐름에서 하나의 유관을 생각하면 $Q_1 = A_1 V_1$, $Q_2 = A_2 V_2$이고 $Q = Q_1 = Q_2$가 된다.
∴ $Q = A_1 V_1 = A_2 V_2 = \text{const}$

15 부체의 안정에 관한 설명으로 옳지 않은 것은?

① 경심(M)이 무게중심(G)보다 낮을 경우 안정하다.
② 무게중심(G)이 부심(B)보다 아래쪽에 있으면 안정하다.
③ 경심(M)이 무게중심(G)보다 높을 경우 복원모멘트가 작용한다.
④ 부심(B)과 무게중심(G)이 동일 연직선상에 위치할 때 안정을 유지한다.

해설 경심(M)이 무게중심(G)보다 낮을 경우 전도모멘트가 작용하여 불안정하다.

16 물의 순환과정인 증발에 관한 설명으로 옳지 않은 것은?

① 증발량은 물수지방정식에 의하여 산정될 수 있다.
② 증발은 자유수면뿐만 아니라 식물의 엽면 등을 통하여 기화되는 모든 현상을 의미한다.
③ 증발접시계수는 저수지증발량의 증발접시증발량에 대한 비이다.
④ 증발량은 수면온도에 대한 공기의 포화증기압과 수면에서 일정 높이에서의 증기압의 차이에 비례한다.

해설 ㉠ 증발 : 수표면 또는 습한 토양면의 물분자가 태양열에너지에 의해 액체에서 기체로 변하는 현상
㉡ 증산 : 식물의 엽면을 통해 지중의 물이 수증기의 형태로 대기 중에 방출되는 현상

정답 11. ④ 12. ① 13. ③ 14. ④ 15. ① 16. ②

Hydraulics and Hydrology

17 지름 200mm인 관로에 축소부 지름이 120mm인 벤투리미터(venturi meter)가 부착되어 있다. 두 단면의 수두차가 1.0m, $C=0.98$일 때의 유량은?

① $0.00525\text{m}^3/\text{s}$ ② $0.0525\text{m}^3/\text{s}$
③ $0.525\text{m}^3/\text{s}$ ④ $5.250\text{m}^3/\text{s}$

> **해설** 벤투리미터의 유량
> $A_1 = \dfrac{\pi \times 0.2^2}{4} = 0.031\text{m}^2$
> $A_2 = \dfrac{\pi \times 0.12^2}{4} = 0.011\text{m}^2$
> $\therefore Q = \dfrac{CA_1A_2}{\sqrt{A_1^2 - A_2^2}}\sqrt{2gh}$
> $= \dfrac{0.98 \times 0.031 \times 0.011}{\sqrt{0.031^2 - 0.011^2}} \times \sqrt{2 \times 9.8 \times 1}$
> $= 0.0525\text{m}^3/\text{s}$

18 상대조도(相對粗度)를 바르게 설명한 것은?

① 차원이 [L]이다.
② 절대조도를 관경으로 곱한 값이다.
③ 거친 원관 내의 난류인 흐름에서 속도분포에 영향을 준다.
④ 원형관 내의 난류 흐름에서 마찰손실계수와 관계가 없는 값이다.

> **해설** 상대조도는 거친 관의 경우 난류에서는 층류 저층이 대단히 얇고 점성효과가 무시할 수 있을 정도로 작으므로 조도의 크기와 모양이 유속분포에 가장 큰 영향을 미치게 된다. 따라서 유속분포나 마찰손실계수는 Reynolds수보다는 조도의 크기(e)를 포함하는 변량에 주로 좌우된다.

19 시간을 t, 유속을 v, 두 단면 간의 거리를 l이라 할 때 다음 조건 중 부등류인 경우는?

① $\dfrac{v}{t} = 0$ ② $\dfrac{v}{t} \neq 0$
③ $\dfrac{v}{t} = 0, \dfrac{v}{l} = 0$ ④ $\dfrac{v}{t} = 0, \dfrac{v}{l} \neq 0$

> **해설** 부등류
> ㉠ 정류 중에서 수류의 단면에 따라 유속과 수심이 변하는 흐름이다.
> ㉡ $\dfrac{v}{t} = 0, \dfrac{v}{l} \neq 0$

20 작은 오리피스에서 단면 수축계수 C_a, 유속계수 C_v, 유량계수 C의 관계가 옳게 표시된 것은?

① $C = \dfrac{C_v}{C_a}$ ② $C = \dfrac{C_a}{C_v}$
③ $C = C_v C_a$ ④ $C = C_a + C_v$

> **해설** 유량계수(C)＝수축계수(C_a)×유속계수(C_v)

정답 17. ② 18. ③ 19. ④ 20. ③

2024 제3회 토목기사 기출복원문제

✏ 2024년 7월 6일 시행

01 수심 h, 단면적 A, 유량 Q로 흐르고 있는 개수로에서 에너지보정계수를 α라고 할 때 비에너지 H_e를 구하는 식은? (단, h : 수심, g : 중력가속도)

① $H_e = h + \alpha \dfrac{Q}{A}$
② $H_e = h + \alpha \left(\dfrac{Q}{A}\right)^2$
③ $H_e = h + \alpha \dfrac{Q^2}{A}$
④ $H_e = h + \dfrac{\alpha}{2g}\left(\dfrac{Q}{A}\right)^2$

해설 비에너지

$Q = AV$로부터 $V = \dfrac{Q}{A}$ 이므로

$\therefore H_e = h + \alpha \dfrac{V^2}{2g} = h + \dfrac{\alpha}{2g}\left(\dfrac{Q}{A}\right)^2$

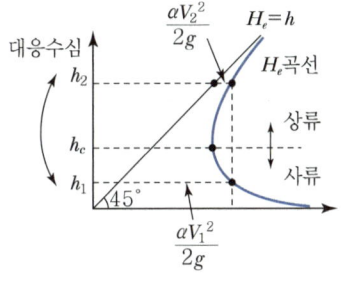

02 밑변 2m, 높이 3m인 삼각형 형상의 판이 밑변을 수면과 맞대고 연직으로 수중에 있다. 이 삼각형 판의 작용점위치는? (단, 수면을 기준으로 한다.)

① 1m
② 1.33m
③ 1.5m
④ 2m

해설 작용점위치

$h_c = h_G + \dfrac{I_G}{h_G A}$

$= 3 \times \dfrac{1}{3} + \dfrac{\dfrac{2 \times 3^3}{36}}{3 \times \dfrac{1}{3} \times \dfrac{1}{2} \times 2 \times 3} = 1.5\text{m}$

03 단위유량도에 대한 설명 중 틀린 것은?

① 일정 기저시간가정, 비례가정, 중첩가정은 단위도의 3대 기본가정이다.
② 단위도의 정의에서 특정 단위시간은 1시간을 의미한다.
③ 단위도의 정의에서 단위유효우량은 유역 전 면적상의 우량을 의미한다.
④ 단위유효우량은 유출량의 형태로 단위도상에 표시되며, 단위도 아래의 면적은 부피의 차원을 가진다.

해설 단위유량도(unit hydrograph, 단위도)
㉠ 특정 단위시간 동안 균일한 강도로 유역 전반에 걸쳐 균등하게 내리는 단위유효우량(unit effective rainfall)으로 인하여 발생하는 직접유출수문곡선을 말한다.
㉡ 이때 특정 단위시간은 강우의 지속시간이 특정 시간으로 표시됨을 의미한다.

04 물의 순환에 대한 설명으로 옳지 않은 것은?

① 지하수 일부는 지표면으로 용출해서 다시 지표수가 되어 하천으로 유입한다.
② 지표에 강하한 우수는 지표면에 도달 전에 그 일부가 식물의 나무와 가지에 의하여 차단된다.
③ 지표면에 도달한 우수는 토양 중에 수분을 공급하고 나머지가 아래로 침투해서 지하수가 된다.
④ 침투란 토양면을 통해 스며든 물이 중력에 의해 계속 지하로 이동하여 불투수층까지 도달하는 것이다.

해설 ㉠ 침투 : 물이 흙의 표면을 통해 스며드는 현상
㉡ 침루 : 침투된 물이 중력에 의해 지하수면까지 이동하는 현상

정답 1. ④ 2. ③ 3. ③ 4. ④

05 물속에 잠긴 곡면에 작용하는 정수압의 연직방향 분력은?

① 곡면을 밑면으로 하는 물기둥체적의 무게와 같다.
② 곡면 중심에서의 압력에 수직투영면적을 곱한 것과 같다.
③ 곡면의 수직투영면적에 작용하는 힘과 같다.
④ 수평분력의 크기와 같다.

> 해설 **곡면에 작용하는 전수압**
> ㉠ 수평분력 : 곡면의 연직투영면에 작용하는 정수압과 같다.
> ㉡ 연직분력 : 곡면을 밑면으로 하는 수면까지의 물기둥의 무게와 같다.

06 흐름의 단면적과 수로경사가 일정할 때 최대 유량이 흐르는 조건으로 옳은 것은?

① 윤변이 최소이거나 동수반경이 최대일 때
② 윤변이 최대이거나 동수반경이 최소일 때
③ 수심이 최소이거나 동수반경이 최대일 때
④ 수심이 최대이거나 수로폭이 최소일 때

> 해설 수리상 유리한 단면의 조건은 윤변이 최소이거나 동수반경이 최대일 때로, 이때 최대 유량이 흐르게 된다.

07 경심이 8m, 동수경사가 1/100, 마찰손실계수 $f=0.03$일 때 Chezy의 유속계수 C를 구한 값은?

① $51.1\mathrm{m}^{\frac{1}{2}}/\mathrm{s}$
② $25.6\mathrm{m}^{\frac{1}{2}}/\mathrm{s}$
③ $36.1\mathrm{m}^{\frac{1}{2}}/\mathrm{s}$
④ $44.3\mathrm{m}^{\frac{1}{2}}/\mathrm{s}$

> 해설 **Chezy의 유속계수**
> $f = \dfrac{8g}{C^2}$
> $\therefore C = \sqrt{\dfrac{8g}{f}} = \sqrt{\dfrac{8 \times 9.8}{0.03}} = 51.12\mathrm{m}^{\frac{1}{2}}/\mathrm{s}$

08 수심 H에 위치한 작은 오리피스(orifice)에서 물이 분출할 때 일어나는 손실수두(Δh)의 계산식으로 틀린 것은? (단, V_a는 오리피스에서 측정된 유속이며, C_v는 유속계수이다.)

① $\Delta h = H - \dfrac{V_a^2}{2g}$
② $\Delta h = H(1 - C_v^2)$
③ $\Delta h = \dfrac{V_a^2}{2g}\left(\dfrac{1}{C_v^2} - 1\right)$
④ $\Delta h = \dfrac{V_a^2}{2g}\left(\dfrac{1}{C_v^2 + 1}\right)$

> 해설 **작은 오리피스의 손실수두**
> ㉠ $V = C_v\sqrt{2gH}$
> $\therefore H = \dfrac{1}{C_v^2}\dfrac{V^2}{2g}$
> ㉡ $h_L = H - \dfrac{V^2}{2g}$
> $= \dfrac{1}{C_v^2}\dfrac{V^2}{2g} - \dfrac{V^2}{2g}$
> $= \left(\dfrac{1}{C_v^2} - 1\right)\dfrac{V^2}{2g}$
> $= \left(\dfrac{1}{C_v^2} - 1\right)\dfrac{(C_v V_t)^2}{2g}$
> $= \dfrac{1 - C_v^2}{C_v^2}\dfrac{2gHC_v^2}{2g}$
> $= (1 - C_v^2)H$
> 여기서, V_t : 이론유속($=\sqrt{2gH}$)
> V : 실제 유속($= C_v\sqrt{2gH} = C_v V_t$)

09 다음 중 도수(跳水, hydraulic jump)가 생기는 경우는?

① 사류(射流)에서 사류(射流)로 변할 때
② 사류(射流)에서 상류(常流)로 변할 때
③ 상류(常流)에서 상류(常流)로 변할 때
④ 상류(常流)에서 사류(射流)로 변할 때

> 해설 사류에서 상류로 변할 때는 수면이 불연속적이며 수심이 급증하고 큰 맴돌이(소용돌이)가 생긴다. 이와 같이 사류에서 상류로 변할 때 수면이 불연속적으로 일어나는 과도현상을 도수라 한다.

정답 5.① 6.① 7.① 8.④ 9.②

10 다음 중 유효강수량과 가장 관계가 깊은 것은?

① 직접유출량   ② 기저유출량
③ 지표면유출량   ④ 지표하유출량

> 해설 **유효강수량**
> ㉠ 직접유출의 근원이 되는 강수
> ㉡ 초과강수량과 조기지표하유출량으로 구성

11 흐르는 유체 속의 한 점 (x, y, z)의 각 축방향의 속도 성분을 (u, v, w)라 하고 밀도를 ρ, 시간을 t로 표시할 때 가장 일반적인 경우의 연속방정식은?

① $\dfrac{\partial u}{\partial t} + \dfrac{\partial v}{\partial t} + \dfrac{\partial w}{\partial t} = 0$

② $\dfrac{\partial \rho u}{\partial x} + \dfrac{\partial \rho v}{\partial y} + \dfrac{\partial \rho w}{\partial z} = 0$

③ $\dfrac{\partial \rho}{\partial t} + \dfrac{\partial u}{\partial x} + \dfrac{\partial v}{\partial y} + \dfrac{\partial w}{\partial z} = 0$

④ $\dfrac{\partial \rho}{\partial t} + \dfrac{\partial \rho u}{\partial x} + \dfrac{\partial \rho v}{\partial y} + \dfrac{\partial \rho w}{\partial z} = 0$

> 해설 **3차원 흐름의 연속방정식(압축성 유체)**
> ㉠ 정류 : $\dfrac{\partial \rho u}{\partial x} + \dfrac{\partial \rho v}{\partial y} + \dfrac{\partial \rho w}{\partial z} = 0$
> ㉡ 부정류 : $\dfrac{\partial \rho}{\partial t} + \dfrac{\partial \rho u}{\partial x} + \dfrac{\partial \rho v}{\partial y} + \dfrac{\partial \rho w}{\partial z} = 0$

12 마찰손실계수(f)와 Reynolds수(R_e) 및 상대조도(ε/d)의 관계를 나타낸 Moody도표에 대한 설명으로 옳지 않은 것은?

① 층류영역에서는 관의 조도에 관계없이 단일 직선이 적용된다.
② 완전 난류의 완전히 거친 영역에서 f는 $R_e^{\,n}$과 반비례하는 관계를 보인다.
③ 층류와 난류의 물리적 상이점은 $f - R_e$ 관계가 한계Reynolds수 부근에서 갑자기 변한다.
④ 난류영역에서는 $f - R_e$ 곡선은 상대조도에 따라 변하며 Reynolds수보다는 관의 조도가 더 중요한 변수가 된다.

> 해설 완전 난류의 완전히 거친 영역에서 f는 R_e에는 관계가 없고 상대조도 $\left(\dfrac{e}{D}\right)$만의 함수이다.

13 다음 그림과 같은 액주계에서 수은면의 차가 10cm이었다면 A, B점의 수압차는? (단, 수은의 비중=13.6, 무게 1kg=9.8N)

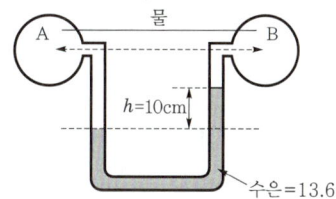

① 133.5kPa   ② 123.5kPa
③ 13.35kPa   ④ 12.35kPa

> 해설 **액주계의 압력차**
> 등압선에 대해서
> $P_a + \gamma_1 h - \gamma_2 h - P_b = 0$
> ∴ $P_a - P_b = (\gamma_2 - \gamma_1)h$
> $= (13.6 - 1) \times 0.1$
> $= 1.26 \text{tf/m}^2 = 12.35 \text{kPa}$

14 다음 표는 어느 지역의 40분간 집중호우를 매 5분마다 관측한 것이다. 지속기간이 20분인 최대 강우강도는?

시간(분)	0~5	5~10	10~15	15~20	20~25	25~30	30~35
강우량(mm)	1	4	2	5	8	7	3

① 49mm/h   ② 59mm/h
③ 69mm/h   ④ 72mm/h

> 해설 **20분간 최대 강우강도**
> 최대 강우는 15~35분이므로
> ∴ $I = (5+8+7+3) \times \dfrac{60}{20} = 69 \text{mm/h}$

정답 10. ① 11. ④ 12. ② 13. ④ 14. ③

15 다음 중 증발에 영향을 미치는 인자가 아닌 것은?

① 온도 ② 대기압
③ 통수능 ④ 상대습도

> **해설** 통수능은 침투 관련 인자이다.

16 속도분포를 $V = 4y^{\frac{2}{3}}$ 으로 나타낼 수 있을 때 바닥면에서 0.5m 떨어진 높이에서의 속도경사(velocity gradient)는? (단, V : m/s, y : m)

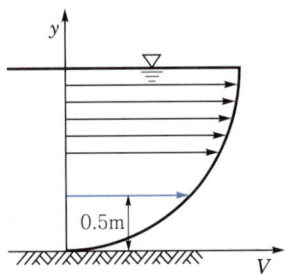

① $2.67\sec^{-1}$ ② $3.36\sec^{-1}$
③ $2.67\sec^{-2}$ ④ $3.36\sec^{-2}$

> **해설** 속도경사
> $V = 4y^{\frac{2}{3}}$
> $V' = 4 \times \frac{2}{3} y^{-\frac{1}{3}} = \frac{8}{3} y^{-\frac{1}{3}}$
> $\therefore V'_{y=0.5} = \frac{8}{3} \times 0.5^{-\frac{1}{3}} = 3.36\sec^{-1}$

17 지하수의 흐름에서 상·하류 두 지점의 수두차가 1.6m이고 두 지점의 수평거리가 480m인 경우 대수층의 두께 3.5m, 폭 1.2m일 때의 지하수유량은? (단, 투수계수 $K = 208$m/day이다.)

① $3.82\text{m}^3/\text{day}$
② $2.91\text{m}^3/\text{day}$
③ $2.12\text{m}^3/\text{day}$
④ $2.08\text{m}^3/\text{day}$

> **해설** 지하수의 유량
> $Q = KIA = K\frac{h}{L}A$
> $= 208 \times \frac{1.6}{480} \times (3.5 \times 1.2)$
> $= 2.91\text{m}^3/\text{day}$

18 누가우량곡선(Rainfall mass curve)의 특성으로 옳은 것은?

① 누가우량곡선의 경사가 클수록 강우강도가 크다.
② 누가우량곡선의 경사는 지역에 관계없이 일정하다.
③ 누가우량곡선으로 일정 기간 내의 강우량을 산출할 수는 없다.
④ 누가우량곡선은 자기우량기록에 의하여 작성하는 것보다 보통우량계의 기록에 의하여 작성하는 것이 더 정확하다.

> **해설** 누가우량곡선
> ㉠ 자기우량계에 의해 측정된 우량을 기록지에 누가우량의 시간적 변화상태를 기록한 것을 말한다.
> ㉡ 누가우량곡선의 경사가 급할수록 강우강도가 크다.
> ㉢ 누가우량곡선의 경사가 없으면 무강우로 처리한다.

19 수심 10m에서 파속(C_1)이 50m/s인 파랑이 입사각(β_1) 30°로 들어올 때 수심 8m에서 굴절된 파랑의 입사각(β_2)은? (단, 수심 8m에서 파랑의 파속(C_2)=40m/s)

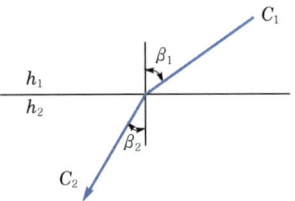

① 20.58° ② 23.58°
③ 38.68° ④ 46.15°

정답 15. ③ 16. ② 17. ② 18. ① 19. ②

해설 **파동의 굴절률(굴절의 법칙, 스넬의 법칙)**
$$n_{12} = \frac{\sin i}{\sin r} = \frac{V_1}{V_2} = \frac{\lambda_1}{\lambda_2} = \frac{n_2}{n_1}$$
$$\sin \beta_2 = \frac{V_2}{V_1} \sin \beta_1 = \frac{40}{50} \times \sin 30° = 0.4$$
$$\therefore \beta_2 = \sin^{-1} 0.4 = 23.5782°$$

20 물리량의 차원이 옳지 않은 것은?

① 에너지 : $[ML^{-2}T^{-2}]$
② 동점성계수 : $[L^2 T^{-1}]$
③ 점성계수 : $[ML^{-1}T^{-1}]$
④ 밀도 : $[FL^{-4}T^2]$

해설 $[F]=[MLT^{-2}]$이므로 에너지$=[FL]=[ML^2T^{-2}]$이다.

정답 20. ①

2025 제1회 토목기사 기출복원문제

✎ 2025년 2월 15일 시행

01 동점성계수의 차원으로 옳은 것은?
① $[FL^{-2}T]$
② $[L^2T^{-1}]$
③ $[FL^{-4}T^{-2}]$
④ $[FL^2]$

해설 동점성계수(ν)의 단위가 cm^2/s이므로 차원은 $[L^2T^{-1}]$이다.

02 폭 2.5m, 월류수심 0.4m인 사각형 위어(weir)의 유량은? (단, Francis공식 : $Q=1.84b_o h^{3/2}$ 에 의하며, b_o : 유효폭, h : 월류수심, 접근유속은 무시하며 양단 수축이다.)
① $1.117m^3/s$
② $1.145m^3/s$
③ $1.126m^3/s$
④ $1.164m^3/s$

해설 Francis공식
$$b_o = b - \frac{n}{10}h = 2.5 - \frac{2}{10} \times 0.4 = 2.42m$$
$$\therefore Q = 1.84 b_o h^{\frac{3}{2}} = 1.84 \times 2.42 \times 0.4^{\frac{3}{2}}$$
$$= 1.126m^3/s$$

03 누가우량곡선(rainfall mass curve)의 특성으로 옳은 것은?
① 누가우량곡선은 자기우량기록에 의하여 작성하는 것보다 보통우량계의 기록에 의하여 작성하는 것이 더 정확하다.
② 누가우량곡선으로부터 일정 기간 내의 강우량을 산출하는 것은 불가능하다.
③ 누가우량곡선의 경사는 지역에 관계없이 일정하다.
④ 누가우량곡선의 경사가 클수록 강우강도가 크다.

해설 누가우량곡선
㉠ 자기우량계에 의해 측정된 우량을 기록지에 누가우량의 시간적 변화상태를 기록한 것을 말한다.
㉡ 누가우량곡선의 경사가 급할수록 강우강도가 크다.
㉢ 누가우량곡선의 경사가 없으면 무강우로 처리한다.

04 유역면적이 $4km^2$이고 유출계수가 0.8인 산지하천에서 강우강도가 80mm/h이다. 합리식을 사용한 유역 출구에서의 첨두홍수량은?
① $35.5m^3/s$
② $71.1m^3/s$
③ $128m^3/s$
④ $256m^3/s$

해설 합리식
$$Q = \frac{1}{3.6}CIA = \frac{1}{3.6} \times 0.8 \times 80 \times 4$$
$$\fallingdotseq 71.1m^3/s$$

05 폭 4.8m, 높이 2.7m의 연직직사각형 수문이 한쪽 면에서 수압을 받고 있다. 수문의 밑면은 힌지로 연결되어 있고, 상단은 수평체인(Chain)으로 고정되어 있을 때 이 체인에 작용하는 장력(張力)은? (단, 수문의 정상과 수면은 일치한다.)

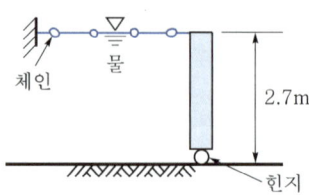

① 29.23kN
② 57.15kN
③ 7.87kN
④ 0.88kN

정답 1.② 2.③ 3.④ 4.② 5.②

> **해설** **장력**
> ㉠ $F = \gamma_w h_G A$
> $= 1 \times \dfrac{2.7}{2} \times (4.8 \times 2.7) = 17.5 \text{tf}$
> ㉡ $h_c = \dfrac{2}{3}h = \dfrac{2}{3} \times 2.7 = 1.8\text{m}$
> ㉢ 작용점에서의 전수압=힌지에서의 장력
> $17.5 \times (2.7 - 1.8) = T \times 2.7$
> $\therefore T = 5.83\text{tf} = 57.13\text{kN}$

06 물이 하상의 돌출부를 통과할 경우 비에너지와 비력의 변화는?

① 비에너지와 비력이 모두 감소한다.
② 비에너지는 감소하고, 비력은 일정하다.
③ 비에너지는 증가하고, 비력은 감소한다.
④ 비에너지는 일정하고, 비력은 감소한다.

> **해설** **비에너지와 비력의 변화**
> ㉠ 하상의 돌출부를 통과할 때
> $He_1 = He_2,\ M_1 \neq M_2$
> ㉡ 도수현상이 일어날 때
> $He_1 \neq He_2,\ M_1 = M_2$

07 등류의 마찰속도 U^*를 구하는 공식으로 옳은 것은? (단, H : 수심, I : 수면경사, g : 중력가속도)

① $U^* = \sqrt{gHI}$
② $U^* = gHI$
③ $U^* = gH^2I$
④ $U^* = gHI^2$

> **해설** **등류의 마찰속도**
> $U^* = \sqrt{gRI} ≒ \sqrt{gHI}$

08 미소진폭파(small-amplitude wave)이론에 포함된 가정이 아닌 것은?

① 파장이 수심에 비해 매우 크다.
② 유체는 비압축성이다.
③ 바닥은 평평한 불투수층이다.
④ 파고는 수심에 비해 매우 작다.

> **해설** **미소진폭파이론의 가정**
> ㉠ 물은 비압축성이고, 밀도는 일정하다.
> ㉡ 수저는 수평이고 불투수층이다.
> ㉢ 수면에서의 압력은 일정하다.
> ㉣ 파고는 파장과 수심에 비해 대단히 작다.

09 한계수심에 대한 설명으로 틀린 것은?

① 한계유속으로 흐르고 있는 수로에서의 수심
② 프루드수(Froude number)가 1인 흐름에서의 수심
③ 일정한 유량을 흐르게 할 때 비에너지를 최대로 하는 수심
④ 일정한 비에너지 아래에서 최대 유량을 흐르게 할 수 있는 수심

> **해설** **한계수심**
> ㉠ 유량이 일정할 때 비에너지가 최소인 수심으로 한계유속으로 흐를 때의 수심을 말한다.
> ㉡ $h_c = \left(\dfrac{n\alpha Q^2}{ga^2}\right)^{\frac{1}{2n+1}}$

10 깊은 우물(심정호)에 대한 설명으로 옳은 것은?

① 불투수층에서 50m 이상 도달한 우물
② 집수우물 바닥이 불투수층까지 도달한 우물
③ 집수깊이가 100m 이상인 우물
④ 집수우물 바닥이 불투수층을 통과하여 새로운 대수층에 도달한 우물

> **해설** 불투수층 위의 비피압대수층 내의 자유지하수를 양수하는 우물 중
> ㉠ 깊은 우물(심정호) : 집수정 바닥이 불투수층까지 도달한 우물
> ㉡ 얕은 우물(천정호) : 불투수층까지 도달하지 않은 우물

정답 6. ④ 7. ① 8. ① 9. ③ 10. ②

11 오리피스에 있어서 에너지손실은 어떻게 보정할 수 있는가?

① 이론유속에 유속계수를 곱한다.
② 실제 유속에 유속계수를 곱한다.
③ 이론유속에 유량계수를 곱한다.
④ 실제 유속에 유량계수를 곱한다.

> **해설** 에너지손실 보정방법
> 에너지손실을 실제 유속에 반영하기 위하여 이론유속에 유속계수를 곱한다.
> $\therefore V = C_v \sqrt{2gh}$

12 일반 유체운동에 관한 연속방정식은? (단, 유체의 밀도 ρ, 시간 t, x, y, z방향의 속도는 u, v, w이다.)

① $\dfrac{\partial \rho}{\partial t} + \dfrac{\partial u}{\partial x} + \dfrac{\partial v}{\partial y} + \dfrac{\partial w}{\partial z} = 0$

② $\dfrac{\partial \rho}{\partial t} + \dfrac{\partial \rho u}{\partial x} + \dfrac{\partial \rho v}{\partial y} + \dfrac{\partial \rho w}{\partial z} = 0$

③ $\dfrac{\partial \rho}{\partial t} + \dfrac{\partial u}{\partial \rho x} + \dfrac{\partial v}{\partial \rho y} + \dfrac{\partial w}{\partial \rho z} = 0$

④ $\dfrac{\partial u}{\partial x} + \dfrac{\partial v}{\partial y} + \dfrac{\partial w}{\partial z} = 0$

> **해설** 압축성 유체의 부정류 연속방정식
> $\dfrac{\partial \rho}{\partial t} + \dfrac{\partial \rho u}{\partial x} + \dfrac{\partial \rho v}{\partial y} + \dfrac{\partial \rho w}{\partial z} = 0$

13 저수지로부터 30m 위쪽에 위치한 수조탱크에 0.35m³/s의 물을 양수하고자 할 때 펌프에 공급되어야 하는 동력은? (단, 손실수두는 무시하고, 펌프의 효율은 75%이다.)

① 77.2kW ② 102.9kW
③ 120.1kW ④ 137.2kW

> **해설** 펌프의 동력
> $P = \dfrac{1{,}000 Q H_p}{102 \eta} = \dfrac{9.8 Q H_p}{\eta}$
> $= \dfrac{9.8 \times 0.35 \times 30}{0.75} = 137.2\text{kN}$

14 다음 표와 같은 집중호우가 자기기록지에 기록되었다. 지속기간 20분 동안의 최대 강우강도는?

시각(분)	5	10	15	20	25	30	35	40
누가우량(mm)	2	5	10	20	35	40	43	45

① 95mm/h ② 105mm/h
③ 115mm/h ④ 135mm/h

> **해설** 20분 동안 최대 강우강도
> ㉠ 5분 우량
>
> | 시각(분) | 5 | 10 | 15 | 20 | 25 | 30 | 35 | 40 |
> |---|---|---|---|---|---|---|---|---|
> | 우량(mm) | 2 | 3 | 5 | 10 | 15 | 5 | 3 | 2 |
>
> ㉡ 20분 최대 우량 = 5 + 10 + 15 + 5 = 35mm
> ㉢ 최대 강우강도
> $I = \dfrac{60}{20} \times 35 = 105\text{mm/h}$

15 관수로의 마찰손실공식 중 난류에서의 마찰손실계수 f 는?

① 상대조도만의 함수이다.
② 레이놀즈수와 상대조도의 함수이다.
③ 프루드수와 상대조도의 함수이다.
④ 레이놀즈수만의 함수이다.

> **해설** 난류인 경우의 마찰손실계수
> ㉠ 매끈한 관 : f 와 R_e 만의 함수
> ㉡ 거친 관 : f 와 R_e 는 상관없고 상대조도 $\left(\dfrac{e}{D}\right)$ 만의 함수

16 개수로의 설계와 수공구조물의 설계에 주로 적용되는 수리학적 상사법칙은?

① Reynolds의 상사법칙
② Froude의 상사법칙
③ Weber의 상사법칙
④ Mach의 상사법칙

정답 11. ① 12. ② 13. ④ 14. ② 15. ② 16. ②

해설 **Froude의 상사법칙**
㉠ 중력이 흐름을 주로 지배하고 다른 힘들은 영향이 작아서 생략할 수 있는 경우의 상사법칙이다.
㉡ 수심이 비교적 큰 자유표면을 가진 개수로 내 흐름, 댐의 여수토 흐름 등이 해당된다.

17 Darcy법칙에서 투수계수의 차원은?

① 동수경사의 차원과 같다.
② 속도수두의 차원과 같다.
③ 유속의 차원과 같다.
④ 점성계수의 차원과 같다.

해설 Darcy법칙에서 동수경사(I)는 무차원이므로 투수계수는 속도의 차원을 갖는다.
$V = KI$

18 A저수지에서 200m 떨어진 B저수지로 지름 20cm, 마찰손실계수 0.035인 원형관으로 0.0628m³/s의 물을 송수하려고 한다. A저수지와 B저수지 사이의 수위차는? (단, 마찰손실, 단면급확대 및 급축소의 손실을 고려한다.)

① 5.75m ② 6.94m
③ 7.14m ④ 7.45m

해설 **연속방정식**
$$V = \frac{Q}{A} = \frac{0.0628}{\frac{\pi \times 0.2^2}{4}} = 2\text{m/s}$$
$$\therefore H = \left(f_i + f\frac{l}{d} + f_o\right)\frac{V^2}{2g}$$
$$= \left(0.5 + 0.035 \times \frac{200}{0.2} + 1\right) \times \frac{2^2}{2 \times 9.8}$$
$$= 7.45\text{m}$$

19 측정된 강우량자료가 기상학적 원인 이외에 다른 영향을 받았는지의 여부를 판단하는, 즉 일관성(consistency)에 대한 검사방법은 어느 것인가?

① 순간단위유량도법
② 합성단위유량도법
③ 이중누가우량분석법
④ 선행강수지수법

해설 우량계의 위치, 노출상태, 우량계의 교체, 주위 환경의 변화 등이 생기면 전반적인 자료의 일관성이 없어지기 때문에 이것을 교정하여 장기간에 걸친 강수자료의 일관성을 얻는 방법을 이중누가우량분석이라 한다.

20 상류(常流)로 흐르는 수로에 댐을 만들었을 경우 그 상류(上流)에 생기는 수면곡선은?

① 배수곡선 ② 저하곡선
③ 수리특성곡선 ④ 홍수추적곡선

해설 개수로의 흐름이 상류(常流)인 장소에 댐, 위어 또는 수문 등의 수리구조물을 만들어 수면을 상승시키면 그 영향이 상류(上流)에 미치고, 상류(上流)의 수면은 상승한다. 이 현상을 배수(backwater)라 하며, 이로 인해 생기는 수면곡선을 배수곡선이라 한다.

정답 17. ③ 18. ④ 19. ③ 20. ①

2025 제2회 토목기사 기출복원문제

2025년 5월 17일 시행

01 대기의 온도 t_1, 상대습도 70%인 상태에서 증발이 진행되었다. 온도가 t_2로 상승하고 대기 중의 증기압이 20% 증가하였다면 온도 t_1 및 t_2에서의 증기압이 각각 10.0mmHg 및 14.0mmHg라 할 때 온도 t_2에서의 상대습도는?

① 50% ② 60%
③ 70% ④ 80%

> **해설** 상대습도
> ㉠ t_1일 때
> $$h = \frac{e}{e_s} \times 100\%$$
> $$70 = \frac{e}{10} \times 100\%$$
> $$\therefore e = 7\text{mmHg}$$
> ㉡ t_2일 때
> $$e = 7 \times (1+0.2) = 8.4\text{mmHg}$$
> $$\therefore h = \frac{e}{e_s} \times 100\% = \frac{8.4}{14} \times 100\% = 60\%$$

02 유역면적 200ha인 도시 소하천유역의 유수도달시간이 5분이고, 유역평균유출계수는 0.60이다. 강수자료의 해석으로부터 구해진 이 유역의 강우강도식 $I = \dfrac{6,500}{t+45}$ [mm/h]이라면 첨두유출량은? (단, 강우지속시간 t는 분(min)단위이다.)

① 4.334m³/s ② 43.34m³/s
③ 433.4m³/s ④ 4,334m³/s

> **해설** ㉠ 강우강도
> $$I = \frac{6,500}{t+45} = \frac{6,500}{5+45} = 130\text{mm/h}$$
> ㉡ 유량
> $$Q = 0.2778 CIA$$
> $$= 0.2778 \times 0.6 \times 130 \times 200 \times 10^{-2}$$
> $$= 43.34\text{m}^3/\text{s}$$
> **참고** $1\text{ha} = 10^4\text{m}^2 = 10^{-2}\text{km}^2$

03 부정류에 대한 수류의 연속방정식은?

① $\dfrac{\partial(AV)}{\partial t} = 0$

② $\dfrac{\partial(AV)}{\partial l} = 0$

③ $\dfrac{\partial(AV)}{\partial t} + \dfrac{\partial(AV)}{\partial l} = 0$

④ $\dfrac{\partial A}{\partial t} + \dfrac{\partial(AV)}{\partial l} = 0$

> **해설** 1차원 흐름의 연속방정식(비압축성 유체)
> ㉠ 정류 : $Q = AV = $ 일정
> ㉡ 부정류 : $\dfrac{\partial A}{\partial t} + \dfrac{\partial}{\partial l}(AV) = 0$

04 수문을 갑자기 닫아서 물의 흐름을 막으면 상류(上流)쪽의 수면이 갑자기 상승하여 단상(段狀)이 되고, 이것이 상류로 향하여 전파된다. 이러한 현상을 무엇이라 하는가?

① 장파(長波) ② 홍수파(洪水波)
③ 단파(段波) ④ 파상도수(波狀跳水)

> **해설** 단파
> ㉠ 일정한 유량이 흐르고 있는 하천이나 개수로에서 상류(上流)나 하류(下流)의 수문을 급조작하여 수심, 유속, 유량 등 흐름의 특성을 변화시키면 급경사부가 형성되어 상류나 하류 쪽으로 진행하는 파를 단파(hydraulic bore)라 한다.
> ㉡ 충격력이 강하고 시간적으로 급격한 수위변화를 수반한다.

05 관정의 펌프용 전동기 동력이 100kW, 펌프의 효율이 93%, 양정고가 150m, 손실수두가 10m일 때 펌프에 의한 양수량은?

① 0.06m³/s ② 0.02m³/s
③ 0.12m³/s ④ 0.15m³/s

정답 1.② 2.② 3.④ 4.③ 5.①

> [해설] **펌프의 동력**
> $$P = 9.8 \frac{Q(H+\sum h)}{\eta} [\text{kW}]$$
> $$100 = 9.8 \times \frac{Q \times (150+10)}{0.93}$$
> $$\therefore Q = 0.06 \text{m}^3/\text{s}$$

06 단위도(단위유량도)에 대한 사항 중 옳지 않은 것은?

① 단위도의 3가정은 일정 기저시간가정, 비례가정, 중첩가정이다.
② 단위도는 기저유량과 직접유출량을 포함하는 수문곡선이다.
③ S-curve를 이용하여 단위도의 단위시간을 변경할 수 있다.
④ Snyder는 합성단위도법을 연구 발표하였다.

> [해설] 단위도는 단위유효우량으로 인하여 발생하는 직접유출수문곡선이다.

07 오리피스의 유량 측정에서 수두(h) 측정에 3%의 오차가 있었다면 유량(Q)에 미치는 오차는?

① 1.0%   ② 2.0%
③ 1.5%   ④ 2.5%

> [해설] **오리피스의 유량오차**
> $$\frac{dQ}{Q} = 0.5 \frac{dh}{h} = 0.5 \times 3 = 1.5\%$$

08 지하수의 투수계수에 관한 설명으로 틀린 것은?

① 같은 종류의 토사라 할지라도 그 간극률에 따라 변한다.
② 흙입자의 구성, 지하수의 점성계수에 따라 변한다.
③ 지하수의 유량을 결정하는데 사용된다.
④ 지역특성에 따른 무차원 상수이다.

> [해설] **투수계수**
> ㉠ 투수계수에 영향을 주는 인자로는 흙입자의 모양과 크기, 공극비, 포화도, 흙입자의 구성, 흙의 구조, 유체의 점성, 밀도 등이 있다.
> ㉡ 투수계수 K는 속도의 차원($[LT^{-1}]$)을 갖는다.

09 강우강도(mm/h)가 I_1 =200mm/100min, I_2 =50mm/30min 및 I_3 =120mm/80min일 때 3종의 강우강도 I_1, I_2 및 I_3의 대소(大小)관계가 옳은 것은?

① $I_1 > I_2 > I_3$
② $I_1 < I_2 < I_3$
③ $I_1 < I_2 < I_3$
④ $I_2 < I_3 > I_3$

> [해설] **강우강도 비교**
> ㉠ $I_1 = \frac{200}{100} \times 60 = 120 \text{mm/h}$
> ㉡ $I_2 = \frac{50}{30} \times 60 = 100 \text{mm/h}$
> ㉢ $I_3 = \frac{120}{80} \times 60 = 90 \text{mm/h}$
> $\therefore I_1 > I_2 > I_3$

10 다음 그림과 같은 콘크리트 케이슨이 바닷물에 떠 있을 때 흘수는? (단, 콘크리트 비중은 2.4이며, 바닷물의 비중은 1.025이다.)

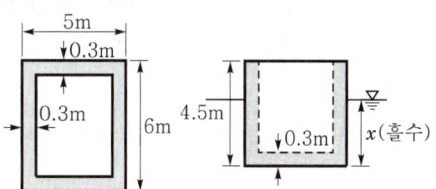

① $x = 2.45$m   ② $x = 2.55$m
③ $x = 2.65$m   ④ $x = 2.75$m

> **해설** 아르키메데스의 원리
> $W(무게) = F_B(부력)$
> $\gamma_s \forall = \gamma_w \forall'$
> $2.4 \times (5 \times 6 \times 4.5 - 4.4 \times 5.4 \times 4.2)$
> $= 1.025 \times (5 \times 6 \times x)$
> $\therefore x = 2.75\text{m}$

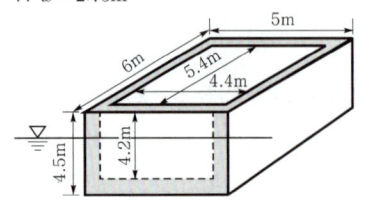

11 개수로와 관수로의 흐름에 모두 적용되는 설명으로 옳은 것은?

① 중력이 흐름의 원동력이다.
② 압력이 흐름의 원동력이다.
③ 자유수면을 갖는다.
④ 마찰로 인한 에너지손실이 발생한다.

> **해설** 관수로와 개수로
> ㉠ 자유수면이 존재하지 않으며, 흐름의 원동력이 압력인 경우를 관수로라 한다.
> ㉡ 자유수면이 존재하며, 흐름의 원동력이 중력인 경우를 개수로라 한다.
> ㉢ 관수로와 개수로 모두 실제 유체를 적용하며, 마찰에 의한 에너지손실이 발생한다.

12 마찰손실계수(f)와 Reynolds수(R_e) 및 상대조도(ε/d)의 관계를 나타낸 Moody도표에 대한 설명으로 옳지 않은 것은?

① 층류영역에서는 관의 조도에 관계없이 단일 직선이 적용된다.
② 완전 난류의 완전히 거친 영역에서 f는 R_e^n과 반비례하는 관계를 보인다.
③ 층류와 난류의 물리적 상이점은 $f - R_e$ 관계가 한계Reynolds수 부근에서 갑자기 변한다.
④ 난류영역에서는 $f - R_e$ 곡선은 상대조도에 따라 변하며 Reynolds수보다는 관의 조도가 더 중요한 변수가 된다.

> **해설** 완전 난류의 완전히 거친 영역에서 f는 R_e에는 관계가 없고 $\dfrac{e}{D}$만의 함수이다.

13 높이 6m, 폭 1m의 구형 수문이 수직으로 설치되어 있다. 물이 수문의 윗단까지 차 있다고 하면 이 수문에 작용하는 전수압의 작용점은?

① $h_c = 3\text{m}$
② $h_c = 3.5\text{m}$
③ $h_c = 4\text{m}$
④ $h_c = 4.3\text{m}$

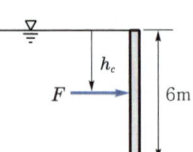

> **해설** 전수압의 작용점위치
> $h_c = h_G + \dfrac{I_G}{h_G A} = \dfrac{2}{3}h = \dfrac{2}{3} \times 6 = 4\text{m}$

14 지름 d인 구(球)가 밀도 ρ의 유체 속을 유속 V로 침강할 때 구의 항력 D는? (단, 항력계수는 C_D라 한다.)

① $\dfrac{1}{8}C_D \pi d^2 \rho V^2$
② $\dfrac{1}{2}C_D \pi d^2 \rho V^2$
③ $\dfrac{1}{4}C_D \pi d^2 \rho V^2$
④ $C_D \pi d^2 \rho V^2$

> **해설** 항력
> $D = C_D A \dfrac{\rho V^2}{2} = C_D \times \dfrac{\pi d^2}{4} \times \dfrac{1}{2} \rho V^2$
> $= \dfrac{1}{8} C_D \pi d^2 \rho V^2$

15 지하수의 흐름을 표시한 Darcy법칙의 기본가정과 관계가 없는 것은?

① 지하수의 흐름은 난류이다.
② 지하수의 흐름은 정상류이다.
③ 투수물질의 특성은 균일하고 동질이다.
④ 대수층 내의 모관수대는 존재하지 않는다.

> **해설** Darcy법칙의 지하수흐름은 층류에서 적용된다.

정답 11. ④ 12. ② 13. ③ 14. ① 15. ①

16 도수(hydraulic jump) 전후의 수심 h_1, h_2의 관계를 도수 전의 프루드수 F_{r1}의 함수로 표시한 것으로 옳은 것은?

① $\dfrac{h_2}{h_1} = \dfrac{1}{2}(\sqrt{8F_{r1}^2+1}+1)$

② $\dfrac{h_2}{h_1} = \dfrac{1}{2}(\sqrt{8F_{r1}^2+1}-1)$

③ $\dfrac{h_1}{h_2} = \dfrac{1}{2}(\sqrt{8F_{r1}^2+1}+1)$

④ $\dfrac{h_1}{h_2} = \dfrac{1}{2}(\sqrt{8F_{r1}^2+1}-1)$

> **해설** 도수 후의 상류의 수심을 도수고라 하며 식은 다음과 같다.
> $$h_2 = -\dfrac{h_1}{2} + \dfrac{h_1}{2}\sqrt{1+8F_{r1}^2}$$
> $$= \dfrac{h_1}{2}(-1+\sqrt{1+8F_{r1}^2})$$
> $$\therefore \dfrac{h_2}{h_1} = \dfrac{1}{2}(\sqrt{8F_{r1}^2+1}-1)$$

17 물의 밀도를 공학단위로 표시한 것은?

① $999.6 \text{N} \cdot \text{s}^2/\text{m}^4$
② $9,800 \text{N}/\text{m}^3$
③ $9,800 \text{kN}/\text{m}^3$
④ $9.8 \text{kN} \cdot \text{s}^2/\text{m}^4$

> **해설** 물의 밀도
> $$\rho = \dfrac{\gamma}{g}$$
> $$= \dfrac{1 \text{t}/\text{m}^3}{9.8 \text{m}/\text{s}^2} = \dfrac{1}{9.8} \text{t} \cdot \text{s}^2/\text{m}^4$$
> $$= 102 \text{kg} \cdot \text{s}^2/\text{m}^4$$
> $$= 999.6 \text{N} \cdot \text{s}^2/\text{m}^4$$

18 수리수심(hydraulic depth)을 가장 옳게 표현한 것은? (단, A는 유수 단면적)

① 수심이 H일 때 A/H를 뜻한다.
② 윤변이 S일 때 A/S를 뜻한다.
③ 수면폭이 B일 때 A/B를 뜻한다.
④ 자유수면에서 수로 바닥까지의 연직거리이다.

> **해설** 수리수심(hydraulic depth)
> $$D = \dfrac{A}{B}$$

19 직사각형 위어의 월류수심이 25cm에 대하여 측정오차 5mm가 발생하였다. 이때 유량에 미치는 오차는?

① 4%   ② 3%
③ 2%   ④ 1%

> **해설** 사각위어의 유량오차
> $$\dfrac{dQ}{Q} = \dfrac{3}{2}\dfrac{dh}{h} = \dfrac{3}{2} \times \dfrac{0.5}{25} = 0.03 = 3\%$$

20 개수로에서 수심 $h=1.2$m이고 평균유속 $V=4.54$m/s인 흐름의 비에너지(specific energy)는? (단, $\alpha=1$이다.)

① 1.25m   ② 2.25m
③ 2.75m   ④ 3.25m

> **해설** 비에너지
> $$H_e = h + \alpha\dfrac{V^2}{2g} = 1.2 + 1 \times \dfrac{4.54^2}{2 \times 9.8} = 2.25 \text{m}$$

정답 16. ② 17. ① 18. ③ 19. ② 20. ②

2025 제3회 토목기사 기출복원문제

2025년 8월 23일 시행

01 물방울의 지름 d, 표면장력의 크기 T, 그리고 물방울 내·외부의 압력차를 ΔP라고 할 때 관계식으로 옳은 것은?

① $\Delta P = \dfrac{T}{d}$ ② $\Delta P = \dfrac{2T}{d}$

③ $\Delta P = \dfrac{4T}{d}$ ④ $\Delta P = \dfrac{T}{\pi d}$

> **해설** 표면장력의 평형관계식
> $\Delta P d = 4T$
> $\therefore \Delta P = \dfrac{4T}{d}$

02 양정이 6m일 때 4.2마력의 펌프로 0.03m³/s를 양수했다면 이 펌프의 효율은?

① 42% ② 57%
③ 72% ④ 90%

> **해설** 펌프의 동력
> $P = \dfrac{1{,}000}{75} \dfrac{QH}{\eta}$
> $4.2 = \dfrac{1{,}000}{75} \times \dfrac{0.03 \times 6}{\eta}$
> $\therefore \eta = 0.571 = 57.1\%$

03 깊은 우물과 얕은 우물의 설명 중 옳지 않은 것은?

① 깊은 우물은 바닥이 불수투층까지 도달한 우물이다.
② 얕은 우물은 바닥이 불투수층까지 도달하였으나 그 깊이가 우물의 지름에 비해 작은 우물이다.
③ 깊은 우물은 물이 측벽으로만 유입된다.
④ 얕은 우물은 물이 측벽 및 바닥에서 유입된다.

> **해설** 불투수층 위의 비피압대수층 내의 자유지하수를 양수하는 우물 중
> ㉠ 깊은 우물(심정호) : 집수정 바닥이 불투수층까지 도달한 우물
> ㉡ 얕은 우물(천정호) : 불투수층까지 도달하지 않은 우물

04 부력에 대한 설명으로 잘못된 것은?

① 부력은 고체의 수중 부분 부피와 같은 부피의 물무게와 같다.
② 부체가 배제할 물의 무게와 같은 부력을 받는다.
③ 유체에 떠 있는 물체는 그 자신의 무게와 같은 만큼의 유체를 배제한다.
④ 부력은 수심에 비례하는 압력을 받는다.

> **해설** 부력은 물체가 물에서 뜰 수 있게 해주는 힘으로 수중 부분의 체적(배수용적)만큼의 물의 무게이다.

05 대규모의 홍수가 발생할 경우 점유속의 측정에 의한 첨두홍수량의 산정은 큰 하천에서는 실질적으로 불가능한 경우가 많아 간접적인 방법으로 추정하여야 한다. 이러한 방법으로 가장 많이 사용되는 것은 어느 것인가?

① 경사-면적방법(slope-area method)
② SCS방법(Soil Conservation Service)
③ D.A.D 해석법
④ 누가우량곡선법

> **해설** 대규모의 홍수가 발생할 경우 점유속에 의한 첨두홍수량의 산정은 큰 하천에서는 실질적으로 불가능한 경우가 많으므로 홍수량은 간접적인 방법으로 추정하지 않으면 안 된다. 이러한 목적을 위한 간접적인 방법은 하천유량을 수면경사 및 하천 횡단면과 연관시켜 수리학적 관계를 이용하는 것으로 가장 많이 사용되는 방법이 수면경사-단면적법이다.

정답 1. ③ 2. ② 3. ② 4. ④ 5. ①

06 도수(hydraulic jump) 전후의 수심 h_1, h_2의 관계를 도수 전의 프루드수 F_{r1}의 함수로 표시한 것으로 옳은 것은?

① $\dfrac{h_2}{h_1} = \dfrac{1}{2}(\sqrt{8F_{r1}^2 + 1} - 1)$

② $\dfrac{h_2}{h_1} = \dfrac{1}{2}(\sqrt{8F_{r1}^2 + 1} + 1)$

③ $\dfrac{h_1}{h_2} = \dfrac{1}{2}(\sqrt{8F_{r1}^2 + 1} + 1)$

④ $\dfrac{h_1}{h_2} = \dfrac{1}{2}(\sqrt{8F_{r1}^2 + 1} - 1)$

> **해설** 도수 후의 상류의 수심을 도수고라 하며 식은 다음과 같다.
> $h_2 = -\dfrac{h_1}{2} + \dfrac{h_1}{2}\sqrt{1 + 8F_{r1}^2}$
> $= \dfrac{h_1}{2}(-1 + \sqrt{1 + 8F_{r1}^2})$
> $\therefore \dfrac{h_2}{h_1} = \dfrac{1}{2}(\sqrt{8F_{r1}^2 + 1} - 1)$

07 수리평균심(水理平均深)에 대한 설명 중 옳지 않은 것은?

① 수리평균심은 유수 단면적을 윤변으로 나눈 값이다.
② 수리평균심은 수로의 단위주변장에 대한 유수 단면적의 크기이다.
③ 수리평균심이 큰 수로는 수리평균심이 작은 수로보다 마찰에 의한 수두손실이 크다.
④ 폭이 넓은 직사각형 수로의 수리평균심은 그 수로의 수심과 거의 같다.

> **해설 수리평균심(경심, 동수반경)**
> ㉠ $R_h = \dfrac{A}{P} = \dfrac{bh}{b+2h} \fallingdotseq \dfrac{bh}{b} = h$
> ㉡ 수리평균심이 클수록 마찰에 의한 수두손실이 적다.
> ㉢ 폭이 넓은 직사각형 수로의 수리평균심은 수심과 거의 같다.

08 다음 그림과 같이 1m×1m×1m인 정육면체의 나무가 물에 떠 있을 때 부체로서 상태로 옳은 것은? (단, 나무의 비중은 0.8이다.)

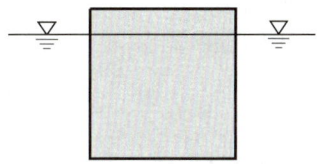

① 안정하다.
② 불안정하다.
③ 중립상태다.
④ 판단할 수 없다.

> **해설 부체 안정의 판별**
> ㉠ $\gamma_w V' = \gamma_m V$
> $1 \times V' = 0.8 \times 1 \times 1 \times 1$
> $\therefore V' = 0.8 \text{m}^3$
> ㉡ 부심 $= 1 \times 1 \times h' = 0.8 \text{m}^3$
> $\therefore h' = 0.8 \text{m}$
> ㉢ $I_y = \dfrac{bh^3}{12} = \dfrac{1 \times 1^3}{12} = 0.083 \text{m}^4$
> ㉣ $\overline{CM} = 1 \times \dfrac{1}{2} - 0.8 \times \dfrac{1}{2} = 0.1 \text{m}$
> ㉤ $\dfrac{I_y}{V'} = \dfrac{0.083}{0.8} = 0.10375 > \overline{CM} = 0.1$
> $\therefore$ 안정

09 다음 중 오리피스(Orifice)의 이론과 가장 관계가 없는 것은?

① 토리첼리(Torricelli)의 정리
② 베르누이(Bernoulli)의 정리
③ 베나 콘트랙타(Vena Contracta)
④ 모세관현상의 원리

> **해설 오리피스 관련 이론**
> ㉠ 토리첼리정리 : 베르누이정리를 이용하여 오리피스의 유출구 유속을 계산한다.
> $v = \sqrt{2gh}$
> ㉡ 베나 콘트랙타 : 오리피스 단면적을 통과한 물기둥은 오리피스지름의 1/2지점에서 수축 단면적이 발생하는데, 이 수축 단면적을 베나 콘트랙타라 한다.

정답 6.① 7.③ 8.① 9.④

10 FLT계 차원으로 표현할 때 힘(F)의 차원이 포함되지 않는 것은?

① 압력(P)
② 점성계수(μ)
③ 동점성계수(ν)
④ 표면장력(T)

> 해설
> ① 압력 : [L^{-2}F]
> ② 점성계수 : [L^{-2}FT]
> ③ 동점성계수 : [L^{2}T^{-1}]
> ④ 표면장력 : [L^{-1}F]

11 수심에 대한 측정오차(%)가 같을 때 사각형 위어 : 삼각형 위어 : 오리피스의 유량오차(%) 비는?

① 2 : 1 : 3
② 1 : 3 : 5
③ 2 : 3 : 5
④ 3 : 5 : 1

> 해설 사각형 위어 : 삼각형 위어 : 오리피스의 유량오차
> $= \dfrac{3}{2}\dfrac{dh}{h} : \dfrac{5}{2}\dfrac{dh}{h} : \dfrac{1}{2}\dfrac{dh}{h} = 3 : 5 : 1$
>
> 참고 수두 측정오차와 유량오차의 관계
> • 직사각형 위어 : $\dfrac{dQ}{Q} = \dfrac{3}{2}\dfrac{dh}{h}$
> • 삼각형 위어 : $\dfrac{dQ}{Q} = \dfrac{5}{2}\dfrac{dh}{h}$
> • 작은 오리피스 : $\dfrac{dQ}{Q} = \dfrac{1}{2}\dfrac{dh}{h}$

12 오리피스의 표준 단관에서 유속계수가 0.78이었다면 유량계수는?

① 0.66 ② 0.70
③ 0.74 ④ 0.78

> 해설 유량계수
> 표준 단관에서 $C_a = 1$이므로
> ∴ $C = C_a C_v = 1 \times 0.78 = 0.78$

13 강수량자료를 분석하는 방법 중 2중누가우량곡선법(double mass curve)이 많이 이용되고 있다. 다음 설명 중 맞는 것은?

① 강수량자료의 일관성을 검증하기 위하여 쓴다.
② 강우의 지속기간을 알기 위하여 쓴다.
③ 결측자료를 보완하기 위하여 쓴다.
④ 평균강수량을 계산하기 위하여 쓴다.

> 해설 우량계의 위치, 노출상태, 우량계의 교체, 주위 환경의 변화 등이 생기면 전반적인 자료의 일관성이 없어지기 때문에 이것을 교정하여 장기간에 걸친 강수자료의 일관성을 얻는 방법을 2중누가우량분석이라 한다.

14 다음 표에서 Thiessen법으로 유역평균우량을 구한 값은?

관측점	A	B	C	D	E
지배면적(km²)	15	20	10	15	20
우량(mm)	20	25	30	20	35

① 25.25mm ② 26.25mm
③ 27.25mm ④ 0.20mm

> 해설 Thiessen법의 평균강우량
> $P_m = \dfrac{A_1 P_1 + A_2 P_2 + \cdots + A_n P_n}{A}$
> $= \dfrac{\{(15 \times 20) + (20 \times 25) + (10 \times 30) + (15 \times 20) + (20 \times 35)\}}{15 + 20 + 10 + 15 + 20}$
> $= 26.25\text{mm}$

15 관망에 대한 설명으로 옳지 않은 것은?

① 다수의 분기관과 합류관으로 혼합되어 하나의 관계통으로 연결된 관로를 칭한다.
② 관망 계산은 각 관로의 유량과 손실수두의 관계로부터 해석한다.
③ Hardy-Cross법은 관망을 가장 정확하게 계산할 수 있는 해석방법이다.
④ 각 폐합관에서 관로손실수두의 합이 0이라고 가정하여 해석하는 것이 효과적이다.

정답 10. ③ 11. ④ 12. ④ 13. ① 14. ② 15. ③

> **해설** 관망
> ㉠ 하나의 관에서 두 개 또는 여러 개로 분기하여 다시 하나의 관으로 합쳐지는 관을 병렬 관수로라 하며, 여러 개의 병렬 관수로가 모여 만든 관로계통을 관망(pipe network)이라 한다.
> ㉡ 관망 해석은 Hazen–Williams의 유량공식을 사용하며, Hardy–Cross의 시행착오법을 사용한다.
> ㉢ Hardy–Cross의 시행착오법은 근사 해석으로 가정과 계산을 반복하는 방법으로 계산이 복잡하고 시간이 많이 소요된다.
> ㉣ 관망 계산은 각 관로의 유량과 손실수두의 관계로부터 해석한다.
> ㉤ 각 폐합관에서 관로손실수두의 합이 0이라고 가정하여 해석하는 것이 효과적이다.

16 관수로에서 동수경사선에 대한 설명으로 옳은 것은?
① 수평기준선에서 손실수두와 속도수두를 가산한 수두선이다.
② 관로 중심선에서 압력수두와 속도수두를 가산한 수두선이다.
③ 전수두에서 손실수두를 제외한 수두선이다.
④ 에너지선에서 속도수두를 제외한 수두선이다.

> **해설** 베르누이정리
> 동수경사선은 에너지선보다 유속수두만큼 아래에 위치한다.

17 내경이 10cm인 관로에서 관벽의 마찰에 의한 손실수두가 속도수두와 같을 때 관의 길이는? (단, $f=0.03$)
① 2.33m
② 3.33m
③ 4.33m
④ 5.33m

> **해설** 마찰손실수두
> $h_L = f \dfrac{l}{D} \dfrac{V^2}{2g} = \dfrac{V^2}{2g}$ 에서
> $f \dfrac{l}{D} = 1$
> $0.03 \times \dfrac{l}{0.1} = 1$
> $\therefore l = 3.33\text{m}$

18 개수로의 설계와 수공구조물의 설계에 주로 적용되는 수리학적 상사법칙은?
① Reynolds의 상사법칙
② Froude의 상사법칙
③ Weber의 상사법칙
④ Mach의 상사법칙

> **해설** Froude의 상사법칙
> ㉠ 중력이 흐름을 주로 지배하고 다른 힘들은 영향이 작아서 생략할 수 있는 경우의 상사법칙이다.
> ㉡ 수심이 비교적 큰 자유표면을 가진 개수로 내 흐름, 댐의 여수토 흐름 등이 해당된다.

19 다음의 유량 중 수로폭이 3m인 직사각형 수로에 수심이 50cm로 흐를 때 흐름이 상류가 되는 것은?
① $2.5\text{m}^3/\text{s}$
② $4.5\text{m}^3/\text{s}$
③ $6.5\text{m}^3/\text{s}$
④ $8.5\text{m}^3/\text{s}$

> **해설**
> $h_c = \left(\dfrac{\alpha Q^2}{gb^2}\right)^{\frac{1}{3}}$
> $0.5 = \left(\dfrac{1 \times Q^2}{9.8 \times 3^2}\right)^{\frac{1}{3}}$
> $\therefore Q = 3.32\text{m}^3/\text{s}$
> 이 유량보다 작게 흐르면 흐름이 상류가 된다.

20 다음 중 침투능을 추정하는 방법은?
① N-day법
② Theis법
③ DAD 해석법
④ ϕ-index법

> **해설** 침투능 결정방법
> ㉠ 침투지수법에 의한 방법
> ㉡ 침투계에 의한 방법
> ㉢ 경험공식에 의한 방법
>
> **참고** 침투지수법에 의한 방법
> • ϕ-index법 : 우량주상도에서 총강우량과 손실량을 구분하는 수평선에 대응하는 강우강도가 ϕ-지표이며, 이것이 평균침투능의 크기이다. 시간에 따른 침투능의 변화를 고려하지 않은 방법이다.
> • W-index법 : ϕ-index법을 개선한 방법으로 지면보유, 증발산량 등을 고려한 방법으로 강우강도가 침투능보다 큰 호우기간 동안의 평균침투율이다.

정답 16. ④ 17. ② 18. ② 19. ① 20. ④

CBT 실전 모의고사

01 4m×5m×1m의 목재판이 물에 떠 있고, 판 위에 2,000kg의 하중이 놓여 있다. 목재의 비중이 0.5일 때 목재판이 물에 잠기는 흘수(draught)와 체적은?

① $d=0.5$m, $V=0.8$m^3
② $d=0.6$m, $V=12.0$m^3
③ $d=1.0$m, $V=16.0$m^3
④ $d=0.5$m, $V=9.6$m^3

02 양수발전소의 펌프용 전동기 동력이 20,000kW, 펌프의 효율은 88%, 양정고는 150m, 손실수두가 10m일 때 양수량은?

① 15.5m^3/s
② 14.5m^3/s
③ 11.2m^3/s
④ 12.0m^3/s

03 두께 3m인 피압대수층에 반지름 1m인 우물에서 양수한 결과 수면강하 10m일 때 정상상태로 되었다. 투수계수가 0.3m/h, 영향원반지름이 400m라면 이때의 양수율은?

① $2.6×10^{-3}$m^3/s
② $6.0×10^{-3}$m^3/s
③ 9.4m^3/s
④ 21.6m^3/s

04 부력과 부체 안정에 관한 설명 중에서 옳지 않은 것은?

① 부심과 경심의 거리를 경심고라 한다.
② 부체가 수면에 의하여 절단되는 가상면을 부양면이라 한다.
③ 부력의 작용선과 물체의 중심축과의 교점을 부심이라 한다.
④ 수면에서 부체의 최심부까지의 거리를 흘수라 한다.

05 도수가 15m 폭의 수문 하류측에서 발생되었다. 도수가 일어나기 전의 깊이가 1.5m이고, 그때의 유속은 18m/s였다. 도수로 인한 에너지손실수두는? (단, 에너지보정계수 $\alpha=1$)

① 3.24m
② 5.40m
③ 7.62m
④ 8.34m

06 강수량 P, 증발산량 E, 침투량 C, 유출량 R, 그리고 모든 저유량(貯油量)을 S라고 할 때 물의 순환을 옳게 나타낸 물수지방정식은?

① $P \to R+E+C+S$
② $P = R+E+C+S$
③ $P \leftarrow R+E+C+S$
④ $P \rightleftarrows R+E+C+S$

07 내경 200mm인 관의 조도계수 n이 0.02일 때 마찰손실계수는? (단, Manning공식 등을 사용한다.)

① 0.085
② 0.090
③ 0.093
④ 0.096

08 20℃에서 직경이 0.3mm인 물방울이 공기와 접하고 있다. 물방울 내부의 압력이 대기압보다 10gf/cm^{2}만큼 크다고 할 때 표면장력의 크기를 dyne/cm로 나타내면?

① 0.075
② 0.75
③ 73.50
④ 75.0

09 수두(水頭)가 2m인 오리피스에서의 유량은? (단, 오리피스의 지름 10cm, 유량계수 $C=0.76$)

① $15.15 l$/s
② $35.07 l$/s
③ $25.15 l$/s
④ $37.37 l$/s

10 관수로에 물이 흐를 때 어떠한 조건하에서도 층류가 되는 경우는? (단, R_e : 레이놀즈수)

① $R_e > 4,000$
② $2,000 < R_e < 4,000$
③ $2,000 < R_e < 3,000$
④ $R_e < 2,000$

11 미소진폭파(small-amplitude wave)이론에 포함된 가정이 아닌 것은?

① 파장이 수심에 비해 매우 크다.
② 유체는 비압축성이다.
③ 바닥은 평평한 불투수층이다.
④ 파고는 수심에 비해 매우 작다.

12 위어에 관한 설명 중 옳지 않은 것은?

① 위어를 월류하는 흐름은 일반적으로 상류에서 사류로 변한다.
② 위어를 월류하는 흐름이 사류일 경우 유량은 하류수위의 영향을 받는다.
③ 위어는 개수로의 유량 측정, 취수를 위한 수위 증가 등의 목적으로 설치된다.
④ 작은 유량을 측정할 경우 3각위어가 효과적이다.

13 누가우량곡선(rainfall mass curve)의 특성으로 옳은 것은?

① 누가우량곡선의 경사가 클수록 강우강도가 크다.
② 누가우량곡선의 경사는 지역에 관계없이 일정하다.
③ 누가우량곡선으로부터 일정 기간 내의 강우량을 산출하는 것은 불가능하다.
④ 누가우량곡선은 자기우량기록에 의하여 작성하는 것보다 보통우량계의 기록에 의하여 작성하는 것이 더 정확하다.

14 유역의 평균강우량을 계산하기 위하여 Thiessen방법을 많이 이용한다. 이 방법의 단점은?

① 지형의 영향을 고려할 수 없다.
② 지형의 영향은 고려되나, 강우형태는 고려되지 않는다.
③ 우량계의 종류에 따라 크게 영향을 받는다.
④ 계산은 간편하나 타 방법에 비하여 가장 부정확하다.

15 다음 설명 중 틀린 것은?

① 관망은 Hardy-Cross의 근사 계산법으로 풀 수 있다.
② 관망 계산에서 시계방향과 반시계방향으로 흐를 때의 마찰손실수두의 합은 zero라고 가정한다.
③ 관망 계산 시 각 관에서의 유량을 임의로 가정해도 결과는 같아진다.
④ 관망 계산 시는 극히 작은 손실도 무시하면 안 된다.

16 다음 설명 중 옳지 않은 것은?

① 동수경사선은 $\dfrac{V^2}{2g} + Z$의 연결이다.
② 동수경사선은 $\dfrac{P}{\gamma} + Z$의 연결이다.
③ 에너지선은 $\dfrac{P}{\gamma} + \dfrac{V^2}{2g} + Z$의 연결이다.
④ 개수로에서 동수경사선은 수면과 일치한다.

17 직경이 0.2cm인 매끈한 관 속을 3cm³/s의 물이 흐를 때 관의 길이 0.5m에 대한 마찰손실수두는? (단, 물의 동점성계수 $\nu = 1.12 \times 10^{-2}$ cm²/s)

① 37.3cm
② 43.7cm
③ 57.3cm
④ 61.6cm

18 흐름을 지배하는 가장 큰 요인이 점성일 때 흐름의 상태를 구분하는 방법으로 쓰이는 무차원수는?
① Froude수
② Reynolds수
③ Weber수
④ Cauchy수

19 DAD 해석에 관련된 것으로 옳은 것은?
① 수심-단면적-홍수기간
② 적설량-분포면적-적설일수
③ 강우깊이-유역면적-강우기간
④ 강우깊이-유수 단면적-최대 수심

20 관의 지름이 각각 3m, 1.5m인 서로 다른 관이 연결되어 있을 때 지름 3m관 내에 흐르는 유속이 0.03m/s이라면 지름 1.5m관 내에 흐르는 유량은?
① $0.157m^3/s$
② $0.212m^3/s$
③ $0.378m^3/s$
④ $0.540m^3/s$

CBT 실전 모의고사 정답 및 해설

01	02	03	04	05	06	07	08	09	10
②	③	①	③	④	④	①	③	④	④
11	12	13	14	15	16	17	18	19	20
①	②	①	①	④	①	②	②	③	②

01 아르키메데스의 원리
 ㉠ $W(무게) = F_B(부력)$
  $0.5 \times (4 \times 5 \times 1) + 2 = 1 \times (4 \times 5 \times d)$
  ∴ $d = 0.6$m
 ㉡ $V = 4 \times 5 \times 0.6 = 12$m^3

02 펌프의 동력
 $P = 9.8 \dfrac{Q(H + \Sigma h)}{\eta}$ [kW]
 $20{,}000 = 9.8 \times \dfrac{Q \times (150 + 10)}{0.88}$
 ∴ $Q = 11.22$m^3/s

03 피압대수층의 유량
 $Q = \dfrac{2\pi cK(H - h_0)}{2.3 \log \dfrac{R}{r_0}}$
 $= \dfrac{2\pi \times 3 \times \dfrac{0.3}{3{,}600} \times 10}{2.3 \times \log \dfrac{400}{1}} = 2.6 \times 10^{-3}$m^3/s

04 부심과 경심
 ㉠ 부심 : 배수용적의 중심
 ㉡ 경심 : 기울어진 후의 부심을 통과하는 연직선과 평형상태의 중심과 부심을 연결하는 선이 만나는 점

05 에너지손실수두
 ㉠ $F_{r1} = \dfrac{V}{\sqrt{gh_1}} = \dfrac{18}{\sqrt{9.8 \times 1.5}} = 4.69$
 ㉡ $\dfrac{h_2}{h_1} = \dfrac{1}{2}(-1 + \sqrt{1 + 8F_{r1}^2})$
  $\dfrac{h_2}{1.5} = \dfrac{1}{2} \times (-1 + \sqrt{1 + 8 \times 4.69^2})$
  ∴ $h_2 = 9.23$m
 ㉢ $\Delta H_e = \dfrac{(h_2 - h_1)^3}{4h_1 h_2} = \dfrac{(9.23 - 1.5)^3}{4 \times 1.5 \times 9.23} = 8.34$m

06 물수지방정식
 강수량(P) ⇌ 유출량(R) + 증발산량(E) + 침투량(C) + 저유량(S)

07 마찰손실계수
 $f = 124.5n^2 D^{-\frac{1}{3}} = 124.5 \times 0.02^2 \times 0.2^{-\frac{1}{3}} = 0.085$

08 표면장력
 $PD = 4\sigma$
 $10 \times 0.03 = 4 \times \sigma$
 ∴ $\sigma = 0.075$g/cm $= 0.075 \times 980 = 73.5$dyne/cm

09 오리피스의 유량
 $Q = Ca\sqrt{2gh}$
 $= 0.76 \times \dfrac{\pi \times 10^2}{4} \times \sqrt{2 \times 980 \times 200}$
 $= 37372.01$cm^3/s $= 37.37 l$/s
 참고 $1l = 1{,}000$m^3

10 흐름의 판별
 ㉠ $R_e \leq 2{,}000$: 층류
 ㉡ $2{,}000 < R_e < 4{,}000$: 천이구역(층류와 난류가 공존, 불안정 층류)
 ㉢ $R_e \geq 4{,}000$: 난류(자연계의 흐름)

11 미소진폭파이론의 가정
 ㉠ 물은 비압축성이고 밀도는 일정하다.
 ㉡ 수저는 수평이고 불투수층이다.
 ㉢ 수면에서의 압력은 일정하다.
 ㉣ 파고는 파장과 수심에 비해 대단히 작다.

12 위어
 ㉠ 수로상 횡단으로 가로막아 그 전부 또는 일부에 물이 월류 하도록 만든 시설을 위어라 한다.
 ㉡ 유량의 측정 및 취수를 위한 수위 증가의 목적으로 위어를 설치한다.

ⓒ 일반적 유량 측정에서 위어를 지배 단면으로 이용하고, 흐름은 상류(常流)에서 사류(射流)로 바뀐다.
ⓔ 흐름이 사류(射流)일 경우 유량은 하류수위에 영향을 받지 않는다.

13 누가우량곡선
㉠ 자기우량계에 의해 측정된 우량을 기록지에 누가우량의 시간적 변화상태를 기록한 것을 말한다.
㉡ 누가우량곡선의 경사가 급할수록 강우강도가 크다.
㉢ 누가우량곡선의 경사가 없으면 무강우로 처리한다.

14 Thiessen가중법
㉠ 우량계가 유역 내에 불균등하게 분포되어 있는 경우, 산악의 영향이 비교적 작고 유역면적이 약 500~5,000km²인 지역에 사용한다.
㉡ 비교적 정확하고 가장 많이 이용된다.

15 Hardy-Cross 관망 계산법의 가정조건
㉠ $\sum Q = 0$ 조건 : 각 분기점 또는 합류점에 유입하는 유량은 그 점에서 정지하지 않고 전부 유출한다.
㉡ $\sum h_L = 0$ 조건 : 각 폐합관에서 시계방향 또는 반시계방향으로 흐르는 관로의 손실수두의 합은 0이다.
㉢ 관망 설계 시 손실은 마찰손실만 고려한다.

16 베르누이정리
㉠ 에너지선 : 기준수평면에서 $Z + \dfrac{P}{\gamma} + \dfrac{V^2}{2g}$ 의 점들을 연결한 선
㉡ 동수경사선 : 기준수평면에서 $Z + \dfrac{P}{\gamma}$ 의 점들을 연결한 선

17 마찰손실수두
㉠ $V = \dfrac{Q}{A} = \dfrac{3 \times 4}{\pi \times 0.2^2} = 95.49 \, \text{cm/s}$
㉡ $R_e = \dfrac{VD}{\nu} = \dfrac{95.49 \times 0.2}{1.12 \times 10^{-2}}$
$= 1705.18 < 2,000$ 이므로 층류
㉢ $f = \dfrac{64}{R_e} = \dfrac{64}{1705.18} = 0.0375$
㉣ $h_L = f \dfrac{l}{D} \dfrac{V^2}{2g} = 0.0375 \times \dfrac{50}{0.2} \times \dfrac{95.49^2}{2 \times 980} = 43.61 \, \text{cm}$

18 수리모형법칙(특별상사법칙)
㉠ 레이놀즈(Reynold)의 상사법칙 : 마찰력, 점성력
㉡ 프루드(Froude)의 상사법칙 : 중력, 관성력
㉢ 웨버(Weber)의 상사법칙 : 표면장력
㉣ 코시(Cauchy)의 상사법칙 : 탄성력

19 DAD의 정의
Depth-Area-Duration의 약자로 최대 우량깊이(D)-유역면적(A)-강우지속기간(D) 간의 관계를 수립하는 작업을 말한다.

20 유량
$Q = A_1 V_1 = A_2 V_2 = \dfrac{\pi \times 3^2}{4} \times 0.03 = 0.212 \, \text{m}^3/\text{s}$

제2회 CBT 실전 모의고사

01 오리피스의 표준 단관에서 유속계수가 0.78이었다면 유량계수는?

① 0.66 ② 0.70
③ 0.74 ④ 0.78

02 지름 1m의 원통수조에서 지름 2cm의 관으로 물이 유출되고 있다. 관 내의 유속이 2m/s일 때 수조의 수면이 저하되는 속도는?

① 0.3cm/s ② 0.4cm/s
③ 0.06cm/s ④ 0.08cm/s

03 정수압에 대한 설명 중 옳은 것은?

① 유체의 점성력에 의해 크기가 좌우된다.
② 유체가 움직여도 좋으나 유체입자 상호 간의 상대적인 움직임이 없을 때에 적용된다.
③ 유체의 흐름상태에는 관계없이 적용할 수 있다.
④ 층류(laminar flow)에 한하여 적용할 수 있다.

04 어떤 지역의 연평균강우량은 1,500mm이고, 유출률이 0.7일 때 연평균유출량은? (단, 이 지역의 면적은 200km² 이다.)

① 15.9m³/s ② 2.4m³/s
③ 9.0m³/s ④ 6.6m³/s

05 2중누가우량분석(double mass curve analysis)에 관한 설명으로 가장 적합한 것은?

① 유역의 평균강우량을 결정하는 데 쓴다.
② 구역별 적합한 강우강도식의 산정을 위해 쓴다.
③ 일부 결측된 강우기록을 보충하기 위하여 쓴다.
④ 자료의 일관성이 있도록 하는데 교정용으로 쓴다.

06 IDF곡선의 강우강도와 지속기간의 관계에서 Talbot형으로 표시된 식은? (단, I : 강우강도, t : 지속기간, T : 생기빈도(지속기간), a, b, c, d, e, n, k, x : 지역에 따라 다른 값을 갖는 상수)

① $I = \dfrac{c}{t^n}$ ② $I = \dfrac{k T^x}{t^n}$
③ $I = \dfrac{a}{t+b}$ ④ $I = \dfrac{d}{\sqrt{t+e}}$

07 스토크스(Stokes)의 법칙에 있어서 항력계수 C_D의 값으로 옳은 것은? (단, R_e : Reynolds수)

① $C_D = \dfrac{64}{R_e}$ ② $C_D = \dfrac{32}{R_e}$
③ $C_D = \dfrac{24}{R_e}$ ④ $C_D = \dfrac{4}{R_e}$

08 단위유량도이론이 근거를 두고 있는 가정으로 적합하지 않은 것은?

① 유역특성의 시간적 불변성
② 강우특성의 시간적 불변성
③ 유역의 선형성
④ 강우의 시간적, 공간적 균일성

09 개수로의 흐름을 상류(常流)와 사류(射流)로 구분할 때 기준으로 사용할 수 없는 것은?

① 레이놀즈수(Reynolds number)
② 한계유속(critical velocity)
③ 한계수심(critical depth)
④ 프루드수(Froude number)

10 Manning의 평균유속공식에서 Chezy의 평균유속계수 C에 대응되는 것은?

① $\frac{1}{n}R$ ② $\frac{1}{n}R^{\frac{1}{2}}$
③ $\frac{1}{n}R^{\frac{1}{3}}$ ④ $\frac{1}{n}R^{\frac{1}{6}}$

11 비에너지와 한계수심에 관한 설명 중 옳지 않은 것은?

① 비에너지는 수로의 바닥을 기준으로 한 단위 무게의 유수가 가지는 에너지이다.
② 유량이 일정할 때 비에너지가 최소가 되는 수심이 한계수심이 된다.
③ 비에너지가 일정할 때 한계수심으로 흐르면 유량이 최소로 된다.
④ 직사각형 단면의 수로에서 한계수심은 비에너지의 2/3이다.

12 빙산이 바다 위에 떠 있다. 해수면상의 부피가 900m³이면 빙산 전체의 부피는? (단, 빙산의 비중은 0.92, 해수의 비중은 1.025이다.)

① 8785.7m³
② 7758.7m³
③ 6758.7m³
④ 9785.7m³

13 지하수의 흐름을 나타내는 Darcy법칙에 관한 설명 중 틀린 것은?

① $R_e > 10$인 흐름과 대수층 내에 모관수대가 존재하는 흐름에만 적용된다.
② 투수물질은 균질 등방성이며 대수층 내의 모관수대는 존재하지 않는다.
③ 유속은 토양간극 사이를 흐르는 평균유속이며, 동수경사에 비례한다.
④ 투수계수는 물의 흐름에 대한 흙의 저항정도를 표현하는 계수로서 속도와 차원이 같다.

14 수중에 잠겨 있는 곡면에 작용하는 연직분력에 관한 옳은 설명은?

① 곡면을 연직면상에 투영했을 때 그 투영면에 작용하는 정수압과 같다.
② 곡면을 밑면으로 하는 물기둥의 무게와 같다.
③ 곡면에 의해 배제된 물의 무게와 같다.
④ 곡면 중심의 압력에다 물의 무게를 더한 값이다.

15 직사각형 위어로 유량을 측정하였다. 위어의 수두측정에 2%의 오차가 발생하였다면 유량에는 몇 %의 오차가 있겠는가?

① 1%   ② 1.5%
③ 2%   ④ 3%

16 다음은 지하수에 대한 이론적 배경이다. 잘못된 것은?

① 점토층과 같은 불수투층 사이에 낀 투수층 내에서 압력을 받고 있는 지하수를 자유면지하수라 한다.
② 불투수층 위 대수층 내의 자유면지하수를 양수하는 우물 중 우물 바닥이 불투수층까지 도달한 것을 심정이라 한다.
③ 피압면지하수를 양수하는 우물을 굴착정이라 한다.
④ 양수하는 우물 중 우물 바닥이 불투수층까지 도달하지 않는 것을 천정이라 한다.

17 개수로에서 유속을 V, 중력가속도를 g, 수심을 h로 표시할 때 장파(長波)의 전파속도를 나타내는 것은?

① gh ② Vh
③ $\sqrt{gh}$ ④ $\sqrt{Vh}$

18 Manning의 조도계수 $n=0.012$인 원관을 써서 1m³/s의 물을 동수경사 1/100로 송수하려 할 때 적당한 관의 지름은?

① $d=70$cm   ② $d=80$cm
③ $d=90$cm   ④ $d=100$cm

19 물의 흐름을 해석할 때의 연속방정식에서 질량유량을 사용하지 않고 체적유량을 사용하는 이유는?

① 물을 비압축성 유체로 간주할 수 있기 때문이다.
② 질량보다는 체적이 더 중요하기 때문이다.
③ 밀도를 무시할 수 있기 때문이다.
④ 물은 점성 유체이기 때문이다.

20 개수로 내의 흐름에서 평균유속을 구하는 방법으로 2점법이 있다. 수면 아래 어느 위치에서의 유속을 평균한 값인가?

① 수면과 전수심의 50% 위치
② 수면 아래 10%와 90% 위치
③ 수면 아래 20%와 80% 위치
④ 수면 아래 40%와 60% 위치

CBT 실전 모의고사 정답 및 해설

01	02	03	04	05	06	07	08	09	10
④	④	②	④	④	③	③	②	①	④
11	12	13	14	15	16	17	18	19	20
③	①	①	②	④	①	③	①	①	③

01 유량계수
표준 단관에서 $C_a = 1$이므로
$C = C_a C_v = 1 \times 0.78 = 0.78$

02 연속방정식
$A_1 V_1 = A_2 V_2$
$\dfrac{\pi \times 2^2}{4} \times 200 = \dfrac{\pi \times 100^2}{4} \times V_2$
$\therefore V_2 = 0.08 \text{cm/s}$

03 정수압(hydrostatic pressure)의 정의
㉠ 유체입자가 정지해 있거나 혹은 유체입자의 상대적 움직임이 없는 경우의 압력을 말한다.
㉡ 정상류(定常流)에서는 하나의 유선이 다른 유선과 교차하지 않는다.

04 합리식
$Q = 0.2778 CIA$
$= 0.2778 \times 0.7 \times \dfrac{1,500}{365 \times 24} \times 200 = 6.66 \text{m}^3/\text{s}$

05 2중누가우량분석의 정의
우량계의 위치, 노출상태, 우량계의 교체, 주위 환경의 변화 등이 생기면 전반적인 자료의 일관성이 없어지기 때문에 이것을 교정하여 장기간에 걸친 강수자료의 일관성을 얻는 방법을 의미한다.

06 강우강도와 지속기간의 관계
㉠ Talbot형 : $I = \dfrac{a}{t+b}$
㉡ Sherman형 : $I = \dfrac{c}{t^n}$
㉢ Japanese형 : $I = \dfrac{d}{\sqrt{t}+e}$

07 유체의 저항력(항력)
$D = C_D A \dfrac{\rho V^2}{2}$

여기서, C_D : 항력계수 $\left(=\dfrac{24}{R_e}\right)$

08 단위도이론이 근거를 두고 있는 가정
㉠ 유역특성의 시간적 불변성
㉡ 유역의 선형성
㉢ 강우의 시·공간적 균일성

09 개수로의 흐름
㉠ $F_r < 1$이면 상류, $F_r > 1$이면 사류이다.
㉡ $R_e < 500$이면 층류, $R_e > 500$이면 난류이다.

10 유속계수
Chezy식과 Manning식에서 평균유속은 같아야 한다. 따라서 관계식은 $CR^{\frac{1}{2}} I^{\frac{1}{2}} = \dfrac{1}{n} R^{\frac{2}{3}} I^{\frac{1}{2}}$ 으로부터

$\therefore C = \dfrac{1}{n} R^{\frac{1}{6}}$

11 비에너지와 한계수심
㉠ 유량이 일정할 때 비에너지가 최소가 되는 수심이 한계수심이다.
㉡ 비에너지가 일정할 때 한계수심으로 흐르면 유량이 최대이다.

12 아르키메데스의 원리
$\gamma_w \, V' = \gamma_s \, V$
$1.025 \times (V - 900) = 0.92 \times V$
$\therefore V = 8785.71 \text{m}^3$

13 Darcy법칙의 기본가정
㉠ 지하수의 흐름은 정상류이다.
㉡ 투수층을 구성하고 있는 투수물질은 균일하고 동질이다.
㉢ 대수층 내에 모관수대는 존재하지 않는다.
㉣ Reynolds수와 관계가 있으며 대략 $R_e < 4$의 층류의 흐름에서 성립한다.

14 곡면에 작용하는 정수압
㉠ 수평분력은 연직투영면에 작용하는 정수압과 같다.
㉡ 연직분력은 곡면을 밑면으로 하는 수면까지의 물기둥체적의 무게와 같다.

15 직사각형 위어의 유량오차
$\dfrac{dQ}{Q} = \dfrac{3}{2}\dfrac{dh}{h} = \dfrac{3}{2} \times 2 = 3\%$

16 지하수
㉠ 피압지하수 : 불투수층 사이에 낀 투수층 내에서 압력을 받고 있는 지하수
㉡ 굴착정(artesian well) : 피압면지하수를 양수하는 우물
㉢ 천정 : 우물 바닥이 불투수층까지 도달하지 않은 우물
㉣ 심정 : 우물 바닥이 불투수층까지 도달한 우물

17 장파의 전파속도
$C = \sqrt{gh}$
여기서, C : 장파의 전파속도
g : 중력가속도
h : 수심

18 Manning의 유량공식
$Q = AV = A\dfrac{1}{n}R^{\frac{2}{3}}I^{\frac{1}{2}}$

$1 = \dfrac{\pi d^2}{4} \times \dfrac{1}{0.012} \times \left(\dfrac{d}{4}\right)^{\frac{2}{3}} \times \left(\dfrac{1}{100}\right)^{\frac{1}{2}}$

$\therefore d = 0.7\text{m} = 70\text{cm}$

19 연속방정식의 체적유량
공학에서 다루는 물은 압력이나 온도에 따라 그 밀도변화가 거의 무시되므로 대부분의 경우 비압축성으로 가정한다. 따라서 수리학에서 주로 사용하는 정류에 대한 연속방정식은 체적유량이다.
$Q = A_1V_1 = A_2V_2$

20 유속계에 의한 평균유속 측정
㉠ 1점법 : $V_m = V_{0.6}$
㉡ 2점법 : $V_m = \dfrac{V_{0.2} + V_{0.8}}{2}$
㉢ 3점법 : $V_m = \dfrac{V_{0.2} + 2V_{0.6} + V_{0.8}}{4}$

CBT 실전 모의고사

01 다음 중 유효강우량과 가장 관계가 깊은 것은?
① 직접유출량 ② 기저유출량
③ 지표면유출량 ④ 지표하유출량

02 직사각형 단면 수로의 폭이 5m이고 한계수심이 1m일 때의 유량은? (단, 에너지보정계수 $\alpha=1.0$)
① $15.65\text{m}^3/\text{s}$ ② $10.75\text{m}^3/\text{s}$
③ $9.80\text{m}^3/\text{s}$ ④ $3.13\text{m}^3/\text{s}$

03 Snyder방법에 의한 단위유량도 합성방법의 결정요소(매개변수)와 거리가 먼 것은?
① 지역의 지체시간
② 첨두유량
③ 유효우량의 주상도
④ 단위도의 기저폭

04 삼각위어로 유량을 측정할 때 유량과 위어의 수심(h)과의 관계로 옳은 것은?
① 유량은 $h^{\frac{1}{2}}$에 비례한다.
② 유량은 $h^{\frac{3}{2}}$에 비례한다.
③ 유량은 $h^{\frac{5}{2}}$에 비례한다.
④ 유량은 $h^{\frac{2}{3}}$에 비례한다.

05 개수로에서 수심 h, 면적 A, 유량 Q로 흐르고 있다. 에너지보정계수를 α라고 할 때 비에너지 H_e를 구하는 식으로 옳은 것은? (단, h : 수심, g : 중력가속도)
① $H_e = h + \alpha\left(\dfrac{Q}{A}\right)$
② $H_e = h + \alpha\left(\dfrac{Q}{A}\right)^2$
③ $H_e = h + \alpha\left(\dfrac{Q^2}{2g}\right)$
④ $H_e = h + \alpha\dfrac{1}{2g}\left(\dfrac{Q}{A}\right)^2$

06 하천유출에서 Rating curve는 무엇과 관련된 것인가?
① 수위-시간 ② 수위-유량
③ 수위-단면적 ④ 수위-유속

07 저수지의 물을 방류하는데 1:225로 축소된 모형에서 4분이 소요되었다면 원형에서는 얼마나 소요되겠는가?
① 60분 ② 120분
③ 900분 ④ 3,375분

08 면적이 400m²인 여과지의 동수경사가 0.05이고, 여과량이 1m³/s이면 이 여과지의 투수계수는?
① 1cm/s ② 3cm/s
③ 5cm/s ④ 7cm/s

09 수평면상 곡선수로의 상류(常流)에서 비회전흐름의 경우 유속 V와 곡률반경 R의 관계로 옳은 것은? (단, C : 상수)
① $V = CR$ ② $VR = C$
③ $R + \dfrac{V^2}{2g} = C$ ④ $\dfrac{V^2}{2g} + CR = 0$

10 다음 중 배수곡선이 생기는 영역은? (단, h : 측정수심, h_o : 등류수심, h_c : 한계수심)
① $h > h_o > h_c$ ② $h < h_o < h_c$
③ $h > h_o < h_c$ ④ $h < h_o > h_c$

11 항만을 설계하기 위해 관측한 불규칙 파랑의 주기 및 파고가 다음 표와 같을 때 유의파고($H_{1/3}$)는?

연번	파고 (m)	주기 (sec)	연번	파고 (m)	주기 (sec)
1	9.5	9.8	6	5.8	6.5
2	8.9	9.0	7	4.2	6.2
3	7.4	8.0	8	3.3	4.3
4	7.3	7.4	9	3.2	5.6
5	6.5	7.5	–	–	–

① 9.0m ② 8.6m
③ 8.2m ④ 7.4m

12 직사각형 개수로의 단위폭당 유량이 5m³/s, 수심이 5m이면 프루드수 및 흐름의 종류로 옳은 것은?

① F_r =0.143, 사류 ② F_r =2.143, 상류
③ F_r =0.143, 상류 ④ F_r =1.430, 상류

13 밀도를 나타내는 차원은?

① $[FL^{-4}T^2]$ ② $[FL^4T^{-2}]$
③ $[FL^{-2}T^4]$ ④ $[FL^{-2}T^{-4}]$

14 오리피스의 압력수두가 2m이고 단면적이 4cm², 접근 유속은 1m/s일 때 유출량은? (단, 유량계수 C= 0.63)

① 1,558cm³/s ② 1,578cm³/s
③ 1,598cm³/s ④ 1,618cm³/s

15 에너지보정계수(α)에 관한 설명으로 옳은 것은? (단, A : 흐름 단면적, dA : 미소유관의 흐름 단면적, v : 미소유관의 유속, V : 평균유속)

① α는 속도수두의 단위를 갖는다.
② α는 운동량방정식에서 운동량을 보정해준다.
③ $\alpha = \frac{1}{A}\int_A \left(\frac{v}{V}\right)^2 dA$이다.
④ $\alpha = \frac{1}{A}\int_A \left(\frac{v}{V}\right)^3 dA$이다.

16 다음 표와 같은 집중호우가 자기기록지에 기록되었다. 지속기간 20분 동안의 최대 강우강도는?

시간(분)	5	10	15	20	25	30	35	40
누가우량(mm)	2	5	10	20	35	40	43	45

① 95mm/h ② 105mm/h
③ 115mm/h ④ 135mm/h

17 수심 2m, 폭 4m인 콘크리트 직사각형 수로의 유량은? (단, 조도계수 n=0.012, 경사 I= 0.0009)

① 15m³/s ② 30m³/s
③ 25m³/s ④ 20m³/s

18 다음 표에서 Thiessen법으로 유역평균우량을 구한 값은?

관측점	A	B	C	D	E
지배면적(km²)	15	20	10	15	20
우량(mm)	20	25	30	20	35

① 25.25mm ② 26.25mm
③ 27.25mm ④ 0.20mm

19 유량 8m³/s, 폭 4m, 수심 1m의 구형(矩形) 수로에서 충력값(specific force)을 계산한 값은? (단, η =1.0)

① 1.63m³ ② 2.63m³
③ 3.63m³ ④ 4.63m³

20 다음 중 하천제방 단면의 단위폭당 누수량은? (단, h_1 =6m, h_2 =2m, 투수계수 K= 0.5m/s, 침투수가 통하는 길이 l =50m)

① 0.16m³/s ② 1.6m³/s
③ 0.26m³/s ④ 0.026m³/s

ROUND 03회 CBT 실전 모의고사 정답 및 해설

01	02	03	04	05	06	07	08	09	10
①	①	③	③	④	②	①	③	②	①
11	12	13	14	15	16	17	18	19	20
②	③	①	③	④	②	④	②	③	①

01 유효강수량
㉠ 직접유출의 근원이 되는 강수
㉡ 초과강수량(지표면유출수)과 조기지표하유출량의 합

02 직사각형 단면의 한계수심
$$h_c = \left(\frac{\alpha Q^2}{gb^2}\right)^{\frac{1}{3}}$$
$$1 = \left(\frac{1 \times Q^2}{9.8 \times 5^2}\right)^{\frac{1}{3}}$$
$$\therefore Q = 15.65 \text{m}^3/\text{s}$$

03 합성단위유량도
㉠ Snyder방법 : 단위도의 기저폭, 첨두유량, 유역의 지체시간 등 3개의 매개변수로 단위도를 합성하는 방법이다.
㉡ SCS방법 : 미국토양보존국에서 고안한 방법으로 무차원 단위도의 이용에 근거를 두고 있다.

04 삼각위어의 유량
$$Q = \frac{8}{15} C \tan\frac{\theta}{2} \sqrt{2g} \, h^{\frac{5}{2}} \text{ 이므로 } Q \propto h^{\frac{5}{2}} \text{ 이다.}$$

05 개수로의 비에너지
$$H_e = h + \alpha \frac{V^2}{2g} = h + \alpha \frac{1}{2g}\left(\frac{Q}{A}\right)^2$$

06 수위-유량관계곡선
㉠ 하천의 임의 단면에서 수위와 유량을 동시에 측정하여 장기간 자료를 수집하면 이들의 관계를 나타내는 곡선을 얻을 수 있다. 이 곡선을 수위-유량관계곡선(Rating curve)이라 한다.
㉡ 이 곡선의 연장으로 실측되지 않은 고수위에 대한 홍수량을 산정한다.
㉢ 수위-유량관계곡선의 연장방법에는 전대수지법, Manning 공식에 의한 방법, Stevens방법 등이 있다.

07 시간비
$$T_r = \frac{T_m}{T_p} = \sqrt{\frac{L_r}{g_r}} = \sqrt{\frac{1}{\frac{225}{1}}} = 0.067$$
$$\frac{4}{T_p} = 0.067$$
$$\therefore T_p = 59.7 \text{분}$$

08 여과지의 투수계수
$Q = KIA$
$1 = K \times 0.05 \times 400$
$\therefore K = 0.05 \text{m/s} = 5 \text{cm/s}$

09 곡선수로의 수류
㉠ 유선의 곡률이 큰 상류의 흐름에서 수평면의 유속은 수로의 곡률반지름에 반비례한다.
㉡ $VR = C$(일정)

10 완경사일 때 수면곡선
㉠ $h > h_o > h_c$일 때 배수곡선(M_1)이 생긴다.
㉡ $h_o > h > h_c$일 때 저하곡선(M_2)이 생긴다.
㉢ $h_o > h_c > h$일 때 배수곡선(M_3)이 생긴다.

11 $\frac{1}{3}$ 최대파(유의파)
$$\text{유의파고} = \frac{9.5 + 8.9 + 7.4}{3} = 8.6 \text{m}$$

12 프루드수와 흐름 판별
$$F_r = \frac{V}{\sqrt{gh}} = \frac{\frac{Q}{A}}{\sqrt{gh}} = \frac{\frac{5}{1 \times 5}}{\sqrt{9.8 \times 5}} = 0.143 < 1$$
∴ 상류

13 밀도의 차원

$$\rho = \frac{\gamma}{g} = \frac{\frac{t}{m^3}}{\frac{m}{s^2}} = \frac{t \cdot s^2}{m^4} = [FL^{-4}T^2]$$

14 오리피스의 유량

$$h_a = \alpha \frac{V_a^2}{2g} = 1 \times \frac{100^2}{2 \times 980} = 5.1\text{cm}$$

$$\therefore Q = Ca\sqrt{2g(h+h_a)}$$
$$= 0.63 \times 4 \times \sqrt{2 \times 980 \times (200+5.1)}$$
$$= 1,598 \text{cm}^3/\text{s}$$

15 에너지보정계수

㉠ α는 이상유체에서의 속도수두를 보정하기 위한 무차원의 상수이다.

㉡ $\alpha = \int_A \left(\frac{v}{V}\right)^3 \frac{dA}{A}$

16 20분간 최대 강우강도

$$I = (5+10+15+5) \times \frac{60}{20} = 105\text{mm/h}$$

17 직사각형 단면 수로의 유량

㉠ $R_h = \frac{A}{P} = \frac{4 \times 2}{4 + 2 \times 2} = 1\text{m}$

㉡ $Q = AV = A\frac{1}{n}R_h^{\frac{2}{3}}I^{\frac{1}{2}}$
$$= (4 \times 2) \times \frac{1}{0.012} \times 1^{\frac{2}{3}} \times 0.0009^{\frac{1}{2}} = 20\text{m}^3/\text{s}$$

18 Thiessen가중법의 평균강우량

$$P_m = \frac{A_1P_1 + A_2P_2 + \cdots + A_nP_n}{A}$$
$$= \frac{\{(15 \times 20) + (20 \times 25) + (10 \times 30) + (15 \times 20) + (20 \times 35)\}}{15+20+10+15+20} = 26.25\text{mm}$$

19 충력치(비력)

$$M = \eta \frac{Q}{g}V + h_G A$$
$$= 1 \times \frac{8}{9.8} \times \frac{8}{4 \times 1} + \frac{1}{2} \times (4 \times 1) = 3.63\text{m}^3$$

20 불투수층에 달하는 집수암거의 단위폭당 유량

$$q = \frac{K}{2l}(h_1^2 - h_2^2) = \frac{0.5}{2 \times 50} \times (6^2 - 2^2) = 0.16\text{m}^3/\text{s}$$

[저자 소개]

박재성
- 충북대학교 대학원 공학박사(수공학 전공)
- 현, 경북대학교, 남서울대학교 등 출강
  (주)건설안전기술 이사
  성안당 e러닝 토목분야 전임강사
  지능계발연구원 원장
- 전, 충북보건과학대학교 부교수

[저서]
- 원샷!원킬 상하수도공학(성안당, 2026)
- 핵심 상하수도공학(성안당, 2025)
- 토목기사종합문제집(예문사, 2023)
- 상하수도공학(에듀윌, 2021)
- 토석류의 이해(협신사, 2008)

토목기사 필기 완벽 대비
원샷!원킬! 토목기사시리즈 ❸ 수리수문학

2025. 1. 15. 초 판 1쇄 발행
2026. 1. 7. 개정증보 1판 1쇄 발행

검인

지은이 | 박재성
펴낸이 | 이종춘
펴낸곳 | BM (주)도서출판 성안당

주소 | 04032 서울시 마포구 양화로 127 첨단빌딩 3층(출판기획 R&D 센터)
      | 10881 경기도 파주시 문발로 112 파주 출판 문화도시(제작 및 물류)
전화 | 02) 3142-0036
     | 031) 950-6300
팩스 | 031) 955-0510
등록 | 1973. 2. 1. 제406-2005-000046호
출판사 홈페이지 | www.cyber.co.kr
ISBN | 978-89-315-1223-6 (13530)
정가 | 23,000원

이 책을 만든 사람들

기획 | 최옥현
진행 | 이희영
교정·교열 | 문 황
전산편집 | 전채영
표지 디자인 | 박현정
홍보 | 김계향, 임진성, 김주승, 최정민, 이해솜
국제부 | 이선민, 조혜란
마케팅 | 구본철, 차정욱, 오영일, 나진호, 강호묵
마케팅 지원 | 장상범
제작 | 김유석

성안당 Web 사이트

이 책의 어느 부분도 저작권자나 BM (주)도서출판 성안당 발행인의 승인 문서 없이 일부 또는 전부를 사진 복사나 디스크 복사 및 기타 정보 재생 시스템을 비롯하여 현재 알려지거나 향후 발명될 어떤 전기적, 기계적 또는 다른 수단을 통해 복사하거나 재생하거나 이용할 수 없음.

※ 잘못된 책은 바꾸어 드립니다.